中 国 国 家 标 准 汇 编

2006 年修订-15

中国标准出版社　编

中 国 标 准 出 版 社
北 京

图书在版编目（CIP）数据

中国国家标准汇编：2006 年修订 .15/中国标准出版社编 .—北京：中国标准出版社，2007

ISBN 978-7-5066-4611-6

Ⅰ.中…　Ⅱ.中…　Ⅲ.国家标准-汇编-中国-2006
Ⅳ.T-652.1

中国版本图书馆 CIP 数据核字（2007）第 105551 号

中国标准出版社出版发行
北京复兴门外三里河北街 16 号
邮政编码：100045
网址 www.spc.net.cn
电话：68523946　68517548
中国标准出版社秦皇岛印刷厂印刷
各地新华书店经销

*

开本 880×1230　1/16　印张 38.25　字数 1 156 千字
2007 年 8 月第一版　2007 年 8 月第一次印刷

*

定价 180.00 元

ISBN 978-7-5066-4611-6

出 版 说 明

1.《中国国家标准汇编》是一部大型综合性国家标准全集，自1983年起，按国家标准顺序号以精装本、平装本两种装帧形式陆续分册汇编出版。《汇编》在一定程度上反映了我国建国以来标准化事业发展的基本情况和主要成就，是各级标准化管理机构，工矿企事业单位，农林牧副渔系统，科研、设计、教学等部门必不可少的工具书。

2. 由于标准的动态性，每年有相当数量的国家标准被修订，这些国家标准的修订信息无法在已出版的《汇编》中得到反映。为此，自1995年起，新增出版在上一年度被修订的国家标准的汇编本。

3. 修订的国家标准汇编本的正书名、版本形式、装帧形式与《中国国家标准汇编》相同，视篇幅分设若干册，但不占总的分册号，仅在封面和书脊上注明“2006年修订-1，-2，-3，……”等字样，作为对《中国国家标准汇编》的补充。读者配套购买则可收齐前一年新制定和修订的全部国家标准。

4. 修订的国家标准汇编本的各分册中的标准，仍按顺序号由小到大排列(不连续)；如有遗漏的，均在当年最后一分册中补齐。

5. 2006年度发布的修订国家标准分27册出版。本分册为“2006年修订-15”，收入新修订的国家标准29项。

中国标准出版社

2007年6月

目　　录

ICS 71.100.60
分类号 Y 41

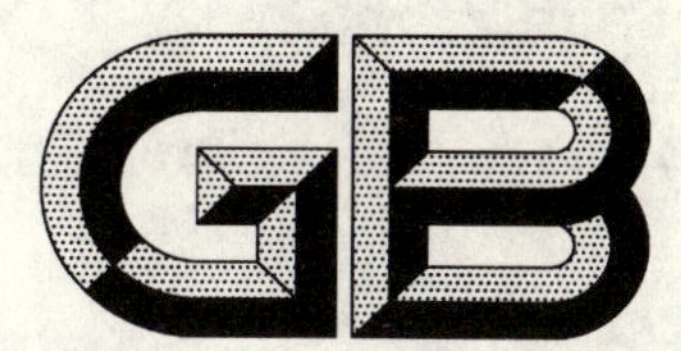

中华人民共和国国家标准

GB/T 11538—2006/ISO 7609:1985
代替 GB/T 11538—1989

精油 毛细管柱气相色谱分析 通用法

Essential oil—Analysis by gas chromatography on capillary columns—General method

(ISO 7609:1985,IDT)

2006-03-10 发布　　2006-10-01 实施

中华人民共和国国家质量监督检验检疫总局
中国国家标准化管理委员会 发布

前 言

本标准等同采用国际标准 ISO 7609:1985《精油——毛细管柱气相色谱分析——通用法》。

为方便使用,本标准作了下列编辑性修改:

a) “本国际标准”一词改为“本标准”;

b) “ISO 356”改为“GB/T 14454.1—1993”,“ISO 7359”改为“GB/T 11539—1989”;

c) 删除 ISO 7609:1985 的前言。

本标准代替 GB/T 11538—1989《精油 毛细管柱气相色谱分析 通用法》。

本标准由中国轻工业联合会提出。

本标准由全国香料香精化妆品标准化技术委员会归口。

本标准由上海香料研究所负责起草。

本标准主要起草人:张新君、徐易、金其璋、康薇。

本标准所代替标准的历次版本发布情况为:GB/T 11538—1989。

引　言

由于气相色谱分析法的描述十分冗长，因此认为如下做法是有用的。一方面制定通用方法，指出所有常遇参数、仪器、产品、方法、公式等方面的详细信息；另一方面制定较为简短的精油特定成分的测定标准，仅给出有关测定特点的操作条件。

这些简述版本的标准将引用本标准毛细管柱气相色谱分析法，或引用GB/T 11539—1989《单离及合成香料填充柱气相色谱分析通用法》。

精油　毛细管柱气相色谱分析　通用法

1　范围

本标准规定了用毛细管柱气相色谱分析精油的通用方法,目的在于测定其中一个特定成分的含量和/或探求一个特征图像。

2　规范性引用文件

下列文件中的条款通过本标准的引用而成为本标准的条款。凡是注日期的引用文件,其随后所有的修改单(不包括勘误的内容)或修订版均不适用于本标准,然而,鼓励根据本标准达成协议的各方研究是否可使用这些文件的最新版本。凡是不注日期的引用文件,其最新版本适用于本标准。

GB 11539—1989　单离及合成香料填充柱气相色谱分析通用法(neq ISO 7359:1985)

GB/T 14454.1—1993　香料　试样制备(neq ISO 356:1977)

3　原理

小量[1]精油在规定的条件下,在一根直径小而长度长的柱上进行气相色谱分析,柱内壁预先直接涂过规定的固定相或涂有一种浸渍过的担体(柱内壁涂有浸渍过的担体)。

必要时用保留指数鉴定不同成分。

用测量峰面积的方法对特定成分作定量测定。

4　试剂和产品

分析中,除另有规定外,只用认可的分析级试剂和新蒸馏的化学品。

4.1　载气:氢[2]、氦或氮,按照所用检测器的类型选用。如所用检测器需用上述以外的载气,应说明。

4.1.1　辅助气:适合所用检测器的任何气体。对火焰离子化检测器,则要用空气和高纯度氢。

4.2　检查柱的化学惰性的化学品:乙酸芳樟酯,纯度至少 98%。

4.3　测试柱效的化学品[3]

4.3.1　芳樟醇,色谱测定纯度至少 99%。

4.3.2　甲烷,色谱测定纯度至少 99%。

4.4　参比物质,相当于待测定或已检出成分。参比物质将在每一有关产品标准中规定。

4.5　内标

内标将在每一有关产品标准中规定。它的出峰位置应尽可能地靠近待测成分峰,且不与精油中任何成分的峰相重叠。

4.6　正构烷烃

色谱测定纯度至少 95%。在一特定的产品标准中所用的正构烷烃的范围,取决于试验条件下所涉及成分的保留指数。

注:正构烷烃仅用于需测定保留指数时。

4.7　测试混合物

1)　注意确保注入的试样不超过柱的负荷。

2)　用此气时,要严格遵守安全规则。

3)　其他化学品也可用以检查柱效,它们将在每一有关产品标准中规定。

制备一个含接近等量比例的下列物质的混合物：

——苧烯；

——苯乙酮；

——芳樟醇；

——乙酸芳樟酯；

——萘；

——肉桂醇。

所有上述试剂用色谱测定，纯度至少95%。

注：其他化学品也可用，将在每一有关产品标准中规定。

5 仪器

5.1 色谱仪，装备有一个毛细管柱用的特种进样器，可注入10^{-6} g左右的量，带有一合适的检测器和程序升温器。进样系统和检测系统应配备有能单独控制各自温度的装置。

5.2 柱，用惰性材料制成(例如玻璃或不锈钢，石英或熔融石英)，内径在(0.2～0.5) mm之间，长度在(15～100) m之间。

固定相的性质将在每一有关产品标准中规定。目前最常用的固定相是甲基或苯基聚硅氧烷类和聚乙二醇类，其末端的醇官能团可以是游离或酯化的。

5.3 记录仪和电子积分仪，其效能应与仪器的其余部分相适合。

6 试样制备

见GB/T 14454.1—1993。

如果注入的试样需进行特殊制备，这将在有关产品标准中指出。

7 操作条件

7.1 温度

色谱炉、进样系统和检测器的温度在每一有关产品标准中规定。

7.2 载气流速

调节流速使得到所需柱效(见8.2)。

7.3 辅助气流速

参照制造商说明书以得到检测器的最佳响应值。

8 柱性能

8.1 化学惰性试验

在试验条件下(见7.1)注入一定量的乙酸芳樟酯，应只得到一个峰(在特定的纯度限度内)。

8.2 柱效

在130℃恒温下，以芳樟醇峰测定柱效。测定有效塔板数N，用下列公式之一计算应至少为25 000。

公式1(见图1)：

$$N = 16\left(\frac{d'_{\mathrm{r}}}{\omega}\right)^2 \quad \cdots\cdots(1)$$

公式2：

$$N = 5.54\left(\frac{d'_{\mathrm{r}}}{b}\right)^2 \quad \cdots\cdots(2)$$

式中：

d'_r——调整保留距离，以长度单位表示(130℃时芳樟醇峰的保留距离减去空气峰或甲烷峰的保留距离)；

ω——芳樟醇峰拐点上两根切线与基线的两个交点间的距离，以保留距离同样的长度单位表示；

b——规定化合物(芳樟醇)半峰高处的宽度，单位为毫米(mm)。

记录仪纸速应使 ω 至少 10mm，以便得到适当的精确度。

记录仪纸速应使 b 至少 5mm，以便得到适当的精确度。

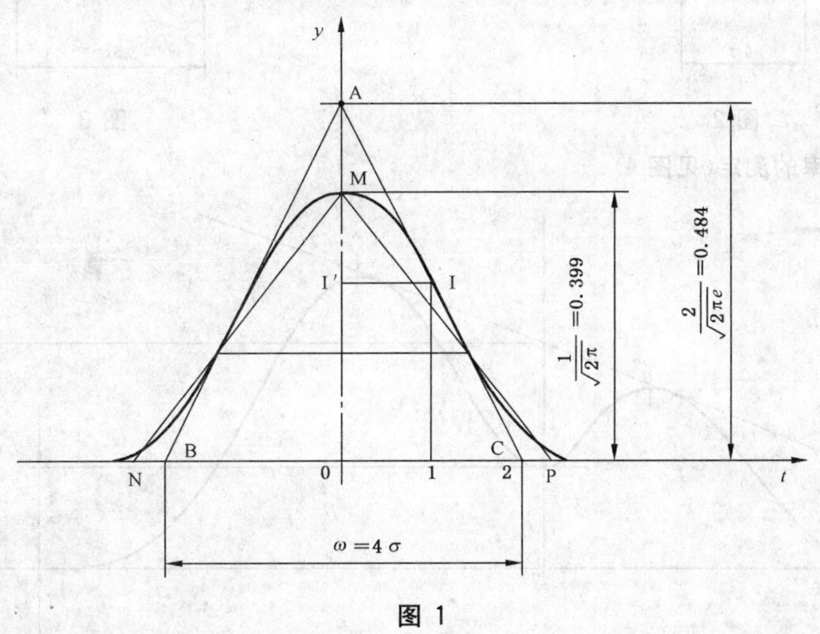

图 1

8.3 分离度和分离百分率

为了测定分离度和/或分离百分率，在试验条件下注入适量测试混合物(4.7)。

8.3.1 分离度的测定(见图 2)

用式(3)计算相邻二峰Ⅰ和Ⅱ的分离因子 R。

$$R = 2\frac{d_{r(\mathrm{II})} - d_{r(\mathrm{I})}}{\omega_{(\mathrm{I})} + \omega_{(\mathrm{II})}} \quad \cdots\cdots(3)$$

式中：

$d_{r(\mathrm{I})}$——峰Ⅰ的保留距离；

$d_{r(\mathrm{II})}$——峰Ⅱ的保留距离；

$\omega_{(\mathrm{I})}$——峰Ⅰ的底宽；

$\omega_{(\mathrm{II})}$——峰Ⅱ的底宽。

如果 $\omega_{(\mathrm{I})} \approx \omega_{(\mathrm{II})}$，用式(4)计算 R。

$$R = \frac{d_{r(\mathrm{II})} - d_{r(\mathrm{I})}}{\omega} = \frac{d_{r(\mathrm{II})} - d_{r(\mathrm{I})}}{4\sigma} \quad \cdots\cdots(4)$$

式中 σ 是标准偏差(见图 1)。

如果两峰之间距离 $d_{r(\mathrm{II})} - d_{r(\mathrm{I})} = 4\sigma$，则分离因子 $R=1$(见图 2)。

如果两峰分离不完全，两峰拐点处切线相交于 C 点。为了分离完全，两峰间距离见式(5)，应等于：

$$d_{r(\mathrm{II})} - d_{r(\mathrm{I})} = 6\sigma \quad \cdots\cdots(5)$$

如此 $R=1.5$(见图 3)。

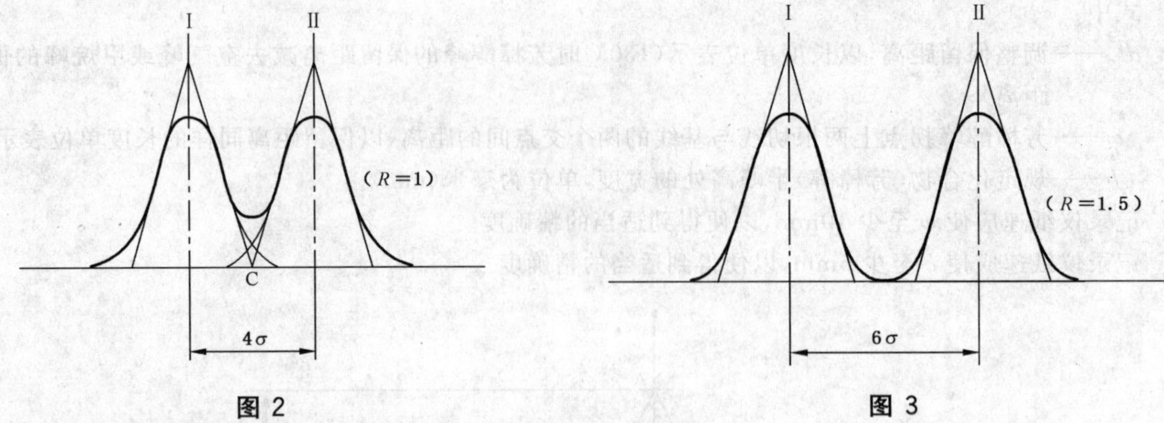

图 2　　　　图 3

8.3.2　**分离百分率的测定(见图 4)**

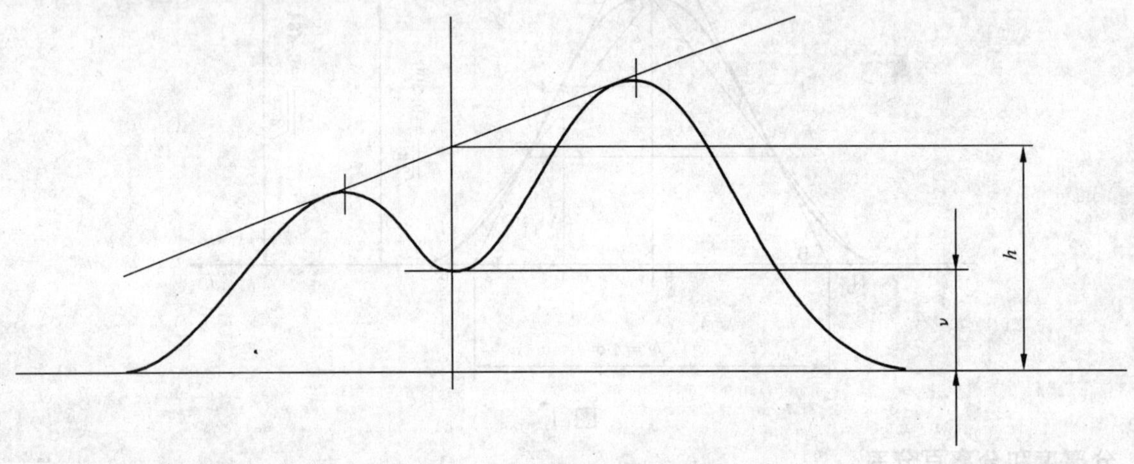

图 4

画一直线连接有关峰的顶点,从基线画一垂直线通过两峰间最低点。在连接有关峰顶的直线和基线之间沿着垂直线量出基线与交点间的距离 h。

沿着垂直线再量出两峰间最低点与基线之间的距离 ν。

用式(6)计算分离百分率 p,以%表示。

$$p=\frac{100(h-\nu)}{h} \qquad \cdots\cdots(6)$$

8.3.3　**检查程序升温时的分离百分率**

用下列条件:

二甲基聚硅氧烷或聚乙二醇柱;

程序升温从 80℃～220℃,速率 2℃/min 或 3℃/min。

载气流速应使测试混合物(4.7)中所有成分和测定保留指数所需正构烷烃(4.6)在程序升温终止前全部从柱中流出。

8.3.3.1　注入适量测试混合物(4.7)

在所得色谱图上:

a)　在二甲基聚硅氧烷柱的情况下,苧烯峰和苯乙酮峰的分离百分率至少为 95%(见 8.3.2);

b)　在聚乙二醇(M_r=20 000)柱的情况下,芳樟醇峰和乙酸芳樟酯峰的分离百分率至少为 95%(见 8.3.2)。

如果在有关产品标准中规定用其他固定相,则应规定具体要求。

8.3.3.2　注入适量测试混合物(4.7),计算测试混合物中各成分的保留指数(见第 9 章)。

在二甲基聚硅氧烷柱时，用烷烃 C_{10} 至 C_{16}。

在聚乙二醇(M_r=20 000)柱时，用烷烃 C_{11} 至 C_{24}。

这样计算出的保留指数在与被分析的成分的各种结构特征比较下指出柱的极性。

如果在不同柱上[1]测得的测试混合物的成分的保留指数仅稍有不同，则在装有同一名称的填充物的不同柱上所得的结果是可以比较的。

9 保留指数的测定

如果有必要测定保留指数，则应制备一个包括正戊烷在内的正构烷烃的试样的混合物，按照预期的保留指数范围选择正构烷烃。待柱温稳定后，注入适量混合物，按 10.1.1 规定的条件进行分析。

这样得到色谱图"B"。

9.1 保留指数的测定

比较色谱图"A"(见 10.1.1)和"B"(见第 9 章)，在色谱图"B"上记下相当于正构烷烃的那些峰。

在色谱图"B"上作以下测量。

9.1.1 恒温条件

计算待测保留指数峰峰顶的保留距离与甲烷峰峰顶的保留距离之间的差 d'_x，以毫米计。

计算待测保留指数峰前最近的一个正构烷烃峰峰顶的保留距离与甲烷峰峰顶的保留距离之间的差 d'_n，以毫米计。

计算待测保留指数峰后最近的一个正构烷烃峰峰顶的保留距离与甲烷峰峰顶的保留距离之间的差 d'_{n+1}，以毫米计。

9.1.2 从进样开始用线性程序升温的程序

量出待测保留指数峰峰顶与此峰前最近的一个正构烷烃峰(n 个碳原子)峰顶之间在基线上的距离 Δx，以毫米计。

量出相邻两个正构烷烃(具有 n 个碳原子的正构烷烃和待测保留指数峰后面最近的具有 $n+1$ 个碳原子的正构烷烃)峰峰顶之间在基线上的距离 Δy，以毫米计。

9.2 保留指数的计算

9.2.1 恒温条件

用式(7)计算保留指数 I：

$$I = 100\frac{\lg d'_x - \lg d'_n}{\lg d'_{n+1} - \lg d'_n} + 100n \quad \cdots\cdots(7)$$

式中：

d'_x——待测保留指数峰峰顶与甲烷峰峰顶之间的距离，单位为毫米(mm)(见 9.1.1)；

d'_n——具有 n 个碳原子的正构烷烃峰峰顶与甲烷峰峰顶之间的距离，单位为毫米(mm)(见 9.1.1)；

d'_{n+1}——具有 $n+1$ 个碳原子的正构烷烃峰峰顶和甲烷峰峰顶之间的距离，单位为毫米(mm)(见 9.1.1)。

注：此公式只在 $d'_{n+1} > d'_x > d'_n$ 时有效。

9.2.2 从进样开始用线性程序升温的程序

此计算式仅在各成分的保留时间包括在线性程序升温范围内时方为有效。

用式(8)计算保留指数 I。

$$I = 100\frac{\Delta_x}{\Delta_y} + 100n \quad \cdots\cdots(8)$$

1) 这些不同限度将在以后规定。

式中：

Δ_x——待测保留指数峰峰顶与具有 n 个碳原子的正构烷烃峰峰顶之间的距离，以毫米计（见 9.1.2）；

Δ_y——具有 n 个碳原子的正构烷烃峰峰顶于具有 $n+1$ 个碳原子的正构烷烃峰峰顶之间的距离，单位为毫米(mm)（见 9.1.2）。

注：如果进行不同的程序升温，就不可能计算保留指数。

10 测定方法

10.1 通用条件

10.1.1 精油的色谱图

按有关产品标准记录色谱图。

温度和气流条件应和测试柱效时所用的一样（见 8.2）。

测定某些规定成分，有关产品标准可规定用指定温度的恒温条件。在此情况下，流速应控制使达到有关产品标准中规定的分离百分率。

柱温稳定后，注入适量试样（10^{-6} g 数量级）。

这样得到色谱图“A”。

10.2 内标法

在同样操作条件下，记录精油的色谱图及内标(4.5)的色谱图。检查色谱图待测成分和精油的其他成分应分开，内标不与精油的任何成分相干扰。

10.2.1 响应因子的测定

为了定量测定，如果一个成分相对于内标的响应因子必须测定，称取适量内标(4.5)和参比物质(4.4)，使相应的峰面积大致相等。

如果必须用溶剂，将在有关产品标准中规定。

柱温稳定后，注入适量此混合物，按 10.1.1 规定条件进行分析。

这样得到色谱图“F”。

用式(9)计算该成分相对于内标的响应因子 K。

$$K=\frac{A_E\times m_R}{A_R\times m_E} \qquad \cdots\cdots(9)$$

式中：

A_R——待计算其响应因子的参比物质的峰面积积分单位；

A_E——内标峰面积的积分单位；

m_R——参比物质的质量，单位为毫克(mg)；

m_E——内标的质量，单位为毫克(mg)。

10.2.2 测定

如果有关产品标准规定用一内标，称取适量精油和内标（精确至 0.001 g），制备成一混合物。内标量的选择应使待测成分的峰面积与内标的峰面积大致相等。

柱温稳定后，注入适量的此混合物（10^{-6} g 数量级），按 10.1.1 规定的条件进行分析。

这样得到色谱图“C”。

10.3 叠加法

如果一个特殊的测定中，不能用内标法，则用叠加法。

为此，注入适量精油，其中 x 是待测成分，y 是所得色谱图“D”上出峰位置靠近 x 的成分。

然后称取 m 克精油和 m_R 克相当于待测成分 x 的参比物质(4.4)（精确至 0.001 g），制备成一混合物。注入此混合物。

这样得到色谱图“E”。

10.4 面积归一化法

此法不是一个正确的测定方法，仅用比较其峰面积的方法对从一个混合物中流出的不同成分的相对浓度作粗略的估计，而不是测定这些成分的质量百分率。

11 结果的表示

11.1 内标法

用式(10)计算待测成分的含量 C_X，以质量分数表示。

$$C_X = \frac{A_X \times m_E \times K}{A_E \times m} \times 100 \qquad \cdots\cdots(10)$$

式中：

A_X——待测成分的峰面积积分单位(见 10.2.2)；

A_E——内标的峰面积积分单位(见 10.2.2)；

m——精油的质量，单位为毫克(mg)；

m_E——内标的质量，单位为毫克(mg)；

K——待测成分相对于内标的响应因子(见 10.2.1)。

11.2 叠加法

用式(11)计算待测成分的含量 C_X，以质量分数表示。

$$C_X = \frac{m_R}{m} \times \frac{r}{r' - r} \times 100 \qquad \cdots\cdots(11)$$

式中：

m_R——参比物质(4.4)的质量，单位为克(g)；

m——精油的质量，单位为克(g)；

以及

$$r = \frac{A_X}{A_Y}$$

A_X——色谱图“D”上(见 10.3)成分 x 的峰面积；

A_Y——色谱图“D”上靠近 x 的成分 y 的峰面积；

以及

$$r' = \frac{A'_X}{A'_Y}$$

A'_X——色谱图“E”上(见 10.3)相当于成分 x 的峰面积；

A'_Y——色谱图“E”上靠近 x 的相当于成分 y 的峰面积。

注：$r' > r$。

11.3 面积归一化法

当试样在试验条件下能全部挥发(精油无残渣)，且所得色谱图上无过多的小峰，用式(12)计算待测成分的含量 C_X，以%表示。

$$C_X = \frac{A_X}{\sum A} \times 100 \quad \cdots\cdots\cdots\cdots\cdots\cdots\cdots\cdots\cdots\cdots (12)$$

式中：

A_X——待测成分的峰面积积分单位；

$\sum A$——所有峰面积积分单位之和。

11.4 结果和重复性

以同一样品几次(至少三次)测定所得结果的平均值作为响应因子 K 和待测成分的含量 C_X 的结果。计算所用数值偏离平均值不应大于某一百分率(一般为±2.5%)。此百分率和测定次数将在不同方法中或有关产品标准中规定。

12 试验报告

试验报告应包括下列内容：

a) 所用仪器型号；

b) 柱的特性(材料、长度、内径、固定相和担体、固定相与担体之比、担体颗粒度、柱温或程序升温)；

c) 进样系统的特性(类型和温度)；

d) 检测器的特性(类型和温度)；

e) 载气和流速；

f) 记录仪的特性(最大信号高度、纸速、满刻度响应时间)；

g) 样品的鉴定。

ICS 59.060.10
W 04

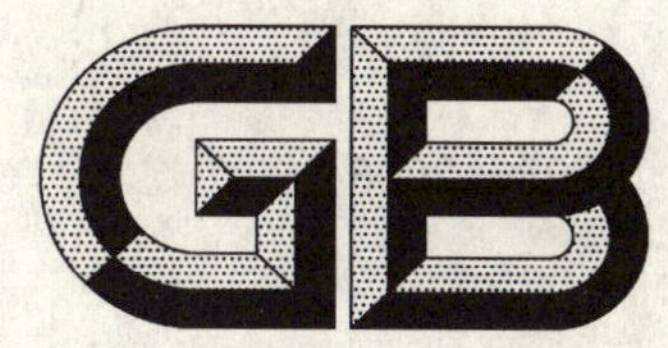

中华人民共和国国家标准

GB/T 11603—2006
代替 GB/T 11603—1989

羊毛纤维平均直径测定法 气流法

Wool—Determination of mean diameter of fibres—Air permeability method

(ISO 1136:1976,MOD)

2006-06-25 发布　　　　2006-12-01 实施

中华人民共和国国家质量监督检验检疫总局
中国国家标准化管理委员会　发布

前　言

本标准修改采用 ISO 1136:1976《羊毛——用气流仪方法测定纤维的平均直径》(英文版)。

本标准代替 GB/T 11603—1989《羊毛纤维平均直径测定法　气流法》。

本标准与 ISO 1136:1976 的主要技术性差异:

——试样的预调湿、调湿和试验用标准大气:ISO 1136 直接引用 ISO 139 规定,本标准引用 GB 6529规定,属修改采用 ISO 139;

——试验试样质量表述不同,ISO 1136 规定定压力式气流仪试样质量为 2.5 g±0.004 g,定流量式气流仪试样质量为 1.5 g±0.002 g,本标准规定按仪器要求的试样质量,精确到±0.2%;

——试验仪器和试样数量不同:ISO 1136 提供一台气流仪测试方法,30 μm 以下测试 2 个试验试样,30 μm 以上测试 3 个试验试样,每个试验试样测试 3 次,取平均值。本标准从减少误差角度出发,提供了两种方法,即使用一台气流仪和使用两台气流仪。使用一台气流仪测试 2 个试验试样,超过给定允差加测 1 个,最多测试 4 个,每个试验试样测试 2 次;使用两台气流仪测试 2 个试验试样,超过给定允差分别加测 1 个,最多测试 6 个试验试样,每个试验试样测试 2 次。如果条件许可,建议采用两台气流仪。

本标准与 GB/T 11603—1989 相比,作了如下修改:

——增加了适用范围,把原只适用于定压式气流仪改为适用于定压式和定流量式气流仪,在本标准中删除了限定词"定压式"(1989 版的第 1 章;本版的第 1 章);

——增加了六个引用标准(见本版第 2 章);

——修改了一个术语名称(见本版的第 3 章);

——明确规定了取样方法(1989 版的 6.1;本版的 7.1);

——新增设了预调湿与调湿一章(见本版的第 6 章);

——增加了定流量式气流仪的试验步骤(1989 版的第 7 章;本版的第 8 章);

——附录 A 中增加了定流量式气流仪的校准方法。

本标准附录 A、附录 B、附录 C 为范规性附录,附录 D 为资料性附录。

本标准由中国纤维检验局提出。

本标准由中国纤维检验局归口。

本标准起草单位:上海市纤维检验所。

本标准主要起草人:浦松丹、金曙明、姚惠龙。

本标准于 1989 年首次发布。本次为第一次修订。

羊毛纤维平均直径测定法
气　流　法

1 范围

本标准规定了用气流仪测定羊毛纤维平均直径的试验方法。

本标准适用于用气流仪测定经过洗涤、开松、混匀和除杂处理的同质毛纤维的平均直径，包括含脂毛、洗净毛、碳化毛和精梳毛条。

注：本标准不适用于异质毛纤维。用于基本同质毛、有髓毛、羔羊毛纤维的测定结果可能有偏差。

2 规范性引用文件

下列文件中的条款通过本标准的引用而成为本标准的条款。凡是注日期的引用文件，其随后所有的修改单(不包括勘误的内容)或修订版均不适用于本标准，然而，鼓励根据本标准达成协议的各方研究是否可使用这些文件的最新版本。凡是不注日期的引用文件，其最新版本适用于本标准。

GB 6529　纺织品的调湿和试验用标准大气(neq ISO 139:1973)

GB/T 6978　原毛洗净率试验方法　烘箱法

GB/T 8170　数值修约规则

GB/T 14269　羊毛试验取样方法

SN/T 0479　进出口羊毛条检验规程

3 术语和定义

下列术语和定义适用于本标准。

3.1

含脂毛　greasy wool

取自绵羊身上或绵羊皮上剪下的未经洗涤、溶剂脱脂、碳化或其他方法处理过的羊毛。

3.2

同质毛　homogeneous fleece

同一类型毛纤维组成的羊毛。

3.3

异质毛　heterogeneous fleece

不同类型毛纤维组成的羊毛。

3.4

基本同质毛　almost homogeneous fleece

在一个套毛上的各个毛丛，大部分为同质毛形态，少部分为异质毛形态。

3.5

洗净毛　scoured wool

经洗涤去除汗脂、尘杂后的羊毛。

3.6

碳化毛　carbonized wool

经过碳化处理，去除植物性杂质后的羊毛。

3.7

精梳毛条　worsted top

洗净毛混合加油后，经过梳毛机和精梳机，并反复经针梳机梳理、并和、牵伸，制成纤维较平直的毛条。

3.8

批样　lot sample

按规定从一批产品中随机抽取的一个或多个包装单元，作为实验室样品的来源。

3.9

实验室样品　laboratory sample

按规定取自批样的产品单元或部分材料，作为试验样品的来源。

3.10

试验样品　test sample

从批样或实验室样品中抽取的用于一个测试项目的样品，应具有代表性，并有转变为试验试样的足够的量。

3.11

试验试样　test specimen

从试验样品中取出的用于一次试验的试样。

4　方法原理

将试验试样装在两端为多孔板、容积固定的圆筒体试样筒内，试样筒与流量计和压力计联接，用一被控制的气流通过试样筒内的纤维。根据流量计的浮子高度读数或压力计液面高度读数与纤维平均直径之间的统计相关来求得羊毛纤维的平均直径。

5　设备和仪器

5.1　气流仪：仪器由气阀 B、抽气泵、纤维试样筒 A、压力计贮液筒 D、压力计 ZH 和流量计 F 等几个部分组成，其结构如图 1 所示。

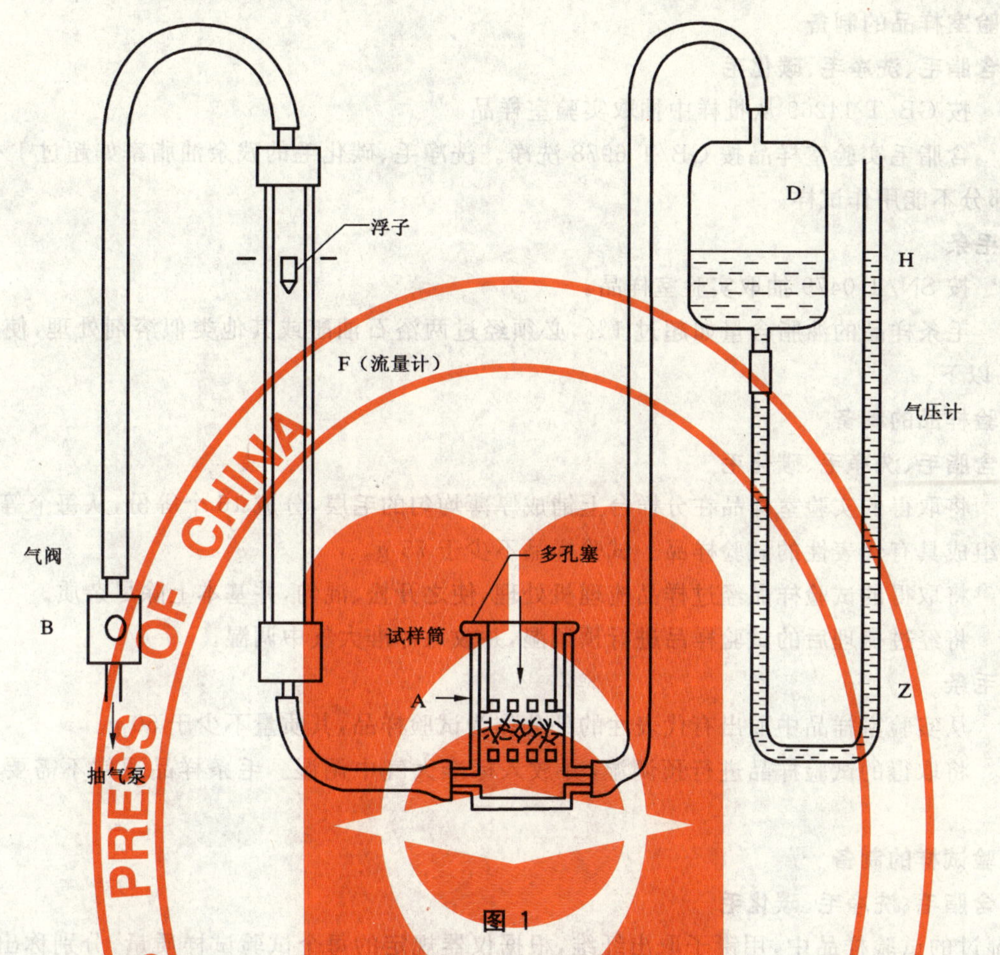

图 1

本仪器如用于测定无序状态的羊毛时，应在流量计 F 和纤维试样筒 A 之间加装一个滤尘器以阻留纤维或尘屑。滤尘器的筛网采用 100 目铜丝或不锈钢丝网。

仪器在正常使用时的状态必须和标定时一致，如使用规格一致的滤尘器、橡皮管等。

气流仪的校准：见附录 A。

气流仪的日常校验：见附录 B。

5.2 天平：采用准确度等级为千分之一的天平。

5.3 样品梳理机：采用毛型锡莱分析机或微型梳毛机。

6 预调湿、调湿和试验标准大气

6.1 预调湿：将试验样品置于(50±3)℃烘箱内至少烘 0.5 h。若试验样品的回潮率低于 10%时，可不进行预调湿。

6.2 调湿：将回潮率低于 10%的试验样品置于温带二级标准大气下，放置一定时间后称量，当每隔 2 h 的连续称量的质量递变量不超过 0.25%时，即认为试验样品达到吸湿平衡。

6.3 试验用温带二级标准大气：温度为(20±2)℃，相对湿度为(65±3)%的大气。

7 取样与制样

7.1 取样

7.1.1 含脂毛、洗净毛、碳化毛：按 GB/T 14269 抽取批样。

7.1.2 毛条：按 SN/T 0479 抽取批样。

7.2 制样

7.2.1 实验室样品的制备

7.2.1.1 含脂毛、洗净毛、碳化毛

7.2.1.1.1 按 GB/T 14269 从批样中抽取实验室样品。

7.2.1.1.2 含脂毛实验室样品按 GB/T 6978 洗净。洗净毛、碳化毛的残余油脂率如超过 1%,必须重洗。毡并部分不能用作试样。

7.2.1.2 毛条

7.2.1.2.1 按 SN/T 0479 抽取实验室样品。

7.2.1.2.2 毛条样品的油脂含量如超过 1%,必须经过两浴石油醚或其他类似溶剂处理,使之含油率降低到 1%以下。

7.2.2 试验样品的制备

7.2.2.1 含脂毛、洗净毛、碳化毛

7.2.2.1.1 将取得的实验室样品在分样台上铺成厚薄均匀的毛层,分成 16 个等份,从每个等份中取出小簇毛样,组成具有代表性的试验样品。试验样品不少于 75 g。

7.2.2.1.2 将取得的试验样品经过样品梳理机处理,使之开松、混匀,并基本上除尽杂质。

7.2.2.1.3 将经过梳理后的试验样品进行预调湿,并放入标准大气中调湿。

7.2.2.2 毛条

7.2.2.2.1 从实验室样品中取出有代表性的部分作为试验样品,其质量不少于 50 g。

7.2.2.2.2 将取得的试验样品进行预调湿,并放入标准大气中调湿。毛条样品通常不需要机械开松处理。

7.2.3 试验试样的制备

7.2.3.1 含脂毛、洗净毛、碳化毛

从调湿过的试验样品中,用镊子取出纤维,根据仪器规定的每个试验试样质量,分别称出 4 个或 6 个试验试样。称准到规定质量的±0.2%。

7.2.3.2 毛条

将调湿过的试验样品剪成约 20 mm 短段,用镊子从中取出部分纤维,作为试验试样,如试验试样质量过少,则从剪余下的短段中撕下一缕,仍以平行状态加入原来试样。继续上述程序直到试验试样达到准确的质量。此过程尽量不要破坏纤维的平行状态。根据仪器规定的每个试验试样质量,分别称出 4 个或 6 个试验试样。称准到规定质量的±0.2%。

8 试验步骤

8.1 使用定压力式气流仪

8.1.1 确认压力计玻璃管内液面下弯面和上刻线(零位)相切。

8.1.2 用镊子将试验试样均匀地装入仪器的试样筒内。可以使用专用的填样棒,以免纤维局部填塞过紧。然后插入多孔塞,旋紧定位螺旋盖。要确保多孔塞和试样筒筒壁之间不夹入纤维。

8.1.3 缓缓开启气阀,调节压力计液体的下弯面和压力计的下刻线相切,待浮子稳定后读出流量计中与浮子顶面相齐处读数。记下浮子高度读数(最接近的毫米数或流量数),查对相应的对照表[浮子高度(mm)-纤维直径(μm)对照表或流量(L/min)-纤维直径(μm)对照表]后,记录纤维直径读数 μm。观察读数时视平面应和液体下弯面或浮子顶面保持平齐,以防止视差。有的仪器可以直接从仪器的纤维直径刻度得到读数,但倘若标定后与原来的纤维直径刻度不符,仍须查对换算表。

8.1.4 用镊子从试样筒中取出试验试样,可稍加理松,但不得遗漏纤维,翻转后重新装入试样筒内。重复 8.1.2、8.1.3 的操作，记下同一试样的第二个纤维平均读数。

8.2 使用定流量仪器

8.2.1 确认流量计的浮子顶部与刻在流量计底部的标记(零位)重合。

8.2.2 同 8.1.2。

8.2.3 缓缓开启气阀，调节流量计的浮子顶部与流量计上刻线(顶部记号)重合。记下压力计的液体下弯面最接近的毫米数。查相应的对照表[压力计液弯面读数(mm)-纤维直径(μm)对照表]，记录纤维直径读数 μm。

8.2.4 用镊子从试样筒中取出试验试样，可稍加理松，但不得遗漏纤维，翻转后重新装入试样筒内。重复 8.2.2、8.2.3 的操作，记下同一试验试样的第二个直径读数。

8.3 在校准仪器和以后的正常测试中，制样的操作手法应始终保持一致。

8.4 如在非标准大气中进行制样和测试，试验结果应按附录 C 进行修正。

9 试验次数

9.1 使用一台气流仪

测试 2 个试验试样，每个试验试样得到两个数据，共得到 4 个纤维直径读数。如 4 个读数的极差大于表 1 的允许极差，加测一个试验试样。如仍大于该表范围，再加测 1 个试验试样，最多共测 4 个试验试样。

表 1 读数的允许误差

单位为微米

纤维平均直径	使用一台仪器		使用两台仪器	
	2 个试验试样	3 个试验试样	2 个试验试样	4 个试验试样
＜26	0.3	0.4	0.3	0.5
≥26	0.4	0.6	0.4	0.7

9.2 使用两台气流仪

测试 2 个试验试样，即每台仪器各测 1 个试验试样。如 4 个读数的极差大于下表范围，每台仪器各加测 1 个试验试样。如 8 个读数的极差仍大于下表的允许极差，再各加测 1 个试验试样，最多共测 6 个试验试样。

如试验工作量大，实验室条件许可，以采用两台气流仪为好，便于抵消仪器误差和操作误差，并有助于及时察觉可能产生的仪器不正常情况。

10 试验结果计算和报告

10.1 试验结果计算

每个试验试样有两个直径读数。结果以全部试验试样的所有直径读数的算术平均值表示。结果修约到小数点后一位。数字修约按 GB/T 8170 的规定进行。

注：试验结果的精密度参见附录 D。

10.2 结果报告

应包括：检验依据；所用的方法(定流量或定压力)；试验用标准大气的温湿度条件；样品的种类、批量、来源及编号；仪器型号、台数；样品预处理情况；测试结果；测试人员及日期。

附 录 A
（规范性附录）
气流仪的标定

A.1 标准毛条

气流仪应使用标准毛条作标定。国际通用的标准毛条由国际毛条实验室协会统一制造供应，由一套从细到粗的8种干梳毛条组成。毛条的含油率小于1%，使用前不必再经洗涤或去油处理。

注：需要标准毛条的实验室可向下述单位申购：International Wool Textile Organization，Box 13，Rue de Luxembourg 19～21 1041 BRUSSELS，BELGLUM（比利时，布鲁塞尔1041，卢森堡19～21号，13号信箱，国际毛纺组织）

A.2 标准毛条的前处理

校准用的标准毛条在测试时必须和正常被测羊毛处于同样的有序或无序状态。为此用于测定含脂毛、洗净毛、碳化毛的标准毛条，在校准前先将其剪成长约20 mm的短段，再经样品梳理机处理，使纤维处于无序状态。用于测定毛条的标准毛条，在校准前可不经样品梳毛机处理，其前处理同日常测试的毛条试样制备方法。

从标准毛条中取得的试验样品经过调湿处理，每个试验样品再称量制成5个试验试样。

注：仪器在校准时及以后的日常试验中应处于相同的状态。校准前先按第B.1章进行漏气试验。

A.3 校准程序

A.3.1 定压力仪器

A.3.1.1 流量计刻度线为浮子高度(mm)

在压力计零位标记H相距180 mmZ处作一水平标记。在流量计背面安放一根毫米刻度标尺，使该标尺的零位与刻在流量计的底部标记（即流量计零位）相重合。按照本标准第8章进行试验，记录流量计浮子与零位的距离 y（单位为毫米）。将5个试验试样的平均读数 y_1，y_2……y 与对应的标准毛条纤维平均直径已知值 d_1，d_2……d_8 画出曲线，其结果近似于线性相关。对 y 配置一个 d 的二次回归方程，并根据式(A.1)找出系数 a，b，c。

$$y = a + bd + cd^2 \qquad \cdots\cdots\cdots\cdots(\text{A.1})$$

解下列联立方程式：

$$\sum y = na + b\sum d + c\sum d^2$$
$$\sum dy = a\sum d + b\sum d^2 + c\sum d^3$$
$$\sum d^2 y = a\sum d^2 + b\sum d^3 + c\sum d^4$$

（式中 $n=8$，即用于校准的标准毛条数）

解出系数 a，b，c 后，代入式(A.1)，计算每隔1 mm浮子高度的对应纤维直径值，列出浮子高度读数(mm)-纤维直径(μm)的对照表。

A.3.1.2 流量计刻度线为流量标尺(L/min)

把准备好的标准毛条按本标准第8章进行试验。求得每个标准毛条的平均流量读数(L/min)，分别为 Q_1，Q_2……Q_8。对应的标准毛条纤维平均直径的标明值分别为 d_1，d_2……d_8(μm)。

对 Q 和已知直径 d 配置一个指数回归方程：

$$Q = ad^b \qquad \cdots\cdots\cdots\cdots(\text{A.2})$$

取对数：$\lg Q = \lg a + b\lg d$，转化为直线方程，用下列公式计算出系数 a 和 b：

$$b=\frac{\sum \lg d\sum \lg Q-n\sum(\lg d\cdot \lg Q)}{(\sum \lg d)^2-n\sum(\lg d)^2}$$

$$\lg a=\lg Q-b\lg d$$

(式中 $n=8$,即用于校准的标准毛条数)

求得系数 a、b 后,代入式(A.2),计算每隔 1 L/min 流量的对应纤维直径值,列出流量读数(L/min)和纤维直径(μm)的对照表。

A.3.2 定流量仪器

避开浮子明显波动的位置,在接近流量计标尺顶部作一水平记号。在压力计背面安放一根毫米刻度标尺,使该标尺的零位与刻在压力计的顶部标记(即压力计零位)相重合。然后根据本标准第 8 章规定的试验步骤进行试验,记录压力计液体下弯面与零位的距离 h(单位为毫米),将 5 个试样的平均读数 h_1,h_2……h_8 与对应的标准毛条平均直径已知值 d_1,d_2……d_8 画成曲线,要保证各点位于一光滑曲线附近,用下面给出的最小二乘法配关系式。从这关系式可得一压力计液面高度与纤维直径(μm)的换算表,或以微米为分度的标尺,并把标尺固定在压力计后面。

用最小二乘法确定回归方程。d 和 h 之间的关系式为 hd^b=常数,取对数得到一线性关系式。

令 $X=\lg d$ 和 $Y=\lg h$

用一组标准毛条的每一种可得出两个值(X_1 和 Y_1,X_2 和 Y_2 等)

首先计算下面数量

$$\sum X=X_1+X_2+\cdots\cdots+X_n$$

$$\sum Y=Y_1+Y_2+\cdots\cdots+Y_n$$

$$\sum Y^2=Y_1^2+Y_2^2+\cdots\cdots+Y_n^2$$

$$\sum XY=X_1Y_1+X_2Y_2+\cdots\cdots+X_nY_n$$

$$\sum y^2=\sum Y^2-(\sum Y)^2/n$$

$$\sum xy=\sum XY-\sum X\sum Y/n$$

$$b=\sum xy/\sum y^2$$

应用到仪器上的 X 和 Y 的回归方程是

$$X=\sum X/n+b(Y-\sum Y/n) \qquad \cdots\cdots\cdots\cdots(\text{A}.3)$$

(式中 $n=8$,即用于校准的标准毛条数)

最后,以 h 对 d 的关系式表,h 以 5 mm 的间隔取值。查出 $\lg h$ 代入方程,得 X,并对各 h 值由表查出 $d=\lg^{-1}X$。列出压力计液面高度读数 h(mm)与纤维直径 d(μm)的对照表。

A.3.3 校准试验应在标准大气中进行,同时记录校准时的大气压。

A.3.4 校准时的测试手法应和正常测试时一致。

A.3.5 鉴于测定毛条和散状羊毛(含脂毛、洗净毛、碳化毛)的样品前处理方法不同,倘同一仪器兼作测定毛条和散状羊毛用,应分别列出两种不同的对照表。

附 录 B
（规范性附录）
气流仪的日常校验

B.1 漏气试验

在气流仪的纤维试样筒上去除螺旋盖和多孔塞，塞上紧密的橡皮塞。调节气阀，使压力计的液弯面下降到下刻线附近，用一个夹子封闭住流量计和抽气泵之间的橡皮管。再仔细观察压力计液弯面的变化。如果液面变化在 5 min 内超过 1 mm，说明仪器管路系统存在漏气现象，须检修后方能使用。

B.2 有孔板校验

制成两块铝制有孔圆板，其直径能插入仪器的纤维试样筒体内，每块圆板有一个中心孔。圆板有一个凸缘，能刚好放置在试样筒体的上端。检验时试样筒体内不放纤维，而代之以将圆板夹在试样筒顶部。两块圆板中心孔直径，一块选择为在工作状态下流量计（或压力计）的浮子读数处在标尺的三分之一处；另一块圆板的中心孔径选择为使流量计（或压力计）读数处在标尺的三分之二处。每天使用仪器前先用两块有孔板分别校验一次，使空气只从圆孔板的中心孔进入仪器，观察仪器读数。两块有孔板的日常读数变异应分别不超过 2 mm 和 4 mm，否则即属异常。有孔板能对仪器性能作简易和快速的校验。校验时有孔板与试样筒体之间应垫衬橡皮进行密封。

B.3 标准样品日常校验

收集 2 种～3 种细度与常测毛样接近，纤维直径试验结果比较稳定，并混合均匀的羊毛，测定其纤维直径平均值后，用作日常校验的标准样品。校验次数可视仪器使用频度而异。但在仪器工作期间，每周至少校验 1 次～3 次。使用十分频繁的仪器，应在每天开始工作时校验一次。另外，每半年另用标准毛条校验一次。

B.4 仪器的维护保养

B.4.1 如果经常试验原毛或洗净毛、碳化毛试样，每经过测试 200 个～300 个试样，应清除滤尘器的筛网一次。仪器发生异常时，滤尘器筛网属重点检查内容。

B.4.2 每半年或一年（视仪器的工作负担而定）应清除仪器试样筒与管道连接处和管道里的杂质。拆下流量计，清洗内壁和浮子。更换压力计的蒸馏水，清洗压力计内壁的水垢。拆下气阀手轮，擦清阀内油污，再加几滴清洁剂油。

B.4.3 仪器经清洗后重新装配时应注意标尺和流量计的相对位置不起变化。当仪器水平时，流量管应呈垂直状态（挂铅垂线从几个方向观察检查）。橡皮或塑料管道应无扭折，并作漏气检查。

B.4.4 其余注意事项参见仪器的使用和维修说明。

附　录　C
（规范性附录）
测试结果的相对湿度修正

如实验室不能维持(20±2)℃和(65±3)%的标准试验大气条件。实验室样品应在邻近气流仪处调湿约1 h～2 h，使样品回潮率和实验环境平衡，然后再进行试样称量。记录测试时的实验室相对湿度，测试结果乘以表C.1中的修正系数进行修正。

表 C.1　相对湿度修正系数

相对湿度/(%)	修正系数
40	1.022
45	1.019
50	1.015
55	1.010
60	1.005
65	1.000
70	0.995
75	0.988
80	0.980
85	0.969

附 录 D
（资料性附录）
测试精密度

气流仪纤维直径试验的方差组分和置信界限见表 D.1。

表 D.1 气流仪纤维直径试验的方差组分和置信界限表(95%概率水平)

使用仪器	用一台气流仪测试		用两台气流仪测试	
平均直径/μm	≤26	>26	≤26	>26
试验室之间方差 $\sigma_L^2/\mu m^2$	0.060	0.105	0.020	0.037
仪器之间方差 $\sigma_I^2/\mu m^2$	—	—	0.021	0.027
试样之间方差 $\sigma_S^2/\mu m^2$	0.018	0.058	0.026	0.052
测试结果之间方差 $\sigma_M^2/\mu m^2$	0.006	0.008	0.004	0.005
2×2 测试总方差 $\sigma_T^2/\mu m^2$	0.070 5	0.136	0.044 5	0.077 8
不同实验室之间 2×2 测试置信界限/μm	0.52	0.72	0.41	0.55

不同实验室之间的 2×2 测试(2 个试验试样,各测 2 次)的方差计算如下:

一台气流仪测试:$\sigma_T^2=\sigma_L^2+\sigma_S^2/2+\sigma_M^2/4$

两台气流仪测试:$\sigma_T^2=\sigma_L^2+\sigma_I^2/2+\sigma_S^2/2+\sigma_M^2/4$

(本实验室内比较,$\sigma_L^2=0$),95%概率水平的置信界限为 1.96 σ_T。

ICS 67.200.20
B 33

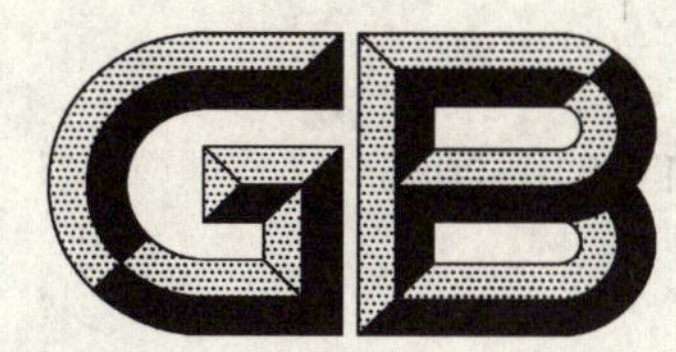

中华人民共和国国家标准

GB/T 11761—2006
代替 GB/T 11761—1989

2006-09-14 发布 2007-01-01 实施

中华人民共和国国家质量监督检验检疫总局
中国国家标准化管理委员会 发布

前 言

本标准是对GB/T 11761—1989《芝麻》的修订，与GB/T 11761—1989相比，本标准增加了千粒重、蛋白质含量及检验规则、标志，对贮运要求也进行了修订。

本标准自实施之日起，代替GB/T 11761—1989。

本标准的附录A为规范性附录。

本标准由中华全国供销合作总社提出并归口。

本标准起草单位：中华全国供销合作总社南京野生植物综合利用研究院。

本标准起草人：陈仕荣、张卫明。

本标准所代替标准的历次版本发布情况为：

——GB/T 11761—1989。

芝　　麻

1　范围

本标准规定了芝麻的术语和定义、技术要求、试验方法、检验规则、包装、标志、贮存和运输。

本标准适用于芝麻的质量评定及贸易。

2　规范性引用文件

下列文件中的条款，通过本标准的引用而成为本标准的条款，凡是注明日期的引用文件，其随后所有的修改单(不包括勘误的内容)或修订版均不适用于本标准，然而鼓励根据本标准达成协议的各方研究是否可使用这些文件的最新版本。凡是不注日期的引用文件，其最新版本适用于本标准。

GB 2762　食品中污染物限量

GB 2763　食品中农药最大残留限量

GB 5491　粮食、油料检验　扦样、分样法

GB/T 5492　粮食、油料检验　色泽、气味、口味鉴定法

GB/T 5493　粮食、油料检验　类型及互混检验法

GB/T 5494　粮食、油料检验　杂质、不完善粒检验法

GB/T 5497　粮食、油料检验　水分测定法

GB/T 5512　粮食、油料检验　粗脂肪测定法

GB/T 5519　粮食和油料千粒重的测定法

GB/T 14489.2　油料粗蛋白质的测定法

GB 15199　食品中铜限量卫生标准

GB 15569　农业植物调运检疫规程

3　术语和定义

下列术语和定义适用于本标准。

3.1

千粒重　mass of 1000 grains

一千粒成品芝麻的质量，单位为克(g)。

3.2

纯质率　ratio of pure quality

净试样质量减二分之一不完善粒，占试样质量的百分率。

3.3

不完善粒　imperfect grain

籽粒不完善但尚有使用价值的颗粒，包括未熟粒、虫蚀粒、破损粒和霉变粒。

3.3.1

未熟粒　unripe grain

籽粒不成熟，瘪缩，与正常粒显著不同的颗粒。

3.3.2

虫蚀粒　worm-eaten grain

被虫蛀食,伤及子叶的颗粒。

3.3.3

破损粒　damaged grain

籽粒压扁、破裂的颗粒。

3.3.4

霉变粒　mildewly grain

粒面生霉或子叶变色的颗粒。

3.4

杂质　impurity

通过规定筛层和无食用价值的物质,包括筛下物、无机杂质。

3.4.1

筛下物　matter under sieve

通过直径 1.0 mm 圆孔筛的物质。

3.4.2

无机杂质　inorganic impurity

砂石、泥土、砖瓦块及其他无机物质。

3.5

有机杂质　organic impurity

无食用价值的芝麻粒、异种粮油籽粒以及其他有机杂质。

3.6

含油量　oil content

芝麻中的粗脂肪的质量分数。

3.7

蛋白质含量　protein content

芝麻中的粗蛋白质的质量分数。

3.8

色泽、气味　color,odor

一批芝麻的综合色泽、气味。

4　技术要求

4.1　分类

根据芝麻种皮颜色分为以下四类。

4.1.1　白芝麻:种皮为白色、乳白色的芝麻在 95%及以上。

4.1.2　黑芝麻:种皮为黑色的芝麻在 95%及以上。

4.1.3　其他纯色芝麻:种皮为黄色、黄褐、红褐、灰等颜色的芝麻在 95%及以上。

4.1.4　杂色芝麻:不属于以上三类的芝麻。

4.2　质量指标

4.2.1　各类芝麻以纯质率定等级;各等级芝麻应符合表 1 的规定。

表 1 质量指标

等级	净籽纯质率/(%)	千粒重/g	水分/(%)	蛋白质/(%)	杂质/(%)	色泽、气味
一	≥98.0	≥2.2	≤8.0	≥19.0	≤2.0	正常
二	≥96.0					
三	≥94.0					

4.2.2 芝麻以二等为计价基础。

4.2.3 制油用芝麻以含油量确定等级，质量指标见附录 A。

4.2.4 卫生指标：卫生指标按以下标准规定执行：GB 2762、GB 2763、GB 15199。

4.2.5 植物检疫：按 GB/T 15569 规定执行。

5 试验方法

5.1 扦样、分样

按 GB 5491 规定执行。

5.2 色泽、气味

按 GB/T 5492 规定执行。

5.3 类型及互混检验

按 GB/T 5493 规定执行。

5.4 杂质及纯质率

按 GB/T 5494 规定执行。

5.5 蛋白质含量

按 GB/T 14489.2 规定执行。

5.6 水分

按 GB/T 5497 规定执行。

5.7 千粒重

按 GB/T 5519 规定执行。

5.8 含油量

按 GB/T 5512 规定执行。

6 检验规则

6.1 组批

同产地、同等级、同一批采收发运的芝麻作为一个检验批次。

6.2 判定规则

6.2.1 经检验符合第 4 章要求的产品，该批产品按本标准判定为相应等级的合格产品。

6.2.2 理化指标或卫生指标检验结果中一项指标不合格，该产品按本标准判定为不合格产品。

6.3 复验

贸易双方对检验结果有异议时，须加倍抽样复验，复验以一次为限，结论以复验结果为准。

7 包装、标志、贮存和运输

7.1 包装

使用的包装材料应符合食品卫生要求，坚固不易破漏、不影响芝麻质量。

7.2 标志

包装上应标明产地、收获日期、等级规格、毛重、净重以及防潮标志。

7.3 贮存

芝麻应贮存在通风、干燥的库房中，并能防虫、防鼠。堆垛要整齐，堆间要有适当的通道以利通风。严禁与有毒、有害、有污染、有异味的物品混放。

7.4 运输

芝麻在运输中应注意避免雨淋、日晒。严禁与有毒、有害、有异味物品混运。禁用受污染的运输工具装载。

附　录　A
（规范性附录）
制油用芝麻质量指标

A.1　制油用芝麻以标准水、杂的芝麻含油量确定等级，各等级质量指标见表A.1。

表A.1　制油用芝麻质量指标

等级	含油量（以标准水、杂计）/（%）	千粒重/g	水分/（%）	蛋白质/（%）	杂质/（%）	色泽、气味
一	≥51.0	≥2.2	≤8.0	≥19.0	≤2.0	正常
二	≥50.0					
三	≥49.0					
四	≥48.0					
五	≥47.0					

A.2　制油用芝麻以三等为计价基础。含油量52.0%及以上或低于47.0%时，按实际含油量增减价。

A.3　卫生指标：卫生指标按以下标准规定执行：GB 2762、GB 2763、GB 15199。

ICS 67.200.20
B 33

中华人民共和国国家标准

GB/T 11762—2006
代替 GB/T 11762—1989

油菜籽

Rapeseed

2006-09-14 发布 2007-04-01 实施

中华人民共和国国家质量监督检验检疫总局
中国国家标准化管理委员会 发布

前　言

本标准是对 GB/T 11762—1989《油菜籽》的修订。

本标准与 GB/T 11762—1989《油菜籽》的主要差异：

——根据油菜籽的芥酸、硫甙含量，将其分为普通油菜籽和双低油菜籽；

——参考国外油菜籽标准，增加了未熟粒、热损伤粒、生芽粒指标；

——将原来的“霉变粒”改为“生霉粒”；

——将原来的 8 个等级改为 5 个等级；将原级差 1 个百分点改为 2 个百分点；

——增加了判定规则和对标识的要求。

本标准自实施之日起代替 GB/T 11762—1989《油菜籽》。

本标准的附录 A 为规范性附录。

本标准由国家粮食局提出。

本标准由全国粮油标准化技术委员会归口。

本标准负责起草单位：湖北省粮油食品质量监测站、国家粮食局标准质量中心、国家粮食储备局武汉粮食科学研究院、河南工业大学、国家粮食储备局西安油脂科学研究院、安徽省粮食局、四川省粮油中心监测站。

本标准主要起草人：熊宁、余敦年、江友玉、刘勇、谢华民、杨林、周显青、薛雅琳、丁世琪、肖青。

油 菜 籽

1 范围

本标准规定了油菜籽的术语和定义、分类、质量要求、检验方法、判定规则，以及对标识、包装、储存和运输的要求。

本标准适用于加工食用油的商品普通油菜籽和双低油菜籽。

2 规范性引用文件

下列文件中的条款通过本标准的引用而成为本标准的条款。凡是注日期的引用文件，其随后所有的修改单（不包括勘误的内容）或修订版均不适用于本标准，然而，鼓励根据本标准达成协议的各方研究是否可使用这些文件的最新版本。凡是不注日期的引用文件，其最新版本适用于本标准。

GB 5491 粮食、油料检验 扦样、分样法

GB/T 5492 粮食、油料检验 色泽、气味、口味鉴定法

GB/T 5494 粮食、油料检验 杂质、不完善粒检验法

GB/T 8946 塑料编织袋

GB/T 14488.1 油料种籽含油量测定法

GB/T 14489.1 油料水分及挥发物含量测定法

GB 19641 植物油料卫生标准

LS/T 3801 粮食包装 麻袋

NY/T 91 油菜籽中油的芥酸的测定 气相色谱法

ISO 9167-1 油菜籽——硫代葡萄糖甙含量的测定——第1部分：高效液相色谱法

3 术语和定义

下列术语和定义适用于本标准。

3.1

油菜籽 rapeseed

十字花科草本植物栽培油菜长角果的小颗粒球形种子，种皮有黑、黄、褐红等色。

3.2

转基因油菜籽 genetically modified organism rapeseed

用转基因生物技术培育的种子生产的油菜籽。

3.3

含油量 oil content

净油菜籽中粗脂肪的含量（以标准水分计）。

3.4

杂质 impurity

除油菜籽以外的有机物质、无机物质及无使用价值的油菜籽。

3.5

不完善粒 unsound kernel

受到损伤或存在缺陷但尚有使用价值的颗粒。包括生芽粒、生霉粒、未熟粒和热损伤粒。

3.5.1

生芽粒 sprouted kernel

芽或幼根突破种皮的颗粒。

3.5.2

生霉粒 moldy kernel

粒面生霉的颗粒。

3.5.3

未熟粒 distinctly green kernel

籽粒未成熟,子叶呈现明显绿色的颗粒。

3.5.4

热损伤粒 heat damaged kernel

由于受热而导致子叶变成黑色或深褐色的颗粒。

3.6

芥酸含量 erucic acid content

油菜籽油的脂肪酸中芥酸[顺式二十二(碳)烯-(13)酸]的百分含量。

3.7

硫代葡萄糖甙含量 glucosinolate content

油菜籽粕(或饼,含油2%计)中硫代葡萄糖甙(简称硫甙或硫苷)的含量。

3.8

双低油菜籽(低芥酸低硫甙油菜籽) low erucic acid and low glucosinolate rapeseed

油菜籽油的脂肪酸中芥酸含量不大于3.0%,粕(饼)中的硫甙含量不大于35.0 μmol/g的油菜籽。

4 分类

根据芥酸和硫甙含量将油菜籽分为普通油菜籽和双低油菜籽。

5 质量指标

5.1 质量等级指标

5.1.1 普通油菜籽质量指标见表1。

表1 普通油菜籽质量指标

<table>
<tr><th>等级</th><th>含油量
(标准水计)/(%)</th><th>未熟粒/
(%)</th><th>热损伤粒/
(%)</th><th>生芽粒/
(%)</th><th>生霉粒/
(%)</th><th>杂质/
(%)</th><th>水分/
(%)</th><th>色泽气味</th></tr>
<tr><td>1</td><td>≥42.0</td><td>≤2.0</td><td>≤0.5</td><td rowspan="5">≤2.0</td><td rowspan="5">≤2.0</td><td rowspan="5">≤3.0</td><td rowspan="5">≤8.0</td><td rowspan="5">正常</td></tr>
<tr><td>2</td><td>≥40.0</td><td rowspan="2">≤6.0</td><td rowspan="2">≤1.0</td></tr>
<tr><td>3</td><td>≥38.0</td></tr>
<tr><td>4</td><td>≥36.0</td><td rowspan="2">≤15.0</td><td rowspan="2">≤2.0</td></tr>
<tr><td>5</td><td>≥34.0</td></tr>
</table>

5.1.2 双低油菜籽质量指标见表2。

表 2 双低油菜籽质量指标

<table>
<tr><th>等级</th><th>含油量
(标准水计)/(%)</th><th>未熟粒/
(%)</th><th>热损伤粒/
(%)</th><th>生芽粒/
(%)</th><th>生霉粒/
(%)</th><th>芥酸含量/
(%)</th><th>硫甙含量/
(μmol/g)</th><th>杂质/
(%)</th><th>水分/
(%)</th><th>色泽
气味</th></tr>
<tr><td>1</td><td>≥42.0</td><td>≤2.0</td><td>≤0.5</td><td rowspan="5">≤2.0</td><td rowspan="5">≤2.0</td><td rowspan="5">≤3.0</td><td rowspan="5">≤35.0</td><td rowspan="5">≤3.0</td><td rowspan="5">≤8.0</td><td rowspan="5">正常</td></tr>
<tr><td>2</td><td>≥40.0</td><td rowspan="2">≤6.0</td><td rowspan="2">≤1.0</td></tr>
<tr><td>3</td><td>≥38.0</td></tr>
<tr><td>4</td><td>≥36.0</td><td rowspan="2">≤15.0</td><td rowspan="2">≤2.0</td></tr>
<tr><td>5</td><td>≥34.0</td></tr>
</table>

5.2 卫生指标

按 GB 19641 和国家有关标准、规定执行。

5.3 植物检疫

按国家有关标准和规定执行。

6 检验方法

6.1 扦样、分样:按 GB 5491 执行。

6.2 色泽、气味检验:按 GB/T 5492 执行。

6.3 杂质检验、生芽粒检验、生霉粒检验:按 GB/T 5494 执行。

6.4 芥酸含量检验:按 NY/T 91 执行。

6.5 含油量检验:按 GB/T 14488.1 执行。

6.6 水分检验:按 GB/T 14489.1 执行。

6.7 热损伤粒检验、未熟粒检验:按附录 A 执行。

6.8 硫甙含量检验:按 ISO 9167-1 执行。

7 判定规则

7.1 普通油菜籽和双低油菜籽均以含油量定等,含油量低于 5 等的为等外油菜籽。

7.2 芥酸和硫甙两项指标中有一项达不到表 2 规定的油菜籽,不能作为双低油菜籽。

8 标识

应在包装或货位登记卡、贸易随行文件中标明产品名称、质量等级、收获年度、产地等内容。转基因产品的标识按国家有关规定执行。

9 包装、储存和运输

包装或散装油菜籽的包装、储存、运输,应符合国家的有关技术标准和规范。

9.1 包装

包装物应密实牢固,不应产生撒漏,不应对油菜籽造成污染。使用麻袋包装时,应符合 LS/T 3801 的规定;使用编织袋包装时,应符合 GB/T 8946 的规定。

9.2 储存

应分类、分级储存于阴凉干燥处,不应与有毒、有害物品混存,堆放的高度应适宜。

9.3 运输

运输中应注意安全,防止日晒、雨淋、渗漏、污染。运输所用车、船和其他装具不应对油菜籽造成污染。

附 录 A
（规范性附录）
热损伤粒、未熟粒检验方法

A.1 仪器和用具

A.1.1 油菜籽计数板(宽 25 mm～80 mm,长 120 mm～250 mm),100 孔或 50 孔。

A.1.2 粘胶带(宽 25 mm～80 mm,长 120 mm～250 mm，胶带底部为白色)。

A.1.3 滚筒(宽 25 mm～80 mm)。

A.2 操作方法

A.2.1 取样

从已除去杂质的油菜籽试样中用 100 孔或 50 孔的计数板随机取油菜籽,使计数板微孔填满;用胶带纸覆盖在计数板上,揭下胶带纸,计数板上的油菜籽籽粒全部转至胶带纸上。进行 5 次或者 10 次(共取 500 粒油菜籽),得粘有油菜籽籽粒的 5 条或 10 条胶带纸。

A.2.2 碾压

将粘有籽粒的胶带纸置于硬纸板上,用滚筒碾压粘有籽粒面的胶带纸,使籽粒种皮破裂。

A.2.3 计数

A.2.3.1 热损伤粒

对所碾压的籽粒在白炽光下进行观察,确认子叶呈黑色或深褐色的颗粒,计数 N_1(已碾压籽粒中热损伤粒的和);如果 N_1 等于 0,则热损伤粒结果为未检出;如果 N_1 大于或等于 1,则重复 A.2.1、A.2.2 操作,计数 N_2。

A.2.3.2 未熟粒

对所碾压的籽粒进行观察,确认子叶呈明显绿色的颗粒,计数 N_3(已碾压籽粒中未熟粒的和);如果 N_3 等于 0,则未熟粒结果为未检出;如果 N_3 大于或等于 1,则重复 A.2.1、A.2.2 操作,计数 N_4。

A.3 结果计算

A.3.1 热损伤粒

热损伤粒(X)如式(A.1)计算,数值以%表示:

$$X = \frac{N_1 + N_2}{1\,000} \times 100 \qquad \cdots\cdots\cdots\cdots(A.1)$$

式中:

N_1、N_2——热损伤粒数;

1 000——油菜籽总粒数。

A.3.2 未熟粒

未熟粒(Y)如式(A.2)计算,数值以%表示:

$$Y = \frac{N_3 + N_4}{1\,000} \times 100 \qquad \cdots\cdots\cdots\cdots(A.2)$$

式中：

N_3、N_4——未熟粒数；

1 000——油菜籽总粒数。

ICS 65.150
B 52

中华人民共和国国家标准

GB 11776—2006
代替 GB/T 11776—1989

草鱼鱼苗、鱼种

Fry and fingerling of grass carp

2006-09-29 发布 2006-12-01 实施

中华人民共和国国家质量监督检验检疫总局
中国国家标准化管理委员会 发布

前 言

本标准的第5章和第6章为强制性条款，其余为推荐性条款。

本标准代替GB/T 11776—1989《草鱼鱼苗、鱼种质量标准》。

本标准与GB/T 11776—1989相比主要变化如下：

——增加了前言；

——增加了对草鱼危害性大、传染性强的常见疾病及诊断方法；

——增加了“检验规则”一章；

——增加了资料性附录(即草鱼常见病及诊断方法)。

本标准的附录A为资料性附录。

本标准由中华人民共和国农业部提出。

本标准由全国水产标准化技术委员会淡水养殖分技术委员会归口。

本标准起草单位：中国水产科学研究院长江水产研究所、农业部淡水鱼类种质监督检验测试中心。

本标准主要起草人：周瑞琼、徐忠法、邹世平、方耀林、艾晓辉、何力。

本标准所代替标准的历次版本发布情况为：

——GB/T 11776—1989。

草鱼鱼苗、鱼种

1 范围

本标准规定了草鱼(*Ctenopharyngodon idellus*)鱼苗、鱼种的术语和定义、苗种来源、质量要求、检验方法和检验规则。

本标准适用于草鱼鱼苗、鱼种的质量评定。

2 规范性引用文件

下列文件中的条款通过本标准的引用而成为本标准的条款。凡是注日期的引用文件,其随后所有的修改单(不包括勘误的内容)或修订版均不适用于本标准,然而,鼓励根据本标准达成协议的各方研究是否可使用这些文件的最新版本。凡是不注日期的引用文件,其最新版本适用于本标准。

GB/T 5055 青鱼、草鱼、鲢、鳙 亲鱼

GB/T 18654.3 养殖鱼类种质检验 第3部分:性状测定

3 术语与定义

下列术语和定义适用于本标准。

3.1

鱼苗 fry

受精卵发育出膜后至卵黄囊基本消失、鳔充气、能平游和主动摄食阶段的仔鱼。

3.2

鱼种 fingerling

鱼苗生长发育至体被鳞片、长全鳍条,外观已具有成体基本特征的幼鱼。

4 苗种来源

4.1 鱼苗

由符合GB/T 5055规定的亲鱼人工繁殖的鱼苗或江河捕捞的天然鱼苗。

4.2 鱼种

由符合4.1规定的鱼苗培育成的鱼种。

5 鱼苗质量

5.1 外观

5.1.1 肉眼观察95%以上的鱼苗应符合3.1的规定,且鱼体半透明,有光泽。

5.1.2 集群游动,游动活泼,在容器中轻微搅动水体时,90%以上的鱼苗有逆水游动能力。

5.1.3 规格整齐。

5.2 可数指标

畸形率小于3%,伤残率小于1%。

6 鱼种质量

6.1 外观

6.1.1 体形正常,鳍条、鳞被完整。

6.1.2 体色正常,体表光滑有黏液,游动活泼。

6.2 可数指标

畸形率小于1%,伤残率小于1%。

6.3 可量指标

各种规格(全长)的鱼种质量应不低于表1的规定。

表1 鱼种规格

全长/cm	体重/g	每千克尾数/尾	全长/cm	体重/g	每千克尾数/尾	全长/cm	体重/g	每千克尾数/尾
1.7	0.10	10 000	9.0	7.85	127.4	16.3	51.44	19.44
2.0	0.15	6 667	9.3	9.30	108.0	16.7	55.18	18.12
2.3	0.21	4 762	9.7	10.75	93.0	17.0	58.10	17.21
2.7	0.31	3 226	10.0	11.60	86.2	17.3	61.12	16.36
3.0	0.41	2 439	10.3	12.65	79.1	17.7	65.30	15.32
3.3	0.52	1 923	10.7	14.10	70.9	18.0	68.65	14.57
3.7	0.70	1 429	11.0	15.25	65.6	18.3	71.92	13.90
4.0	0.85	1 176	11.3	16.47	60.7	18.7	76.57	13.06
4.3	1.03	971	11.7	18.91	52.9	19.0	80.18	12.47
4.7	1.12	893	12.0	19.55	51.2	19.3	83.90	11.92
5.0	1.51	662	12.3	20.98	47.7	19.7	89.03	11.23
5.3	1.75	571	12.7	22.98	43.5	20.0	93.01	10.75
5.7	2.10	476	13.0	24.56	40.7	20.3	97.11	10.30
6.0	2.40	417	13.3	26.21	38.2	20.7	102.75	9.73
6.3	2.71	369	13.7	28.52	35.1	21.0	107.13	9.33
6.7	3.17	315	14.0	30.34	33.0	21.3	111.62	8.96
7.0	3.54	282	14.3	32.23	31.0	21.7	117.09	8.54
7.3	3.94	254	14.7	34.87	28.7	22.0	122.57	8.16
7.7	4.52	221	15.0	37.88	26.4	22.3	127.47	7.84
8.0	4.98	201	15.3	40.22	24.9	22.7	134.21	7.45
8.3	5.46	183	15.7	43.96	22.7	23.0	139.41	7.17
8.7	6.40	156	16.0	47.70	21.0	23.3	144.74	6.91

越冬后鱼种的体重:长江流域及其以南地区应达到表1中数值的90%以上;长江流域以北地区应达到85%以上。

6.4 病害

无出血病、肠炎病、赤皮病、烂鳃病和小瓜虫病等传染性强、危害大的疾病。

7 检验方法

7.1 外观、可数指标

把样品置于便于观察的容器内,肉眼逐项观察计数。

7.2 可量指标

按GB/T 18654.3规定的方法测量。

7.3 病害检疫

按鱼病常规诊断方法检验,参见附录A。

8 检验规则

8.1 检验分类

8.1.1 出场检验:每批鱼苗、鱼种产品应进行出场检验。出场检验由生产单位质量检验部门执行,检验项目为外观、可数指标和可量指标。

8.1.2 型式检验:检验项目为本标准中规定的全部项目。有下列情形之一者应进行型式检验:

a) 新建养殖场培育的草鱼鱼苗、鱼种;

b) 养殖条件发生变化,可能影响苗种质量时;

c) 国家质量监督机构或行业主管部门提出型式检验要求时;

d) 出场检验与上次型式检验有较大差异时;

e) 正常生产时,每年至少应进行一次周期性检验。

8.2 组批规则

以同一培育池、同一规格或一次交货的苗种作为一个检验批,销售前按批检验。

8.3 抽样方法

每批鱼苗、鱼种随机取样应在100尾以上,鱼种可量指标测量每批取样应在30尾以上。

8.4 判定规则

经检验,如病害项不合格,则判定该批鱼苗、鱼种为不合格,不得复检;其他有不合格项,应对原检验批取样进行复检,以复检结果为准。经复检,如仍有不合格项,则判定该批鱼苗或鱼种为不合格。

附 录 A
（资料性附录）
草鱼常见病及诊断方法

表 A.1 草鱼常见病及诊断方法

病名	病原体	症 状	流行季节	诊 断
出血病 haemorrhagic disease of black carp	病毒（种类尚未鉴定）。病毒颗粒呈球形，直径为 50 nm～56 nm。	病鱼离群独游，体表呈暗黑色。各鳍出血，尤以尾鳍基部更甚，且尾鳍末端往往坏死。脑腔、口腔、鳃盖骨下缘、眼眶等均有点状出血症状。肛门红肿。全身肌肉呈鲜红色或点状出血。各内部器官组织表现出点状或块状充血。	6月份至10月份，水温24℃～32℃。	根据症状可作出初步诊断。
肠炎病 bacterial enteritis	点状产气单胞菌（*Aeromonas punctata*）。菌体短杆状，两端圆形，大小为（1.0～1.3）μm×（0.4～0.5）μm。极端单鞭毛，有动力，无芽孢，革兰氏染色阴性。	病鱼体色发黑，头部尤其乌黑。腹部膨大有红斑，肛门外突且红肿。轻压鱼腹，有脓夹血流出。腹腔积水，肠壁充血发炎，肠管呈红色或紫红色，肠内无食，有黄色黏液。	当年鱼种发病季节为4月份至9月份，1龄以上鱼种为7月份至9月份。	根据症状可作出初步诊断。取病鱼的肝、脾、肾、心、血接种在培养基上，如长出黄色菌落，则可确诊为本病。
赤皮病 rad-skin disease	荧光极毛杆菌（*Pseudomonas flunescens*）。菌体短杆状，两端圆形，大小为（0.7～0.75）μm×（0.4～0.45）μm。极端1根～3根鞭毛，有动力，无芽孢，革兰氏染色阴性。	病鱼体表局部或大部分出血发炎，鳞片松动脱落，各鳍基部或全部充血，鳍条末端腐烂，鳍间组织破坏。	常年可见。尤其放养或捕捞后最易发生。	根据症状及流行情况可作出初步诊断，确诊须在显微镜下观察菌体并鉴定。
烂鳃病 bacterial gill-rot disease	柱状屈桡杆菌（*Flexibacter columnaris*）。菌体细长，柔软可弯曲，粗细均匀，大小为0.8 μm×（2～4）μm，无鞭毛，作滑行运动或摇晃颤动，两端钝圆，一般稍弯曲。革兰氏染色阴性。	病鱼鳃丝肿胀，黏液很多，末端腐烂，软骨外露，边缘发白，鳃上黏附着污泥，有的病鱼鳃盖骨中央内侧表皮脱落，成一透明区，俗称“开天窗”。	4月份至10月份，7月份至9月份最严重。	根据症状可初诊。取鳃部的黏液在显微镜下检查，可见到大量细长、滑行的杆菌菌体柔软。

表 A.1（续）

病名	病原体	症状	流行季节	诊断
小瓜虫病 ichthyophthiriasis	多子小瓜虫（*Ichthyophthirius multifiliis*）。幼虫长卵形，前尖后钝，后端有一根粗而长的尾毛，全身披长短均匀的纤毛；成虫虫体球形，尾毛消失，有一马蹄形的大核。	病鱼的皮肤、鳍条或鳃瓣上，肉眼可见布满白色小点状囊泡，严重时体表似覆盖一层白色薄膜，鳞片脱落，鳍条裂开、腐烂。鱼体和鳃瓣黏液增多，呼吸困难，反应迟钝，缓游水面。不久即死。	初冬春末，水温15℃～25℃。	1）肉眼可见体表或鳃上有许多小白点。 2）镜检可见长卵形幼虫或具马蹄形细胞核的成虫。

ICS 65.150
B 52

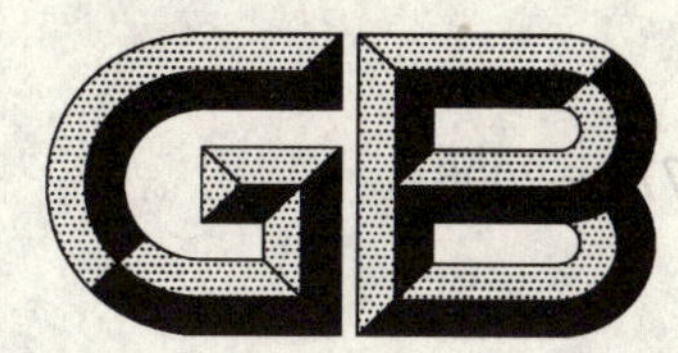

中华人民共和国国家标准

GB 11777—2006
代替 GB/T 11777—1989

鲢鱼苗、鱼种

Fry and fingerling of silver carp

2006-09-29 发布　　2006-12-01 实施

中华人民共和国国家质量监督检验检疫总局
中国国家标准化管理委员会　发布

前言

本标准的第5章和第6章为强制性条款，其余为推荐性条款。

本标准代替GB/T 11777—1989《鲢鱼鱼苗、鱼种质量标准》。

本标准与GB/T 11777—1989相比主要变化如下：

——增加了前言；

——增加了对鲢危害性大、传染性强的常见疾病及诊断方法；

——增加了“检验规则”一章；

——增加了资料性附录（即鲢常见病及诊断方法）。

本标准的附录A为资料性附录。

本标准由中华人民共和国农业部提出。

本标准由全国水产标准化技术委员会淡水养殖分技术委员会归口。

本标准起草单位：中国水产科学研究院长江水产研究所、农业部淡水鱼类种质监督检验测试中心。

本标准主要起草人：周瑞琼、徐忠法、邹世平、方耀林、艾晓辉、何力。

本标准所代替标准的历次版本发布情况为：

——GB/T 11777—1989。

鲢鱼苗、鱼种

1 范围

本标准规定了鲢(*Hypophthalmichthys molitrix*)鱼苗、鱼种的术语和定义、苗种来源、质量要求、检验方法和检验规则。

本标准适用于鲢鱼苗、鱼种的质量评定。

2 规范性引用文件

下列文件中的条款通过本标准的引用而成为本标准的条款。凡是注日期的引用文件,其随后所有的修改单(不包括勘误的内容)或修订版均不适用于本标准,然而,鼓励根据本标准达成协议的各方研究是否可使用这些文件的最新版本。凡是不注日期的引用文件,其最新版本适用于本标准。

GB/T 5055 青鱼、草鱼、鲢、鳙 亲鱼

GB/T 18654.3 养殖鱼类种质检验 第3部分:性状测量

3 术语和定义

下列术语和定义适用于本标准。

3.1

鱼苗 fry

受精卵发育出膜后至卵黄囊基本消失、鳔充气、能平游和主动摄食阶段的仔鱼。

3.2

鱼种 fingerling

鱼苗生长发育至体被鳞片、长全鳍条,外观已具有成体基本特征的幼鱼。

4 苗种来源

4.1 鱼苗

由符合 GB/T 5055 规定的亲鱼人工繁殖的鱼苗或江河捕捞的天然鱼苗。

4.2 鱼种

由符合 4.1 规定的鱼苗培育成的鱼种。

5 鱼苗质量

5.1 外观

5.1.1 肉眼观察95%以上的鱼苗应符合3.1的规定,且鱼体半透明,有光泽。

5.1.2 集群游动,游动活泼,在容器中轻微搅动水体时,90%以上的鱼苗有逆水游动能力。

5.1.3 规格整齐。

5.2 可数指标

畸形率小于3%,伤残率小于1%。

6 鱼种质量

6.1 外观

6.1.1 体形正常,鳍条、鳞被完整。

6.1.2 体色正常,体表光滑有黏液,游动活泼。

6.2 可数指标

畸形率小于1%,伤残率小于1%。

6.3 可量指标

各种规格(全长)的鱼种质量应不低于表1规定。

表1 鱼种规格

全长/cm	体重/g	每千克尾数/尾	全长/cm	体重/g	每千克尾数/尾	全长/cm	体重/g	每千克尾数/尾
1.7	0.04	25 000	9.0	7.16	140.0	16.3	41.45	24.13
2.0	0.07	14 286	9.3	7.91	126.4	16.7	44.56	22.41
2.3	0.11	9 091	9.7	8.94	111.9	17.0	46.99	21.28
2.7	0.18	5 556	10.0	9.96	100.4	17.3	49.56	20.18
3.0	0.25	4 000	10.3	10.99	91.0	17.7	52.99	18.87
3.3	0.33	3 030	10.7	12.01	83.3	18.0	55.72	17.95
3.7	0.46	2 174	11.0	13.00	76.9	18.3	58.53	17.08
4.0	0.60	1 667	11.3	14.03	71.3	18.7	62.43	16.02
4.3	0.75	1 333	11.7	15.50	64.5	19.0	65.46	15.28
4.7	0.98	1 020	12.0	16.66	60.0	19.3	68.59	14.58
5.0	1.18	847	12.3	17.87	56.0	19.7	72.92	13.71
5.3	1.42	704	12.7	19.85	50.4	20.0	76.28	13.11
5.7	1.77	565	13.0	20.93	47.8	20.3	79.74	12.54
6.0	2.07	483	13.3	22.34	44.8	20.7	84.51	11.83
6.3	2.40	417	13.7	24.31	41.1	21.0	88.22	11.34
6.7	2.90	345	14.0	25.85	38.7	21.3	92.03	10.87
7.0	3.32	301	14.3	27.47	36.4	21.7	97.28	10.28
7.3	3.77	265	14.7	29.72	33.6	22.0	101.34	9.87
7.7	4.44	225	15.0	31.48	31.8	22.3	105.52	9.48
8.0	4.99	200	15.3	34.32	29.1	22.7	111.26	8.99
8.3	5.55	180	15.7	37.07	27.0	23.0	115.70	8.64
8.7	6.45	155	16.0	39.22	25.5	23.3	120.36	8.31

越冬后鱼种的体重:长江流域及其以南地区应达到表1中数值的90%以上;长江流域以北地区应达到85%以上。

6.4 病害

无细菌性败血病(淡水鱼类暴发性流行病)、白头白嘴病、小瓜虫病和车轮虫病等传染性强、危害大的疾病。

7 检验方法

7.1 外观、可数指标

把样品置于便于观察的容器内，肉眼逐项观察计数。

7.2 可量指标

按 GB/T 18654.3 规定的方法测量。

7.3 病害检疫

按鱼病常规诊断方法检验，参见附录 A。

8 检验规则

8.1 检验分类

8.1.1 出场检验：每批鱼苗、鱼种产品应进行出场检验。出场检验由生产单位质量检验部门执行，检验项目为外观、可数指标和可量指标。

8.1.2 型式检验：检验项目为本标准中规定的全部项目。有下列情形之一者应进行型式检验：

a) 新建养殖场培育的鲢鱼苗、鱼种；

b) 养殖条件发生变化，可能影响苗种质量时；

c) 国家质量监督机构或行业主管部门提出型式检验要求时；

d) 出场检验与上次型式检验有较大差异时；

e) 正常生产时，每年至少应进行一次周期性检验。

8.2 组批规则

以同一培育池、同一规格或一次交货的苗种作为一个检验批，销售前按批检验。

8.3 抽样方法

每批鱼苗、鱼种随机取样应在 100 尾以上，鱼种可量指标测量每批取样应在 30 尾以上。

8.4 判定规则

经检验，如病害项不合格，则判定该批鱼苗、鱼种为不合格，不得复检；其他有不合格项，应对原检验批取样进行复检，以复检结果为准。经复检，如仍有不合格项，则判定该批鱼苗或鱼种为不合格。

附 录 A
（资料性附录）
鲢常见病及诊断方法

表 A.1 鲢常见病及诊断方法

病 名	病原体	症 状	流行季节	诊 断
细菌性败血病 bacterial septicemia	嗜水气单胞菌（*Aeromonas hydrophila*）。菌体直，短杆状，两端圆无荚膜和芽孢，以极端单鞭毛运动，革兰氏染色阴性。	病鱼上下颌、口腔、眼睛、鳃盖表皮、鳍条基部及鱼体两侧均轻度充血，鳃丝苍白，严重时体表和内脏充血症状加剧，眼球突出，肛门红肿，腹部膨大，腹腔内有黄色或红色腹水，肝、脾、肾均肿大，肠系膜、肠膜及肠壁充血，肠内无食物而有黏液或积水或有气。	2 月份至 11 月份，水温 9℃～36℃，28℃最为严重。	1. 根据症状及流行情况作初步诊断。2. 镜检。取病灶样在 10×40 倍显微镜下观察鉴定是否嗜水气单胞菌。其要点为：革兰氏阴性短杆菌，菌体直，两端钝圆，有运动力，可基本确诊。
白头白嘴病 white head and white mouth disease	一种革兰氏阴性杆菌，菌体细长，直径为 0.8 μm，长 5 μm～9 μm，无鞭毛。	病鱼自吻端至眼球的一段皮肤溃烂，头前端和嘴周围色素消失，呈乳白色。口唇肿胀，张闭失灵，呼吸困难。	5 月份至 7 月份，6 月为发病高峰。	根据症状及流行情况可初诊，或在池边观察水面游动的病鱼，明显可见白头白嘴的症状。确诊需用显微镜检查患处黏液，可见大量滑行的杆菌。
小瓜虫病 ichthyophthiriasis	多子小瓜虫（*Ichthyophthirius multifiliis*）。幼虫长卵形，前尖后钝，后端有一根粗而长的尾毛，全身披长短均匀的纤毛；成虫虫体球形，尾毛消失，有一马蹄形的大核。	病鱼的皮肤、鳍条或鳃瓣上，肉眼可见布满白色小点状囊泡，严重时体表似覆盖一层白色薄膜，鳞片脱落，鳍条裂开、腐烂。鱼体和鳃瓣黏液增多，呼吸困难，反应迟钝，缓游水面。不久即死。	初冬春末，水温 15℃～25℃。	1. 肉眼可见体表或鳃上有许多小白点。2. 镜检可见长卵形幼虫或具马蹄形细胞核的成虫。
车轮虫病 trichodiniasis	车轮虫属（*Trichodina*）或小车轮虫属的许多种类。车轮虫外形侧面观像碟子或毡帽，隆起面为口面，与之相对的面为反口面。反口面形似圆盘，内部由许多齿体逐个嵌接而成齿环。虫体自由游动时，像车轮般转动。	病鱼黑瘦，体表黏液增多，成群沿池边狂游，呼吸困难。	常年发生，尤其在 5 月份至 8 月份。	取体表黏液或鳃丝在显微镜下观察，如有车轮虫游动即可诊断。

ICS 65.150
B 52

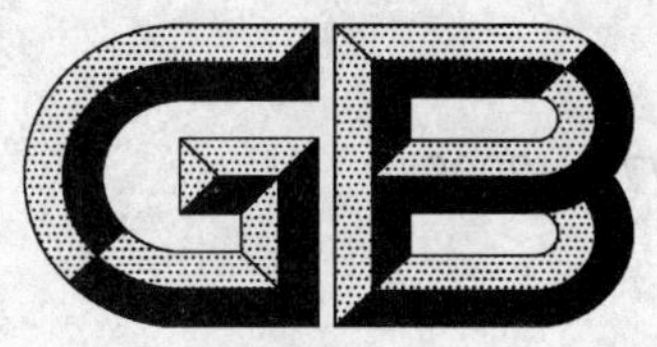

中华人民共和国国家标准

GB 11778—2006
代替 GB/T 11778—1989

鳙鱼苗、鱼种

Fry and fingerling of bighead carp

2006-09-29 发布　　　　2006-12-01 实施

中华人民共和国国家质量监督检验检疫总局
中国国家标准化管理委员会　发布

前 言

本标准的第5章和第6章为强制性条款，其余为推荐性条款。

本标准代替GB/T 11778—1989《鳙鱼鱼苗、鱼种质量标准》。

本标准与GB/T 11778—1989相比主要变化如下：

——增加了前言；

——增加了对鳙危害性大、传染性强的常见疾病及诊断方法；

——增加了“检验规则”一章；

——增加了资料性附录(即鳙常见病及诊断方法)。

本标准的附录A为资料性附录。

本标准由中华人民共和国农业部提出。

本标准由全国水产标准化技术委员会淡水养殖分技术委员会归口。

本标准起草单位：中国水产科学研究院长江水产研究所、农业部淡水鱼类监督检验测试中心。

本标准主要起草人：周瑞琼、徐忠法、邹世平、方耀林、艾晓辉、何力。

本标准所代替标准的历次版本发布情况为：

——GB/T 11778—1989。

鳙鱼苗、鱼种

1 范围

本标准规定了鳙(*Aristichthys nobilis*)鱼苗、鱼种的术语和定义、苗种来源、质量要求、检验方法和检验规则。

本标准适用于鳙鱼苗、鱼种的质量评定。

2 规范性引用文件

下列文件中的条款通过本标准的引用而成为本标准的条款。凡是注日期的引用文件,其随后所有的修改单(不包括勘误的内容)或修订版均不适用于本标准,然而,鼓励根据本标准达成协议的各方研究是否可使用这些文件的最新版本。凡是不注日期的引用文件,其最新版本适用于本标准。

GB/T 5055 青鱼、草鱼、鲢、鳙 亲鱼

GB/T 18654.3 养殖鱼类种质检验 第3部分:性状测量

3 术语和定义

下列术语和定义适用于本标准。

3.1

鱼苗 fry

受精卵发育出膜后至卵黄囊基本消失、鳔充气、能平游和主动摄食阶段的仔鱼。

3.2

鱼种 fingerling

鱼苗生长发育至体被鳞片、长全鳍条,外观已具有成体基本特征的幼鱼。

4 苗种来源

4.1 鱼苗

由符合GB/T 5055规定的亲鱼人工繁殖的鱼苗或江河捕捞的天然鱼苗。

4.2 鱼种

由符合4.1规定的鱼苗培育成的鱼种。

5 鱼苗质量

5.1 外观

5.1.1 肉眼观察95%以上的鱼苗应符合3.1的规定,且鱼体半透明,有光泽。

5.1.2 集群游动,游动活泼,在容器中轻微搅动水体时,90%以上的鱼苗有逆水游动能力。

5.1.3 规格整齐。

5.2 可数指标

畸形率小于3%,伤残率小于1%。

6 鱼种质量

6.1 外观

6.1.1 体形正常,鳍条、鳞被完整。

6.1.2 体色正常，体表光滑有黏液，游动活泼。

6.2 可数指标

畸形率小于1%，伤残率小于1%。

6.3 可量指标

各种规格（全长）的鱼种质量应不低于表1的规定。

表1 鱼种规格

全长/cm	体重/g	每千克尾数/尾	全长/cm	体重/g	每千克尾数/尾	全长/cm	体重/g	每千克尾数/尾
1.7	0.04	25 000	9.0	7.46	134.0	16.3	47.02	21.26
2.0	0.07	14 286	9.3	8.27	120.9	16.7	50.85	19.67
2.3	0.10	10 000	9.7	9.34	107.0	17.0	53.87	18.56
2.7	0.17	5 882	10.0	10.37	96.4	17.3	57.00	17.54
3.0	0.24	4 167	10.3	11.29	88.6	17.7	61.37	16.29
3.3	0.32	3 125	10.7	12.64	79.1	18.0	64.80	15.43
3.7	0.46	2 174	11.0	13.73	72.8	18.3	68.35	14.63
4.0	0.59	1 695	11.3	14.87	67.2	18.7	73.50	13.61
4.3	0.74	1 351	11.7	16.49	60.6	19.0	77.17	12.96
4.7	0.97	1 031	12.0	17.97	55.6	19.3	81.18	12.32
5.0	1.18	847	12.3	19.14	52.2	19.7	86.74	11.53
5.3	1.42	704	12.7	20.51	48.8	20.0	91.08	10.98
5.7	1.78	562	13.0	21.56	46.4	20.3	95.57	10.46
6.0	2.09	478	13.3	24.16	41.4	20.7	101.79	9.82
6.3	2.44	410	13.7	26.39	37.9	21.0	106.64	9.38
6.7	2.96	338	14.0	28.40	35.2	21.3	111.61	8.96
7.0	3.41	293	14.3	32.62	30.7	21.7	118.56	8.43
7.3	3.87	258	14.7	34.23	29.2	22.0	123.94	8.07
7.7	4.58	218	15.0	36.84	27.1	22.3	129.47	7.72
8.0	5.16	194	15.3	38.32	26.1	22.7	137.14	7.29
8.3	5.79	173	15.7	41.65	24.0	23.0	143.90	6.95
8.7	6.71	149	16.0	44.28	22.6	23.3	149.21	6.70

越冬后鱼种的体重：长江流域及其以南地区应达到表1中数值的90%以上；长江流域以北地区应达到85%以上。

6.4 病害

无细菌性败血病（淡水鱼类暴发性流行病）、白头白嘴病、小瓜虫病和车轮虫病等传染性强、危害大的疾病。

7 检验方法

7.1 外观、可数指标

把样品置于便于观察的容器内，肉眼逐项观察计数。

7.2 可量指标

按 GB/T 18654.3 规定的方法测量。

7.3 病害检疫

按鱼病常规诊断方法检验，参见附录 A。

8 检验规则

8.1 检验分类

8.1.1 出场检验：每批鱼苗、鱼种产品应进行出场检验。出场检验由生产单位质量检验部门执行，检验项目为外观、可数指标和可量指标。

8.1.2 型式检验：检验项目为本标准中规定的全部项目。有下列情形之一者应进行型式检验：

a) 新建养殖场培育的鳙鱼苗、鱼种；

b) 养殖条件发生变化，可能影响苗种质量时；

c) 国家质量监督机构或行业主管部门提出型式检验要求时；

d) 出场检验与上次型式检验有较大差异时；

e) 正常生产时，每年至少应进行一次周期性检验。

8.2 组批规则

以同一培育池、同一规格或一次交货的苗种作为一个检验批，销售前按批检验。

8.3 抽样方法

每批鱼苗、鱼种随机取样应在 100 尾以上，鱼种可量指标测量每批取样应在 30 尾以上。

8.4 判定规则

经检验，如病害项不合格，则判定该批鱼苗、鱼种为不合格，不得复检；其他有不合格项，应对原检验批取样进行复检，以复检结果为准。经复检，如仍有不合格项，则判定该批鱼苗或鱼种为不合格。

附 录 A
（资料性附录）
鳙常见病及诊断方法

表 A.1 鳙常见病及诊断方法

病名	病原体	症状	流行季节	诊 断
细菌性败血病 bacterial septicemia	嗜水气单胞菌（*Aeromonas hydrophila*）。菌体直，短杆状，两端圆无荚膜和芽孢，以极端单鞭毛运动，革兰氏染色阴性。	病鱼上下颌、口腔、眼睛、鳃盖表皮、鳍条基部及鱼体两侧均轻度充血，鳃丝苍白，严重时体表和内脏充血症状加剧，眼球突出，肛门红肿，腹部膨大，腹腔内有黄色或红色腹水，肝、脾、肾均肿大，肠系膜、肠膜及肠壁充血，肠内无食物而有黏液或积水或有气。	2月份至11月份，水温9℃～36℃，28℃最为严重。	1. 根据症状及流行情况作初步诊断。2. 镜检。取病灶样在10×40倍显微镜下观察鉴定是否嗜水气单胞菌。其要点为：革兰氏阴性短杆菌，菌体直，两端钝圆，有运动力，可基本确诊。
白头白嘴病 white head and white mouth disease	一种革兰氏阴性杆菌，菌体细长，直径为0.8 μm，长5 μm～9 μm，无鞭毛。	病鱼自吻端至眼球的一段皮肤溃烂，头前端和嘴周围色素消失，呈乳白色。口唇肿胀，张闭失灵，呼吸困难。	5月份至7月份，6月份为发病高峰。	根据症状及流行情况可初诊，或在池边观察水面游动的病鱼，明显可见白头白嘴的症状。确诊需用显微镜检查患处黏液，可见大量滑行的杆菌。
小瓜虫病 ichthyophthiriasis	多子小瓜虫（*Ichthyophthirius multifiliis*）。幼虫长卵形，前尖后钝，后端有一根粗而长的尾毛，全身披长短均匀的纤毛；成虫虫体球形，尾毛消失，有一马蹄形的大核。	病鱼的皮肤、鳍条或鳃瓣上，肉眼可见布满白色小点状囊泡，严重时体表似覆盖一层白色薄膜，鳞片脱落，鳍条裂开、腐烂。鱼体和鳃瓣黏液增多，呼吸困难，反应迟钝，缓游水面。不久即死。	初冬春末，水温15℃～25℃。	1. 肉眼可见体表或鳃上有许多小白点。2. 镜检可见长卵形幼虫或具马蹄形细胞核的成虫。
车轮虫病 trichodiniasis	车轮虫属（*Trichodina*）或小车轮虫属（*Trichodinella*）的许多种类。车轮虫外形侧面观像碟子或毡帽，隆起面为口面，与之相对的面为反口面。反口面形似圆盘，内部由许多齿体逐个嵌接而成齿环。虫体自由游动时，像车轮般转动。	病鱼黑瘦，体表黏液增多，成群沿池边狂游，呼吸困难。	常年发生，尤其在5月份至8月份。	取体表黏液或鳃丝在显微镜下观察，如有车轮虫游动即可诊断。

ICS 97.220
Y 56

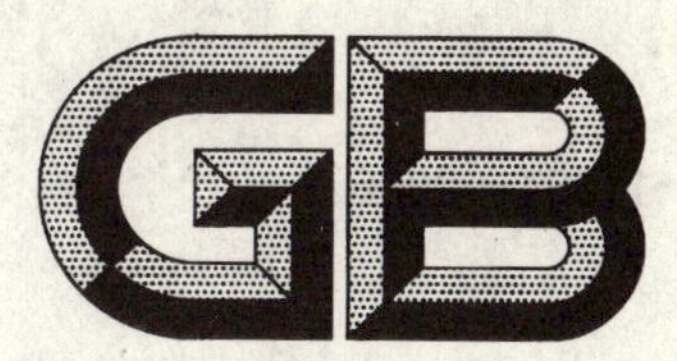

中华人民共和国国家标准

GB/T 11881—2006
代替 GB/T 11881—1989

羽毛球

Shuttlecocks

2006-03-10 发布　　　　2006-10-01 实施

中华人民共和国国家质量监督检验检疫总局
中国国家标准化管理委员会　发布

前言

本标准根据国际羽联(IBF)的《羽毛球竞赛规则》,对 GB/T 11881—1989《羽毛球》进行修订。为达到羽毛球竞赛的使用要求并与国际羽联(IBF)的器材检测接轨,增加了羽毛球优等品的特性要求。

本标准代替 GB/T 11881—1989《羽毛球》。

本标准由中国轻工业联合会提出。

本标准由全国文体用品标准化中心归口。

本标准由广州双鱼体育用品集团有限公司、上海红双喜冠都体育用品有限公司、上海羽毛球厂、绍兴雪峰集团有限公司负责起草。

本标准主要起草人:张铧、高东。

羽　　毛　　球

1　范围

本标准规定了羽毛球的分类与参数，技术要求、试验方法、检验规则、标志、包装、运输、贮存。

本标准适用于比赛、训练和娱乐用的羽毛球。

2　规范性引用文件

下列文件中的条款通过本标准的引用而成为本标准的条款。凡是注日期的引用文件，其随后所有的修改单（不包括勘误的内容）或修订版均不适用于本标准，然而，鼓励根据本标准达成协议的各方研究是否可使用这些文件的最新版本。凡是不注日期的引用文件，其最新版本适用于本标准。

GB/T 2828.1—2003　计数抽样检验程序　第1部分：按接收质量限（AQL）检索的逐批检验抽样计划（ISO 2859-1:1999,IDT）

GB/T 2829—2002　周期检验计数抽样程序及表（适用于对过程稳定性的检验）

3　术语和定义

下列术语和定义适用于本标准。

3.1

落点特性

羽毛球击发后，飞行距离和范围的一致性。

3.2

飞行稳定性

羽毛球击发后，飞行轨迹的稳定程度。

3.3

耐用特性

羽毛球的耐用、牢固程度。

3.4

飞行特性

羽毛球使用过程中反映的飞行性能。

3.5

质量特性

羽毛球使用过程中反映的品质性能。

4　分类与参数

4.1　分类

4.1.1　按毛型分为尖毛、圆毛两种，见图1。

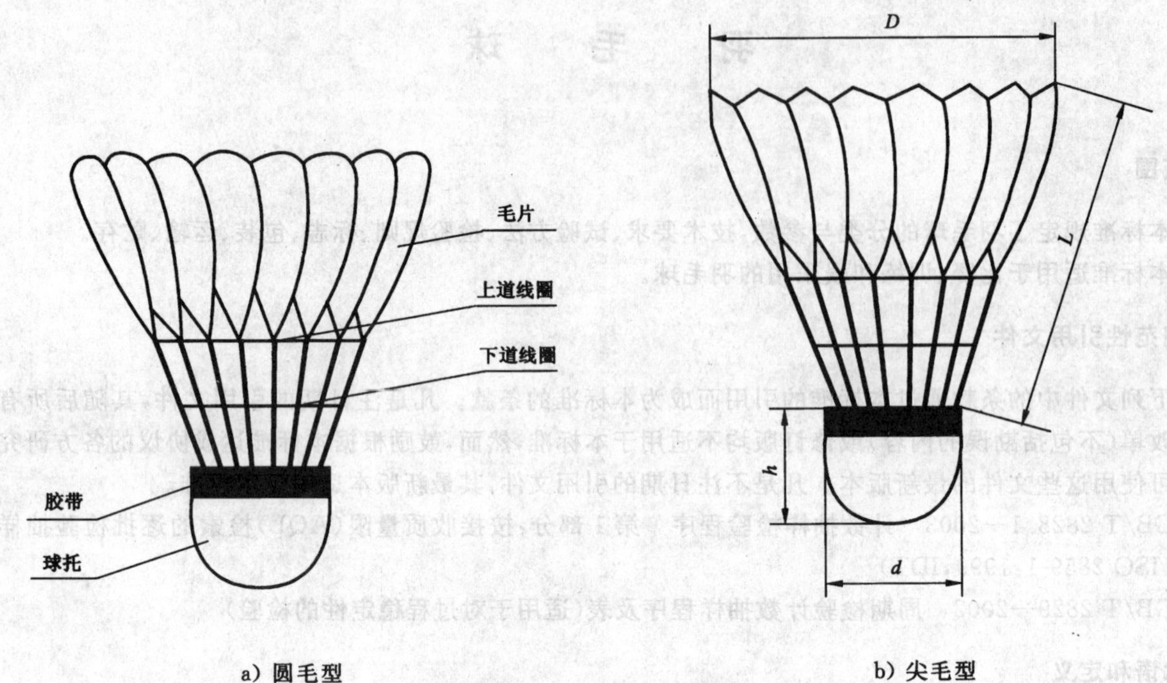

a) 圆毛型　　　　b) 尖毛型

图 1

4.1.2　按质量不同分为优等品、一等品、合格品(训练用品、娱乐用品)三类。

4.2　参数

4.2.1　羽毛球在其基本结构尺寸及质量允许范围内，每一生产批仅允许选用一个公称尺寸，其极限偏差应符合表 1 规定。

表 1

<table>
<tr><th rowspan="3">项　　目</th><th rowspan="3">允许范围</th><th colspan="4">极限偏差</th></tr>
<tr><th rowspan="2">优等品</th><th rowspan="2">一等品</th><th colspan="2">合格品</th></tr>
<tr><th>训练用品</th><th>娱乐用品</th></tr>
<tr><td>球口外径 D/mm</td><td>65～68</td><td>±0.10</td><td>±1.5</td><td colspan="2">±2.0</td></tr>
<tr><td>球头直径 d/mm</td><td>25～27</td><td rowspan="4">±0.5</td><td>±0.5</td><td colspan="2">±0.8</td></tr>
<tr><td>球头高度 h/mm</td><td>24～26</td><td>±1.0</td><td colspan="2">±1.0</td></tr>
<tr><td>毛片插长 L/mm</td><td>63～64</td><td>±0.5</td><td rowspan="2">±1.0</td><td rowspan="2">±1.5</td></tr>
<tr><td>线距离/mm</td><td>上线 21～24
下线 10～12</td><td>±1.0</td></tr>
<tr><td>质量/g</td><td>4.50～5.80</td><td colspan="2">±0.10
若用打落点方法定质量标记的，可用±0.15 的极限偏差</td><td>±0.15
若用打落点方法定质量标记的，可省略该项极限偏差</td><td>—</td></tr>
<tr><td>毛片数量/片</td><td colspan="5">16</td></tr>
<tr><td colspan="6">注：娱乐用品质量允许范围不作规定。</td></tr>
</table>

4.2.2　羽毛球外观要求应符合表 2 规定。

表 2

项目	优等品	一等品	合格品	
			训练用品	娱乐用品
外观	头形圆正，皮面洁白，线圈整齐，胶水均匀不泛白，毛形完整，毛梗光洁，毛片洁白，插毛整齐，商标完整	头形圆正，皮面较白，线圈整齐，胶水均匀不泛白，毛形完整，毛梗光洁，毛片较白，插毛整齐，商标完整	头形基本圆正，毛形完整，线圈胶水及毛片排列基本均匀，商标完整	头形基本圆正，线圈胶水及毛片排列基本均匀，商标完整

4.2.3 羽毛球的主要材料要求应符合表 3 规定。

表 3

部件名称	优等品	一等品	合格品	
			训练用品	娱乐用品
毛片	鹅、鸭刀翎毛		鹅、鸭羽毛或替代品	
球头	软木、复合软木、合成材料或替代品			

4.2.4 羽毛球的球筒要求应符合表 4 规定。

羽毛球的优等品、一等品需用球筒包装。

表 4

项目	优等品	一等品	合格品	
			训练用品	娱乐用品
端盖	与球筒配合松紧适中			—
外层塑料膜	有		—	
内层铝箔膜	有	—		
球筒内径	与所装的球的外径相适应			
材料	纸		纸、塑料或替代品	
外观	球筒圆正、球筒与端盖配合适中、筒身不允许有凹凸			

5 技术要求

5.1 产品参数

标准的 4.2.1、4.2.2、4.2.3、4.2.4 按表 1、表 2、表 3、表 4 要求。

5.2 质量分档

优等品、一等品、合格品中的训练用品从(4.50～5.80)g，以 0.10 g 级差及质量标记分档包装，或以每一落点速度的公称标记分档包装。

5.3 落点特性

优等品、一等品和合格品中的训练用品的羽毛球击发后，每批同一质量标记或公称的球，飞行落点的范围应在 460 mm 距离之内。

5.4 飞行稳定性

5.4.1 飞行稳定性的合格率：优等品大于 90%，一等品大于 70%，合格品中的训练用品大于 50%。

5.4.2 模拟飞行稳定性测试，应符合羽毛球飞行稳定性等级判别曲线，见图 2。

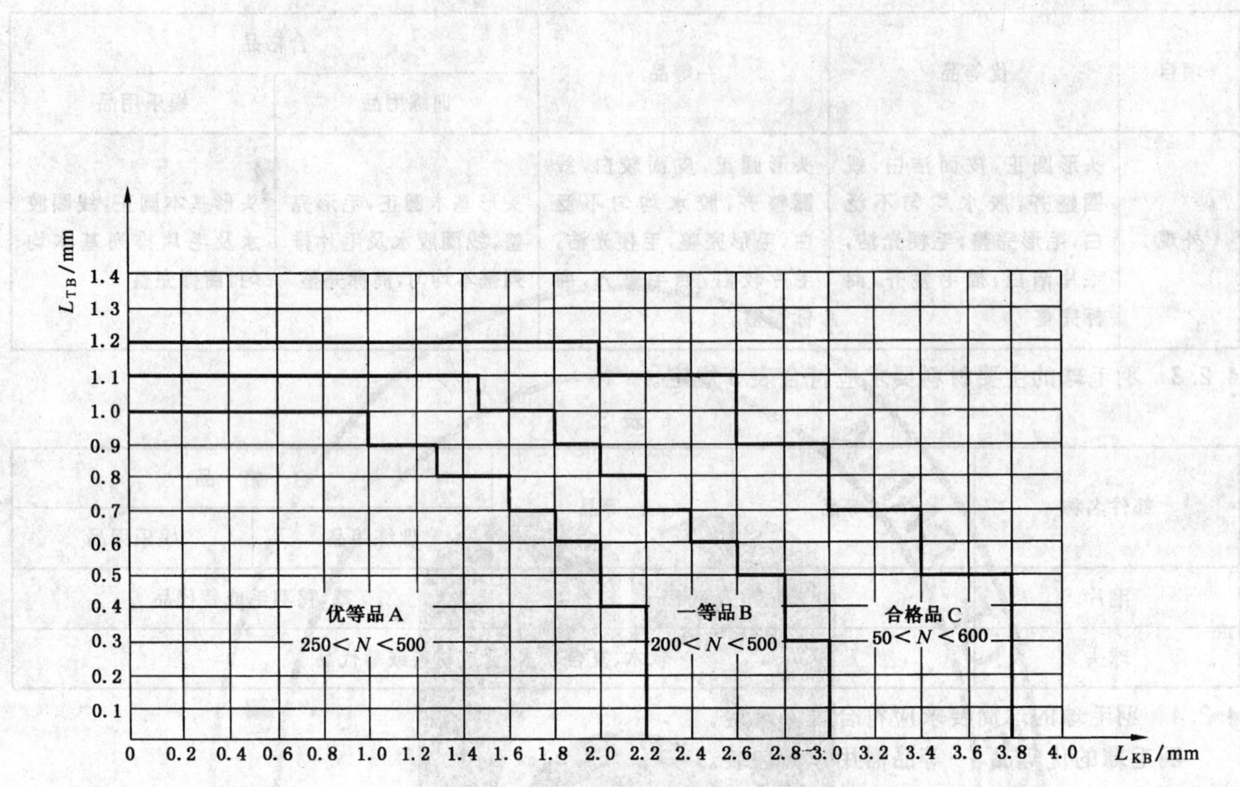

L_{TB}——羽毛球球头偏差值，单位为毫米(mm)；

L_{KB}——羽毛球球口偏差值，单位为毫米(mm)；

N——羽毛球自转速度，单位为转每分钟(r/min)。

图2

5.4.3 专业人员实打法判别飞行稳定性应符合比赛使用性能要求。

5.5 耐用特性

羽毛球的耐用特性应符合表5要求。

表5

项目	优等品	一等品	合格品	
			训练用品	娱乐用品
球头硬度/邵氏度	60～85	60～90		—
球口不变形受压次数/次	≥3	≥2	≥1	—
毛片与球头粘合牢度/N	≥180	≥150	≥100	≥50

5.6 羽毛球优等品的特性要求

凡属优等品的羽毛球，其飞行特性及质量特性应符合比赛要求，特性测试由专业人员实打法判别。判别等级应达到较好或4级(含4级)以上。

5.6.1 飞行特性应符合表6要求。

表 6

项　目	判 别 内 容
下降	飞行过程的下降状态稳定,旋转及下降的速度适中
飞行偏差	球的飞行轨迹线后部分没有偏离、摆动和飘的状况
扣杀球	易于控制、球稳定、球感爽、有弹性,具有有效的飞行速度和适应较大的落点变化的要求
轻力度击球稳定性	在实施吊球、放网、搓球的时候,球稳定、有柔性,达到能够精确控制击球角和初速度的要求
网前球	在实施搓、推、放网、勾球的时候,能稳定控制球的击球角、球路、落点
发短球	易于控制、落点准确、手感好
拍上球重感	球在触拍时的感觉轻松自如、球的质量均衡、弹性好,不能有重力压拍的感觉
劈杀球	易于控制、落点准确、手感好,能迅速达到较快的飞行速度和适应较大的落点变化的要求

5.6.2　质量特性应符合表 7 要求。

表 7

项　目	判 别 内 容
耐打性	使用过程的耐用、牢固程度较好,球头无明显变形,羽毛不易折断,胶水部分不易变软,球的手感无明显变差,能够适应比赛的要求
在连续对打中速度的改变	在连续对打中,球的飞行速度保持一致、没有随着使用时间而变快或变慢的情况
球速与所标明速度的一致性	球的飞行速度与包装所标明的速度标记是一致的
在一筒球中球的速度差异	在一筒球中,各个球的速度没有明显的快慢差异
总的印象和评价	对球的综合感觉的评价

6　试验方法

6.1　球口外径 D:用专用口径仪测量,测四对毛片,以球口毛梗顶端外径为准,见图 3。

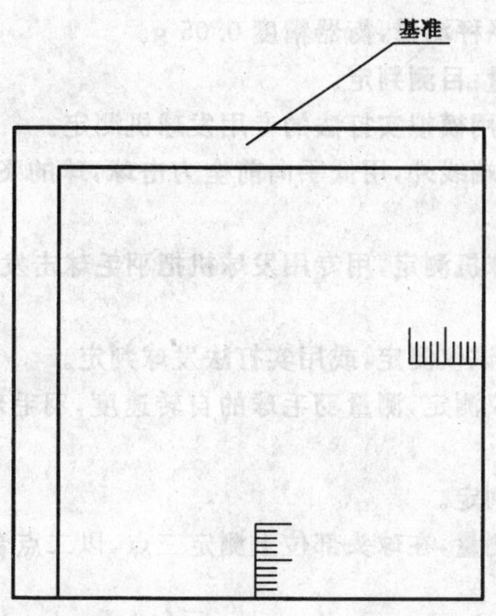

图 3

6.2　球头直径 d:用游标卡尺(测量精度为 0.02 mm)。

6.3　球头高度 h:用专用高度仪进行测量(测量精度 0.02 mm),见图 4。

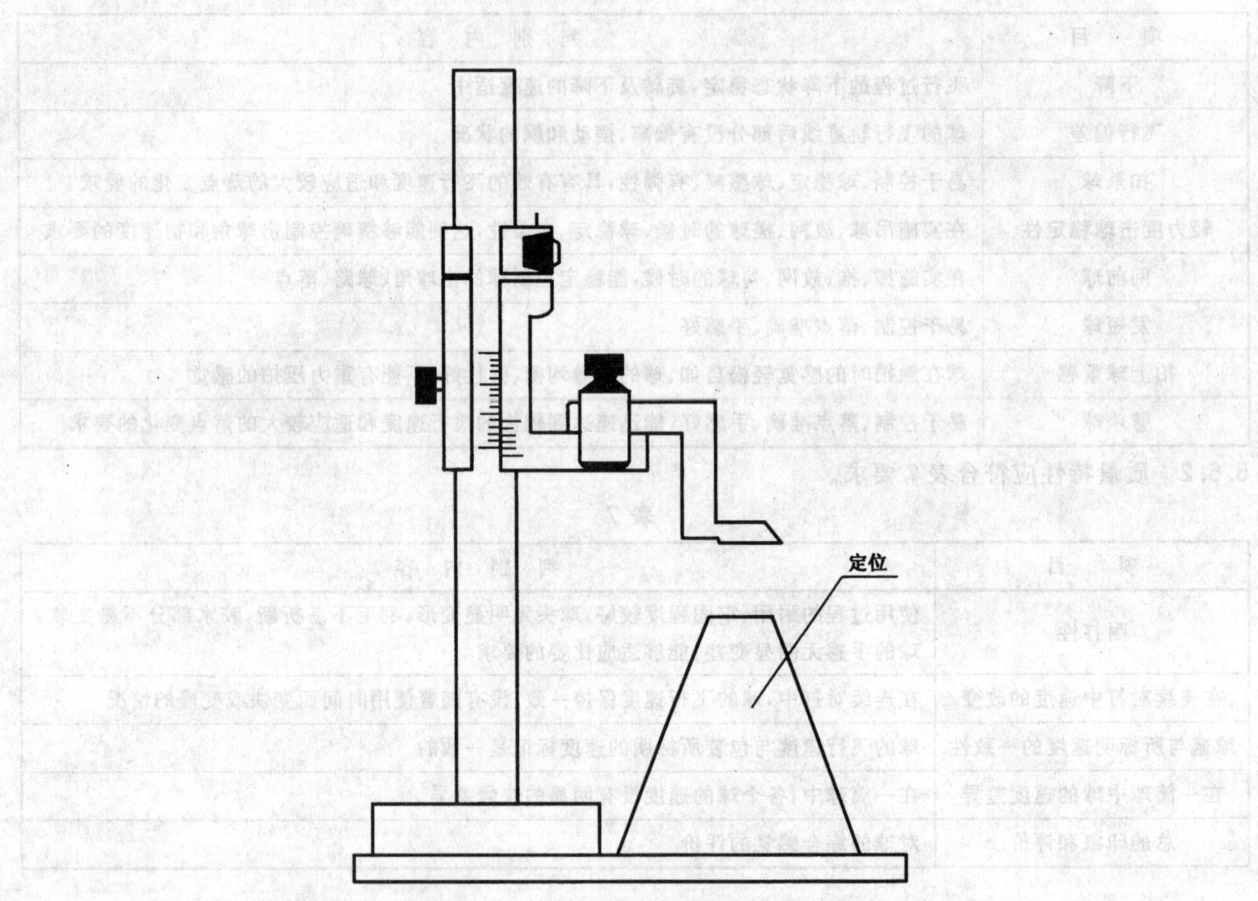

图 4

6.4 毛片插长 L:从球头面至毛梗顶端,用钢直尺测量。

6.5 线距离:从球头面即毛片脚向毛尖方向,用钢直尺分别测量至上线和下线的中心的距离。

6.6 质量及分档:用电子秤、天平秤测量,衡器精度 0.05 g。

6.7 外观、材料、球筒及毛片数量:目测判定。

6.8 落点特性:用实打法判定或用模拟实打法的专用发球机测定。

6.8.1 实打法:专业人员在场地端线外,用低手向前全力击球,球的飞行方向应与边线平行,测量球的落地范围。

6.8.2 用模拟实打法的专用发球机测定,用专用发球机把羽毛球击发,球的飞行方向应与边线平行,测量球的落地范围。

6.9 飞行稳定性:用动态性能测试仪测定,或用实打法发球判定。

6.9.1 用羽毛球动态性能测试仪测定,测量羽毛球的自转速度,羽毛球球头的偏差值和羽毛球球口的偏差值。

6.9.2 由专业人员实打法发球判定。

6.10 球头硬度:用邵氏硬度计测量,在球头部位上测定三点,以二点合格为准(其中一点在球头中心部位)。

6.11 球口不变形受压次数:用专用静压仪测量,受力部位以上道线两边毛片各(3～4)根为准,压至球口直径缩小 20 mm,静压 5 min 放开,再静置 3 min 后,测量受压部位羽毛的球口直径(同一部位压一次量一次),口径尺寸变化不得超过 2 mm,见图 5。

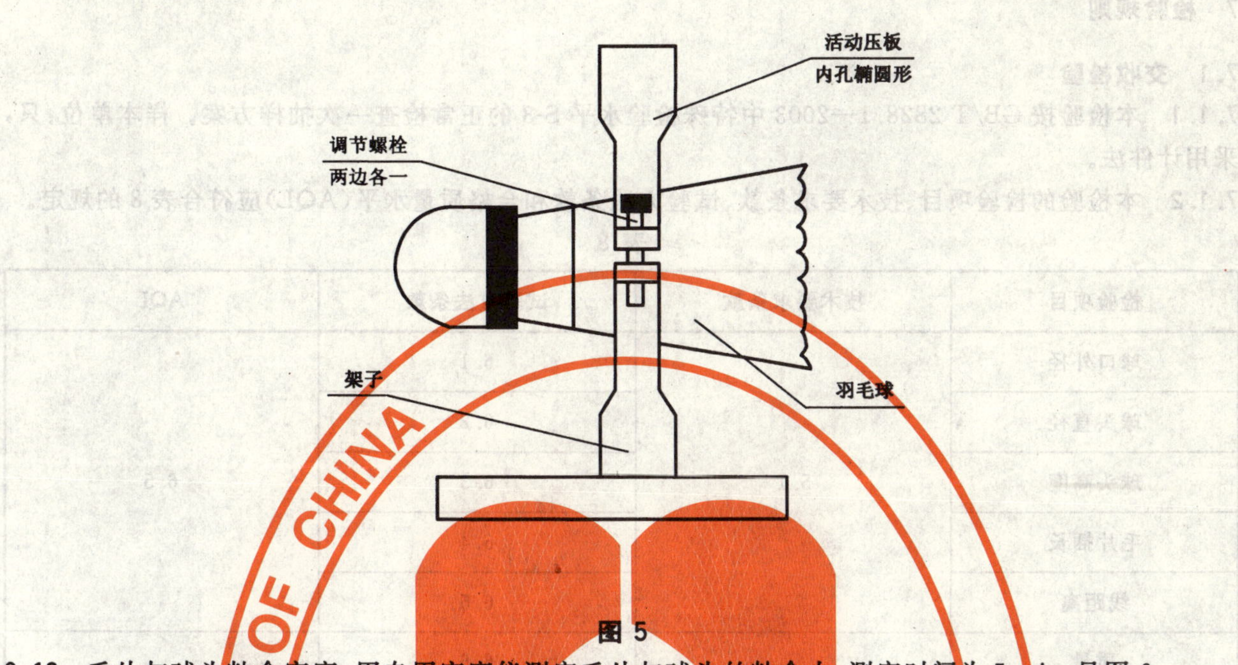

图 5

6.12 毛片与球头粘合牢度:用专用牢度仪测定毛片与球头的粘合力,测定时间为 5 min,见图 6。

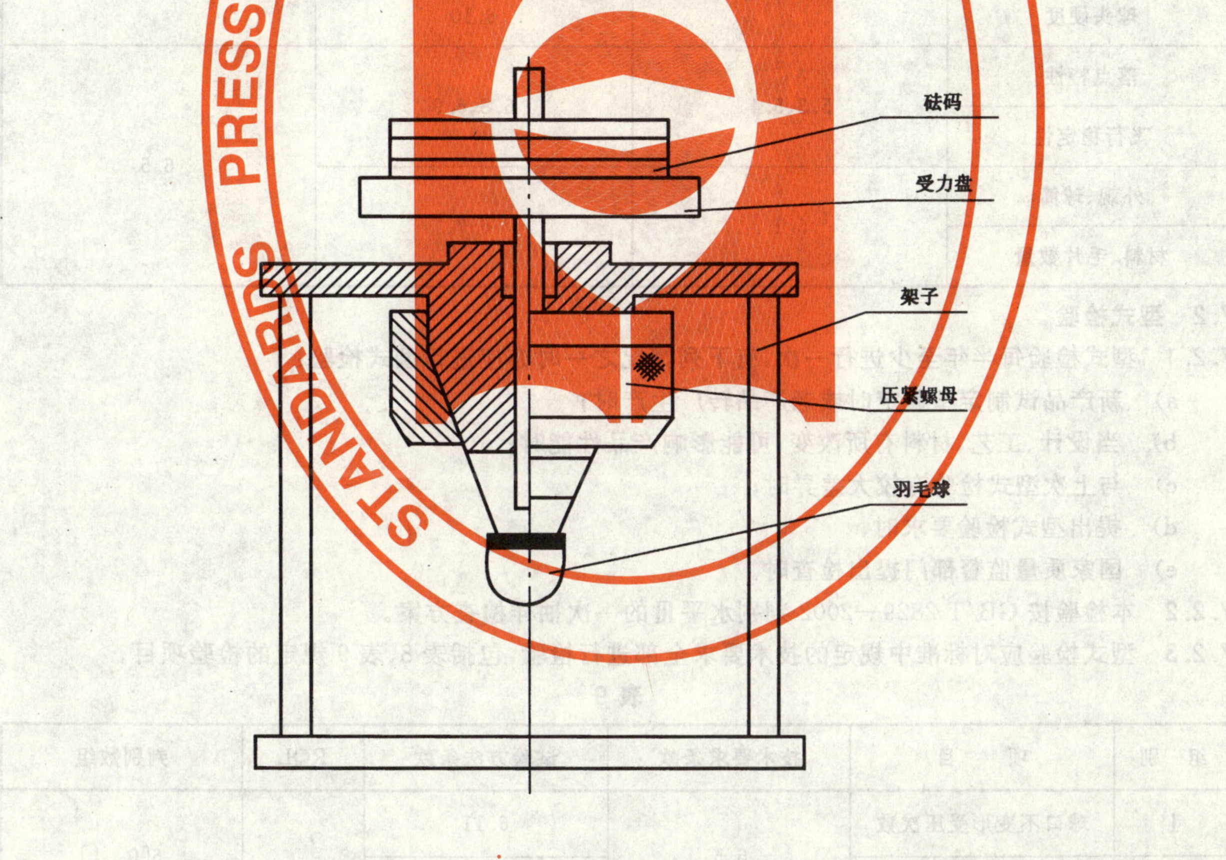

图 6

6.13 优等品的羽毛球,其飞行特性及质量特性的测试由专业人员实打法判别。按判别的内容要求划分为差、较差、一般、较好、好(或 1、2、3、4、5)五个等级。

7 检验规则

7.1 交收检验

7.1.1 本检验按 GB/T 2828.1—2003 中特殊检验水平 S-3 的正常检查一次抽样方案。样本单位：只，采用计件法。

7.1.2 本检验的检验项目、技术要求条款、试验方法条款和合格质量水平(AQL)应符合表 8 的规定。

表 8

<table>
<tr><th>检验项目</th><th>技术要求条款</th><th>试验方法条款</th><th>AQL</th></tr>
<tr><td>球口外径</td><td rowspan="5">5.1</td><td>6.1</td><td rowspan="5">6.5</td></tr>
<tr><td>球头直径</td><td>6.2</td></tr>
<tr><td>球头高度</td><td>6.3</td></tr>
<tr><td>毛片插长</td><td>6.4</td></tr>
<tr><td>线距离</td><td>6.5</td></tr>
<tr><td>质量</td><td rowspan="2">5.1、5.2、5.5</td><td>6.6</td><td rowspan="2">4.0</td></tr>
<tr><td>球头硬度</td><td>6.10</td></tr>
<tr><td>落点特性</td><td rowspan="2">5.3、5.4</td><td rowspan="2">6.8、6.9</td><td rowspan="4">6.5</td></tr>
<tr><td>飞行稳定性</td></tr>
<tr><td>外观、球筒</td><td rowspan="2">5.1</td><td rowspan="2">6.7</td></tr>
<tr><td>材料、毛片数量</td></tr>
</table>

7.2 型式检验

7.2.1 型式检验每半年至少进行一次，有下列情况之一时亦应进行型式检验：

a) 新产品试制定型鉴定时或老产品转厂生产时；

b) 当设计、工艺、材料有所改变，可能影响产品性能时；

c) 与上次型式检验有较大差异时；

d) 提出型式检验要求时；

e) 国家质量监督部门提出检查时。

7.2.2 本检验按 GB/T 2829—2002 判别水平Ⅲ的一次抽样检查方案。

7.2.3 型式检验应对标准中规定的技术要求全部进行检验，包括表 8、表 9 规定的检验项目。

表 9

<table>
<tr><th>组　别</th><th>项　　目</th><th>技术要求条款</th><th>试验方法条款</th><th>RQL</th><th>判别数组</th></tr>
<tr><td>Ⅰ</td><td>球口不变形受压次数</td><td rowspan="2">5.5</td><td>6.11</td><td rowspan="4">30</td><td rowspan="2">6[0　1]</td></tr>
<tr><td>Ⅱ</td><td>毛片与球头粘合牢度</td><td>6.12</td></tr>
<tr><td rowspan="2">Ⅲ</td><td>飞行特性</td><td rowspan="2">5.6</td><td rowspan="2">6.13</td><td rowspan="2">12[1　2]</td></tr>
<tr><td>质量特性</td></tr>
</table>

8 标志、包装、运输、贮存

8.1 每只球上应标有商标。

8.2 内包装应有产品合格证、商标、产品名称、型号(货号)、等级、数量、速度(质量)标记、毛片、球头等材料名称、生产日期、企业名称、地址、采用的标准编号。

8.3 外包装一般应按5.2质量分档规定装箱。箱外应有企业名称、产品名称、型号(货号)、等级、速度(质量)标记、出厂日期、数量、质量、体积、防潮、防压标记。外包装箱应牢固。

8.4 羽毛球应贮藏在干燥和空气畅通的仓库内,避免受潮,自出厂日起在上述贮藏条件下,保质期一年。

8.5 运输时防止雨淋、日晒、受压,应注意轻放。

ICS 91.100.30
Q 14

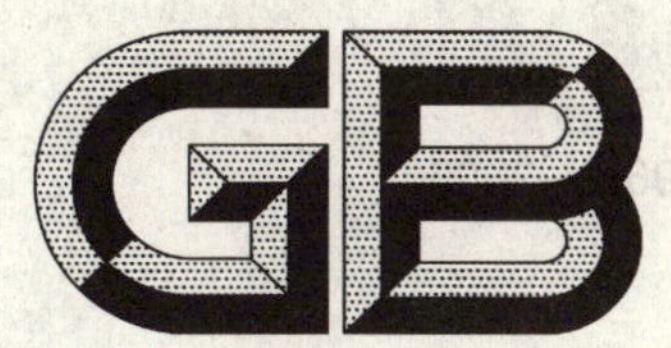

中华人民共和国国家标准

GB 11968—2006
代替 GB/T 11968—1997

蒸压加气混凝土砌块

Autoclaved aerated concrete blocks

2006-02-20 发布　　　　2006-12-01 实施

中华人民共和国国家质量监督检验检疫总局
中国国家标准化管理委员会　发布

前　言

本标准的第6章为强制性的，其余为推荐性的。

本标准参考了德国 DIN 4165:1996-11《蒸压加气混凝土砌块和精密砌块》、日本 JIS A 5416:1997《蒸压加气混凝土板》、英国 BS EN 771-4:2003《蒸压加气混凝土建筑砌块》、俄罗斯 ГОСТ 25485《多孔混凝土技术条件》、ГОСТ 21520《多孔混凝土小型墙砌块》、法国 NFP 14-306《蒸压加气混凝土墙砌块》等相关标准。

本标准代替 GB/T 11968—1997《蒸压加气混凝土砌块》。本标准与 GB/T 11968—1997 相比，主要差异在于：

——取消了一等品等级，相应提高了优等品和合格品的尺寸允许偏差要求。

——对砌块外观质量提出更高的要求，规定了缺棱掉角个数和裂纹条数，同时不允许砌块出现平面弯曲缺陷。

——提高了优等品的抗冻性要求。

本标准由中国建筑材料工业协会提出。

本标准由全国水泥制品标准化技术委员会归口。

本标准负责起草单位：中国新型建筑材料公司常州建筑材料研究设计所、中国加气混凝土协会。

本标准参加起草单位：北京市建筑设计研究院、国家建筑材料工业硅酸盐建筑制品质量监督检验测试中心、北京市加气混凝土厂、北京市现代建筑材料公司、上海伊通有限公司、南通市支云硅酸盐制品有限公司、东莞虎门摩天建材实业公司、新疆建工集团红雁建材有限责任公司、武汉市春笋新型墙体材料有限公司。

本标准主要起草人：陶有生、鲍俊海、齐子刚、程安宁、姜勇、徐白露、郑华道。

本标准所代替标准的历次版本发布为：

——GB 11968—1989、GB/T 11968—1997。

本标准委托中国新型建筑材料公司常州建筑材料研究设计所负责解释。

蒸压加气混凝土砌块

1 范围

本标准规定了蒸压加气混凝土砌块的术语和定义、产品分类、原材料、要求、检验方法、检验规则及产品质量说明书、堆放、运输。

本标准适用于民用与工业建筑物承重和非承重墙体及保温隔热使用的蒸压加气混凝土砌块(以下简称砌块、代号为 ACB)。

2 规范性引用文件

下列标准包含的条款,通过在本标准中引用而成为本标准的条款。凡是注明日期的引用文件,其随后所有的修改单(不包括勘误的内容)或修订版均不适用于本标准,然而,鼓励根据本标准达成协议的各方,研究是否可使用这些文件的最新版本。凡是不注明日期的引用文件,其最新版本均适用于本标准。

GB 175 硅酸盐水泥、普通硅酸盐水泥

GB 6566 建筑材料放射性核素限量

GB/T 10294 绝热材料稳态热阻及有关特性的测定 防护热板法

GB/T 11969—1997 加气混凝土性能试验方法总则

GB/T 11970—1997 加气混凝土体积密度、含水率和吸水率试验方法

GB/T 11971—1997 加气混凝土力学性能试验方法

GB/T 11972—1997 加气混凝土干燥收缩试验方法

GB/T 11973—1997 加气混凝土抗冻性试验方法

JC/T 407 加气混凝土用铝粉膏

JC/T 409 硅酸盐建筑制品用粉煤灰

JC/T 621 硅酸盐建筑制品用生石灰

JC/T 622 硅酸盐建筑制品用砂

3 术语和定义

下列术语及标准定义适用于本标准。

干密度 dry density

砌块试件在 105℃温度下烘至恒质测得的单位体积的质量。

4 产品分类

4.1 规格

砌块的规格尺寸见表 1。

表 1 砌块的规格尺寸

单位为毫米

长度 L	宽度 B	高度 H
600	100 120 125 150 180 200 240 250 300	200 240 250 300
注:如需要其他规格,可由供需双方协商解决。		

4.2　砌块按强度和干密度分级。

强度级别有：A1.0，A2.0，A2.5，A3.5，A5.0，A7.5，A10 七个级别。

干密度级别有：B03，B04，B05，B06，B07，B08 六个级别。

4.3　砌块等级

砌块按尺寸偏差与外观质量、干密度、抗压强度和抗冻性分为：优等品(A)、合格品(B)二个等级。

4.4　砌块产品标记

示例：强度级别为 A3.5、干密度级别为 B05、优等品、规格尺寸为 600 mm×200 mm×250 mm 的蒸压加气混凝土砌块，其标记为：

ACB　A3.5　B05　600×200×250A　GB 11968

5　原材料

5.1　水泥应符合 GB 175 的规定。

5.2　生石灰应符合 JC/T 621 的规定。

5.3　粉煤灰应符合 JC/T 409 的规定。

5.4　砂应符合 JC/T 622 的规定。

5.5　铝粉应符合 JC/T 407 的规定。

5.6　石膏、外加剂应符合相应标准规定。

5.7　掺用工业废渣时，废渣的放射性水平应符合 GB 6566 的规定。

6　要求

6.1　砌块的尺寸允许偏差和外观质量应符合表 2 的规定。

6.2　砌块的抗压强度应符合表 3 的规定。

6.3　砌块的干密度应符合表 4 的规定。

6.4　砌块的强度级别应符合表 5 的规定。

6.5　砌块的干燥收缩、抗冻性和导热系数(干态)应符合表 6 的规定。

表 2　尺寸偏差和外观

项　　目			指　标	
			优等品(A)	合格品(B)
尺寸允许偏差/mm	长度	L	±3	±4
	宽度	B	±1	±2
	高度	H	±1	±2
缺棱掉角	最小尺寸不得大于/mm		0	30
	最大尺寸不得大于/mm		0	70
	大于以上尺寸的缺棱掉角个数，不多于/个		0	2
裂纹长度	贯穿一棱二面的裂纹长度不得大于裂纹所在面的裂纹方向尺寸总和的		0	1/3
	任一面上的裂纹长度不得大于裂纹方向尺寸的		0	1/2
	大于以上尺寸的裂纹条数，不多于/条		0	2
爆裂、粘模和损坏深度不得大于/mm			10	30
平面弯曲			不允许	
表面疏松、层裂			不允许	
表面油污			不允许	

表 3 砌块的立方体抗压强度

单位为兆帕斯卡

强度级别	立方体抗压强度	
	平均值不小于	单组最小值不小于
A1.0	1.0	0.8
A2.0	2.0	1.6
A2.5	2.5	2.0
A3.5	3.5	2.8
A5.0	5.0	4.0
A7.5	7.5	6.0
A10.0	10.0	8.0

表 4 砌块的干密度

单位为千克每立方米

干密度级别		B03	B04	B05	B06	B07	B08
干密度	优等品(A)≤	300	400	500	600	700	800
	合格品(B)≤	325	425	525	625	725	825

表 5 砌块的强度级别

干密度级别		B03	B04	B05	B06	B07	B08
强度级别	优等品(A)	A1.0	A2.0	A3.5	A5.0	A7.5	A10.0
	合格品(B)			A2.5	A3.5	A5.0	A7.5

表 6 干燥收缩、抗冻性和导热系数

干密度级别				B03	B04	B05	B06	B07	B08
干燥收缩值[a]	标准法/(mm/m)		≤	0.50					
	快速法/(mm/m)		≤	0.80					
抗冻性	质量损失/%		≤	5.0					
	冻后强度/MPa ≥	优等品(A)		0.8	1.6	2.8	4.0	6.0	8.0
		合格品(B)				2.0	2.8	4.0	6.0
导热系数(干态)/[W/(m·K)]			≤	0.10	0.12	0.14	0.16	0.18	0.20

[a] 规定采用标准法、快速法测定砌块干燥收缩值，若测定结果发生矛盾不能判定时，则以标准法测定的结果为准。

7 检验方法

7.1 尺寸、外观检测方法

7.1.1 量具：采用钢直尺、钢卷尺、深度游标卡尺，最小刻度为 1 mm。

7.1.2 尺寸测量：长度、高度、宽度分别在两个对应面的端部测量，各量二个尺寸(见图 1)。测量值大于规格尺寸的取最大值，测量值小于规格尺寸的取最小值。

7.1.3 缺棱掉角：缺棱或掉角个数，目测；测量砌块破坏部分对砌块的长、高、宽三个方向的投影面积尺寸(见图 2)。

7.1.4 裂纹：裂纹条数，目测；长度以所在面最大的投影尺寸为准，如图 3 中 l。若裂纹从一面延伸至另一面，则以两个面上的投影尺寸之和为准，如图 3 中$(b+h)$和$(l+h)$。

7.1.5 平面弯曲：测量弯曲面的最大缝隙尺寸(见图4)。

7.1.6 爆裂、粘模和损坏深度：将钢直尺平放在砌块表面，用深度游标卡尺垂直于钢直尺，测量其最大深度。

7.1.7 砌块表面油污、表面疏松、层裂：目测。

7.2 **物理力学性能试验方法**

7.2.1 立方体抗压强度的试验按 GB/T 11971—1997 的规定进行。

7.2.2 干密度的试验按 GB/T 11970—1997 的规定进行。

7.2.3 干燥收缩值的试验按 GB/T 11972—1997 的规定进行。

7.2.4 抗冻性的试验按 GB/T 11973—1997 的规定进行。

7.2.5 导热系数的试验按 GB/T 10294 的规定进行。取样方法按 GB/T 11969—1997 的规定进行。

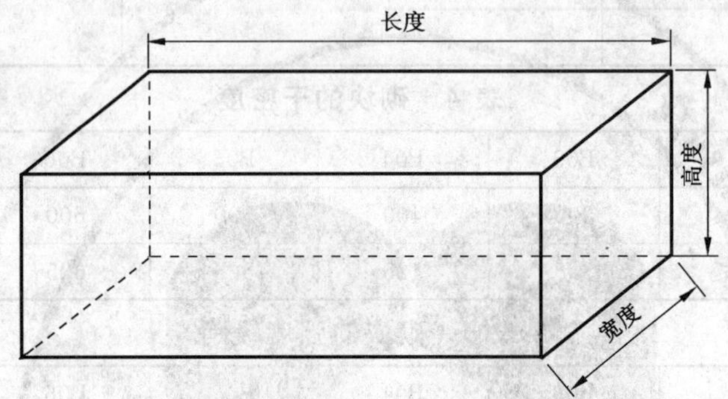

图1 尺寸测量示意图

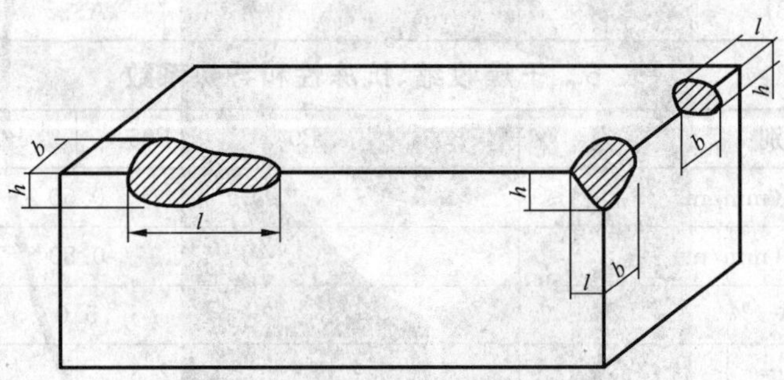

l——长度方向的投影尺寸；
h——高度方向的投影尺寸；
b——宽度方向的投影尺寸。

图2 缺棱掉角测量示意图

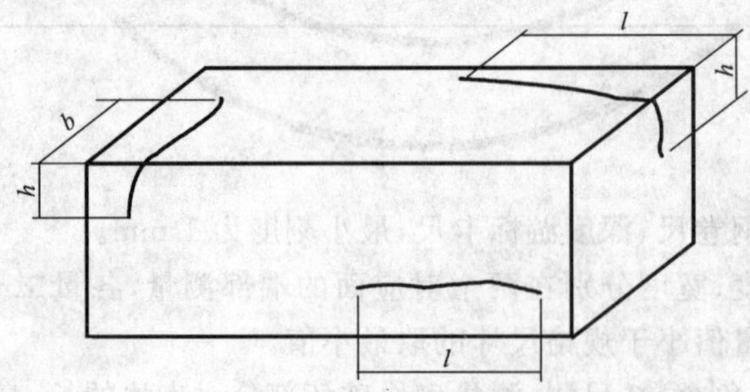

l——长度方向的投影尺寸；
h——高度方向的投影尺寸；
b——宽度方向的投影尺寸。

图3 裂纹长度测量示意图

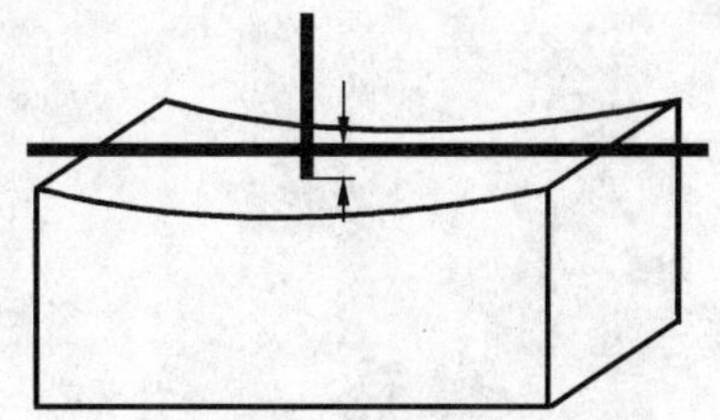

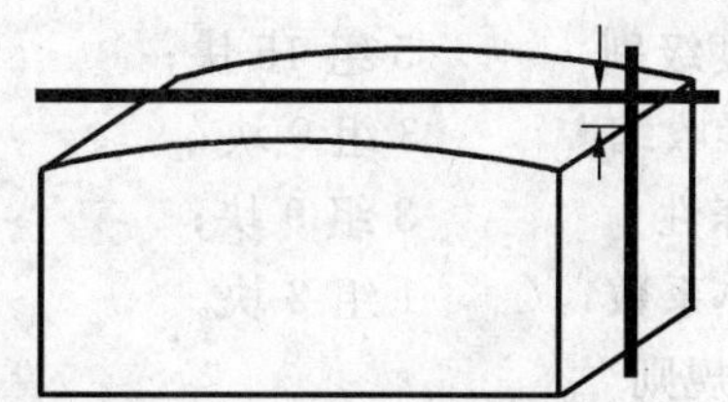

图 4　平面弯曲测量示意图

8　检验规则

8.1　检验分类

检验分为出厂检验和型式检验。

8.2　出厂检验

8.2.1　检验项目

出厂检验的项目包括：尺寸偏差、外观质量、立方体抗压强度、干密度。

8.2.2　抽样规则

8.2.2.1　同品种、同规格、同等级的砌块，以 10 000 块为一批，不足 10 000 块亦为一批，随机抽取 50 块砌块，进行尺寸偏差、外观检验。

8.2.2.2　从外观与尺寸偏差检验合格的砌块中，随机抽取 6 块砌块制作试件，进行如下项目检验：

a）　干密度　　　　3 组 9 块；

b）　强度级别　　　3 组 9 块。

8.2.3　判定规则

8.2.3.1　若受检的 50 块砌块中，尺寸偏差和外观质量不符合表 2 规定的砌块数量不超过 5 块时，判定该批砌块符合相应等级；若不符合表 2 规定的砌块数量超过 5 块时，判定该批砌块不符合相应等级。

8.2.3.2　以 3 组干密度试件的测定结果平均值判定砌块的干密度级别，符合表 4 规定时则判定该批砌块合格。

8.2.3.3　以 3 组抗压强度试件测定结果按表 3 判定其强度级别。当强度和干密度级别关系符合表 5 规定，同时，3 组试件中各个单组抗压强度平均值全部大于表 5 规定的此强度级别的最小值时，判定该批砌块符合相应等级；若有 1 组或 1 组以上此强度级别的最小值时，判定该批砌块不符合相应等级。

8.2.3.4　出厂检验中受检验产品的尺寸偏差、外观质量、立方体抗压强度、干密度各项检验全部符合相应等级的技术要求规定时，判定为相应等级；否则降等或判定为不合格。

8.3　型式检验

8.3.1　有下列情况之一时，进行型式检验：

a）　新厂生产试制定型鉴定；

b）　正式生产后，原材料、工艺等有较大改变，可能影响产品性能时；

c）　正常生产时，每年应进行一次检查；

d）　产品停产三个月以上，恢复生产时；

e）　出厂检验结果与上次型式检验有较大差异时；

f）　国家质量监督机构提出进行型式检验的要求时。

8.3.2　型式检验项目包括：第 6 章中的所有指标。

8.3.3　抽样规则

8.3.3.1　在受检验的一批产品中，随机抽取 80 块砌块，进行尺寸偏差和外观检验。

8.3.3.2　从外观与尺寸偏差检验合格的砌块中，随机抽取 17 块砌块制作试件，进行如下项目检验：

a) 干密度　　　　　3 组 9 块；
b) 强度级别　　　　5 组 15 块；
c) 干燥收缩　　　　3 组 9 块；
d) 抗冻性　　　　　3 组 9 块；
e) 导热系数　　　　1 组 2 块。

8.3.4 判定规则

8.3.4.1 若受检的 80 块砌块中，尺寸偏差和外观质量不符合表 2 规定的砌块数量不超过 7 块时，判定该批砌块符合相应等级；若不符合表 2 规定的砌块数量超过 7 块时，判定该批砌块不符合相应等级。

8.3.4.2 以 3 组干密度试件的测定结果平均值判定砌块的干密度级别，符合表 4 规定时则判定该批砌块合格。

8.3.4.3 以 5 组抗压强度试件测定结果按表 3 判定其强度级别。当强度和干密度级别关系符合表 5 规定，同时，5 组试件中各个单组抗压强度平均值全部大于表 5 规定的此强度级别的最小值时，判定该批砌块符合相应等级；若有 1 组或 1 组以上此强度级别的最小值时，判定该批砌块不符合相应等级。

8.3.4.4 干燥收缩测定结果，当其单组最大值符合表 6 规定时，判定该项合格。

8.3.4.5 抗冻性测定结果，当质量损失单组最大值和冻后强度单组最小值符合表 6 规定的相应等级时，判定该批砌块符合相应等级，否则判定不符合相应等级。

8.3.4.6 导热系数符合表 6 的规定，判定此项指标合格，否则判定该批砌块不合格。

8.3.4.7 型式检验中受检验产品的尺寸偏差、外观质量、立方体抗压强度、干密度、干燥收缩值、抗冻性、导热系数各项检验全部符合相应等级的技术要求规定时，判定为相应等级；否则降等或判定为不合格。

9 产品质量证明书

出厂产品应有产品质量证明书。证明书应包括：生产厂名、厂址、商标、产品标记、本批产品主要技术性能和生产日期。

10 堆放和运输

10.1 砌块应存放 5 天以上方可出厂。砌块贮存堆放应做到：场地平整，同品种、同规格、同等级，做好标记，整齐稳妥，宜有防雨措施。

10.2 产品运输时，宜成垛绑扎或有其他包装。保温隔热用产品必须捆扎加塑料薄膜封包。运输装卸时，宜用专用机具，严禁摔、掷、翻斗车自翻自卸货。

ICS 71.060.50
G 12

中华人民共和国国家标准

GB/T 12022—2006
代替 GB/T 12022—1989

工业六氟化硫

Sulphur hexafluoride for industrial use

(IEC 376, IEC 376A, IEC 376B,
Specification and acceptance of new sulphur hexafluoride, MOD)

2006-09-14 发布　　2007-02-01 实施

中华人民共和国国家质量监督检验检疫总局
中国国家标准化管理委员会　发布

前言

本标准修改采用国际电工委员会标准 IEC 376:1971《新六氟化硫的规范和验收》,IEC 376A:1973《新六氟化硫的规范和验收 第一次补充》,IEC 376B:1974《新六氟化硫的规范和验收 第二次补充》(英文版)。

本标准根据国际电工委员会标准 IEC 376《新六氟化硫的规范和验收》重新起草。

考虑到我国国情,在采用国际电工委员会标准 IEC 376 时,本标准作了一些修改。有关技术性差异已编入正文中并在它们所涉及的条款的页边空白处用垂直单线标识。在附录 A 中给出了这些技术性差异及其原因的一览表以供参考。

本标准代替 GB/T 12022—1989《工业六氟化硫》。

本标准与 GB/T 12022—1989 相比主要技术变化如下:

——除可水解氟化物、毒性试验指标外,各项指标要求均有所提高。

——增加气瓶设计压力为 7 MPa 时的充装系数规定。

本标准的附录 A 和附录 B 为资料性附录。

本标准由中国石油和化学工业协会提出。

本标准由全国化学标准化技术委员会无机化工分会(CSBTS/TC 63/SC 1)归口。

本标准负责起草单位:黎明化工研究院、天津化工研究设计院。

本标准主要起草人:范国强、阎晓冬、史淑慧、郭旭明、武莉莉。

本标准所代替标准的历次版本发布情况:

——GB/T 12022—1989。

工业六氟化硫

1 范围

本标准规定了工业六氟化硫的要求、试验方法、检验规则、标志、标签、包装、运输和贮存。

本标准适用于硫与氟激烈反应生成并经过精制的工业六氟化硫。该产品主要用于电力工业、冶金工业和气象部门等。

分子式：SF_6

分子量：146.05（按 2001 年国际原子量）。

2 规范性引用文件

下列文件中的条款通过本标准的引用而成为本标准的条款。凡是注日期的引用文件，其随后所有的修改单（不包括勘误的内容）或修订版均不适用于本标准，然而，鼓励根据本标准达成协议的各方研究是否可使用这些文件的最新版本。凡是不注日期的引用文件，其最新版本适用于本标准。

GB/T 1250 极限数值的表示方法和判定方法

GB/T 3723 工业用化学产品采样安全通则（GB/T 3723—1999，idt ISO 3165:1976）

GB/T 5832.1—1986 气体中微量水分的测定 电解法

GB/T 5832.2—1986 气体中微量水分的测定 露点法

GB/T 6680—1986 液体化工产品采样通则

GB/T 6682 分析实验室用水规格和试验方法（eqv ISO 3696-1997）

GB 7144—1999 气瓶颜色标志

GB 16804—1997 气瓶警示标签

HG/T 3696.1 无机化工产品化学分析用标准滴定溶液的制备

HG/T 3696.2 无机化工产品化学分析用杂质标准溶液的制备

HG/T 3696.3 无机化工产品化学分析用制剂及制品的制备

国家质量监督检验检疫总局《气瓶安全监察规程》

3 技术要求

工业六氟化硫应符合表 1 要求。

表 1 要求

指标项目			指标
六氟化硫（SF_6）的质量分数/%		≥	99.9
空气的质量分数/%		≤	0.04
四氟化碳（CF_4）的质量分数/%		≤	0.04
水分	水的质量分数/%	≤	0.000 5
	露点/℃	≤	−49.7
酸度（以 HF 计）的质量分数/%		≤	0.000 02
可水解氟化物（以 HF 计）/%		≤	0.000 10
矿物油的质量分数/%		≤	0.000 4
毒性			生物试验无毒

4 试验方法

4.1 安全提示

本试验方法中使用的部分试剂具有毒性或腐蚀性，操作者须小心谨慎！如溅到皮肤上应立即用水冲洗，严重者应立即治疗。使用易燃品时，严禁使用明火加热。

4.2 一般规定

本标准所用试剂和水，在没有注明其他要求时，均指分析纯试剂和 GB/T 6682—1992 中规定的三级水。

试验中所需标准滴定溶液、杂质标准溶液、制剂及制品，在没有注明其他要求时，均按 HG/T 3696.1、HG/T 3696.2、HG/T 3696.3 规定制备。

检验样品应液相取样，取样时将样品气瓶倒置或倾斜，使气瓶出口处于最低点。

4.3 六氟化硫质量分数的测定

4.3.1 六氟化硫质量分数的测定采用差减法。

4.3.2 结果计算

六氟化硫(SF_6)的质量分数 w_1，数值以%表示，按公式(1)计算：

$$w_1 = 100 - (w_2 + w_3 + w_4 + w_5 + w_6 + w_7) \quad \cdots\cdots(1)$$

式中：

w_2——空气的质量分数，%；

w_3——四氟化碳的质量分数，%；

w_4——水的质量分数，%；

w_5——酸度的质量分数，%；

w_6——可水解氟化物的质量分数，%；

w_7——矿物油的质量分数，%。

4.4 空气和四氟化碳质量分数的测定

4.4.1 方法提要

六氟化硫试样通过色谱柱，使待测定的诸组分分离，由热导检测器检测并由记录系统记录色谱图。根据标准样品的保留值定性，用归一化法计算有关组分的含量。

4.4.2 材料

4.4.2.1 载气：氢气或氦气，体积分数大于 99.9%。

4.4.2.2 固定相：硅胶[600 μm～300 μm(30 目～50 目)]，癸二酸二异辛酯；或者高分子多孔微球[425 μm～250 μm(40 目～60 目)]或[250 μm～180 μm(60 目～80 目)]，可选择 401 有机担体，GDX-105，或者国外 porapak-Q 等。

4.4.2.3 标准样品：六氟化硫、四氟化碳、空气等。

4.4.3 仪器、设备

4.4.3.1 气相色谱仪：备有热导检测器和适当衰减装置。

4.4.3.2 色谱柱：色谱柱的色谱柱管、固定相等应符合下列要求：

——色谱柱管：不锈钢，长度 2 m，内径 3 mm～4 mm。根据所用仪器情况，柱管可适当改变。

——固定相：涂有癸二酸二异辛酯的硅胶。癸二酸二异辛酯与硅胶的比为 3∶97(m/m)，用三氯甲烷作溶剂。或用高分子多孔微球。

——色谱柱的老化：硅胶柱在 120℃ 老化 4 h 以上，401 有机担体柱在 200℃ 老化 4 h 以上。载气及流速与分析样品时相同。

4.4.3.3 进样器：具有六通阀的定量管。

4.4.4 测定步骤

4.4.4.1 稳定色谱仪

色谱仪启动后，进行必要的调节，以达到下述分析条件：

——柱箱温度：室温至 45℃；

——检测器温度：室温至 45℃；

——桥电流：150 mA 以上；

——载气流速：氢气，40 mL/min 或由使用者选择能得到合适分离的载气流速。

在达到上述色谱分析条件并稳定之后，即得到一条稳定的基线。

4.4.4.2 测定

4.4.4.2.1 进样

进样前用待测气体将连接管内气体置换干净。用定量管进样，待定量管中气体压力与大气压力平衡时，方能进入色谱柱。进样量小于 2 mL。

4.4.4.2.2 定性

根据标准样品的相对保留值定性，各组分出峰的顺序依次是：空气、四氟化碳和六氟化硫。

4.4.4.2.3 定量

注入样品，进行色谱分析。记录色谱图，测量各组分的峰面积。

4.4.5 色谱图

典型色谱图见图 1，满量程为 1 mV。

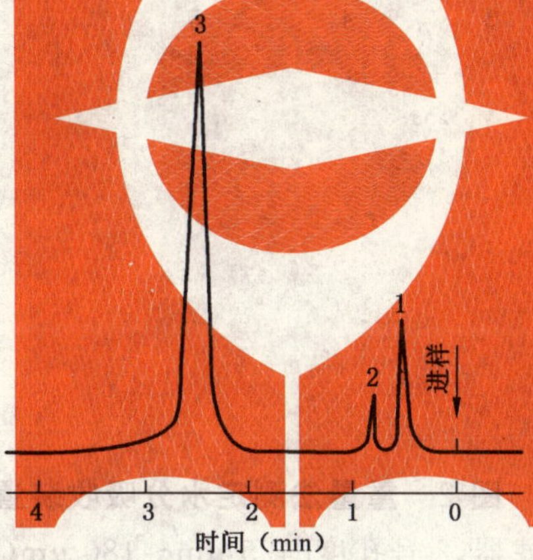

1——空气；

2——CF_4；

3——SF_6

图 1 六氟化硫典型色谱图

4.4.6 结果计算

空气、四氟化碳的质量分数 w_i，数值以％表示，按公式(2)计算：

$$w_i = \frac{f_i A_i}{\sum(f_i A_i)} \times 100 \quad (i = 1,2,3) \qquad \cdots\cdots(2)$$

式中：

w_i——组分 i 的质量分数；

f_i——组分 i 的校正因子；

A_i——组分 i 的峰面积。

用氢气做载气时，建议采用下述质量校正因子：

$$f_{SF_6} = 1.0$$

$$f_{空气} = 0.3$$

$$f_{CF_4}=0.7$$

取平行测定结果的算术平均值为测定结果。两次平行测定结果的绝对差值应不大于0.005%。

4.5 水分的测定

4.5.1 重量法(仲裁法)

4.5.1.1 方法提要

六氟化硫试样通过已知质量的无水高氯酸镁水分吸收管,由吸收管的增量值计算水分含量。

4.5.1.2 试剂、材料

4.5.1.2.1 无水高氯酸镁;

4.5.1.2.2 无油干燥空气:由压缩空气通过装有几层碱石棉和高氯酸镁的干燥塔制得。

4.5.1.3 仪器、设备

4.5.1.3.1 水分吸收管:玻璃或不锈钢U型管,见图2中A1管、A2管、A3管,高约100 mm,内径13 mm,内装两份高氯酸镁和一份玻璃粉[850 μm～425 μm(20目～40目)]的完全混合物。装入混合物后立即塞上玻璃棉,盖上氯丁橡胶盖子。三只吸收管串连,两端装有活塞,吸收装置见图2。

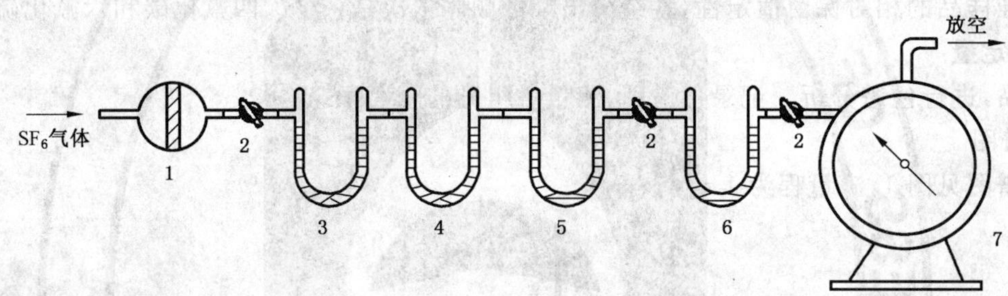

1——多孔玻璃过滤器;
2——活塞;
3——A1管;
4——A2管;
5——A3管;
6——保护管;
7——湿式气体流量计。

图2 重量法测定水分吸收装置

4.5.1.3.2 过滤器:多孔玻璃过滤器,2号孔度[425 μm～180 μm(40目～80目)]

4.5.1.3.3 保护管:同4.5.1.3.1。

4.5.1.4 试验要求

本试验要求在温度和湿度基本恒定的环境中进行。试验应由技术熟练的操作人员进行,在每一次单独测定中,A2管的增量值比A1管的大1 mg或大10%时,则A1管和A2管应予更换;如果A3管的增量值能被检测出来,则A1管和A2管也应予更换。

4.5.1.5 分析步骤

试验按如下步骤操作:

a) 试验吸收装置如图2所示。三只吸收管用氯丁橡胶管连接。吸收管连入吸收系统之前,用热空气干燥吸收系统的入口端、过滤器和所有隔离活塞。
b) 打开活塞,让无油干燥空气以250 mL/min的速度通入吸收系统15 min。关闭活塞,拆下A1管、A2管和A3管,用氯丁橡胶盖子盖住所有管的出入口。
c) 用软布或鹿皮仔细擦拭吸收管,然后放在天平中,20 min后称量(准确至0.000 1 g),称量时从吸收管臂上取下橡胶盖子。
d) 重复上述操作,直到每个吸收管恒重为止(连续两次称量之差小于0.000 2 g)。然后以热空气、六氟化硫试样气冲洗取样管路。重新将吸收管连入吸收系统。以 250 mL/min 的速度通入试样气体(50～100) L,再通入无油干燥空气以排除吸收系统中残存的试样气体。称量吸收管,求出增量值。

4.5.1.6 **试样体积计算**

试样体积按公式(3)计算:

$$V=\frac{\frac{1}{2}(p_1+p_2)\times 293.1}{101.3\left[273.1+\frac{1}{2}(t_1+t_2)\right]}(V_2-V_1) \qquad \cdots\cdots(3)$$

式中:

V——20℃,101.3 kPa 下的试样体积的数值,单位为升(L);

p_1,p_2——流量计始态与终态的大气压力的数值,单位为千帕(kPa);

t_1,t_2——流量计始态与终态的温度的数值,单位为摄氏度(℃);

V_1,V_2——流量计始态与终态的读数值,单位为升(L)。

4.5.1.7 **结果计算**

水分的质量分数 w_4,数值以%表示,按公式(4)计算:

$$w_4=\frac{m_1+m_2}{6.08\,V}\times 10^{-3}\times 100 \qquad \cdots\cdots(4)$$

式中:

m_1——A1 管的增量值的数值,单位为毫克(mg);

m_2——A2 管的增量值的数值,单位为毫克(mg);

V——20℃,101.3 kPa 下试样的体积的数值,单位为升(L);

6.08——20℃,101.3 kPa 时六氟化硫的密度的数值,单位为克每升(g/L)。

取平行测定结果算术平均值为测定结果。两次平行测定结果的绝对差值应不大于 0.000 1%。

4.5.2 **电解法**

按 GB/T 5832.1—1986 的规定进行。

4.5.3 **露点法**

按 GB/T 5832.2—1986 的规定进行。

4.6 **酸度的测定**

4.6.1 **方法提要**

试样中的酸和酸性物质与过量的氢氧化钠标准溶液发生中和反应,以甲基红-溴甲酚绿为指示剂,用硫酸标准滴定溶液滴定过量的碱,从而测定出试样的酸度。

4.6.2 **试剂、溶液**

4.6.2.1 氢氧化钠标准溶液:$c(NaOH)$约 0.01 mol/L。由 0.1 mol/L 标准溶液稀释制取;

4.6.2.2 硫酸标准滴定溶液:$c(1/2H_2SO_4)$约 0.01 mol/L。由 0.1 mol/L 标准溶液稀释制取;

4.6.2.3 混合指示剂:甲基红乙醇溶液与溴甲酚绿乙醇溶液按 1∶3 体积比混合。

4.6.3 **仪器、设备**

4.6.3.1 微量滴定管:5 mL,分度值为 0.02 mL 或 0.01 mL;

4.6.3.2 多孔气体分布管:孔度为 2 号;

4.6.3.3 湿式气体流量计。

4.6.4 **测定步骤**

酸度测定的吸收装置如图 3 所示。缓冲瓶、吸收瓶均为 300 mL 锥形瓶,吸收瓶内分别装入100 mL 新煮沸过的水和 4.00 mL 氢氧化钠标准溶液。气体分布管口距瓶底 8 mm,试样气体流速 500 mL/min,通气量 30 L,由湿式气体流量计计量。通气完毕,从系统中取下吸收瓶,加入(4～5)滴混合指示剂,用硫酸标准滴定溶液滴定,溶液由蓝绿色变为红色为终点。

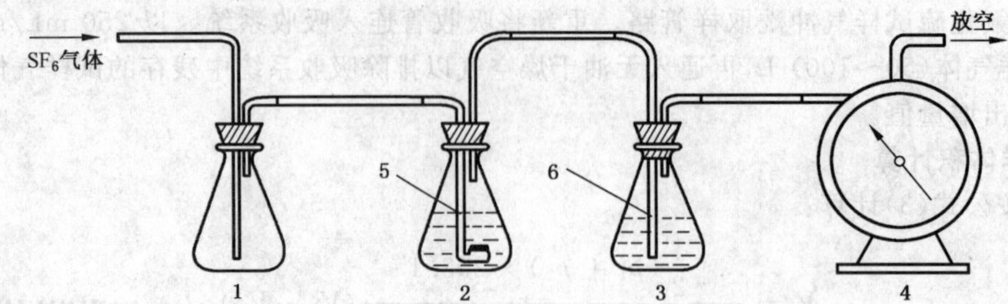

1——缓冲瓶；
2,3——吸收瓶；
4——湿式气体流量计；
5——多孔气体分布管；
6——开口气体分布管。

图 3 酸度吸收装置

4.6.5 试样体积的计算

试样体积按公式(5)计算：

$$V=\frac{\frac{1}{2}(p_1+p_2)\times 293.1}{101.3\left[273.1+\frac{1}{2}(t_1+t_2)\right](V_2-V_1)} \qquad \cdots\cdots(5)$$

式中：

V——20℃,101.3 kPa 时试样体积,单位为升(L)；
p_1,p_2——流量计始态与终态的大气压力,单位为千帕(kPa)；
t_1,t_2——流量计始态与终态的温度,单位为摄氏度(℃)；
V_1,V_2——流量计始态与终态的读数,单位为升(L)。

4.6.6 结果计算

酸度(以 HF 计)的质量分数 w_5,数值以%表示,按公式(6)计算：

$$w_5=\frac{[(V_0-V_1)+(V_0-V_2)]M\times c\times 10^3}{6.08V}\times 100 \qquad \cdots\cdots(6)$$

式中：

V_0——空白试验消耗硫酸标准滴定溶液的体积,单位为毫升(mL)；
V_1,V_2——分别为滴定两个吸收瓶溶液消耗的硫酸标准滴定溶液的体积,单位为毫升(mL)；
M——氢氟酸(HF)的摩尔质量(M=20.0),单位为克每摩尔(g / mol)；
c——硫酸$\left(\frac{1}{2}H_2SO_4\right)$标准滴定溶液的浓度,单位为摩尔每升(mol/L)；
V——20℃,101.3 kPa 时试样体积,单位为升(L)；
6.08——20℃,101.3 kPa 时六氟化硫的密度,单位为克每升(g/L)。

取平行测定结果的算术平均值为测定结果。两次平行测定结果的绝对差值应不大于 0.000 005%。

4.7 可水解氟化物测定

4.7.1 方法提要

六氟化硫样品在密封容器中与碱液共同振荡水解。水解生成的氟化物离子,用镧-茜素络合剂显色,比色法测定。

4.7.2 试剂、溶液

4.7.2.1 氨水；
4.7.2.2 无水乙酸钠；
4.7.2.3 丙酮；
4.7.2.4 氧化镧；
4.7.2.5 氟化钠:优级纯；
4.7.2.6 氢氧化钠溶液:4 g/L；

4.7.2.7 盐酸溶液 1+5；

4.7.2.8 盐酸溶液：1+119；

4.7.2.9 乙酸铵溶液：200 g/L；

4.7.2.10 冰乙酸溶液：6+194；

4.7.2.11 氟离子标准溶液：0.01 mg/mL。移取 10 mL 氟离子标准溶液(0.1 mg/mL)于 100 mL 容量瓶中，稀释至刻度，使用前临时配制，贮存于塑料瓶中。

4.7.2.12 茜素络合指示剂。

4.7.3 仪器

分光光度计：带 2 cm 比色皿。

4.7.4 分析步骤

4.7.4.1 显色剂的配制

于 100 mL 烧杯中加入 5 mL 水、0.13 mL 氨水、1 mL 乙酸铵溶液，再加入准确称量的 0.048 g 茜素络合指示剂。于 250 mL 棕色容量瓶中加入 8.2 g 无水乙酸钠，用 100 mL 冰乙酸溶液溶解。将烧杯中的溶液滤入此容量瓶中，用少量水洗涤滤纸，再加入 100 mL 丙酮。

于另一烧杯中加入准确称量的 0.041 g 氧化镧和 2.5 mL 盐酸溶液(4.7.2.8)，微热溶解。冷却后并入容量瓶中，用水稀释至刻度。此显色剂保存于低温暗处，使用期为一个月。

4.7.4.2 工作曲线的绘制

于 5 个 100 mL 烧杯中各加入 10 mL 氢氧化钠溶液，用移液管分别加入 0 mL、0.5 mL、1.0 mL、1.5 mL、2.0 mL 氟离子标准溶液。借助酸度计，用盐酸溶液(4.7.2.7)和氢氧化钠溶液调节各溶液的 pH 值约为 5.0。再分别转移到 100 mL 容量瓶中，加入 10 mL 显色剂，用水稀释至刻度，于暗处显色 30 min。在分光光度计上，使用 2 cm 比色皿，于波长 600 nm 处，用水调节零点，测定各溶液的吸光度。将 0 mL 氟离子标准溶液作空白参比，扣除空白后以氟离子标准溶液中氟离子质量为横坐标，吸光度为纵坐标绘制工作曲线。

4.7.4.3 样品分析

取样装置如图 4 所示。将 1 000 mL 取样瓶抽空，使样品经玻璃三通阀缓缓进入取样瓶中，待 U 形管压力计平衡后，再重复抽空 3 次。当取样瓶最后一次充满样品气体时，用注射器注入 10 mL 氢氧化钠溶液，关闭取样瓶活塞。将取样瓶与针形阀及真空系统断开，握在手中振荡。每隔 5 min 振荡 1 min，操作 1 h。倾出瓶中溶液，按 4.7.4.2 调节溶液酸度、显色和测定吸光度。

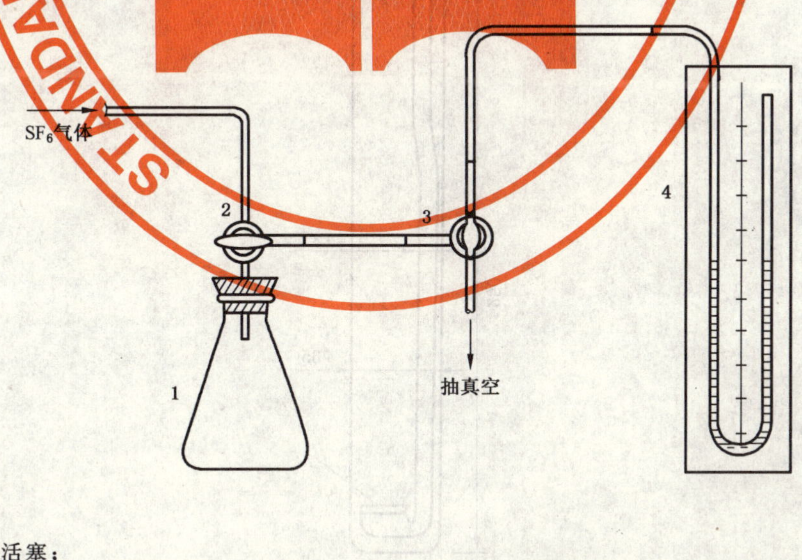

1——取样瓶；

2,3—— 真空三通活塞；

4——U 形管压力计。

图 4 可水解氟化物测定取样装置

4.7.4.5　**结果计算**

可水解氟化物的质量分数 w_6，数值以%表示，按公式(7)计算：

$$w_6 = \frac{mM_1}{M_2 \times 6.08V \frac{p}{101.3} \times \frac{293.1}{273.1+t}} \times 100 \quad \cdots\cdots(7)$$

式中：

m——在氟离子质量-吸光度曲线上查得的氟离子质量的数值，单位为毫克(mg)；

M_1——氢氟酸(HF)的摩尔质量(M_1＝20.0)，单位为克每摩尔(g / mol)；

M_2——氟离子(F)的摩尔质量(M_2＝19.0)，单位为克每摩尔(g / mol)；

V——取样瓶容积的数值，单位为毫升(mL)；

P——大气压力的数值，单位为千帕(kPa)；

t——环境温度的数值，单位为摄氏度℃；

6.08——六氟化硫在 101.3 kPa，20 时的密度，单位为克每升 g/L。

取平行测定结果的算术平均值为测定结果，两次平行测定结果的绝对差值应不大于 0.000 03%。

4.8　**矿物油的测定**

4.8.1　**方法提要**

六氟化硫试样气体通过含有四氯化碳的吸收瓶，其中的矿物油被四氯化碳吸收，用红外光谱法测定该溶液在约 2 930 cm^{-1} 波长下甲基、次甲基吸收峰的吸光度，利用工作曲线计算矿物油含量。

4.8.2　**试剂、材料**

4.8.2.1　四氯化碳；

4.8.2.2　压缩机油：工业品，30 号。

4.8.3　**仪器、设备**

4.8.3.1　红外光谱仪；带 3 mm 或 20 mm 厚氯化钠池窗液体吸收池或石英池；

4.8.3.2　吸收瓶：如图 5 所示。

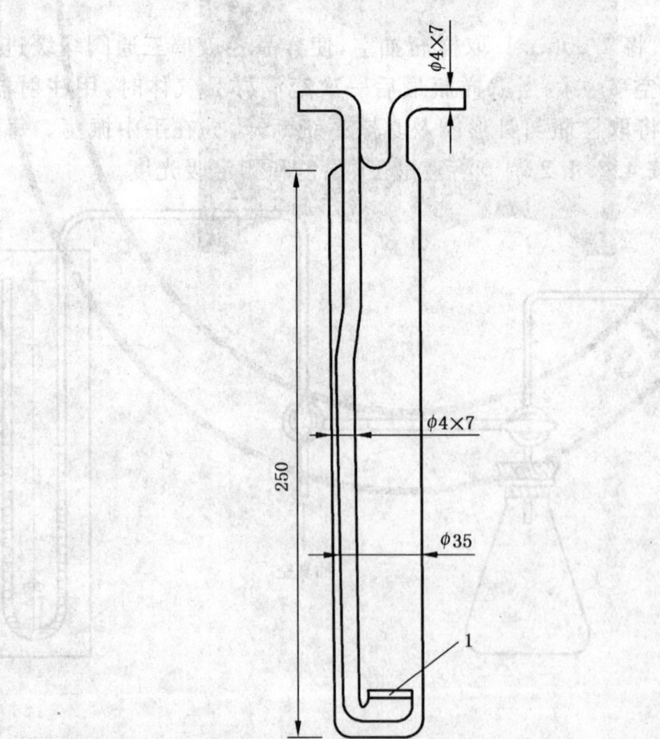

1——2 号孔度多孔气体分布管。

图 5　吸收瓶

4.8.4 分析步骤(试验条件适合于 20 mm 厚吸收池)

4.8.4.1 工作曲线的绘制

用四氯化碳和压缩机油配制下述质量浓度的矿物油标准溶液:10 mg/L、20 mg/L、50 mg/L、100 mg/L、200 mg/L,压缩机油的称量准确至 0.000 2 g。

将矿物油标准溶液分别注入吸收池中,将四氯化碳放入另一同样规格的吸收池中作空白参比,在 2 930 cm^{-1} 处测定吸光度,以扣除空白后的吸光度对矿物油的质量浓度绘制工作曲线。

4.8.4.2 矿物油吸收和测定

按如下测定步骤操作:

a) 矿物油吸收装置如图 6 所示。吸收瓶内分别装有 70 mL 四氯化碳,用冰水浴冷却。
试样气体流速 170 mL/min,通气量 30 L,由湿式气体流量计计量。通气完毕,将吸收瓶中的溶液合并于烧杯中,用 40 mL 四氯化碳多次洗涤吸收瓶,洗涤液并入烧杯中。

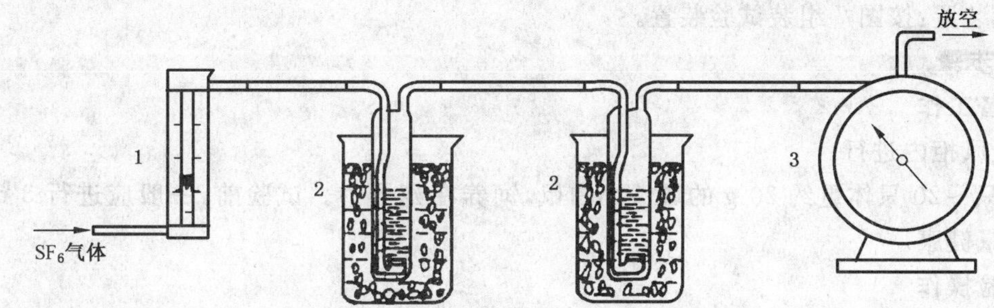

1——转子流量计;
2——吸收瓶;
3——湿式气体流量计。

图 6 矿物油吸收装置

b) 在通风柜内将烧杯中的溶液小心蒸发至 15 mL 左右,转移至 25 mL 容量瓶中,在恒温 20℃下,用四氯化碳稀释至刻度。

c) 用 180 mL 四氯化碳按上述步骤 b)做空白试验。

d) 按 4.8.4.1 操作步骤测定样品及空白试验溶液的吸光度,在工作曲线上查出相应的矿物油质量浓度。

4.8.5 试样体积的计算

试样体积按公式(8)计算:

$$V=\frac{\frac{1}{2}(p_1+p_2)\times 293.1}{101.3\times\left[273.1+\frac{1}{2}(t_1+t_2)\right]}\times(V_2-V_1) \qquad \cdots\cdots\cdots(8)$$

式中:

V——20℃,101.3 kPa 时试样体积的数值,单位为升(L);

p_1,p_2——流量计始态与终态的大气压力的数值,单位为千帕(kPa);

t_1,t_2——流量计始态与终态的温度的数值,单位为摄氏度(℃);

V_1,V_2——流量计始态与终态的读数值,单位为升(L)。

4.8.6 结果计算

矿物油的质量分数 w_7,数值以%表示,按下列公式(9)计算:

$$w_7=\frac{(\rho_1-\rho_2)V_f/1\,000}{6.08V\times 1\,000}\times 100 \qquad \cdots\cdots\cdots(9)$$

式中:

ρ_1——试样溶液的矿物油质量浓度的数值,单位为毫克每升(mg/L);

ρ_2——空白试验溶液的矿物油质量浓度的数值,单位为毫克每升(mg/L);

V_f——容量瓶容积的数值,单位为毫升(mL);

6.08——20℃,101.3 kPa时六氟化硫的密度的数值,单位为克每升(g/L)。

取平行测定结果的算术平均值为测定结果,两次平行测定结果的绝对差值应不大于0.000 01%。

4.9 毒性试验

4.9.1 方法提要

模拟空气中氧气和氮气含量,配制体积分数为79%六氟化硫和体积分数为21%氧气的试验气体。使小白鼠连续染毒24 h,观察72 h,检验小白鼠有无中毒症状。

4.9.2 试剂

氧气:体积分数99%以上。

4.9.3 设备

毒性试验装置:按图7组装试验装置。

4.9.4 试验步骤

4.9.4.1 准备工作

试验在通风柜内进行。

选购15只~20只体重约20 g的雌性小白鼠,饲养在笼子中。试验前,一般应进行3 d~5 d的观察,确认小白鼠健康。

4.9.4.2 试验操作

4.9.4.2.1 缓慢打开六氟化硫样品气瓶和氧气钢瓶,调节到所要求的比例,每分钟气体流量不得小于染毒缸容积的1/8。流量稳定8 min~16 min之后,将5只小白鼠放入染毒缸内,供应饮水和食物,观察24 h。每小时记录一次,内容为小白鼠的饮食活动、异常表现及室温等。

4.9.4.2.2 试验完毕后,将小白鼠放回笼子中继续观察72 h。按4.9.4.2.1要求记录。

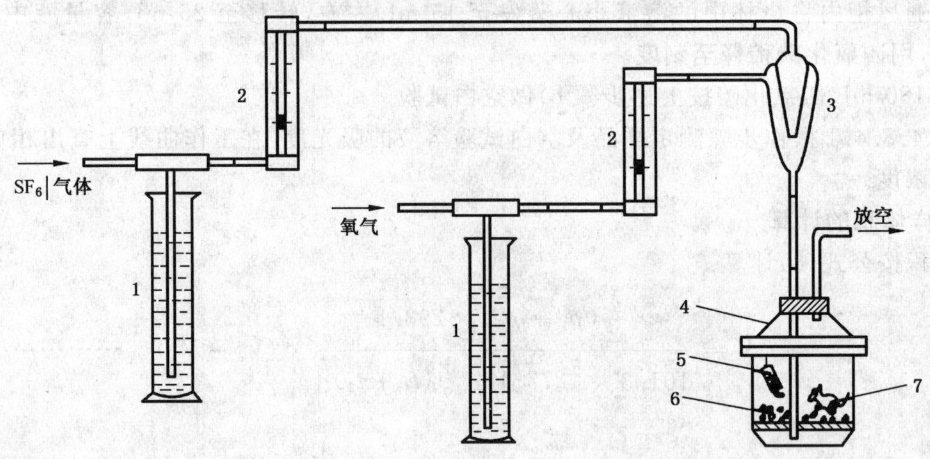

1——稳压管;

2——流量计;

3——气体混合器;

4——染毒缸;

5——饮水瓶;

6——食物;

7——小白鼠。

图7 毒性试验装置

4.9.5 结果判断与处理

4.9.5.1 小白鼠无异常表现,则确认该批产品无毒。

4.9.5.2 小白鼠有异常表现，如低头不吃食、狂跳、死亡等，则另取10只小白鼠分两组重新试验。试验结果无异常表现，则产品合格。试验结果仍有异常表现，则视产品不合格。应对有异常表现的小白鼠进行细致的尸体解剖，以进一步证实其异常表现的原因。

5 检验规则

5.1 本标准要求中规定的所有项目为出厂检验，其中水分可用水的质量分数或露点表示。

5.2 从同一来源稳定充装的工业六氟化硫构成一批，每批产品的重量不超过5 t。

5.3 采样

5.3.1 工业六氟化硫常温常压下的密度约为空气密度的5倍，其气体有使人窒息的危险。取样场所必须通风良好，并应遵循GB/T 3723的有关规定。

5.3.2 工业六氟化硫采样气瓶数按表2规定从每批产品中随机选取。每瓶工业六氟化硫构成单独的样品。也可按GB/T 6680—1986第6.1条的规定在产品充装管线取样，每批样瓶数应符合表2规定。取样瓶上粘贴标签，注明产品名称、批号、生产厂名和取样日期。

表2 随机取样瓶数表

每批气瓶数	选取的最少气瓶数
1	1
2～40	2
41～70	3
71以上	4

5.4 工业六氟化硫由生产厂的质量监督检验部门按本标准的规定进行检验。生产厂应保证每批出厂的产品都符合本标准的要求。

5.5 使用单位有权按照本标准的规定对收到的工业六氟化硫进行验收。验收应在货到之日起的一个月内进行。

5.6 检验结果中如有一项指标不符合本标准要求时，应重新自两倍量的包装中采样进行复验，复验结果即使有一项指标不符合本标准要求时，则整批产品为不合格。

5.7 采用GB/T 1250规定的修约值比较法判定检验结果是否符合标准。

6 标志、标签

6.1 每批出厂的六氟化硫都应附有一定格式的质量证明书，内容包括：生产厂名称、产品名称、批号、气瓶编号、净质量、生产日期和本标准编号。

6.2 气瓶应喷涂油漆，标明生产厂名称、产品名称、批号、气瓶编号及产品商标。气瓶的漆色、字样应符合GB 7144—1999气瓶颜色标志。标签应符合GB 16804—1997规定的要求。

7 包装、运输、贮存

7.1 工业六氟化硫应充装在洁净、干燥的气瓶中。气瓶容积一般为40 L，也可根据用户需要选用相应容积的气瓶。气瓶设计压力为7 MPa时，充装系数不大于1.04 kg/L。气瓶设计压力为8 MPa时，充装系数不大于1.17 kg/L；气瓶设计压力为12.5 MPa时，充装系数不大于1.33 kg/L。气瓶应带有安全帽和防震胶圈。

7.2 充装气体前应检查气瓶检验期限、外观缺陷、阀体与气瓶连接处的密封性。

7.3 六氟化硫气瓶严禁曝晒，严禁靠近易燃、油污地点，应贮存在带棚的库房中，库房应阴凉通风良好。

7.4 装运应符合《气瓶安全监察规程》中有关规定。

附 录 A
(资料性附录)
本标准与国际电工委员会标准 IEC 376 技术性差异及其原因

表 A.1 给出了本标准与国际电工委员会标准 IEC 376 技术性差异及其原因的一览表。

表 A.1 原因一览表

本标准章条编号	技术性差异	原 因
3	IEC 376 标准未设六氟化硫指标;本标准设立该指标,数值由差减法得到	直观,方便用户
3	除可水解氟化物、毒性试验指标要求相同外,其他各项指标要求均严于 IEC 376 标准	根据产品质量的提高和使用要求
5	规定了检验规则,IEC 376 标准仅对取样方法作了规定	IEC 376 标准无检验规则
6	规定了标志、标签,IEC 376 标准仅提出建议性规定	符合国家相关标准的要求
7	规定了包装、运输、贮存;IEC 376 标准仅对包装容积作了规定	符合国家相关标准的要求

附 录 B
（资料性附录）
本标准与国际电工委员会标准 IEC 376 章条编号对照

表 B.1 给出了本标准与国际电工委员会标准 IEC 376 章条编号对照一览表。

表 B.1 对照表

本标准章条编号	IEC 376 章条编号
1	1
2	
3	6,7,8,9,10,50
4	22,23,24,25,26,27,28,29,30,31,32,33,34,35,36,37,38,39,40,41,42,43,44,45,46,47,48,49
5	
6	11,12
7	

ICS 71.100.40
G 70

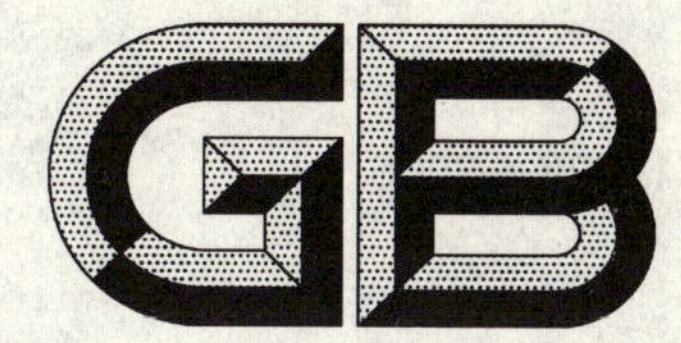

中华人民共和国国家标准

GB/T 12028—2006
代替 GB/T 12028—1989、GB/T 12029.1～12029.6—1989

洗涤剂用羧甲基纤维素钠

Sodium carboxymethylcellulose for detergents

2006-03-10 发布　　2006-10-01 实施

中华人民共和国国家质量监督检验检疫总局
中国国家标准化管理委员会　发布

前　言

本标准是对GB/T 12028—1989《洗涤剂用羧甲基纤维素钠》、GB/T 12029.1～12029.6—1989《洗涤剂用羧甲基纤维素钠试验方法》的修订。本标准与原标准相比增加了对无机盐含量的限定及相应的测定方法。

本标准代替的国家标准分别为：

GB/T 12028—1989　洗涤剂用羧甲基纤维素钠

GB/T 12029.1—1989　洗涤剂用羧甲基纤维素钠　水分及挥发物的测定；

GB/T 12029.2—1989　洗涤剂用羧甲基纤维素钠　粘度的测定；

GB/T 12029.3—1989　洗涤剂用羧甲基纤维素钠　pH值的测定(电位法)；

GB/T 12029.4—1989　洗涤剂用羧甲基纤维素钠　醚化度的测定；

GB/T 12029.5—1989　洗涤剂用羧甲基纤维素钠　纯度的测定；

GB/T 12029.6—1989　洗涤剂用羧甲基纤维素钠的筛分试验。

本标准中水分及挥发物、粘度、醚化度、纯度等4项指标的试验方法等效采用ASTM D1439-83a《羧甲基纤维素钠标准试验方法》中相关的测定方法，并增加了精密度的表述。

在羧甲基纤维素钠的筛分试验中，取消了GB/T 12029.6—1989规定的试验筛筛孔大小，代之以“按待测产品标准的要求选取一套规定孔径的筛子”的陈述，使测定方法可以针对不同的产品要求进行。

pH指标，取消了GB/T 12029.3—1989要求在特定温度(25℃)下测定pH的规定，给出了15℃～30℃下标准缓冲溶液的pH变化情况，使pH的测定可以在此范围内选定任何温度下进行。

本标准中对羧甲基纤维素钠中存在的某些无机盐含量的测定为增加的试验项目。这些无机盐中有些是产品制造中不可避免的，有些是人为加入的，所有无机盐的存在将造成羧甲基纤维素钠产品纯度测定的不准确，因此有必要对其进行测定。本标准中所规定有关无机盐测试方法参考已有的标准或文献方法，分别为：硫酸盐的测定方法按GB/T 15817—1995《洗涤剂中无机硫酸盐含量的测定　重量法》进行；碳酸盐的测定方法参照QB/T 2115—1995《洗涤剂中碳酸盐含量的测定》；硅酸盐的测定方法来自《日本化妆品原料标准》；磷酸盐的测定方法按GB/T 13171—2004《洗衣粉》中关于洗衣粉中总五氧化二磷含量的测定(比色法)的附录进行。

本标准的附录A、附录B、附录C、附录D、附录E、附录F、附录G均为规范性附录。

本标准由中国轻工业联合会提出。

本标准由全国表面活性剂和洗涤用品标准化技术委员会归口。

本标准起草单位：国家洗涤用品质量监督检验中心(太原)、中国日用化学工业研究院、上海白猫有限公司。

本标准主要起草人：姚晨之、吴晓雷、李晓辉、严方、梁红艳、耿readers.

本标准所代替标准的历次版本发布情况为：

——GB/T 12028—1989、GB/T 12029.1—1989、GB/T 12029.2—1989、GB/T 12029.3—1989、GB/T 12029.4—1989、GB/T 12029.5—1989、GB/T 12029.6—1989。

洗涤剂用羧甲基纤维素钠

1 范围

本标准规定了洗涤剂用羧甲基纤维素钠(CMC)的技术要求、试验方法、检验规则和标志、包装、运输、贮存。

本标准适用于以纤维素为原料,经氢氧化钠碱化和一氯乙酸钠醚化生产的羧甲基纤维素钠。该产品在洗涤剂配方中用作抗污垢再沉积剂。

2 规范性引用文件

下列文件中的条款通过本标准的引用而成为本标准的条款。凡是注日期的引用文件,其随后所有的修改单(不包括勘误的内容)或修订版均不适用于本标准,然而,鼓励根据本标准达成协议的各方研究是否可使用这些文件的最新版本。凡是不注日期的引用文件,其最新版本适用于本标准。

GB/T 601 化学试剂 标准滴定溶液的制备

GB/T 603 化学试剂 试验方法中所用制剂及制品的制备(GB/T 603—2002,ISO 6353-1:1982,NEQ)

GB/T 13171—2004 洗衣粉

GB/T 13173.1 洗涤剂样品分样方法(GB/T 13173.1—1991,eqv ISO 607:1980)

GB/T 15817—1995 洗涤剂中无机硫酸盐含量的测定 重量法(eqv ISO 8214:1985)

3 要求

3.1 外观

白色至微黄色纤维状粉末或颗粒。

3.2 纯度检验

在0.5 g样品中,加水50 mL溶解,此溶液为试液。取此试液5 mL,滴加碘试液1滴,溶液不应变蓝。

3.3 理化指标

产品的理化指标应符合表1的要求。用于干拌法生产洗衣粉的羧甲基纤维素钠产品还应满足:通过0.45 mm筛的筛分率不低于95%,并能全部通过0.80 mm筛。

表1 洗涤剂用羧甲基纤维素钠的理化指标

项目		指标值
水分及挥发物/(%)	≤	10
粘度(1%水溶液,25℃)/mPa·s		5～40
pH(1%水溶液,25℃)		8.0～11.5
醚化度		0.50～0.70
有效成分(以干基计)/(%)	≥	55
多种无机盐含量之和[a]/(%)	≤	5

a 多种无机盐含量之和:指除氯化物之外的无机盐,包括碳酸盐(以 Na_2CO_3 计)、硅酸盐(以 SiO_2 计)、硫酸盐(以 Na_2SO_4 计)、磷酸盐(以 Na_3PO_4 计)等的含量之和。

4 试验方法

4.1 水分及挥发物

按附录A测定。

4.2 粘度

按附录B测定。

4.3 pH

按附录C测定。

4.4 醚化度

按附录D测定。

4.5 有效成分

按附录E测定。

4.6 多种无机盐含量

按附录F测定。

4.7 筛分试验

按附录G测定。

5 检验规则

5.1 检验分类

5.1.1 型式检验

型式检验项目包括第3章规定的全部项目。在下列情况下应进行型式检验：

a) 正式生产时，原料、工艺、设备、管理等方面(包括人员素质的变化)有较大改变，可能影响产品质量时；

b) 正常生产时，应定期进行型式检验，一般情况每月一次；

c) 长期停产后恢复生产时；

d) 出厂检验结果与上次型式检验结果有较大差异时；

e) 国家行业管理部门和质量监督机构提出进行型式检验时。

5.1.2 出厂检验

出厂检验项目包括水分及挥发物、粘度、pH、醚化度和有效成分(以干基计)。

5.2 产品组批与抽样规则

5.2.1 产品按批交付及抽样验收，一次交付的同一规格、同一批号的产品为一交付批。

生产单位交付的产品，应先经其质量检验部门按本标准检验，符合本标准并出具产品质量检验合格证书，方可出厂。产品质量检验合格证书应包括：生产厂商名称、产品名称、商标、采用标准编号、批号、批量、质量指标、生产日期等。

收货方凭产品质量检验合格证书验收，必要时可按下述规定在一个月内抽样验收或仲裁。

5.2.2 取样

收货方验收、仲裁检验所需的样品，应根据批量大小按表2确定样本大小，交收双方会同在交货地点从交付批中随机抽取袋样本。

表2 批量和样本大小

单位为袋

批　量	2～15	16～25	26～90	91～150	151～500	501～1 200	＞1 200
样本大小	2	3	5	8	13	20	32

采样时用采样器自包装袋中心插入四分之一处采集样品，每个样本袋中采样量应相近，样品应迅速

置于具塞样品瓶中，并加塞，采样总量不小于3 kg。

将采取的样品按四分法混匀并缩分至1.5 kg，分装于三个清洁、干燥的容器中，签封。标签上应注明产品名称、产品批号及数量、生产单位、样品编号、采样日期、采样人。交收双方各持一份进行检验，第三份由交货方保管，备仲裁检验用，保管期为三个月。

5.3 判定规则

检验结果按修约值比较法判定合格与否。如理化指标有一项不合格，可重新取两倍袋样本采取样品对不合格项进行复检，复检结果仍不合格，则判该批产品不合格。

交收双方因检验结果不同，如不能取得协议时，可商请仲裁检验，仲裁结果为最后依据。

6 标志、包装、运输、贮存

6.1 标志

6.1.1 包装物应有下列标志：

a) 产品名称、商标、采用标准编号；
b) 生产日期或产品批号；
c) 净含量；
d) 有防水防潮等文字或标志；
e) 生产企业名称、地址和联系电话等。

6.1.2 包装物上印刷的标志(图案及文字)应清晰美观，无脱色。

6.2 包装

用内衬塑料薄膜的编织袋包装，包装净含量应符合标称质量。

6.3 运输

运输过程中应防止日晒、雨淋、受潮，轻装轻卸，避免包装袋破损。

6.4 贮存

产品应贮存在干燥、洁净的库房内，如需在露天存放时，应采取必要的防潮措施，垛高以不超过支撑物的最大载荷为限，并加遮盖物以防晒、防雨、防潮、防止包装破损。

产品在上述贮运条件且未启封的情况下，自生产之日起保质期至少一年。

附 录 A
（规范性附录）
羧甲基纤维素钠的水分及挥发物测定

A.1 原理

将试样置于一定温度下干燥，根据其失去的重量与原重量之比计算样品中水分及挥发物的含量。

A.2 仪器

常用实验室仪器和

A.2.1 干燥箱，能控制温度于 105℃±2℃。

A.2.2 称量瓶，ϕ60 mm×25 mm。

A.3 程序

称取试样约 4 g(精确至 0.001 g)，于已恒重的称量瓶(A.2.2)中。将此称量瓶放入 105℃±2℃干燥箱(A.2.1)中干燥 4 h 后取出，加盖置于玻璃干燥器内冷却 30 min 后称量。

A.4 结果计算

样品的水分及挥发物含量以质量分数 w_0 计，数值以%表示，按公式(A.1)计算：

$$w_0 = \frac{B}{m_0} \times 100 \qquad \cdots\cdots\cdots\cdots (A.1)$$

式中：

B——试验份干燥后的失重，单位为克(g)；

m_0——试验份的质量，单位为克(g)。

以两次平行测定结果的算术平均值修约至个位作为测定结果。

A.5 精密度

在重复性条件下获得的两次独立测定结果的绝对差值不大于 0.4%，以大于 0.4%的情况不超过5%为前提。

附 录 B
（规范性附录）
羧甲基纤维素钠的粘度测定

B.1 原理

用规定的旋转粘度计测定羧甲基纤维素钠溶液的粘度。溶液的粘度与旋转粘度计的转筒在溶液中旋转产生的剪切应力和施加的剪切速率成函数关系。

B.2 试剂

除非另有说明，在分析中仅使用确认为分析纯的试剂和蒸馏水或去离子水或相当纯度的水。

B.3 仪器

常用实验室仪器和

B.3.1 旋转粘度计，具有测定范围为 5 mPa·s～50 mPa·s，剪切速率为 850 s^{-1} 的转筒。

注：NDJ-79 型、依米拉型可满足要求。

B.3.2 超级恒温水浴，能保持温度于 25℃±0.1℃。

B.3.3 容量瓶，100 mL。

B.3.4 烧杯，100 mL。

B.4 程序

B.4.1 试液的配制

称取试样约 1 g(精确至 0.001 g)(以干基计)于烧杯(B.3.4)中，加水并强烈搅拌使成为可流动的溶液，转移至 100 mL 容量瓶(B.3.3)中。每次用少量水冲洗烧杯(B.3.4)及玻璃棒数次，冲洗液并入容量瓶中，激烈摇动 15 min。

B.4.2 测定

将试液(B.4.1)置于 25℃±0.1℃ 的恒温水浴(B.3.2)中，保持 20 min，取出用水稀释至刻度，激烈摇动 1 min，再置于恒温水浴中恒温 10 min，取出摇动均匀。选用测定范围为 5 mPa·s～50 mPa·s 的转筒(B.3.1)，用少量试液润湿冲洗转筒和测定容器后，按粘度计使用说明书测定试液粘度。转筒旋转至指针稳定 30 s 后开始读数，以后每隔 10 s 读数一次，直至得到连续五次不变的读数。

B.5 结果计算

样品溶液的粘度(mPa·s)按式(B.1)计算：

$$粘度 = 读数 \times 转筒因子 \quad \cdots\cdots(B.1)$$

以两次平行测定结果的算术平均值修约至个位作为测定结果。

B.6 精密度

在重复性条件下获得的两次独立测定结果的差值不大于平均值的 5%，以大于 5% 的情况不超过 5% 为前提。

附 录 C
(规范性附录)
羧甲基纤维素钠的pH测定

C.1 原理

用pH计测定洗涤剂用羧甲基纤维素钠水溶液的pH值。

C.2 试剂

除非另有说明,在分析中仅使用确认为分析纯的试剂和新煮沸并冷却到室温的蒸馏水或去离子水或相当纯度的水。

C.2.1 四硼酸钠(GB 6856)基准试剂的缓冲溶液

溶解十水合四硼酸钠($Na_2B_4O_7 \cdot 10H_2O$)3.81 g±0.01 g于水中,定量转移至1 000 mL单刻度容量瓶中,稀释至刻度并混匀。

将此溶液贮于无二氧化碳的密闭塑料瓶中,一个月至少更换一次。此溶液在不同温度下的pH值如表C.1所示。

表C.1 0.01 mol/L四硼酸钠缓冲溶液在不同温度下的pH值

温度/℃	pH
15	9.26
20	9.22
25	9.18
30	9.14

注:温度每升高1℃,pH变化−0.008pH单位。

C.2.2 磷酸二氢钾和磷酸氢二钠(GB/T 1274和GB/T 1263)缓冲溶液

溶解磷酸二氢钾(KH_2PO_4)3.40 g±0.01 g和磷酸氢二钠(Na_2HPO_4)3.55 g±0.01 g于水中,定量转移至1 000 mL单刻度容量瓶中,稀释至刻度并混匀。磷酸二氢钾和磷酸氢二钠需预先在120℃±10℃干燥2 h。

将此溶液贮于无二氧化碳的密闭塑料瓶中,一个月至少更换一次。该溶液在不同温度时的pH值如表C.2所示。

表C.2 磷酸二氢钾和磷酸氢二钠缓冲溶液在不同温度下的pH值

温度/℃	pH
15	6.90
20	6.88
25	6.86
30	6.85

注:温度每升高1℃,pH变化−0.004pH单位。

C.3 仪器

常用实验室仪器和pH计(或酸度计)。pH计(或酸度计)灵敏度0.05pH单位,配有玻璃测量电极和甘汞参比电极，如 231 型玻璃电极和 232 型甘汞电极。

C.4 程序

C.4.1 试验份

称取试样 1.00 g(精确至 0.001 g)于 100 mL 烧杯中。

C.4.2 试验溶液的配制

放 50 mL 水至盛有试样的烧杯中，在玻璃棒搅拌下，小心地溶解试验份(C.4.1)。

将此溶液定量转移到 100 mL 单刻度容量瓶中，稀释至刻度并混匀。

注：试验溶液临用前现配。

C.4.3 测定

将容量瓶中的内容物(C.4.2)适量转移至 50 mL 的干烧杯中，用预先经缓冲溶液(C.2.1)和(C.2.2)校准过的 pH 计(C.3)测量其 pH。

pH 计的校准和试验溶液 pH 的测定应在相同温度下进行。

C.5 结果表示

用 pH 单位表示测量结果，以两次平行测定结果的算术平均值修约至小数点后一位作为测定结果，并标明测量温度。如两次测定结果之差超过 0.1pH 单位，则需进行第三次测定。

C.6 精密度

在重复性条件下获得的两次独立测定结果的绝对差值不大于 0.1 pH 单位，以大于 0.1 pH 单位的情况不超过 5%为前提。

附　录　D
（规范性附录）
羧甲基纤维素钠的醚化度测定

D.1　原理

将水溶性羧甲基纤维素钠酸化，变为不溶性的酸式羧甲基纤维素，纯化后，用准确计量的过量氢氧化钠将已知量的酸式羧甲基纤维素重新转变成钠盐，再用盐酸标准溶液滴定过量的碱。

D.2　试剂

除非另有说明，在分析中仅使用确认为分析纯的试剂和蒸馏水或去离子水或相当纯度的水。

D.2.1　95%乙醇(GB/T 679)。

D.2.2　乙醇，80%溶液，将95%乙醇(D.2.1)840 mL用水稀释至1 L。

D.2.3　无水甲醇(GB/T 683)。

D.2.4　硝酸(GB/T 626)。

D.2.5　盐酸(GB/T 622)，$c(HCl)=0.4$ mol/L标准滴定溶液，参照GB/T 601配制和标定。

D.2.6　氢氧化钠(GB/T 629)，$c(NaOH)=0.4$ mol/L标准滴定溶液，参照GB/T 601配制和标定。

D.2.7　硫酸(GB/T 625)，(9+2)溶液。

D.2.8　二苯胺(GB/T 681)试剂：将二苯胺0.5 g溶于120 mL硫酸(D.2.7)，此试剂应为无色，遇微量硝酸盐和其他氧化剂时呈深蓝色。

D.2.9　酚酞(GB/T 10729)，1%乙醇(95%)溶液，按GB/T 603配制。

D.3　仪器

常用实验室仪器和

D.3.1　磁力加热搅拌器。

D.3.2　烧杯，250 mL。

D.3.3　锥形瓶，500 mL。

D.3.4　玻璃过滤漏斗，40 mL，孔径4.5 μm～9 μm。

D.3.5　烘箱，能控制温度于105℃±2℃。

D.4　程序

D.4.1　称取样品约4 g于烧杯(D.3.2)中，加入95%乙醇(D.2.1)75 mL，用磁力加热搅拌器(D.3.1)充分搅拌至获得良好的浆状物。在搅拌下加入硝酸(D.2.4)5 mL，并继续搅拌1 min～2 min，加热煮沸浆状物5 min后停止加热，继续搅拌10 min～15 min。

注：加热时小心着火。

D.4.2　将上层清液倾入过滤漏斗(D.3.4)，用95%乙醇(D.2.1)100 mL～150 mL转移沉淀至过滤漏斗，然后用60℃的80%乙醇(D.2.2)洗涤沉淀至全部酸被除去。

D.4.3　从过滤漏斗滴几滴滤液于白色点滴板上，加几滴二苯胺试剂(D.2.8)，如呈现蓝色，则表示有硝酸盐存在，需进一步洗涤，一般6～8次即可。

D.4.4　最后用少量无水甲醇(D.2.3)洗涤沉淀，继续抽滤至甲醇完全除去。将烘箱(D.3.5)加热至105℃±2℃后，关闭电源，将过滤漏斗放入烘箱，15 min后打开烘箱门，排出甲醇蒸气，再关闭烘箱门，接通电源，于105℃±2℃干燥3h后，在干燥器中冷却30 min。

D.4.5 称取干燥的酸式羧甲基纤维素(D.4.4)约 1.4 g(精确至 0.001 g),置于 500 mL 锥形瓶(D.3.3)中,加入 100 mL 水和氢氧化钠标准滴定溶液(D.2.6)25.00 mL,边搅拌边加热,保持溶液沸腾 15 min～30 min。

D.4.6 趁热以酚酞(D.2.9)为指示剂,用盐酸标准滴定溶液(D.2.5)滴定过量的氢氧化钠,至粉红色刚消失即为终点。

D.5 结果计算

羧甲基纤维素钠的醚化度 E 按式(D.1)和式(D.2)计算:

$$N = \frac{V_1 c_1 - V_2 c_2}{m_1} \qquad \cdots\cdots (D.1)$$

$$E = \frac{0.162\ N}{1 - 0.058\ N} \qquad \cdots\cdots (D.2)$$

式中:

N——中和 1 g 酸式羧甲基纤维素所消耗的氢氧化钠标准滴定溶液的毫摩尔数,单位为毫摩尔每克(mmol/g);

V_1——加入氢氧化钠标准滴定溶液的体积,单位为毫升(mL);

c_1——氢氧化钠标准滴定溶液的浓度,单位为摩尔每升(mol/L);

V_2——滴定过量氢氧化钠所用盐酸标准滴定溶液的体积,单位为毫升(mL);

c_2——盐酸标准滴定溶液的浓度,单位为摩尔每升(mol/L);

m_1——用于测定的酸式羧甲基纤维素的质量,单位为克(g);

E——羧甲基纤维素钠的醚化度;

0.162——纤维素的失水葡萄糖单元的毫摩尔质量,单位为克每毫摩尔(g/mmol);

0.058——失水葡萄糖单元中的一个羟基被羧甲基取代后,失水葡萄糖单元毫摩尔质量的净增值,单位为克每毫摩尔(g/mmol)。

以两次平行测定结果的算术平均值修约至小数点后两位作为测定结果。

D.6 精密度

在重复性条件下获得的两次独立测定结果的绝对差值不大于 0.02 醚化度单位,以大于 0.02 醚化度单位的情况不超过 5%为前提。

附 录 E
（规范性附录）
羧甲基纤维素钠的纯度测定

E.1 原理

羧甲基纤维素钠不溶于80%乙醇，经溶解并多次洗涤，分离除去样品中80%乙醇溶解物，得到纯净的羧甲基纤维素钠。

E.2 试剂

除非另有说明，在分析中仅使用确认为分析纯的试剂和蒸馏水或去离子水或相当纯度的水。

E.2.1 95%乙醇(GB/T 679)。

E.2.2 乙醇，80%溶液，将95%乙醇(E.2.1)840 mL用水稀释至1 L。

E.2.3 乙醚(GB/T 12591)。

E.3 仪器

常用实验室仪器和

E.3.1 磁力加热搅拌器，搅拌棒长约3.5 cm。

E.3.2 过滤坩埚，40 mL，孔径4.5 μm～9 μm。

E.3.3 玻璃表面皿，ϕ10 cm，中心有孔。

E.3.4 烧杯，400 mL。

E.3.5 恒温水浴。

E.3.6 烘箱，能控制温度于105℃±2℃。

E.4 程序

准确称取样品3 g(精确至0.001 g)于已恒重的烧杯(E.3.4)中，加入60℃～65℃的80%乙醇(E.2.2)150 mL，放入磁棒，置于磁力加热搅拌器(E.3.1)上，盖上表面皿(E.3.3)，在中心孔插吊温度计，开启加热搅拌器，调节搅拌速度避免飞溅，维持温度于60℃～65℃，搅拌10 min。

停止搅拌，将烧杯置于60℃～65℃的恒温水浴(E.3.5)中，静置使不溶物沉降，将上层清液尽可能完全地倾入已恒重的过滤坩埚(E.3.2)中。

加60℃～65℃的80%乙醇(E.2.2)150 mL至烧杯中，重复上述搅拌、过滤操作，然后借助于洗瓶用60℃～65℃的80%乙醇约250 mL仔细冲洗烧杯、表面皿、搅拌棒及温度计，使不溶物完全转移至坩埚内，并进一步洗涤坩埚内容物。在此操作时可使用吸滤并应避免将滤饼吸干，如有微粒通过滤器，则应减缓抽吸。

注：应保证试样中的氯化钠完全被80%乙醇洗去，必要时可以用0.1 mol/L的硝酸银溶液和6 mol/L的硝酸检查滤液是否含有氯离子。

在室温下用95%乙醇(E.2.1)50 mL分二次洗涤坩埚内容物，最后用乙醚(E.2.3)20 mL分二次洗涤，吸滤时间不应过长，将坩埚放在烧杯中，于蒸汽浴上加热至无乙醚气味。

注：用乙醚洗涤以完全除去不溶物中的乙醇是必要的。如在烘箱干燥前不完全除去乙醇，则在烘箱干燥期间不可能完全除去。

将坩埚和烧杯置于105℃±2℃烘箱(E.3.6)中干燥2 h后，移入干燥器内冷却30 min并称量，重复干燥1 h和冷却称量至质量变化不超过0.003 g为止。如遇干燥1 h质量增加，则以观察到的最低质量为准。

E.5 结果计算

羧甲基纤维素钠的纯度以质量分数 P 计，数值以%表示，按式(E.1)计算：

$$P(\%)=\frac{m_1}{m_0(100\%-w_0)}\times 100 \qquad \cdots\cdots(E.1)$$

式中：

m_1——干燥后不溶物的质量，单位为克(g)；

m_0——试验份的质量，单位为克(g)；

w_0——试样的水分及挥发物含量，%。

以两次平行测定结果的算术平均值修约至小数点后一位作为测定结果。

E.6 精密度

在重复性条件下获得的两次独立测定结果的绝对差值不大于0.3%，以大于0.3%的情况不超过5%为前提。

附　录　F
（规范性附录）
羧甲基纤维素钠中无机盐的测定

F.1　干燥试样的制备

称取试样约10 g于干燥的扁型称量瓶内，开盖后放入105℃±2℃的烘箱中干燥2 h，取出加盖后放入干燥器中冷却备用。

F.2　羧甲基纤维素钠中碳酸盐的测定

F.2.1　原理

称取一定量试样，溶解后用盐酸标准滴定溶液滴定至混合指标剂终点，然后再用氢氧化钠标准滴定溶液回滴到混合指示剂终点，计算碳酸盐的含量。

F.2.2　试剂与材料

除非另有说明，在分析中仅使用确认为分析纯的试剂和蒸馏水或去离子水或相当纯度的水。

F.2.2.1　盐酸（GB/T 622），$c(HCl)=0.2$ mol/L标准滴定溶液，按照GB/T 601的规定配制和标定。

F.2.2.2　氢氧化钠（GB/T 629），$c(NaOH)=0.1$ mol/L标准滴定溶液，按照GB/T 601的规定配制和标定。

F.2.2.3　酚酞（GB/T 10729）指示液，10 g/L乙醇（95%）溶液，按照GB/T 603配制。

F.2.2.4　甲基红-溴甲酚绿指示液，按照GB/T 603配制。

F.2.2.5　无水乙醇（GB/T 678）。

F.2.3　仪器

普通实验室仪器和250 mL锥形瓶。

F.2.4　程序

准确称取试样（F.1）0.5 g（称准至0.001 g）于锥形瓶（F.2.3）中，用少量无水乙醇（F.2.2.5）润湿，加入50 mL新煮沸并冷却的蒸馏水，用玻璃棒轻搅捣碎团块，加入酚酞指示剂（F.2.2.3）2滴和甲基红-溴甲酚绿指示剂（F.2.2.4）6滴～7滴，如溶液呈绿色，则可用氢氧化钠标准滴定溶液（F.2.2.2）调至溶液恰好变为灰色；否则应用0.2 mol/L盐酸标准滴定溶液（F.2.2.1）滴定至由红紫色变为灰色，记录耗用盐酸标准滴定溶液的体积V_1。继续用0.2 mol/L盐酸标准滴定溶液（F.2.2.1）滴定至试样溶液经绿色重现灰色为终点，在电热板上加热煮沸2 min，如灰色褪去，应小心滴加盐酸标准滴定溶液（F.2.2.1）使之重现灰色，不得过量。记录耗用盐酸标准滴定溶液的体积为V_2（含V_1在内的总值）。再用氢氧化钠标准滴定溶液（F.2.2.2）滴至混合指示液由绿色刚好变为浅紫色为终点。记录耗用氢氧化钠标准滴定溶液的体积V_3。

F.2.5　结果与计算

羧甲基纤维素钠中碳酸盐的含量（以碳酸钠计），用质量分数X_1计，数值以%表示，按式（F.1）计算：

$$X_1=\frac{\left(V_2-V_1-\frac{V_3\times c_2}{c_1}\right)\times c_1\times 106}{10\times m_0} \qquad \text{(F.1)}$$

式中：

V_2——滴定试液至混合指示液经绿色变为灰色终点时所需盐酸标准滴定溶液的总体积，单位为毫升（mL）；

V_1——加热前滴定试液至混合指示液呈灰色终点时所需盐酸标准滴定溶液的体积，单位为毫升(mL)；

V_3——回滴定酸化试液至混合指示液呈浅紫色时所需氢氧化钠标准滴定溶液的体积，单位为毫升(mL)；

c_1——盐酸标准滴定溶液的浓度，单位为摩尔每升(mol/L)；

c_2——氢氧化钠标准滴定溶液的浓度，单位为摩尔每升(mol/L)；

m_0——试验份的质量，单位为克(g)；

106——试验中以克表示的碳酸钠的摩尔质量，单位为克每摩尔(g/mol)。

以两次平行测定结果的算术平均值修约至小数点后一位作为测定结果。

F.2.6　精密度

在重复性条件下获得的两次独立测定结果的绝对差值不大于 0.5%，以大于 0.5% 的情况不超过 5% 为前提。

F.3　羧甲基纤维素钠中硅酸盐的测定

F.3.1　原理

硅酸盐在酸性条件下，生成原硅酸沉淀，在高温下分解生成二氧化硅，用重量法测定二氧化硅。

F.3.2　试剂与材料

F.3.2.1　盐酸(GB/T 622)。

F.3.2.2　硝酸银(GB/T 670)，5 g/L 溶液。

F.3.3　仪器

普通实验室仪器和

F.3.3.1　容量瓶：500 mL。

F.3.3.2　瓷坩埚：50 mL。

F.3.3.3　瓷蒸发皿：100 mL。

F.3.3.4　高温炉：可控制温度于 900℃±10℃。

F.3.3.5　滤纸：无灰定量滤纸。

F.3.4　试样的制备及测定

称取试样(F.1)1.0 g(称准至 0.000 1 g)于 100 mL 瓷蒸发皿(F.3.3.3)中，微火加热，碳化后，在 450℃～500℃下灼烧 4 h，取出，冷却后加入水 50 mL、浓盐酸(F.3.2.1)10 mL，在沸水浴中加热蒸干后，持续加热 30 min，加热水 10 mL，通过滤纸(F.3.3.5)过滤，用热水洗涤残留物，直至洗涤液用硝酸银(F.3.2.2)检验无氯离子(Cl)为止，将滤液及洗涤液合并到 500 mL 容量瓶(F.3.3.1)中(用于测定硫酸盐和磷酸盐)。将含不溶物的滤纸置于已预先恒重的瓷坩埚(F.3.3.2)中，在电炉上烘干，碳化后，放入高温炉(F.3.3.4)中，于 900℃±10℃灼烧 30 min，取出，移入干燥器中冷却后称量(称准至 0.000 1 g)。

F.3.5　结果计算

羧甲基纤维素钠中硅酸盐的含量(以二氧化硅计)，用质量分数 X_2 计，数值以%表示，由公式(F.2)给出：

$$X_2 = \frac{m_1}{m_0} \times 100 \qquad \text{(F.2)}$$

式中：

m_1——灼烧后试验份质量，单位为克(g)；

m_0——称取试验份质量，单位为克(g)。

以两次平行测定结果的算术平均值修约至小数点后一位作为测定结果。

F.3.6 精密度

在重复性条件下获得的两次独立测定结果的绝对差值不大于0.2%，以大于0.2%的情况不超过5%为前提。

F.4 羧甲基纤维素钠中硫酸盐的测定

F.4.1 原理

取一定体积的过滤了硅酸盐的试验溶液，用氯化钡沉淀存在于溶液中的硫酸盐。将沉淀过滤，洗涤，在900℃下灼烧，称量。

F.4.2 试剂与材料

氯化钡(GB/T 652)，100 g/L溶液。

F.4.3 仪器

普通实验室仪器和

F.4.3.1 容量瓶，500 mL。

F.4.3.2 移液管，100 mL。

F.4.4 程序

F.4.4.1 试样制备

将F.3.4处理的试样溶液置于500 mL容量瓶(F.4.3.1)中，用蒸馏水稀释至刻度，混匀。

F.4.4.2 测定

在黑点滴板上，取试验溶液(F.4.4.1)2滴，滴加数滴氯化钡溶液(F.4.2)，目视，若无白色沉淀，则视为无机硫酸盐未测得。否则用移液管(F.4.3.2)移取上述溶液(F.4.4.1)200 mL至250 mL烧杯中，加热溶液浓缩至约100 mL，再按GB/T 15817—1995中7.4进行测定。

F.4.5 结果计算

羧甲基纤维素钠中无机硫酸盐的含量(以硫酸钠计)，用质量分数X_3计，数值以%表示，由公式(F.3)给出：

$$X_3 = \frac{m_1 \times 5 \times 0.6086}{m_0 \times 2} \times 100 \qquad \text{(F.3)}$$

式中：

m_1——硫酸钡沉淀的质量，单位为克(g)；

0.6086——硫酸钡换算为硫酸钠的换算因子；

m_0——试验份的质量，单位为克(g)。

以两次平行测定结果的算术平均值修约至小数点后一位作为测定结果。

F.4.6 精密度

在重复性条件下获得的两次独立测定结果的绝对差值不大于0.3%，以大于0.3%的情况不超过5%为前提。

F.5 羧甲基纤维素钠中磷酸盐的测定

用移液管移取试验溶液(F.4.4.1)25 mL，按GB/T 13171—2004附录A测定。

附 录 G
(规范性附录)
羧甲基纤维素钠的筛分试验

G.1 原理

将试样用规定孔径的筛子,经机械振荡器筛分,分别称取留于筛子上及底盘中试样的质量,以对试样的百分率表示之。

G.2 仪器

常用实验室仪器和

G.2.1 试验筛(GB/T 6003.1),筛框直径 $D=200$ mm,金属丝编织网筛面。按待测产品标准的要求选取一套规定孔径的筛子,配以底盘和筛盖。

G.2.2 电动振荡器,振幅 36 mm,频率 243 次/min。

G.2.3 分样器,SD-1 型。

G.3 试样

试样不经干燥,用 SD-1 型分样器(G.2.3)按 GB/T 13173.1 规定分取二只样品,备用。

G.4 程序

G.4.1 把按要求选取的一套规定孔径的清洁、干燥的筛子(G.2.1),按孔径从小到大的顺序,从下而上重叠为一筛组,将筛组置于底盘之上,一起装在电动振荡器(G.2.2)上。

G.4.2 称取经分样器分样的试样(G.3)100 g(精确到 0.1 g),置于上层筛中,加筛盖。

G.4.3 开动振荡器,在相对湿度小于 50%条件下筛振 5 min±10 s,停止振荡后取下底盘和筛组,分别收集并称取各筛子及底盘中的试样质量(附着于筛面上的粒子用刷子仔细拂下)。

G.4.4 另取一只经分样器分样的试样,重复进行上述试验。

G.5 结果计算

根据筛盘上残留的试验份质量,按式(G.1)计算颗粒通过百分率:

$$A_i=\frac{B_i}{m_0}\times 100\% \qquad \text{(G.1)}$$

式中:

A_i——经 i 筛层的通过率,%;

B_i——i 筛层以下各层(不包括 i 筛层)和底盘上试验份质量之和,单位为克(g);

m_0——试验份的质量,单位为克(g)。

以两次平行测定结果的算术平均值修约至个位作为测定结果。

G.6 精密度

进行颗粒度试验时,各层筛上和底盘中残留试验份的质量之和(ΣB_i),与投入试验份的质量(m_0)相比,减少量$\left(\frac{m_0-\Sigma B_i}{m_0}\times 100\right)$应不大于 1%,否则应重新测定。

在重复性条件下获得的两次独立测定结果的绝对差值不大于 1%,以大于 1%的情况不超过 5%为前提。

ICS 13.060.40
J 98

中华人民共和国国家标准

GB/T 12148—2006
代替 GB 12148—1989

锅炉用水和冷却水分析方法 全硅的测定 低含量硅氢氟酸转化法

Methods for analysis of water for boiler and for cooling—Determination of total silicon—Photometric method by conversion with hydrofluoric acid for low silicon

2006-09-01 发布 2007-02-01 实施

中华人民共和国国家质量监督检验检疫总局
中国国家标准化管理委员会 发布

前　言

本标准代替 GB/T 12148—1989《锅炉用水和冷却水分析方法　全硅的测定　低含量硅氢氟酸转化法》。

本标准对原 GB/T 12148—1989 进行如下修改：

——增加前言；

——增加了 4.1、4.2，并修改了 4.3.1、4.3.2、4.3.3、4.5、4.6、4.7、4.8、4.9；

——在第 4 章中增加了注 1、注 2 和警告；

——5.1 中增加了波长范围及准确度值，第 5 章增加注；

——6.3 中增加了两个注；

——7.2 中将相对误差改为 5%～10%；

——对公式(2)作了修改。

本标准由中国电力企业联合会提出。

本标准由国电热工研究院归口。

本标准由山西电力科学研究院起草。

本标准起草人：张增、韩萍。

本标准于 1989 年首次发布，本次为第一次修订。

锅炉用水和冷却水分析方法
全硅的测定　低含量硅氢氟酸转化法

1　范围

本标准规定了除盐水、蒸汽、凝结水、锅炉给水及炉水全硅的测定方法。

本标准适用于锅炉用水分析，全硅含量范围为：含 SiO_2 量(0～100)μg/L 或(0～500)μg/L。

2　规范性引用文件

下列文件中的条款通过本标准的引用而成为本标准条款。凡是注日期的引用文件，其随后所有的修改单(不包括勘误的内容)或修订版均不适用于本标准，然而，鼓励根据本标准达成协议的各方研究是否可使用这些文件的最新版本。凡是不注日期的引用文件，其最新版本适用于本标准。

GB/T 6903　锅炉用水和冷却水分析方法　通则

3　原理

水样中的非活性硅经氢氟酸转化成为分子、离子态活性硅，过量的氢氟酸用掩蔽剂掩蔽后，在水样温度为 27℃±5℃下，活性硅与钼酸铵作用生成硅钼黄，再用还原剂将硅钼黄还原成硅钼蓝进行测定，测定值为水样的全硅含量。

4　试剂或材料

4.1　试剂纯度应符合 GB/T 6903 规定。

4.2　无硅水

宜用去离子水(混合床离子交换出水或一级阳阴离子交换出水)经金属蒸馏器蒸馏制取，或从过热蒸汽取水样，经过阳床+混合床离子交换制取。

4.3　二氧化硅标准溶液

4.3.1　贮备溶液：1 mL 含 0.1 mgSiO_2。

可使用水中二氧化硅的有证标准物质或按下述方法制备：

将优级纯 SiO_2 经 700℃～800℃灼烧 30 min 后，取出放入干燥器内冷却，研细备用。将优级纯粉状无水碳酸钠经 270℃～300℃焙烧 15 min 后取出放入干燥器内冷却备用。称取备用的 SiO_2 0.100 0 g 放入底部盛有备用碳酸钠(1.0～1.5)g 的铂坩埚内，用铂丝混匀，然后在其上覆一层碳酸钠，并盖好铂坩埚盖，放入高温炉内，由冷态升温至 900℃～950℃保持 30 min，使坩埚内的 SiO_2 与碳酸钠熔融，用铂坩埚钳将坩埚取出冷却。然后再将坩埚放入盛有 100 mL 热无硅水(约 50℃)的塑料杯内，使坩埚内熔融物全部溶解，并用热无硅水冲洗坩埚盖及坩埚内外壁。待溶液冷至室温后，将其转移至 1 000 mL 容量瓶中，用无硅水稀释之刻度并混匀(此溶液应透明，如有混浊应重新配制)，然后移入塑料瓶中贮存。

4.3.2　工作溶液Ⅰ：1 mL 含 10 μgSiO_2。取储备液 100 mL 用无硅水稀释至 1 000 mL。

4.3.3　工作溶液Ⅱ：1 mL 含 1 μgSiO_2。取储备液 10 mL 用无硅水稀释至 1 000 mL。

4.4　氢氟酸溶液(1+84)

4.5　硼酸溶液(40 g/L)

4.6　盐酸溶液(1+1)

4.7　草酸溶液(100 g/L)或酒石酸溶液(100 g/L)

4.8　钼酸铵溶液(100 g/L)

4.9　1-氨基-2 萘酚-4 磺酸(简称 1-2-4 酸)还原剂

4.9.1　称取 0.75 g1-2-4 酸[$H_2NC_{10}H_5(OH)SO_3H$]和 3.5 g 无水亚硫酸钠(Na_2SO_3),溶于约 100 mL 无硅水中。

4.9.2　称取 45 g 亚硫酸氢钠($NaHSO_3$),溶于约 300 mL 无硅水中。

4.9.3　将 4.9.1 与 4.9.2 配制的两种溶液混合,然后用无硅水稀释至 500 mL 并贮存在备用的塑料瓶中。

注 1:本方法中所配试剂均使用无硅水。

注 2:本方法中使用的盐酸及氢氟酸应为优级纯试剂,草酸(或酒石酸)、硼酸应为分析纯以上试剂。

警告:氢氟酸是一种腐蚀性强、对人体有害的物质,为保证人身和设备的安全,使用氢氟酸时应遵守下列规定:

a)　取用氢氟酸应在通风厨内进行,戴医用橡胶手套;

b)　添加隐蔽剂前,严禁玻璃器皿与氢氟酸或加有氢氟酸的水样接触;

c)　吸取氢氟酸的移液管应为有机玻璃移液管或自动取液器;

d)　盛水样容器应为聚乙烯塑料瓶。

5　仪器

5.1　分光光度计:波长范围 200 nm～1 000 nm,准确度不小于 2.0 nm,并附有 100 mm 及 50 mm 比色皿。

5.2　多孔水浴锅

5.3　1.0 mL～5.0 mL 有机玻璃移液管,或自动取液器。

5.4　聚乙烯塑料杯 200 mL

5.5　聚乙烯塑料瓶 150 mL

注:本方法所用的聚乙烯塑料杯、瓶,在使用前均需用盐酸(1+1)及氢氟酸(1+1)混合液浸泡 6 h～12 h 后用无硅水冲洗净后使用。对试验中常出现异常值的聚乙烯塑料杯、瓶应剔除。

6　分析步骤

6.1　含 SiO_2 量(0～100) μg/L 工作曲线

6.1.1　按表 1 量取二氧化硅工作液Ⅱ(1 mL 含 1 μgSiO_2)注入聚乙烯瓶中,并用滴定管加无硅水使其体积为 50.0 mL。控制温度在 27℃±5℃。

表 1　含 SiO_2 量(0～100)μg/L 标准溶液的配制

工作溶液体积/ mL	0.00	1.00	2.00	3.00	4.00	5.00
加试剂水体积/ mL	50.0	49.0	48.0	47.0	46.0	45.0
SiO_2 浓度/(μg/L)	0	20	40	60	80	100
注:“0”为试剂空白试样。						

6.1.2　分别加硼酸溶液 2 mL,混匀,用有机玻璃移液管准确加入氢氟酸溶液(1+84)0.5 mL,混匀,放置 5 min。

6.1.3　分别加盐酸(1+1)1 mL,混匀,加钼酸铵溶液 2 mL,混匀,放置 5 min。

6.1.4　分别加草酸(或酒石酸)溶液 2 mL,混匀,放置 1 min。

6.1.5　分别加 1-2-4 酸还原剂 2 mL,混匀,放置 8 min。

6.1.6　以无硅水作参比,在波长 815 nm 处,用 100 mm 比色皿测其吸光度值。

6.1.7　将测得的吸光度值与相应的硅含量用计算器进行回归处理,得出回归方程后绘制回归曲线,即为工作曲线。

6.2 含 SiO_2 量(0～500)μg/L 工作曲线

6.2.1 按表 2 量取二氧化硅工作液Ⅰ(1 mL 含 10 μgSiO_2)注入聚乙烯瓶中,并用滴定管加无硅水至 50.0 mL。控制温度在 27℃±5℃。

表 2 含 SiO_2 量(0～500)μg/L 标准溶液的配制

工作溶液体积/ mL	0.00	0.05	1.00	1.50	2.00	2.50
加试剂水体积/ mL	50.0	49.5	49.0	48.5	48.0	47.5
SiO_2 浓度/(μg/L)	0	100	200	300	400	500
注:“0”为试剂空白试样。						

6.2.2 按 6.1.2～6.1.5 操作步骤进行操作。

6.2.3 以无硅水作参比,在波长 815 nm 处,用 50 mm 比色皿测其吸光度值。

6.2.4 将测得的吸光度值与相应的硅含量用计算器进行回归处理,得出回归方程后绘制回归曲线,即为工作曲线。

6.3 水样测定

6.3.1 准确量取 50.0 mL 的水样,注入聚乙烯瓶中,加盐酸溶液(1+1)1 mL,混匀,用有机玻璃移液管准确加入氢氟酸溶液(1+84)0.5 mL 混匀,盖好瓶盖,置于沸腾的水浴中加热 15 min。

注:当水样中非活性硅含量较高时可使用氢氟酸(1+7)替代氢氟酸(1+84),也可适当减少取水样量(即<50 mL),然后再用无硅水稀释至 50 mL。

6.3.2 趁热加硼酸溶液 2 mL,待水样冷至 27℃±5℃时(用空实验作对比),其控制温度应与工作曲线控制温度一致。加钼酸铵溶液 2 mL,混匀后放置 5 min。以下按 6.1.4～6.1.5 操作步骤进行操作。

注:空白试验作对比是:取量 50 mL 无硅水注入聚乙烯瓶中并与水样测定的样品或标准溶液进行同时及相同的操作,在冷却过程中,测温只对该塑料瓶内溶液进行测定,并以此温度代表待测样品及标准溶液的温度,以减少由于测温操作对待测溶液及标准溶液的污染。

6.3.3 以无硅水作参比,在波长 815 nm 处,选择适当的比色皿(50 mm 或 100 mm)测其吸光度值。

6.3.4 根据水样的吸光度值,查工作曲线或用回归方程计算水样中含硅量。

7 结果的表示:

7.1 水样中含硅量 ρ(μg/L)按式(1)或式(2)计算:

$$\rho = c \cdot \frac{50}{V} \qquad \cdots\cdots(1)$$

式中:

50——规定取水样体积,单位为毫升(mL);

c——从标准工作曲线上查得的 SiO_2 含量,单位为微克每升(μg/L);

V——实际所取水样体积,单位为毫升(mL)。

或用回归方程计算:

$$\rho = \frac{50}{V} \cdot \frac{A-b}{a} \qquad \cdots\cdots(2)$$

式中:

A——水样吸光度值;

a——回归曲线斜率;

b——回归曲线截距。

7.2 精密度

本标准测定全硅的相对误差为 5%～10%。

8 试验报告

试验报告应包括下列各项：

——报告名称及日期；

——样品名称、采样点、送样人及采送样日期；

——注明采用本标准；

——水样全硅以 SiO_2 计，$\mu g/L$；

——试验人员及日期。

ICS 13.260
C 66

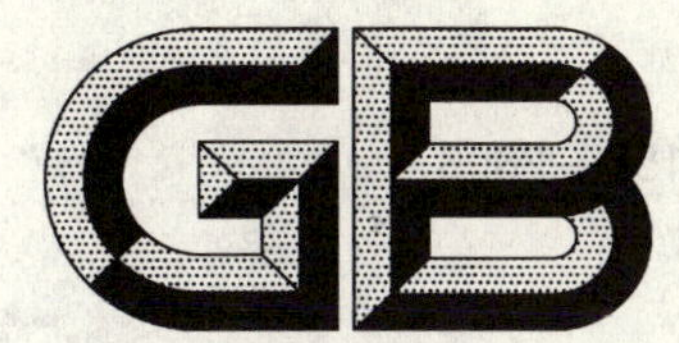

中华人民共和国国家标准

GB 12158—2006
代替 GB 12158—1990

防止静电事故通用导则

General guideline for preventing electrostatic accidents

2006-06-22 发布 2006-12-01 实施

中华人民共和国国家质量监督检验检疫总局
中国国家标准化管理委员会
发布

前　言

本标准是对 GB 12158—1990《防止静电事故通用导则》的修订。

本标准的第 5、6、7、8 章为强制性条文。

本标准修订过程中主要参考了 PD CLC/TR 50404:2003《机械安全　避免静电危害的指南和推荐规范》、ANSI/ESD-S20.20—1999《建立一个静电放电控制大纲》、IEC 79-20 1996-10《爆炸性气体的静电点燃危险性》。

本标准主要进行了以下修订：

——增加了相对湿度较低时静电危害容易发生，控制湿度可以防止静电危害发生的描述；

——增加了防止静电危害管理措施的要求；

——调整和增加了对静电消除器的使用规定；

——增加了对暴露表面、分层结构、金属网、防静电绳索或软管、金属链、恶劣天气、合成材料等因素的对应要求；

——修改了对管道施工中跨接的要求；

——增加了非金属材料制造罐、管道的表面电阻和体电阻率的界限要求；

——增加了人体静电的防护措施的内容；

——删除了附录中最小点燃能量数据，增加了质量浓度上下限；

——增加了多种物质的引爆、引燃的界限。

本标准的附录 A 为规范性附录，附录 B、附录 C 和附录 D 为资料性附录。

本标准由国家安全生产监督管理总局提出并归口。

本标准起草单位：北京市劳动保护科学研究所。

本标准主要起草人：赵留根、肖义庆、臧兰兰、罗伶、陈倬为。

防止静电事故通用导则

1 范围

本标准描述了静电放电与引燃，规定了静电防护措施、静电危害的安全界限及静电事故的分析和确定。

本标准适用于存在静电引燃(爆)等静电危害场所的设计和管理。其他的静电危害(如静电干扰、静电损坏电子元件)可以参考本标准的有关条款。

本标准不适用于火炸药、电火工品的静电危害防范。

2 规范性引用文件

下列文件中的条款通过本标准的引用而成为本标准的条款。凡是注日期的引用文件，其随后所有的修改单(不包括勘误的内容)或修订版均不适用于本标准，然而，鼓励根据本标准达成协议的各方研究是否可使用这些文件的最新版本。凡是不注日期的引用文件，其最新版本适用于本标准。

GB 6950 轻质油品安全静止电导率

GB 6951 轻质油品装油安全油面电位值

GB 12014 防静电工作服

GB/T 15463—1995 静电安全术语

3 术语和定义

下列术语和定义适用于本标准。

3.1

静电导体 static conductor

在任何条件下，体电阻率小于或等于 $1\times10^{6}\Omega\cdot m$(即电导率等于或大于 $1\times10^{-6}S/m$)的物料及表面电阻率等于或小于 $1\times10^{7}\Omega$ 的固体表面。

3.2

静电亚导体 static sub-conductor

在任何条件下，体电阻率大于 $1\times10^{6}\Omega\cdot m$，小于 $1\times10^{10}\Omega\cdot m$ 的物料及表面电阻率大于 $1\times10^{7}\Omega$，小于 $1\times10^{11}\Omega$ 的固体表面。

3.3

静电非导体 static non-conductor

在任何条件下，体电阻率大于或等于 $1\times10^{10}\Omega\cdot m$(即电导率小于或等于 $1\times10^{-10}S/m$)的物料及表面电阻率等于或大于 $1\times10^{11}\Omega$ 固体表面。

3.4

最小点燃能量 minimum ignition energy

在常温常压条件下，影响物质点燃的各种因素均处于最敏感的条件，点燃该物质所需的最小电气能量。

3.5

间接接地 indirect static earthing

为使金属以外的静电导体、静电亚导体进行静电接地，将其表面的局部或全部与接地的金属体紧密相接的一种接地方式。

3.6

爆炸危险场所　explosion endangered places

爆炸性混合物(气体及粉尘)出现的或预期可能出现的数量达到足以要求对电气设备的结构、安装和使用采取预防措施的场所。

3.7

气体爆炸危险场所的区域等级　classification of hazardous areas

3.7.1　0区

在正常情况下,爆炸性气体(含蒸气和薄雾)混合物连续地、短时间频繁地出现或长时间存在的场所。

3.7.2　1区

在正常情况下,爆炸性气体(含蒸气和薄雾)混合物有可能出现的场所。

3.7.3　2区

在正常情况下,爆炸性气体混合物不能出现,仅在不正常情况下,偶尔短时间出现的场所。

注:正常情况是指设备的正常起动、停止、正常运行和维修。

3.8

缓和时间　relaxation time of charge

带电体上的电荷(或电位)消散至其初始值的1/e(约37%)时所需的时间。

3.9

静置时间　time of repose; time of rest

在有静电危险的场所进行生产时,由设备停止操作到物料(通常为液体)所带静电消散至安全值以下,允许进行下一步操作所需要的间隔时间。

4　放电与引燃

4.1　典型静电放电的特点和其相对引燃能力见表1。

表1

放电种类	发生条件	特点及引燃性
电晕放电	当电极相距较远,在物体表面的尖端或突出部位电场较强处较易发生	有时有声光,气体介质在物体尖端附近局部电离,不形成放电通道。感应电晕单次脉冲放电能量小于20 μJ,有源电晕单次脉冲放电能量则较此大若干倍,引燃、引爆能力甚小
刷形放电	在带电电位较高的静电非导体与导体间较易发生	有声光,放电通道在静电非导体表面附近形成许多分叉,在单位空间内释放的能量较小,一般每次放电能量不超过4 mJ,引燃、引爆能力中等
火花放电	要发生在相距较近的带电金属导体间	有声光,放电通道一般不形成分叉,电极上有明显放电集中点,释放能量比较集中,引燃、引爆能力很强
传播型刷形放电	仅发生在具有高速起电的场合,当静电非导体的厚度小于8 mm,其表面电荷密度大于或等于2.7×10^{-4} C/m^{2}时较易发生	放电时有声光,将静电非导体上一定范围内所带的大量电荷释放,放电能量大,引燃、引爆能力强

4.2　在相同带电电位条件下,液体或固体表面带负电荷时发生的放电比带正电荷时发生的放电,对可燃气体的引燃能力可大一个数量级。

4.3　在下列环境下,更易发生引燃、引爆等静电危害。

——可燃物的温度比常温高；

——局部环境氧含量(或其他助燃气含量)比正常空气中高；

——爆炸性气体的压力比常压高；

——相对湿度较低。

5 静电防护管理措施

本章规定了在静电危险场所应采取的管理上的要求。

5.1 静电危害控制方案

在静电危险场所，应制定静电危害控制方案，并成为单位内部管理规范文件的一部分。其内容应包括：

——可能产生的静电危害；

——静电危害的表现形式；

——静电危害的产生原因；

——静电危害的控制措施；

——人员的培训计划；

——防静电措施的验证。

5.2 人员

在静电危险场所工作的人员，应定期的防静电危害培训。培训应同本单位的实际工作结合，培训的内容应包括法规的培训、防静电措施的执行方法、必要的演习及知识的补充。

对短期来访的外来人员，应配备公用的个体防静电装备。进入静电危害区域前，应由有经验的工作人员以适合的方式告知有关规定。

5.3 检查

任何技术措施都有可能随时间的推移而失效，在工作中应按照静电危害控制方案对采取的防静电措施进行定期检查。检查的频率取决于控制对象的用途、耐久性及失效的风险。

5.4 标志与记录

所有静电危险场所应设立明显的危险标志。静电危险场所必须有接地点、应使用的防静电物品、必备的衣物、静电危险区及运动方面的限制等标志。

所有的工作都应被记录在案并保存。

6 静电防护技术措施

各种防护措施应根据现场环境条件、生产工艺和设备、加工物件的特性以及发生静电危害的可能程度等予以研究选用。

6.1 基本防护措施

6.1.1 减少静电荷产生

对接触起电的物料，应尽量选用在带电序列中位置较邻近的，或对产生正负电荷的物料加以适当组合，使最终达到起电最小。静电起电极性序列表见附录B。

在生产工艺的设计上，对有关物料应尽量做到接触面积和压力较小，接触次数较少，运动和分离速度较慢。

6.1.2 使静电荷尽快地消散

在静电危险场所，所有属于静电导体的物体必须接地。对金属物体应采用金属导体与大地做导通性连接，对金属以外的静电导体及亚导体则应作间接接地。

静电导体与大地间的总泄漏电阻值在通常情况下均不应大于 1×10^{6} Ω。每组专设的静电接地体的接地电阻值一般不应大于 100 Ω，在山区等土壤电阻率较高的地区，其接地电阻值也不应大于 1 000 Ω。

对于某些特殊情况，有时为了限制静电导体对地的放电电流，允许人为地将其泄漏电阻值提高到 $1\times10^4\,\Omega\sim1\times10^6\,\Omega$，但最大不得超过 $1\times10^9\,\Omega$。

局部环境的相对湿度宜增加至50%以上。增湿可以防止静电危害的发生，但这种方法不得用在气体爆炸危险场所0区。

生产工艺设备应采用静电导体或静电亚导体，避免采用静电非导体。

对于高带电的物料，宜在接近排放口前的适当位置装设静电缓和器。

在某些物料中，可添加适量的防静电添加剂，以降低其电阻率。

在生产现场使用静电导体制作的操作工具应接地。

6.1.3 带电体应进行局部或全部静电屏蔽，或利用各种形式的金属网，减少静电的积聚。同时屏蔽体或金属网应可靠接地。

6.1.4 在设计和制作工艺装置或装备时，应避免存在静电放电的条件，如在容器内避免出现细长的导电性突出物和避免物料的高速剥离等。

6.1.5 控制气体中可燃物的浓度，保持在爆炸下限以下。

6.1.6 限制静电非导体材料制品的暴露面积及暴露面的宽度。

6.1.7 在遇到分层或套叠的结构时避免使用静电非导体材料。

6.1.8 在静电危险场所使用的软管及绳索的单位长度电阻值应在 $1\times10^3\,\Omega/\mathrm{m}\sim1\times10^6\,\Omega/\mathrm{m}$ 之间 。

6.1.9 在气体爆炸危险场所禁止使用金属链。

6.1.10 使用静电消除器迅速中和静电

静电消除器是利用外部设备或装置产生需要的正或负电荷以消除带电体上的电荷。

静电消除器原则上应安装在带电体接近最高电位的部位。

消除属于静电非导体物料的静电，应根据现场情况采用不同类型的静电消除器。

静电危险场所要使用防爆型静电消除器。

6.2 固态物料防护措施

6.2.1 非金属静电导体或静电亚导体与金属导体相互联接时，其紧密接触的面积应大于 20 cm^2。

6.2.2 架空配管系统各组成部分，应保持可靠的电气连接。室外的系统同时要满足国家有关防雷规程的要求。

6.2.3 防静电接地线不得利用电源零线、不得与防直击雷地线共用。

6.2.4 在进行间接接地时，可在金属导体与非金属静电导体或静电亚导体之间，加设金属箔，或涂导电性涂料或导电膏以减少接触电阻。

6.2.5 油罐汽车在装卸过程中应采用专用的接地导线(可卷式)，夹子和接地端子将罐车与装卸设备相互联接起来。接地线的联接，应在油罐开盖以前进行；接地线的拆除应在装卸完毕，封闭罐盖以后进行。有条件时可尽量采用接地设备与启动装卸用泵相互间能联锁的装置。

6.2.6 在振动和频繁移动的器件上用的接地导体禁止用单股线及金属链，应采用 6 mm^2 以上的裸绞线或编织线。

6.3 液态物料防护措施

6.3.1 控制烃类液体灌装时的流速

灌装铁路罐车时，液体在鹤管内的容许流速按式(1)计算：

$$VD\leqslant0.8 \tag{1}$$

式中：

V——烃类液体流速的数值，单位为米每秒(m/s)；

D——鹤管内径的数值，单位为米(m)。

大鹤管装车出口流速可以超过按式(1)所得计算值，但不得大于 5 m/s 。

灌装汽车罐车时，液体在鹤管内的容许流速按式(2)计算：

$$VD \leqslant 0.5 \quad \cdots\cdots\cdots\cdots (2)$$

式中：

V——烃类液体流速的数值，单位为米每秒(m/s)；

D——鹤管内径的数值，单位为米(m)。

6.3.2 在输送和灌装过程中，应防止液体的飞散喷溅，从底部或上部入罐的注油管末端应设计成不易使液体飞散的倒T形等形状或另加导流板；或在上部灌装时，使液体沿侧壁缓慢下流。

6.3.3 对罐车等大型容器灌装烃类液体时，宜从底部进油。若不得已采用顶部进油时，则其注油管宜伸入罐内离罐底不大于200 mm。在注油管未浸入液面前，其流速应限制在1 m/s以内。

6.3.4 烃类液体中应避免混入其他不相容的第二物相杂质如水等。并应尽量减少和排除槽底和管道中的积水。当管道内明显存在不相容的第二物相时，其流速应限制在1 m/s以内。

6.3.5 在贮存罐、罐车等大型容器内，可燃性液体的表面，不允许存在不接地的导电性漂浮物。

6.3.6 当液体带电很高时，例如在精细过滤器的出口，可先通过缓和器后再输出进行灌装。带电液体在缓和器内停留时间，一般可按缓和时间的3倍来设计。

6.3.7 烃类液体的检尺、测温和采样

当设备在灌装、循环或搅拌等工作过程中，禁止进行取样、检尺或测温等现场操作。在设备停止工作后，需静置一段时间才允许进行上述操作。所需静置时间见表2。

表2 单位为分钟

液体电导率/(S/m)	液体容积/m^3			
	<10	10～50(不含)	50～5 000(不含)	>5 000
$>10^{-8}$	1	1	1	2
$10^{-12}\sim10^{-8}$	2	3	20	30
$10^{-14}\sim10^{-12}$	4	5	60	120
$<10^{-14}$	10	15	120	240
注：若容器内设有专用量槽时，则按液体容积$<1\times10\ m^3$取值。				

对油槽车的静置时间为2 min以上。

对金属材质制作的取样器，测温器及检尺等在操作中应接地。有条件时应采用具有防静电功能的工具。

取样器、测温器及检尺等装备上所用合成材料的绳索及油尺等，其单位长度电阻值应为$1\times10^{5}\ \Omega/m\sim1\times10^{7}\ \Omega/m$或表面电阻和体电阻率分别低于$1\times10^{10}\ \Omega$及$1\times10^{8}\ \Omega\cdot m$的静电亚导体材料。

在设计和制作取样器、测温器及检尺装备时，应优先采用红外、超声等原理的装备，以减少静电危害产生的可能。

在可燃的环境条件下灌装、检尺、测温、清洗等操作时，应避开可能发生雷暴等危害安全的恶劣天气，同样强烈的阳光照射可使低能量的静电放电造成引燃或引爆。

6.3.8 在烃类液体中加入防静电添加剂，使电导率提高至250 pS/m以上。

6.3.9 当在烃类液体中加入防静电添加剂来消除静电时，其容器应是静电导体并可靠接地，且需定期检测其电导率，以便使其数值保持在规定要求以上。

6.3.10 当不能以控制流速等方法来减少静电积聚时，可以在管道的末端装设液体静电消除器。

6.3.11 当用软管输送易燃液体时，应使用导电软管或内附金属丝、网的橡胶管，且在相接时注意静电的导通性。

6.3.12 在使用小型便携式容器灌装易燃绝缘性液体时，宜用金属或导静电容器，避免采用静电非导体容器。对金属容器及金属漏斗应跨接并接地。

6.3.13　容器的清洗过程应该避免可燃的环境条件，并且在清洗后静置一定时间才可使用。

6.4　气态粉态物料防护措施

6.4.1　在工艺设备的设计及结构上应避免粉体的不正常滞留、堆积和飞扬；同时还应配置必要的密闭、清扫和排放装置。

6.4.2　粉体的粒径越细，越易起电和点燃。在整个工艺过程中，应尽量避免利用或形成粒径在 75 μm 或更小的细微粉尘。

6.4.3　气流物料输送系统内，应防止偶然性外来金属导体混入，成为对地绝缘的导体。

6.4.4　应尽量采用金属导体制作管道或部件。当采用静电非导体时，应具体测量并评价其起电程度。必要时应采取相应措施。

6.4.5　必要时，可在气流输送系统的管道中央，顺其走向加设两端接地的金属线，以降低管内静电电位。也可采取专用的管道静电消除器。

6.4.6　对于强烈带电的粉料，宜先输入小体积的金属接地容器，待静电消除后再装入大料仓。

6.4.7　大型料仓内部不应有突出的接地导体。在顶部进料时，进料口不得伸出，应与仓顶取平。

6.4.8　当筒仓的直径在 1.5 m 以上时，且工艺中粉尘粒径多数在 30 μm 以下时，要用惰性气体置换、密封筒仓。

6.4.9　工艺中需将静电非导体粉粒投入可燃性液体或混合搅拌时，应采取相应的综合防护措施。

6.4.10　收集和过滤粉料的设备，应采用导静电的容器及滤料并予以接地。

6.4.11　对输送可燃气体的管道或容器等，应防止不正常的泄漏，并宜装设气体泄漏自动检测报警器。

6.4.12　高压可燃气体的对空排放，应选择适宜的流向和处所。对于压力高、容量大的气体如液氢排放时，宜在排放口装设专用的感应式消电器。同时要避开可能发生雷暴等危害安全的恶劣天气。

6.5　人体静电的防护措施

6.5.1　当气体爆炸危险场所的等级属 0 区和 1 区，且可燃物的最小点燃能量在 0.25 mJ 以下时，工作人员需穿防静电鞋、防静电服。当环境相对湿度保持在 50%以上时，可穿棉工作服。

6.5.2　静电危险场所的工作人员，外露穿着物(包括鞋、衣物)应具防静电或导电功能，各部分穿着物应存在电气连续性，地面应配用导电地面。

6.5.3　禁止在静电危险场所穿脱衣物、帽子及类似物，并避免剧烈的身体运动。

6.5.4　在气体爆炸危险场所的等级属 0 区和 1 区工作时，应佩戴防静电手套。

6.5.5　防静电衣物所用材料的表面电阻率$<5\times10^{10}\,\Omega$，防静电工作服技术要求见 GB 12014。

6.5.6　可以采用安全有效的局部静电防护措施(如腕带)，以防止静电危害的发生。

7　静电危害的安全界限

7.1　静电放电点燃界限

7.1.1　导体间的静电放电能量按式(3)计算：

$$W=\frac{1}{2}CV^2 \qquad \cdots\cdots(3)$$

式中：

W——放电能量，单位为焦耳(J)；

C——导体间的等效电容，单位为法拉(F)；

V——导体间的电位差，单位为伏特(V)。

当其数值大于可燃物的最小点燃能量时，就有引燃危险。

7.1.2　当两导体电极间的电位低于 1.5 kV 时，将不会因静电放电使最小点燃能量大于或等于 0.25 mJ的烷烃类石油蒸气引燃。

7.1.3 在接地针尖等局部空间发生的感应电晕放电不会引燃最小点燃能量大于0.2 mJ的可燃气。

7.2 物体带电安全管理界限

7.2.1 当固体器件的表面电阻率或体电阻率分别在$1\times10^{8}\Omega$及$1\times10^{6}\Omega\cdot m$以下时，除了与火炸药有关情况外，一般在生产中不会因静电积累而引起危害。对某些爆炸危险程度较低的场所(如环境湿度较高、可燃物最小点燃能量较高等情况)在正常情况下，表面电阻率或体电阻率分别低于$1\times10^{11}\Omega$和$1\times10^{10}\Omega\cdot m$时，也不会因静电积累引起静电引燃危险。

7.2.2 用非金属材料制造液体贮存罐、输送管道时，材料表面电阻和体电阻率分别低于$1\times10^{10}\Omega$及$1\times10^{8}\Omega\cdot m$。

7.2.3 在气体爆炸危险场所外露静电非导体部件的最大宽度及表面积，参见表3。

表 3

环境条件		最大宽度/cm	最大表面积/cm^2
0区	Ⅱ类A组爆炸性气体	0.3	50
	Ⅱ类B组爆炸性气体	0.3	25
	Ⅱ类C组爆炸性气体	0.1	4
1区	Ⅱ类A组爆炸性气体	3.0	100
	Ⅱ类B组爆炸性气体	3.0	100
	Ⅱ类C组爆炸性气体	2.0	20

7.2.4 固体静电非导体(背面15 cm内无接地导体)的不引燃放电安全电位对于最小点燃能量大于0.2 mJ的可燃气是15 kV。

7.2.5 轻质油品装油时，油面电位应低于12 kV。

7.2.6 轻质油品安全静止电导率应大于50 pS/m。

7.2.7 对于采取了基本防护措施的，内表面涂有静电非导体的导电容器，若其涂层厚度不大于2 mm，并避免快速重复灌装液体，则此涂层不会增加危险。

7.3 引起人体电击的静电电位

7.3.1 人体与导体间发生放电的电荷量达到$2\times10^{-7}C$以上时就可能感到电击。当人体的电容为100 pF时，发生电击的人体电位约3 kV，不同人体电位的电击程度见附录C。

7.3.2 当带电体是静电非导体时，引起人体电击的界限，因条件不同而变化。在一般情况下，当电位在30 kV以上向人体放电时，将感到电击。

7.4 附录D给出了爆炸性气体、蒸气及悬浮粉尘的点燃危险性表。

8 静电事故的分析和确定

凡疑为静电引燃的事故，除按常规进行事故调查分析外还应按照下列规定进行分析及确认。

8.1 检查分析是否存在发生静电放电引燃的必要条件。

8.1.1 通过对有关的运转设备、物料性能、人员操作以及环境情况的分析，推测可能带有静电的设备、物体和带电程度，以及放电的物件、条件和类型。

8.1.2 收集和测取必要的有关技术参数，并估算可能的放电能量。

8.1.3 参考本标准第6章及第7章提出的有关界限，对是否属于静电放电火源作出倾向性意见，或对较为简单明显的情况作出相应的结论。

8.2 对于较复杂的情况，则应根据实际的需要和可能，选取以下部分或全部内容，作进一步的测试，并通过综合分析后，作出相应的结论。

8.2.1 充分收集或测取有关技术参数，主要包括环境温度湿度和通风情况、可燃物种类、释放源位置及可能的爆炸性气体浓度分布情况，已有的防火防爆措施及其实际作用，与静电有关的物料的流量流速和人员动作及操作情况，非静电的其他火源的可能性等。

8.2.2 遗留残骸件的分析检验，其方法是选出可能带有静电并发生放电的物件(主要是金属件)通过电子显微镜作微观形貌观察，查明是否存在类似“火山口”特征的高温熔融微坑。以确定静电放电的具体部位，肯定事故的原因。

8.2.3 物件的起电程度和放电能量难以用分析的方法予以定量或半定量确定时，需参考事故发生时的具体条件，进行实物模拟试验，加以验证。模拟试验可在现场或在其他适宜场所进行。

对有关情况数据作进一步综合分析，观察各种情况数据间的相互关系是否符合客观规律和是否存在矛盾，必要时还须对其他情况或数据(包括非静电技术方面的)作补充收集或测试，以便作出最终结论。

附　录　A
（规范性附录）
静电主要参数测量方法及其注意事项

A.1　范围

本附录规定了导体电位的测量、表面电位的测量、静电电量的测量、静电非导体绝缘电阻的测量方法和注意事项。

A.2　导体电位的测量

A.2.1　测量仪表的输入阻抗应大于 $1\times10^{12}\,\Omega$，仪表的量程应与被测电位相适应，一般宜用较高档量程先行试测。测量时将仪表的高压接线端接到被测的导体上，低压端（一般与机壳相通）接地。高压引线采用同轴电缆可防止环境电波的干扰，如无干扰可用一般绝缘导线。

A.2.2　物体的静电电位随其所处位置的对地电容值不同而变化，电容值较大时所测得的电位较低。

A.3　表面电位（静电导体和静电非导体）的测量

A.3.1　此项测量可用各种类型的静电计，如感应型、旋叶型、电离型和振动电极型等。测量前先将仪表的接地端子接地，然后将探头对着接地金属板调整仪表零位。

A.3.2　开始测量时先将仪表灵敏度调至较低档，并缓慢地将探头移近被测物体至规定的距离。取得大致的数据后，再调整相应的测量档。

A.3.3　当被测物体的平面表面积较小时，测得数据将比实际电位偏小。

A.3.4　当被测电位数值很高时，应使探头与带电体保持较大距离，以免引起意外放电。

A.4　静电电量（静电导体和静电非导体）的测量

通常采用法拉第筒法，如图 A.1 所示。用于测量内筒电位的静电计应符合 A.2.1 的要求。

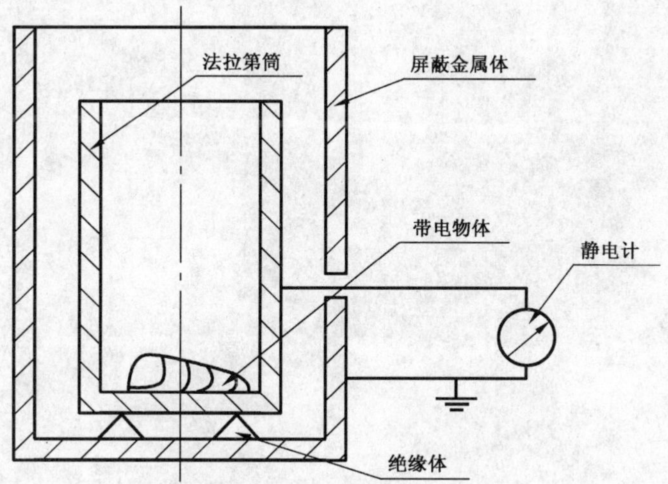

图 A.1　法拉第筒法原理图

A.4.1　除非用全封闭式法拉第筒（测量时内外筒都用上盖密封），否则内筒应大大高出被测带电体，外筒应比内筒高出 10％以上。

A.4.2　被测带电体放入内筒过程中，须严防与其他物体碰触。

A.4.3　由于法拉第筒所测得的电量值是带电体上正负电荷的代数和，因而对同时存在正负两种电荷的带电体，不能测得某一极性的电量。

A.4.4 接于法拉第筒内外筒之间的电容宜选用绝缘性能良好的电容。

A.5 静电非导体绝缘电阻的测量

通常用高阻计进行测量，其测量电压应大于或等于 500 V，并避免对同一试样短时间进行反复测量，若测量电流在 10^{-9} A 以下，要对被测物体和测量系统进行屏蔽。

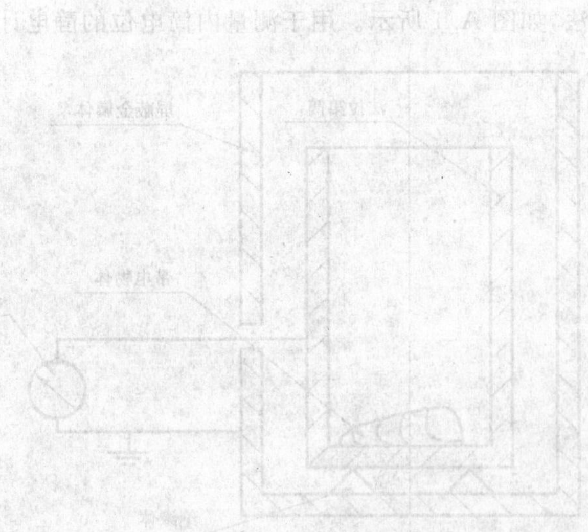

附　录　B
（资料性附录）
静电起电极性序列表

静电起电极性序列见表B.1。

表 B.1

金　属	纤　维	天然物质	合成树脂
(+)	(+)	(+)	(+)
—	—	石棉	—
—	—	人毛、毛皮	—
—	—	玻璃	—
—	—	云母	—
—	羊毛	—	—
—	尼龙	—	—
—	人造纤维	—	—
铅	—	—	—
—	绢	—	—
—	木棉	棉	—
—	麻	—	—
—	—	木材	—
—	—	人的皮肤	—
—	玻璃纤维	—	—
锌	乙酸酯	—	—
铝	—	—	—
—	—	纸	—
铬	—	—	—
—	—	—	硬橡胶
铁	—	—	—
铜	—	—	—
镍	—	—	—
金	—	橡胶	聚苯乙烯
—	维尼纶	—	—
铂	—	—	聚丙烯
—	聚酯	—	—
—	丙纶	—	—
—	—	—	聚乙烯
—	聚偏二氯乙烯	硝化纤维、象牙	—
—	—	玻璃纸	—
—	—	—	聚氯乙烯
—	—	—	聚四氟乙烯
(—)	(—)	(—)	(—)

注：表中列出的两种物质相互摩擦时，处在表中上面位置的物质带正电，下面位置的带负电（属于不同种类的物质相互摩擦时，也是如此），且其带电量数值与该两种物质在表中所处上下位置的间隔距离有关，即在同样条件下，两种物质所处的上下位置间隔越远，其摩擦带电量越大。

附 录 C
（资料性附录）
人体带电电位与静电电击程度的关系

人体带电电位与静电电击程度的关系见表 C.1。

表 C.1

人体电位/kV	电击程度	备 注
1.0	完全无感觉	
2.0	手指外侧有感觉，但不疼	发出微弱的放电声
2.5	有针触的感觉，有哆嗦感，但不疼	
3.0	有被针刺的感觉，微疼	
4.0	有被针深刺的感觉，手指微疼	见到放电的微光
5.0	从手掌到前腕感到疼	指尖延伸出微光
6.0	手指感到剧疼，后腕感到沉重	
7.0	手指和手掌感到剧疼，稍有麻木感觉	
8.0	从手掌到前腕有麻木的感觉	
9.0	手腕子感到剧疼，手感到麻木沉重	
10.0	整个手感到疼，有电流过的感觉	
11.0	手指剧麻，整个手感到被强烈电击	
12.0	整个手感到被强烈打击	
注：人体的静电容量大约为 100 pF。		

附 录 D
（资料性附录）
爆炸性气体、蒸气及悬浮粉尘的点燃危险性表

D.1 爆炸性气体、蒸气的点燃危险性(和空气混合)见表 D.1。

表 D.1

序号	物质名称	闪点/℃	点燃极限				燃点/℃	分类和级别
			体积浓度/%		质量浓度/(mg/L)			
			下限	上限	下限	上限		
1	乙醛 acetaldehyde	—38	4.00	60.0	74	1 108	204	ⅡA
2	乙酸 acetic acid	40	4.00	17.0	100	428	464	ⅡA
3	乙酐,醋酐,乙酸酐 acetic anhydride	49	2.00	10.0	85	428	334	ⅡA
4	丙酮 acetone	<—20	2.50	13.0	60	316	535	ⅡA
5	乙腈 acetonitrile	2	3.00	16.0	51	275	523	ⅡA
6	氯乙酰 acetyl chloride	—4	5.00	19.0	157	620	390	ⅡA
7	乙炔 acetylene	—	2.30	100.0	24	1 092	305	ⅡC
8	氟乙酰 acetyl flouride	<—17	5.60	19.9	142	505	434	ⅡA
9	丙烯醛 acrylaldehyde	—18	2.85	31.8	65	728	217	ⅡB
10	丙烯酸 acrylic	56	2.90	—	85	—	406	ⅡB
11	丙烯腈 acrylonitrile	—5	2.80	28.0	64	620	480	ⅡB
12	丙烯酰氯 acryloyl chloride	—8	2.68	18.0	220	662	463	ⅡA
13	乙酸烯丙酯 allyl acetate	13	1.70	9.3	69	3 800	348	ⅡA
14	烯丙醇 allyl alcohol	21	2.50	18.0	61	438	378	ⅡB
15	烯丙基氯 allyl chloride	—32	2.90	11.2	92	357	390	ⅡA
16	2,3-环氧丙基-烯丙基醚 allyl2,3-epoxypropyl ether	45	—	—	—	—	249	ⅡB
17	氨基乙醇 2-aminoethanol	85	—	—	—	—	410	ⅡA
18	氨 ammonia	—	15.00	33.6	107	240	630	ⅡA
19	安非他明,苯异丙胺 amphetamine	<100	—	—	—	—	—	ⅡA
20	苯胺 aniline	75	1.20	11.0	47	425	630	ⅡA
21	氮杂环庚烷 azepane	23	—	—	—	—	279	ⅡA
22	苯甲醛 benzaldehyde	64	1.40		62		192	ⅡA
23	苯 benzene	—11	1.20	8.6	39	280	560	ⅡA
24	1-溴丁烷 1-bromobutane	13	2.50	6.6	143	380	265	ⅡA
25	2-溴-1,1-二乙氧基乙烷 2-bromo-1,1-diethoxyethane	57	—	—	—	—	175	ⅡA

表 D.1(续)

序号	物质名称	闪点/℃	点燃极限				燃点/℃	分类和级别
			体积浓度/%		质量浓度/(mg/L)			
			下限	上限	下限	上限		
26	溴乙烷　bromoethane	<−20	6.70	11.3	306	517	511	ⅡA
27	1,3-丁二烯(气体) buta-1,3-diene	−85	1.40	16.3	31	365	430	ⅡB
28	正丁烷(气体) butane	−60	1.40	9.3	33	225	372	ⅡA
29	异丁烷(气体) isobutane		1.30	9.8	31	236	460	ⅡA
30	1-丁醇　butan-1-ol	29	1.70	12.0	52	372	359	ⅡA
31	丁酮　butanone	−9	1.80	10.0	50	302	404	ⅡB
32	1-丁烯(气体) but-l-ene	−80	1.60	10.0	38	235	440	ⅡA
33	2-丁烯(气体) but-2-enes		1.60	10.0	40	228	325	ⅡB
34	丁烯羟酸内酯　but-3-en-3-olide	33	—				262	ⅡB
35	2-(2-丁氧基乙氧基)乙醇 2-(2-butoxyethoxy)ethanol	78	—	—	—	—	225	ⅡA
36	乙酸丁酯　butyl acetate	22	1.30	7.5	64	390	370	ⅡA
37	丙烯酸(正丁酯) n-butylate	38	1.20	8.0	63	425	268	ⅡB
38	丁胺　butylamine	−12	1.70	9.8	49	286	312	ⅡA
39	异丁胺　isobutylamine	−20	1.47	10.8	44	330	374	ⅡA
40	2,3-环氧丙基丁(基)醚 butyl2,3-epoxypropyl ether	44	—	—	—	—	262	ⅡB
41	乙二醇丁酯　butyl glycolate	61	—	—	—	—	—	ⅡB
42	异丁酸异丁酯　isobutylisobutyrate	34	0.80	—	47	—	424	ⅡA
43	甲基丙烯酸丁酯 butylmethacrylate	53	1.00	6.8	58	395	289	ⅡA
44	甲基叔丁基醚　tert-butyl methyl ether	−27	1.50	8.4	54	310	385	ⅡA
45	丙酸正丁酯　n-butylpropionate	40	1.10	7.7	58	409	389	ⅡA
46	丁炔　but-l-yne	—	—	—	—	—	—	ⅡB
47	丁醛　butyraldehyde	−16	1.80	12.5	54	378	191	ⅡA
48	异丁醛　isobutyraldehyde	−22	1.60	11.0	47	320	176	ⅡA
49	异丁酸　isobutyric acid	58	—	—	—	—	460	ⅡA
50	丁酰氟　butyryl fluoride	<−14	2.60	—	95	—	440	ⅡA
51	二硫化碳　carbon disulphide	−30	0.60	60.0	19	1 900	95	ⅡC
52	一氧化碳　carbon monoxide	—	10.90	74.0	126	870	605	ⅡB
53	羰基硫　carbonyl sulphide	—	6.50	28.5	160	700	209	ⅡA
54	氯苯　chlorobenzene	28	1.40	11.0	66	520	637	ⅡA
55	1-氯丁烷　1-chlorobutane	−12	1.80	10.0	69	386	250	ⅡA
56	2-氯丁烷　2-chlorobutane	<−18	2.20	8.8	82	339	388	ⅡA

表 D.1（续）

序号	物质名称	闪点/℃	点燃极限				燃点/℃	分类和级别
			体积浓度/%		质量浓度/(mg/L)			
			下限	上限	下限	上限		
57	1-氯-2,3-环氧丙烷 1-chloro-2,3-epoxypropane	28	2.30	34.4	86	1 325	385	ⅡB
58	氯乙烷 chloroethane	—	3.60	15.4	95	413	510	ⅡA
59	2-氯乙醇 2- chloroethanol	55	5.00	16.0	160	540	425	ⅡA
60	氯乙烯(气体) chloroethylene	−78	3.60	33.0	94	610	415	ⅡA
61	氯(代)甲烷(气体) chloromethane	−24	7.60	19.0	160	410	625	ⅡA
62	氯甲基甲基醚 chlormethyl methyl ether	−8	—	—	—	—	—	ⅡA
63	1-氯-2-甲基丙烷 1-chloro -2-methylpropane	<−14	2.00	8.8	75	340	416	ⅡA
64	2-氯-2-甲基丙烷 2-chloro -2-methylpropane	<−18	—	—	—	—	541	ⅡA
65	3-氯-2-甲基丙烯-1 3-chloro -2-methylprop-l-ene	−16	2.10	—	77	—	476	ⅡA
66	5-氯戊酮-2 5-chloropentan-2-one	61	2.00	—	98	—	440	ⅡA
67	1-氯丙烷 1-chloropropane	−32	2.40	11.1	78	365	520	ⅡA
68	2-氯丙烷 2-chloropropane	<−20	2.80	10.7	92	350	590	ⅡA
69	三氟氯乙烯(气体) chlorotrifluoroethylene	—	4.60	64.3	220	3 117	607	ⅡA
70	1-氯-2,2,2-三氟乙基甲基醚 1-chloro-2,2,2-trifluoroethyl methyl ether	4	8.00	—	484	—	430	ⅡA
71	α-氯甲苯 α-chlorotoluene	60	1.20	—	63	—	585	ⅡA
72	煤焦油 石脑油 coal tar naphtha	—	—	—	—	—	272	ⅡA
73	焦炉气 coke oven gas	—	—	—	—	—	—	—
74	混合甲酚 cresols	81	1.10	—	50	—	555	ⅡA
75	巴豆醛,丁烯醛 crotonaldehyde	13	2.10	16.0	62	470	280	ⅡB
76	枯烯,异丙基苯 cumene	31	0.80	6.5	40	328	424	ⅡA
77	环丁烷 cyclobutane	—	1.80	—	42	—	—	ⅡA
78	环庚烷 cycloheptene	<10	1.10	6.7	44	275	—	ⅡA
79	环已烷 cyclohexene	−18	1.20	8.3	40	290	259	ⅡA
80	环已醇 cyclohexanol	61	1.20	11.1	50	460	300	ⅡA
81	环已酮 cyclohexanone	43	1.00	9.4	42	386	419	ⅡA
82	环已烯 cyclohexene	−17	1.20	—	41	—	244	ⅡA
83	环已胺 cyclohexylamine	32	1.60	9.4	63	372	293	ⅡA
84	1,3-环戊二烯 1,3-cyclopentadiene	−50	—	—	—	—	465	ⅡA

表 D.1（续）

<table>
<tr><th rowspan="3">序号</th><th rowspan="3">物质名称</th><th rowspan="3">闪点/℃</th><th colspan="4">点燃极限</th><th rowspan="3">燃点/℃</th><th rowspan="3">分类和级别</th></tr>
<tr><th colspan="2">体积浓度/%</th><th colspan="2">质量浓度/(mg/L)</th></tr>
<tr><th>下限</th><th>上限</th><th>下限</th><th>上限</th></tr>
<tr><td>85</td><td>环戊烷 cyclopentane</td><td>−37</td><td>1.40</td><td>—</td><td>41</td><td></td><td>320</td><td>ⅡA</td></tr>
<tr><td>86</td><td>环戊烯 cyclopentene</td><td><−22</td><td>1.48</td><td>—</td><td>41</td><td>—</td><td>309</td><td>ⅡA</td></tr>
<tr><td>87</td><td>环丙烷 cyclopropane</td><td>—</td><td>2.40</td><td>10.4</td><td>42</td><td>183</td><td>498</td><td>ⅡA</td></tr>
<tr><td>88</td><td>环丙基甲酮
cyclopropyl methyl ketone</td><td>15</td><td>1.70</td><td>—</td><td>58</td><td>—</td><td>452</td><td>ⅡA</td></tr>
<tr><td>89</td><td>对异丙基苯甲烷 p-cymene</td><td>47</td><td>0.70</td><td>6.5</td><td>39</td><td>366</td><td>436</td><td>ⅡA</td></tr>
<tr><td>90</td><td>2,2,3,3,4,4,5,5,6,6,7,7-十二氟庚基甲基丙烯酸酯
2,2,3,3,4,4,5,5,6,6,7,7-dodecafluoroheptyl methacrylate</td><td>49</td><td>1.60</td><td>—</td><td>185</td><td>—</td><td>390</td><td>ⅡA</td></tr>
<tr><td>91</td><td>反式十氢化萘
Decahydronaphthalene trans</td><td>54</td><td>0.70</td><td>4.9</td><td>40</td><td>284</td><td>288</td><td>ⅡA</td></tr>
<tr><td>92</td><td>癸烷 decane</td><td>46</td><td>0.70</td><td>5.6</td><td>41</td><td>433</td><td>201</td><td>ⅡA</td></tr>
<tr><td>93</td><td>二丁醚 dibutyl ether</td><td>25</td><td>0.90</td><td>8.5</td><td>48</td><td>460</td><td>198</td><td>ⅡB</td></tr>
<tr><td>94</td><td>过氧化二叔丁基 di-tert-butyl peroxide</td><td>18</td><td>—</td><td>—</td><td>—</td><td>—</td><td>170</td><td>ⅡB</td></tr>
<tr><td>95</td><td>二氯代苯 dichlorobenzenes</td><td>66</td><td>2.20</td><td>9.2</td><td>134</td><td>564</td><td>648</td><td>ⅡA</td></tr>
<tr><td>96</td><td>3,4-二氯丁烯-1 3,4-dichlorobut-1-ene</td><td>31</td><td>1.30</td><td>7.2</td><td>66</td><td>368</td><td>469</td><td>ⅡA</td></tr>
<tr><td>97</td><td>1,3-二氯丁烯-2 1,3-dichlorobut-2-ene</td><td>27</td><td>—</td><td>—</td><td>—</td><td>—</td><td>469</td><td>ⅡA</td></tr>
<tr><td>98</td><td>二氯二乙基硅烷 dichlorodiethyisilane</td><td>24</td><td>3.40</td><td>—</td><td>223</td><td>—</td><td>—</td><td>ⅡC</td></tr>
<tr><td>99</td><td>1,1-二氯乙烷 1-dichloroethane</td><td>−10</td><td>5.60</td><td>16.0</td><td>230</td><td>660</td><td>440</td><td>ⅡA</td></tr>
<tr><td>100</td><td>1,2-二氯乙烷 1,2- dichloroethane</td><td>13</td><td>6.20</td><td>16.0</td><td>255</td><td>654</td><td>438</td><td>ⅡA</td></tr>
<tr><td>101</td><td>二氯乙烯 dichloroethylene</td><td>−10</td><td>9.70</td><td>12.8</td><td>391</td><td>516</td><td>440</td><td>ⅡA</td></tr>
<tr><td>102</td><td>1,2-二氯丙烷 1,2-dichloropropane</td><td>15</td><td>3.40</td><td>14.5</td><td>160</td><td>682</td><td>557</td><td>ⅡA</td></tr>
<tr><td>103</td><td>双环戊二烯 dicyclopentadiene</td><td>36</td><td>0.80</td><td>—</td><td>43</td><td>—</td><td>455</td><td>ⅡA</td></tr>
<tr><td>104</td><td>1,2-二乙氧基乙烷 1,3-diethoxyethane</td><td>16</td><td>—</td><td>—</td><td>—</td><td>—</td><td>170</td><td>ⅡB</td></tr>
<tr><td>105</td><td>二乙胺 diethylamine</td><td>−23</td><td>1.70</td><td>10.0</td><td>50</td><td>306</td><td>312</td><td>ⅡA</td></tr>
<tr><td>106</td><td>碳酸二乙酯 diethyl carbonate</td><td>24</td><td>1.40</td><td>11.7</td><td>69</td><td>570</td><td>450</td><td>ⅡB</td></tr>
<tr><td>107</td><td>乙醚 diethyl ether</td><td>−45</td><td>1.70</td><td>36.0</td><td>50</td><td>1 118</td><td>160</td><td>ⅡB</td></tr>
<tr><td>108</td><td>草酸二乙酯 diethyl oxalate</td><td>76</td><td>—</td><td>—</td><td>—</td><td>—</td><td>—</td><td>ⅡA</td></tr>
<tr><td>109</td><td>硫酸二乙酯 diethyl sulphate</td><td>104</td><td>—</td><td>—</td><td>—</td><td>—</td><td>360</td><td>ⅡA</td></tr>
<tr><td>110</td><td>1,1-二氟乙烯 1,1-difluoroethylene</td><td>—</td><td>3.90</td><td>25.1</td><td>102</td><td>665</td><td>380</td><td>ⅡA</td></tr>
<tr><td>111</td><td>二己醚 dihexyl ether</td><td>75</td><td>—</td><td>—</td><td>—</td><td>—</td><td>187</td><td>ⅡA</td></tr>
<tr><td>112</td><td>二异丁基胺 diisobutylamine</td><td>26</td><td>0.80</td><td>3.6</td><td>42</td><td>190</td><td>256</td><td>ⅡA</td></tr>
<tr><td>113</td><td>二异丁基甲醇 diisobutyl carbinol</td><td>75</td><td>0.70</td><td>6.1</td><td>42</td><td>370</td><td>290</td><td>ⅡA</td></tr>
</table>

表 D.1（续）

序号	物质名称	闪点/℃	点燃极限				燃点/℃	分类和级别
			体积浓度/%		质量浓度/(mg/L)			
			下限	上限	下限	上限		
114	二异戊基醚　diisopentyl ether	44	1.27	—	104	—	185	ⅡA
115	二异丙胺　diisopropylamine	−20	1.20	6.3	49	260	285	ⅡA
116	二异丙醚　diisopropyl ether	−28	1.00	21.0	45	900	405	ⅡA
117	二甲胺(气体)dimethylamine	−18	2.80	14.4	53	272	400	ⅡA
118	1,2-二甲氧基乙烷 1,2-dimethoxyethane	−6	1.60	10.4	60	390	197	ⅡB
119	二甲氧基甲烷　dimethoxymethane	−21	3.00	16.9	93	535	247	ⅡB
120	2-二甲基氨基乙醇 2-dimethylaminoethanol	39	—	—	—	—	220	ⅡA
121	3-(二甲基氨基)丙腈 3-propiononitrile	50	1.57	—	62	—	317	ⅡA
122	二甲醚(气体) dimethyl ether	−42	2.70	32.0	51	610	240	ⅡB
123	N,N-二甲基甲酰胺 N,N-dimethylformamide	58	1.80	16.0	55	500	440	ⅡA
124	3,4-二甲基己烷　3,4-dimethyl hexane	2	0.80	6.5	38	310	305	ⅡA
125	N,N-二甲基肼　N,N-dimethylhydrazine	−18	2.40	20.0	60	490	240	ⅡB
126	1,4-二甲基哌嗪 1,4-dimethylpiperazine	9	—	—	—	—	199	ⅡA
127	N,N-二甲基-1,3-丙二胺 N,N-dimethylpropane-1,3-diamine	26	1.20	—	50	—	219	ⅡA
128	硫酸二甲酯　dimethyl sulphate	39	—	—	—	—	449	ⅡA
129	1,4-二氧杂环己烷　1,4-dioxane	11	1.90	22.5	74	813	379	ⅡB
130	1,3-二氧戊环　1,3-dioxolane	−5	2.30	30.5	70	935	245	ⅡB
131	二戊烯　dipentene,crude	42	0.75	6.1	43	348	255	ⅡA
132	(二)戊醚　dipentyl ether	57	—	—	—	—	171	—
133	二丙胺　dipropylamine	4	1.60	9.1	66	376	280	ⅡA
134	(二)丙醚　dipropyl ether	<−5	—	—	—	—	215	ⅡB
135	1,2-环氧丙烯　1,2-epoxypropene	−37	1.90	37.0	49	901	430	ⅡB
136	乙烷　ethane	—	2.50	15.5	31	194	515	ⅡA
137	乙硫醇　ethanethiol	<−20	2.80	18.0	73	468	295	ⅡB
138	无水乙醇　ethanol	12	3.10	19.0	59	359	363	ⅡA
139	2-乙氧基乙醇　2-ethoxyethanol	40	1.80	15.7	68	593	235	ⅡB
140	2-(2-乙氧基乙氧基)乙醇　2-ethanol	94	—	—	—	—	190	ⅡA
141	乙酸-2-乙氧基乙酯　2-ethoxyethyl acetate	47	1.20	12.7	65	642	380	ⅡA
142	乙酸乙酯　ethyl acetate	−4	2.20	11.0	81	406	460	ⅡA

表 D.1（续）

序号	物质名称	闪点/℃	点燃极限				燃点/℃	分类和级别
			体积浓度/%		质量浓度/(mg/L)			
			下限	上限	下限	上限		
143	乙酰乙酸乙酯 ethyl acetoacetate	65	1.00	9.5	54	519	350	ⅡA
144	丙烯酸乙酯 ethyl acrylate	9	1.40	14.0	59	588	350	ⅡB
145	乙胺 ethylamine	<−20	2.68	14.0	49	260	425	ⅡA
146	乙苯 ethylbenzene	23	1.00	7.8	44	340	431	ⅡA
147	丁酸乙酯 ethyl butyrate	21	1.40	—	66	—	435	—
148	乙基环丁烷 ethylcyclobutane	<−16	1.20	7.7	42	272	212	ⅡA
149	乙基环己烷 ethylcyclohexane	<24	0.90	6.6	42	310	238	ⅡA
150	乙基环戊烷 ethylcyclopentane	<5	1.05	6.8	42	280	262	ⅡA
151	乙烯 ethylene	—	2.30	36.0	26	423	425	ⅡB
152	乙二胺 ethylenediamine	34	2.70	16.5	64	396	403	ⅡA
153	环氧乙烷 ethylene oxide	<−18	2.60	100.0	47	1 848	435	ⅡB
154	甲酸乙酯 ethyl formate	−20	2.70	16.5	87	497	440	ⅡA
155	乙酸-2-乙基己酯 2-ethylhexyl acetate	44	0.75	6.2	53	439	335	ⅡB
156	异丁酸乙酯 ethyl isobutyrate	10	1.60	—	75	—	438	ⅡA
157	甲基丙烯酸乙酯 ethyl methacrylate	20	1.50	—	70	—	—	ⅡA
158	甲乙醚 ethyl methyl ether	—	2.00	10.1	50	255	190	ⅡB
159	亚硝酸乙酯 ethyl nitrite	−35	3.00	50.0	94	1 555	95	ⅡA
160	0乙基-二氯硫代磷酸酯 0-ethyl phosphorodichloridothioate	75	—	—	—	—	234	ⅡA
161	乙基丙基丙烯醛 ethylpropylacrolein	40	—	—	—	—	184	ⅡB
162	甲醛 formaldehyde	—	7.00	73.0	88	920	424	ⅡB
163	甲酸 formic acid	42	10.00	57.0	190	1 049	520	ⅡA
164	糠醛 2-furaldehyde	60	2.10	19.3	85	768	316	ⅡB
165	呋喃 furan	<−20	2.30	14.3	66	408	390	ⅡB
166	康醇 furfuryl alcohol	61	1.80	16.3	70	670	370	ⅡB
167	1,2,3-三甲苯 1,2,3-trimethylbenzene	51	0.80	7.0	—	—	470	ⅡA
168	庚烷 heptane	−4	1.10	6.7	46	281	215	ⅡA
169	庚醇 heptan-1-ol	60	—	—	—	—	275	ⅡA
170	庚酮-2 heptan-2-one	39	1.10	7.9	52	378	533	ⅡA
171	庚烯-2 hept-2-ene	<0	—	—	—	—	263	ⅡA
172	(正)己烷 hexane	−21	1.00	8.4	35	290	233	ⅡA
173	1-己醇 1-hexanol	63	1.20	—	51	—	293	ⅡA
174	己酮-2 hexan-2-one	23	1.20	8.0	50	336	533	ⅡA

表 D.1（续）

序号	物质名称	闪点/℃	点燃极限				燃点/℃	分类和级别
			体积浓度/%		质量浓度/(mg/L)			
			下限	上限	下限	上限		
175	氢气　hydrogen	—	4.00	77.0	3.4	63	560	ⅡC
176	氢氰酸，氰化氢　hydrogen cyanide	<−20	5.40	46.0	60	520	538	ⅡB
177	硫化氢　hydrogen sulfide	—	4.00	45.5	57	650	270	ⅡB
178	4-羟基-4-甲基庚酮-2 4-hydroxy-4-methylpenta-2-one	58	1.80	6.9	88	336	680	ⅡA
179	煤油　Kerosene	38	0.70	5.0	—	—	210	ⅡA
180	1,3,5-三甲苯 1,3,5-trimethylbenzenc	44	0.80	7.3	40	365	499	ⅡA
181	聚乙醛　metaldehyde	36	—	—	—	—	—	ⅡA
182	甲基丙烯酰氯　methacryloyl chloride	17	2.50	—	106	—	510	ⅡA
183	沼气　methane	—	4.40	17.0	29	113	537	Ⅰ
184	甲烷　methane	—	4.40	17.0	29	113	537	ⅡA
185	甲醇　methanol	11	5.50	36.0	73	484	386	ⅡA
186	甲硫醇　methanethiol	—	4.10	21.0	80	420	340	ⅡA
187	2-甲氧基乙醇　2-methoxyethanol	39	2.40	20.6	76	650	285	ⅡB
188	乙酸甲酯　methyl acetate	−10	3.20	16.0	99	475	502	ⅡA
189	乙酰乙酸甲酯　methyl acetoacetate	62	1.30	14.2	62	685	280	ⅡB
190	丙烯酸甲酯　methyl acrylate	−3	2.40	25.0	85	903	415	ⅡB
191	甲胺(气体) methylamine	−18	4.20	20.7	55	270	430	ⅡA
192	异戊烷；2-甲基丁烷　2-methylbutane	<−51	1.30	8.0	38	242	420	ⅡA
193	2-甲基丁醇-2　2-methylbutan-2-ol	18	1.40	10.2	50	374	392	ⅡA
194	3-甲基丁醇-1　3-methylbutan-1-ol	42	1.30	10.5	47	385	339	ⅡA
195	2-甲基丁烯-2　2-methylbut-2-ene	−53	1.30	6.6	37	189	290	ⅡA
196	氯甲酸甲酯　methyl chloroformate	10	7.50	26.0	293	1 020	475	ⅡA
197	甲基环丁烷　methylcyclobutane	—	—	—	—	—	—	ⅡA
198	甲基环己烷　methylcyclohexane	−4	1.15	6.7	47	275	258	ⅡA
199	甲基环己醇　methylcyclohexanols	68	—	—	—	—	295	ⅡA
200	甲基环戊二烯 methylcyclopentadienes	<−18	1.30	7.6	43	249	432	ⅡA
201	甲基环戊烷　methylcyclopentane	<−10	1.00	8.4	35	296	258	ⅡA
202	亚甲基环丁烷　methylenecyclobutane	<0	1.25	8.6	35	239	352	ⅡB
203	4-亚甲基四氢吡喃 4-methylenetetrahydropyran	2	1.50	—	60	—	255	ⅡB
204	2-甲基丁炔　2-methyl-l-buten-3-yne	−54	1.40	—	38	—	272	ⅡB
205	甲酸甲酯　methyl formate	−20	5.00	23.0	125	580	450	ⅡA

表 D.1（续）

序号	物质名称	闪点/℃	点燃极限				燃点/℃	分类和级别
			体积浓度/%		质量浓度/(mg/L)			
			下限	上限	下限	上限		
206	2-甲基呋喃　2-methylfuran	<−16	1.40	9.7	47	325	318	ⅡA
207	2-甲基-3,5-已二烯醇 2-methylhexa-3,5-dien-2-ol	24	—	—	—	—	347	ⅡA
208	异氰酸甲酯　methylisocyanate	−7	5.30	26.0	123	605	517	ⅡA
209	甲基丙烯酸甲酯　methyl methacrylate	10	1.70	12.5	71	520	430	ⅡA
210	2-甲氧基丙酸甲酯 methyl 2-methoxypropionate	48	1.20	—	58	—	211	ⅡA
211	4-甲基戊醇-2　4-methylpentan-2-ol	37	1.14	5.5	47	235	334	ⅡA
212	4-甲基戊酮-2　4-methylpentan-2-one	16	1.20	8.0	50	336	475	ⅡA
213	2-甲基戊烯醛　2-methylpent-2-enal	30	1.46	—	58	—	206	ⅡB
214	4-甲基-3-戊烯-2-酮 4-methylpent-3-en-2-one	24	1.60	7.2	64	289	306	ⅡA
215	2-甲基丙醇　2-methylpropan-l-ol	28	1.70	9.8	52	305	408	ⅡA
216	2-甲基丙烯(气体) 2-methylprop-l-ene	—	1.60	10.0	37	235	483	ⅡA
217	2-甲基吡啶　2-methylpyridine	27	1.20	—	45	—	533	ⅡA
218	3-甲基吡啶　3-methylpyridine	43	1.40	8.1	53	308	537	ⅡA
219	4-甲基吡啶　4-methylpyridine	43	1.10	7.8	42	296	534	ⅡA
220	α-甲基苯乙烯　α-methyl styrene	40	0.90	6.6	44	330	445	ⅡB
221	甲基叔戊基醚 methyl tert-pentyl ether	<−14	1.50	—	62	—	345	ⅡA
222	2-甲基噻吩　2-methylthiophene	−1	1.30	6.5	52	261	433	ⅡA
223	2-甲基-5-乙烯基吡啶 2-methyl-5-vinylpyridine	61	—	—	—	—	52	ⅡA
224	吗啉　morpholine	31	1.80	15.2	65	550	230	ⅡA
225	石脑油　naphtha	<−18	0.90	6.0	—	—	290	ⅡA
226	萘　naphthalene	77	0.90	5.9	48	317	528	ⅡA
227	硝基苯　nitrobenzene	88	1.70	40.0	87	2 067	480	ⅡA
228	硝基乙烷　nitroethane	27	3.40	—	107	—	410	ⅡB
229	硝酸甲烷　nitromethane	36	7.30	63.0	187	1 613	415	ⅡA
230	1-硝基丙烷　1-nitropropane	36	2.20	—	82	—	420	ⅡB
231	壬烷　nonane	30	0.70	5.6	37	301	205	ⅡA
232	2,2,3,3,4,4,5,5-八氟-1,1 二甲基庚醇 2,2,3,3,4,4,5,5-octafluoro-1,1-dimethyl-pentan-l-ol	61	—	—	—	—	465	ⅡA
233	辛醛　octaldehyde	52	—	—	—	—	—	ⅡA
234	辛烷　octane	13	0.80	6.5	38	311	206	ⅡA

表 D.1（续）

序号	物质名称	闪点/℃	点燃极限				燃点/℃	分类和级别
			体积浓度/%		质量浓度/(mg/L)			
			下限	上限	下限	上限		
235	辛醇　1-octanol	81	0.90	7.4	49	385	270	ⅡA
236	辛烯　octene	−18	1.10	5.9	50	270	264	ⅡA
237	多聚甲醛　paraformaldehyde	70	7.00	73.0	—	—	380	ⅡB
238	1,3-戊二烯　penta-1,3-diene	<−31	1.20	9.4	35	261	361	ⅡA
239	戊烷　pentanes	−40	1.40	7.8	42	236	258	ⅡA
240	2,4-戊二酮　pentane-2,4-dione	34	1.70	—	71	—	340	ⅡA
241	正戊醇　pentan-1-ol	38	1.06	10.5	36	385	298	ⅡA
242	戊醇(混合异构体)　pentanols	34	1.20	10.5	44	388	300	ⅡA
243	戊酮-3　pentan-3-one	12	1.60	—	58	—	445	ⅡA
244	乙酸戊酯　pentyl acetate	25	1.00	7.1	55	387	360	ⅡA
245	石油　petroleum	<−20	1.20	8.0	—	—	560	ⅡA
246	苯酚,石炭酸　phenol	75	1.30	9.5	50	370	595	ⅡA
247	苯乙炔　phenylacetylene	41	—	—	—	—	420	ⅡB
248	丙烷(气体)　propane	−104	1.70	10.9	31	200	470	ⅡA
249	1-丙醇　propan-1-ol	22	2.20	17.5	55	353	405	ⅡB
250	2-丙醇　propan-2-ol	12	2.00	12.7	50	320	425	ⅡA
251	丙烯　propene	—	2.00	11.0	35	194	455	ⅡA
252	丙酸　propionic acid	52	2.10	12.0	64	370	435	ⅡA
253	丙醛　propionic aldehyde	<−26	2.00	—	47	—	188	ⅡB
254	乙酸丙酯　propyl acetate	10	1.70	8.0	70	343	430	ⅡA
255	乙酸异丙酯　isopropyl acetate	4	1.80	8.1	75	340	467	ⅡA
256	丙胺　propylamine	−37	2.00	10.4	49	258	318	ⅡA
257	异丙胺　isopropylamine	<−24	2.30	8.6	55	208	340	ⅡA
258	氯乙酸异丙酯 isopropyl chloroacetate	42	1.60	—	89	—	426	ⅡA
259	甲酸异丙酯　isopropyl formate	<−6	—	—	—	—	469	ⅡA
260	2-乙丙基-5-甲基己醛 2-isopropyl-5-methylhex-2-enal	41	3.05	—	192	—	188	ⅡA
261	硝酸异丙酯　isopropyl nitrate	11	2.00	100.0	75	3 738	175	ⅡB
262	丙炔　propyne	—	1.70	16.8	28	280	—	ⅡB
263	丙炔醇　prop-2-yn-1-ol	33	2.40	—	55	—	346	ⅡB
264	吡啶　pyridine	17	1.70	12.0	56	398	550	ⅡA
265	苯乙烯　styrene	30	1.10	8.0	48	350	490	ⅡA

表 D.1(续)

序号	物质名称	闪点/℃	点燃极限				燃点/℃	分类和级别
			体积浓度/%		质量浓度/(mg/L)			
			下限	上限	下限	上限		
266	2,2,3,3-四氟-1,1-二甲基丙醇 2,2,3,3-tetrafluoro-1,1-dimethylpropan-l-ol	35	—	—	—	—	447	ⅡA
267	四氟乙烯,全氟乙烯 tetrafluoroethylene	—	10.00	59.0	420	2 245	255	ⅡB
268	1,1,2,2-四氟乙氧基苯 1,1,2,2-tetrafluoroethoxybenzene	47	1.60	—	126	—	483	ⅡA
269	2,2,3,3-四氟丙醇 2,2,3,3-tetrafluoropropan-1-ol	43	—	—	—	—	437	ⅡA
270	2,2,3,3-四氟丙基丙烯酸酯 2,2,3,3-tetrafluoropropyl acrylate	45	2.40	—	182	—	357	ⅡA
271	2,2,3,3-四氟丙基甲基丙烯酸酯 2,2,3,3-tetrafluoropropyl methacrylate	46	1.90	—	155	—	389	ⅡA
272	四氢呋喃 tetrahydrofuran	−20	1.50	12.4	46	370	224	ⅡB
273	四氢糠醇,四氢呋喃甲醇 tetrahydrofurfuryl alcohol	70	1.50	9.7	64	416	280	ⅡB
274	四氢噻吩 tetrahydrothiophene	13	1.10	12.3	42	450	200	ⅡA
275	噻吩 thiophene	−9	1.50	12.5	50	420	395	ⅡA
276	N,N,N,N-四甲基甲二胺 N,N,N,N-tetramethylmethanediamine	<−13	1.61	—	67	—	180	ⅡA
277	甲苯 toluene	4	1.10	7.8	42	300	535	ⅡA
278	1,1,3-三乙氧基丁烷 1,1,3-triethoxybutane	33	0.78	5.8	60	451	165	ⅡA
279	三乙基胺 triethylamine	−7	1.20	8.0	51	339	—	ⅡA
280	1,1,1三氟乙烷 1,1,1-trifluoroethane	—	6.80	17.6	234	605	714	ⅡA
281	2,2,2-三氟乙醇 2,2,2-trifluoroethanol	30	8.40	28.8	350	1 195	463	ⅡA
282	三氟乙烯 trifluoroethylene	—	15.30	27.0	502	904	319	ⅡA
283	3,3,3-三氟丙烯 3,3,3-trifluoroprop 1 ene	—	4.70	—	184	—	490	ⅡA
284	三甲胺 trimethylamine	—	2.00	12.0	50	297	190	ⅡA
285	4,4,5三甲基-1,3-二氧杂环己烷 4,4,5-trimethyl-1,3-dioxane	35	—	—	—	—	284	ⅡA
286	2,2,4三甲基戊烷 2,2,4-trimethylpentane	−12	1.00	6.0	47	284	411	ⅡA
287	2,4,6三甲基-1,3,5-三氧杂环己烷 2,4,6-trimethyl-1,3,5-trioxane	27	1.30	—	72	—	235	ⅡA
288	1,3,5-三氧杂环己烷 1,3,5-trioxane	45	3.20	29.0	121	1 096	410	ⅡB

表 D.1（续）

序号	物质名称	闪点/℃	点燃极限				燃点/℃	分类和级别
			体积浓度/%		质量浓度/(mg/L)			
			下限	上限	下限	上限		
289	松节油 turpentine	35	0.80	—	—	—	254	ⅡA
290	异戊醛 isovaleraldehyde	−12	1.70	—	60	—	207	ⅡA
291	乙酸乙烯酯 vinyl acetate	−8	2.60	13.4	93	478	425	ⅡA
292	乙烯基环己烷 vinyl cyclohexenes	15	0.80	—	35	—	257	ⅡA
293	1,1-二氯乙烯 vinylidene chloride	−18	7.30	16.0	294	645	440	ⅡA
294	2-乙烯氧基乙醇 2-vinyloxyethanol	52	—	—	—	—	250	ⅡB
295	2-乙烯基吡啶 2-vinylpyridine	35	1.20	—	51	—	482	ⅡA
296	4-乙烯基吡啶 4-vinylpyeidine	43	1.10	—	47	—	501	ⅡA
297	水煤气 water gas	1.2	—	—	—	—	—	ⅡC
298	二甲苯 xylenes	30	1.00	7.6	44	335	464	ⅡA
299	二甲苯氨 xylidenes	96	1.00	7.0	50	355	370	—
300	氮杂环丙烯(氮丙环)	−11	3.60	46.0	—	—	—	—
301	二氢吡喃	−16	—	—	—	—	—	—
302	二甲基醚	—	2.00	27.0	—	—	—	—
303	二甲亚砜	95	2.60	28.5	—	—	—	—
304	2,2-二甲基丁烷(新己烷)	−48	1.20	7.0	—	—	—	—
305	三乙胺	−7	1.20	8.0	—	—	—	ⅡA
306	2,2,3-三甲基丁烷	—	1.00	—	—	—	—	—
307	新戊烷(2,2-甲基丙烷)	<−7	1.30	7.5	—	—	—	—
308	乙烯基乙炔	—	2.00	100.0	—	—	—	—
309	氧化丙烯甲基氧丙环	−37	1.90	37.0	—	—	—	—
310	2-戊烯	−18	1.40	8.7	—	—	—	—
311	甲醛二甲醇缩乙醛(二甲氧基甲烷、甲缩醛)	−18	—	—	—	—	—	—
312	甲基环己烷	−4	1.20	—	—	—	—	—

D.2 爆炸性气体、蒸气的点燃危险性(和氧混合)见表 D.2。

表 D.2

序号	物质名称	最小点火电流/mA	分类和级别
7	乙炔	24	ⅡC
27	1,3-丁二烯	65	ⅡB
28	正丁烷	80	ⅡA
52	一氧化碳	90	ⅡB
107	乙醚	75	ⅡB

表 D.2（续）

序号	物质名称	最小点火电流/mA	分类和级别
136	乙烷	70	ⅡA
138	无水乙醇	75	ⅡA
151	乙烯	45	ⅡB
153	环氧乙烷	40	ⅡB
168	庚烷	75	ⅡA
172	(正)已烷	75	ⅡA
175	氢气	21	ⅡC
183	沼气	85	Ⅰ
185	甲醇	70	ⅡA
239	戊烷	73	ⅡA
248	丙烷	70	ⅡA

D.3 各种爆炸性气体的点燃危险性(和氧混合)见表 D.3。

表 D.3

物质名称	爆炸极限体积/%		最小点燃能量/mJ
	下限	上限	
乙炔	2.8	100	0.000 2
乙烷	3.0	66	0.001 9
乙烯	3.0	80	0.000 9
二乙醚	2.0	82	0.001 2
氢	4.0	94	0.001 2
丙烷	2.3	55	0.002 1
甲烷	5.1	61	0.002 7

D.4 爆炸性悬浮粉尘的点燃危险性见表 D.4。

表 D.4

物品名称	爆炸下限浓度/(g/m^3)	最小点燃能量/mJ
麻	40	30
已二酸	35	60
乙酰纤维素	35	15
铝	25	10
硫磺	35	15
铀	60	45
乙基纤维素	25	10
环氧树脂	20	15

表 D.4（续）

物品名称	爆炸下限浓度/(g/m³)	最小点燃能量/mJ
树木(枞树)	35	20
可可树	75	10
橡胶(合成硬质)	30	30
橡胶(天然硬质)	25	50
小麦粉	50	50
小麦淀粉	25	20
大米(种皮)	45	40
软木粉	35	35
糖	35	30
对酞酸二甲酯	30	20
马铃薯淀粉	45	20
锆	40	5
煤	35	30
肥皂	45	60
紫胶	20	10
纤维素	45	35
钛	45	10
玉米	45	40
玉米糊精	40	40
玉米淀粉	40	20
钍	75	5
甘油三硬脂酸铝	15	15
尼龙	30	20
肉桂皮	60	30
仲甲醛	40	20
苯酚甲醛	25	15
六次甲基四胺、乌洛托品	15	10
季戊四醇	30	10
聚丙烯酰胺	40	30
聚丙烯腈	25	20
聚氨基甲酸乙酯泡沫	25	15
聚乙烯	20	10
聚氧化乙烯	30	30
聚乙二醇对苯二甲酸酯	40	35
聚碳酸酯	25	25

表 D.4(续)

物品名称	爆炸下限浓度/(g/m^3)	最小点燃能量/mJ
聚苯乙烯	15	15
聚丙烯	20	25
聚甲基丙烯酸甲酯	30	20
镁	20	40
木质素	40	20
邻苯二甲酸酐	15	15
棉花	50	25

ICS 13.340.20
F 20

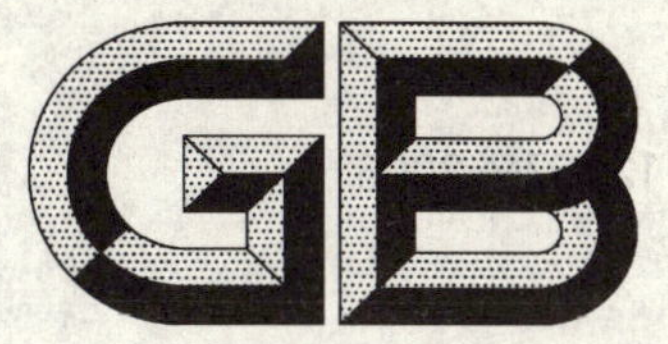

中华人民共和国国家标准

GB/T 12167—2006
代替 GB/T 12167—1990

带电作业用铝合金紧线卡线器

Aluminium alloy grip clamps of tension wire for live working

2006-03-06 发布　　2006-11-01 实施

中华人民共和国国家质量监督检验检疫总局
中国国家标准化管理委员会　发布

前　言

本标准代替 GB/T 12167—1990《带电作业用铝合金紧线夹具》。

与原标准相比，主要有以下几个方面的修改：

a)　产品规格

原标准中卡线器的规格只有 5 种，即夹持导线的标称截面≤400 mm^2，而随着我国电力工业的发展，大截面导线使用更加广泛。本次修订标准增加了 LGJ-500、LGJ-630、LGJ-720 这三种大截面导线所使用的卡线器规格。

b)　技术要求提高

由于技术的进步，卡线器握线可靠性有很大的提高，夹持导线弧面取消了防滑槽，对导线损伤程度也大大减轻，导线的变形量提高到不大于±3.0%，导线的滑移量也提高到不大于 5 mm。

本标准的附录 A、附录 B 为规范性附录。

本标准由中国电力企业联合会提出。

本标准由全国带电作业标准化技术委员会归口并负责解释。

本标准主要起草单位：武汉高压研究所、群峰机械厂、两锦供电公司、宝鸡市银光电力机具有限责任公司。

本标准主要起草人：易辉、胡毅、张丽华、吴维宁、郑彦杰、薛岩、张卫民。

本标准于 1990 年首次发布，本次为第一次修订。

带电作业用铝合金紧线卡线器

1 范围

本标准规定了带电作业用铝合金紧线卡线器的型号规格、技术要求、试验方法、检验规则和标志包装。

本标准适用于架空电力线路上松紧导线作业时所使用的铝合金紧线卡线器。本标准不适用于架空绝缘导线相关作业所使用的紧线卡线器。

2 规范性引用文件

下列文件中的条款通过本标准的引用而成为本标准的条款。凡是注日期的引用文件，其随后所有的修改单(不包括勘误的内容)或修订版均不适用于本标准，然而，鼓励根据本标准达成协议的各方研究是否可使用这些文件的最新版本。凡是不注日期的引用文件，其最新版本适用于本标准。

$\mathrm{GB_n}$ 223 铝合金锻件

GB/T 3077 合金结构钢

GB/T 2900.55 电工术语 带电作业(GB/T 2900.55—2002,eqv IEC 60050-651:1999)

GB/T 3191 铝及铝合金挤压棒材

GB/T 12361 钢质模锻件通用技术条件

GB/T 14286 带电作业工具设备术语(GB/T 14286—2002,eqv IEC 60743:2001)

3 术语和定义

GB/T 2900.55 以及 GB/T 14286 确定的以及下列术语和定义适用于本标准。

3.1

紧线器 tension puller

用来承受导线的机械拉力，以便更换耐张绝缘子串的装置或工具，通常分为液压收紧和螺旋收紧两种方式。

3.2

卡线器 grip clamps

在架空电力线路上进行松紧导线作业时，能自动夹牢导线和方便拆装的用来联结导线和牵引机具的中间联接工具。

4 适用导线型号

紧线卡线器型号及规格应符合表 1 规定。

表 1 紧线卡线器型号及规格 单位为毫米

名称	a 型	b 型	c 型	d 型	e 型	f 型	g 型	h 型
型号*	LJK_a25-70	LJK_b95-120	LJK_c150-240	LJK_d300	LJK_e400	LJK_f500	LJK_g630	LJK_h720
规格**	ϕ12/14	ϕ16/20	ϕ22/24	ϕ26/28	ϕ30/32	ϕ31/33	ϕ35/37	ϕ37/39

表 1（续）　　　　单位为毫米

名称	a型	b型	c型	d型	e型	f型	g型	h型

* 型号表示说明如下：

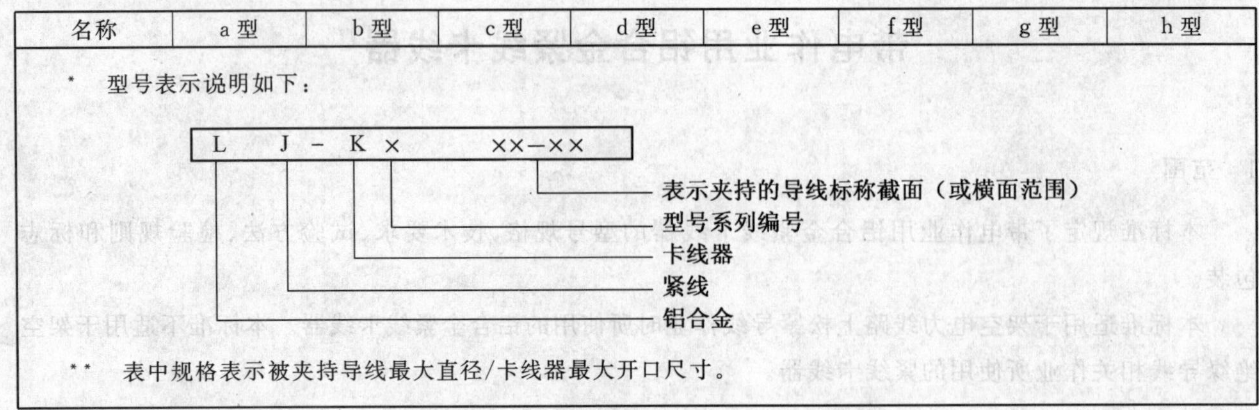

** 表中规格表示被夹持导线最大直径/卡线器最大开口尺寸。

5 技术要求

5.1 铝合金紧线卡线器的结构

铝合金紧线卡线器按牵引方式分为单牵式(U形拉环式)和双牵式(翼形拉板式)，其结构与主要零件见图 1。

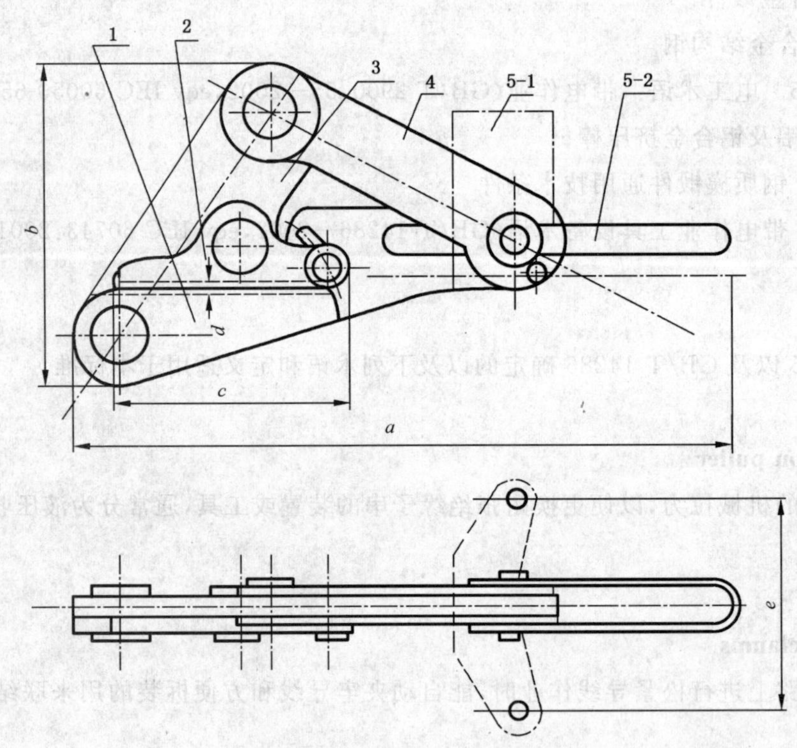

1——下夹板；

2——上夹板；

3——压板；

4——拉板；

5-1——翼型拉板；

5-2——拉环

图 1 铝合金紧线卡线器结构图

5.2　**各零部件材质要求**

a）卡线器的上夹板、下夹板、翼形拉板、拉板、压板应采用超强度铝合金的模锻件，材质应符合GB/T 3191的要求，锻件应符合 GB_n223的要求。

b）卡线器拉环应采用优质合金结构钢制成的模锻件，锻件材料应符合GB/T 3077的要求，锻件应符合GB/T 12361的要求。

5.3　**各零部件的热处理、表面处理要求**

加工后的各零部件表面应光滑。无锐边、毛刺、裂纹及金属夹杂等缺陷。各部零件的热处理、表面处理应符合表2规定。

表2　卡线器各部件材质热处理及表面处理

名　称	材　料	热处理硬度	表面处理
拉环	$40C_r$	HRC35-40	镀锌
翼形板	LC4	HB≥125	阳极化
拉板	LC4	HB≥125	阳极化
压板	LC4	HB≥125	阳极化
上夹板	LC4	HB≥125	阳极化
下夹板	LC4	HB≥125	阳极化
销轴	30CrMnSiA	HRC40-45	镀锌
注：表中所列材料为列举的材料，在选取材质时不得低于材料表中列举强度的要求。			

5.4　**各型号卡线器基本尺寸要求**

各型号卡线器基本尺寸应符合表3规定。

表3　各型号卡线器基本尺寸规定

型　号	适用导线范围	钳口夹持长度 c mm	夹持弧面直径 d mm	最大开口 mm
LJK_a25-70	LGJ25/4-LGJ70/10	112	12	14
LJK_b95-120	LGJ95/15-LGJ120/25	136	16	20
LJK_c150-240	LGJ150/30-LGJ240/40	167	22	24
LJK_d300	LGJ300/15-LGJ300/70	167	26	28
LJK_e400	LGJ400/20-LGJ400/95	187	30	32
LJK_f500	LGJ500/35-LGJ500/65	187	31	33
LJK_g630	LGJ630/45-LGJ630/80	208	34	37
LJK_h720	LGJ720/50-LGJ720/60	280	37	39
卡线器所有尺寸允许误差均为+1.0%，-0；图1中 a、b 的尺寸可根据实际需要确定；图1中 e 的尺寸一般为250 mm。				

5.5　**各型号卡线器主要技术性能**

各型号卡线器的主要技术性能指标应符合表4规定。

表 4　各型号卡线器主要技术性能

型　　号	质量不大于 kg	额定负荷 kN	最大动 试验负荷 kN	最大静 试验负荷 kN	破坏负荷 不小于 kN	在最大动试验负荷下， 允许导线相对滑移量不大于 mm
LJK_a25-70	1.0	8.0	12.0	20.0	24.0	5
LJK_b95-120	1.5	15.0	22.5	37.5	45.0	5
LJK_c150-240	3.0	24.0	36.0	60.0	72.0	5
LJK_d300	4.0	30.0	45.0	75.0	90.0	5
LJK_e400	4.5	35.0	52.5	87.5	105.0	5
LJK_f500	6.5	42.0	63.0	105.0	126.0	5
LJK_g630	7.0	47.0	70.5	117.5	141.0	5
LJK_h720	10.0	49.0	73.5	122.0	147.0	5

a)　各型铝合金紧线卡线器在额定负荷下，与所夹持的导线不产生相对滑移，不允许夹伤导线表面。

b)　各型铝合金紧线卡线器在最大试验负荷时，允许有一定的滑移量，但最大滑移量不得大于 5 mm，卡线器各零件无变形，导线直径的平均值不得小于夹持前的 97%，且导线表面应无明显压痕。

c)　各型铝合金紧线卡线器在最大静试验负荷卸载后，卡线器各零件应不发生永久变形。

d)　各型铝合金紧线卡线器各部件联结应紧可靠，开合夹口方便灵活，整体性好。

6　试验

6.1　一般要求

试验包括型式试验、抽样试验、验收试验和例行试验(见附录 A)。

型式试验是对一个或多个产品样本进行的试验，以证明产品符合设计任务书的要求，进行型式试验的试品数量为 5 个。

抽样试验是对样品进行的试验。抽样数量及合格判别规则见表 5。

表 5　抽样数量及存在缺陷的判别规则

产品数量	抽样数量	允许存在小缺陷的不合格品数(接受)	拒收存在小缺陷不合格品数
2～15	2	0	1
16～25	3	0	1
26～90	5	0	1
91～500	8	0	1
501～3 200	13	1	2
注：小缺陷主要指卡线器的外观检查、各部件的表面处理，以及尺寸测量超标，但数值还在－2.0%～＋3.0%之内。			

验收试验是制造厂向用户证明产品符合其技术条件中的某些条款而进行的一种合同性的试验。验收试验可以包括例行试验和抽样试验的项目，用户也可以与制造厂协商提出一些适用于特殊工作条件产品的补充试验。

例行试验是对每一产品在制造中或制造后所进行的试验，以确定其符合设计标准与否。

6.2 外观及主要尺寸检查

6.2.1 铝合金紧线卡线器各零件尺寸公差、形位公差应符合设计要求;铝合金紧线卡线器的总体尺寸应符合表3的规定。

6.2.2 整体外观检查应符合5.2、5.3、5.4的要求。

6.3 抗拉试验

6.3.1 紧线卡线器抗拉试验一般在卧式拉力试验机上进行。将紧线卡线器夹住在其标称截面范围之内的导线,使导线一端固定,紧线卡线器的另一端(紧线卡线器的拉环或翼形拉板)联接于牵引装置上,使受力成一条直线。导线在夹口后端头应外露不小于200 mm。试验布置如图2所示。

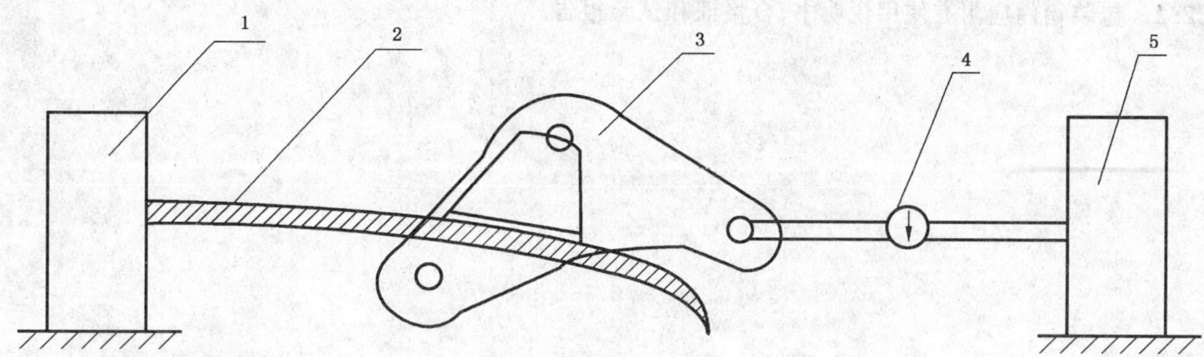

1——固定导线装置;

2——试验用导线;

3——铝合金紧线卡线器;

4——拉力试验表;

5——拉力试验装置。

图2 拉力试验布置图

6.3.2 进行拉力试验时,在各型紧线卡线器相应的最大动负荷内,加载速度不受限制,超过该负荷时,加载速度应均匀缓慢上升(一般采用1 kN/s增加速度),不允许冲击性加载。

6.3.3 各型紧线卡线器的试验负荷应符合表4规定,除最大动负荷试验时间为加到其相应值即退下(反复三次),其余在各类试验负荷下持续时间均为5 min。

6.4 紧线卡线器相对导线的滑移试验

6.4.1 紧线卡线器对导线滑移试验的装置应符合6.3.1的规定。

6.4.2 当加载至各型紧线卡线器相应的20%的额定载荷时,做出卡线器上下夹板导线的位置标志,然后加载至卡线器相应的额定负荷,检查和测量卡线器相对导线是否产生滑移,继续加载至卡线器相应的最大动试验负荷,测量其标志相对位移量,反复三次,取其平均值,即为紧线卡线器对导线的相对滑移量。

6.5 紧线卡线器对导线的挤压试验

6.5.1 紧线卡线器对导线的挤压试验装置应符合6.3.1的规定。

6.5.2 加载前测量被试导线的平均直径,然后加载至最大动负荷,持续1 min后卸载,间隔1 min后再加载至最大动负荷,持续1 min,反复三次,卸载后测量被夹持部分导线的平均值。其值应不小于原直径的97%,且导线表面应无明显压痕。

7 标志、包装

7.1 标志

7.1.1 卡线器上应有如下标志

a) 符号(双三角形,见附录B);

b) 制造厂及商标；

c) 型号及出厂编号；

d) 额定负荷及出厂日期。

另外，在卡线器上应有一矩形标志，在矩形标志中标出检验周期和检测日期。

7.1.2 标志的位置及制造方法

在拉板零件明显位置采用压印法或铆贴标志牌。

7.2 包装

7.2.1 出厂产品采用专用包装箱包装，包装箱上应标明制造厂名、产品名称及型号规格、出厂日期。

7.2.2 包装箱内应附有使用说明书、合格证和试验报告。

附 录 A
（规范性附录）
各类试验的依据及试验说明

表 A.1 试验项目

序号	依据	试验项目	型式试验	抽样试验	验收试验	例行试验
1	6.2	外观及主要尺寸检查	√	√	√	√
2	6.3	额定负荷拉力试验	√	√	√	—
		最大动负荷拉力试验	√	√	√	√
		最大静负荷拉力试验	√	√	√	—
		破坏负荷拉力试验	√	—	—	—
3	6.4	导线滑移试验	√	—	—	—
4	6.5	对导线的挤压试验	√	—	√[a]	—
注：“√”表示进行的试验项目，“—”表示不执行。例行试验应逐只进行。						
a 对导线的挤压试验，本标准推荐进行，也可由用户与制造厂协商后进行。						

验收试验项目一般按表 A.1 所列项目进行，也可由用户与制造厂协商增加一些试验项目，其抽样规则及数量见表 5。

验收试验可在制造厂、用户实验室或者在第三方的独立实验室进行。用户也可提出鉴证这些试验的要求。

附 录 B
（规范性附录）
标志符号

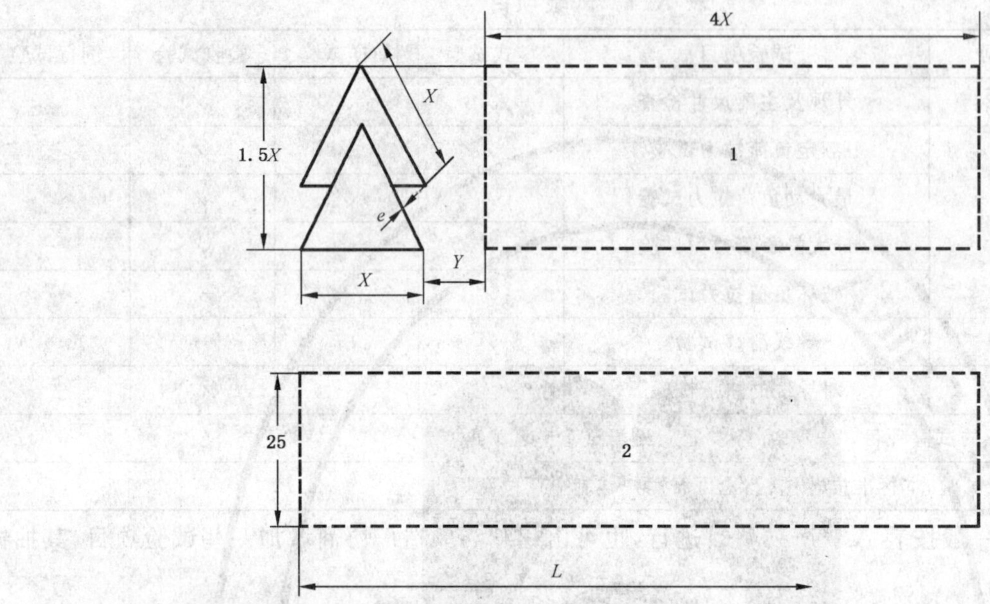

注1：制造厂名、商标、型号及制造日期等信息在“1”中标明；

注2：检验周期和检测日期在“2”中标明；

注3：X——可以是16、25或40，$Y=X/2$，单位为mm；

注4：e——线条的宽度，为2 mm；

注5：根据需要确定长度L。

图 B.1 标志符号

ICS 13.340.20
F 20

中华人民共和国国家标准

GB/T 12168—2006
代替 GB/T 12168—1990

带电作业用遮蔽罩

Protective covers of insulating material for live working

(IEC 61299:2002,MOD)

2006-03-06 发布　　　　2006-11-01 实施

中华人民共和国国家质量监督检验检疫总局
中国国家标准化管理委员会　发布

前　言

本标准修改采用 IEC 61229:2002《带电作业用遮蔽罩》。

本标准在遮蔽罩的适用电压等级分级与 IEC 61299 的主要差别是结合我国电压等级及电网的中性点接地方式不同，将 IEC 61299 标准附录 G 中表 G.1 各级遮蔽罩的最高适用电压改为 5.2 中表 1 的适用电压等级。

本标准代替 GB/T 12168—1990《带电作业用遮蔽罩》，与原标准的主要差异如下：

——根据 GB/T 1.1—2000 的规定和修改采用 IEC 61229 标准，将本标准的章、条、段进行了重新的编排。本标准增加了第 4 章结构和附录 A、附录 B、附录 C、附录 E、附录 F、附录 G、附录 H、附录 I；

——在本标准 7.5.3.2 中，根据 IEC 61229 的规定，新增了验证试验(A)。另外，验证试验(B)中，规定在试验电压达到规定值后即迅速降压，而原标准规定耐压时间为 1 min。

本标准的附录 A、附录 B、附录 C、附录 D、附录 E、附录 F、附录 G、附录 H、附录 I 为规范性附录。

本标准由中国电力企业联合会提出。

本标准由全国带电作业标准化技术委员会归口。

本标准主要起草单位：武汉高压研究所、上海市电力公司、北京电力公司、黑龙江省电力公司、鸡西电业局、武汉巨精机电有限公司。

本标准主要起草人：胡毅、张锦秀、战福利、李字明、周彤、陈岩、梁岩、黄涛、浦劲松、黄爱民、易辉、张丽华、董志新、申劼。

本标准由全国带电作业标准化技术委员会负责解释。

本标准于 1990 年首次发布，本次为第一次修订。

带电作业用遮蔽罩

1 范围

本标准规定了带电作业用遮蔽罩的分类、要求、试验、检验规则、标志、包装、贮存等。

本标准适用于在配电线路带电作业时进行遮蔽防护的遮蔽罩。

2 规范性引用文件

下列文件中的条款通过本标准的引用而成为本标准的条款。凡是注日期的引用文件，其随后所有的修改单(不包括勘误的内容)或修订版均不适用于本标准，然而，鼓励根据本标准达成协议的各方研究是否可使用这些文件的最新版本。凡是不注日期的引用文件，其最新版本适用于本标准。

GB/T 14286 带电作业工具设备术语(GB/T 14286—2002,eqv IEC 60743:2001)

GB/T 16927.1 高电压试验技术 第一部分：一般试验要求(GB/T 16927.1—1997,eqv IEC 60060-1:1989)

GB/T 18037 带电作业用工具技术要求与设计导则

3 术语和定义

GB/T 14286 中的术语和定义以及下列术语和定义适用于本标准。

3.1

遮蔽罩 protective cover

由绝缘材料制成的遮蔽罩，起遮蔽或隔离的保护作用，防止作业人员与带电体发生直接碰触。

3.2

导线遮蔽罩 conductor cover

用于对导线进行绝缘遮蔽的护罩。

3.3

针式绝缘子遮蔽罩 pin type insulator cover

用于对针式绝缘子进行绝缘遮蔽的护罩。

3.4

耐张装置遮蔽罩 tension set cover

用于对耐张绝缘子、线夹、拉板金具等进行绝缘遮蔽的护罩。

3.5

悬垂装置遮蔽罩 suspension set cover

用于对悬垂绝缘子、线夹、金具进行绝缘遮蔽的护罩。

3.6

线夹遮蔽罩 clamp cover

用于对线夹进行绝缘遮蔽的护罩。

3.7

棒型绝缘子遮蔽罩 post-type insulator

用于对棒型绝缘子进行绝缘遮蔽的护罩。

3.8

电杆遮蔽罩 pole cover

用于对电杆或电杆顶部进行绝缘遮蔽的护罩。

3.9

横担遮蔽罩 cross-arm cover

用于对横担进行绝缘遮蔽的护罩。

3.10

套管遮蔽罩 bushing cover

用于对套管进行绝缘遮蔽的护罩。

3.11

跌落式开关遮蔽罩 switch cover

用于对跌落式开关进行绝缘遮蔽的护罩。

3.12

遮蔽罩的保护区 electrical protective zone

对各种型式的遮蔽罩,当施加规定的试验电压时,不会发生击穿及闪络的遮蔽罩外表面区域。

3.13

绝缘遮蔽组合 cover system

由一组同一电压等级的不同类型遮蔽罩连接组合在一起,建立的一个连续扩展的绝缘遮蔽保护区域。

3.14

验证试验 proof test

在规定的试验条件下,验证试品的电气绝缘强度高于某一规定电压值的试验。

4 结构

遮蔽罩采用绝缘材料制成。如果使用表面经过加工处理(如加涂防潮涂料等)的绝缘材料,应加以说明。本标准规定了由环氧树脂材料、塑料材料、橡胶材料、聚合材料等制成的遮蔽罩的技术要求和试验方法。

5 分类

5.1 根据遮蔽罩的不同用途,可分为以下几种类型:

a) 导线遮蔽罩;

b) 针式绝缘子遮蔽罩;

c) 耐张装置遮蔽罩;

d) 悬垂装置遮蔽罩;

e) 线夹遮蔽罩;

f) 棒型绝缘子遮蔽罩;

g) 电杆遮蔽罩;

h) 横担遮蔽罩;

i) 套管遮蔽罩;

j) 跌落式开关遮蔽罩;

k) 其他遮蔽罩,可根据被遮物体专门设计。

5.2 遮蔽罩按电气性能分为 0、1、2、3、4 五级,适用于系统不同电压等级的遮蔽罩见表 1,具体说明见附录 A。

表 1 适用于不同电压等级的遮蔽罩

级别	交流电压* V
0	380
1	3 000
2	10 000(6 000)
3	20 000
4	35 000
* 在三相系统中电压指的是线电压。	

5.3 具有特殊性能的遮蔽罩分为 5 种类型，分别为 A、H、C、W、P 型，见表 2。

表 2 遮蔽罩类型

型号	特殊性能
A	耐酸
H	耐油
C	耐低温
W	耐高温
P	耐潮

6 要求

6.1 形状和尺寸

遮蔽罩的尺寸和形状应和被遮蔽对象相配合。对于以多个遮蔽罩组成的绝缘遮蔽系统，每个遮蔽罩应便于相互组装，相互连接，在其保护区域内应不出现间隙。

6.2 厚度

遮蔽罩的最小厚度不予限定，但必须通过本标准第 7 章、第 8 章所规定的试验。

6.3 操作定位装置

应在遮蔽罩上有一个操作定位装置，以便可以使用合适的工具来安装和拆卸遮蔽罩。

6.4 防脱落装置

为保证遮蔽罩不会由于风吹、导线移动等原因而从它所遮蔽的部分脱落下来，应在遮蔽罩上安装一个或几个锁定装置，闭锁部件应便于闭锁或开启，闭锁部件的闭锁和开启应能用绝缘杆来操作。

6.5 通用性

在同一绝缘遮蔽组合中，各个遮蔽罩之间相互连接的端部必须是可通用的。

6.6 工艺及成型

遮蔽罩内外表面不应存在有害的不规则性。有害的不规则性是指下列特征之一，即破坏其均匀性，损坏表面光滑轮廓的缺陷，如小孔、裂缝、局部隆起、切口、夹杂导电异物、折缝、空隙。

7 试验

7.1 一般要求

试验包括型式试验、抽样试验和例行试验。

每项试验所需试品数量、试验顺序见附录 B。

试验条件：温度 15℃～35℃，相对湿度 45%～80%，气压 86 kPa～106 kPa。

遮蔽罩在试验前应在温度为(23±2)℃、相对湿度为(50±5)%的环境中预置(2±0.5) h。

7.2 外观检查和测量

7.2.1 外形及尺寸检查

应按6.1的要求,对遮蔽罩外形进行目测检查。

7.2.2 工艺及成型检查

按6.6的要求,对成品进行目测检查,应无6.6中所指出的有害的不规则性。

7.2.3 标志检查

对标志应进行目测检查和持久性试验(标志见附录C)。

标志的持久性试验用经过肥皂水浸泡的软麻布擦15 s,然后再用酒精浸泡过的软麻布擦15 s。试验结束时标志仍应清晰。

7.2.4 包装检查

对包装应进行目测检查。

7.3 机械试验

遮蔽罩的机械试验为低温条件下的试验。试验前,对于不同类型的遮蔽罩,按以下环境条件在人工气候室中进行预处理。

a) 普通型A、H和P类遮蔽罩环境条件:温度:−25℃、相对湿度:<20%、时间:4 h;

b) C类遮蔽罩环境条件:温度:−40℃、相对湿度:<20%、时间:4 h;

c) W类遮蔽罩环境条件:温度:−10℃、相对湿度:<20%、时间:4 h。

将遮蔽罩移出人工气候室,在2 min内对其进行机械试验。如果在2 min内不能完成试验,应将遮蔽罩移入人工气候室中再放置2 h,然后取出在2 min内完成试验。重复以上程序直至完成机械试验。

试验方法参照附录D。在试验中,沿着遮蔽罩的顶部和两侧面每隔100 mm处施加一次能量为20 J的冲击力。

遮蔽罩受到冲击力作用后其凹痕直径不应大于5 mm,冲击处应无裂痕,无明显损伤,否则此遮蔽罩不合格。

7.4 模拟装配试验

试验包括模拟使用状态装配操作。试验应在试品自人工气候室取出后2 min内进行。

a) 第一阶段环境条件:温度55℃、相对湿度:93%、时间:4 h(对普通型遮蔽罩及A、H、C、W、P类遮蔽罩);

b) 第二阶段环境条件:温度70℃、相对湿度:<20%、时间:4 h(仅对W类遮蔽罩,其余类型遮蔽罩不需经过第二阶段环境条件);

c) 第三阶段环境条件:温度−25℃(对普通型及A、H、P类遮蔽罩)、温度−40℃(对C类遮蔽罩)、温度−10℃(对W类遮蔽罩)、相对湿度:<20%、时间:4 h。

试品自人工气候室取出后,观察其变形情况,然后进行装配试验。

装配操作应在与被试遮蔽罩相对应的模拟设备(如模拟导线、针式绝缘子、电杆等)上进行,根据其设计,将同一绝缘遮蔽组合的遮蔽罩装配在一起。

按照要求进行装配和拆除后,若自身和模拟设备都没有任何损伤,则试验通过。

7.5 电气试验

7.5.1 一般要求

电气试验应在温度(23±5)℃、相对湿度为45%~75%的环境中进行。

试验设备及测量系统应符合GB/T 16927.1的有关规定。试验设备应具有过流保护装置,交流峰值电压误差应小于3%,系统的测量误差应小于3%,测量仪器、仪表应每年进行一次计量校核。

7.5.2 材料的工频耐压和泄漏电流试验

从遮蔽罩平坦的部分截取长300 mm、宽77 mm的三个试样。允许试样有轻度的弯曲,但弯曲高度相对于平展平面不应超过 40 mm。试验之前，应用乙醇清洗各个试样，然后在室温下干燥 15 min。

材料的工频耐压和泄漏电流试验包括受潮前试验和受潮后试验。

a) 受潮前工频耐压和泄漏电流试验

试验布置见附录 E。测量装置与高压电极间的距离不应小于 2 m。要对测量引线、保护间隙等进行屏蔽接地。将试样固定在高度为 1 m 左右的绝缘平台上，在两电极间施加有效值为 100 kV 的工频试验电压，电压持续时间为 1 min，并记录试验中的最大泄漏电流。如果试样不足 300 mm 长时，可取实际长度作为试样长度，试验电压按下式确定：

$$U=\frac{L}{L_0}U_0 \qquad \cdots\cdots(1)$$

式中：

U_0——100 kV；

L_0——300 mm；

U——试验电压的有效值，单位为千伏(kV)；

L——试样实际长度，单位为毫米(mm)。

试验中，三个试样均应不出现闪络或击穿。试验后，试样各部分应无灼伤、无发热现象，且泄漏电流 $I_1 \leqslant 25\ \mu A$。

b) 受潮后工频耐压和泄漏电流试验

将试样放入人工气候室中进行预处理：温度：23℃、相对湿度：93%、时间：168 h。然后将试样从人工气候室中取出，按受潮前工频耐压和泄漏电流试验同样的试验方法，测量泄漏电流 I_2。

试验中，三个试样均应不出现闪络或击穿。试验后，试样各部分应无灼伤、无发热现象，且泄漏电流 $I_2 < 2I_1$，则试验通过。

7.5.3 遮蔽罩的认证试验

试验前，将遮蔽罩在水中预置(16±0.5) h，取出后用干净的软麻布擦干表面，晾干 20 min 后再进行试验，且试验应在 20 min 内完成。

7.5.3.1 试验电极

内电极是高压电极，由不锈钢金属棒(或金属管)和一翼状金属块组成，对于不同电压等级的遮蔽罩，对应的内电极金属棒(或金属管)的直径见表 3。验证试验应作两次，分别用大、小直径的内电极各作一次。

附录 F 举例给出了用于不同遮蔽罩的内电极的组装和使用：

——导线遮蔽罩(没有翼状金属块)(见图 F.1)；

——耐张装置遮蔽罩(见图 F.2)；

——针式绝缘子遮蔽罩(见图 F.3)；

——悬垂装置遮蔽罩(见图 F.4)。

表 3 遮蔽带电部件的遮蔽罩的内电极直径

级别	小电极直径 mm	大电极直径 mm
0	4.0	大电极的直径与遮蔽罩的级别无关， 可以选用下列数值 4.0 6.5 10.0 15.0 22.0 32.0 45.0
1	4.0	
2	4.0	
3	6.5	
4	10.0	

外电极是接地电极，应用电阻率较小的金属材料制成，其表面电阻应小于 100 Ω(如导电纤维、金属

箔或网眼宽度小于 2 mm 的金属网)。电极边缘应圆滑并能与遮蔽罩很好地套合,不会使外电极刺入或划伤遮蔽罩。将外电极套在遮蔽罩的外表面,其边缘距内电极的距离应满足表 4 的要求。

表 4 内外电极间距离

级别	内外电极间距离 mm
0	40
1	90
2	135
3	180
4	470

7.5.3.2 试验步骤和试验结果

要进行 A 和 B 两项试验。

验证试验(A):试验电压值从 0 开始,并以 1 000 V/s 的速率增长到表 5 的规定值,电压持续时间为 3 min,如试验中无闪络、无击穿、无明显发热,则试验通过。

验证试验(B):将验证试验 A 中的电压继续以同一速率增加至表 5 中的规定值,如果无闪络、无击穿、则试验通过。在试验电压到达规定值后,应迅速将电压值降为规定值的一半以下,然后关闭电源。

表 5 试验电压(A)和(B)

级别	试验电压(A) kV	试验电压(B) kV
0	5	10
1	10	15
2	20	30
3	30	45
4	50	*
* 尚在研究中。		

7.5.4 组合装配电气试验

将两件试品按要求进行装配组合,每一件试品均应通过 7.5.3 的电气性能试验。在进行组合装配试验时,试验电压施加在整个组合装配试件上,包括接合部件在内,并按 7.5.3.1 来选定内外电极。

7.6 耐臭氧试验

0 级遮蔽罩不需进行此项试验。

耐臭氧试验可采用以下两种方法之一进行试验。若存在争议时,采用方法 A 进行试验。

7.6.1 方法 A

从 Z 类遮蔽罩上切取 300 mm×77 mm 试品一件,将其置于温度为(40±2)℃的恒温箱中(8±0.5) h。恒温箱中臭氧浓度在标准大气压下(101.3 kPa)为(1±0.01) mg/m^3。取出后进行外观检查时,试品应无裂痕。

7.6.2 方法 B

参照 7.5.3,将遮蔽罩安装在一个大直径的内电极上,外电极接地,在内电极上施加电压 1 h。试验电压为表 5 中试验 A 电压的 80%,加压后进行外观检查,若试品无明显裂痕则试验通过。

8 特殊性能试验

在表 2 中列出的具有特殊性能的遮蔽罩,除应满足第 7 章中的试验要求外,还应通过以下特殊试验。

8.1 **C类遮蔽罩——耐低温试验**

对C类遮蔽罩应进行低温试验。

将试品在温度为(−40±3)℃的空气中放置4 h后,参照7.3、7.4试验方法,分别对试品进行机械试验和模拟装配试验。

8.2 **W类遮蔽罩——高温试验**

对W类遮蔽罩应进行高温试验。

将试品在温度为(70±3)℃、相对湿度为93%的空气中放置4 h后,参照7.3、7.4试验方法,分别对试品进行机械试验和模拟装配试验。

8.3 **A类遮蔽罩——耐酸试验**

对A类遮蔽罩应进行耐酸试验。试验方法目前正在研究中,暂不做此项试验。

8.4 **H类遮蔽罩——耐油试验**

对H类遮蔽罩应进行耐油试验。试验方法目前正在研究中,暂不做此项试验。

8.5 **P类遮蔽罩——受潮试验**

对P类遮蔽罩应进行受潮试验。

试品按照以下要求进行预处理:

试品在淋雨状态下至少预湿15 min。

——平均降雨量为1.0 mm/min~1.5 mm/min;

——换算到10℃时的水电阻率为(100±15) Ω·m。

然后进行7.5.3中的验证试验。

9 检验规则

9.1 型式试验

在下列情况下,应对产品进行型式试验:

a) 新产品投产前的定型鉴定;

b) 产品的结构、材料或制造工艺有较大改变,影响到产品的主要性能;

c) 原型式试验已超过5年。

型式试验按附录B的表B.1所规定的试验项目进行。试验次序及各项试验所需试品数量参见各试验。

项目的具体要求,试验结果应满足本标准中各项技术要求。

9.2 抽样试验

抽样试验按附录B的表B.1所规定的试验项目进行,按照买方与生产厂家的协议,抽样试验也可以增做试验项目。

抽样试验的样品数量参见各试验项目的具体要求,抽样试验的缺陷判别见附录G。

9.3 出厂检验

出厂检验项目按附录B的表B.1中的例行试验项目进行,生产厂家也可以根据用户要求,双方协商后增加项目。

9.4 验收试验

见附录H。

10 包装、运输及保管

10.1 产品应放在专用包装袋(箱)内,包装袋(箱)外部应标明:

a) 商标、制造厂名称、厂址;

b） 产品名称；

c） 须有防潮、防高温、防雨淋等标志；

d） 出厂日期。

10.2 内包装袋可采用密封塑料袋，密封塑料袋内必须装有合格证，合格证上必须标明：

a） 制造厂名称、厂址；

b） 产品规格、型号；

c） 检验员印记；

d） 技术检验部门印记；

e） 生产批号或生产班组；

f） 制造日期。

10.3 产品运输中应防止受潮、淋雨、暴晒等，内包装运输袋可采用塑料袋，外包装运输袋可采用帆布袋或专用皮（帆布）箱。

10.4 产品应放在满足 GB/T 18037 规定的带电作业工具房内，应放在干燥、通风、避免阳光直晒、无腐蚀及有害物质的位置，并与热源保持 1 m 以上的距离。

10.5 使用指南见附录 I。

附 录 A
（规范性附录）
遮蔽罩的最大使用电压

表 A.1 列出了每一级的遮蔽罩的最大使用电压。

表 A.1 最大使用电压(在干燥条件下)

级别	交流电压 r.m.s V
0	380
1	3 000
2	10 000(6 000)
3	20 000
4	35 000

最大使用电压为被遮蔽设备的交流电压(有效值)的额定值,它指定了带电设备运行的最大标称电压。

在多相电路中,标称电压为线电压。

在单相电路中,标称电压为相对地电压。

在中性点接地的星形回路(星形接地)中,如果带电导线和带电装置被绝缘或被隔离开,或既绝缘又被隔离,工作区域内没有多相的裸露,那么可以将相与地间的电压作为标称电压。

附 录 B
（规范性附录）
试验项目及程序

表B.1中的数字指的是试验的操作顺序

表 B.1 试验项目及顺序

试验项目	标准条文	型式试验		例行试验	抽样试验
		第1组1个罩	第2组3个罩		
目测检查					
形状和尺寸	7.2.1	1	1	1	
工艺和表面加工	7.2.2	2	2	2	
标志	7.2.3	3	3	3	
机械性能试验					
低温下的机械性能试验	7.3		5[b]		1
模拟装配试验	7.4		6[c]		2
绝缘强度试验					
材料的绝缘强度试验	7.5.2	4[a]			
认证试验	7.5.3		7	4	3
组合装配电气试验	7.5.4		8		
耐臭氧试验	7.6	5[d]	4[d]		
特殊性能	8				

a 在7.5.2的试验中所用的三个样品可从同一个遮蔽罩上取下，也可从多个遮蔽罩上取下。

b C类和W类遮蔽罩进行7.3试验时条件改变。

c C类和W类遮蔽罩进行7.4试验时条件改变。

d 试验方法(A或B)的顺序为5(第1组)或4(第2组)。

已做过型式试验或抽样试验的试品不能重复进行试验。

附 录 C
(规范性附录)
标志符号

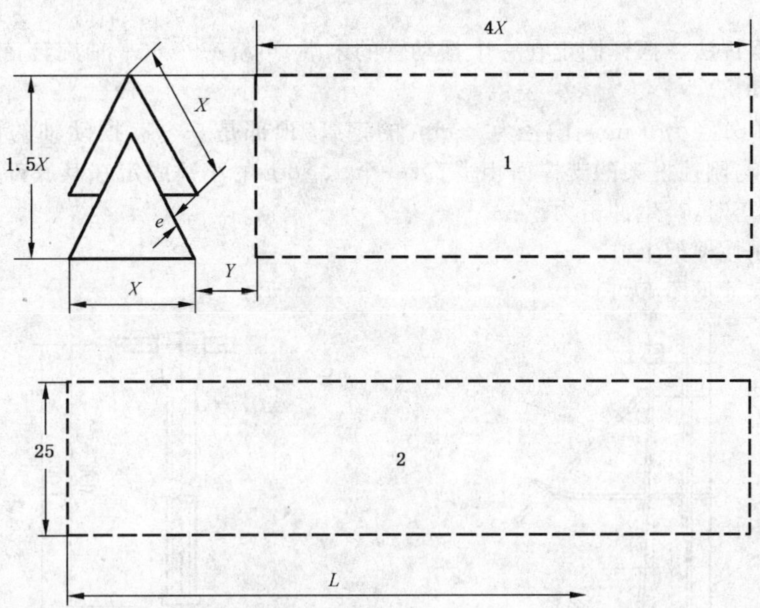

注 1：制造厂名、商标、型号及制造日期等信息在“1”中标明；

注 2：检验周期和检测日期在“2”中标明；

注 3：X——可以是 16、25 或 40，$Y=X/2$，单位为 mm；

注 4：e——线条的宽度，为 2 mm；

注 5：根据需要确定长度 L。

图 C.1 标志符号

附 录 D
（规范性附录）
机械冲击试验

摆锤法：

机械试验采用摆锤法。摆锤固定在一个摆动臂的末端，可绕一个水平轴旋转，锤子由于重力的作用而在垂直平面内摆动。

锤子的臂是一根外径为 9 mm、内径为 8 mm 的钢管，顶部是一个有摆动轴的设备，它可以调整撞击，摆锤的轴线总是与刚性框架的支撑面相垂直；一个 1.5 kg 的小锤固定在其底部，且有 1 m 的旋转半径，当锤子从高处下落时，产生冲击力。

遮蔽罩固定在刚性框架上。

试验装配图和尺寸见图 D.1。

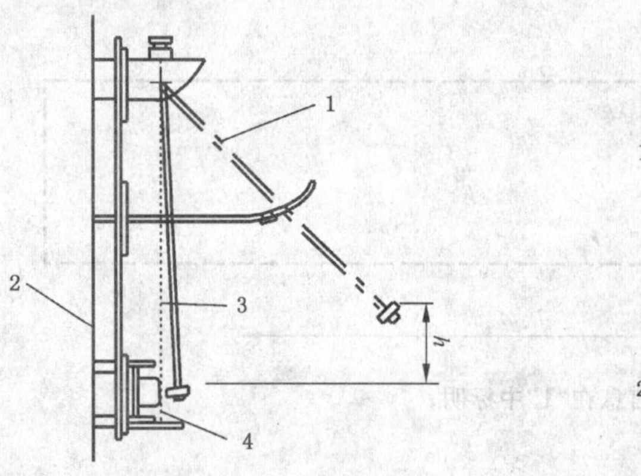

1——可调摆动轴；
2——框架；
3——垂直平面；
4——试品；
h——落下高度。

a） 侧视图

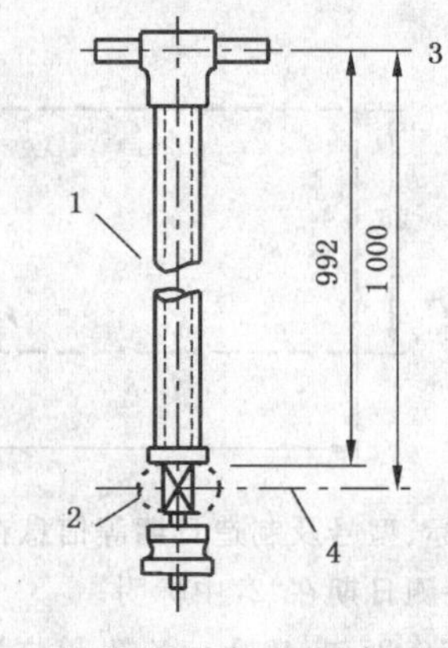

1——钢管外径 $\phi 9$ 内径 $\phi 8$；
2——锤子；
3——摆动轴；
4——锤轴。

b） 正视图

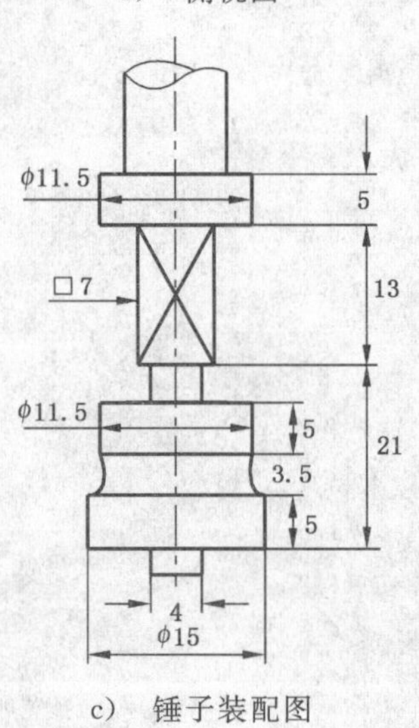

c） 锤子装配图

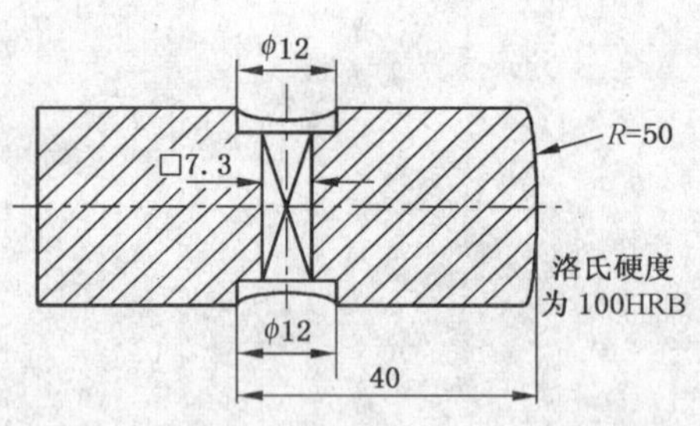

d） 摆锤尺寸

图 D.1 冲击试验摆锤法

附　录　E
（规范性附录）
试验回路、电极及支架

E.1　试验回路

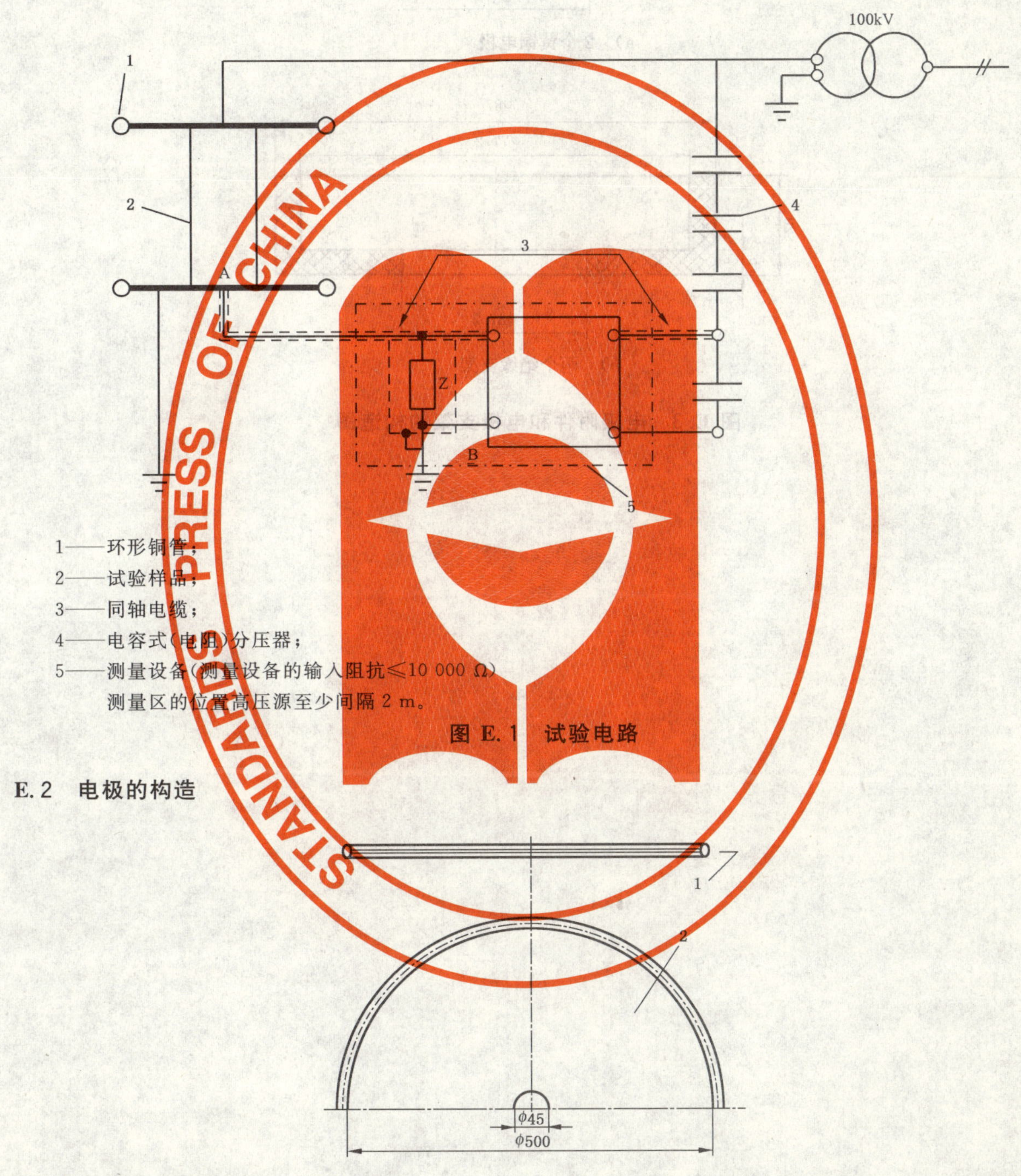

1——环形铜管；

2——试验样品；

3——同轴电缆；

4——电容式(电阻)分压器；

5——测量设备(测量设备的输入阻抗≤10 000 Ω)

测量区的位置高压源至少间隔 2 m。

图 E.1　试验电路

E.2　电极的构造

1——焊接到黄铜极板上的 ϕ12 的铜管；

2——黄铜板的厚度为 1.5 mm。

图 E.2　电极的构造图

E.3 电极附件和电极支架

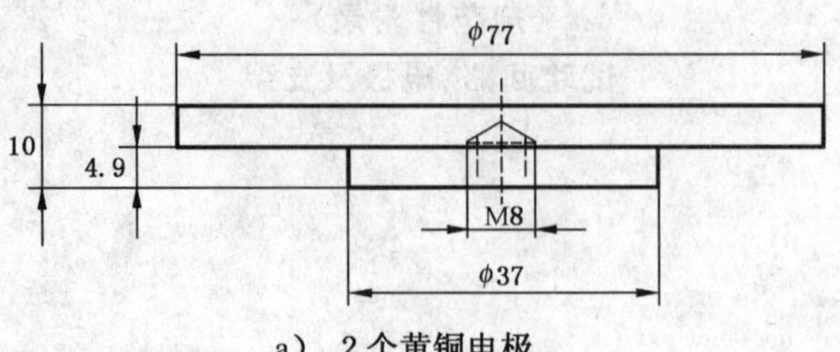

a） 2个黄铜电极

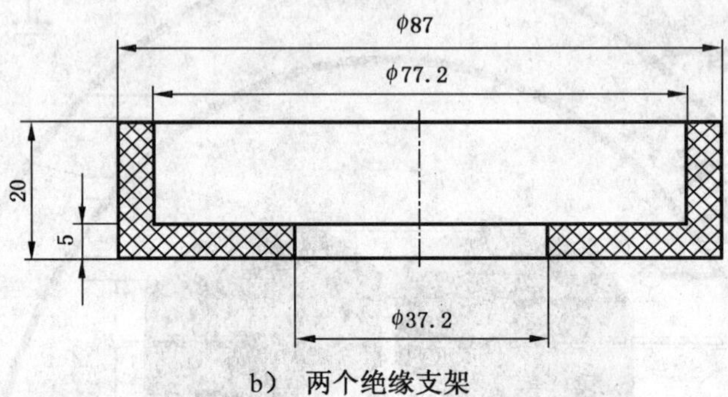

b） 两个绝缘支架

图 E.3 电极附件和电极支架的构造图

附 录 F
（规范性附录）
遮蔽罩的内电极与试验布置

F.1 概述

本附录中所定义的电极应由不锈钢制成。

电极表面及边缘应加工光滑，其边缘曲率半径为(1±0.5) mm。

本附录所标注尺寸单位为 mm。

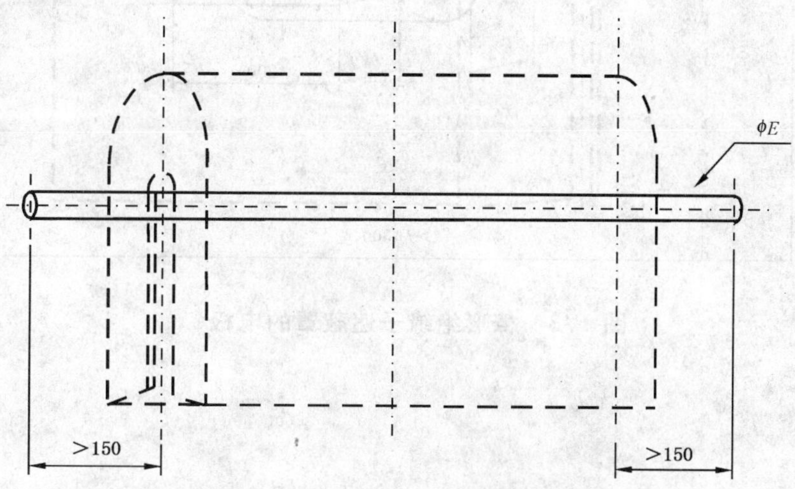

图 F.1 硬质导线遮蔽罩的电极

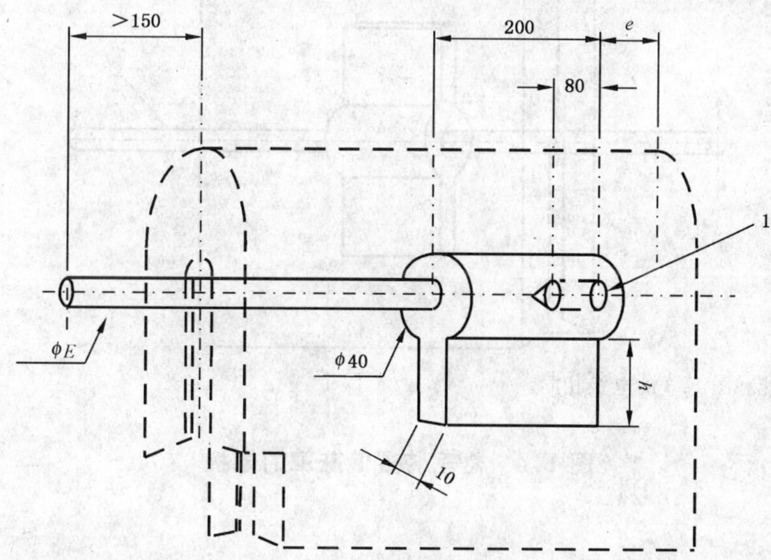

1——螺纹孔，用 φ15 的绝缘杆来支撑电极。

注：图中所提到的尺寸“e”和尺寸“h”的值由下面的两个公式确定：

$e=80\times(C+1)$

$h=40\times(C+1)$

e 和 h 的单位为 mm，C 为遮蔽罩等级数。

图 F.2 耐张装置遮蔽罩的电极

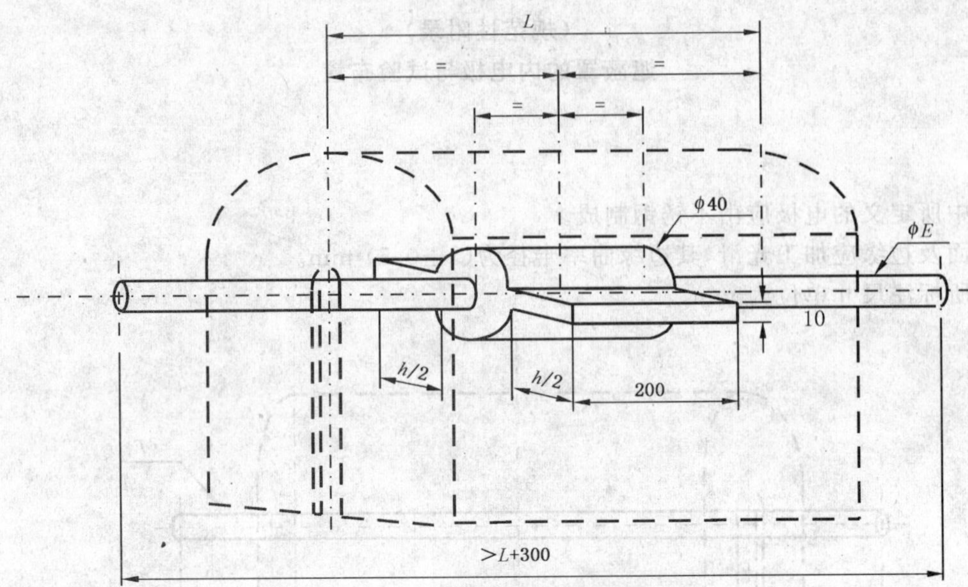

图 F.3 棒形绝缘子遮蔽罩的电极

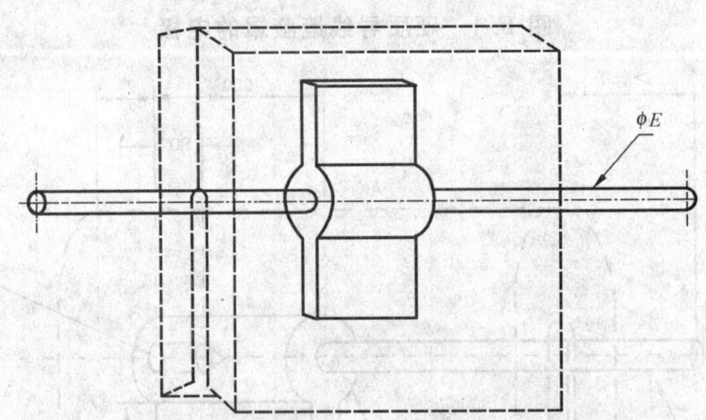

注：这一电极的性能和图 F.3 的电极相同。

图 F.4 悬垂装置遮蔽罩的电极

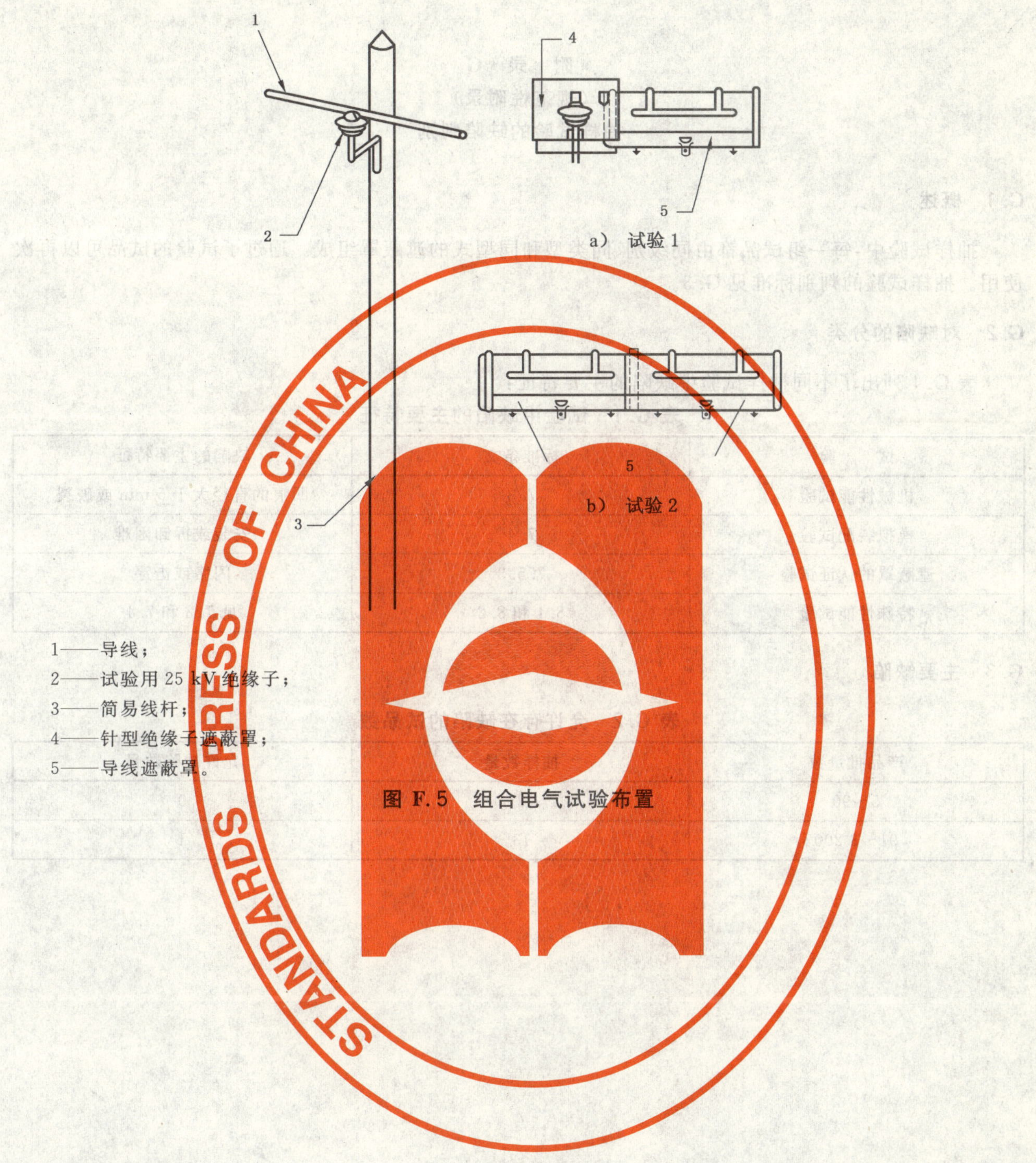

1——导线；

2——试验用 25 kV 绝缘子；

3——简易线杆；

4——针型绝缘子遮蔽罩；

5——导线遮蔽罩。

图 F.5 组合电气试验布置

附 录 G
（规范性附录）
抽样试验的缺陷判别

G.1 概述

抽样试验中，每一组试品都由同级别、同类型和同型式的遮蔽罩组成。通过了试验的试品可以再次使用。抽样试验的判别标准见 G.3。

G.2 对缺陷的分类

表 G.1 列出了不同抽样试验中缺陷的主要特征：

表 G.1 试验中缺陷的主要特征

试 验	标准条文	缺陷的主要特征
机械性能试验	7.3	凹痕的直径大于 5 mm 或破裂
模拟装配试验	7.4	安装或拆卸困难
遮蔽罩的认证试验	7.5.3	闪络或击穿
特殊性能试验	8.1 和 8.2	见 7.3 和 7.4

G.3 主要缺陷

表 G.2 允许存在缺陷的试品数

产品批量数	抽样数量	允许缺陷数量
5～90	3	0
91～3 200	13	1

附 录 H
（规范性附录）
验收试验

例行试验时每件试品都要进行试验，抽样试验时只在试品中抽样进行试验。

如果用户指明遮蔽罩只需达到这一标准的要求即可，那么只需对遮蔽罩进行验收试验（包括例行试验和抽样试验）。

经双方协商，可进行附加试验或者改变抽样试品数量。例如，用户可以要求对操作闭锁装置进行附加的机械性能试验。

经双方协商，用户可对试验进行监督，或只由厂家提供试验结果。用户也可以要求在他指定的试验室中进行试验。

附 录 I
（规范性附录）
使 用 指 南

以下是关于遮蔽罩贮藏、维护、检查和测试的使用指南。

I.1 储藏

储藏时要防止挤压遮蔽罩，禁止贮藏在蒸汽管、散热管或其他人造热源及臭氧源附近。禁止贮藏在阳光、灯光或其他光源直射的条件下。

I.2 使用前的测试

在使用前，要对每个遮蔽罩内外表面（包括切痕和小孔）都进行外观检查和清洁。必要时，可用纱布清洁遮蔽罩表面。应对定位装置和闭锁装置进行检测。如果发现遮蔽罩存在可能影响安全性能的缺陷，应禁止使用，并应对该遮蔽罩进行试验。

I.3 温度

当环境温度为－25℃～＋55℃时，建议使用普通遮蔽罩；当环境温度为－40℃～＋55℃时，建议使用P类遮蔽罩；当环境温度为－10℃～＋70℃时，建议使用W类遮蔽罩。

I.4 预防性试验

遮蔽罩6个月内应进行一次预防性试验，不允许使用超过试验有效期的遮蔽罩（哪怕一直贮藏不曾使用），若超过有效期，则必须经再次试验后才能使用。

试验包括：外观检查（见7.1）、电气试验（见7.5.3）。对0级遮蔽罩仅需进行外观检查。

ICS 33.100
L 06

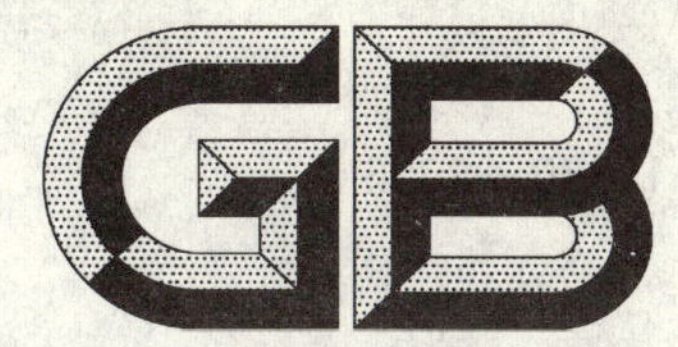

中华人民共和国国家标准

GB/T 12190—2006
代替 GB/T 12190—1990

电磁屏蔽室屏蔽效能的测量方法

Method for measuring the shielding effectiveness of electromagnetic shielding enclosures

2006-03-06 发布 2006-11-01 实施

中华人民共和国国家质量监督检验检疫总局
中国国家标准化管理委员会 发布

前 言

本标准自实施之日起代替 GB/T 12190—1990《高性能屏蔽室屏蔽效能的测量方法》。

本标准与 GB/T 12190—1990 相比,主要变化如下:

——标准的编号和名称由 GB/T 12190—1990《高性能屏蔽室屏蔽效能的测量方法》改为 GB/T 12190—2006《电磁屏蔽室屏蔽效能的测量方法》;

——适用的最小屏蔽室尺寸从“1.5 m”改为“2.0 m”;

——适用的频率范围从“100 Hz～12.4 GHz”改为“50 Hz～100 GHz”;

——规范性引用文件中的引用文件改为“GB/T 4365—2003 电工术语 电磁兼容”;

——增加了“动态范围”等五个术语;

——“低频段(9 kHz～20 MHz)、谐振频段(20 MHz～300 MHz)和高频段(300 MHz～18 GHz)”取代了“频段Ⅰ(100 Hz～20 MHz)、频段Ⅱ(300 MHz～1 000 MHz)和频段Ⅲ(1.7 GHz～12.4 GHz)”;

——取消了平均屏蔽效能的内容;

——增加了测试频点;

——取消了优先大环测试和备用大环测试;

——用小环法测试时,增加了在门的四个角的测试和双扇门的测试;

——增加了在谐振频段的测量方法;

——在高频段 300 MHz～18 GHz,发射天线可以用偶极子天线、双锥天线、对数周期天线、喇叭天线或其他线性天线,而 1990 版本只能用偶极子天线(300 MHz～1 000 MHz)和波导天线(1.7 GHz～12.4 GHz)。在高频段,增加了 0.96 GHz～1.46 GHz、1.12 GHz～1.7 GHz 频段喇叭天线的尺寸;

——1 GHz 以上接收天线的布置不同;

——取消了多层板结构屏蔽室需要检查与双层间距尺寸有关的谐振特性测试。

本标准的附录 A、附录 B、附录 C、附录 D、附录 E 为资料性附录。

本标准由全国无线电干扰标准化技术委员会归口。

本标准由信息产业部电子工业标准化研究所、东南大学负责起草。

本标准主要起草人:陈世钢、蒋全兴、张戈、赵磊、周忠元。

本标准于 1990 年首次发布。

电磁屏蔽室屏蔽效能的测量方法

1 范围

本标准规定了各边尺寸不小于2.0 m的电磁屏蔽室屏蔽效能的测量和计算方法。测试频率范围为9 kHz～18 GHz。根据需要，频率向两端可以扩展到50 Hz和100 GHz。

如果屏蔽室用于全电波暗室或半电波暗室，则屏蔽效能的测试应在吸波材料安装以前进行。

2 规范性引用文件

下列文件中的条款通过本标准的引用而成为本标准的条款。凡是注日期的引用文件，其随后所有的修改单(不包括勘误的内容)或修订版均不适用于本标准，然而，鼓励根据本标准达成协议的各方研究是否可使用这些文件的最新版本。凡是不注日期的引用文件，其最新版本适用于本标准。

GB/T 4365—2003　电工术语　电磁兼容(idt IEC 60050(161):1990)

3 术语和定义

GB/T 4365—2003确立的以及下列术语和定义适用于本标准。

3.1

动态范围(DR)　dynamic range (DR)

接收系统工作于线性区(参见第B.6章)的幅度范围。如果信号幅度的单位用分贝表示，则动态范围等于最大信号值与最小信号值的差值。对于屏蔽效能测量，动态范围主要取决于参考电平值与噪声电平之差。应按本标准4.4规定的方法对动态范围进行验证。它表示用那些特定设备和设置在该频点可测的最大屏蔽效能。

3.2

屏蔽室　shielding enclosure

使内部不受外界电、磁场的影响或使外部不受其内部电、磁场影响的一种结构。它通常由金属材料建成，在金属板接缝和门等处采取一定的措施以保证连续的电连接。高性能的屏蔽室在不同频率可以将电、磁场抑制一到七个数量级。

3.3

屏蔽效能(SE)　shielding effectiveness (SE)

没有屏蔽体时接收到的信号值与在屏蔽体内接收到的信号值的比值，即发射天线与接收天线之间存在屏蔽体以后所造成的插入损耗。

3.4

本地源　local source

距离屏蔽室非常近的、电磁能量只照射在屏蔽室表面局部区域的发射源。

3.5

所有者　owner

提出最终屏蔽要求并将使用屏蔽室的个人、公司或组织。

3.6

测试机构　testing agency

完成测试并出具报告的机构。

4 初测程序

4.1 准备

在正式测试开始之前,需要先测试参考电平和动态范围。

4.2 测试计划

测量前应制定测试计划并得到屏蔽室的所有者或所有者代表的同意。测试时,应依照计划进行。测试计划应包括实际测试频点、判定准则、测试部位和推荐使用的仪器清单。

4.3 校准

在测试开始前,任何能影响屏蔽效能测量结果的仪器都必须经过校准。应提供可溯源到国家标准的、并在设备校准周期内的最新校准日期。

4.4 参考电平和动态范围

参考电平应按低频(磁场)、谐振频率、高频(平面波)测试条款中的描述确定。测试布置改变时应重新确定参考电平。在每个频率测试结束后应重新测量参考电平。如果该测量值与先前的参考电平值发生了±3 dB 以上的变化,则应重新测试。

应保证每个测试配置都有合适的动态范围,这可用以下的方法确定:用相关发射设备激励接收设备,证明设备对测试时所有可能遇到的各种发射、接收电平都仍保持在线性校准状态。在接收系统中,用校准过的衰减器改变接收机的输入,如果两者变化的分贝数相同,则表示系统工作在校准(线性)状态。这种验证在每个测试频点至少都应进行一次。

动态范围至少应比被测屏蔽室的屏蔽效能大 6 dB。最好在测量参考电平时确定动态范围。并尽量降低周围环境(如墙,建筑物)的影响。

4.5 屏蔽的预先检查程序

参见附录 E。

4.6 警告

发射源应该由有经验的测试人员操作。

在依照本标准进行测试的过程中,应保护有关人员不会受到射频辐射的伤害,并避免对测试现场附近其他电子设备造成干扰。

5 详细的测量方法

5.1 背景

本章详细规定了屏蔽效能的测量方法。本标准只规定测量方法,不规定具体的测试频点和屏蔽效能最小值的要求。测试频点和屏蔽效能最小值的要求由所有者决定。

本标准只推荐典型的测量频率供所有者参考。在典型测量频点上的测试结果可以代表 9 kHz～18 GHz 的屏蔽效能。

详细的测量方法将测试频段分为低频段、谐振频段和高频段。在不同的频段上需使用不同的设备和测试方法。

5.2 推荐的典型测量频率

推荐的典型测量频率见表 1,测试频点应由所有者来选择。

表 1 推荐的典型测量频率

典型频率		天线类型	章条号
低频段[a]	9 kHz～16 kHz	小环天线	5.6
	140 kHz～160 kHz	小环天线	5.6
	14 MHz～16 MHz	小环天线	5.6

表 1（续）

典型频率		天线类型	章条号
谐振频段[a]	20 MHz～100 MHz	双锥天线	5.7
	100 MHz～300 MHz	偶极子天线	5.7
高频段[b]	0.3 GHz～0.6 GHz	偶极子天线	5.8
	0.6 GHz～1.0 GHz	偶极子天线	5.8
	1.0 GHz～2.0 GHz	喇叭天线	5.8
	2.0 GHz～4.0 GHz	喇叭天线	5.8
	4.0 GHz～8.0 GHz	喇叭天线	5.8
	8.0 GHz～18 GHz	喇叭天线	5.8

a 实际测试频点以测试计划为准。

b 推荐在每一频段选择一个频点，但实际测试频点以测试计划为准。

测试频段可以向高端或低端扩展。表 2 为包含扩展范围的典型测量频率范围。

表 2 扩展范围的典型测量频率范围

频率范围	天线类型	章条号
50 Hz～110 Hz	小环天线	5.6
0.9 kHz～1.1 kHz	小环天线	5.6
35 GHz～45 GHz	喇叭天线	5.8
90 GHz～100 GHz	喇叭天线	5.8

5.3 判定准则

最低可接受的通过/不通过判定准则由所有者确定。

5.4 屏蔽效能的计算

屏蔽效能的计算公式见表 3 和附录 B。

表 3 屏蔽效能的数学表达式

频率范围	测量值	单位	屏蔽效能[a]/dB
线性单位			
9 kHz～20 MHz (可向下扩展到 50 Hz)	H_1, H_2	μA/m μT	$S_H = 20\lg \frac{H_1}{H_2}$
	V_1, V_2	μV	$S_H = 20\lg \frac{V_1}{V_2}$
20 MHz～300 MHz	E_1, E_2	μV/m	$S_E = 20\lg \frac{E_1}{E_2}$
1.7 GHz～18 GHz (可向上扩展到 100 GHz)	P_1, P_2	W	$S_p = 10\lg \frac{P_1}{P_2}$
对数单位			
上栏内所有频段	上栏中的各个测量值，用 dB 表示	dB	$SE = E_1 - E_2$ $SE = H_1 - H_2$ $SE = V_1 - V_2$ $SE = P_1 - P_2$

a 参见附录 B。

5.5 准备过程

在正式测试开始前，应确认测试仪器符合 4.3 的校准要求；参考电平和动态范围应按 4.4 确定。

5.6 低频段测量(9 kHz～20 MHz)

在低频段，使用具有静电屏蔽的小环来评价屏蔽室对附近磁场源的屏蔽效能。

5.6.1 频率范围和频段

推荐在以下三个频段内各选择一个频点进行测试：9 kHz～16 kHz、140 kHz～160 kHz 和 14 MHz～16 MHz。实际的测试频点应由所有者来决定。

当频率向低端扩展到 50 Hz 时，小环法同样适用。在较低频率，可能需要使用不同的设备以获得足够的动态范围。例如，可以增加接收环天线和/或发射环天线的匝数。

5.6.2 测量设备和布置

信号源、测量设备和布置应满足本条和图 1 的要求。

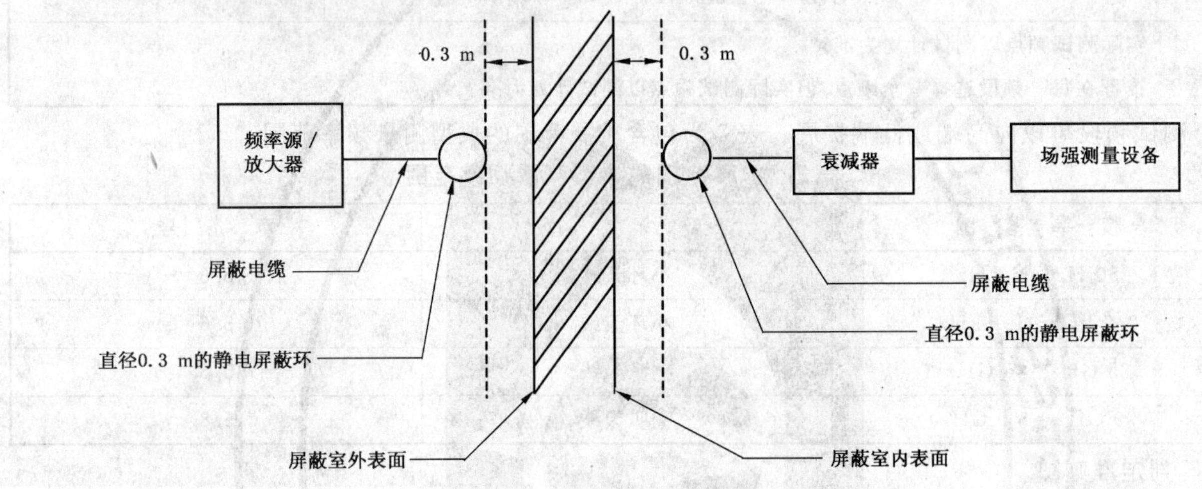

图 1 磁场测试配置示意图

5.6.2.1 磁场源

磁场由直径为 0.3 m 的静电屏蔽环中的电流来产生。如果使用阻抗匹配装置，普通的信号发生器加上放大器就可提供所需的环电流。

5.6.2.2 接收天线

接收天线是连接到场强仪、频谱分析仪或类似设备的直径为 0.3 m 的静电屏蔽环。

5.6.3 初测

在测量屏蔽室性能之前应该考虑到高磁导率铁磁性屏蔽室的非线性特性(参见附录 C)。

5.6.3.1 屏蔽缺陷

因为在 14 MHz～16 MHz 频率范围内容易发现屏蔽缺陷，所以极力推荐在该频率范围内进行磁场测试，并确定有问题的区域。

5.6.4 参考场强的测量

在没有屏蔽室时，将接收环天线与发射环天线相距：0.6 m 与屏蔽室壁厚度之和(这是实际测量时两个环天线间的真实距离)；并且使两个环天线处于同一平面(共面法)。此时测得的场强即为参考场强。

与此同时，按 4.4 和 5.6.3 确定动态范围是否合适。

5.6.5 测量方法

5.6.5.1 设备的布置和设置

测试布置如图 1 和图 2 所示。发射环与接收环离屏蔽室壁的距离均为 0.3 m，两者应共面并垂直于屏蔽墙、天花板或其他待测平面。在每一个频点和测试位置，信号源的输出值为5.6.4中测量参考场强值时的输出值。

在测试过程中，通常使发射环天线固定不动，而将接收环天线升高或降低(至少在共平面上移动接缝总长的1/4)，以保证测得最坏的情况。应使用检测仪器的最大读数来确定屏蔽效能。在寻找最坏的情况时允许发射环和接收环近似共面，但最终测量时应保证两者共面。

5.6.5.2　**测量位置**

对单扇门，应在图2 a)和图2 b)所示的14个位置上进行小环测试。环面应垂直于门缝。对于水平门缝，要求环位于拐角和门缝的中间；对垂直门缝，要求环分别位于拐角、距门顶部和门底部的1/3处。垂直接缝的上端和下端应按图2 b)进行测试。

对多扇门，上述的测试位置分别应用于每扇门，见图2 b)和图2 c)。

对尺寸超过1.5 m×2.5 m的门，应再增加一些测试位置以保证两个测量点间距不超过1 m。

采用板材构件的屏蔽室，其接缝区域的电性能是不均匀的。不连续区域是指用铆接、螺接、钎焊或熔焊连接的部位。不连续处的测试方法与门的测试方法基本相同，只是这时不论水平还是垂直接缝，环的中心都应位于每一接缝的中点(见图2 d))。

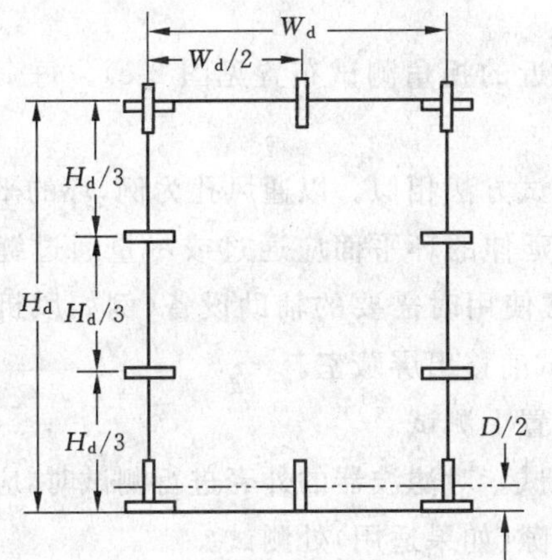

a) 单扇门的测量

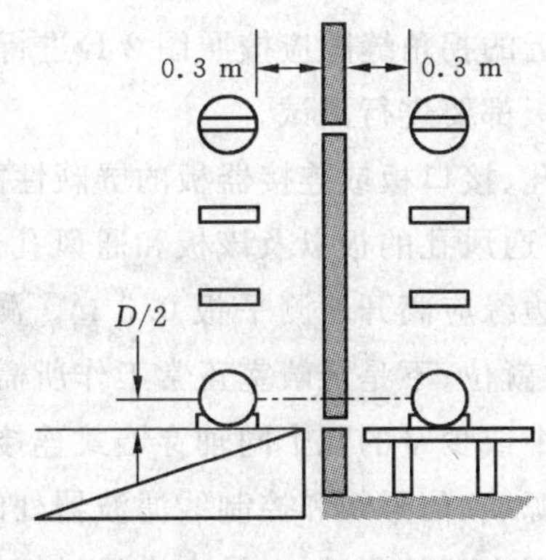

b) 门的测量

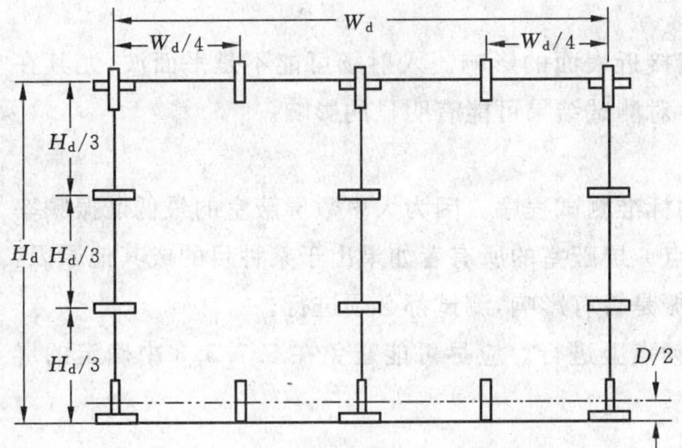

c) 双扇门的测量

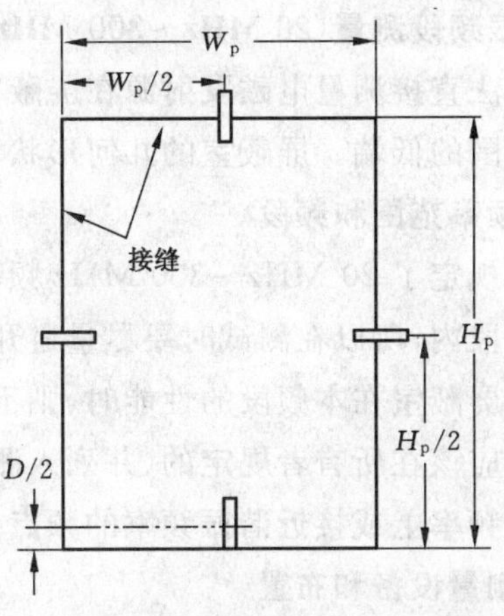

d) 接缝的测量

图2　低频测试中环天线的标准位置

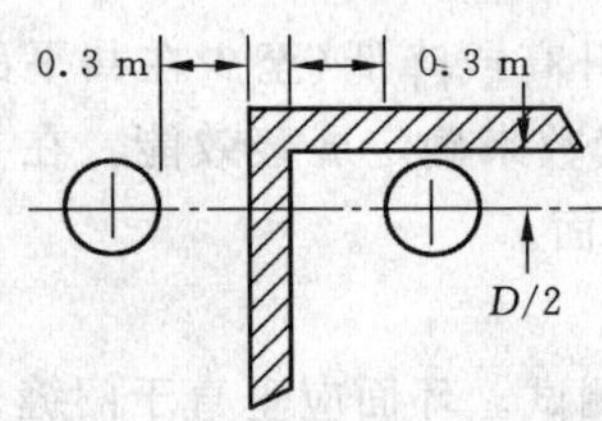

e) 拐角接缝局部可接近时的测量

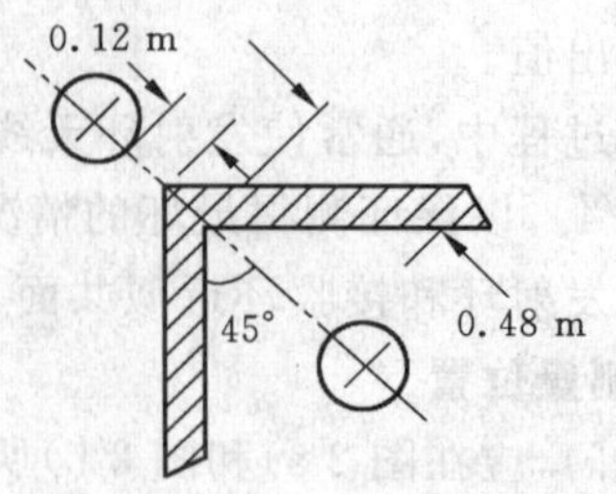

f) 拐角接缝完全可接近时的测量

注：D 为环天线的直径。

图 2（续）

如果从外观上看不到构件板缝的位置，应借助结构的设计图纸或其他文件来试着确定接缝的位置或板材的尺寸。如果插入的非屏蔽材料离屏蔽壁足够近，仍能满足环天线和屏蔽室之间规定的耦合距离，则图 2 所示的测试位置应尽量用于可接近的区域。

可接近的拐角缝隙应按照图 2 f)进行测试，不能完全接近的拐角测试布置见图 2 e)。每个可以接近的构件板都要进行测试。

通风孔、接口板或连接器板的屏蔽性能测试与接缝的测试方法相似。以通风孔为例，环的平面应垂直于：装有通风孔的板以及该板和通风孔所形成的各接缝，延伸的环平面应通过或尽量通过缝的中心点。环的边缘应离开所测平板 0.3 m。测试时，屏蔽室正常使用时需要的辅助设备（例如风机或风扇等）应正常就位；不是屏蔽室正常工作所需的部分则应在测试前移出屏蔽室。

对单个或少量的几个同轴穿墙式连接器，只需在一个位置上测试。

在电源线、信号线和控制线滤波器处的屏蔽性能也要测试。对滤波器的外壳进行测试时，应在每个滤波器的穿入点处测试，以及在未经过钎焊或熔焊处理的缝隙（如果适用）处测试。

5.6.6 低频段屏蔽效能的计算

如果测量值用线性单位表示，则屏蔽效能按照公式（B.1）和公式（B.2）计算；如果使用对数单位，则屏蔽效能按照公式（B.5 b）和公式（B.5 c）计算。

5.7 谐振频段测量（20 MHz～300 MHz）

本方法直接测量电磁发射源在屏蔽室所有可以接近表面的影响。入射场可能不是平面波，尤其在该频率范围的低端。屏蔽室的几何形状和物理尺寸对测试结果可能有明显的影响。

5.7.1 频率范围和频段

本条规定了 20 MHz～300 MHz 频率范围内的标准测试程序。因为大多数屏蔽室的最低谐振频率都在该频段内，所以在测试时要尽量避开这些频率点。屏蔽室的所有者如果出于某种目的或其他原因，要求获得屏蔽室在本频段的性能时，则不管潜在谐振是否有影响，测试都必须进行。

测试应该在所有者规定的、并列入测试计划的频点上进行。应尽可能避免在 5.7.5.3 中确定的屏蔽室谐振频率上或接近谐振频率的频点上进行测试。

5.7.2 测量设备和布置

信号源、测量设备和布置见 5.7.2.1～5.7.2.3 及图 3、图 4。

5.7.2.1 电磁场源

在 20 MHz～100 MHz 频率范围内，给双锥天线施加功率激励电磁场；在高于 100 MHz 时，给半波偶极子天线施加功率激励电磁场。加给天线的功率应足够大以产生所需的测量动态范围。

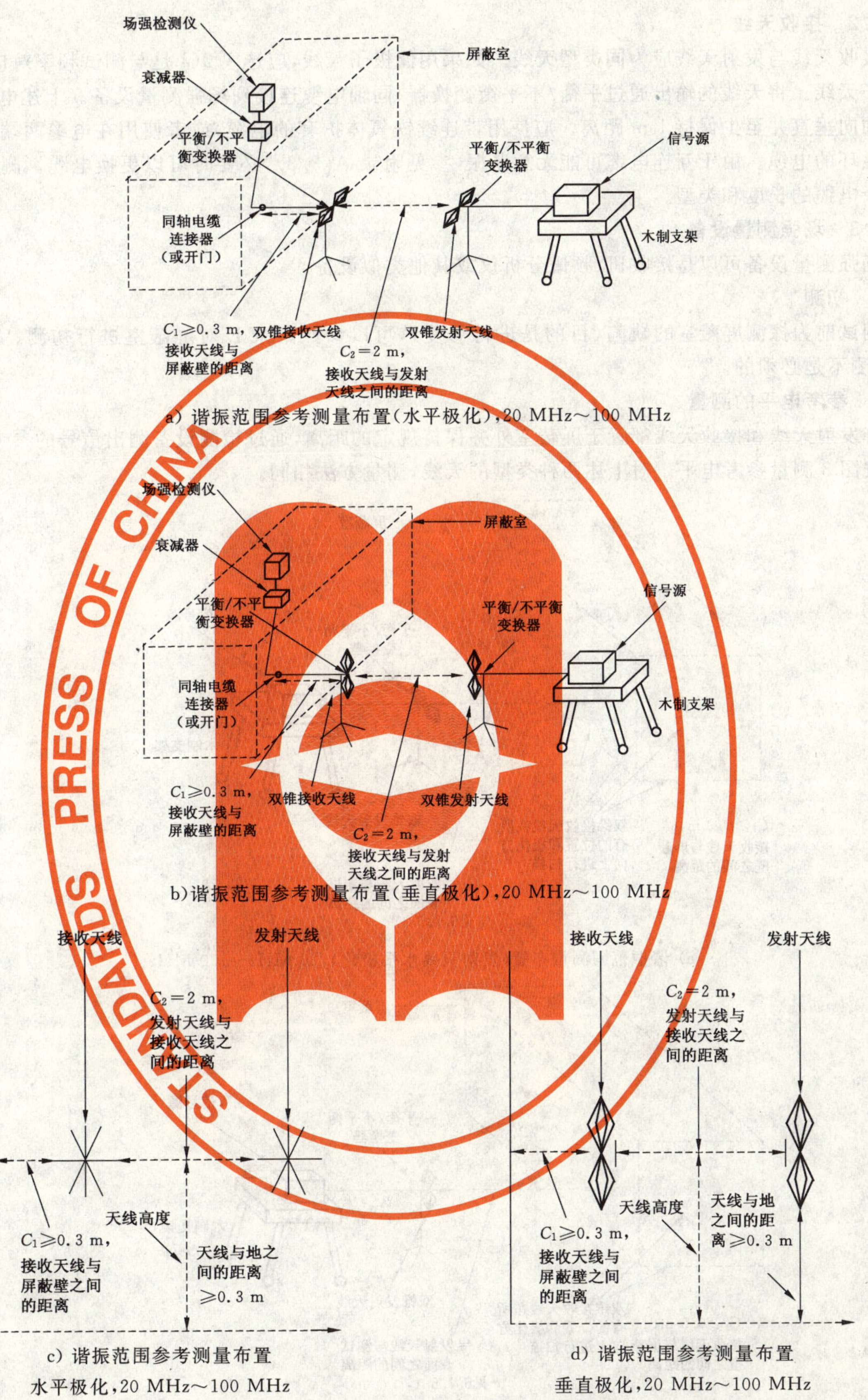

c）谐振范围参考测量布置
水平极化，20 MHz～100 MHz

d）谐振范围参考测量布置
垂直极化，20 MHz～100 MHz

图3 谐振范围参考电平测试配置示意图

5.7.2.2 接收天线

接收天线与发射天线应为同类型天线。如果用偶极子天线，应选 $\lambda/2$(λ 是与测试频率对应的波长)偶极子天线。将天线的输出通过平衡/不平衡变换器、同轴电缆连接到场强测量设备。上述电缆应与天线的轴向垂直并至少保持 1 m 距离。应使用带连续铁氧体护套的电缆，或者使用在电缆两端和中间都套有磁环的电缆。由于互连电缆可能无意谐振(参见附录 A.3.3)，必要时可以更换电缆。测量结果中应记录电缆的长度和类型。

5.7.2.3 场强测量设备

场强测量设备可以是接收机、频谱分析仪或其他类似设备。

5.7.3 初测

测试前为探测屏蔽室的缺陷(目的是进行修复)，可以参照附录 E 对屏蔽室进行初测。在本标准中，初测不是必须的。

5.7.4 参考电平的测量

将发射天线和接收天线都置于屏蔽室外并保持规定的距离，通过检测设备测出信号的参考电平。

按图 3 测量参考电平。对上述两种类型的天线，测量方法相同。

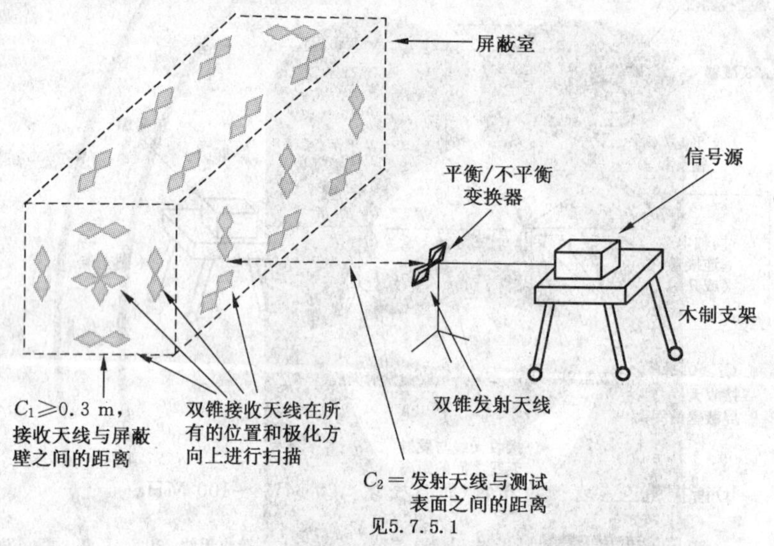

a) 谐振范围测量布置(发射天线水平极化)，20 MHz～100 MHz

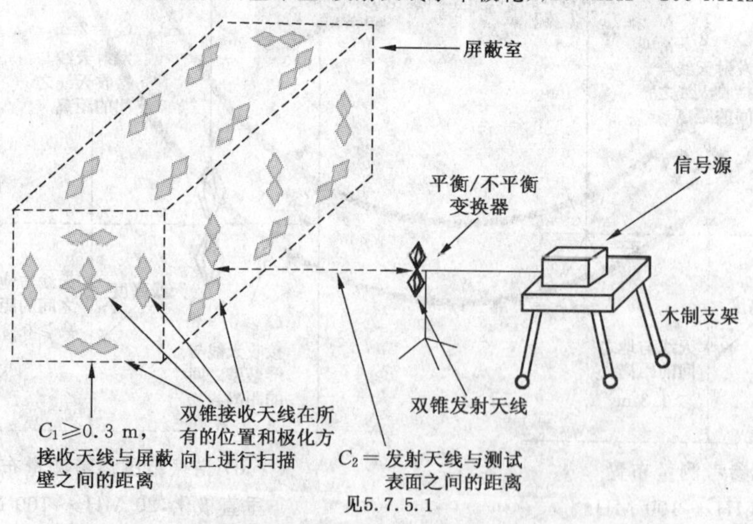

b) 谐振范围测量布置(发射天线垂直极化)，20 MHz～100 MHz

图 4 谐振范围测试配置示意图

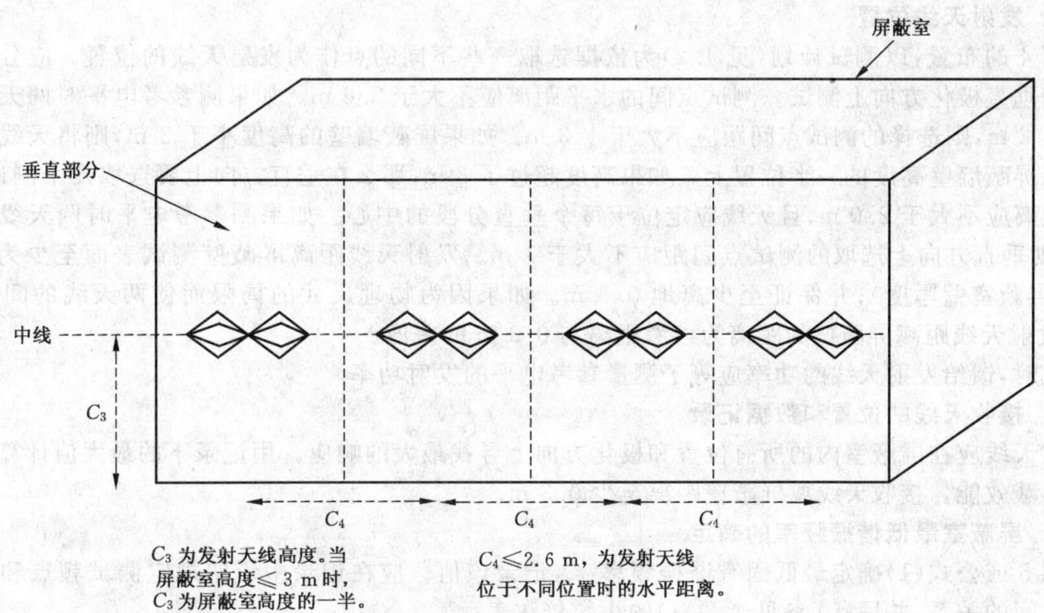

c) 谐振范围测量发射天线布置(水平极化)，20MHz～100MHz

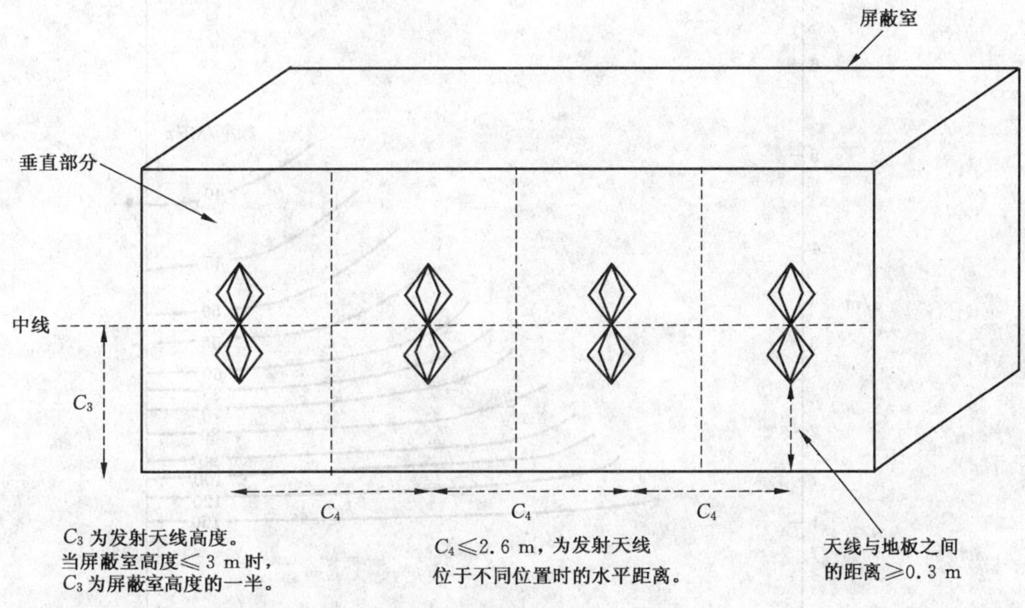

d) 谐振范围测量发射天线布置(垂直极化)，20 MHz～100 MHz

图 4 (续)

天线之间的距离至少为 2 m。如果受到物理尺寸的限制而不能实现，则应使天线间距尽可能大(不能小于 1 m)，并在测试报告中注明。

除非电缆紧邻屏蔽室，否则接收天线的连接电缆应与天线的轴向垂直并至少保持 1 m。该电缆最好通过屏蔽壁上的穿墙式同轴电缆连接器通过屏蔽室墙壁。如果没有这种连接器，也可以把门稍开一点，让电缆从门缝通过。此时要考虑直接耦合的影响：用一个模拟负载取代接收天线，并检查接收到的任何信号比参考电平至少小 10 dB 以上。

当天线为水平极化时，接收天线在垂直方向上至少移动±0.5 m；而当天线为垂直极化时，接收天线至少横向移动±0.5 m。尽可能把周围人和物体的影响减到最小，记录下最大读数作为参考电平值。

5.7.5 详细的测试方法

确定屏蔽室外发射天线和屏蔽室内接收天线的位置；测量接收信号的最大幅值。

5.7.5.1 发射天线位置

按图4的布置，以测试计划(见4.2)为依据选取一些不同的点作为发射天线的位置。应分别在水平极化和垂直极化方向上测试。测试点间的水平距离应不大于2.6 m。如果测参考电平时两天线间的距离不足2 m，则选择的测试点间距应不大于1.3 m。如果屏蔽墙壁的高度小于3 m，则将天线的几何中心放在屏蔽墙壁高度的一半位置上。如果高度超过了3 m，那么在垂直方向上要选取几个测试点，测试点间距离应不大于2.0 m，且天线应定位于每个垂直分段的中心。如果测参考电平时两天线间距小于2 m，则垂直方向上选取的测试点间距应不大于1 m。发射天线距离屏蔽壁测试表面至少为1.7 m(不包括屏蔽室壁厚度)；并保证至少离地0.3 m。如果因为物理尺寸的局限而使两天线的间距不足2 m，则发射天线距离屏蔽壁的距离为参考距离与0.3 m的差值。

测试时，馈给发射天线的功率应等于测量参考电平的发射功率。

5.7.5.2 接收天线的位置和数据记录

接收天线应在屏蔽室内的所有位置和极化方向上寻找最大的响应。用记录下的最大值计算屏蔽室的最小屏蔽效能。接收天线离屏蔽壁距离至少0.3 m。

5.7.5.3 屏蔽室最低谐振频率的确定

用图5或公式(1)确定最低固有谐振频率 f_r，记录该值。应在记录中说明规定测试频点和最低谐振频率之间的关系，并用 f_r(参见A.3.1)的小数倍数表示。

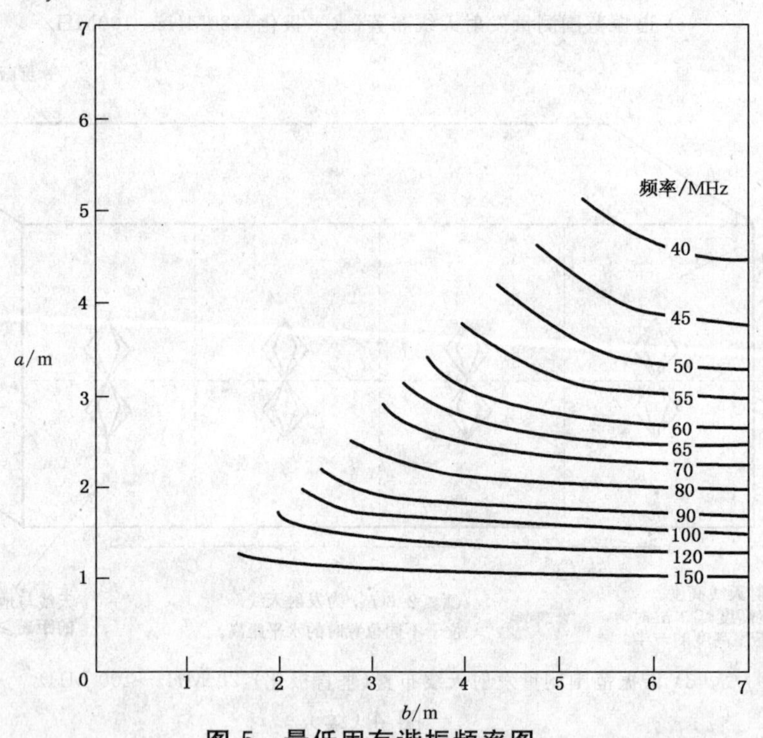

图5 最低固有谐振频率图

对于最大尺寸分别为 a(单位：m)和 b(单位：m)的屏蔽室，其最低谐振频率 f_r(单位：MHz)的计算公式如公式(1)所示：

$$f_r = 150\sqrt{\frac{1}{a^2}+\frac{1}{b^2}} \qquad (1)$$

5.7.5.4 测试点

用测试计划中规定的方法(参见A.4)，在所有发射天线位置、测试频率、屏蔽室的各表面重复5.7.5.2。建议测试人员按照测试参数(频率、天线位置)的顺序进行测试，以缩短测试时间。

5.7.6 谐振频段屏蔽效能的计算

测量值如果使用线性单位，则屏蔽效能按照公式(B.2)、公式(B.3)或公式(B.4)计算；如果使用对数单位，则按照公式(B.5a)、公式(B.5c)或公式(B.5d)计算。

下面的注释应包含在测试报告中：

该频段内单频点测试时得到的屏蔽效能测试结果并不能代表整个频段内其他频率点的屏蔽效能。由于谐振或反射的影响，测试结果可能有明显的差异。

5.8 高频段测量(300 MHz～18 GHz)

高频段的测试方法是在所有可接近的屏蔽壁上直接测出高频源的影响。当相关的波长和周围的结构允许时，入射到屏蔽体的场应是平面波。

5.8.1 频率范围和频段

本条规定 300 MHz～18 GHz 频率范围内的标准测试方法。实际测试频点应该由所有者决定并写在测试计划中。在任何情况下，最低测试频率点应至少是屏蔽室最低固有谐振频率 f_r 的 3 倍。用 5.7.5.3图 5 或公式(1)确定最低固有谐振频率 f_r。

建议在下列频段内各只选一个频点进行测试：300 MHz～600 MHz、600 MHz～1 GHz、1 GHz～2 GHz、2 GHz～4 GHz、4 GHz～8 GHz 和 8 GHz～18 GHz。

如果有合适的测量设备，该方法的频率范围可以扩展到 100 GHz。

5.8.2 测量设备和布置

信号源、测量设备与布置见以下条文和图 6、图 7、图 8。

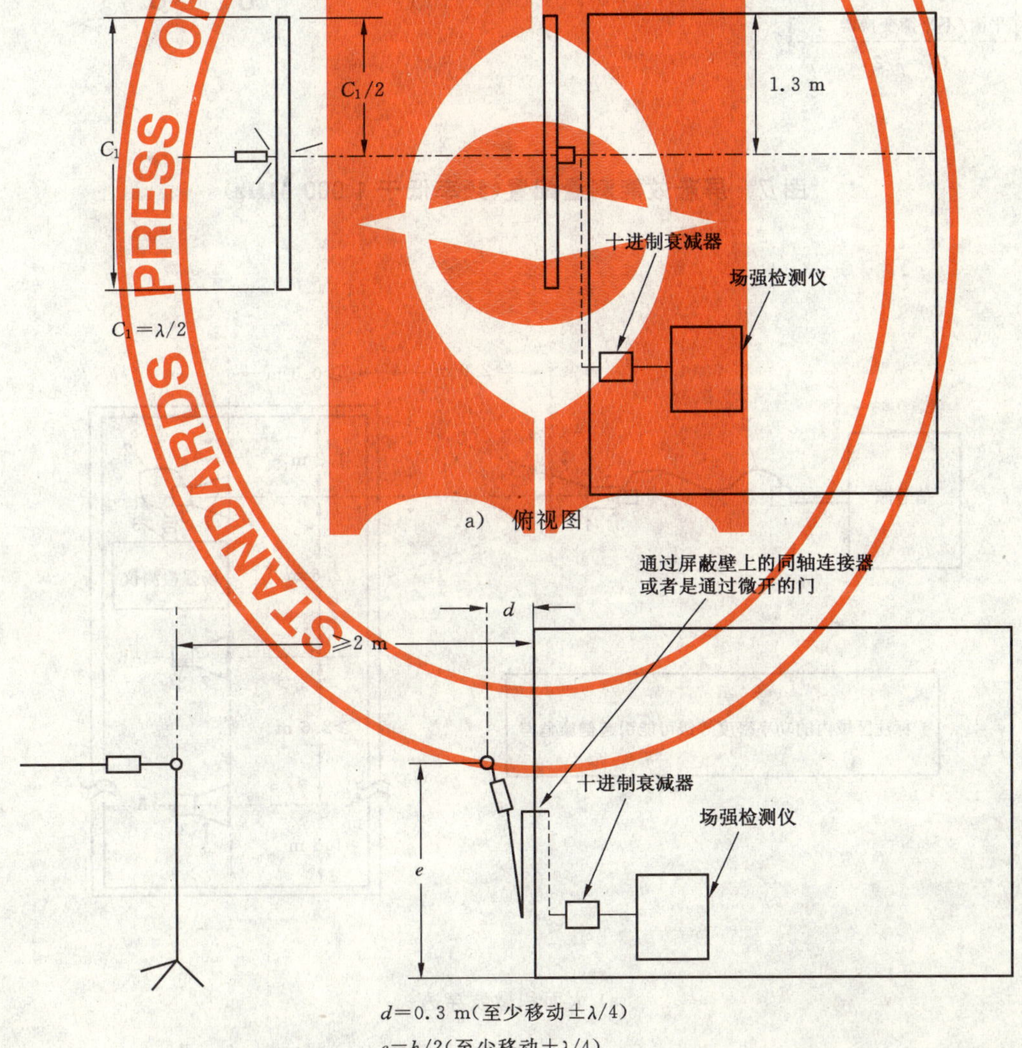

图 6 参考测量配置(频率低于 1 000 MHz)

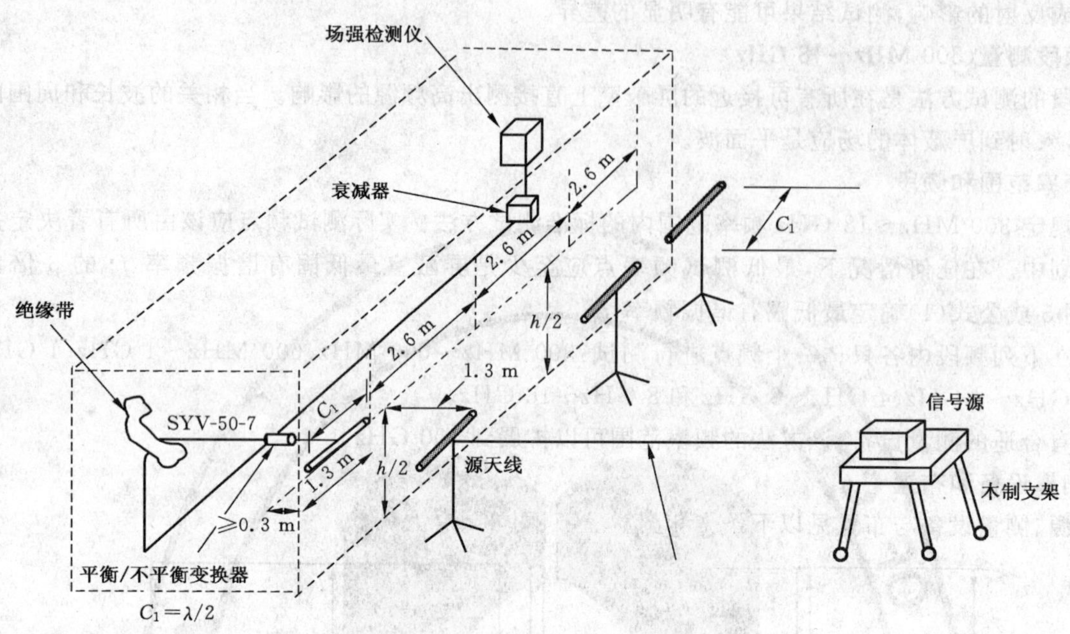

图 7 屏蔽效能测量配置(频率低于 1 000 MHz)

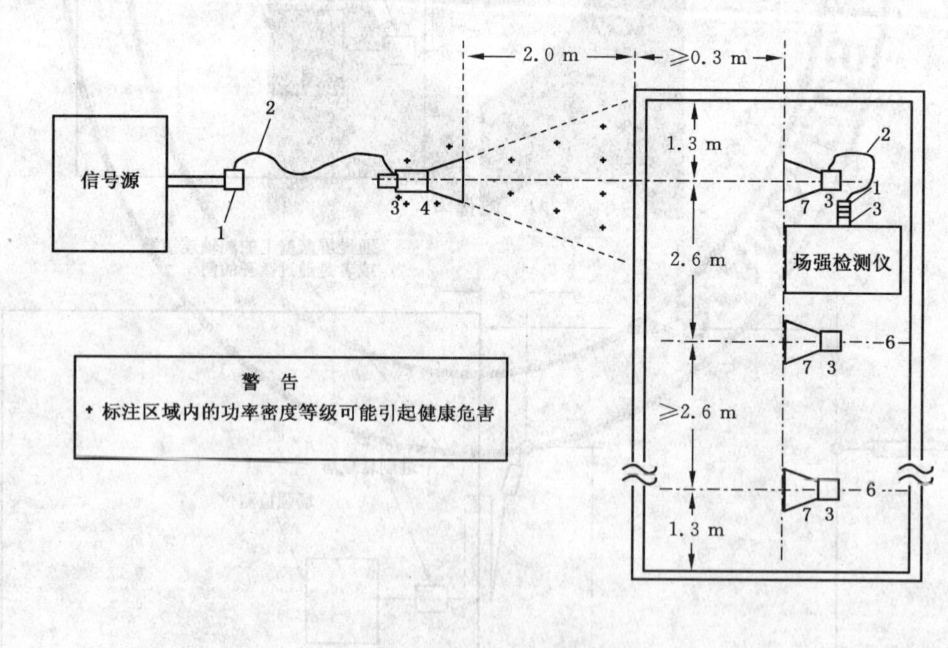

a) 大面积微波穿透

图 8 参考和测量配置(频率高于 1 GHz)

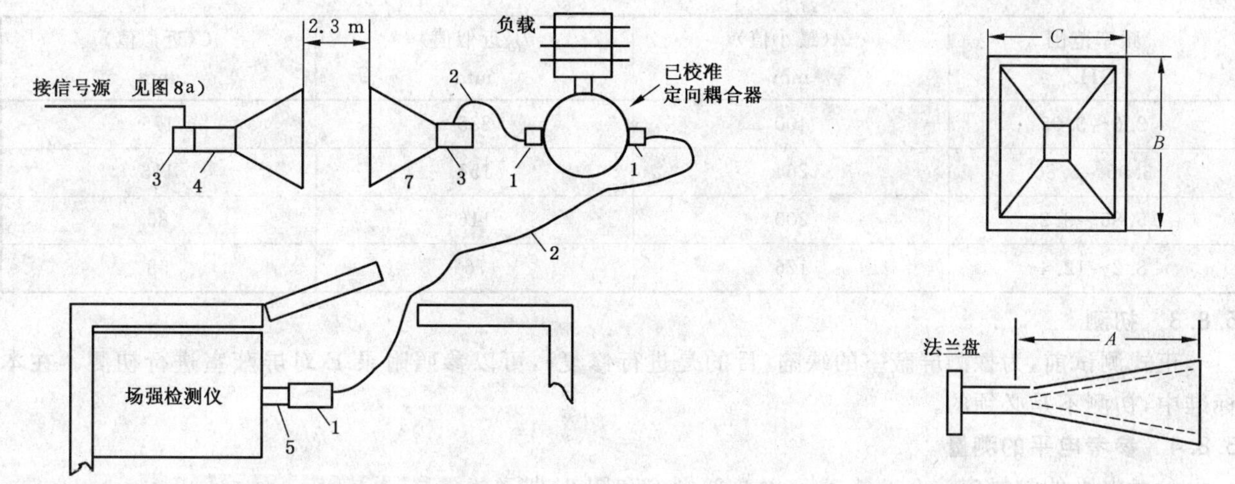

b) 无屏蔽室时场强的模拟　　　　c) 标准增益喇叭尺寸

1——N型同轴适配器-波导(如果需要)；

2——同轴电缆或波导；

3——适配器(需要时)；

4——发射天线，见表4规定的喇叭天线，或脊波导天线；

5——衰减器(如果不在场强仪的量程内)；

6——补充的中心线，以便使所有区域都被辐射；

7——喇叭接收天线，见图8c)和表4，尺寸与标准EIA波导、法兰和波导-同轴转换相关。

图8(续)

5.8.2.1　模拟电磁场源

用偶极子天线、对数周期天线、喇叭天线、八木天线或者其他线极化天线来模拟电磁场源。

为获得足够的动态范围，可能要采用大功率的超高频源或者微波源，但要注意射频场对人员照射产生的危害。

在任何情况下都要考虑传输电缆的影响。以偶极子天线为例，与天线轴垂直的传输电缆部分至少要长于一个波长。

5.8.2.2　电磁场检测设备

应用场强仪、接收机、频谱分析仪或其他类似设备来测量场强。

在300 MHz～1 GHz频率范围内，只能使用偶极子天线。电偶极子的长度应为λ/2。其输出应通过平衡/不平衡变换器连接至场强检测设备上；电缆应与偶极子天线垂直，且垂直长度应保持在1 m以上。

频率高于1 GHz以上时，应采用标准增益喇叭天线。本标准使用的是无脊矩形波导喇叭天线，其典型尺寸见表4。

表4　喇叭天线的尺寸和频率范围

频率范围 GHz	A(最小值) mm	B(近似值) mm	C(近似值) mm
0.96～1.46	1 033	632	475
1.12～1.7	883	534	402
1.7～2.6	416	340	260

表 4（续）

频率范围 GHz	A(最小值) mm	B(近似值) mm	C(近似值) mm
2.6～3.95	400	235	175
3.95～5.85	264	157	116
5.85～8.2	200	116	86
8.2～12.4	126	76	58

5.8.3 初测

正式测试前，为探测屏蔽室的缺陷(目的是进行修复)，可以参照附录E对屏蔽室进行初测。在本标准中，初测不是必须的。

5.8.4 参考电平的测量

参考电平的测量应按5.8.4.1、5.8.4.2、图6和图8进行。

5.8.4.1 偶极子天线的参考电平测量(300 MHz～1 GHz)

天线之间的距离至少为2 m。如果因物理尺寸的限制而达不到，则应保证天线间距尽可能大(不能小于1 m)，同时在测试报告中加以注明。

除非电缆紧邻屏蔽室，否则接收天线的连接电缆应与天线的轴向垂直并至少保持1 m。该电缆最好通过屏蔽壁上的穿墙式同轴电缆连接器通过屏蔽室墙壁。如果没有这种连接器，也可以把门稍开一点，让电缆从门缝通过；此时要考虑直接耦合的影响：用一个模拟负载取代接收天线，并检查接收到的任何信号比参考电平应至少小10 dB以上。

当两个天线为水平极化时，接收天线在垂直方向上至少上下各移动屏蔽室高度 h 的1/4，并且应该再朝向或离开发射源的方向移动(1/4)λ；当天线为垂直极化时，接收天线至少左右各横向移动屏蔽室被测屏蔽壁宽度的1/4；并且应该再朝向或离开发射源移动(1/4)λ。将记录下的最大读数作为参考电平值。

5.8.4.2 喇叭天线的参考电平测量(1 GHz以上)

参考电平的测量见图8b)。

如果测量时使用到与场强仪相连的衰减器和N型适配器，则应将其放置在屏蔽室内。接收天线放置的位置应离屏蔽壁有一定的距离。发射天线与接收天线应该共轴，口径面相距2 m；当两天线之间的间距限制了动态范围，可以适当减小两个天线的间距，但不能小于1 m，并在报告中注明此时的间距。在屏蔽室壁上安装穿墙式插座，使定向耦合器的输出通过传输线连到场强仪。

两天线的高度应和测量过程中的两天线高度近似相同。应选择合适的电缆与接收天线的输出端连接。测量时，接收天线应在各个方向上移动大致(1/4)λ 的距离；记录最大的读数。

5.8.5 详细的测试方法

确定发射天线和接收天线距离屏蔽壁的相对位置后，测量最大信号的幅值。无论用偶极子天线测量还是用喇叭天线测量，方法均相同。

5.8.5.1 发射天线位置

按照图7和图8，根据测试计划选取一些测试点，选取的发射天线位置和极化应能分别覆盖屏蔽室的各表面。

测量分别在水平极化和垂直极化方向上进行。相邻测试点间的水平间距应不大于2.6 m。但如果测量参考电平时发射天线和接收天线间的距离不足2 m，则相邻测试点间水平间距应不大于1.3 m。如果屏蔽墙体高度不大于3 m，则将天线中心放在屏蔽墙体高度的一半位置上。如果屏蔽墙体高度超过3 m，则在垂直方向上要增加测试点。垂直方向测试点间距不应大于2 m，天线应位于每个垂直分段的中心。但如果测量参考电平时发射天线和接收天线间的距离不足2 m，则相邻测试点间垂直间距应不大于 1 m。发射天线距离屏蔽壁测试表面至少为 1.7 m(不包括屏蔽室壁厚度),并保证至少离地 0.3 m。如果因为物理尺寸的限制而使两天线的间距不足 2 m,则发射天线到屏蔽壁的距离为参考距离与 0.3 m 的差值。

测试时,馈给发射天线的功率应等于 5.8.4 中测量参考电平时使用的功率。

5.8.5.2 接收天线的位置和数据记录

接收天线应在屏蔽室内的各个位置、各个极化方向上来寻找最大的响应。用记录下的最大值来计算屏蔽室的最小屏蔽效能。接收天线到屏蔽壁的最近距离应不小于 0.3 m。

5.8.5.3 测试点

用测试计划中规定的方法(参见 A.4),在所有发射天线位置、测试频率,对屏蔽室的各表面重复 5.8.5.2。建议测试人员按照测试参数(频率、天线位置)的顺序进行测试,以便缩短测试时间。

5.8.6 屏蔽效能的计算

如果测量值用线性单位表示,则屏蔽效能按照公式(B.2)、公式(B.3)或公式(B.4)计算;如果用对数单位表示,则屏蔽效能按公式(B.5a)、公式(B.5c)或公式(B.5d)计算。

6 测试报告

测试报告中至少应包含以下内容:

a) 客户名称;

b) 测试机构名称;

c) 屏蔽室名称及简单描述;

d) 测试地点;

e) 测试人员;

f) 测试日期;

g) 测试频率点;

h) 具体的测试位置;

i) 使用的测量仪器:包括制造商、型号、序号、校准有效日期;

j) 测试方法和试验配置;

k) 屏蔽效能的计算方法,以及与标准测试方法的差异;

l) 屏蔽效能结果。

附 录 A
（资料性附录）
基 本 原 理

A.1 基础

本标准规定的测试方法保证了技术的可靠性，简化了测试过程，可以避免财力和物力的浪费。这些明确规定的测试方法构成了本标准的基础。

A.2 一些考虑

A.2.1 标准测量

a) 在标准频率范围内（表1）的测量结果可以用来比较不同屏蔽室的屏蔽效能特性；

b) 标准测量位置如下：

  1) 屏蔽室入口屏蔽壁上预选的门缝和结合部位；

  2) 所有屏蔽面上穿过屏蔽墙并且可以接近的部位。

A.2.2 初测

a) 在正式测试开始之前可以先进行初测，以便找到屏蔽效能比较差的部位。如果屏蔽效能达不到要求，可以对其进行改进。

b) 在低频段，没有给出电场屏蔽效能的测试方法，因为经验表明：在低频段，磁场屏蔽效能已经包含了最严格的要求。

A.2.3 非线性特性

在强发射情况下，可能出现显著的非线性特性，这将导致屏蔽效能的变化。附录C提供了在规定照射范围内界定明显非线性特性的可选方法。

A.2.4 扩展的频率范围

按照下面推荐的方法，并使用下面三个频率范围内的任何非标准频率，可得到附加的测量结果：

——低频段：50 Hz～20 MHz；

——谐振频段：20 MHz～300 MHz；

——高频段：300 MHz～100 GHz。

A.3 腔体谐振

在屏蔽室谐振频率范围内进行测试时，应考虑结果是否正确。该频率范围大概从 $0.8f_r$ 到 $3f_r$，f_r 是指屏蔽室的最低谐振频率。在该频段测试时，应考虑采取专门的预防措施。对尺寸比较大的屏蔽室，其最低固有谐振频率可能在20 MHz以下。

A.3.1 腔体谐振的考虑

由于屏蔽室壁面呈电连续性，因此它是一个谐振腔体。在一定条件下，当电磁波注入到屏蔽室内时，在高于其最低固有谐振频率 f_r 的频段内将产生驻波。由于驻波的影响，屏蔽室内部的电磁场不再均匀，出现了与该激励频率相关的极大值和极小值。

谐振频率和模式取决于屏蔽室的几何尺寸和形状。几乎任何形状的屏蔽室都可以产生谐振，但通常只对相对简单的长方体、圆柱体和球体屏蔽室的谐振频率进行数学分析。大部分屏蔽室是六面长方体结构。这种形状的屏蔽室的谐振频率用公式（A.1）计算：

$$f_{ijk}=\frac{1}{2\sqrt{\mu\varepsilon}}\sqrt{(\frac{i}{a})^2+(\frac{j}{b})^2+(\frac{k}{c})^2}\quad(\text{MHz})\quad\cdots\cdots(\text{A.1})$$

式中：

μ——屏蔽室内部的磁导率；

ε——屏蔽室内部的介电常数；

a——屏蔽室的长度，单位为米(m)；

b——屏蔽室的宽度，单位为米(m)；

c——屏蔽室的高度，单位为米(m)。

i、j、k——0、1、2……等整数，但 i、j、k 三者中每次最多只能有一个数取 0 值。

上式中 $a>b>c$。

在理想条件下，谐振频率为：

$$f_{ijk}=150\sqrt{(\frac{i}{a})^2+(\frac{j}{b})^2+(\frac{k}{c})^2}\quad(\text{MHz})\qquad\cdots\cdots(\text{A.2})$$

令 i、j、k 中与最短边长（如 c）对应的系数为 0，另外两个系数（如 i、j）为 1，则可得最低谐振频率：

$$f_r=f_{110}=150\sqrt{(\frac{1}{a})^2+(\frac{1}{b})^2}\quad(\text{MHz})\qquad\cdots\cdots(\text{A.3})$$

当频率高于 f_r 时，屏蔽室才会维持谐振；而频率低于 f_r 时则不会维持谐振。

对长、宽、高都为 2 m 的最小屏蔽室，三个最低模式（例如 TM_{110}、TE_{011} 和 TE_{101}）有同样的谐振频率 $f_r=f_{110}=106$ MHz；屏蔽室尺寸越大，谐振频率越低。

腔体内能量损耗用品质因数 Q 表示。Q 为一个周期内储存的能量与损耗的能量的比值。在空屏蔽室内，能量损耗是屏蔽壁所用金属材料电导率的函数，因此当使用铜等一类高电导率材料时，能量损耗最小。屏蔽室内的任何金属物体都会增加能量损耗。

A.3.2 缝隙谐振的考虑

除腔体谐振外，其他的谐振也会影响屏蔽效能的测量结果，其中就有缝隙谐振。穿过导电平面上缝隙的电磁场随着频率而变化。缝隙谐振可能在比腔体最低固有谐振频率 f_r 低的频率上发生。

这些谐振效应是屏蔽室的固有特性，也应加以考虑。

A.3.3 注意事项

大量的试验证明：接收天线与接收设备之间的连接电缆会影响屏蔽室内的场强，对屏蔽效能的结果产生影响。因此必须给天线加平衡/不平衡变换器，给电缆上套磁环加载以尽量降低电缆自身对测量结果的影响。建议测试人员在屏蔽室内只用同一根长电缆用于测试。如果使用不同的电缆则可能得出不同的测量值，影响测试结果的重复性。将电缆的长度写入测试报告中。

如果怀疑谐振效应对屏蔽室的屏蔽效能产生了显著影响，可以在有关的频点左右进行频率扫描；在该相关频点左右选一些频点测试也能达到同样目的。如果在该频段内屏蔽效能的值变化 6 dB 以上，则认为谐振的影响是明显的。

通常谐振效应在频率低于 $0.8f_r$ 时达到最小。在该频段内，应尽量在算出的固有谐振频率 f_r 的 80% 或更低的频率处测试。

如果接收天线的位置距离屏蔽壁太近，天线本身的特性将受到影响。测试时，接收天线的摆放位置可参考图 A.1。

在复杂的腔体内，例如高频激励的屏蔽室，天线的方向性不明；再加上因腔体品质因数 Q 而使场强增加的影响，这些将导致错误的测试结果。本标准对屏蔽效能的定义不包括复杂场强的情况。作为一种替代措施，本标准推荐使用标准增益天线以得到一致的测量方法，进而得出可比较的屏蔽室屏蔽效能。

如果想对这方面的影响进行修正，就用公式(A.4)和公式(A.5)计算参考场强 E_1 和屏蔽室内测量场强 E_2，并代入表 3 中的公式中。

$$E_1=\sqrt{377\times4\pi P_r/\lambda^2G}\quad(\text{V/m})\qquad\cdots\cdots(\text{A.4})$$

$$E_2 = \sqrt{377 \times 8\pi P_r/\lambda^2} \quad (\text{V/m}) \qquad \cdots\cdots\cdots(\text{A.5})$$

式中：

P_r——接收的功率，单位为瓦(W)；

λ——波长，单位为米(m)；

G——接收天线增益。

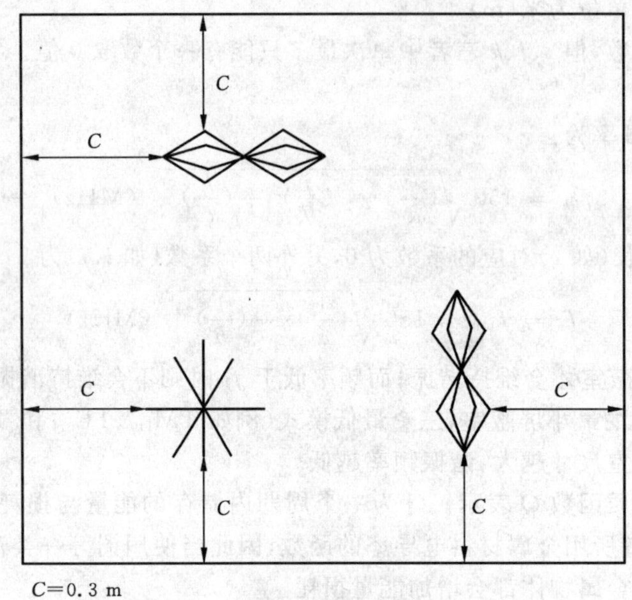

图 A.1 天线到屏蔽墙体的最小距离

A.4 测量位置

通常，建筑物内的屏蔽室除了地板和顶棚外还有一到两个面是测试过程中不易接近的，因此对所有的面都进行测试是不切实际的，只能对那些可以接近的表面进行测试。但在较高频段的现场测试表明，外部反射的射频能量可以通过不易接近的屏蔽面的缝隙或接缝，造成屏蔽效能的下降。因此对这一部分也必须要用不直接照射的方式来验证有无明显的泄漏。对大部分屏蔽室，所有入口所在的墙面都是可接近的，应在本标准规定的部位测试。

对入口所在屏蔽室墙面有部分或全部装饰处理(包括但不限于：无浆砌墙和/或无金属衬底的绝缘、声音吸波材料、木制或金属龙骨材料)的屏蔽室，设置发射天线与接收天线之间的间距时应将装饰结构作为屏蔽室的一部分，同时应根据频率范围选用合适的测量方法。由于入口所在墙体不会包含所有的穿墙口，因此在该墙体进行的测量不能用于推测出屏蔽室所有的屏蔽效能。因此在所有紧邻可接近穿墙口的墙面上都应进行测量。对不能接近的穿墙口，应用间接、反射检查的概念来检查从外部不能接近的穿墙口处有无泄漏。A.2.1.b) 汇总了标准的测量位置。

A.5 测量设备

测试过程已经阐明：

a) 在非理想情况下(例如在容纳屏蔽室的典型环境里)使用现有商品化设备进行测试；

b) 尽量减小天线固有阻抗的变化(由于临近屏蔽体造成)对测量数据的影响。

附 录 B
（资料性附录）
数 学 公 式

B.1 专门的数学公式

通常，穿透屏蔽室的场强来自入射在屏蔽壁上电磁波的电场分量和磁场分量。如果分别对磁场和电场进行测量，可证明它们是入射波的函数。此外，电磁波在穿透屏蔽壁时波阻抗将完全发生变化，测量可能会受到传感器位置的影响。除非非常细致地控制测试步骤，否则测量过程的细节对测量的结果可能会有较大影响。因此，在以下条款中针对各有关测量方法提出了专门测量屏蔽室性能的定义。

B.2 低频段(50 Hz～20 MHz)的屏蔽效能

在低频段(50 Hz～20 MHz)，屏蔽效能可用磁场表达如下：

$$S_H = 20\lg\frac{H_1}{H_2} \quad \cdots\cdots\cdots\cdots(B.1)$$

式中：

H_1——无屏蔽室时的磁场强度(参考读数)；

H_2——屏蔽室内的磁场强度。

如果与磁场强度 H_1、H_2 成正比的检测仪器指示值是电压读数 V_1、V_2，则(B.1)式也可更方便地表示为：

$$S_H = 20\lg\frac{V_1}{V_2} \quad \cdots\cdots\cdots\cdots(B.2)$$

式中：

V_1——无屏蔽室时的电压读数(参考读数)；

V_2——屏蔽室内的电压读数。

如果测量结果以对数单位表示，可利用公式(B.5b)或公式(B.5c)直接计算屏蔽效能。

B.3 谐振频段(20 MHz～300 MHz)的屏蔽效能

在谐振频段，可以用电场强度或功率的形式表示屏蔽效能，见公式(B.3)、(B.4)。

$$SE = 20\lg\frac{E_1}{E_2} \quad \cdots\cdots\cdots\cdots(B.3)$$

式中：

E_1——无屏蔽室时的电场强度；

E_2——屏蔽室内的电场强度。

或者表示为：

$$SE = 10\lg\frac{P_1}{P_2} \quad \cdots\cdots\cdots\cdots(B.4)$$

式中：

P_1——无屏蔽室时的功率；

P_2——屏蔽室内的功率。

如果测量结果以对数单位表示，则可利用公式(B.5a)、(B.5c)或(B.5d)直接计算屏蔽效能。

B.4 高频段(300 MHz～100 GHz)的屏蔽效能

在高频段(300 MHz～100 GHz)，屏蔽效能可以用公式(B.2)、(B.3)、(B.4)或(B.5a)、(B.5c)、

(B.5d)计算。

B.5 用非线性单位(对数)计算

如果使用对数单位,则屏蔽效能可以直接用下式来表示。

$$SE = E_1 - E_2 \quad \cdots\cdots(B.5a)$$

$$SE = H_1 - H_2 \quad \cdots\cdots(B.5b)$$

$$SE = V_1 - V_2 \quad \cdots\cdots(B.5c)$$

$$SE = P_1 - P_2 \quad \cdots\cdots(B.5d)$$

E_1、H_1、V_1 和 P_1 分别是无屏蔽室存在时测得的电场强度、磁场强度、电压和功率,单位分别用 dBμV/m、dBμT、dBμV 和 dBm 表示。

E_2、H_2、V_2 和 P_2 分别是在屏蔽室内测得的电场强度、磁场强度、电压和功率,单位分别用 dBμV/m、dBμT、dBμV 和 dBm 表示。

B.6 动态范围的考虑

测试系统的动态范围与下列因素有关:激励信号强度、发射和接收天线性能、电缆损耗、衰减器和/或预放的性能、接收设备的背景噪声。通常情况下,信号源的功率可以足够大(如果屏蔽效能在 120 dB 以上,则需要更大的发射功率)。标准规定使用的无源天线,它对系统动态范围的影响不大。在频率低于 1 GHz 时,除了在测试比较大的屏蔽室时需要使用长电缆外,一般长度的电缆损耗对动态范围的影响都不明显。因此接收设备和预放是决定动态范围的重要因素。

对现代接收设备,当带宽小于 30 kHz 时,其典型本底噪声小于−120 dBm。于是,对动态范围成为关键问题的是施加到仪器的最大信号不会引起非线性(增益压缩),否则会改变参考电平读数并影响屏蔽效能结果。接收系统(接收设备加上任何外部衰减器)的动态范围是最大可能输入信号(通常定为 1 dB压缩点)和本底噪声(它限制最小可检测到的信号)的差值。接收机的动态范围 DR_{RCVR} 用 dB 表示,见公式(B.6)。

$$DR_{RCVR} = A_1 - A_2 \quad \cdots\cdots(B.6)$$

式中:

A_1——引起 1 dB 压缩的最小输入信号(包括内部和/或外部衰减器),单位为分贝(dB);

A_2——在该频率上、在同样的带宽下,仪器可检测到的最小信号(通常是本底噪声),单位为分贝(dB)。

为了确定动态范围,动态范围必须超过预期的屏蔽效能 6 dB。这意味着对一个屏蔽效能测试,不必按上述方法确定绝对动态范围的大小,除非屏蔽室的预期屏蔽效能非常大。当使用实际进行参考电平测量的发射功率电平,只要接收系统是线性的,实际测试配置的动态范围(考虑接收机本底噪声)超过屏蔽效能要求至少 6 dB,就算满足本标准的要求。

附　录　C
（资料性附录）
其他的有关信息

C.1　环天线共面和共轴的比较

环天线共面和环天线共轴在屏蔽室表面所激励出的电流有着显著的差别。共面环天线感应的电流集中在共面的一条线上，而共轴环天线感应的电流则集中在与激励环平行的一个圆环上。这些不同导致了测量的差异，主要体现在以下三个方面：

a)　位置的精确性：确定缝隙缺陷的位置时，使用共面天线的情况（单一电流流过缝隙）要比使用共轴天线的情况（两股电流流过缝隙）更精确。这一点在多个缺陷存在时显得尤为重要。

b)　环阻抗：在以下两种情况下，共轴环天线的输入阻抗变化要比共面环天线的输入阻抗变化剧烈：

1)　靠近屏蔽体时；

2)　离开屏蔽体时。

按 5.6.5.1，可以使源天线中保持相同的电流，避免对源场强产生影响。

c)　源功率：在共轴情况时，由于环之间的紧密耦合作用，激励共轴发射环天线所需的功率比共面时所需的功率小。

由于共面环天线在发现缺陷位置和估量其影响上都比共轴环天线准，所以本标准推荐使用共面环天线法。

无屏蔽的环天线能产生和/或接收磁场和电场。在低频段电场分量要比磁场分量衰减明显，使用无屏蔽的环天线会人为地将屏蔽效能测量结果增大 4 dB～10 dB，所以本标准要求必须使用静电屏蔽环天线。

C.2　高磁导率铁磁性屏蔽室的非线性

强磁场可以使磁材料饱和从而使磁场强度的测量结果不准确。非线性的影响可以通过将源天线与接收环天线分别位于屏蔽壁板几何中心的两侧（见图 1），然后测试磁场屏蔽效能与源场强的函数关系获得。测试时，信号源的输出按 10 dB 步进递增，通常为 0.1 W、1 W 和 10 W。如果磁场屏蔽效能值降低了 2 dB 以上，就要在上述输出值的中间选择其他值再进行测试。绘出结果曲线，以确定线性特性（在±1 dB 之内）下对应的最大电平。

C.3　测试频率的选择

C.3.1　频率的选择

在选择测试频率时，应该参考国家或军队无线电管理机构提供的频率列表。建议从供工业、科学和医疗设备（ISM）使用的频率（见表 C.1）或表 C.2 中选择频率。

表 C.1　工业、科学和医疗设备（ISM）使用的频率

kHz	MHz
6 780±15	2 450±50
13 560±7	5 800±75
27 120±163	24 125±125
40 680±20	

表 C.2 9 kHz～18 GHz 内建议的测试频率

kHz	kHz	MHz	MHz	MHz	GHz
10.0	111	1.0[a]	13.56	130	1.29
14.0	130	1.3[a]	16.00	160	1.86
16.0	160	1.995	20.02	209[a]	2.1
20.5	200	2.6	27.12	260	2.45
25	250	3.2	33.30	327	3.29
32	326	4.06	40.68	415	4.19
40	400	5.1	52	523[a]	5.80
50	520	6.525	65[a]	661[a]	6.6
64	640[a]	8.1	81[a]	836	8.4
80	810[a]	10.1	100[a]	923	10.495
					13.22
					18

[a] 这些频率在广播频段以内。如果这些频率已被占用，则在这些频率的附近选择没有被占用的频点。

选择的频点不能对其他无线业务造成干扰。

应避免选择下面的频率：

——受保护的民用公共无线业务频率、军用频率和消防频率；

——正好与商用广播电视台站频率相同的频率；

——防护频带内的频率，在测试地点附近的 VLF、LF、MF 或 HF 段无线电导航频道工作所使用的紧急事件频率；

——国际时间频率站使用的频率；

——测试地点附近射电天文台使用的频率。

所有将使用的频率均应是单点频率而不是一个频段。

附 录 D
（资料性附录）
测量技术选择指南

D.1 屏蔽室的分类

通常根据屏蔽室的建造方法、屏蔽材料和预期的用途对屏蔽室加以分类。

建造方法是指并不限于：单层屏蔽、双层屏蔽、双层电气隔离屏蔽、螺栓紧固、固定式、可拆卸式和焊接式；屏蔽材料是指并不限于：铜（非网状和网状）、钢（带材和板材）、铝或金属化纺织物；从用途上可分为并不限于：军标符合性测试暗室、商用 EMC 符合性测试的半电波暗室、混响室、研发试验使用、射频设备的生产和维修设施、医疗成像和治疗设施、科学研究设施。

确定屏蔽室的用途后，并考虑到上面提到的分类，可以在选择测量方法和测试频率时适当地应用本标准。某些情况下，可能需要使用特殊的技术，例如在一段频率范围内扫频。详情见其他附录。

以下为一些实际应用中的例子：

a) 军用焊接屏蔽室需在每个频段上都进行测量。屏蔽效能的要求也比较高，通常都在 100 dB 以上；

b) 医疗上用于磁谐振成像（MRI）用途的单屏蔽、螺接的铜屏蔽室可以只在谐振频率范围内进行测试，通常要求的屏蔽效能在 80 dB～100 dB 之间；

c) 用于 VHF 或 UHF 频段射频设备测试和修理的钢屏蔽室通常只在高频范围内进行测试；

d) 用金属化织物或网状材料做成的便携式测试室在谐振或高频范围内的性能要求不高。

D.2 性能要求

在设计、订购和建造屏蔽室的过程中就应该对其屏蔽效能提出明确的要求。本标准的目的就是对各种类型的屏蔽室提出一个统一的测量方法。但测量方法的选择和使用仍由所有者或其代表来决定。如果本标准要求的方法和技术与特殊的屏蔽室不配套，那么就不能依照本标准来进行所有测试。

D.3 仪器设备的要求

测量屏蔽效能时使用的仪器一定要满足测试的需要。频率范围和测试方法决定了需要使用的信号源和天线类型。应保证仪器的频率范围和动态范围都满足相应要求。测试系统的动态范围应比规定的或预期的屏蔽效能大 6 dB 以上。

附 录 E
（资料性附录）
初测和改进

在正式测量屏蔽效能前，可进行小范围的改进，必要时也可大范围地整改。为提高效率，建议在按照第5章的方法测试前先进行粗略检查。但粗略检查不是必须的。

E.1 准备

在正式测量开始前进行的初测虽然不是强制性的，但还是有益的。它能寻找到那些泄漏严重的区域。

E.2 初测的频率

初测的频率既可以在正常测试的频率范围内，也可以在扩展的频率范围内。

在低频段（9 kHz～20 MHz）选择小环天线（直径小于1 m）作为发射天线和接收天线；

在谐振频段（20 MHz～300 MHz）推荐使用双锥天线和偶极子天线；

在高频段（300 MHz～18 GHz）应使用偶极子天线、喇叭天线及类似的天线。

测量应按照测试计划（见4.2）进行。在下面几个频段内选择单一的频点进行测量：9 kHz～16 kHz、140 kHz～160 kHz、14 MHz～16 MHz、50 MHz～100 MHz、300 MHz～400 MHz、600 MHz～1 000 MHz、8.5 GHz～10.5 GHz、16 GHz～18 GHz。设施所独有的频率也应考虑。

E.3 初测方法

在初测开始前，应该对场强检测设备壳体的泄漏情况加以测试。

测试时，屏蔽室工作时通常存在的辅助设备，例如风机或风扇，应按正常使用时布置；而屏蔽室正常使用时不需要的多余设备则应在测试前移出屏蔽室。

发射天线和接收天线的位置应与第5章的各测试大概相同（见图1、图2、图4、图7和图8），但对初测，建议调整天线的位置和方向以得到最大的响应，并且在屏蔽室各个可以接近的表面扫描一遍以检测泄漏最严重的区域。

应该对门、电源滤波器、通风孔、缝隙、同轴电缆和观察窗、通信用滤波器、波导装置、逃生口、液体管道连接口等处进行检测。根据测试结果和泄漏的区域大小，所有者和测试机构可以决定是先进行改进还是继续测试。

ICS 75.160.30
P 45

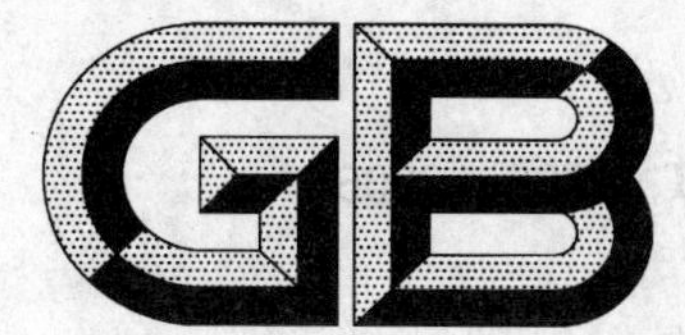

中华人民共和国国家标准

GB/T 12206—2006
代替 GB/T 12206～12207—1990

城镇燃气热值和相对密度测定方法

Testing method to determine the calorific values of town gas

2006-09-12 发布 2007-03-01 实施

中华人民共和国国家质量监督检验检疫总局
中国国家标准化管理委员会 发布

前　言

本标准与日本 JIS K 2301—1992《燃料气体及天然气——分析、试验方法》的一致程度为非等效。

本标准与 JIS K 2301—1992 相比，主要差异如下：

——对 JIS K 2301—1992 中测定燃气热值的系统进行了调整：将湿式燃气调压器 C 放在燃气加湿器后面，使燃气流量更加稳定。同时提出以真实气体热值为标准，以便与 GB/T 11062—1998《天然气发热量、密度、相对密度和沃泊指数的计算方法》协调。

——城镇燃气相对密度测定方法，强调了气密性实验。采用真实气体的相对密度，以便与 GB/T 11062—1998 协调。

本标准代替 GB/T 12206—1990《城市燃气热值测定方法》和 GB/T 12207—1990《城市燃气相对密度测定方法》。

本标准与 GB/T 12206—1990 和 GB/T 12207—1990 相比，主要变化如下：

——城镇燃气热值测定方法，主要加强了测试条件的要求，增加了测试次数，提高了测试结果准确度。为了适应国际贸易发展需要，增加了燃烧参比条件和计量参比条件术语。

——城镇燃气相对密度测定方法，强调了进入仪器的燃气与空气是湿气体，得到的时间比值的平方是湿燃气的相对密度。为了计算干燃气真实气体的相对密度值，给出了干燃气相对密度的附加值 a 的计算公式。

本标准附录 A 为规范性附录，附录 B、附录 C 为资料性附录。

本标准由中华人民共和国建设部提出。

本标准由建设部城镇燃气标准技术归口单位中国市政工程华北设计研究院归口。

本标准起草单位：天津大学、国家燃气用具质量监督检验中心、湖南迅达集团有限公司、宁波方太厨具有限公司、北京灵捷技术开发公司。

本标准主要起草人：由世俊、张金环、金志刚、王启、伍斌强、茅忠群、李长印。

本标准所代替标准的历次版本发布情况为：

——GB/T 12206—1990；

——GB/T 12207—1990。

城镇燃气热值和相对密度测定方法

1 范围

本标准规定了用“容克式水流式热量计”测定城镇燃气热值、用“本生-希林式气体相对密度计”测定气体相对密度的方法。

本标准适用于高位热值低于 62 800 kJ/m³ 的城镇燃气。

2 规范性引用文件

下列文件中的条款通过本标准的引用而成为本标准的条款。凡是注日期的引用文件，其随后所有的修改单(不包括勘误的内容)或修订版均不适用于本标准，然而，鼓励根据本标准达成协议的各方研究是否可使用这些文件的最新版本。凡是不注日期的引用文件，其最新版本适用于本标准。

GB/T 11062 天然气发热量、密度、相对密度和沃泊指数的计算方法(GB/T 11062：1998，neq ISO 6976：1995)

3 术语和定义

下列术语和定义适用于本标准。

3.1

高位热值 superior calorific value

规定量的燃气在空气中完全燃烧时所释放出的热量。在燃烧反应发生时，压力 P_1 保持恒定，所有燃烧产物的温度降至与规定的反应物温度 t_1 相同的温度，除燃烧中生成的水在温度 t_1 下全部冷凝为液态外，其余所有燃烧产物均为气态。此时单位体积燃气释放出的热量即为该燃气的高位热值，以符号 H_S 表示，量纲为 kJ/m³。

3.2

低位热值 inferior calorific value

规定量的燃气在空气中完全燃烧时所释放出的热量。在燃烧反应发生时，压力 P_1 保持恒定，所有燃烧产物的温度降至与规定的反应物温度 t_1 相同的温度，所有的燃烧产物均为气态。此时单位体积燃气释放出的热量即为该燃气的低位热值，以符号 H_i 表示，量纲为 kJ/m³。

3.3

燃烧参比条件 combustion reference condition

规定的燃气燃烧时的温度 t_1 与压力 P_1。本标准控制的实验室温度与大气压力，近似燃烧参比条件。

3.4

计量参比条件 metering reference condition

规定的燃气燃烧时，计量的温度 t_2 和压力 P_2。本标准的计量参比条件为 0℃，101.325 kPa，干。计量体积量纲为 m³。

3.5

燃气相对密度 specific gravity of a gas

一定体积干燃气的质量与同温度同压力下等体积的干空气质量的比值。无量纲，以符号 d 表示。

3.6

湿燃气相对密度　specific gravity of a wet gas

一定体积的湿燃气的质量与同温度同压力下等体积的湿空气质量的比值。无量纲，以符号 d_w 表示。d_w 受测定时温度与压力的影响，需要通过计算将其换算成相对密度 d。

4　城镇燃气热值测定方法

4.1　测定方法原理

在"容克式水流式热量计"中，用流量不变的连续水流，吸收燃气完全燃烧释放出的热量，根据达到稳定状态时的各个参数，计算计量参比条件下的燃气的热值。

4.2　实验室条件

实验室应满足下列条件。

4.2.1　按照图1及4.3的各项规定将测定装置配置好，保证正常工作。

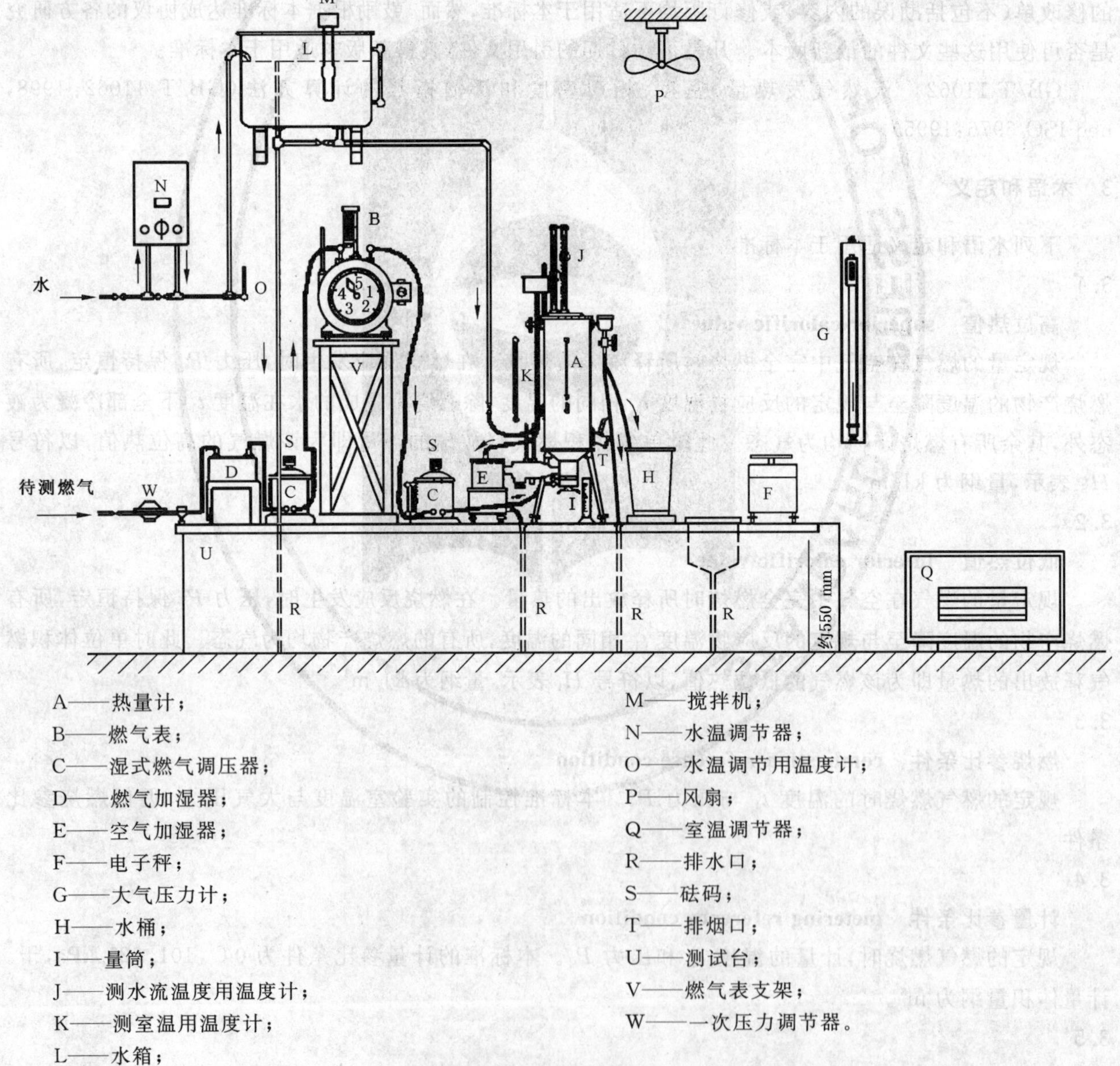

A——热量计；
B——燃气表；
C——湿式燃气调压器；
D——燃气加湿器；
E——空气加湿器；
F——电子秤；
G——大气压力计；
H——水桶；
I——量筒；
J——测水流温度用温度计；
K——测室温用温度计；
L——水箱；
M——搅拌机；
N——水温调节器；
O——水温调节用温度计；
P——风扇；
Q——室温调节器；
R——排水口；
S——砝码；
T——排烟口；
U——测试台；
V——燃气表支架；
W——一次压力调节器。

图1　热值测定装置配置图

4.2.2 采取措施防止测定装置受日光或其他热源的直接照射或辐射。

4.2.3 采取措施防止室内温度受到气流的影响。

4.2.4 为了满足4.3的要求，应采用空调及缓慢扰动室内空气的措施，保证室温均匀。

4.2.5 实验室应设置有效排除烟气的设施。

4.2.6 实验室的温度应为20℃±5℃。

4.3 测定装置

测定装置由下列设备组成。

——热量计；

——空气加湿器；

——湿式燃气表。

湿式燃气表的量程与最小刻度要求如下：

流量 20 L/h～1 000 L/h；

最小刻度 0.02 L。

——湿式燃气调压器

用砝码调节出口燃气压力，调压范围为0.20 kPa～0.60 kPa。

——燃气加湿器；

——温度计。

热量计进口与出口温度计采用双层玻璃管的精密水银温度计；

温度范围0℃～50℃，最小刻度0.1℃；

其他温度计，温度范围0℃～50℃，最小刻度0.2℃。

——电子称 要求如下：

标量8 kg，感量2 g以下；

——大气压力计 要求如下：

水银大气压力计：大气压力指示值，0.01 kPa；附带温度计，最小刻度不大于0.2℃。也可用精度不低于0.01 kPa的其他大气压力计。

——水温控制装置(水箱和水温调节器)

水箱容量不宜小于0.3 m^3；水流量为2 L/min～3 L/min；水温低于室温2℃±0.5℃。

——燃烧器的喷嘴

燃烧器的喷嘴出口直径与高位热值、燃气流量的关系如下：

高位热值/(kJ/m^3)	燃气流量/(L/h)	喷嘴出口直径/(mm)
62 800	65	1.0
54 400	75	1.0
46 000	90	1.0
37 700	110	1.5
29 300	140	2.0
21 900	200	2.0
16 700	250	2.0
12 600	330	2.5
8 400	500	4.0

——水桶

盛水容量8 kg。

——冷凝水量筒

容量 50 mL，最小刻度不大于 0.5 mL。

——秒表

最小刻度不大于 0.1 s。

各种测量仪表必须根据我国对计量仪表的要求定期标定，在使用时必须作相应的修正。

4.4 测定条件

4.4.1 控制燃气热量计的热流量为 3 800 kJ/h～4 200 kJ/h。

4.4.2 测定系统中各个仪表(如湿式燃气表等)内的水温与室温相差在±0.5℃范围内。

4.4.3 供给热量计的水温比室温低(2±0.5)℃，并且每次测定时的温度变化保持在 0.05℃以下。

4.4.4 调节进入热量计的水量，使热量计的进出口温差在 10℃～12℃范围内。

4.4.5 调节进入热量计的空气的湿度在(80±5)%的范围内。

4.4.6 控制读 10 次热量计进出口温度时所用的燃气量如下：

高位热值小于 31 400 kJ/m^3 时，所用燃气量大于 10 L，并且是燃气表的整圈数的燃气量。

高位热值大于 31 400 kJ/m^3 时，所用燃气量大于 5 L，并且是燃气表的整圈数的燃气量。

4.5 测定前准备

4.5.1 热量计安装应垂直；温度计安装位置应正确；燃烧器喷嘴的出口直径应符合 4.3 要求。

4.5.2 应将温度与室温相同的水分别注入湿式调压器、湿式燃气表、燃气加湿器。

4.5.3 调整湿式燃气表的水位高度，用标准容量瓶求出体积校正系数 f_1。

4.5.4 将燃烧器从热量计中取出并关闭一次空气门。打开燃气阀门，使燃气与空气自燃烧器排出，直至可以点燃燃烧器，并且出口呈现扩散火焰。

4.5.5 关闭燃烧器阀门，当燃气管内压力达到 1.5 倍工作压力时，将燃气入口阀门关闭。5 min 后，目测燃气压力无压降，即为气密性合格。

4.5.6 点燃燃烧器，调节燃烧器的一次空气门，当火焰呈清晰的双层火焰时，将燃烧器装入热量计。

4.5.7 调节进入热量计入口水的温度，使其达到 4.4.3 的要求。

4.5.8 调节热量计进水阀，使进出口水的温差及水流量达到 4.4.4 的要求。

4.5.9 缓慢调节热量计排烟口的开度，使排烟温度比室温低 0℃～0.5℃。

4.5.10 将水桶的内表面沾湿，在测量水桶的质量后放在热量计水流出口的下面。

4.6 操作步骤

4.6.1 系统运行约 10 min 后，各种参数均应达到 4.4 的各项要求，并且热量计出口水温度变化范围应小于 0.2℃。当冷凝水均匀滴下时，可开始测定。当燃气表的指针指到某整数时，将冷凝水量筒放在热量计冷凝水出口的下面，并记录燃气表读数。

4.6.2 当燃气表指针指到某整数刻度的瞬时，迅速拨动热量计的水流切换阀，并确认水流向水桶的一侧。应在拨动切换阀的同时，读出热量计的进出口水温。温度值应估读到小数点后第二位。

4.6.3 根据 4.4.6 要求的燃气量，分 10 次读出热量计的进出口水的温度，并按照附录 A 表 A 填写热值测定表。

4.6.4 当燃气表累计读数达到 4.4.6 要求时，拨动切换阀，并确认水流向排水的一侧。

4.6.5 当水流出口无水滴下时，称量水桶内的水的质量，并记录。第一回测定结束。

4.6.6 按以上方法重复 2 回。共记录 3 回结果。

4.6.7 当燃气表指针经过某整数时，拿开凝结水量筒，并记录接冷凝水期间的燃气量。

4.6.8 记录热值测定表中其他数据

4.6.8.1 记录湿式燃气表上的燃气温度计的读数,读至0.1℃。

4.6.8.2 记录室内空气温度(读至0.1℃)及大气压力(读至0.01 kPa)。

4.6.8.3 记录热量计上的烟气温度,读至0.1℃。

4.7 计算

4.7.1 换算系数

4.7.1.1 燃气体积修正系数

$$f_1=\frac{273.15}{273.15+t_g}\times\frac{B_0+P-S}{101.325}\times f$$

$$B_0=B-\alpha$$

式中:

f_1——计量参比条件下干燃气的体积换算系数;

t_g——燃气温度的数值,单位为摄氏度(℃);

B_0——换算到0℃时的大气压力的数值,单位为千帕(kPa);

α——大气压力温度修正值的数值,单位为千帕(kPa);

B——实验室内大气压力的数值,单位为千帕(kPa);

P——燃气压力的数值,单位为千帕(kPa);

S——在燃气温度 t_g 条件下的水蒸气饱和蒸汽压的数值,单位为千帕(kPa);

f——湿式燃气表的校正系数,根据标准计量瓶对燃气表读数的校正,标准值与测得值的比值。

4.7.1.2 换算系数

$$F=f_1\times f_2$$

式中:

f_2——燃气热量计的修正系数。可用已知热值的纯燃气(应使用由计量行政部门批准的有证标准纯物质),按本标准的方法求得的纯燃气的热值。测得热值与已知热值之比值即为 f_2,已知热值应根据GB/T 11062—1998要求,计算成真实气体的热值。f_2 值应由计量管理单位验证。

4.7.2 热值计算 每一次测得的热值,可按下式计算:

$$H_i=4.186\,8\,\frac{W\times\Delta t}{V}$$

式中:

H_i——每一次测得的热值的数值,单位为千焦[耳]每立方米(kJ/m³);

W——每一次测得的水量的数值,单位为克(g);

V——每一次测得的燃气量的数值,单位为升(L);

Δt——每一次测得的热量计进出口水温度的平均温差。要求对每个温度计做本身误差校正及温度计露出校正的数值,单位为摄氏度(℃)。

4.7.3 热值数据处理 同一个人连续进行测定3回,如果不能满足下式要求,测定值无效,需重新测试。

$$\frac{H_{imax}-H_{imin}}{\sum_{i=1}^{3}\frac{H_i}{3}}\leqslant 0.010$$

式中:

H_i——某回测定的热值的数值,单位为千焦[耳]每立方米(kJ/m³);

H_{imax}——测定热值中的最大值的数值，单位为千焦[耳]每立方米（kJ/m³）；

H_{imin}——测定热值中的最小值的数值，单位为千焦[耳]每立方米（kJ/m³）。

4.7.4 燃气高位热值计算

$$H_S = \frac{\sum_{i=1}^{3} H_i}{3} \times \frac{1}{F}$$

式中：

H_S——燃气高位热值的数值，单位为千焦[耳]每立方米（kJ/m³）；

其他符号同前。

4.7.5 燃气低位热值计算

$$Hi = H_S - \frac{l_Q \times W' \times 1\ 000}{V' \times f_1}$$

式中：

Hi——燃气低位热值的数值，单位为千焦[耳]每立方米（kJ/m³）；

W'——燃烧 V'（L）燃气生成的冷凝水量的数值，单位为毫升（mL）；

V'——与 W' 对应的燃气耗量的数值，单位为升（L）；

l_Q——冷凝水的凝结潜热的数值，单位为 2.5 千焦[耳]每克（2.5 kJ/g）；

其他符号同前。

5 城镇燃气相对密度测定方法

5.1 测定方法原理

在相同的温度与压力下，在等体积的不同种类的气体流过某固定直径的锐孔所需要的时间的平方与气体的密度成正比。

5.2 实验室条件

实验室应满足下列条件。

5.2.1 采取措施防止测定装置受日光或其他热源的直接照射或辐射。

5.2.2 采取措施防止室内温度受到气流的影响。

5.2.3 实验室应设置有效排除燃气的设施。

5.3 测定装置

测定装置由下列设备组成。

——气相对密度计

燃气相对密度计的结构参见图 2，也可以采用其他具有同等或同等以上精度的气体相对密度计。使用的密度计需要根据注 1 的要求校验。

注 1：各种燃气相对密度计均应用纯度不低于 99.99% 的氮气按本标准进行校验。测出的数据与氮气的相对密度值 0.967 的相对误差不应超过 ±2%。

—— 温度计

量程 0℃～50℃；

最小刻度 0.2℃。

—— 秒表

最小刻度 0.1 s。

——大气压力计的要求如下：

水银大气压力计：大气压力指示值，0.01 kPa；附带温度计，最小刻度不大于 0.2℃。也可以用精度不低于 0.01 kPa 的其他大气压力计。

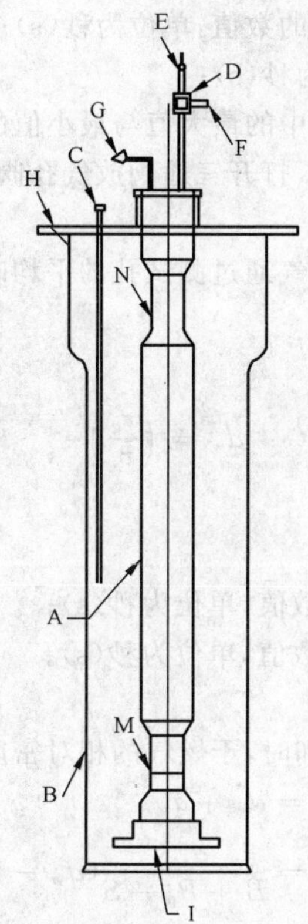

A——玻璃内筒；

B——玻璃外筒；

C——温度计；

D——三向阀(空气及燃气出口)；

E——测试孔；

F——放气孔；

G——气体入口；

H——上部支架；

I——下部支架；

M,N——标线。

图 2 相对密度计结构图

5.4 操作步骤

5.4.1 将密度计摆正调平，并装满温度与室温相同的水。测试时燃气与空气的温度应等于室温。

5.4.2 向密度计的内筒中，注入空气，使内筒中水位降至最低。维持 5 min 后，水位位置目测无变化，表示达到气密性要求。

5.4.3 打开放气孔阀，放出湿空气后，再注入湿空气。直到确认密度计的内筒中充满纯的湿空气为止。

5.4.4 打开测试孔阀，使湿空气自测试孔流出，用秒表记录水位由下部刻线到上部刻线所需的时间，要求读到 0.05 s。

5.4.5 再次注入湿空气。按 5.4.4 重复两次。当 3 次记录值相对偏差 $\Delta\tau$ 值超过 1%时，应重测。相对偏差按下式计算：

$$\Delta\tau = \frac{\tau_{\max} - \tau_{\min}}{\bar{\tau}} \times 100(\%)$$

$$\bar{\tau} = \frac{\tau_1 + \tau_2 + \tau_3}{3}$$

式中：

τ_1、τ_2、τ_3——分别为3次记录的时间的数值，单位为秒(s)；

$\bar{\tau}$——平均时间的数值，单位为秒(s)；

τ_{max}，τ_{min}——分别为3次记录的时间中的最大值与最小值的数值，单位为秒(s)。

5.4.6 向密度计的内筒中，注入湿燃气。打开三通阀放气孔阀，放出湿燃气后，再注入湿燃气。直到确认密度计内筒中充满湿燃气为止。

5.4.7 按5.4.4与5.4.5步骤求出湿燃气通过测试孔的平均时间。

5.5 计算

5.5.1 湿燃气相对密度计算

$$d_w = \left(\frac{\bar{\tau}_g}{\bar{\tau}_a}\right)^2$$

式中：

d_w——湿燃气的相对密度；

$\bar{\tau}_g$——燃气通过锐孔的平均时间的数值，单位为秒(s)；

$\bar{\tau}_a$——空气通过锐孔的平均时间的数值，单位为秒(s)。

5.5.2 干燃气相对密度计算

当测定时燃气与空气都被水蒸气饱和时，干燃气的相对密度按下式计算：

$$d = d_w + a$$

$$a = \frac{d_s^t S}{B + P_p - S}(d_w - 1)$$

$$P_p = \frac{9.81 \times h}{2}$$

式中：

d——干燃气真实气体的相对密度；

d_s^t——在温度t下水蒸气真实气体的相对密度(根据GB/T 11062计算)；

B——测定环境大气压力的数值，单位为帕[斯卡](Pa)；

P_p——测定过程中气体的平均压力的数值，单位为帕[斯卡](Pa)；

h——密度计的水位差的数值，单位为毫米(mm)；

S——测定环境温度下，饱和水蒸气压的数值，单位为帕[斯卡](Pa)；

a——换算为干燃气相对密度的修正值。

5.6 干燃气相对密度数据处理

当2次平行的测定结果d_1与d_2的相对偏差Δd不大于1%时，d_1与d_2的平均值$\bar{d}$即为测定结果。相对偏差按下式计算：

$$\Delta d = \frac{d_1 - d_2}{\bar{d}} \times 100 \quad (\%)$$

$$\bar{d} = \frac{d_1 + d_2}{2}$$

式中：

d_1与d_2——分别为第一次与第二次的测试值。

附　录　A
（规范性附录）
水流式燃气热量计测试记录表

表 A.1　水流式燃气热量计测试记录表

<table>
<tr><td colspan="2">燃气　　　喷嘴尺寸　　　mm 测定地点</td><td colspan="6">测试时间　　　年　　月　　日 始　　　终</td></tr>
<tr><td colspan="2">热量计编号　　　燃气流量计编号</td><td colspan="6">流水温度计编号(进水　　　出水　　　)</td></tr>
<tr><td colspan="2">燃气流量计内的燃气温度 t_g=　　　℃</td><td colspan="6">t_g时饱和水蒸汽压 S=　　　kPa</td></tr>
<tr><td colspan="2">室温　　　℃</td><td colspan="6">燃烧废气温度　　　℃</td></tr>
<tr><td rowspan="3">空气加湿器</td><td>干球温度　　　℃</td><td rowspan="3">大气压力
温度/℃</td><td colspan="5">大气压力 B=　　　kPa</td></tr>
<tr><td>湿球温度　　　℃</td><td colspan="5">温度修正值 α=　　　kPa</td></tr>
<tr><td>相对湿度　　　%</td><td colspan="5">换算到0℃时大气压力 $B_0=B-\alpha=$　　　kPa</td></tr>
<tr><td colspan="2">燃气流量计内的燃气压力 P=　　　kPa</td><td colspan="6">燃气流量计的修正系数　　f=</td></tr>
<tr><td colspan="2">燃气热量计修正系数 f_2=</td><td colspan="6">热值换算系数　　$F=f_1\times f_2=$</td></tr>
<tr><td colspan="2">体积换算系数 $f_1=\frac{273.15}{273.15+t_g}\times\frac{B_0+P-S}{101.325}\times f=$</td><td colspan="6"></td></tr>
<tr><td colspan="2" rowspan="4">一次测试中消耗的燃气量　　V=＿＿＿＿ L
与 W' 对应的燃气耗量　　V'=＿＿＿＿ L
燃烧 V'(L)燃气生成的冷凝水量 W'=＿＿＿＿ g</td><td rowspan="3">次数</td><td colspan="6">流水温度</td></tr>
<tr><td colspan="2">Ⅰ</td><td colspan="2">Ⅱ</td><td colspan="2">Ⅲ</td></tr>
<tr><td>进水</td><td>出水</td><td>进水</td><td>出水</td><td>进水</td><td>出水</td></tr>
<tr><td>1</td><td></td><td></td><td></td><td></td><td></td><td></td></tr>
<tr><td colspan="2" rowspan="4">高热值 $H_i=4.1868\times\frac{W\times\Delta t}{V}$</td><td>2</td><td></td><td></td><td></td><td></td><td></td><td></td></tr>
<tr><td>3</td><td></td><td></td><td></td><td></td><td></td><td></td></tr>
<tr><td>4</td><td></td><td></td><td></td><td></td><td></td><td></td></tr>
<tr><td>5</td><td></td><td></td><td></td><td></td><td></td><td></td></tr>
<tr><td colspan="2" rowspan="5">三次测试相对极差
$\frac{H_{i\max}-H_{i\min}}{\sum_{i=1}^{3}\frac{H_i}{3}}\leqslant 0.010$</td><td>6</td><td></td><td></td><td></td><td></td><td></td><td></td></tr>
<tr><td>7</td><td></td><td></td><td></td><td></td><td></td><td></td></tr>
<tr><td>8</td><td></td><td></td><td></td><td></td><td></td><td></td></tr>
<tr><td>9</td><td></td><td></td><td></td><td></td><td></td><td></td></tr>
<tr><td>10</td><td></td><td></td><td></td><td></td><td></td><td></td></tr>
<tr><td colspan="3">平均温度 t_i/℃</td><td></td><td></td><td></td><td></td><td></td><td></td></tr>
<tr><td colspan="3">温度计的仪器差修正值 δ/℃</td><td></td><td></td><td></td><td></td><td></td><td></td></tr>
<tr><td colspan="3">温度计的露出修正值 θ_i/℃</td><td></td><td></td><td></td><td></td><td></td><td></td></tr>
<tr><td colspan="3">修正后温度 t/℃，$t=t_i+\delta+\theta_i$</td><td></td><td></td><td></td><td></td><td></td><td></td></tr>
<tr><td colspan="3">流水温度差 Δt/℃</td><td colspan="2"></td><td colspan="2"></td><td colspan="2"></td></tr>
<tr><td colspan="3">一次测试流水量 W/g</td><td colspan="2"></td><td colspan="2"></td><td colspan="2"></td></tr>
<tr><td colspan="3">高热值 H_i/(kJ/m^3)</td><td colspan="2"></td><td colspan="2"></td><td colspan="2"></td></tr>
<tr><td colspan="3">平均值 $\overline{H}$/(kJ/m^3)，$\overline{H}=\frac{\sum H_i}{3}$</td><td colspan="6"></td></tr>
<tr><td colspan="3">相对极差</td><td colspan="6"></td></tr>
<tr><td colspan="3">标准状态下干燃气高热值　H_S/(kJ/m^3)，$H_S=\frac{\overline{H}}{F}$</td><td colspan="6"></td></tr>
<tr><td colspan="3">低热值　Hi /(kJ/m^3)，$Hi=H_S-\frac{2.5\times W'\times 1\,000}{V'\times f_1}$</td><td colspan="6"></td></tr>
<tr><td colspan="9">注：如采用盒式大气压力计时应按盒式大气压力计要求修正。</td></tr>
</table>

附　录　B
（资料性附录）
有关技术参数表

表 B.1　饱和蒸汽压(S)

Pa

温度/℃	0.0	0.1	0.2	0.3	0.4	0.5	0.6	0.7	0.8	0.9
0	611	616	620	625	629	634	638	643	648	652
1	657	662	667	671	676	681	686	691	696	701
2	706	711	716	721	726	732	737	742	747	753
3	758	763	769	774	780	785	791	797	802	808
4	814	819	825	831	837	843	848	854	860	866
5	873	879	885	891	897	903	910	916	922	929
6	935	942	948	955	961	968	975	982	988	995
7	1 002	1 009	1 016	1 023	1 030	1 037	1 044	1 051	1 058	1 066
8	1 073	1 089	1 088	1 095	1 102	1 110	1 117	1 125	1 133	1 140
9	1 148	1 156	1 164	1 172	1 180	1 187	1 195	1 204	1 212	1 220
10	1 228	1 236	1 245	1 253	1 261	1 270	1 278	1 287	1 295	1 304
11	1313	1 321	1 330	1 339	1 348	1 357	1 367	1 375	1 384	1 393
12	1 403	1 412	1 421	1 431	1 440	1 449	1 459	1 469	1 478	1 488
13	1 498	1 508	1 517	1 527	1 537	1 547	1 558	1 568	1 578	1 588
14	1 599	1 609	1 619	1 630	1 641	1 651	1 662	1 673	1 684	1 694
15	1 705	1 716	1 727	1 739	1 750	1 761	1 772	1 784	1 795	1 807
16	1 818	1 830	1 842	1 853	1 865	1 877	1 889	1 901	1 913	1 926
17	1 938	1 950	1 963	1 975	1 988	2 000	2 013	2 026	2 038	2 051
18	2 064	2 077	2 090	2 103	2 117	2 130	2 143	2 157	2 170	2 184
19	2 198	2 211	2 225	2 239	2 253	2 267	2 281	2 295	2 310	2 324
20	2 339	2 353	2 368	2 382	2 397	2 412	2 427	2 442	2 457	2 472
21	2 487	2 503	2 518	2 534	2 549	2 565	2 581	2 596	2 612	2 628
22	2 644	2 660	2 677	2 693	2 710	2 726	2 743	2 760	2 776	2 793
23	2 810	2 827	2 844	2 862	2 879	2 896	2 914	2 931	2 949	2 968
24	2 985	3 003	3 021	3 039	3 057	3 076	3 094	3 113	3 131	3 150
25	3 169	3 188	3 207	3 226	3 245	3 264	3 284	3 303	3 323	3 343
26	3 363	3 383	3 403	3 423	3 443	3 463	3 484	3 504	3 525	3 546
27	3 567	3 588	3 609	3 630	3 651	3 673	3 694	3 716	3 738	3 760
28	3 782	3 804	3 826	3 848	3 871	3 893	3 916	3 939	3 961	3 984
29	4 008	4 031	4 054	4 078	4 101	4 125	4 149	4 173	4 197	4 221
30	4 245	4 270	4 294	4 319	4 344	4 369	4 394	4 419	4 444	4 470
31	4 495	4 521	4 547	4 572	4 599	4 625	4 651	4 677	4 704	4 731
32	4 758	4 785	4 812	4 839	4 866	4 894	4 921	4 949	4 977	5 005
33	5 033	5 062	5 090	5 119	5 147	5 176	5 205	5 234	5 264	5 293
34	5 323	5 352	5 382	5 412	5 442	5 473	5 503	5 534	5 565	5 595
35	5 627	5 658	5 689	5 721	5 752	5 784	5 816	5 848	5 880	5 913
36	5 945	5 978	6 011	6 044	6 077	6 110	6 144	6 177	6 211	6 245
37	6 279	6 314	6 348	6 383	6 418	6 452	6 488	6 523	6 558	6 594
38	6 630	6 666	6 702	6 738	6 774	6 811	6 848	6 885	6 922	6 959
39	6 997	7 034	7 072	7 110	7 148	7 187	7 225	7 264	7 303	7 342
40	7 381	7 420	7 460	7 500	7 540	7 580	7 621	7 661	7 702	7 743

表 B.2 温度计露出修正值(θ) ℃

露出部度数	水温(t_1)－室温(t_r)/(℃)													
n	1.0	1.5	2.0	2.5	3.0	4.0	5.0	6.0	7.0	8.0	9.0	10.0	11.0	12.0
1	0.000	000	000	000	001	001	001	001	001	001	002	002	002	002
2	0.000	001	001	001	001	001	002	002	002	003	003	003	004	004
3	0.001	001	001	001	002	002	003	003	004	004	005	005	006	006
4	0.001	001	001	002	002	003	003	004	005	005	006	007	007	008
5	0.001	001	002	002	003	003	004	005	006	007	008	008	009	010
6	0.001	002	002	003	003	004	005	006	007	008	009	010	011	012
7	0.001	002	002	003	004	005	006	007	008	009	011	012	013	014
8	0.001	002	003	003	004	005	007	008	009	011	012	013	015	016
9	0.002	002	003	004	005	006	008	009	011	012	014	015	017	018
10	0.002	003	003	004	005	007	008	010	012	013	015	017	018	020
11	0.002	003	004	005	006	007	009	011	013	015	017	018	020	022
12	0.002	003	004	005	006	008	010	012	014	016	018	020	022	024
13	0.002	003	004	005	007	009	011	013	015	017	020	022	024	026
14	0.002	004	005	006	007	009	012	014	016	019	021	023	026	028
15	0.003	004	005	006	008	010	013	015	018	020	023	025	028	030
16	0.003	004	005	007	008	011	013	016	019	021	024	027	029	032
17	0.003	004	006	007	009	011	014	017	020	023	026	028	031	034
18	0.003	005	006	008	009	012	015	018	021	024	027	030	033	036
19	0.003	005	006	008	010	013	016	019	022	025	029	032	035	038
20	0.003	005	007	008	010	013	017	020	023	027	030	033	037	040
21	0.004	005	007	009	011	014	018	021	025	028	032	035	039	042
22	0.004	006	007	009	011	015	018	022	026	029	033	037	040	044
23	0.004	006	008	010	012	015	019	023	027	031	035	038	042	046
24	0.004	006	008	010	012	016	020	024	028	032	036	040	044	048
25	0.004	006	008	010	013	017	021	025	029	033	038	042	046	050
26	0.004	007	009	011	013	017	022	026	030	035	039	043	048	052
27	0.005	007	009	011	014	018	023	027	032	036	041	045	050	054
28	0.005	007	009	012	014	019	023	028	033	037	042	047	051	056
29	0.005	007	010	012	015	019	024	029	034	039	043	048	053	058
30	0.005	008	010	013	015	020	025	030	035	040	045	050	055	060
31	0.005	008	010	013	016	021	026	031	036	041	047	052	057	062
32	0.005	008	011	013	016	021	027	032	037	043	048	053	059	064
33	0.006	008	011	014	017	022	028	033	039	044	050	055	061	066
34	0.006	009	011	014	017	023	028	034	040	045	051	057	062	068
35	0.006	009	012	015	018	023	029	035	041	047	053	058	064	070
36	0.006	009	012	015	018	024	030	036	042	048	054	060	066	072
37	0.006	009	012	015	019	025	031	037	043	049	056	062	068	074
38	0.006	010	013	016	019	025	032	038	044	051	057	063	070	076
39	0.007	010	013	016	020	026	033	039	046	052	059	065	072	078
40	0.007	010	013	017	020	027	033	040	047	053	060	067	073	080
41	0.007	010	014	017	021	027	034	041	048	055	062	068	075	082
42	0.007	011	014	018	021	028	035	042	049	056	063	070	077	084
43	0.007	011	014	018	022	029	036	043	050	057	065	072	079	086
44	0.007	011	015	018	022	029	037	044	051	059	066	073	081	088
45	0.008	011	015	019	023	030	038	045	053	060	068	075	083	090
46	0.008	012	015	019	023	031	038	046	054	061	069	077	084	092
47	0.008	012	016	020	024	031	039	047	055	063	071	078	086	094
48	0.008	012	016	020	024	032	040	048	056	064	072	080	088	096
49	0.008	012	016	020	025	033	041	049	057	065	074	082	090	098
50	0.008	013	017	021	025	033	042	050	058	067	075	083	092	100

$$\theta=\frac{n(t_1-t_r)}{6\ 000}$$

式中：t_1——读取温度(℃)；t_r——室温(℃)；n——露出的度数(℃)。

表 B.3　大气压力温度修正值(α)

Pa

t/℃ \ P/Pa	88 000	89 000	90 000	91 000	92 000	93 000	94 000	95 000	96 000	97 000	98 000	99 000	100 000	101 000	102 000	103 000	104 000	105 000
1	14	15	15	15	15	15	15	16	16	16	16	16	16	17	17	17	17	17
2	29	29	29	30	30	30	31	31	31	32	32	32	33	33	33	34	34	34
3	43	44	44	45	45	46	46	47	47	48	48	49	49	49	50	50	51	51
4	57	58	59	59	60	61	61	62	63	63	64	65	65	66	67	67	68	69
5	72	73	73	74	75	76	77	78	78	79	80	81	82	82	83	84	85	86
6	86	87	88	89	90	91	92	93	94	95	96	97	98	99	100	101	102	103
7	101	102	103	104	105	106	107	109	110	111	112	113	114	115	117	118	119	120
8	115	116	117	119	120	121	123	124	125	127	128	129	131	132	133	134	136	137
9	129	131	132	134	135	137	138	139	141	142	144	145	147	148	150	151	153	154
10	144	145	147	148	150	152	153	155	157	158	160	161	163	165	166	168	170	171
11	158	160	161	163	165	167	169	170	172	174	176	178	179	181	183	185	187	188
12	172	174	176	178	180	182	184	186	188	190	192	194	196	198	200	202	203	205
13	186	189	191	193	195	197	199	201	203	206	208	210	212	214	216	218	220	223
14	201	203	205	208	210	212	214	217	219	221	224	226	228	230	233	235	237	240
15	215	218	220	222	225	227	230	232	235	237	240	242	244	247	249	252	254	257
16	229	232	235	237	240	242	245	248	250	253	255	258	261	263	266	269	271	274
17	244	246	249	252	255	258	260	263	266	269	271	274	277	280	282	285	288	291
18	258	261	264	267	270	273	276	279	281	284	287	290	293	296	299	302	305	308
19	272	275	278	282	285	288	291	294	297	300	303	306	309	312	316	319	322	325
20	287	290	293	296	300	303	306	309	313	316	319	322	326	329	332	335	339	342

表 B.3（续）

Pa

t/℃ \ P/Pa	88 000	89 000	90 000	91 000	92 000	93 000	94 000	95 000	96 000	97 000	98 000	99 000	100 000	101 000	102 000	103 000	104 000	105 000
21	301	304	308	311	314	318	321	325	328	332	335	338	342	345	349	352	356	359
22	315	319	322	326	329	333	337	340	344	347	351	354	358	362	365	369	372	376
23	329	333	337	341	344	348	352	356	359	363	367	371	374	378	382	385	389	393
24	344	348	351	355	359	363	367	371	375	379	383	387	390	394	398	402	406	410
25	358	362	366	370	374	378	382	386	390	394	399	403	407	411	415	419	423	427
26	372	376	381	385	389	393	397	402	406	410	414	419	423	427	431	436	440	444
27	386	391	395	400	404	408	413	417	421	426	430	435	439	443	448	452	457	461
28	401	405	410	414	419	423	428	432	437	442	446	451	455	460	464	469	473	478
29	415	420	424	429	434	438	443	448	453	457	462	467	471	476	481	486	490	495
30	429	434	439	444	449	453	458	463	468	473	478	483	488	492	497	502	507	512
31	443	448	453	458	463	468	473	479	484	489	494	499	504	509	514	519	524	529
32	457	463	468	473	478	483	489	494	499	504	509	515	520	525	530	535	541	546
33	472	477	482	488	493	498	504	509	515	520	525	531	536	541	547	552	557	563
34	486	491	497	502	508	513	519	525	530	536	541	547	552	558	563	569	574	580
35	500	506	511	517	523	529	534	540	546	551	557	563	568	574	580	585	591	597
36	514	520	526	532	538	544	549	555	561	567	573	579	584	590	596	602	608	614
37	528	534	540	546	552	559	565	571	577	583	589	595	601	607	613	619	625	631
38	543	549	555	561	567	573	580	586	592	598	604	610	617	623	629	635	641	647
39	557	563	569	576	582	588	595	601	607	614	620	626	633	639	645	652	658	664
40	571	578	584	590	597	603	610	616	623	629	636	642	649	655	662	668	675	681

表 B.4　相对湿度表

%

干球温度/℃	干湿温差/℃																																
	0.0	0.5	1.0	1.5	2.0	2.5	3.0	3.5	4.0	4.5	5.0	5.5	6.0	6.5	7.0	7.5	8.0	8.5	9.0	9.5	10.0	10.5	11.0	11.5	12.0	12.5	13	13.5	14	14.5	15	16
16	100	95	90	85	81	76	71	67	63	58	54	50	46	42	38	34	30	26	23	19	15	12	8	5								
17	100	95	90	86	81	76	72	68	64	60	55	51	47	43	40	36	32	28	25	21	18	14	11	8								
18	100	95	91	86	82	77	73	69	65	61	57	53	49	45	41	38	34	30	27	23	20	17	14	10	7							
19	100	95	91	87	82	78	74	70	65	62	58	54	50	46	43	39	36	32	29	26	22	19	16	13	10	7						
20	100	96	91	87	83	78	74	70	66	63	59	55	51	48	44	41	37	34	31	28	24	21	18	15	12	9	6					
21	100	96	91	87	83	79	75	71	67	64	60	56	53	49	46	42	39	36	32	29	26	23	20	17	14	12	9	6				
22	100	96	92	87	83	80	76	72	68	64	61	57	54	50	47	44	40	37	34	31	28	25	22	19	17	14	11	8	6			
23	100	96	92	88	84	80	76	72	69	65	62	58	55	52	48	45	42	39	36	33	30	27	24	21	19	16	13	11	8	6		
24	100	96	92	88	84	80	77	73	69	66	62	59	56	53	49	46	43	40	37	34	31	29	26	23	20	18	15	13	10	8	5	
25	100	96	92	88	84	81	77	74	70	67	63	60	57	54	50	47	44	41	39	36	33	30	28	25	22	20	17	15	12	10	8	
26	100	96	92	88	85	81	78	74	71	67	64	61	58	54	51	49	46	43	40	37	34	32	29	26	24	21	19	17	14	12	10	
27	100	96	92	89	85	82	78	75	71	68	65	62	58	56	52	50	47	44	41	38	36	33	31	28	26	23	21	18	16	14	12	7
28	100	96	93	89	85	82	78	75	72	69	65	62	59	56	53	51	48	45	42	40	37	34	32	29	27	25	22	20	18	16	13	9
29	100	96	93	89	86	82	79	76	72	69	66	63	60	57	54	52	49	46	43	41	38	36	33	31	28	26	24	22	19	17	15	11
30	100	96	93	89	86	83	79	76	73	70	67	64	61	58	55	52	50	47	44	42	39	37	35	32	30	28	25	23	21	19	17	13
31	100	96	93	90	86	83	80	77	73	70	67	64	61	59	56	53	51	48	45	43	40	38	36	33	31	29	27	25	22	20	18	14
32	100	96	93	90	86	83	80	77	74	71	68	65	62	60	57	54	51	49	46	44	41	39	37	35	32	30	28	26	24	22	20	16
33	100	97	93	90	87	83	80	77	74	71	68	66	63	60	57	55	52	50	47	45	42	40	38	36	33	31	29	27	25	23	21	17
34	100	97	93	90	87	84	81	78	75	72	69	66	63	61	58	56	53	51	48	46	43	41	39	37	35	32	30	28	26	24	23	19
35	100	97	94	90	87	84	81	78	75	72	69	67	64	61	59	56	54	51	49	47	44	42	40	38	36	34	32	30	28	26	24	20
36	100	97	94	90	87	84	81	78	75	73	70	67	64	62	59	57	54	52	50	48	45	43	41	39	37	35	33	31	29	27	25	21
37	100	97	94	91	87	84	82	79	76	73	70	68	65	63	60	58	55	53	51	48	46	44	42	40	38	36	34	32	30	28	26	23
38	100	97	94	91	88	84	82	79	76	74	71	68	66	63	61	58	56	54	51	49	47	45	43	41	39	37	35	33	31	29	27	24
39	100	97	94	91	88	85	82	79	77	74	71	69	66	64	61	59	57	54	52	50	48	46	43	42	39	38	36	34	32	30	28	25
40	100	97	94	91	88	85	82	80	77	74	72	69	67	64	62	59	57	54	53	51	48	46	44	43	40	38	36	35	33	31	29	26

附　录　C
（资料性附录）
换算为干燃气相对密度的修正值(a)

表 C.1　换算为干燃气相对密度的修正值(a)

水温/℃ \ $\left(\frac{\tau_g}{\tau_a}\right)^2$	0.3	0.4	0.5	0.6	0.7	0.8	0.9	1.0	1.1	1.2	1.3	1.4	1.5	1.6	1.7	1.8	1.9	2.0
1	−0.003	−0.002	−0.002	−0.002	−0.001	−0.001	−0.000	0	+0.000	+0.001	+0.001	+0.002	+0.002	+0.002	+0.003	+0.003	+0.004	+0.004
2	−0.003	−0.003	−0.002	−0.002	−0.001	−0.001	−0.000	0	+0.000	+0.001	+0.001	+0.002	+0.002	+0.003	+0.003	+0.003	+0.004	+0.004
3	−0.003	−0.003	−0.002	−0.002	−0.001	−0.001	−0.000	0	+0.000	+0.001	+0.001	+0.002	+0.002	+0.003	+0.003	+0.004	+0.004	+0.005
4	−0.003	−0.003	−0.002	−0.002	−0.001	−0.001	−0.000	0	+0.000	+0.001	+0.001	+0.002	+0.002	+0.003	+0.003	+0.004	+0.004	+0.005
5	−0.004	−0.003	−0.003	−0.002	−0.002	−0.001	−0.001	0	+0.001	+0.001	+0.002	+0.002	+0.003	+0.003	+0.004	+0.004	+0.005	+0.005
6	−0.004	−0.003	−0.003	−0.002	−0.002	−0.001	−0.001	0	+0.001	+0.001	+0.002	+0.002	+0.003	+0.003	+0.004	+0.004	+0.005	+0.006
7	−0.004	−0.004	−0.003	−0.002	−0.002	−0.001	−0.001	0	+0.001	+0.001	+0.002	+0.002	+0.003	+0.004	+0.004	+0.005	+0.005	+0.006
8	−0.004	−0.004	−0.003	−0.003	−0.002	−0.001	−0.001	0	+0.001	+0.001	+0.002	+0.003	+0.003	+0.004	+0.004	+0.005	+0.006	+0.006
9	−0.005	−0.004	−0.003	−0.003	−0.002	−0.001	−0.001	0	+0.001	+0.001	+0.002	+0.003	+0.003	+0.004	+0.005	+0.005	+0.006	+0.007
10	−0.005	−0.004	−0.004	−0.003	−0.002	−0.001	−0.001	0	+0.001	+0.001	+0.002	+0.003	+0.004	+0.004	+0.005	+0.006	+0.007	+0.007
11	−0.005	−0.005	−0.004	−0.003	−0.002	−0.002	−0.001	0	+0.001	+0.002	+0.002	+0.003	+0.004	+0.005	+0.005	+0.006	+0.007	+0.008
12	−0.006	−0.005	−0.004	−0.003	−0.003	−0.002	−0.001	0	+0.001	+0.002	+0.003	+0.003	+0.004	+0.005	+0.006	+0.007	+0.008	+0.008
13	−0.006	−0.005	−0.004	−0.004	−0.003	−0.002	−0.001	0	+0.001	+0.002	+0.003	+0.004	+0.004	+0.005	+0.006	+0.007	+0.008	+0.009
14	−0.007	−0.006	−0.005	−0.004	−0.003	−0.002	−0.001	0	+0.001	+0.002	+0.003	+0.004	+0.005	+0.006	+0.007	+0.008	+0.009	+0.010
15	−0.007	−0.006	−0.005	−0.004	−0.003	−0.002	−0.001	0	+0.001	+0.002	+0.003	+0.004	+0.005	+0.006	+0.007	+0.008	+0.009	+0.010
16	−0.008	−0.007	−0.005	−0.004	−0.003	−0.002	−0.001	0	+0.001	+0.002	+0.003	+0.004	+0.005	+0.007	+0.008	+0.009	+0.010	+0.011
17	−0.008	−0.007	−0.006	−0.005	−0.003	−0.002	−0.001	0	+0.001	+0.002	+0.003	+0.005	+0.006	+0.007	+0.008	+0.009	+0.010	+0.012
18	−0.009	−0.007	−0.006	−0.005	−0.004	−0.002	−0.001	0	+0.001	+0.002	+0.004	+0.005	+0.006	+0.007	+0.009	+0.010	+0.011	+0.012
19	−0.009	−0.008	−0.007	−0.005	−0.004	−0.003	−0.001	0	+0.001	+0.003	+0.004	+0.005	+0.007	+0.008	+0.009	+0.011	+0.012	+0.013
20	−0.010	−0.009	−0.007	−0.006	−0.004	−0.003	−0.001	0	+0.001	+0.003	+0.004	+0.006	+0.007	+0.009	+0.010	+0.011	+0.013	+0.014

表 C.1(续)

$\left(\frac{\tau_g}{\tau_a}\right)^2$ 水温/℃	0.3	0.4	0.5	0.6	0.7	0.8	0.9	1.0	1.1	1.2	1.3	1.4	1.5	1.6	1.7	1.8	1.9	2.0
21	−0.010	−0.009	−0.008	−0.006	−0.005	−0.003	−0.002	0	+0.002	+0.003	+0.005	+0.006	+0.008	+0.009	+0.010	+0.012	+0.014	+0.015
22	−0.011	−0.010	−0.008	−0.006	−0.005	−0.003	−0.002	0	+0.002	+0.003	+0.005	+0.006	+0.008	+0.010	+0.011	+0.013	+0.014	+0.016
23	−0.012	−0.010	−0.009	−0.007	−0.005	−0.003	−0.002	0	+0.002	+0.003	+0.005	+0.007	+0.009	+0.010	+0.012	+0.014	+0.015	+0.017
24	−0.013	−0.011	−0.009	−0.007	−0.005	−0.004	−0.002	0	+0.002	+0.004	+0.005	+0.007	+0.009	+0.011	+0.013	+0.014	+0.016	+0.018
25	−0.013	−0.012	−0.010	−0.008	−0.006	−0.004	−0.002	0	+0.002	+0.004	+0.006	+0.008	+0.010	+0.012	+0.013	+0.015	+0.017	+0.019
26	−0.014	−0.012	−0.010	−0.008	−0.006	−0.004	−0.002	0	+0.002	+0.004	+0.006	+0.008	+0.010	+0.012	+0.014	+0.016	+0.018	+0.020
27	−0.015	−0.013	−0.011	−0.009	−0.007	−0.004	−0.002	0	+0.002	+0.004	+0.007	+0.009	+0.011	+0.013	+0.015	+0.017	+0.020	+0.022
28	−0.016	−0.014	−0.012	−0.009	−0.007	−0.005	−0.002	0	+0.002	+0.005	+0.007	+0.009	+0.012	+0.014	+0.016	+0.018	+0.021	+0.023
29	−0.017	−0.015	−0.012	−0.010	−0.007	−0.005	−0.002	0	+0.002	+0.005	+0.007	+0.010	+0.012	+0.015	+0.017	+0.020	+0.022	+0.025
30	−0.018	−0.016	−0.013	−0.010	−0.008	−0.005	−0.003	0	+0.003	+0.005	+0.008	+0.010	+0.013	+0.016	+0.018	+0.021	+0.023	+0.026
31	−0.019	−0.017	−0.014	−0.011	−0.008	−0.006	−0.003	0	+0.003	+0.006	+0.008	+0.011	+0.014	+0.017	+0.019	+0.022	+0.025	+0.028
32	−0.021	−0.018	−0.015	−0.012	−0.009	−0.006	−0.003	0	+0.003	+0.006	+0.009	+0.012	+0.015	+0.018	+0.021	+0.023	+0.026	+0.029
33	−0.022	−0.019	−0.016	−0.012	−0.009	−0.006	−0.003	0	+0.003	+0.006	+0.009	+0.012	+0.016	+0.019	+0.022	+0.025	+0.028	+0.031
34	−0.023	−0.020	−0.017	−0.013	−0.010	−0.006	−0.003	0	+0.003	+0.007	+0.010	+0.013	+0.017	+0.020	+0.023	+0.026	+0.030	+0.033
35	−0.025	−0.021	−0.018	−0.014	−0.011	−0.007	−0.004	0	+0.004	+0.007	+0.010	+0.014	+0.018	+0.021	+0.025	+0.028	+0.032	+0.035

ICS 23.060.00
J 16

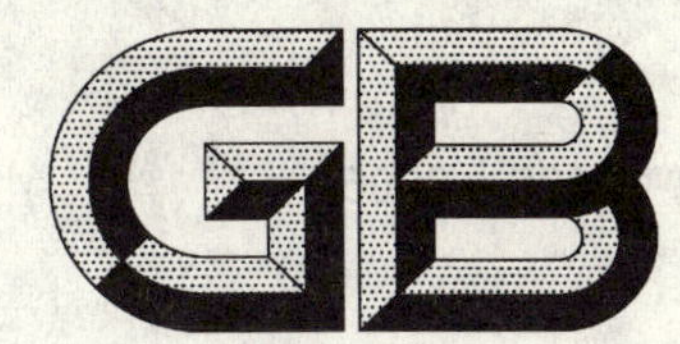

中华人民共和国国家标准

GB/T 12228—2006
代替 GB/T 12228—1989

通用阀门 碳素钢锻件技术条件

General purpose industrial valves—Specification of carbon steel forgings

2006-12-25 发布 2007-05-01 实施

中华人民共和国国家质量监督检验检疫总局
中国国家标准化管理委员会 发布

前 言

本标准代替 GB/T 12228—1989《通用阀门　碳素钢锻件技术条件》。本标准与 GB/T 12228—1989 相比主要变化如下：

——增加了订货要求。

——规定了 25 号钢的具体要求，其他钢材可参照有关标准执行。增加了 ASTM　A105/A105M：2003 标准中的 A105 材料。

——增加了材料化学成分、力学性能的数值。

——增加了热处理温度参考值。

——增加了质量保证书等内容。

本标准由中国机械工业联合会提出。

本标准由全国阀门标准化技术委员会(SAC/TC 188)归口。

本标准起草单位：青岛电站阀门有限公司、大连大高阀门有限公司、上海亚核阀业有限公司。

本标准主要起草人：钟立生、杨志聪、肖箭、薛珍。

本标准所代替的历次版本发布情况为：

——GB/T 12228—1989。

通用阀门 碳素钢锻件技术条件

1 范围

本标准规定了通用阀门、法兰、管件等受压碳素钢锻件的要求、试验方法、检验规则、订货要求、标志和质量证明。

本标准适用于通用阀门、法兰、管件等受压碳素钢锻件(以下简称锻件)。非受压锻件可参照执行。

2 规范性引用文件

下列文件中的条款通过本标准的引用而成为本标准的条款。凡是注日期的引用文件,其随后所有的修改单(不包括勘误的内容)或修订版均不适用于本标准,然而,鼓励根据本标准达成协议的各方研究是否可使用这些文件的最新版本。凡是不注日期的引用文件,其最新版本适用于本标准。

GB 150 钢制压力容器

GB/T 228 金属材料 室温拉伸试验方法(GB/T 228—2002,eqv ISO 6892:1998)

GB/T 229 金属夏比缺口冲击试验方法

GB/T 231.1 金属布氏硬度试验 第1部分:试验方法(GB/T 231.1—2002,eqv ISO 6506-1:1999)

GB/T 699 优质碳素结构钢

GB/T 2975 钢及钢产品 力学性能试验取样位置及试样制备(GB/T 2975—1998,eqv ISO 377:1997)

GB/T 13927 通用阀门 压力试验(GB/T 13927—1992,neq ISO 5208:1982)

JB 4726 压力容器用碳素钢和低合金钢锻件

JB 4730 压力容器无损检验

ASTM A105/A105M:2003 管道部件用碳钢锻件

3 要求

3.1 一般要求

锻件材料选用按表1的规定,其他性能相当的材料可以代用。

表1 材料牌号

材料名称	材料牌号	使用温度/℃	标准号
碳素钢	25	—29～425	GB/T 699
	A105	—29～425	ASTM A105/A105M

3.2 锻造

3.2.1 锻造用钢应为镇静钢。

3.2.2 钢锭应有足够的切头,以防止有害的缺陷(包括缩孔、偏析、折叠等)。

3.2.3 锻造应保证锻件的充分变形,以达到图样和技术要求。

3.2.4 在锻造过程中,应保证锻件在通过相变温度范围时缓慢冷却。

3.2.5 锻件最终成型后,必须使其冷却到500℃以下,才能进行规定的热处理。

3.3 热处理

3.3.1 对于公称压力超过PN20的锻件,以及未注明压力等级的法兰必须进行热处理。

3.3.2 热处理方法为退火、正火,或正火加回火。

3.3.3 25、A105 钢热处理温度可参考表 2 中数值。其他材料参照有关标准。

表 2 热处理温度

钢号	正火温度/℃	回火温度/℃
A105	843～927	593
25	900	600

3.4 化学成分

3.4.1 化学成分应符合表 3 的要求。其他材料化学成分按 GB/T 699 的规定。

表 3 化学成分

牌号	含量/%[除给出范围外,含量(%)均为最大值]									
	C	Mn	P	S	Si	Cu	Ni	Cr	Mo	V
A105	0.35	0.60～1.05	0.035	0.04	0.10～0.35	0.40	0.40	0.30	0.12	0.08
25	0.22～0.29	0.50～0.80	0.035	0.035	0.17～0.37	0.25	0.30	0.25	—	—

3.4.2 在规定的最大碳含量 0.35%以下,每降低 0.01 碳含量,允许在规定的最大锰含量 1.05%上增加 0.06%锰含量,直到最大 1.35%为止。Cu、Ni、Cr 和 Mo、V 含量总和不应超过 1.00%。Cr、Mo 含量总和不应超过 0.32%。

3.4.3 化学成分分析时,应按如下规定取样。

对于实心锻件应从中心到表面之间的中间部位取得,对于空心锻件应从内、外表面之间的中间部位取得,或从锻件等截面延长部分中间部位取得,也可以从破坏了的力学性能试样中取得。

3.5 力学性能

3.5.1 力学性能应符合表 4 的要求。其他材料力学性能按 GB/T 699 的规定。

表 4 力学性能

牌号	抗拉强度 σ_b/MPa	屈服强度 σ_S/MPa	伸长率 δ/%	断面收缩率 Ψ/%	冲击吸收功 A_K/J	硬度/HB
A105	≥485	≥250	≥22	≥30	—	≤187
25	≥450	≥275	≥23	≥50	71	≤170

3.5.2 力学性能试样应取自热处理后的成品锻件或代表成品锻件用的单独试块锻坯,但试块锻坯应采用与产品大致相同的加工工艺,并且与产品锻件一起进行热处理。

3.5.3 力学性能试块的制取方法应按 GB/T 2975 的规定,可由下列方法选择:

a) 直接在零件上;

b) 在锻件的延长部位上;

c) 制作断面相同的坯料。

3.6 质量要求

3.6.1 锻件表面质量应良好,无有害缺陷。

3.6.2 锻件缺陷深度深入到锻件的极限尺寸时为有害缺陷,应予报废。

3.6.3 锻件缺陷深度未深入到锻件的极限尺寸,且能以机械加工或打磨方法除去者为非有害缺陷,可按如下规定处理:

a) 折叠深度不超过极限尺寸的 5%或 1.5 mm(取小值)可不必除去,若需要除去缺陷应采用机械加工或打磨方法;

b) 对凹坑或打标志造成损伤之类的缺陷,其深度不超过 3.6.3 a)的规定可不必除去;

c) 当缺陷超过 3.6.3 a)时,应用机械加工或打磨方法除去缺陷,但必须保证锻件的极限尺寸。

3.6.4 焊补

3.6.4.1 锻件允许进行焊补,或按订货合同的规定。

3.6.4.2 焊接工艺,焊后热处理,焊补无损检验及对焊工的要求应符合 GB 150 的规定。

3.6.4.3 焊补面积不应超过锻件表面积的 10%,深度不应超过锻件极限尺寸的三分之一或 10 mm(取小值)。否则,应征得需方同意。

3.6.4.4 焊补前,必须将缺陷全部除去,并按要求进行磁粉探伤或其他有效的探伤方法。

3.6.4.5 焊补后应将焊接区域打磨平整,并按 4.4 规定进行检测。

3.6.4.6 所有经过焊补的锻件都应进行消除应力处理。

3.6.4.7 同一缺陷部位焊补次数不得超过两次。

3.7 锻件级别

3.7.1 锻件(包括扎制锻件)的级别及其技术要求应符合 JB 4726 的要求。

3.7.2 公称压力 PN2.5~PN10 的锻件允许采用Ⅰ级锻件。

3.7.3 除 3.7.4 规定外,公称压力 PN16~PN63 的锻件应符合Ⅱ级或Ⅱ级以上锻件级别要求。

3.7.4 公称压力不小于 PN100 的锻件,应符合Ⅲ级锻件的要求。

4 试验方法

4.1 拉伸试验

4.1.1 每一炉热处理锻件应进行一次拉伸试验,如果同炉热处理的锻件包括两个以上轧制炉号,则每一轧制炉号都应进行拉伸试验。

4.1.2 在同样热处理条件下,温度误差在±14℃内,并有高温记录装置,则统一轧制炉号,只需进行一次拉伸试验。

4.1.3 拉伸试验方法按 GB/T 228 的规定进行。

4.1.4 若锻件太小,无法在锻件上制取拉伸试验用的最小试块或无法切取与主要变形方向平行的试块,以及无法在设备上锻制试块时,则可抽取批量的 1%或 10 件(取最小值)作硬度试验。

4.2 硬度试验

锻件硬度试验方法按 GB/T 231.1 的规定。

4.3 冲击试验

锻件冲击试验方法按 GB/T 229 的规定。

4.4 无损检测

锻件超声波检测和磁粉探伤检测方法按 JB 4730 的规定进行。

4.5 压力试验

4.5.1 承压锻件的压力试验方法按 GB/T 13927 的规定进行。

4.5.2 承压锻件应在机加工后进行压力试验,确保其无渗漏。

5 检验规则

5.1 锻件每个级别的检验项目和检验数目按表 5 的规定。

表 5 锻件检验项目

锻件级别	检验项目	检验数目
Ⅰ	硬度 HB	逐件检查
Ⅱ	力学性能试验和冲击(σ_b、σ_s、δ_5、A_K)	同炉批号、同炉热处理的锻件抽检一件

表 5(续)

锻件级别	检验项目	检验数目
Ⅲ	力学性能试验和冲击(σ_b、σ_s、δ_5、A_K)	同炉批号、同炉热处理的锻件抽检一件
	超声波检验	逐件检查
Ⅳ	力学性能试验和冲击(σ_b、σ_s、δ_5、A_K) 超声波检验	逐件检查
	金相	同炉批号、同炉热处理的锻件抽检一件

5.2 如果力学性能试验结果不符合表 4 的规定,则应按 3.3 的规定重新热处理,并按 3.5 的规定进行试块制取,按 5.1 的规定进行试验。但重新热处理数不得超过二次。

5.3 压力试验应在无损检测之后进行,并应逐件进行。锻造单位应对试验锻件的质量负责。

6 定货要求

6.1 订货合同或询价单应包括以下内容:

a) 产品锻件图样,其中有表面粗糙度、公差、材料级别号等要求;

b) 供方锻件工艺、锻件图(若需要应有需方认可);

c) 热处理及其他要求可双方协商;

d) 验收要求和需要补充的内容。

6.2 需方在进行产品分析或机械加工过程中发现废品,应在合同规定的时间内通知锻造单位,如无规定则应不超过 30 天。

6.3 提出报废的锻件样品,从寄出试验报告之日起保存 30 天,锻造单位可在此期间内,提出复查的要求。

7 标志和质量证明

7.1 锻件经检验合格后,应附合格标志,标志内容包括:

a) 厂名或厂标;

b) 材料代号;

c) 热处理代号;

d) 制造日期;

e) 检验员标志。

7.2 对于重量小、标志有困难的锻件,可用标记代替,但标记应位于不影响锻件使用的位置。

7.3 锻件出厂时应附有质量保证书,证明该锻件的质量符合本标准的要求。

ICS 23.060.50
J 16

中华人民共和国国家标准

GB/T 12233—2006
代替 GB/T 12233—1989

通用阀门　铁制截止阀与升降式止回阀

General purpose industrial valves—Casting iron globe valves and lift check valves

2006-12-25 发布　　2007-05-01 实施

中华人民共和国国家质量监督检验检疫总局
中国国家标准化管理委员会　发布

前　言

本标准是对 GB/T 12233—1989《通用阀门　铁制截止阀与升降式止回阀》的修订。

本标准代替 GB/T 12233—1989《通用阀门　铁制截止阀与升降式止回阀》。

本标准与 GB/T 12233—1989 相比，主要变化如下：

——增加了止回阀压力试验泄漏量；

——增加了检验规则；

——增加了可锻铸铁管法兰的内容；

——删除了公称压力 PN16 以上产品的相关内容；

——删除了柱塞阀内容。

本标准由中国机械工业联合会提出。

本标准由全国阀门标准化技术委员会(SAC/TC 188)归口。

本标准起草单位：安徽省白湖阀门厂有限责任公司、江苏花山阀门厂有限公司、江苏竹箦机械厂。

本标准主要起草人：张文权、方青、孔良良、汤伟、李健、许程伟。

本标准所代替标准的历次替代情况：

——GB/T 12233—1989。

通用阀门 铁制截止阀与升降式止回阀

1 范围

本标准规定了铁制截止阀与升降式止回阀的分类、要求、试验方法、检验规则、标志和供货要求等。

本标准适用于公称压力 PN10～PN16，公称尺寸 DN15～DN200，适用温度不大于 200℃的内螺纹连接和法兰连接的铁制截止阀和升降式止回阀。

本标准也适用于节流阀。

2 规范性引用文件

下列文件中的条款通过本标准的引用而成为本标准的条款。凡是注日期的引用文件，其随后所有的修改单(不包括勘误的内容)或修订版均不适用于本标准，然而，鼓励根据本标准达成协议的各方研究是否可使用这些文件的最新版本。凡是不注日期的引用文件，其最新版本适用于本标准。

GB/T 1047 管道元件 DN(公称尺寸)的定义和选用(GB/T 1047—2005,ISO 6708:1995,MOD)

GB/T 1048 管道元件 PN(公称压力)的定义和选用(GB/T 1048—2005,ISO/CD 7268:1996,MOD)

GB/T 1184—1996 形状和位置公差 未注公差值

GB/T 5796.3 梯形螺纹 第3部分:基本尺寸(GB/T 5796.3—2005,ISO 2904:1977,MOD)

GB/T 5796.4 梯形螺纹 第4部分:公差(GB/T 5796.4—2005,ISO 2903:1993,MOD)

GB/T 7307—2001 55°非密封管螺纹

GB/T 12220 通用阀门 标志

GB/T 12221 金属阀门 结构长度(GB/T 12221—2005,ISO 5752:1982,MOD)

GB/T 12222 多回转阀门驱动装置的连接(GB/T 12222—2005,ISO 5210:1991,MOD)

GB/T 13927 通用阀门 压力试验(GB/T 13927—1992,neq ISO 5208:1982)

GB/T 17241.6—1998 整体铸铁管法兰(neq ISO 7005-2:1988)

GB/T 17241.7—1998 铸铁管法兰 技术条件(neq ISO 7005-2:1988)

JB/T 308 阀门型号编制方法

JB/T 5300 通用阀门 材料

JB/T 7928 通用阀门 供货要求

JB/T 8859 截止阀 静压寿命试验规程

3 分类

3.1 结构形式

3.1.1 截止阀结构形式如图1、图2所示。

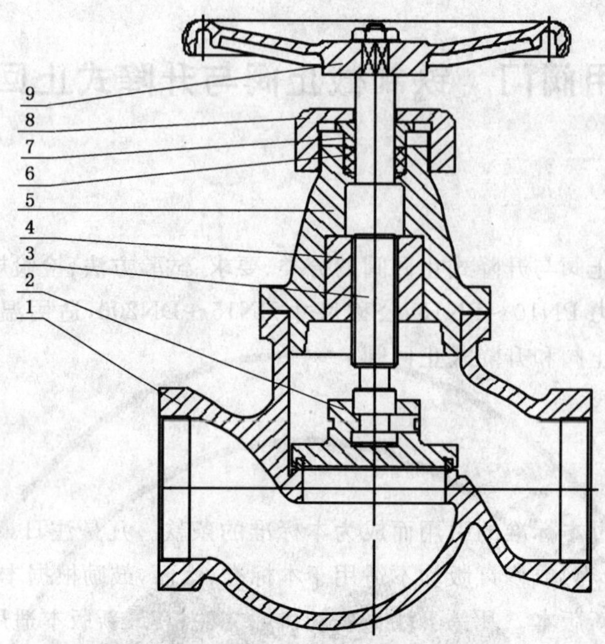

1——阀体；

2——阀瓣；

3——阀杆；

4——阀杆螺母；

5——阀盖；

6——填料；

7——填料压套；

8——压套螺母；

9——手轮。

图 1　内螺纹连接截止阀

3.1.2　升降式止回阀结构形式如图 3、图 4 所示。

3.1.3　节流阀结构形式如图 5 所示。

3.2　型号

型号编制按 JB/T 308 的规定。

3.3　参数

3.3.1　公称尺寸按 GB/T 1047 的规定。

3.3.2　公称压力按 GB/T 1048 的规定。

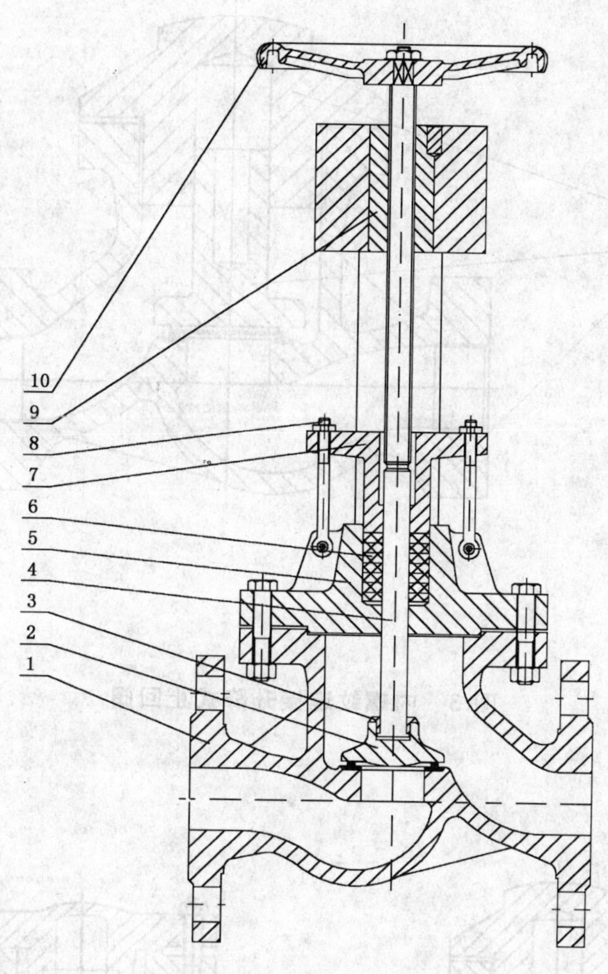

1——阀体；
2——阀瓣；
3——阀瓣盖；
4——阀杆；
5——阀盖；
6——填料；
7——填料压盖；
8——活节螺栓；
9——阀杆螺母；
10——手轮。

图 2　法兰连接截止阀

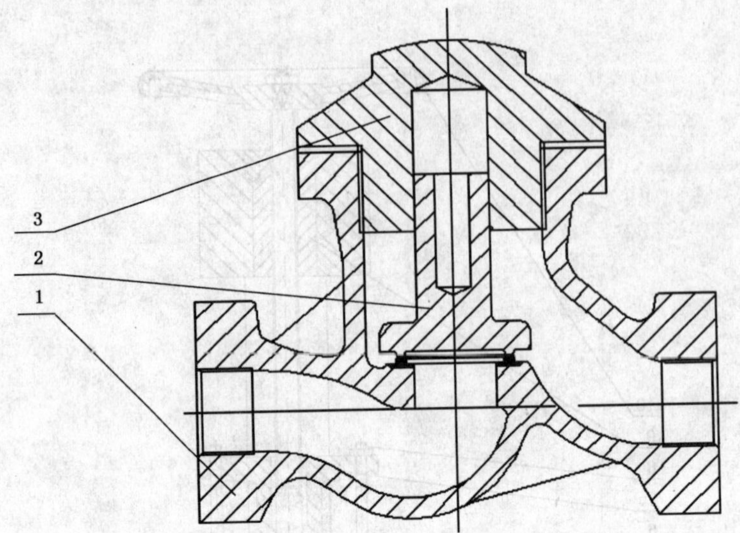

1——阀体；
2——阀瓣；
3——阀盖。

图 3 内螺纹连接升降式止回阀

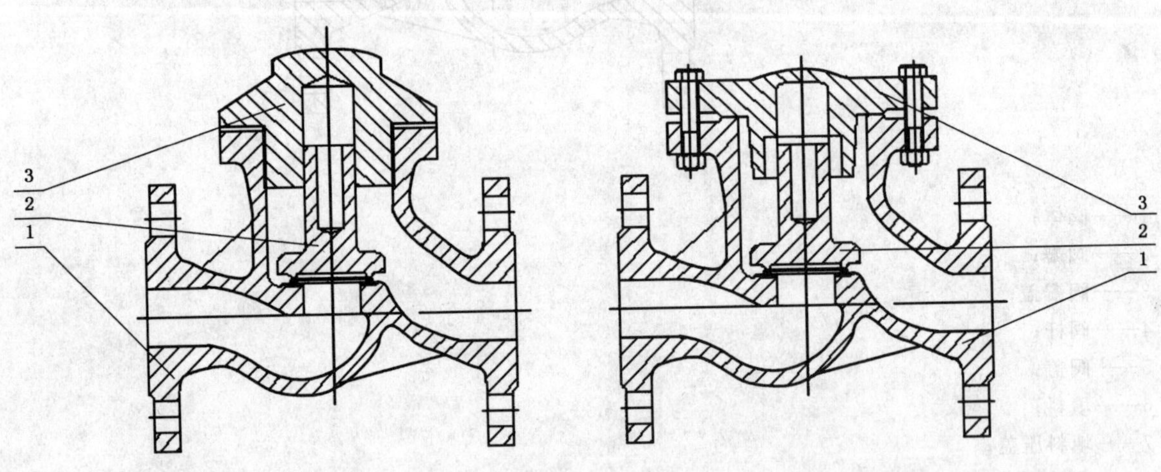

1——阀体；
2——阀瓣；
3——阀盖。

图 4 法兰连接升降式止回阀

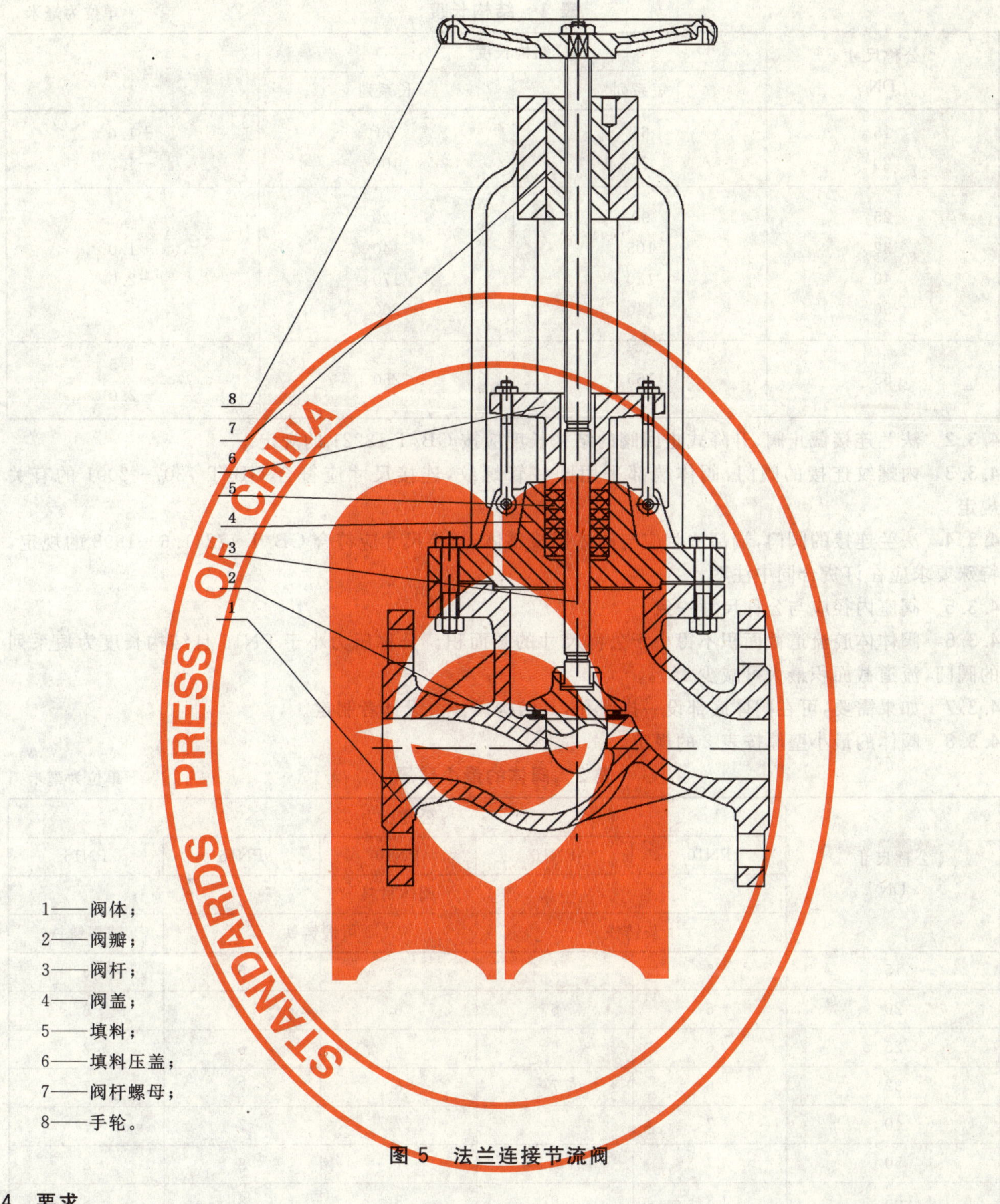

1——阀体；
2——阀瓣；
3——阀杆；
4——阀盖；
5——填料；
6——填料压盖；
7——阀杆螺母；
8——手轮。

图 5　法兰连接节流阀

4　要求

4.1　压力-温度等级

壳体材料的压力-温度等级按 GB/T 17241.7—1998 的规定。

4.2　工作条件

升降式止回阀安装时应使阀瓣在垂直于水平面上上下运动。

4.3　阀体

4.3.1　内螺纹连接截止阀、升降式止回阀的结构长度按表 1 的规定。

表 1 结构长度

单位为毫米

公称尺寸 DN	结构长度		偏差
	短系列	长系列	
15 20	65 75	90 100	+1.0 −1.5
25 32 40 50	90 105 120 140	120 140 170 200	+1.0 −2.0
65	165	260	+1.5 −2.0

4.3.2 法兰连接截止阀、升降式止回阀的结构长度应按 GB/T 12221 的规定。

4.3.3 内螺纹连接的阀门，阀体端部采用圆柱管螺纹，连接尺寸应符合 GB/T 7307—2001 的有关规定。

4.3.4 法兰连接的阀门，端部法兰应与阀体铸成整体，连接尺寸应符合 GB/T 17241.6—1998 的规定，特殊要求应在订货合同中注明。

4.3.5 阀座内径应与公称尺寸一致。

4.3.6 阀体体腔流道截面积不得小于公称尺寸的圆面积。公称压力小于 PN16 且结构长度为短系列的阀门，流道截面积最大可减少 15%。

4.3.7 如果需要，可在阀体底部设一排泄孔，其结构尺寸由设计者制定。

4.3.8 阀体的最小壁厚按表 2 的规定。

表 2 阀体的最小壁厚

单位为毫米

公称尺寸 DN	公称压力				
	PN10	PN16	PN10	PN16	PN16
	阀体材料				
	灰铸铁		可锻铸铁		球墨铸铁
15	5	5	5	5	5
20	6	6	6	6	6
25	6	6	6	6	6
32	6	7	6	7	7
40	7	7	7	7	7
50	7	8	7	8	8
65	8	8	8	8	8
80	8	9	—	—	9
100	9	10	—	—	10
125	10	12	—	—	12
150	11	12	—	—	12
200	12	14	—	—	14

4.3.9 端法兰的密封面应相互平行，其平行度应按 GB/T 1184—1996 规定的 12 级精度。

4.4 阀盖

4.4.1 阀盖的最小壁厚不得小于表 2 的规定。

4.4.2 公称尺寸不大于 DN65 时，阀体与阀盖可采用螺纹连接。公称尺寸大于 DN65 时应采用法兰连接，密封面为凹凸形式。如有特殊要求需在订货合同中注明。

4.4.3 阀盖与阀体用法兰连接，连接螺栓的数量不得少于 4 个。

4.4.4 当需要有上密封时，截止阀阀盖上应设有上密封结构。但是允许采用上密封结构的截止阀应在订货合同中注明。

4.5 阀瓣和阀座

4.5.1 截止阀阀瓣与阀杆连接必须可靠。

4.5.2 阀体与阀瓣密封面可在阀体、阀瓣上直接加工而成，也可镶装密封圈或堆焊其他金属。密封面如采用堆焊，加工后堆焊层厚度不得小于 2 mm。

4.5.3 阀瓣的开启高度不得小于公称尺寸的四分之一。

4.5.4 节流阀阀瓣应具有可以平稳调节流量的阀瓣节流件，节流件应与阀瓣为一体。

4.6 阀杆与阀杆螺母

4.6.1 阀杆的最小直径按表 3 的规定。

表 3 阀杆的最小直径

单位为毫米

公称尺寸 DN	PN10、PN16
15	10
20	12
25	14
32	18
40	18
50	20
65	20
80	24
100	28
125	32
150	36
200	40
注：阀杆最小直径指螺纹公称直径或阀杆光杆部分直径。	

4.6.2 阀杆和阀杆螺母的螺纹为梯形螺纹，其基本尺寸和公差按 GB/T 5796.3 和 GB/T 5796.4 的规定。

4.6.3 阀杆和阀杆螺母的有效旋合长度不得小于阀杆直径的 1.4 倍。

4.6.4 有上密封要求的截止阀，阀杆上应有锥形密封面的凸肩与阀盖形成上密封。

4.7 填料

填料可以是方形、矩形或 V 形。安装填料时，对有切口的填料允许切成 45°，并对切口按 120°交叉进行安装。

4.8 填料压盖

填料压盖应采用带孔整体式或分体式，不允许采用开口式，其连接可用 T 型螺栓，也可用活节螺栓。

4.9 支架

4.9.1 支架可以与阀盖制成整体，也可以设计成两体，由设计者确定。

4.9.2 对于电、液和气驱动的阀门，支架与驱动装置连接法兰的尺寸应符合 GB/T 12222 的规定。

4.10 手轮

4.10.1 截止阀的手轮（包括驱动装置的手轮），顺时针旋转为关，逆时针旋转为开，轮缘上要有明显的指示关闭方向的箭头和“关”字，或开、关双向箭头及“开”、“关”两字。

4.10.2 手轮应用螺母固定在阀杆螺母或阀杆上。

4.11 材料

阀门主要零件的材料按 JB/T 5300 的规定选用。

4.12 壳体强度和密封

4.12.1 截止阀和升降式止回阀壳体强度和密封，应符合 GB/T 13927 的规定。但对于密封副是金属的公称尺寸不大于 125 的铸铁升降式止回阀泄漏量按表 4 规定。

表 4 铸铁升降式止回阀

试验介质	公称尺寸 DN	最大允许泄漏量/(mm^3/s)
液 体	≤32	33
	40～65	20
	80～125	16

4.12.2 节流阀不进行密封试验。

4.13 静压寿命

截止阀按 JB/T 8859 规定的方法试验后，其静压寿命次数应达到表 5 的要求。

表 5 截止阀的静压寿命次数

公称尺寸 DN	静压寿命次数/次
≤100	≥2 500
≥125	≥2 000

5 试验方法

5.1 截止阀和升降式止回阀压力试验方法按 GB/T 13927 的规定。

5.2 截止阀静压寿命试验按 JB/T 8859 的规定。

6 检验规则

6.1 出厂检验

6.1.1 每台截止阀和升降式止回阀必须进行出厂检验，经检验合格后方可出厂。

6.1.2 出厂检验项目、技术要求、检验和试验方法按表 6 的规定。

表 6 检验项目

检验项目	检验类别		技术要求	检验和试验方法
	出厂检验	型式检验		
壳体试验	√	√		
密封试验	√	√	4.12	第 5 章
上密封试验[a]	√	√		
静压寿命试验[b]	—	√	4.13	5.2
阀体、阀盖最小壁厚	—	√	表 2	专用工具
标志	√	√	7.1	目测
注："√"为检验项目。				
a 升降式止回阀和无上密封结构的截止阀不进行此项试验。 b 升降式止回阀不进行此项试验。				

6.2 型式检验

6.2.1 有下列情况之一时，应进行型式检验：

a) 新产品或老产品转厂生产的试制定型鉴定；

b) 正式生产时，定期或积累一定产量后，应周期性进行一次检验；

c) 正式生产时，如结构、材料、工艺有较大改变，可能影响产品性能时；

d) 产品长期停产后，恢复生产时；

e) 出厂检验结果与上次型式检验有较大差异时；

f) 国家质量监督机构提出进行型式试验的要求时。

6.2.2 型式检验项目、技术要求、检验和试验方法按表 6 的规定。

6.2.3 型式检验采取抽样检验。

6.2.4 抽样方案

6.2.4.1 检验样品从生产厂质检部门检验合格的库存产品中随机抽取。每一规格供抽样的最少台数和抽样台数按表 7 的规定。

6.2.4.2 检验样品也可从用户处抽取。从已供给用户但未使用并且保持出厂状态的产品中随机抽取，最少台数不受表 7 的限制，抽样台数仍按表 7 的规定。

6.2.4.3 对整个系列产品质量进行考核时，根据系列范围大小情况从中抽 2～3 个典型规格进行检验，每个规格供抽样最少台数和抽样台数按表 7 的规定。

表 7 抽样台数

公称尺寸 DN	供抽样的最少台数	抽样台数
≤200	10	3

6.2.5 型式检验中每台被检截止阀和升降式止回阀的壳体试验、密封试验结果必须符合表 6 中相应技术要求的规定，其余检验项目中若有一台阀门一项指标不符合表 6 中技术要求的规定，允许从供抽样的截止阀和升降式止回阀中再抽取规定的抽样台数，再次检验时全部检验项目的结果必须符合表 6 中技术要求的规定，否则判为不合格。

7 标志和供货要求

7.1 标志

截止阀与升降式止回阀的标志按 GB/T 12220 的规定。

7.2 供货要求

截止阀与升降式止回阀的供货要求按 JB/T 7928 的规定。

ICS 23.060.99
J 16

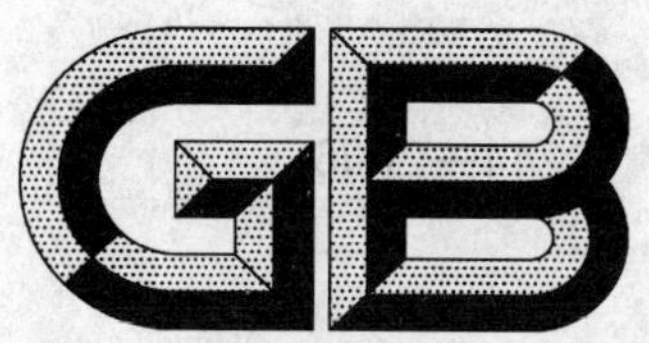

中华人民共和国国家标准

GB/T 12244—2006
代替 GB/T 12244—1989

减压阀　一般要求

General requirements for pressure reducing valves

2006-12-25 发布　　　　2007-05-01 实施

中华人民共和国国家质量监督检验检疫总局
中国国家标准化管理委员会　发布

前　言

本标准是对 GB/T 12244—1989《减压阀一般要求》的修订。

本标准代替 GB/T 12244—1989《减压阀一般要求》。修订部分内容参考了 JIS B 8372—1994《气用减压阀》和 JIS B 8410—1999《水用减压阀》。

本标准与 GB/T 12244—1989 相比主要变化如下：

——“术语、符号”改为“术语和定义”；

——删除了性能参数的符号、单位及定义的表格形式；

——增加了订货要求、压力-温度等级、材料和技术要求；

——增加了铸铁材料内容；

——增加了抽样方法内容；

——将原“试验方法”改为“试验方法”和“检验规则”二章。

本标准由中国机械工业联合会提出。

本标准由全国阀门标准化技术委员会(SAC/TC 188)归口。

本标准起草单位：沈阳阀门研究所、上海市通用机械技术研究所。

本标准主要起草人：金晶、于国良、郑云海、孔彪龙。

本标准所代替标准的历次版本发布情况为：

——GB/T 12244—1989。

减压阀　一般要求

1　范围

本标准规定了减压阀的术语和定义、订货要求、压力-温度等级、材料、技术要求、性能要求、试验方法、检验规则、标志及供货等内容。

本标准适用于公称压力PN10～PN63，公称尺寸DN20～DN300，介质为气体、蒸汽、水等管道用减压阀。

2　规范性引用文件

下列文件中的条款通过本标准的引用而成为本标准的条款。凡是注日期的引用文件，其随后所有的修改单（不包括勘误的内容）或修订版均不适用于本标准，然而，鼓励根据本标准达成协议的各方研究是否可使用这些文件的最新版本。凡是不注日期的引用文件，其最新版本适用于本标准。

GB/T 1047　管道元件　DN（公称尺寸）的定义和选用（GB/T 1047—2004，ISO 6708:1995，IDT）

GB/T 1048　管道元件　PN（公称压力）的定义和选用（GB/T 1048—2004，ISO/CD 7268:1996，IDT）

GB/T 9113.1—2000　平面、突面整体钢制管法兰

GB/T 9113.2—2000　凹凸面整体钢制管法兰

GB/T 9113.3—2000　榫槽面整体钢制管法兰

GB/T 12224　钢制阀门　一般要求（GB/T 12224—2005，ASME B16.34a:1998，NEQ）

GB/T 12226　通用阀门　灰铸铁件技术条件

GB/T 12227　通用阀门　球墨铸铁件技术条件

GB/T 12228　通用阀门　碳素钢锻件技术条件

GB/T 12229　通用阀门　碳素钢铸件技术条件

GB/T 12230　通用阀门　不锈钢铸件技术条件

GB/T 12245　减压阀　性能试验方法

GB/T 13927　通用阀门　压力试验（GB/T 13927—1992，neq ISO 5208:1982）

GB/T 17241.6　整体铸铁管法兰（GB/T 17241.6—1998，neq ISO 7005-2:1988）

GB/T 17241.7　铸铁管法兰　技术条件（GB/T 17241.7—1998，neq ISO 7005-2:1988）

JB/T 106　阀门的标志和涂漆

JB/T 308　阀门型号编制方法

JB/T 2205　减压阀　结构长度

JB/T 7928　通用阀门　供货要求

3　术语和定义

下列术语和定义适用于本标准。

3.1

减压阀　pressure reducing valve

通过阀瓣的节流，将进口压力降至某一需要的出口压力，并能在进口压力及流量变动时，利用介质

本身能量保持出口压力基本不变的阀门。

3.1.1

直接作用式减压阀　direct-acting reducing valve

利用出口压力变化，直接控制阀瓣运动的减压阀。

3.1.2

先导式减压阀　pilot-operated reducing valve

由主阀和导阀组成，主阀出口压力的变化通过导阀放大控制主阀阀瓣动作的减压阀。

3.1.3

薄膜式减压阀　diaphragm reducing valve

采用膜片作敏感元件来带动阀瓣运动的减压阀。

3.1.4

活塞式减压阀　piston reducing valve

采用活塞作敏感元件来带动阀瓣运动的减压阀。

3.1.5

波纹管减压阀　bellows reducing valve

采用波纹管作敏感元件来带动阀瓣运动的减压阀。

3.2

进口压力　upstream pressure

阀门进口端的介质压力。

3.3

出口压力　downstream pressure

阀门出口端的介质压力。

3.4

最小压差　minimum differential pressure

进口压力和出口压力的最小差值。

3.5

工作温度　working temperature

减压阀进口端的介质温度。

3.6

最高进口工作压力　maximum upstream working pressure

常温下为公称压力，各温度下为阀体材料允许的最大工作压力。

3.7

最低进口工作压力　minimal upstream working pressure

一定流量下，为保持出口压力达到给定值所需的最低进口压力。

3.8

最大流量　maximum flow rate

在给定的出口压力下，当其偏差在规定范围内时所能达到的流量上限。

3.9

流量特性偏差值　flow characteristics derivation

稳定流动状态下，当进口压力一定时，减压阀流量变化所引起的出口压力变化值。

3.10

压力特性偏差值　pressure characteristics derivation

出口流量一定，进口压力改变时，出口压力的变化值。

3.11

调压性能　pressure adjustment performance

进口压力一定,连续调节出口压力时,减压阀的卡阻和振动现象。

3.12

压力特性　pressure characteristics

出口流量一定,进口压力改变时,出口压力与进口压力之间的函数关系。

3.13

流量特性　flow characteristics

稳定流动状态下,当进口压力一定时,出口压力与流量的函数关系。

4　订货要求

4.1　订货合同中,应注明下列参数:

a)　公称尺寸;

b)　公称压力;

c)　最高进口压力;

d)　最低进口压力;

e)　出口压力范围;

f)　工作介质;

g)　工作温度;

h)　流量。

4.2　如有其他特殊要求,也应在订货合同中说明。

5　技术要求

5.1　压力-温度等级

除特殊规定外,钢制阀门的压力-温度等级按 GB/T 12224 的规定;铁制阀门的压力-温度等级按 GB/T 17241.7 的规定。

5.2　材料

除特殊规定外,阀门材料为碳素钢锻件、碳素钢铸件、不锈钢铸件的按 GB/T 12228～12230 的规定;阀门材料为灰铸铁的按 GB/T 12226 的规定;阀门材料为球墨铸铁的按 GB/T 12227 的规定。

5.3　一般要求

5.3.1　阀门型号编制方法按 JB/T 308 的规定。

5.3.2　公称尺寸按 GB/T 1047 的规定。

5.3.3　公称压力按 GB/T 1048 的规定。

5.3.4　法兰连接结构长度按 JB/T 2205 的规定。

5.3.5　阀体进出口两端连接法兰的公称压力与公称尺寸应一致,订货合同有要求的除外。

5.3.6　钢制阀门法兰连接尺寸及密封面的形状和尺寸按 GB/T 9113.1～9113.3—2000 的规定。

5.3.7　铁制阀门法兰连接尺寸及密封面的形状和尺寸按 GB/T 17241.6 的规定。

5.3.8　阀门涂漆按 JB/T 106 的规定。

5.4　性能要求

5.4.1　调压性能

给定的调压范围内,出口压力应能在最大值与最小值之间连续调整,不得有卡阻和异常振动。

5.4.2　流量特性

出口流量变化时,减压阀不得有异常动作,其出口压力负偏差值:对直接作用式减压阀不大于出口压力的20%;对先导式减压阀不大于出口压力的10%。

5.4.3 压力特性

进口压力变化时,减压阀不得有异常振动,其出口压力偏差值:对直接作用式减压阀不大于出口压力的10%;对先导式减压阀不大于出口压力的5%。

5.4.4 密封性能

5.4.4.1 对于弹性密封结构,其渗漏量按表1规定。对于金属-金属密封结构,允许渗漏量不大于最大流量的0.5%。

表1 渗漏量

公称尺寸 DN	最大渗漏量 滴(气泡)/min
≤50	5
65～125	12
≥150	20

5.4.4.2 出口压力表的升值,弹性密封应为零,金属-金属密封不超过0.2 MPa/min。

5.4.5 连续运转能力

经连续运行试验后仍能满足5.4.1～5.4.4的规定。

6 试验方法

6.1 壳体试验按GB/T 13927的规定。

6.2 密封性能试验、调压试验、流量试验、流量特性试验、压力特性试验、连续运行试验,按GB/T 12245的有关规定进行。

7 检验规则

7.1 出厂检验

7.1.1 每台产品均应做出厂检验,检验合格后方可出厂。

7.1.2 整台产品及零、部件应符合本标准和相应标准及技术文件(与用户协议)的规定。

7.1.3 试验项目按表2的规定。

表2 试验项目

试验项目	检验种类		技术要求	检验方法
	出厂	型式		
壳体试验	√	√	GB/T 13927	GB/T 13927
密封试验	√	√	5.4.4	GB/T 12245
调压试验	√	√	5.4.1	GB/T 12245
流量试验	—	√	—	GB/T 12245
流量特性试验	—	√	5.4.2	GB/T 12245
压力特性试验	—	√	5.4.3	GB/T 12245
连续运行试验	—	√	5.4.5	GB/T 12245

7.2 型式试验

7.2.1 型式试验采取抽样检验。

7.2.2 在下列情况下应进行型式试验:

a） 新产品或老产品转厂生产的试制定型鉴定；

b） 产品执行的标准发生重大变更时；

c） 正式生产后，如结构、材料、工艺有较大改变，可能影响产品性能时；

d） 国家质量监督机构提出进行型式检验的要求时。

7.2.3 型式检验项目按表 2 的规定。

7.3 抽样方法

7.3.1 抽样采取随机抽取，在生产单位质量检验部门检查合格的阀门或已发到用户尚未安装使用的阀门中进行抽样，抽检样品数不得少于 3 台。

7.3.2 被抽查检验试件出现不符合项时，则加倍抽取。试件重新进行检测时，如仍有项目不合格，则该批产品为不合格品。

8 标志

8.1 在阀体上应有：

a） 阀体材料；

b） 公称压力；

c） 公称尺寸；

d） 熔炼炉号；

e） 流向；

f） 商标。

8.2 在铭牌上应有：

a） 适用介质；

b） 进口压力范围；

c） 出口压力范围；

d） 制造厂名；

e） 型号规格；

f） 出厂日期。

9 供货

阀门的供货按 JB/T 7928 的规定。还应满足以下规定：

a） 在运输和保管中，调节弹簧应处于自由状态。

b） 产品合格证上应标有：进口压力范围、出口压力范围。

ICS 23.060.99
J 16

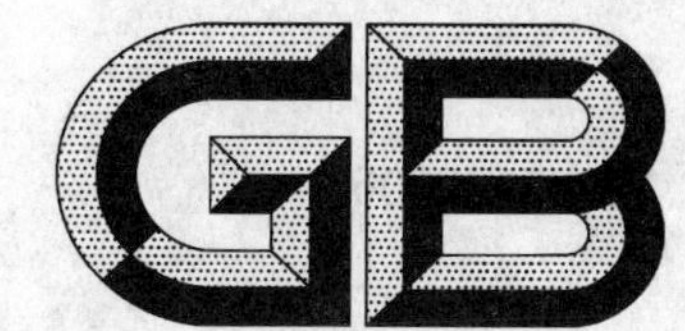

中华人民共和国国家标准

GB/T 12245—2006
代替 GB/T 12245—1989

减压阀　性能试验方法

Methods of performance test for pressure reducing valves

2006-12-25 发布　　2007-05-01 实施

中华人民共和国国家质量监督检验检疫总局
中国国家标准化管理委员会　发布

前　言

本标准是对 GB/T 12245—1989《减压阀　性能试验方法》的修订。

本标准与 GB/T 12245—1989 相比主要变化如下：

——取消了第 3 章“静态密封、动态密封、调压性能和压力特性”的术语定义；

——增加了“K_V 值”术语定义；

——修改了第 5 章“测试仪表”的内容；

——修改了密封性能试验内容，取消了试验介质用“蒸汽”的要求。

本标准参照 JIS B8372—1994《气用减压阀》和 JIS B8410—1999《水用减压阀》修订，与 JIS B8372—1994 和 JIS B8410—1999 的一致性程度为非等效。

本标准的附录 A、附录 B 为资料性附录。

本标准由中国机械工业联合会提出。

本标准由全国阀门标准化技术委员会(SAC/TC 188)归口。

本标准起草单位：沈阳阀门研究所，上海市通用机械技术研究所。

本标准主要起草人：金晶、于国良、郑云海、孔彪龙。

本标准所代替标准的历次版本发布情况为：

——GB/T 12245—1989。

减压阀 性能试验方法

1 范围

本标准规定了一般减压阀性能试验的术语、一般要求、测试仪表、试验方法、试验报告等内容。

本标准适用于工业管道用先导式减压阀和直接作用式减压阀。

其他型式的减压阀可参照本标准规定的试验方法。

2 规范性引用文件

下列文件中的条款通过本标准的引用而成为本标准的条款。凡是注日期的引用文件，其随后所有的修改单(不包括勘误的内容)或修订版均不适用于本标准，然而，鼓励根据本标准达成协议的各方研究是否可使用这些文件的最新版本。凡是不注日期的引用文件，其最新版本适用于本标准。

GB/T 12244 减压阀 一般要求

GB/T 13927 通用阀门 压力试验(GB/T 13927—1992,neq ISO 5208:1982)

3 术语和定义

GB/T 12244中确立的以及下列术语和定义适用于本标准。

3.1

K_V 值 K_V Data

水流经阀门，在水温为5℃～40℃，进、出口两端压差为0.1 MPa时，每1 h内流过阀门的立方米数。

4 一般要求

4.1 在试验前应就下列事项达成协议：

a) 试验目的；

b) 试验场所；

c) 试验介质；

d) 使用的测量方法，测试手段和设备；

e) 监督试验的人员；

f) 试验大纲。

4.2 试验报告应符合第7章的规定，并经试验人员签字和有关单位盖章后方可有效。

4.3 在试验中，试验条件发生变化或偏离时，可以重新进行调整，但不得更换零件。

4.4 试验管道应与被测阀通道相同。

4.5 性能试验系统示意图如图1所示。

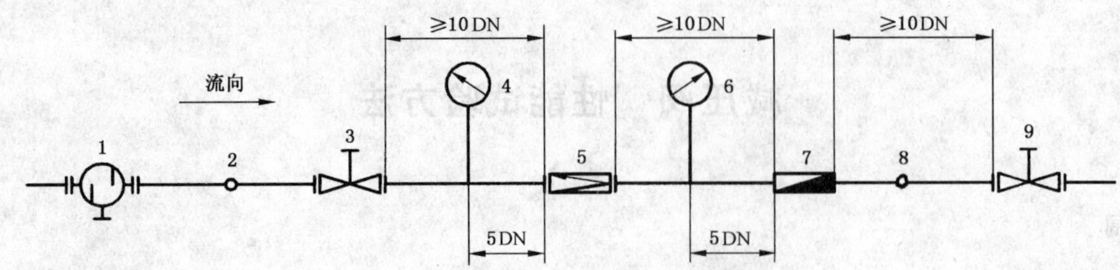

1——过滤器；
2、8——温度计；
3、9——截止阀；
4、6——压力表；
5——被测阀；
7——流量计。

图1 性能试验系统示意图

5 测试仪表

5.1 压力表

压力表的误差应不大于仪表量程的0.5%，被测压力值应在仪表量程的30%～70%范围内。

5.2 温度测量

可用温度计或其他测温仪表(如热电偶和热电阻等)。温度计或其他测温仪表必须插入套管内。玻璃液体温度计套管应清洁、无锈蚀，其内部应充入沸点高于最高测定温度的适当液体。

5.3 流量测量

可用流量计或经校准的标准节流装置，也可采用收集并称量排放介质的直接测量方法。

5.4 测试仪表状态

试验前，仪表(包括流量计、温度计和压力表等)应按要求进行标定并在有效期内。

6 试验方法

6.1 壳体试验

按GB/T 13927的规定。试验介质为水。如需做气压试验，则在完成水压试验后再进行。承压壳体进行试验时，不包括敏感元件(膜片、波纹管)。

6.2 密封性能试验

6.2.1 试验介质

试验介质为：

——常温空气；

——常温水(水用减压阀)。

6.2.2 试验持续时间

试验持续时间按表1的规定。

表1 密封试验持续时间

公称尺寸 DN	最短试验持续时间/s
≤50	60
65～125	120
≥150	180

6.2.3 试验程序

6.2.3.1 减压阀处于关闭状态。从进口处分别施加最高允许工作压力(铭牌上没有标明时,按公称压力值)和最低允许进口工作压力,出口通大气,测定并记录渗漏量。

6.2.3.2 在渗漏量不便计量的情况下,允许按下述方法进行密封试验。试验系统按图1。减压阀关闭,从进口处施加最高允许工作压力,调节减压阀的调节弹簧,使出口压力分别为最高允许出口压力和最低允许出口压力,然后,关闭减压阀后的截止阀。测定并记录减压阀后压力表的升值。

6.2.3.3 气体检漏采用渗漏引出管测定。引出管内径为 6 mm,长度不大于 500 mm,距水槽内液面的高度不大于 300 mm,检漏系统如图2所示。

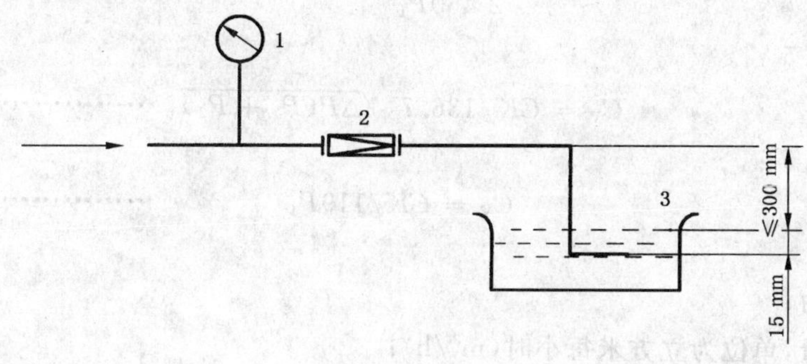

1——压力表;

2——被测阀;

3——水槽。

图2 气体检漏试验系统示意图

6.2.3.4 液体检漏可采用收集并称量排放介质的直接测量方法。检漏系统如图3所示。

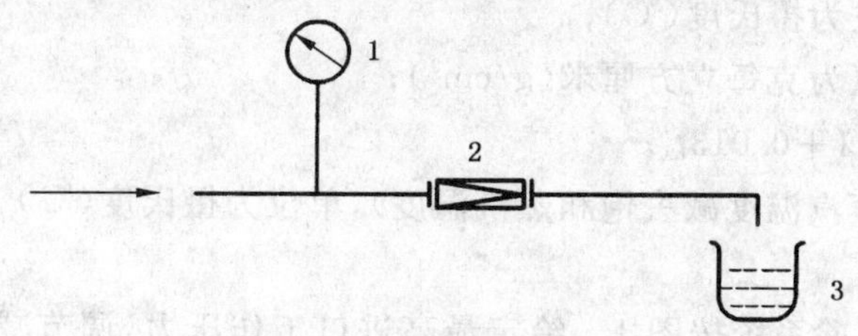

1——压力表;

2——被测阀;

3——量杯。

图3 液体检漏试验系统示意图

6.3 调压试验

6.3.1 试验介质

——常温空气;

——水(水用减压阀)。

6.3.2 试验程序

试验系统按图1。减压阀处于关闭状态,开启减压阀后的截止阀微小流量。将减压阀的进口端压力升至最高允许工作压力,缓慢调节减压阀的调节螺钉(或手轮),使出口压力在规定出口压力范围的最大与最小之间连续变化。反复两次,记录观察情况。

6.4 流量试验

6.4.1 流通能力 C_V 值的测定

流通能力 C_V 与 K_V 的关系为:$C_V=1.17K_V$。

试验系统如图1所示。试验时,保持减压阀两端压差 0.1 MPa,但阀后压力不得小于 0.035 MPa,使减压阀在节流状态下开度达最大,取3次实测流量的算术平均值。

根据式(1)～式(5)可计算得出流通能力。

液体：

$$C_V = 0.369Q\sqrt{\rho/\Delta P} \quad\cdots\cdots(1)$$

气体：$P_2/P_1 > 0.5$：

$$C_V = \frac{Q}{2\,890}\sqrt{\frac{\rho(273+t)}{\Delta P(P_1+P_2)}} \quad\cdots\cdots(2)$$

$P_2/P_1 \leqslant 0.5$：

$$C_V = \frac{Q}{2\,460P_1}\sqrt{\rho(273+t)} \quad\cdots\cdots(3)$$

蒸汽：$P_2/P_1 > 0.5$：

$$C_V = GK/136.7\sqrt{\Delta P(P_1+P_2)} \quad\cdots\cdots(4)$$

$P_2/P_1 \leqslant 0.5$：

$$C_V = GK/119P_1 \quad\cdots\cdots(5)$$

式中：

C_V——流通能力；

Q——体积流量，单位为立方米每小时(m^3/h)；

G——质量流量，单位为千克每小时(kg/h)；

P_1——进口工作压力，单位为兆帕(MPa)；

P_2——出口工作压力，单位为兆帕(MPa)；

ΔP——进、出口压力差，单位为兆帕(MPa)；

t——工作温度，单位为摄氏度(℃)；

ρ——流体密度，单位为克每立方厘米(g/cm^3)；

K——过热系数，$K=1+0.013t_s$；

t_s——过热度(过热蒸汽温度减去饱和蒸汽温度)，单位为摄氏度(℃)。

6.4.2　流量测量

试验介质为常温水，试验系统按图1。给定最高进口工作压力，调节减压阀为某一出口压力，此时减压阀后的截止阀为微小流量。然后逐渐开大截止阀使出口压力偏差达最大允许值，此时记录的流量为最大流量。

6.5　流量特性试验

6.5.1　试验介质

——常温空气；

——水(水用减压阀)；

——蒸汽(蒸汽用减压阀)。

6.5.2　试验程序

试验系统按图1。给定最高允许进口工作压力，调节减压阀为某一出口压力。同时调节减压阀后的截止阀，使出口流量为该工况下的20%最大流量。然后在逐渐开启截止阀使出口流量达该工况下的100%最大流量。记录此时出口压力偏差值。

6.6　压力特性试验

6.6.1　试验介质

——常温空气；

——水(水用减压阀)；

——蒸汽(蒸汽用减压阀)。

6.6.2 **试验程序**

试验系统按图1。给定最高允许进口工作压力，调出口压力分别为该弹簧压力级内最高、最低压力。保持该工况最大流量，然后改变减压阀前截止阀的开度，使进口压力在80%～105%最高工作压力范围内变化，记录此时出口压力偏差值。

6.7 连续运行试验

6.7.1 **试验要求**

6.7.1.1 整机动作试验次数按表2的规定。

表2 动作试验次数

密封副结构	公称尺寸 DN	试验次数/次
弹性密封结构	≤100	100 000
	125～200	50 000
金属与金属密封结构	≤100	10 000
	125～300	5 000

6.7.1.2 完成开启和关闭一次循环，即为一个试验次数(减压阀在试验时，其后面电磁阀启闭一次即为减压阀动作一次)。

6.7.1.3 减压阀的开度大小由试验时所调进、出口压力和出口处截止阀决定。减压阀每分钟动作次数由电磁阀启闭次数决定，减压阀每分钟动作次数按表3的规定。

表3 减压阀动作频率

进口压力/MPa	出口压力/MPa	减压阀频率/(次/min)
1.6	0.1～0.5	10～50
2.5		
6.3	0.1～1.0	

6.7.1.4 在保证试验压力的情况下，试验管路与减压阀通道尺寸可以不相同，允许在直管前、后装渐缩(扩)管。

6.7.1.5 发生下列任何一种情况时，即可终止试验：

——直通、进出口压力平衡；

——弹簧断裂；

——膜片破坏；

——由于其他零件损坏，无法进行正常试验。

6.7.2 **试验介质**

常温水或空气。

6.7.3 **试验程序**

试验系统如图4所示。被测阀应在出厂试验合格后进行。在进口侧施加最高工作压力，打开电磁阀，微开启减压阀后截止阀使减压阀后压力表回零，调节减压阀使出口压力达到表3的要求。使电磁阀以表3要求的频率进行启闭，记录时间和次数。

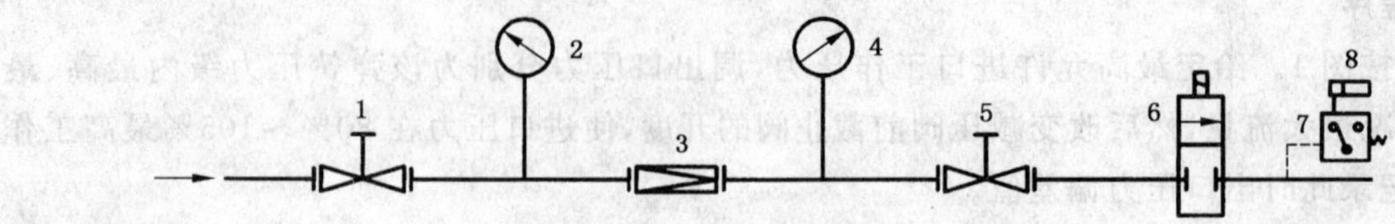

1、5——截止阀；

2、4——压力表；

3——被测阀；

6——电磁阀；

7——继电器；

8——计数器。

图 4 连续运行试验系统示意图

7 试验报告

7.1 试验记录

结果可按附录 A、附录 B 填写。

7.2 报告内容

一般应包括下列内容：

——试验日期；

——试验装置所在地；

——阀门制造厂名称；

——阀门名称、型号及出厂编号；

——阀门公称尺寸及公称压力；

——阀门工作介质及工作温度；

——试验受委托单位及实施者；

——试验有关各方及代表；

——试验目的；

——试验条件；

——试验装置原理图及仪表；

——试验方法与规程；

——性能数据；

——测试结果。

附　录　A
（资料性附录）
减压阀性能试验报告表

A.1 性能试验报告表见表 A.1。

表 A.1　性能试验报告表

阀门制造厂名称、地址					
试验装置所在地					
委托试验单位					
试验单位					
试验日期					
试验目的					
型号、名称或序列号					
出厂编号					
公称压力 PN					
公称尺寸 DN					
适用介质					
工作温度 T_1/℃					
最高进口工作压力 P_{1max}/MPa					
出口工作压力 P_2/MPa					
试验用弹簧压力级					
性能试验结果					
项　目	单　位	标准要求	实测结果		
			1号	2号	3号
壳体试验					
密封试验	滴(泡)/min				
	MPa				
调压试验					
压力特性偏差值 ΔP_{2P}	MPa				
流量特性偏差值 $\Delta P_{2G(Q)}$	MPa				
最大流量 $G_{max}(Q_{max})$	kg(m³)/h				
主持试验人员：　　　　年　月　日					
参加试验人员：　　　　年　月　日					
备注：					

附 录 B
（资料性附录）
连续运行试验报告表

B.1 连续运行试验报告表见表B.1。

表 B.1 连续运行试验报告表

<table>
<tr><td colspan="2">阀门编号</td><td colspan="3"></td></tr>
<tr><td colspan="2">进口压力 P_1/MPa</td><td colspan="3"></td></tr>
<tr><td colspan="2">出口压力 P_2/MPa</td><td colspan="3"></td></tr>
<tr><td colspan="2">连续运行要求次数</td><td colspan="3"></td></tr>
<tr><td colspan="2">终止试验次数</td><td colspan="3"></td></tr>
<tr><td colspan="2">项 目</td><td>单位</td><td>标准要求</td><td>实测结果</td></tr>
<tr><td rowspan="4">运动部位磨损变形情况</td><td>主阀瓣直径</td><td></td><td></td><td></td></tr>
<tr><td>导阀直径</td><td></td><td></td><td></td></tr>
<tr><td>气缸直径</td><td></td><td></td><td></td></tr>
<tr><td>调节弹簧变形</td><td></td><td></td><td></td></tr>
<tr><td rowspan="4">性能测试情况</td><td>泄漏量</td><td></td><td></td><td></td></tr>
<tr><td>调压性能</td><td></td><td></td><td></td></tr>
<tr><td>压力特性偏差值</td><td></td><td></td><td></td></tr>
<tr><td>流量特性偏差值</td><td></td><td></td><td></td></tr>
<tr><td colspan="5">主持试验人员： 年 月 日
参加试验人员： 年 月 日</td></tr>
<tr><td colspan="5">结论与评语：

主持试验人员： 年 月 日
审 核： 年 月 日

批 准 盖 章：</td></tr>
<tr><td colspan="5">备注：</td></tr>
</table>

ICS 23.060.99
J 16

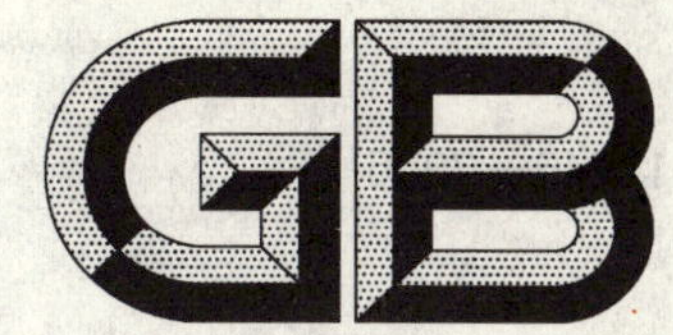

中华人民共和国国家标准

GB/T 12246—2006
代替 GB/T 12246—1989

先导式减压阀

Pilot operated pressure reducing valves

2006-12-25 发布　　2007-05-01 实施

中华人民共和国国家质量监督检验检疫总局
中国国家标准化管理委员会　发布

前　言

本标准是对 GB/T 12246—1989《先导式减压阀》的修订。

本标准代替 GB/T 12246—1989《先导式减压阀》。

本标准与 GB/T 12246—1989 相比主要变化如下：

——增加了产品公称尺寸范围；

——增加了第 2 章中的引导语；

——删除了第 3 章“结构型式”中先导波纹管式减压阀的典型结构型式；

——增加了第 4 章中结构长度和法兰连接尺寸，将壳体强度要求内容放在第 5 章中；

——修改了流量特性和压力特性的出口压力的偏差值；

——增加了螺栓、螺母和垫片材料；

——删除了第 8 章的内容。

本标准由中国机械工业联合会提出。

本标准由全国阀门标准化技术委员会(SAC/TC 188)归口。

本标准起草单位：沈阳阀门研究所、上海市通用机械技术研究所。

本标准主要起草人：金晶、于国良、郑云海、孔彪龙。

本标准所代替标准的历次版本发布情况为：

——GB/T 12246—1989。

先 导 式 减 压 阀

1 范围

本标准规定了先导式减压阀的结构型式、技术要求、试验方法、检验规则和标志。

本标准适用于公称压力 PN16～PN63,公称尺寸 DN20～DN300,工作介质为气体或液体的管道用先导式减压阀。

2 规范性引用文件

下列文件中的条款通过本标准的引用而成为本标准的条款。凡是注日期的引用文件,其随后所有的修改单(不包括勘误的内容)或修订版均不适用于本标准,然而,鼓励根据本标准达成协议的各方研究是否可使用这些文件的最新版本。凡是不注日期的引用文件,其最新版本适用于本标准。

GB/T 699 优质碳素钢技术条件

GB/T 1220 不锈钢棒

GB/T 1222 弹簧钢

GB/T 1239.2—1989 冷卷圆柱螺旋压缩弹簧技术条件

GB/T 2059 铜及铜合金带材

GB/T 3077 合金结构钢

GB/T 4622.3 缠绕式垫片 技术条件

GB/T 9124 钢制管法兰 技术条件

GB/T 9113.1—2000 平面、突面整体钢制管法兰

GB/T 9113.2—2000 凹凸面整体钢制管法兰

GB/T 9113.3—2000 榫槽面整体钢制管法兰

GB/T 12225 通用阀门 铜合金铸件技术条件

GB/T 12226 通用阀门 灰铸铁件技术条件

GB/T 12227 通用阀门 球墨铸铁件技术条件

GB/T 12228 通用阀门 碳素钢锻件技术条件

GB/T 12229 通用阀门 碳素钢铸件技术条件

GB/T 12230 通用阀门 不锈钢铸件技术条件

GB/T 12244 减压阀 一般要求

GB/T 12245 减压阀 性能试验方法

GB/T 13927 通用阀门 压力试验(GB/T 13927—1992,neq ISO 5208:1982)

GB/T 17241.6 整体铸铁管法兰

GB/T 17241.7 铸铁管法兰 技术条件

JB/T 2205 减压阀 结构长度

JB/T 7928 通用阀门 供货要求

3 结构型式

先导式减压阀的典型结构分为:

——先导活塞式减压阀,如图 1 所示。

——先导薄膜式减压阀,如图 2 所示。

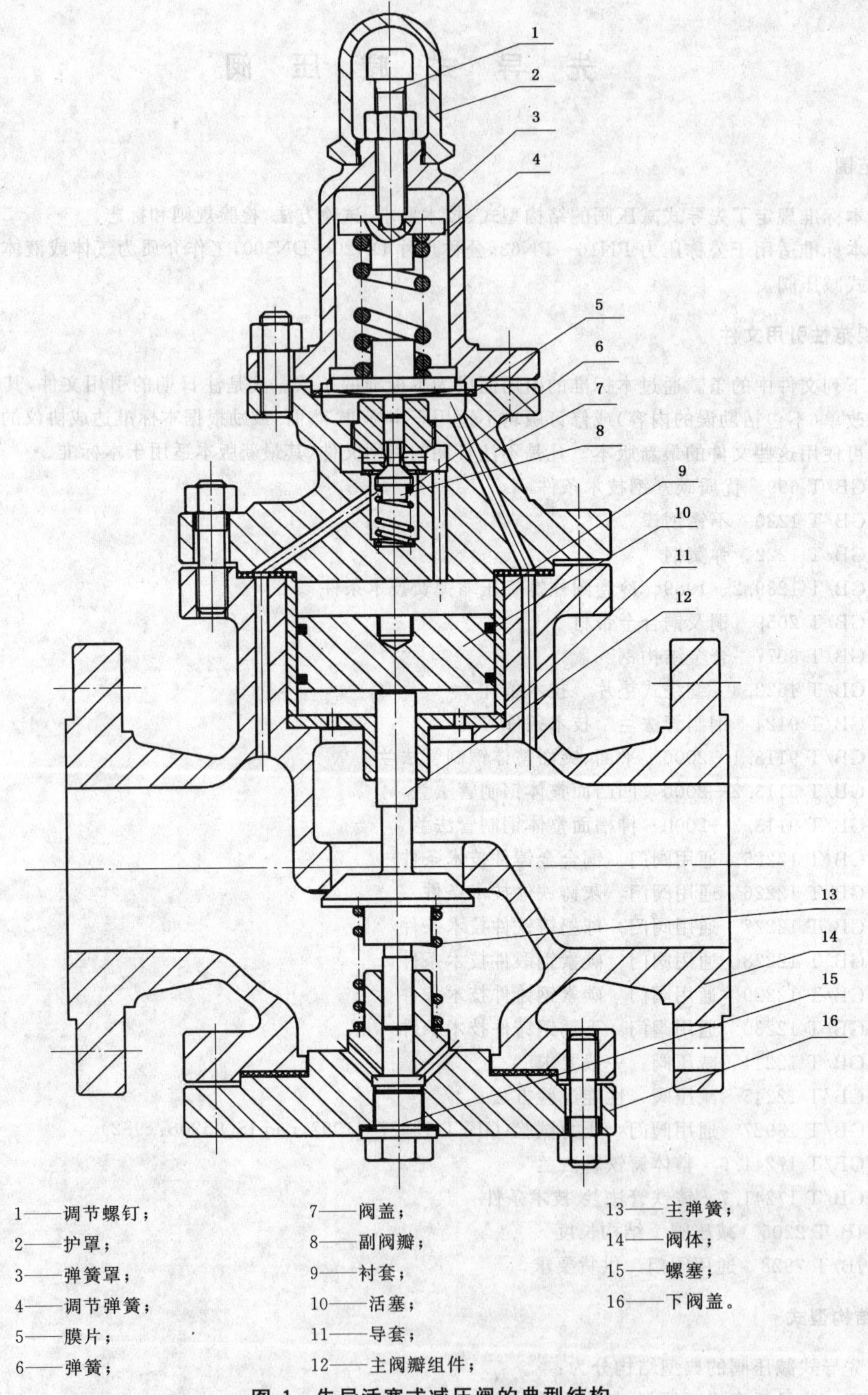

1——调节螺钉；
2——护罩；
3——弹簧罩；
4——调节弹簧；
5——膜片；
6——弹簧；
7——阀盖；
8——副阀瓣；
9——衬套；
10——活塞；
11——导套；
12——主阀瓣组件；
13——主弹簧；
14——阀体；
15——螺塞；
16——下阀盖。

图 1 先导活塞式减压阀的典型结构

1——护罩；
2——调节螺钉；
3——弹簧罩；
4——调节弹簧；
5——副阀瓣；
6——膜片；
7——截止阀；
8——阀盖；
9——薄片；
10——薄片盘；
11——衬套；
12——衬套座；
13——主阀瓣组件；
14——阀体；
15——阀杆；
16——主弹簧；
17——下阀盖。

图 2 先导薄膜式减压阀的典型结构

4 技术要求

4.1 一般要求

4.1.1 法兰连接结构长度按 JB/T 2205 的规定。

4.1.2 钢制法兰连接尺寸及密封面的型式按 GB/T 9113.1～GB/T 9113.3—2000 的规定，技术要求按 GB/T 9124 的规定。

4.1.3 铁制法兰连接尺寸及密封面的型式按 GB/T 17241.6 的规定，技术要求按 GB/T 17241.7 的规定。

4.2 结构

4.2.1 先导式减压阀应有压力调整机构，借助于手轮或其他部件(调节螺钉)对压力进行调节，并有防松装置。

4.2.2 顺时针旋转手轮或其他部件(调节螺钉)，阀瓣为开启状态。

4.3 性能

4.3.1 调压性能

按 GB/T 12244 的规定。

4.3.2 流量特性

按 GB/T 12245 的规定对减压阀进行试验时，试验过程中，减压阀不得有异常振动；出口压力的负偏差值 ΔP_{2G}(ΔP_{2Q})应不大于出口压力的 10%。

4.3.3 压力特性

按 GB/T 12245 的规定对减压阀进行试验时，试验过程中，减压阀不得有异常振动；出口压力的负偏差值 ΔP_{2P}应不大于出口压力的 5%。

4.3.4 密封性能

按 GB/T 12244 的规定。

4.4 零部件

4.4.1 除订货合同有要求外，阀体进出口两端连接法兰的公称压力与公称尺寸应一致。

4.4.2 阀体底部应设有排泄孔，并用螺塞堵封。

4.4.3 主阀座喉部直径应不小于阀门公称尺寸的 80%。

4.4.4 导阀瓣上端面与膜片应有 0.1 mm～0.3 mm 的间隙。

4.4.5 弹簧的设计制造应按 GB/T 1239.2—1989 中二级精度的规定。其调节弹簧压力级按表 1 的规定。弹簧指数(中径与钢丝直径之比)应在 4～9 范围内选取。弹簧两端应各有不少于四分之三圈的支撑面，支撑圈不应少于一圈。弹簧的工作变形量应控制在全变形量的 20%～80%范围内。

表 1 调节弹簧压力级

公称压力 PN	出口压力 P_2/MPa	弹簧压力级/MPa
16	0.1～1.0	0.05～0.5 0.5～1.0
25	0.1～1.6	0.1～1.0 1.0～1.6
40	0.1～2.5	0.1～1.0 1.0～2.5
63	0.1～3.0	0.1～1.0 1.0～3.0

4.5 材料

4.5.1 除按本标准规定外，允许用高于本标准规定的材料代用。

4.5.2 阀体、阀盖的材料应按 GB/T 12226～GB/T 12230 的规定。

4.5.3 其他主要零件材料应按表 2 选取或按订货合同的规定。

表 2 零件材料

零件名称	材料名称	牌 号	标准号	材料名称	牌 号	标准号
	PN16			PN25～PN63		
阀座、阀瓣	不锈钢	2Cr13	GB/T 1220	不锈钢	2Cr13	GB/T 1220
活塞 气缸	铜	ZCuSn10Zn2 ZCuAl10Fe3	GB/T 12225	不锈钢	2Cr13	GB/T 1220
	不锈钢	2Cr13	GB/T 1220			
膜片	锡青铜	QSn6.5-0.1	GB/T 2059	不锈钢	1Cr18Ni9Ti	GB/T 1220
主弹簧	弹簧钢	50CrVA	GB/T 1222	弹簧钢	50CrVA Co40CrNiMo 30W4Cr2V	GB/T 1222
调节弹簧	弹簧钢	60Si2Mn	GB/T 1222	弹簧钢	60Si2Mn 50CrVA	GB/T 1222
双头螺栓	优质碳素钢	35、45	GB/T 699	合金结构钢	30CrMo、 35CrMo	GB/T 3077
	合金结构钢	30CrMo、 35CrMo	GB/T 3077			
	不锈钢	1Cr17、 1Cr18Ni9	GB/T 1220	不锈钢	1Cr17、 1Cr18Ni9	GB/T 1220
螺母	优质碳素钢	35、45	GB/T 699	优质碳素钢	35、45	GB/T 699
	不锈钢	1Cr13、 1Cr18Ni9	GB/T 1220	不锈钢	1Cr13、 1Cr18Ni9	GB/T 1220
垫片	不锈钢＋石墨缠绕垫	—	GB/T 4622.3	不锈钢＋石墨缠绕垫	—	GB/T 4622.3
	不锈钢＋四氟缠绕垫	—				
	聚四氟乙烯	SEB-2		不锈钢＋四氟缠绕垫	—	

5 试验方法

5.1 壳体试验按 GB/T 13927 的规定。

5.2 密封性能试验、调压试验、流量试验、流量特性试验、压力特性试验、连续运行试验，按GB/T 12245 的有关规定进行。

6 检验规则

6.1 出厂检验

6.1.1 每台产品均应做出厂检验，检验合格后方可出厂。

6.1.2 整台产品及零、部件应符合本标准和相应标准及技术文件(与用户协议)的规定。

6.1.3 试验项目按表3的规定。

表3 试验项目

试验项目	检验种类		技术要求	检验方法
	出厂	型式		
壳体试验	√	√	GB/T 13927	GB/T 13927
密封试验	√	√	4.3.4	GB/T 12245
调压试验	√	√	4.3.1	GB/T 12245
流量试验	—	√	—	GB/T 12245
流量特性试验	—	√	4.3.2	GB/T 12245
压力特性试验	—	√	4.3.3	GB/T 12245
连续运行试验	—	√	GB/T 12245	GB/T 12245

6.2 型式试验

6.2.1 型式试验采取抽样检验。

6.2.2 在下列情况下应进行型式试验:

a) 新产品或老产品转厂生产的试制定型鉴定;

b) 产品执行的标准发生重大变更时;

c) 正式生产后,如结构、材料、工艺有较大改变,可能影响产品性能时;

d) 国家质量监督机构提出进行型式检验的要求时。

6.2.3 型式检验项目按表3的规定。

6.3 抽样方法

6.3.1 抽样采取随机抽取,在生产单位质量检验部门检查合格的阀门或已发到用户尚未安装使用的阀门中进行抽样,抽检样品数不得少于3台。

6.3.2 被抽查检验试件出现不符合项时,则加倍抽取。试件重新进行检测时,如仍有项目不合格,则该批产品为不合格品。

7 标志

7.1 在阀体上应有:

a) 阀体材料;

b) 公称压力;

c) 公称尺寸;

d) 熔炼炉号;

e) 流向;

f) 商标。

7.2 在铭牌上应有:

a) 适用介质;

b) 进口压力范围;

c) 出口压力范围;

d) 制造厂名;

e) 型号规格;

f) 出厂日期。

8 供货

阀门的供货按 JB/T 7928 的规定。还应满足以下规定：

a) 在运输和保管中，调节弹簧应处于自由状态。

b) 产品合格证上应标有：进口压力范围、出口压力范围。

ICS 11.020
C 10

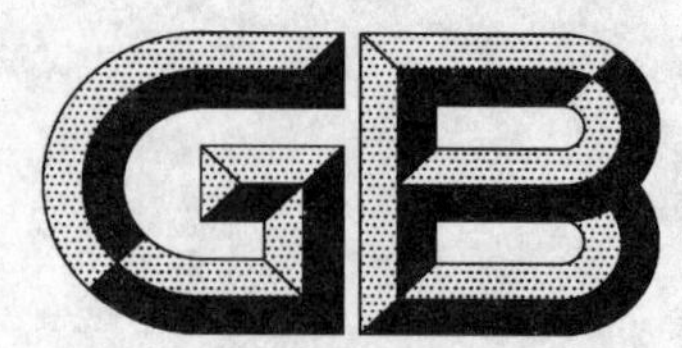

中华人民共和国国家标准

GB/T 12346—2006
代替 GB 12346—1990

腧穴名称与定位

Nomenclature and location of acupuncture points

2006-09-18 发布　　　　　　　　2006-12-01 实施

中华人民共和国国家质量监督检验检疫总局
中国国家标准化管理委员会　发布

前　言

本标准穴位命名依据1991年世界卫生组织(WHO)颁布的《针灸穴名国际标准》(90/8579-Atar-8000 A proposed standard international acupuncture nomenclature)。

本标准代替GB 12346—1990《经穴部位》。

本标准与GB 12346—1990相比主要差异如下:

——标准名称修订为《腧穴名称与定位》;

——将三焦经、督脉、任脉三条经脉的经穴代码分别改为"TE"、"GV"、"CV",与国际标准针灸穴名命名法相一致;

——将"骨度"折量寸表作了如下调整:删去"眉间→大椎18寸"、"第7颈椎棘突下(大椎)→后发际正中3寸"、"腋窝顶点→第11肋游离端(章门)12寸"、"肩峰缘→后正中线8寸"四项,增加"两肩胛骨喙突内侧缘之间12寸"、"内踝尖→足底3寸"、"髌尖(膝中)→内踝尖15寸"、"髌尖→髌底2寸"四项,将原"耻骨联合上缘→股骨内上髁上缘"改作"耻骨联合上缘→髌底";

——腧穴定位的标准体位及方位术语改用现代解剖学标准体位和方位术语;

——新增了22个确定腧穴定位的"基准穴点";

——将腧穴定位的文本中属于取穴法的内容析出,同时定位文本中需要说明的部分,都归于新设的"注"下;

——统一了腧穴定位描述的体例,更正了陷谷、风市、中渎3穴的定位错误以及部分腧穴的表述不规范、不一致、不准确等问题;

——删去了经外奇穴中的"膝眼"条;

——印堂穴由经外奇穴归至督脉。

——将原"经穴定位依据"、"经穴定位方法"中的部分内容调整后,作为"附录A 常用定穴解剖部位及方位术语对应词"。

本标准附录A为资料性附录。

本标准由国家中医药管理局提出。

本标准起草单位:中国中医科学院针灸研究所。

本标准主要起草人:黄龙祥、赵京生、韩钟、王雪苔、李鼎。

本标准首次发布于1990年6月,本次为第一次修订。

引　言

GB 12346—1990《经穴部位》实施以来，对于促进针灸教育的规范化及国内外针灸学术交流起到了非常重要的作用。为适应针灸学发展的需要，有必要对该标准进一步加以修订，使其科学性与权威性能够在原有的基础上得到进一步的增强。

鉴于 GB 12346—1990《经穴部位》除了 361 个经穴之外，还包含了 48 个经外奇穴；除了确定上述穴位的定位之外，还确定了相应的名称，故本次修订版改名为“腧穴名称与定位”。

一般标准中所涉及的长度、宽度的计量都要求采用国际单位制，但是人体高矮胖瘦的差异很大，无法采用绝对的标准值描述针灸腧穴部位，只有通过等分折量的方法——骨度折量法描述腧穴部位，才能适用于所有人群和所有个体。1987 年世界卫生组织在韩国汉城召开国际会议确定采用“寸”作为针灸经穴标准计量单位。因此，本标准的腧穴定位采用这种计量单位。

腧穴名称与定位

1 范围

本标准规定了人体腧穴体表定位的方法和362个经穴、46个经外奇穴的名称和定位。

本标准适用于针灸教学、科研、医疗、出版及针灸学术交流。

2 术语和定义

下列术语和定义适用于本标准。

2.1 标准计量单位

2.1.1

骨度分寸 bone proportional cun，B-cun

将标准人体的高度设定为75等分寸，依此比例以体表骨节为主要标志折合全身各部的长度和宽度。具体方法：将人体的高度定为75等分寸，再将人体一定的区段的长度和宽度，折合为一定的等份，一份即为“一寸”。全身常用骨度分寸见3.2.2“‘骨度’折量定位法”。

2.1.2

手指同身寸 finger cun，F-cun

依据被取穴者本人手指所规定的分寸以量取腧穴的方法。常用的折算方法见3.2.3“‘指寸’定位法”。

2.2 方位术语

2.2.1

内侧与外侧 medial and lateral

近于正中面(median plane)者为内，远于正中面(median plane)者为外。在描述前臂时，相同的概念用“尺侧”(ulnar)、“桡侧”(radial)表示。

2.2.2

上与下 superior and inferior

分别指靠近身体的上端与下端。

2.2.3

前与后 anterior and posterior

距身体腹面近者为前，距身体背面近者为后。

2.2.4

近侧[端]与远侧[端] proximal and distal

距四肢根部近者为近侧[端]，距四肢根部远者为远侧[端]。

2.3 定穴体表标志

2.3.1

前发际正中 midpoint of anterior hairline

头部有发部位的前缘正中。

2.3.2

后发际正中 midpoint of posterior hairline

头部有发部位的后缘正中。

2.3.3

额角发际 anterior hairline at the corner of forehead

前发际额部曲角处。

2.3.4

眉间 glabella

两眉头之间的中点。

2.3.5

耳尖 apex of ear

在耳向前折时耳的最高点处。

2.3.6

腋前纹头 anterior axillary fold

腋窝皱襞前端。

2.3.7

腋后纹头 posterior axillary fold

腋窝皱襞后端。

2.3.8

腋窝正中央 center of the axillary fossa

腋窝的中点。

2.3.9

肘横纹 cubital crease

屈肘 90°时肘窝处横纹。

2.3.10

赤白肉际 junction of the red and white skin

手掌、手背皮肤移行处;足底、足背皮肤移行处。

2.3.11

甲根角 corner of the nail

指甲或趾甲侧缘和甲体基底缘所形成的夹角。

2.3.12

腘横纹 popliteal crease

腘窝处横纹。

2.3.13

外踝尖 prominence of the lateral malleolus

外踝最凸起处。

2.3.14

内踝尖 prominence of the medial malleolus

内踝最凸起处。

2.4 基准穴点

基准穴点的性质、作用与体表解剖标志点相同。正文使用基准穴时,用括号标出相应的国际穴名代码,如偏历定位"在前臂,腕背侧远端横纹上 3 寸,阳溪(LI5)与曲池(LI11)连线上"。

2.4.1

尺泽 Chǐzé(LU5)

在肘区,肘横纹上,肱二头肌腱桡侧缘凹陷中。

2.4.2

太渊 Tàiyuān(LU9)

在腕前区,桡骨茎突与舟状骨之间、拇长展肌腱尺侧凹陷中。

2.4.3

阳溪　Yángxī(LI5)

在腕区，在腕背侧远端横纹桡侧，桡骨茎突远端，解剖学"鼻烟窝"凹陷中。

2.4.4

曲池　Qūchí(LI11)

在肘区，尺泽(LU5)与肱骨外上髁连线的中点处。

2.4.5

肩髃　Jiānyú(LI15)

在三角肌区，肩峰外侧缘前端与肱骨大结节两骨间凹陷中。

2.4.6

头维　Tóuwéi(ST8)

在头部，额角发际直上0.5寸，头正中线旁开4.5寸。

2.4.7

气冲　Qìchōng(ST30)

在腹股沟区，耻骨联合上缘，前正中线旁开2寸，动脉搏动处。

2.4.8

梁丘　Liángqiū(ST34)

在股前区，髌底上2寸，股外侧肌与股直肌肌腱之间。

2.4.9

阴陵泉　Yīnlíngquán(SP9)

在小腿内侧，胫骨内侧髁下缘与胫骨内侧缘之间的凹陷中。

2.4.10

冲门　Chōngmén(SP12)

在腹股沟区，腹股沟斜纹中，髂外动脉搏动处的外侧。

2.4.11

昆仑　Kūnlún(BL60)

在踝区，外踝尖与跟腱之间的凹陷中。

2.4.12

犊鼻　Dúbí(ST35)

在膝前区，髌韧带外侧凹陷中。

2.4.13

解溪　Jiěxī(ST41)

在踝区，踝关节前面中央凹陷中，𧿹长伸肌腱与趾长伸肌腱之间。

2.4.14

太溪　Tàixī(KI3)

在踝区，内踝尖与跟腱之间的凹陷中。

2.4.15

翳风　Yìfēng(TE17)

在颈部，耳垂后方，乳突下端前方凹陷中。

2.4.16

角孙　Jiǎosūn(TE20)

在头部，耳尖正对发际处。

2.4.17

曲鬓　Qūbìn(GB7)

在头部，耳前鬓角发际后缘与耳尖水平线的交点处。

2.4.18

天冲　Tiānchōng(GB9)

在头部，耳根后缘直上，入发际2寸。

2.4.19

完骨　Wángǔ(GB12)

在头部，耳后乳突的后下方凹陷中。

2.4.20

风池　Fēngchí(GB20)

在颈后区，枕骨之下，胸锁乳突肌上端与斜方肌上端之间的凹陷中。

2.4.21

百会　Bǎihuì(GV20)

在头部，前发际正中直上5寸。

2.4.22

肘尖　Zhǒujiān(EX-UE1)

在肘后区，尺骨鹰嘴的尖端。

3　腧穴体表定位的原则和方法

3.1　腧穴体表定位的原则

采用文献分析、临床实际应用及实测比量相结合的方式确定腧穴定位。在文献的选择上，特别注重古今具有国家标准性质的腧穴定位文献，如《黄帝明堂经》、《针灸甲乙经》、《千金方·明堂》、《铜人腧穴针灸图经》等。当古代文献定位文字描述不明确时，根据以下4条原则综合判定：

——体表解剖标志定位法与“指寸”定位法不吻合时，优先考虑体表解剖标志定位法；

——充分考虑原文献中包括腧穴排列区域及次序、穴名、取穴法在内的一切相关信息；

——在确定某一腧穴定位时，综合考察其相关腧穴的定位；

——如原文献存有相应的穴图或腧穴模型，则需参照穴图或腧穴模型理解原文献。

3.2　腧穴体表定位的方法

3.2.1　体表解剖标志定位法

以体表解剖学的各种体表标志为依据来确定腧穴定位的方法。体表解剖标志，可分为固定标志和活动标志两种。

固定标志，指由骨节和肌肉所形成的突起或凹陷、五官轮廓、发际、指(趾)甲、乳头、脐窝等。例如，于腓骨头前下方定阳陵泉。

活动标志，指各部的关节、肌肉、肌腱、皮肤随着活动而出现的空隙、凹陷、皱纹、尖端等。例如：微张口，耳屏正中前缘凹陷中取听宫。

常用定穴解剖标志的体表定位方法如下：

——第2肋：平胸骨角水平；锁骨下可触及的肋骨即第2肋。

——第4肋间隙：男性乳头平第4肋间隙。

——第7颈椎棘突：颈后隆起最高且能随头旋转而转动者为第7颈椎棘突。

——第2胸椎棘突：直立，两手下垂时，两肩胛骨上角连线与后正中线的交点。

——第3胸椎棘突：直立，两手下垂时，两肩胛冈内侧端连线与后正中线的交点。

——第7胸椎棘突：直立，两手下垂时，两肩胛骨下角的水平线与后正中线的交点。

——第12胸椎棘突：直立，两手下垂时，横平两肩胛骨下角与两髂嵴最高点连线的中点。

——第4腰椎棘突：两髂嵴最高点连线与后正中线的交点。

——第2骶椎：两髂后上棘连线与后正中线的交点。

——骶管裂孔：取尾骨上方左右的骶角，与两骶角平齐的后正中线上。

——肘横纹：与肱骨内上髁、外上髁连线相平。

——腕掌侧远端横纹：与豌豆骨上缘、桡骨茎突尖下连线相平。

——腕背侧远端横纹：与豌豆骨上缘、桡骨茎突尖下连线相平。

3.2.2 “骨度”折量定位法

是指以体表骨节为主要标志折量全身各部的长度和宽度，定出分寸，用于腧穴定位的方法。即以《灵枢·骨度》规定的人体各部的分寸为基础，并结合历代学者创用的折量分寸（将设定的两骨节点之间的长度折量为一定的等份，每1等份为1寸，10等份为1尺），作为定穴的依据。全身主要“骨度”折量寸见表1。

表1 “骨度”折量寸表

部位	起止点	折量寸	度量法	说明
头面部	前发际正中→后发际正中	12	直寸	用于确定头部腧穴的纵向距离。
	眉间（印堂）→前发际正中	3	直寸	用于确定前或后发际及其头部腧穴的纵向距离。
	两额角发际（头维）之间	9	横寸	用于确定头前部腧穴的横向距离。
	耳后两乳突（完骨）之间	9	横寸	用于确定头后部腧穴的横向距离。
胸腹胁部	胸骨上窝（天突）→剑胸结合中点（歧骨）	9	直寸	用于确定胸部任脉穴的纵向距离。
	剑胸结合中点（歧骨）→脐中	8	直寸	用于确定上腹部腧穴的纵向距离。
	脐中→耻骨联合上缘（曲骨）	5	直寸	用于确定下腹部腧穴的纵向距离。
	两肩胛骨喙突内侧缘之间	12	横寸	用于确定胸部腧穴的横向距离。
	两乳头之间	8	横寸	用于确定胸腹部腧穴的横向距离。
背腰部	肩胛骨内侧缘→后正中线	3	横寸	用于确定背腰部腧穴的横向距离。
上肢部	腋前、后纹头→肘横纹（平尺骨鹰嘴）	9	直寸	用于确定上臂部腧穴的纵向距离。
	肘横纹（平尺骨鹰嘴）→腕掌（背）侧远端横纹	12	直寸	用于确定前臂部腧穴的纵向距离。
下肢部	耻骨联合上缘→髌底	18	直寸	用于确定大腿部腧穴的纵向距离。
	髌底→髌尖	2	直寸	
	髌尖（膝中）→内踝尖15寸 （胫骨内侧髁下方阴陵泉→内踝尖为13寸）	15	直寸	用于确定小腿内侧部腧穴的纵向距离。
	股骨大转子→腘横纹（平髌尖）	19	直寸	用于确定大腿部前外侧部腧穴的纵向距离。
	臀沟→腘横纹	14	直寸	用于确定大腿后部腧穴的纵向距离。
	腘横纹（平髌尖）→外踝尖	16	直寸	用于确定小腿外侧部腧穴的纵向距离。
	内踝尖→足底	3	直寸	用于确定足内侧部腧穴的纵向距离。

3.2.3 “指寸”定位法

是指依据被取穴者本人手指所规定的分寸以量取腧穴的方法。此法主要用于下肢部。在具体取穴时，医者应当在骨度折量定位法的基础上，参照被取穴者自身的手指进行比量，并结合一些简便的活动标志取穴方法，以确定腧穴的标准定位。

3.2.3.1 中指同身寸：以被取穴者的中指中节桡侧两端纹头（拇指、中指屈曲成环形）之间的距离作为1寸。

3.2.3.2 拇指同身寸：以被取穴者拇指的指间关节的宽度作为1寸。

3.2.3.3 横指同身寸（一夫法）：被取穴者手四指并拢，以其中指中节横纹为准，其四指的宽度作为3寸。

腧穴定位的以上三种方法在应用时需互相结合，即主要采用体表解剖标志定位法、“骨度”折量定位法，而对少量难以完全采用上述两种方法定位的腧穴，则配合使用“指寸”定位法。

3.3 标准体位

传统腧穴定位所规定的人体体位与方位术语与现代解剖学不完全相同。如将上肢的掌心一侧即屈侧称为“内侧”，是手三阴经穴所分布的部位；将手背一侧即伸侧称为“外侧”，是手三阳经穴所分布的部位。将下肢向正中线的一侧称为“内侧”，是足三阴经穴分布的部位；将下肢远离正中线的一侧称为“外侧”，下肢的后部称为“后侧”，是足三阳经穴分布的部位。头面躯干部的前后正中线分别为任脉穴和督脉穴的分布部位，是确定分布于其两侧腧穴的基准。

本标准腧穴定位的描述采用标准解剖学体位，即：身体直立，两眼平视前方，两足并拢，足尖向前，上肢下垂于躯干两侧，掌心向前。

3.4 腧穴定位的表述

3.4.1 腧穴定位“部位”尽量采用明确的纵横两坐标法，即两线相交定一点，先确定纵坐标（Y 轴）上距离，再定横坐标（X 轴）上距离。

3.4.2 腧穴定位表述中有关解剖分区采用1998年由解剖名词联合委员会制定的最新版《国际标准解剖名词》（International anatomical terminology）。根据腧穴定位的实际情况选用该标准中适用级别的分区术语。

3.4.3 腧穴定位的表述中不涉及“取穴法”内容。根据需要，将有关腧穴定位所要求的特定体位、解剖标志的体表定位的技法、骨度寸的折取方法等“取穴法”内容，以及与相邻腧穴的位置关系等内容，以注文的形式说明。

3.4.4 将取穴的一般体位集中说明，而只将某些腧穴定位所需的特殊体位，在相关腧穴定位条目下，加注具体说明。

3.4.4.1 “注”是根据腧穴定位文字描述，给出相应的取穴要领，补充说明以下相关信息：

——取穴所要求的特殊体位；

——骨度分寸的折取方法；

——对于某些解剖标志取法的说明；

——与相邻穴或标志穴的毗邻关系；

——体表标志的性别及个体差异情况的说明。

3.4.4.2 取穴的一般体位：

——前头、面部及前颈部：常取仰卧位或正坐仰靠。

——侧头、侧面及侧颈部：常取侧卧位或侧伏，或正坐。

——后头、颈项及后背的上部：常取俯伏，或俯卧位。

——后背中下部：常取俯卧位或俯伏位。

——腰骶部：常取俯卧位。

——胸部及上腹部：常取仰卧位或仰靠位。

——下腹部：常取仰卧位。

——侧胸、胁部及胯部：常取侧卧位。

——肩部：常取侧卧位或正坐垂肩，或臂外展位。

——腰部、髋部、肩胛部及上肢外侧穴：常取侧卧位或横肱俯伏坐位，或两手按膝部平坐。

——上肢内侧、手掌面穴：常取伸臂仰掌，或仰掌位，或仰卧位。

——大肠经前臂穴：常取横肱屈肘，或侧掌位。

——三焦经前臂、手背穴：常取俯掌位。

——下肢内侧、前侧穴：常取正坐屈膝，或仰卧位。

——下肢外侧穴：常取正坐屈膝，或侧卧位。

——臀部外侧穴:常取侧卧位。

——大腿后侧穴:常取俯卧位。

——小腿后侧及足跟部穴:常取俯卧,或正坐垂足位。

——足背部穴:常取仰卧,或正坐垂足位。

4 十四经穴名称与定位

4.1 手太阴肺经穴

4.1.1

中府 Zhōngfǔ(LU1)

在胸部,横平第1肋间隙,锁骨下窝外侧,前正中线旁开6寸。

注1:先确定云门(LU2),中府即在云门(LU2)下1寸。

注2:横平内侧的库房(ST14)、彧中(KI26)、华盖(CV20),4穴略呈一弧形分布,其弧度与第1肋间隙弧度相应。

4.1.2

云门 Yúnmén(LU2)

在胸部,锁骨下窝凹陷中,肩胛骨喙突内缘,前正中线旁开6寸。

注:横平内侧的气户(ST13)、俞府(KI27)、璇玑(CV21),4穴略呈一弧形分布,其弧度与锁骨下缘弧度相应。

4.1.3

天府 Tiānfǔ(LU3)

在臂前区,腋前纹头下3寸,肱二头肌桡侧缘处。

注:肱二头肌外侧沟平腋前纹头处至尺泽(LU5)连线的上1/3与下2/3的交界处。

4.1.4

侠白 Xiábái(LU4)

在臂前区,腋前纹头下4寸,肱二头肌桡侧缘处。

4.1.5

尺泽 Chǐzé(LU5)

在肘区,肘横纹上,肱二头肌腱桡侧缘凹陷中。

注:屈肘,肘横纹上,曲池(LI11)与曲泽(PC3)之间,与曲泽(PC3)相隔一肌腱(肱二头肌腱)。

4.1.6

孔最 Kǒngzuì(LU6)

在前臂前区,腕掌侧远端横纹上7寸,尺泽(LU5)与太渊(LU9)连线上。

注:尺泽(LU5)下5寸,即尺泽(LU5)与太渊(LU9)连线的中点上1寸。

4.1.7

列缺 Lièquē(LU7)

在前臂,腕掌侧远端横纹上1.5寸,拇短伸肌腱与拇长展肌腱之间,拇长展肌腱沟的凹陷中。

4.1.8

经渠 Jīngqú(LU8)

在前臂前区,腕掌侧远端横纹上1寸,桡骨茎突与桡动脉之间。

注:太渊(LU9)上1寸,约当腕掌侧近端横纹中。

4.1.9

太渊 Tàiyuān(LU9)

在腕前区,桡骨茎突与舟状骨之间,拇长展肌腱尺侧凹陷中。

注:在腕掌侧远端横纹桡侧,桡动脉搏动处。

4.1.10

鱼际 Yújì(LU10)

在手外侧,第1掌骨桡侧中点赤白肉际处。

4.1.11

少商　Shàoshāng(LU11)

在手指,拇指末节桡侧,指甲根角侧上方0.1寸(指寸)。

注:拇指桡侧指甲根角侧上方(即沿角平分线方向)0.1寸。相当于沿爪甲桡侧画一直线与爪甲基底缘水平线交点处取穴。

4.2 手阳明大肠经穴

4.2.1

商阳　Shāngyáng(LI1)

在手指,食指末节桡侧,指甲根角侧上方0.1寸(指寸)。

注:食指桡侧指甲根角侧上方(即沿角平分线方向)0.1寸。相当于沿爪甲桡侧画一直线与爪甲基底缘水平线交点处取穴。

4.2.2

二间　Èrjiān(LI2)

在手指,第2掌指关节桡侧远端赤白肉际处。

4.2.3

三间　Sānjiān(LI3)

在手背,第2掌指关节桡侧近端凹陷中。

4.2.4

合谷　Hégǔ(LI4)

在手背,第2掌骨桡侧的中点处。

4.2.5

阳溪　Yángxī(LI5)

在腕区,腕背侧远端横纹桡侧,桡骨茎突远端,解剖学"鼻烟窝"凹陷中。

注:手拇指充分外展和后伸时,手背外侧部拇长伸肌腱与拇短伸肌腱之间形成一明显的凹陷——解剖学"鼻烟窝",其最凹陷处即本穴。

4.2.6

偏历　Piānlì(LI6)

在前臂,腕背侧远端横纹上3寸,阳溪(LI5)与曲池(LI11)连线上。

注:阳溪(LI5)至曲池(LI11)连线的下1/4与上3/4的交点处。

4.2.7

温溜　Wēnliū(LI7)

在前臂,腕背侧远端横纹上5寸,阳溪(LI5)与曲池(LI11)连线上。

4.2.8

下廉　Xiàlián(LI8)

在前臂,肘横纹下4寸,阳溪(LI5)与曲池(LI11)连线上。

注:阳溪(LI5)与曲池(LI11)连线的上1/3与下2/3的交点处,上廉(LI9)下1寸。

4.2.9

上廉　Shànglián(LI9)

在前臂,肘横纹下3寸,阳溪(LI5)与曲池(LI11)连线上。

4.2.10

手三里　Shǒusānlǐ(LI10)

在前臂,肘横纹下2寸,阳溪(LI5)与曲池(LI11)连线上。

4.2.11

曲池　Qūchí(LI11)

在肘区,尺泽(LU5)与肱骨外上髁连线的中点处。

注:90°屈肘,肘横纹外侧端外凹陷中;极度屈肘,肘横纹桡侧端凹陷中。

4.2.12

肘髎　Zhǒuliáo(LI12)

在肘区,肱骨外上髁上缘,髁上嵴的前缘。

4.2.13

手五里　Shǒuwǔlǐ(LI13)

在臂部,肘横纹上3寸,曲池(LI11)与肩髃(LI15)连线上。

4.2.14

臂臑　Bìnào(LI14)

在臂部,曲池(LI11)上7寸,三角肌前缘处。

注:曲池(LI11)与肩髃(LI15)连线上,横平臑会(TE13)。

4.2.15

肩髃　Jiānyú(LI15)

在三角肌区,肩峰外侧缘前端与肱骨大结节两骨间凹陷中。

注:屈臂外展,肩峰外侧缘前后端呈现两个凹陷,前一较深凹陷即本穴,后一凹陷为肩髎(TE14)。

4.2.16

巨骨　Jùgǔ(LI16)

在肩胛区,锁骨肩峰端与肩胛冈之间凹陷中。

注:冈上窝外端两骨间凹陷中。

4.2.17

天鼎　Tiāndǐng(LI17)

在颈部,横平环状软骨,胸锁乳突肌后缘。

注:扶突(LI18)直下,横平水突(ST10)。

4.2.18

扶突　Fútū(LI18)

在胸锁乳突肌区,横平喉结,胸锁乳突肌前、后缘中间。

4.2.19

口禾髎　Kǒuhéliáo(LI19)

在面部,横平人中沟上1/3与下2/3交点,鼻孔外缘直下。

注:水沟(GV26)旁开0.5寸。

4.2.20

迎香　Yíngxiāng(LI20)

在面部,鼻翼外缘中点旁,鼻唇沟中。

4.3　足阳明胃经穴

4.3.1

承泣　Chéngqì(ST1)

在面部,眼球与眶下缘之间,瞳孔直下。

4.3.2

四白　Sìbái(ST2)

在面部,眶下孔处。

4.3.3

巨髎　Jùliáo(ST3)

在面部,横平鼻翼下缘,瞳孔直下。

4.3.4

地仓　Dìcāng(ST4)

在面部,口角旁开 0.4 寸(指寸)。

注:口角旁,在鼻唇沟或鼻唇沟延长线上。

4.3.5

大迎　Dàyíng(ST5)

在面部,下颌角前方,咬肌附着部的前缘凹陷中,面动脉搏动处。

4.3.6

颊车　Jiáchē(ST6)

在面部,下颌角前上方一横指(中指)。

注:沿下颌角角平分线上一横指,闭口咬紧牙时咬肌隆起,放松时按之有凹陷处。

4.3.7

下关　Xiàguān(ST7)

在面部,颧弓下缘中央与下颌切迹之间凹陷中。

注:闭口,上关(GB3)直下,颧弓下缘凹陷中。

4.3.8

头维　Tóuwéi(ST8)

在头部,额角发际直上 0.5 寸,头正中线旁开 4.5 寸。

4.3.9

人迎　Rényíng(ST9)

在颈部,横平喉结,胸锁乳突肌前缘,颈总动脉搏动处。

注 1:取一侧穴,令病人头转向对侧以显露胸锁乳突肌,抗阻力转动时则肌肉显露更明显。

注 2:本穴与扶突(LI18)、天窗(SI16)二穴的关系为:胸锁乳突肌前缘处为人迎(ST9),后缘为天窗(SI16),中间为扶突(LI18)。

4.3.10

水突　Shuǐtū(ST10)

在颈部,横平环状软骨,胸锁乳突肌前缘。

4.3.11

气舍　Qìshè(ST11)

在胸锁乳突肌区,锁骨上小窝,锁骨胸骨端上缘,胸锁乳突肌胸骨头与锁骨头中间的凹陷中。

注 1:取一侧穴,令病人头转向对侧以显露胸锁乳突肌,抗阻力转动时则肌肉显露更明显。

注 2:人迎(ST9)直下,在锁骨的上缘处。

4.3.12

缺盆　Quēpén(ST12)

在颈外侧区,锁骨上大窝,锁骨上缘凹陷中,前正中线旁开 4 寸。

4.3.13

气户　Qìhù(ST13)

在胸部,锁骨下缘,前正中线旁开 4 寸。

4.3.14

库房　Kùfáng(ST14)

在胸部,第 1 肋间隙,前正中线旁开 4 寸。

4.3.15

屋翳 Wūyì(ST15)

在胸部,第2肋间隙,前正中线旁开4寸。

注:先于胸骨角水平确定第2肋,其下为第2肋间隙;男性可以乳头定第4肋间隙,再向上2肋为第2肋间隙。

4.3.16

膺窗 Yīngchuāng(ST16)

在胸部,第3肋间隙,前正中线旁开4寸。

4.3.17

乳中 Rǔzhōng(ST17)

在胸部,乳头中央。

4.3.18

乳根 Rǔgēn(ST18)

在胸部,第5肋间隙,前正中线旁开4寸。

注:男性在乳头下1肋,即乳中线与第5肋间隙的相交处。女性在乳房根部弧线中点处。

4.3.19

不容 Bùróng(ST19)

在上腹部,脐中上6寸,前正中线旁开2寸。

注1:巨阙(CV14)旁开2寸。

注2:对于某些肋弓角较狭小的人,此穴下可能正当肋骨,可采用斜刺的方法。

4.3.20

承满 Chéngmǎn(ST20)

在上腹部,脐中上5寸,前正中线旁开2寸。

注:天枢(ST25)上5寸,不容(ST19)下1寸,上脘(CV13)旁开2寸。

4.3.21

梁门 Liángmén(ST21)

在上腹部,脐中上4寸,前正中线旁开2寸。

注:天枢(ST25)上4寸,承满(ST20)下1寸,中脘(CV12)旁开2寸。

4.3.22

关门 Guānmén(ST22)

在上腹部,脐中上3寸,前正中线旁开2寸。

注:横平内侧的石关(KI18)、建里(CV11)。

4.3.23

太乙 Tàiyǐ(ST23)

在上腹部,脐中上2寸,前正中线旁开2寸。

注:横平内侧的商曲(KI17)、下脘(CV10)。

4.3.24

滑肉门 Huáròumén(ST24)

在上腹部,脐中上1寸,前正中线旁开2寸。

注:横平内侧的水分(CV9)。

4.3.25

天枢 Tiānshū(ST25)

在腹部,横平脐中,前正中线旁开2寸。

4.3.26

外陵 Wàilíng(ST26)

在下腹部，脐中下 1 寸，前正中线旁开 2 寸。

注：横平内侧的中注(KI15)、阴交(CV7)。

4.3.27

大巨　Dàjù(ST27)

在下腹部，脐中下 2 寸，前正中线旁开 2 寸。

注：横平内侧的四满(KI14)、石门(CV5)。

4.3.28

水道　Shuǐdào(ST28)

在下腹部，脐中下 3 寸，前正中线旁开 2 寸。

注：天枢(ST25)下 3 寸，大巨(ST27)下 1 寸，关元(CV4)旁开 2 寸。

4.3.29

归来　Guīlái(ST29)

在下腹部，脐中下 4 寸，前正中线旁开 2 寸。

注：天枢(ST25)下 4 寸，水道(ST28)下 1 寸，中极(CV3)旁开 2 寸。

4.3.30

气冲　Qìchōng(ST30)

在腹股沟区，耻骨联合上缘，前正中线旁开 2 寸，动脉搏动处。

注：天枢(ST25)下 5 寸，曲骨(CV2)旁开 2 寸。

4.3.31

髀关　Bìguān(ST31)

在股前区，股直肌近端、缝匠肌与阔筋膜张肌 3 条肌肉之间凹陷中。

注 1：跷足，稍屈膝，大腿稍外展外旋，绷紧肌肉，在股直肌近端显现出 2 条相交叉的肌肉(斜向内侧为缝匠肌，外侧为阔筋膜张肌)，3 条肌肉间围成一个三角形凹陷，其三角形顶角下凹陷中即为本穴。

注 2：约相当于髂前上棘、髌底外侧端连线与耻骨联合下缘水平线的交点处。

4.3.32

伏兔　Fútù(ST32)

在股前区，髌底上 6 寸，髂前上棘与髌底外侧端的连线上。

4.3.33

阴市　Yīnshì(ST33)

在股前区，髌底上 3 寸，股直肌肌腱外侧缘。

注：伏兔(ST32)与髌底外侧端连线中点。

4.3.34

梁丘　Liángqiū(ST34)

在股前区，髌底上 2 寸，股外侧肌与股直肌肌腱之间。

注：令大腿肌肉绷紧，显现股直肌肌腱与股外侧肌，于两肌之间，阴市(ST33)直下 1 寸处取穴。

4.3.35

犊鼻　Dúbí(ST35)

在膝前区，髌韧带外侧凹陷中。

注：屈膝 45°，髌骨外下方的凹陷中。

4.3.36

足三里　Zúsānlǐ(ST36)

在小腿外侧，犊鼻(ST35)下 3 寸，犊鼻(ST35)与解溪(ST41)连线上。

注：在胫骨前肌上取穴。

4.3.37

上巨虚　Shàngjùxū(ST37)

在小腿外侧，犊鼻(ST35)下 6 寸，犊鼻(ST35)与解溪(ST41)连线上。

注：在胫骨前肌上取穴。

4.3.38

条口　Tiáokǒu(ST38)

在小腿外侧，犊鼻(ST35)下 8 寸，犊鼻(ST35)与解溪(ST41)连线上。

注：在胫骨前肌上取穴，横平丰隆(ST40)。

4.3.39

下巨虚　Xiàjùxū(ST39)

在小腿外侧，犊鼻(ST35)下 9 寸，犊鼻(ST35)与解溪(ST41)连线上。

注：在胫骨前肌上取穴，横平外丘(GB36)、阳交(GB35)。

4.3.40

丰隆　Fēnglóng(ST40)

在小腿外侧，外踝尖上 8 寸，胫骨前肌的外缘。

注：犊鼻(ST35)与解溪(ST41)连线的中点，条口(ST38)外侧一横指处。

4.3.41

解溪　Jiěxī(ST41)

在踝区，踝关节前面中央凹陷中，䠷长伸肌腱与趾长伸肌腱之间。

注：令足趾上跷，显现足背部两肌腱，穴在两腱之间，相当于内、外踝尖连线的中点处。

4.3.42

冲阳　Chōngyáng(ST42)

在足背，第 2 跖骨基底部与中间楔状骨关节处，可触及足背动脉。

4.3.43

陷谷　Xiàngǔ(ST43)

在足背，第 2、3 跖骨间，第 2 跖趾关节近端凹陷中。

4.3.44

内庭　Nèitíng(ST44)

在足背，第 2、3 趾间，趾蹼缘后方赤白肉际处。

4.3.45

厉兑　Lìduì(ST45)

在足趾，第 2 趾末节外侧，趾甲根角侧后方 0.1 寸(指寸)。

注：足第 2 趾外侧甲根角侧后方(即沿角平分线方向)0.1 寸。相当于沿爪甲外侧画一直线与爪甲基底缘水平线交点处取穴。

4.4　足太阴脾经穴

4.4.1

隐白　Yǐnbái(SP1)

在足趾，大趾末节内侧，趾甲根角侧后方 0.1 寸(指寸)。

注：足大趾内侧甲根角侧后方(即沿角平分线方向)0.1 寸。相当于沿爪甲内侧画一直线与爪甲基底缘水平线交点处取穴。

4.4.2

大都　Dàdū(SP2)

在足趾，第 1 跖趾关节远端赤白肉际凹陷中。

4.4.3

太白 Tàibái(SP3)

在跖区，第1跖趾关节近端赤白肉际凹陷中。

4.4.4

公孙 Gōngsūn(SP4)

在跖区，第1跖骨底的前下缘赤白肉际处。

注：沿太白(SP3)向后推至一凹陷，即为本穴。

4.4.5

商丘 Shāngqiū(SP5)

在踝区，内踝前下方，舟骨粗隆与内踝尖连线中点凹陷中。

注1：内踝前缘直线与内踝下缘横线的交点处。

注2：本穴前为中封(LR4)，后为照海(KI6)。

4.4.6

三阴交 Sānyīnjiāo(SP6)

在小腿内侧，内踝尖上3寸，胫骨内侧缘后际。

注：交信(KI8)上1寸。

4.4.7

漏谷 Lòugǔ(SP7)

在小腿内侧，内踝尖上6寸，胫骨内侧缘后际。

注：三阴交(SP6)上3寸处。

4.4.8

地机 Dìjī(SP8)

在小腿内侧，阴陵泉(SP9)下3寸，胫骨内侧缘后际。

4.4.9

阴陵泉 Yīnlíngquán(SP9)

在小腿内侧，胫骨内侧髁下缘与胫骨内侧缘之间的凹陷中。

注：用拇指沿胫骨内缘由下往上推，至拇指抵膝关节下时，胫骨向内上弯曲的凹陷中即是本穴。

4.4.10

血海 Xuèhǎi(SP10)

在股前区，髌底内侧端上2寸，股内侧肌隆起处。

4.4.11

箕门 Jīmén(SP11)

在股前区，髌底内侧端与冲门(SP12)的连线上1/3与下2/3交点，长收肌和缝匠肌交角的动脉搏动处。

4.4.12

冲门 Chōngmén(SP12)

在腹股沟区，腹股沟斜纹中，髂外动脉搏动处的外侧。

注：横平曲骨(CV2)，府舍(SP13)稍内下方。

4.4.13

府舍 Fǔshè(SP13)

在下腹部，脐中下4.3寸，前正中线旁开4寸。

4.4.14

腹结 Fùjié(SP14)

在下腹部，脐中下1.3寸，前正中线旁开4寸。

4.4.15

大横　Dàhéng(SP15)

在腹部，脐中旁开4寸。

注：横平内侧的天枢(ST25)、肓俞(KI16)、神阙(CV8)。

4.4.16

腹哀　Fù'āi(SP16)

在上腹部，脐中上3寸，前正中线旁开4寸。

注：大横(SP15)直上3寸，横平建里(CV11)。

4.4.17

食窦　Shídòu(SP17)

在胸部，第5肋间隙，前正中线旁开6寸。

注：横平内侧的乳根(ST18)、步廊(KI22)、中庭(CV16)，4穴略呈一弧形分布，其弧度与第5肋间隙弧度相应。

4.4.18

天溪　Tiānxī(SP18)

在胸部，第4肋间隙，前正中线旁开6寸。

注：横平内侧的乳中(ST17)、神封(KI23)、膻中(CV17)，4穴略呈一弧形分布，其弧度与第4肋间隙弧度相应。

4.4.19

胸乡　Xiōngxiāng(SP19)

在胸部，第3肋间隙，前正中线旁开6寸。

注：横平内侧的膺窗(ST16)、灵墟(KI24)、玉堂(CV18)，4穴略呈一弧形分布，其弧度与第3肋间隙弧度相应。

4.4.20

周荣　Zhōuróng(SP20)

在胸部，第2肋间隙，前正中线旁开6寸。

注：横平内侧的屋翳(ST15)、神藏(KI25)、紫宫(CV19)，4穴略呈一弧形分布，其弧度与第2肋间隙弧度相应。

4.4.21

大包　Dàbāo(SP21)

在胸外侧区，第6肋间隙，在腋中线上。

注：侧卧举臂，在第6肋间隙与腋中线的交点处。

4.5　手少阴心经穴

4.5.1

极泉　Jíquán(HT1)

在腋区，腋窝中央，腋动脉搏动处。

4.5.2

青灵　Qīnglíng(HT2)

在臂前区，肘横纹上3寸，肱二头肌的内侧沟中。

注：屈肘举臂，在极泉(HT1)与少海(HT3)连线的上2/3与下1/3交点处。

4.5.3

少海　Shàohǎi(HT3)

在肘前区，横平肘横纹，肱骨内上髁前缘。

注：屈肘，在肘横纹内侧端与肱骨内上髁连线的中点处。

4.5.4

灵道　Língdào(HT4)

在前臂前区，腕掌侧远端横纹上1.5寸，尺侧腕屈肌腱的桡侧缘。

注1：神门(HT7)上1.5寸，横平尺骨头上缘(根部)。

注 2：豌豆骨上缘桡侧直上 1.5 寸取穴。

4.5.5

通里　Tōnglǐ(HT5)

在前臂前区，腕掌侧远端横纹上 1 寸，尺侧腕屈肌腱的桡侧缘。

注 1：神门(HT7)上 1 寸。该穴与灵道(HT4)、阴郄(HT6)2 穴的位置关系为：横平尺骨头根部是灵道(HT4)，横平尺骨头中部是通里(HT5)，横平尺骨头头部是阴郄(HT6)。

注 2：豌豆骨上缘桡侧直上 1 寸取穴。

4.5.6

阴郄　Yīnxì(HT6)

在前臂前区，腕掌侧远端横纹上 0.5 寸，尺侧腕屈肌腱的桡侧缘。

注 1：神门(HT7)上 0.5 寸，横平尺骨头的下缘(头部)。

注 2：豌豆骨上缘桡侧直上 0.5 寸取穴。

4.5.7

神门　Shénmén(HT7)

在腕前区，腕掌侧远端横纹尺侧端，尺侧腕屈肌腱的桡侧缘。

注：于豌豆骨上缘桡侧凹陷中，在腕掌侧远端横纹上取穴。

4.5.8

少府　Shàofǔ(HT8)

在手掌，横平第 5 掌指关节近端，第 4、5 掌骨之间。

注：第 4、5 掌骨之间，握拳时，小指尖所指处，横平劳宫(PC8)。

4.5.9

少冲　Shàochōng(HT9)

在手指，小指末节桡侧，指甲根角侧上方 0.1 寸(指寸)。

注：手小指桡侧指甲根角侧上方(即沿角平分线方向)0.1 寸。相当于沿爪甲桡侧画一直线与爪甲基底缘水平线交点处。

4.6　手太阳小肠经穴

4.6.1

少泽　Shàozé(SI1)

在手指，小指末节尺侧，指甲根角侧上方 0.1 寸(指寸)。

注：手小指尺侧指甲根角侧上方(即沿角平分线方向)0.1 寸。相当于沿爪甲尺侧画一直线与爪甲基底缘水平线交点处。

4.6.2

前谷　Qiángǔ(SI2)

在手指，第 5 掌指关节尺侧远端赤白肉际凹陷中。

注：半握拳，第 5 掌指横纹尺侧端。

4.6.3

后溪　Hòuxī(SI3)

在手内侧，第 5 掌指关节尺侧近端赤白肉际凹陷中。

注：半握拳，掌远侧横纹头(尺侧)赤白肉际处。

4.6.4

腕骨　Wàngǔ(SI4)

在腕区，第 5 掌骨底与三角骨之间的赤白肉际凹陷中。

注：由后溪(SI3)向上沿掌骨直推至一突起骨，于两骨之间凹陷中取穴。

4.6.5

阳谷 Yánggǔ(SI5)

在腕后区，尺骨茎突与三角骨之间的凹陷中。

注：由腕骨(SI4)向上，相隔一骨(即三角骨)与尺骨茎突之间的凹陷中。

4.6.6

养老 Yǎnglǎo(SI6)

在前臂后区，腕背横纹上 1 寸，尺骨头桡侧凹陷中。

注：掌心向下，用一手指按在尺骨头的最高点上，然后手掌旋后，在手指滑入的骨缝中。

4.6.7

支正 Zhīzhèng(SI7)

在前臂后区，腕背侧远端横纹上 5 寸，尺骨尺侧与尺侧腕屈肌之间。

注：阳谷(SI5)与小海(SI8)连线的中点下 1 寸。

4.6.8

小海 Xiǎohǎi(SI8)

在肘后区，尺骨鹰嘴与肱骨内上髁之间凹陷中。

注：微曲肘，在尺神经沟中，用手指弹敲此处时有触电麻感直达小指。

4.6.9

肩贞 Jiānzhēn(SI9)

在肩胛区，肩关节后下方，腋后纹头直上 1 寸。

注：臂内收时，腋后纹头直上 1 寸，三角肌后缘。

4.6.10

臑俞 Nàoshū(SI10)

在肩胛区，腋后纹头直上，肩胛冈下缘凹陷中。

4.6.11

天宗 Tiānzōng(SI11)

在肩胛区，肩胛冈中点与肩胛骨下角连线上 1/3 与下 2/3 交点凹陷中。

4.6.12

秉风 Bǐngfēng(SI12)

在肩胛区，肩胛冈中点上方冈上窝中。

4.6.13

曲垣 Qūyuán(SI13)

在肩胛区，肩胛冈内侧端上缘凹陷中。

注：臑俞(SI10)与第 2 胸椎棘突连线的中点处。

4.6.14

肩外俞 Jiānwàishū(SI14)

在脊柱区，第 1 胸椎棘突下，后正中线旁开 3 寸。

注 1：肩胛骨脊柱缘的垂线与第 1 胸椎棘突下的水平线相交处。

注 2：本穴与内侧的大杼(BL11)、陶道(GV13)均位于第 1 胸椎棘突下水平。

4.6.15

肩中俞 Jiānzhōngshū(SI15)

在脊柱区，第 7 颈椎棘突下，后正中线旁开 2 寸。

注：大椎(GV14)旁开 2 寸。

4.6.16

天窗 Tiānchuāng(SI16)

在颈部，横平喉结，胸锁乳突肌的后缘。

注1：取一侧穴，令病人头转向对侧以显露胸锁乳突肌，抗阻力转动时则肌肉显露更明显。

注2：本穴与人迎(ST9)、扶突(LI18)均横平喉结，三者的位置关系为：胸锁乳突肌前缘处为人迎(ST9)，后缘为天窗(SI16)，前后缘中间为扶突(LI18)。

4.6.17

天容 Tiānróng(SI17)

在颈部，下颌角后方，胸锁乳突肌的前缘凹陷中。

注：取一侧穴，令病人头转向对侧以显露胸锁乳突肌，抗阻力转动时则肌肉显露更明显。

4.6.18

颧髎 Quánliáo(SI18)

在面部，颧骨下缘，目外眦直下凹陷中。

4.6.19

听宫 Tīnggōng(SI19)

在面部，耳屏正中与下颌骨髁突之间的凹陷中。

注：微张口，耳屏正中前缘凹陷中，在耳门(TE21)与听会(GB2)之间。

4.7 足太阳膀胱经穴

4.7.1

睛明 Jīngmíng(BL1)

在面部，目内眦内上方眶内侧壁凹陷中。

注：闭目，在目内眦内上方0.1寸的凹陷中。

4.7.2

攒竹 Cuánzhú(BL2)

在面部，眉头凹陷中，额切迹处。

注：沿睛明(BL1)直上至眉头边缘可触及一凹陷，即额切迹处。

4.7.3

眉冲 Méichōng(BL3)

在头部，额切迹直上入发际0.5寸。

注：神庭(GV24)与曲差(BL4)中间。

4.7.4

曲差 Qūchā(BL4)

在头部，前发际正中直上0.5寸，旁开1.5寸。

注：神庭(GV24)与头维(ST8)连线的内1/3与外2/3的交点处。

4.7.5

五处 Wǔchù(BL5)

在头部，前发际正中直上1寸，旁开1.5寸。

注：曲差(BL4)直上0.5寸处，横平上星(GV23)。

4.7.6

承光 Chéngguāng(BL6)

在头部，前发际正中直上2.5寸，旁开1.5寸。

注：五处(BL5)直上1.5寸，曲差(BL4)直上2寸处。

4.7.7

通天 Tōngtiān(BL7)

在头部，前发际正中直上4寸，旁开1.5寸。

注：承光(BL6)与络却(BL8)中点。

4.7.8

络却　Luòquè(BL8)

在头部，前发际正中直上 5.5 寸，旁开 1.5 寸。

注：百会(GV20)后 0.5 寸，旁开 1.5 寸。

4.7.9

玉枕　Yùzhěn(BL9)

在头部，横平枕外隆凸上缘，后发际正中旁开 1.3 寸。

注：斜方肌外侧缘直上与枕外隆凸上缘水平线的交点，横平脑户(GV17)。

4.7.10

天柱　Tiānzhù(BL10)

在颈后区，横平第 2 颈椎棘突上际，斜方肌外缘凹陷中。

4.7.11

大杼　Dàzhù(BL11)

在脊柱区，第 1 胸椎棘突下，后正中线旁开 1.5 寸。

4.7.12

风门　Fēngmén(BL12)

在脊柱区，第 2 胸椎棘突下，后正中线旁开 1.5 寸。

4.7.13

肺俞　Fèishū(BL13)

在脊柱区，第 3 胸椎棘突下，后正中线旁开 1.5 寸。

4.7.14

厥阴俞　Juéyīnshū(BL14)

在脊柱区，第 4 胸椎棘突下，后正中线旁开 1.5 寸。

4.7.15

心俞　Xīnshū(BL15)

在脊柱区，第 5 胸椎棘突下，后正中线旁开 1.5 寸。

4.7.16

督俞　Dūshū(BL16)

在脊柱区，第 6 胸椎棘突下，后正中线旁开 1.5 寸。

4.7.17

膈俞　Géshū(BL17)

在脊柱区，第 7 胸椎棘突下，后正中线旁开 1.5 寸。

4.7.18

肝俞　Gānshū(BL18)

在脊柱区，第 9 胸椎棘突下，后正中线旁开 1.5 寸。

4.7.19

胆俞　Dǎnshū(BL19)

在脊柱区，第 10 胸椎棘突下，后正中线旁开 1.5 寸。

4.7.20

脾俞　Píshū(BL20)

在脊柱区，第 11 胸椎棘突下，后正中线旁开 1.5 寸。

4.7.21

胃俞　Wèishū(BL21)

在脊柱区，第 12 胸椎棘突下，后正中线旁开 1.5 寸。

4.7.22

三焦俞　Sānjiāoshū(BL22)

在脊柱区,第1腰椎棘突下,后正中线旁开1.5寸。

注:先定第12胸椎棘突,下数第1个棘突即第1腰椎棘突。

4.7.23

肾俞　Shènshū(BL23)

在脊柱区,第2腰椎棘突下,后正中线旁开1.5寸。

注:先定第12胸椎棘突,下数第2个棘突即第2腰椎棘突。

4.7.24

气海俞　Qìhǎishū(BL24)

在脊柱区,第3腰椎棘突下,后正中线旁开1.5寸。

4.7.25

大肠俞　Dàchángshū(BL25)

在脊柱区,第4腰椎棘突下,后正中线旁开1.5寸。

4.7.26

关元俞　Guānyuánshū(BL26)

在脊柱区,第5腰椎棘突下,后正中线旁开1.5寸。

4.7.27

小肠俞　Xiǎochángshū(BL27)

在骶区,横平第1骶后孔,骶正中嵴旁开1.5寸。

注:横平上髎(BL31)。

4.7.28

膀胱俞　Pángguāngshū(BL28)

在骶区,横平第2骶后孔,骶正中嵴旁开1.5寸。

注:横平次髎(BL32)。

4.7.29

中膂俞　Zhōnglǚshū(BL29)

在骶区,横平第3骶后孔,骶正中嵴旁开1.5寸。

注:横平中髎(BL33)。

4.7.30

白环俞　Báihuánshū(BL30)

在骶区,横平第4骶后孔,骶正中嵴旁开1.5寸。

注:骶管裂孔旁开1.5寸,横平下髎(BL34)。

4.7.31

上髎　Shàngliáo(BL31)

在骶区,正对第1骶后孔中。

注:次髎(BL32)向上触摸到的凹陷即第1骶后孔。

4.7.32

次髎　Cìliáo(BL32)

在骶区,正对第2骶后孔中。

注:髂后上棘与第2骶椎棘突连线的中点凹陷处,即第2骶后孔。

4.7.33

中髎　Zhōngliáo(BL33)

在骶区,正对第3骶后孔中。

注：次髎(BL32)向下触摸到的第1个凹陷即第3骶后孔。

4.7.34

下髎 Xiàliáo(BL34)

在骶区，正对第4骶后孔中。

注：次髎(BL32)向下触摸到的第2个凹陷即第4骶后孔，横平骶管裂孔。

4.7.35

会阳 Huìyáng(BL35)

在骶区，尾骨端旁开0.5寸。

注：俯卧或跪伏位，按取尾骨下端旁软陷处取穴。

4.7.36

承扶 Chéngfú(BL36)

在股后区，臀沟的中点。

4.7.37

殷门 Yīnmén(BL37)

在股后区，臀沟下6寸，股二头肌与半腱肌之间。

注1：俯卧，膝关节抗阻力屈曲显示出半腱肌和股二头肌；同时大腿作内旋和外旋时，指下感觉更明显。

注2：于承扶(BL36)与委中(BL40)连线的中点上1寸处取穴。

4.7.38

浮郄 Fúxì(BL38)

在膝后区，腘横纹上1寸，股二头肌腱的内侧缘。

注：稍屈膝，委阳(BL39)上1寸，股二头肌腱内侧缘取穴。

4.7.39

委阳 Wěiyáng(BL39)

在膝部，腘横纹上，股二头肌腱的内侧缘。

注：稍屈膝，即可显露明显的股二头肌腱。

4.7.40

委中 Wěizhōng(BL40)

在膝后区，腘横纹中点。

4.7.41

附分 Fùfēn(BL41)

在脊柱区，第2胸椎棘突下，后正中线旁开3寸。

注：本穴与内侧的风门(BL12)均位于第2胸椎棘突下水平。

4.7.42

魄户 Pòhù(BL42)

在脊柱区，第3胸椎棘突下，后正中线旁开3寸。

注：本穴与内侧的肺俞(BL13)、身柱(GV12)均位于第3胸椎棘突下水平。

4.7.43

膏肓 Gāohuāng(BL43)

在脊柱区，第4胸椎棘突下，后正中线旁开3寸。

注：本穴与内侧的厥阴俞(BL14)均位于第4胸椎棘突下水平。

4.7.44

神堂 Shéntáng(BL44)

在脊柱区，第5胸椎棘突下，后正中线旁开3寸。

注：本穴与内侧的心俞(BL15)、神道(GV11)均位于第5胸椎棘突下水平。

4.7.45

谚语　Yìxǐ(BL45)

在脊柱区,第 6 胸椎棘突下,后正中线旁开 3 寸。

注:本穴与内侧的督俞(BL16)、灵台(GV10)均位于第 6 胸椎棘突下水平。

4.7.46

膈关　Géguān(BL46)

在脊柱区,第 7 胸椎棘突下,后正中线旁开 3 寸。

注:本穴与内侧的膈俞(BL17)、至阳(GV9)均位于第 7 胸椎棘突下水平。

4.7.47

魂门　Húnmén(BL47)

在脊柱区,第 9 胸椎棘突下,后正中线旁开 3 寸。

注:本穴与内侧的肝俞(BL18)、筋缩(GV8)均位于第 9 胸椎棘突下水平。

4.7.48

阳纲　Yánggāng(BL48)

在脊柱区,第 10 胸椎棘突下,后正中线旁开 3 寸。

注:本穴与内侧的胆俞(BL19)、中枢(GV7)均位于第 10 胸椎棘突下水平。

4.7.49

意舍　Yìshè(BL49)

在脊柱区,第 11 胸椎棘突下,后正中线旁开 3 寸。

注:本穴与内侧的脾俞(BL20)、脊中(GV6)均位于第 11 胸椎棘突下水平。

4.7.50

胃仓　Wèicāng(BL50)

在脊柱区,第 12 胸椎棘突下,后正中线旁开 3 寸。

注:本穴与内侧的胃俞(BL21)均位于第 12 胸椎棘突下水平。

4.7.51

肓门　Huāngmén(BL51)

在腰区,第 1 腰椎棘突下,后正中线旁开 3 寸。

注:本穴与内侧的三焦俞(BL22)、悬枢(GV5)均位于第 1 腰椎棘突下水平。

4.7.52

志室　Zhìshì(BL52)

在腰区,第 2 腰椎棘突下,后正中线旁开 3 寸。

注:本穴与内侧的肾俞(BL23)、命门(GV4)均位于第 2 腰椎棘突下水平。

4.7.53

胞肓　Bāohuāng(BL53)

在骶区,横平第 2 骶后孔,骶正中嵴旁开 3 寸。

注:本穴与内侧的膀胱俞(BL28)、次髎(BL32)均位于第 2 骶后孔水平。

4.7.54

秩边　Zhìbiān(BL54)

在骶区,横平第 4 骶后孔,骶正中嵴旁开 3 寸。

注:本穴位于骶管裂孔旁开 3 寸,横平白环俞(BL30)。

4.7.55

合阳　Héyáng(BL55)

在小腿后区,腘横纹下 2 寸,腓肠肌内、外侧头之间。

注:在委中(BL40)与承山(BL57)的连线上,委中(BL40)直下 2 寸。

4.7.56

承筋　Chéngjīn(BL56)

在小腿后区,腘横纹下 5 寸,腓肠肌两肌腹之间。

注:合阳(BL55)与承山(BL57)连线的中点。

4.7.57

承山　Chéngshān(BL57)

在小腿后区,腓肠肌两肌腹与肌腱交角处。

注:伸直小腿或足跟上提时,腓肠肌肌腹下出现尖角凹陷中(即腓肠肌内、外侧头分开的地方,呈"人"字形沟)。

4.7.58

飞扬　Fēiyáng(BL58)

在小腿后区,昆仑(BL60)直上 7 寸,腓肠肌外下缘与跟腱移行处。

注:承山(BL57)外侧斜下方 1 寸处,下直昆仑(BL60)。

4.7.59

跗阳　Fūyáng(BL59)

在小腿后区,昆仑(BL60)直上 3 寸,腓骨与跟腱之间。

4.7.60

昆仑　Kūnlún(BL60)

在踝区,外踝尖与跟腱之间的凹陷中。

4.7.61

仆参　Púcān(BL61)

在跟区,昆仑(BL60)直下,跟骨外侧,赤白肉际处。

4.7.62

申脉　Shēnmài(BL62)

在踝区,外踝尖直下,外踝下缘与跟骨之间凹陷中。

注:外踝下方凹陷中,与照海(KI6)内外相对。

4.7.63

金门　Jīnmén(BL63)

在足背,外踝前缘直下,第 5 跖骨粗隆后方,骰骨下缘凹陷中。

4.7.64

京骨　Jīnggǔ(BL64)

在跖区,第 5 跖骨粗隆前下方,赤白肉际处。

注:在足外侧缘,约当足跟与跖趾关节连线的中点处可触到明显隆起的骨,即第 5 跖骨粗隆。

4.7.65

束骨　Shùgǔ(BL65)

在跖区,第 5 跖趾关节的近端,赤白肉际处。

4.7.66

足通谷　Zútōnggǔ(BL66)

在足趾,第 5 跖趾关节的远端,赤白肉际处。

4.7.67

至阴　Zhìyīn(BL67)

在足趾,小趾末节外侧,趾甲根角侧后方 0.1 寸(指寸)。

注:足小趾外侧甲根角侧后方(即沿角平分线方向)0.1 寸。相当于沿爪甲外侧画一直线与爪甲基底缘水平线交点处取穴。

4.8 足少阴肾经穴

4.8.1

涌泉 Yǒngquán(KI1)

在足底,屈足卷趾时足心最凹陷中。

注:卧位或伸腿坐位,卷足,约当足底第2、3趾蹼缘与足跟连线的前1/3与后2/3交点凹陷中。

4.8.2

然谷 Rángǔ(KI2)

在足内侧,足舟骨粗隆下方,赤白肉际处。

4.8.3

太溪 Tàixī(KI3)

在踝区,内踝尖与跟腱之间的凹陷中。

4.8.4

大钟 Dàzhōng(KI4)

在跟区,内踝后下方,跟骨上缘,跟腱附着部前缘凹陷中。

4.8.5

水泉 Shuǐquán(KI5)

在跟区,太溪(KI3)直下1寸,跟骨结节内侧凹陷中。

4.8.6

照海 Zhàohǎi(KI6)

在踝区,内踝尖下1寸,内踝下缘边际凹陷中。

注:由内踝尖向下推,至其下缘凹陷中。与申脉(BL62)内外相对。

4.8.7

复溜 Fùliū(KI7)

在小腿内侧,内踝尖上2寸,跟腱的前缘。

注:前平交信(KI8)。

4.8.8

交信 Jiāoxìn(KI8)

在小腿内侧,内踝尖上2寸,胫骨内侧缘后际凹陷中。

注:复溜(KI7)前0.5寸。

4.8.9

筑宾 Zhùbīn(KI9)

在小腿内侧,太溪(KI3)直上5寸,比目鱼肌与跟腱之间。

注1:屈膝,小腿抗阻力绷紧,胫骨内侧缘后呈现一条明显的纵形肌肉,即比目鱼肌。

注2:太溪(KI3)与阴谷(KI10)的连线上,横平蠡沟(LR5)。

4.8.10

阴谷 Yīngǔ(KI10)

在膝后区,腘横纹上,半腱肌肌腱外侧缘。

4.8.11

横骨 Hénggǔ(KI11)

在下腹部,脐中下5寸,前正中线旁开0.5寸。

4.8.12

大赫 Dàhè(KI12)

在下腹部,脐中下4寸,前正中线旁开0.5寸。

4.8.13

气穴　Qìxué(KI13)

在下腹部,脐中下3寸,前正中线旁开0.5寸。

4.8.14

四满　Sìmǎn(KI14)

在下腹部,脐中下2寸,前正中线旁开0.5寸。

4.8.15

中注　Zhōngzhù(KI15)

在下腹部,脐中下1寸,前正中线旁开0.5寸。

4.8.16

肓俞　Huāngshū(KI16)

在腹部,脐中旁开0.5寸。

4.8.17

商曲　Shāngqū(KI17)

在上腹部,脐中上2寸,前正中线旁开0.5寸。

4.8.18

石关　Shíguān(KI18)

在上腹部,脐中上3寸,前正中线旁开0.5寸。

4.8.19

阴都　Yīndū(KI19)

在上腹部,脐中上4寸,前正中线旁开0.5寸。

4.8.20

腹通谷　Fùtōnggǔ(KI20)

在上腹部,脐中上5寸,前正中线旁开0.5寸。

4.8.21

幽门　Yōumén(KI21)

在上腹部,脐中上6寸,前正中线旁开0.5寸。

4.8.22

步廊　Bùláng(KI22)

在胸部,第5肋间隙,前正中线旁开2寸。

4.8.23

神封　Shénfēng(KI23)

在胸部,第4肋间隙,前正中线旁开2寸。

4.8.24

灵墟　Língxū(KI24)

在胸部,第3肋间隙,前正中线旁开2寸。

4.8.25

神藏　Shéncáng(KI25)

在胸部,第2肋间隙,前正中线旁开2寸。

4.8.26

彧中　Yùzhōng(KI26)

在胸部,第1肋间隙,前正中线旁开2寸。

4.8.27

俞府 Shūfǔ(KI27)

在胸部,锁骨下缘,前正中线旁开 2 寸。

4.9 手厥阴心包经穴

4.9.1

天池 Tiānchí(PC1)

在胸部,第 4 肋间隙,前正中线旁开 5 寸。

4.9.2

天泉 Tiānquán(PC2)

在臂前区,腋前纹头下 2 寸,肱二头肌的长、短头之间。

4.9.3

曲泽 Qūzé(PC3)

在肘前区,肘横纹上,肱二头肌腱的尺侧缘凹陷中。

注:仰掌,屈肘 45°,尺泽(LU5)尺侧肌腱旁。

4.9.4

郄门 Xìmén(PC4)

在前臂前区,腕掌侧远端横纹上 5 寸,掌长肌腱与桡侧腕屈肌腱之间。

注 1:握拳,手外展,微屈腕时,显现两肌腱。本穴在曲泽(PC3)与大陵(PC7)连线中点下 1 寸,两肌腱之间。

注 2:若两手的一侧或双侧摸不到掌长肌腱,则以桡侧腕屈肌腱尺侧定穴。

4.9.5

间使 Jiānshǐ(PC5)

在前臂前区,腕掌侧远端横纹上 3 寸,掌长肌腱与桡侧腕屈肌腱之间。

注 1:握拳,手外展,微屈腕时,显现两肌腱。本穴在大陵(PC7)直上 3 寸,两肌腱之间。

注 2:若两手的一侧或双侧摸不到掌长肌腱,则以桡侧腕屈肌腱尺侧定穴。

4.9.6

内关 Nèiguān(PC6)

在前臂前区,腕掌侧远端横纹上 2 寸,掌长肌腱与桡侧腕屈肌腱之间。

注 1:握拳,手外展,微屈腕时,显现两肌腱。本穴在大陵(PC7)直上 2 寸,两肌腱之间,与外关(TE5)相对。

注 2:若两手的一侧或双侧摸不到掌长肌腱,则以桡侧腕屈肌腱尺侧定穴。

4.9.7

大陵 Dàlíng(PC7)

在腕前区,腕掌侧远端横纹中,掌长肌腱与桡侧腕屈肌腱之间。

注 1:握拳,手外展,微屈腕时,显现两肌腱。本穴在腕掌远侧横纹的中点,两肌腱之间,横平豌豆骨上缘处的神门(HT7)。

注 2:若两手的一侧或双侧摸不到掌长肌腱,则以桡侧腕屈肌腱尺侧定穴。

4.9.8

劳宫 Láogōng(PC8)

在掌区,横平第 3 掌指关节近端,第 2、3 掌骨之间偏于第 3 掌骨。

注 1:握拳屈指时,中指尖点到处,第 3 掌骨桡侧。

注 2:另一种定位:在掌区,横平第 3 掌指关节近端,第 3、4 掌骨之间偏于第 3 掌骨。

4.9.9

中冲 Zhōngchōng(PC9)

在手指,中指末端最高点。

注:另一种定位:在手指,中指末节桡侧指甲根角侧上方 0.1 寸(指寸)。

4.10 手少阳三焦经穴

4.10.1

关冲　Guānchōng(TE1)

在手指,第4指末节尺侧,指甲根角侧上方0.1寸(指寸)。

注:第4指末节尺侧指甲根角侧上方(即沿角平分线方向)0.1寸。相当于沿爪甲尺侧画一直线与爪甲基底缘水平线交点处取穴。

4.10.2

液门　Yèmén(TE2)

在手背,第4、5指间,指蹼缘上方赤白肉际凹陷中。

4.10.3

中渚　Zhōngzhǔ(TE3)

在手背,第4、5掌骨间,第4掌指关节近端凹陷中。

4.10.4

阳池　Yángchí(TE4)

在腕后区,腕背侧远端横纹上,指伸肌腱的尺侧缘凹陷中。

注1:指伸肌腱,在抗阻力伸指伸腕时可明显触及。

注2:俯掌,沿第4、5掌骨间向上至腕背侧远端横纹处的凹陷中,横平阳溪(LI5)、阳谷(SI5)。

4.10.5

外关　Wàiguān(TE5)

在前臂后区,腕背侧远端横纹上2寸,尺骨与桡骨间隙中点。

注:阳池(TE4)上2寸,两骨之间凹陷中。与内关(PC6)相对。

4.10.6

支沟　Zhīgōu(TE6)

在前臂后区,腕背侧远端横纹上3寸,尺骨与桡骨间隙中点。

注:外关(TE5)上1寸,两骨之间,横平会宗(TE7)。

4.10.7

会宗　Huìzōng(TE7)

在前臂后区,腕背侧远端横纹上3寸,尺骨的桡侧缘。

注:支沟(TE6)尺侧。

4.10.8

三阳络　Sānyángluò(TE8)

在前臂后区,腕背侧远端横纹上4寸,尺骨与桡骨间隙中点。

注:阳池(TE4)与肘尖(EX-UE1)连线的上2/3与下1/3的交点处,两骨之间。

4.10.9

四渎　Sìdú(TE9)

在前臂后区,肘尖(EX-UE1)下5寸,尺骨与桡骨间隙中点。

4.10.10

天井　Tiānjǐng(TE10)

在肘后区,肘尖(EX-UE1)上1寸凹陷中。

注:屈肘90°时,鹰嘴窝中。

4.10.11

清泠渊　Qīnglíngyuān(TE11)

在臂后区,肘尖(EX-UE1)与肩峰角连线上,肘尖(EX-UE1)上2寸。

注:伸肘,肘尖(EX-UE1)上2寸。

4.10.12

消泺　Xiāoluò(TE12)

在臂后区，肘尖(EX-UE1)与肩峰角连线上，肘尖(EX-UE1)上5寸。

4.10.13

臑会　Nàohuì(TE13)

在臂后区，肩峰角下3寸，三角肌的后下缘。

4.10.14

肩髎　Jiānliáo(TE14)

在三角肌区，肩峰角与肱骨大结节两骨间凹陷中。

注：屈臂外展时，肩峰外侧缘前后端呈现两个凹陷，前一较深凹陷为肩髃(LI15)，后一凹陷即本穴。垂肩时，肩髃(LI15)后约1寸。

4.10.15

天髎　Tiānliáo(TE15)

在肩胛区，肩胛骨上角骨际凹陷中。

注：正坐垂肩，肩井(GB21)与曲垣(SI13)连线的中点。

4.10.16

天牖　Tiānyǒu(TE16)

在颈部，横平下颌角，胸锁乳突肌的后缘凹陷中。

4.10.17

翳风　Yìfēng(TE17)

在颈部，耳垂后方，乳突下端前方凹陷中。

4.10.18

瘈脉　Chìmài(TE18)

在头部，乳突中央，角孙(TE20)与翳风(TE17)沿耳轮弧形连线的上2/3与下1/3的交点处。

4.10.19

颅息　Lúxī(TE19)

在头部，角孙(TE20)与翳风(TE17)沿耳轮弧形连线的上1/3与下2/3的交点处。

4.10.20

角孙　Jiǎosūn(TE20)

在头部，耳尖正对发际处。

4.10.21

耳门　Ěrmén(TE21)

在耳区，耳屏上切迹与下颌骨髁突之间的凹陷中。

注：微张口，耳屏上切迹前的凹陷中，听宫(SI19)直上。

4.10.22

耳和髎　Ěrhéliáo(TE22)

在头部，鬓发后缘，耳郭根的前方，颞浅动脉的后缘。

4.10.23

丝竹空　Sīzhúkōng(TE23)

在面部，眉梢凹陷中。

注：瞳子髎(GB1)直上。

4.11 足少阳胆经穴

4.11.1

瞳子髎 Tóngzǐliáo(GB1)

在面部,目外眦外侧 0.5 寸凹陷中。

4.11.2

听会 Tīnghuì(GB2)

在面部,耳屏间切迹与下颌骨髁突之间的凹陷中。

注:张口,耳屏间切迹前方的凹陷中。听宫(SI19)直下。

4.11.3

上关 Shàngguān(GB3)

在面部,颧弓上缘中央凹陷中。

注:下关(ST7)直上,颧弓上缘凹陷中。

4.11.4

颔厌 Hànyàn(GB4)

在头部,从头维(ST8)至曲鬓(GB7)的弧形连线(其弧度与鬓发弧度相应)的上 1/4 与下 3/4 的交点处。

4.11.5

悬颅 Xuánlú(GB5)

在头部,从头维(ST8)至曲鬓(GB7)的弧形连线(其弧度与鬓发弧度相应)的中点处。

4.11.6

悬厘 Xuánlí(GB6)

在头部,从头维(ST8)至曲鬓(GB7)的弧形连线(其弧度与鬓发弧度相应)的上 3/4 与下 1/4 的交点处。

4.11.7

曲鬓 Qūbìn(GB7)

在头部,耳前鬓角发际后缘与耳尖水平线的交点处。

4.11.8

率谷 Shuàigǔ(GB8)

在头部,耳尖直上入发际 1.5 寸。

注:角孙(TE20)直上,入发际 1.5 寸。咀嚼时,以手按之有肌肉鼓动。

4.11.9

天冲 Tiānchōng(GB9)

在头部,耳根后缘直上,入发际 2 寸。

注:率谷(GB8)之后 0.5 寸。

4.11.10

浮白 Fúbái(GB10)

在头部,耳后乳突的后上方,从天冲(GB9)至完骨(GB12)的弧形连线(其弧度与耳郭弧度相应)的上 1/3 与下 2/3 交点处。

注:侧头部,耳尖后方,入发际 1 寸。

4.11.11

头窍阴 Tóuqiàoyīn(GB11)

在头部,耳后乳突的后上方,从天冲(GB9)到完骨(GB12)的弧形连线(其弧度与耳郭弧度相应)的上 2/3 与下 1/3 交点处。

4.11.12

完骨　Wángǔ(GB12)

在头部,耳后乳突的后下方凹陷中。

4.11.13

本神　Běnshén(GB13)

在头部,前发际上 0.5 寸,头正中线旁开 3 寸。

注:神庭(GV24)与头维(ST8)弧形连线(其弧度与前发际弧度相应)的内 2/3 与外 1/3 的交点处。

4.11.14

阳白　Yángbái(GB14)

在头部,眉上 1 寸,瞳孔直上。

4.11.15

头临泣　Tóulínqì(GB15)

在头部,前发际上 0.5 寸,瞳孔直上。

注:两目平视,瞳孔直上,正当神庭(GV24)与头维(ST8)弧形连线(其弧度与前发际弧度相应)的中点处。

4.11.16

目窗　Mùchuāng(GB16)

在头部,前发际上 1.5 寸,瞳孔直上。

注:头临泣(GB15)直上 1 寸处。

4.11.17

正营　Zhèngyíng(GB17)

在头部,前发际上 2.5 寸,瞳孔直上。

注:头临泣(GB15)直上 2 寸处。

4.11.18

承灵　Chénglíng(GB18)

在头部,前发际上 4 寸,瞳孔直上。

注:正营(GB17)后 1.5 寸,横平通天(BL7)。

4.11.19

脑空　Nǎokōng(GB19)

在头部,横平枕外隆凸的上缘,风池(GB20)直上。

注:横平脑户(GV17)、玉枕(BL9)。

4.11.20

风池　Fēngchí(GB20)

在颈后区,枕骨之下,胸锁乳突肌上端与斜方肌上端之间的凹陷中。

注:项部枕骨下两侧,横平风府(GV16),胸锁乳突肌与斜方肌两肌之间凹陷中。

4.11.21

肩井　Jiānjǐng(GB21)

在肩胛区,第 7 颈椎棘突与肩峰最外侧点连线的中点。

4.11.22

渊腋　Yuānyè(GB22)

在胸外侧区,第 4 肋间隙中,在腋中线上。

4.11.23

辄筋　Zhéjīn(GB23)

在胸外侧区,第 4 肋间隙中,腋中线前 1 寸。

4.11.24

日月　Rìyuè(GB24)

在胸部,第 7 肋间隙中,前正中线旁开 4 寸。

注 1:乳头直下,期门(LR14)下 1 肋。

注 2:女性在锁骨中线与第 7 肋间隙交点处。

4.11.25

京门　Jīngmén(GB25)

在上腹部,第 12 肋骨游离端的下际。

注:侧卧举臂,从腋后线的肋弓软骨缘下方向后触及第 12 肋骨游离端,在下方取穴。

4.11.26

带脉　Dàimài(GB26)

在侧腹部,第 11 肋骨游离端垂线与脐水平线的交点上。

注 1:尽量收腹,显露肋弓软骨缘,沿此缘向外下方至其底部稍下方可触及第 11 肋骨游离端。

注 2:章门(LR13)直下,横平神阙(CV8)。

4.11.27

五枢　Wǔshū(GB27)

在下腹部,横平脐下 3 寸,髂前上棘内侧。

注:带脉(GB26)下 3 寸处,横平关元(CV4)。

4.11.28

维道　Wéidào(GB28)

在下腹部,髂前上棘内下 0.5 寸。

注:五枢(GB27)内下 0.5 寸。

4.11.29

居髎　Jūliáo(GB29)

在臀区,髂前上棘与股骨大转子最凸点连线的中点处。

4.11.30

环跳　Huántiào(GB30)

在臀区,股骨大转子最凸点与骶管裂孔连线的外 1/3 与内 2/3 交点处。

注:侧卧,伸下腿,上腿屈髋屈膝取穴。

4.11.31

风市　Fēngshì(GB31)

在股部,直立垂手,掌心贴于大腿时,中指尖所指凹陷中,髂胫束后缘。

注:稍屈膝,大腿稍内收提起,可显露髂胫束。

4.11.32

中渎　Zhōngdú(GB32)

在股部,腘横纹上 7 寸,髂胫束后缘。

4.11.33

膝阳关　Xīyángguān(GB33)

在膝部,股骨外上髁后上缘,股二头肌腱与髂胫束之间的凹陷中。

4.11.34

阳陵泉　Yánglíngquán(GB34)

在小腿外侧,腓骨头前下方凹陷中。

4.11.35

阳交　Yángjiāo(GB35)

在小腿外侧,外踝尖上 7 寸,腓骨后缘。

注：外踝尖与腘横纹外侧端连线中点下 1 寸，外丘(GB36)后。

4.11.36

外丘　Wàiqiū(GB36)

在小腿外侧，外踝尖上 7 寸，腓骨前缘。

注：外踝尖与腘横纹外侧端连线中点下 1 寸，阳交(GB35)前。

4.11.37

光明　Guāngmíng(GB37)

在小腿外侧，外踝尖上 5 寸，腓骨前缘。

4.11.38

阳辅　Yángfǔ(GB38)

在小腿外侧，外踝尖上 4 寸，腓骨前缘。

4.11.39

悬钟　Xuánzhōng(GB39)

在小腿外侧，外踝尖上 3 寸，腓骨前缘。

4.11.40

丘墟　Qiūxū(GB40)

在踝区，外踝的前下方，趾长伸肌腱的外侧凹陷中。

注：第 2～5 趾抗阻力伸展，可显现趾长伸肌腱。

4.11.41

足临泣　Zúlínqì(GB41)

在足背，第 4、5 跖骨底结合部的前方，第 5 趾长伸肌腱外侧凹陷中。

4.11.42

地五会　Dìwǔhuì(GB42)

在足背，第 4、5 跖骨间，第 4 跖趾关节近端凹陷中。

4.11.43

侠溪　Xiáxī(GB43)

在足背，第 4、5 趾间，趾蹼缘后方赤白肉际处。

4.11.44

足窍阴　Zúqiàoyīn(GB44)

在足趾，第 4 趾末节外侧，趾甲根角侧后方 0.1 寸(指寸)。

注：足第 4 趾外侧甲根角侧后方(即沿角平分线方向)0.1 寸。相当于沿爪甲外侧画一直线与爪甲基底缘水平线交点处取穴。

4.12　足厥阴肝经穴

4.12.1

大敦　Dàdūn(LR1)

在足趾，大趾末节外侧，趾甲根角侧后方 0.1 寸(指寸)。

注：足大趾外侧指甲根角侧后方(即沿角平分线方向)0.1 寸。相当于沿爪甲外侧画一直线与爪甲基底缘水平线交点处取穴。

4.12.2

行间　Xíngjiān(LR2)

在足背，第 1、2 趾间，趾蹼缘后方赤白肉际处。

4.12.3

太冲　Tàichōng(LR3)

在足背，第1、2跖骨间，跖骨底结合部前方凹陷中，或触及动脉搏动。

注：从第1、2跖骨间向后推移至底部的凹陷中取穴。

4.12.4

中封　Zhōngfēng(LR4)

在踝区，内踝前，胫骨前肌肌腱的内侧缘凹陷中。

注：商丘(SP5)与解溪(ST41)中间。

4.12.5

蠡沟　Lígōu(LR5)

在小腿内侧，内踝尖上5寸，胫骨内侧面的中央。

注：髌尖与内踝尖连线的上2/3与下1/3交点，胫骨内侧面的中央，横平筑宾(KI9)。

4.12.6

中都　Zhōngdū(LR6)

在小腿内侧，内踝尖上7寸，胫骨内侧面的中央。

注：髌尖与内踝尖连线中点下0.5寸，胫骨内侧面的中央。

4.12.7

膝关　Xīguān(LR7)

在膝部，胫骨内侧髁的下方，阴陵泉(SP9)后1寸。

4.12.8

曲泉　Qūquán(LR8)

在膝部，腘横纹内侧端，半腱肌肌腱内缘凹陷中。

注：屈膝，在膝内侧横纹端最明显的肌腱内侧凹陷中取穴。

4.12.9

阴包　Yīnbāo(LR9)

在股前区，髌底上4寸，股薄肌与缝匠肌之间。

注：下肢稍屈，稍外展，略提起(或坐位，大腿稍外展，用力收缩肌肉)，显露出明显的缝匠肌，在其后缘取穴。

4.12.10

足五里　Zúwǔlǐ(LR10)

在股前区，气冲(ST30)直下3寸，动脉搏动处。

4.12.11

阴廉　Yīnlián(LR11)

在股前区，气冲(ST30)直下2寸。

注：稍屈髋，屈膝，外展，大腿抗阻力内收时显露出长收肌，在其外缘取穴。

4.12.12

急脉　Jímài(LR12)

在腹股沟区，横平耻骨联合上缘，前正中线旁开2.5寸。

4.12.13

章门　Zhāngmén(LR13)

在侧腹部，在第11肋游离端的下际。

注：侧卧举臂，从腋前线的肋弓软骨缘下方向前触摸第11肋骨游离端，在其下际取穴。

4.12.14

期门　Qīmén(LR14)

在胸部，第6肋间隙，前正中线旁开4寸。

注：在乳头直下，不容(ST19)旁开 2 寸处取穴。女性在锁骨中线与第 6 肋间隙交点处。

4.13 督脉穴

4.13.1

长强 Chángqiáng(GV1)

在会阴区，尾骨下方，尾骨端与肛门连线的中点处。

4.13.2

腰俞 Yāoshū(GV2)

在骶区，正对骶管裂孔，后正中线上。

注：臀裂正上方的小凹陷即骶管裂孔。

4.13.3

腰阳关 Yāoyángguān(GV3)

在脊柱区，第 4 腰椎棘突下凹陷中，后正中线上。

4.13.4

命门 Mìngmén(GV4)

在脊柱区，第 2 腰椎棘突下凹陷中，后正中线上。

4.13.5

悬枢 Xuánshū(GV5)

在脊柱区，第 1 腰椎棘突下凹陷中，后正中线上。

注：先定第 12 胸椎棘突，往下 1 个棘突即第 1 腰椎。

4.13.6

脊中 Jǐzhōng(GV6)

在脊柱区，第 11 胸椎棘突下凹陷中，后正中线上。

注：先定第 12 胸椎棘突，往上 1 个棘突即第 11 胸椎。

4.13.7

中枢 Zhōngshū(GV7)

在脊柱区，第 10 胸椎棘突下凹陷中，后正中线上。

注：先定第 12 胸椎棘突，往上 2 个棘突即第 10 胸椎。

4.13.8

筋缩 Jīnsuō(GV8)

在脊柱区，第 9 胸椎棘突下凹陷中，后正中线上。

注：从至阳(GV9)向下 2 个棘突，其下方凹陷中。

4.13.9

至阳 Zhìyáng(GV9)

在脊柱区，第 7 胸椎棘突下凹陷中，后正中线上。

4.13.10

灵台 Língtái(GV10)

在脊柱区，第 6 胸椎棘突下凹陷中，后正中线上。

注：从至阳(GV9)向上 1 个棘突，其上方凹陷中。

4.13.11

神道 Shéndào(GV11)

在脊柱区，第 5 胸椎棘突下凹陷中，后正中线上。

注：从至阳(GV9)向上 2 个棘突，其上方凹陷中。

4.13.12

身柱 Shēnzhù(GV12)

在脊柱区,第3胸椎棘突下凹陷中,后正中线上。

4.13.13

陶道 Táodào(GV13)

在脊柱区,第1胸椎棘突下凹陷中,后正中线上。

注:从第7颈椎向下1个棘突,在棘突下凹陷中。

4.13.14

大椎 Dàzhuī(GV14)

在脊柱区,第7颈椎棘突下凹陷中,后正中线上。

4.13.15

哑门 Yǎmén(GV15)

在颈后区,第2颈椎棘突上际凹陷中,后正中线上。

注1:先定风府(GV16),再于风府(GV16)下0.5寸取本穴。

注2:后发际正中直上0.5寸。

4.13.16

风府 Fēngfǔ(GV16)

在颈后区,枕外隆凸直下,两侧斜方肌之间凹陷中。

注:正坐,头稍仰,使项部斜方肌松弛,从项后发际正中上推至枕骨而止即是本穴。

4.13.17

脑户 Nǎohù(GV17)

在头部,枕外隆凸的上缘凹陷中。

注:后正中线与枕外隆凸的上缘交点处的凹陷中。横平玉枕(BL9)。

4.13.18

强间 Qiángjiān(GV18)

在头部,后发际正中直上4寸。

注:脑户(GV17)直上1.5寸凹陷中。

4.13.19

后顶 Hòudǐng(GV19)

在头部,后发际正中直上5.5寸。

注:百会(GV20)向后1.5寸处。

4.13.20

百会 Bǎihuì(GV20)

在头部,前发际正中直上5寸。

注1:在前、后发际正中连线的中点向前1寸凹陷中。

注2:折耳,两耳尖向上连线的中点。

4.13.21

前顶 Qiándǐng(GV21)

在头部,前发际正中直上3.5寸。

注:百会(GV20)与囟会(GV22)连线的中点。

4.13.22

囟会 Xìnhuì(GV22)

在头部,前发际正中直上2寸。

4.13.23

上星　Shàngxīng(GV23)

在头部，前发际正中直上1寸。

4.13.24

神庭　Shéntíng(GV24)

在头部，前发际正中直上0.5寸。

注：发际不明或变异者，从眉心直上3.5寸处取穴。

4.13.25

素髎　Sùliáo(GV25)

在面部，鼻尖的正中央。

4.13.26

水沟　Shuǐgōu(GV26)

在面部，人中沟的上1/3与中1/3交点处。

4.13.27

兑端　Duìduān(GV27)

在面部，上唇结节的中点。

4.13.28

龈交　Yínjiāo(GV28)

在上唇内，上唇系带与上牙龈的交点。

注：正坐仰头，提起上唇，于上唇系带与齿龈的移行处取穴。

4.13.29

印堂　Yìntáng(GV29)

在头部，两眉毛内侧端中间的凹陷中。

注：左右攒竹(BL2)连线的中点。

4.14　任脉穴

4.14.1

会阴　Huìyīn(CV1)

在会阴区，男性在阴囊根部与肛门连线的中点，女性在大阴唇后联合与肛门连线的中点。

注：胸膝位或侧卧位，在前后二阴中间。

4.14.2

曲骨　Qūgǔ(CV2)

在下腹部，耻骨联合上缘，前正中线上。

4.14.3

中极　Zhōngjí(CV3)

在下腹部，脐中下4寸，前正中线上。

4.14.4

关元　Guānyuán(CV4)

在下腹部，脐中下3寸，前正中线上。

4.14.5

石门　Shímén(CV5)

在下腹部，脐中下2寸，前正中线上。

4.14.6

气海　Qìhǎi(CV6)

在下腹部，脐中下1.5寸，前正中线上。

4.14.7

阴交　Yīnjiāo(CV7)

在下腹部，脐中下 1 寸，前正中线上。

4.14.8

神阙　Shénquè(CV8)

在脐区，脐中央。

4.14.9

水分　Shuǐfēn(CV9)

在上腹部，脐中上 1 寸，前正中线上。

4.14.10

下脘　Xiàwǎn(CV10)

在上腹部，脐中上 2 寸，前正中线上。

4.14.11

建里　Jiànlǐ(CV11)

在上腹部，脐中上 3 寸，前正中线上。

4.14.12

中脘　Zhōngwǎn(CV12)

在上腹部，脐中上 4 寸，前正中线上。

注：剑胸结合与脐中连线的中点处。

4.14.13

上脘　Shàngwǎn(CV13)

在上腹部，脐中上 5 寸，前正中线上。

4.14.14

巨阙　Jùquè(CV14)

在上腹部，脐中上 6 寸，前正中线上。

4.14.15

鸠尾　Jiūwěi(CV15)

在上腹部，剑胸结合下 1 寸，前正中线上。

4.14.16

中庭　Zhōngtíng(CV16)

在胸部，剑胸结合中点处，前正中线上。

4.14.17

膻中　Dànzhōng(CV17)

在胸部，横平第 4 肋间隙，前正中线上。

4.14.18

玉堂　Yùtáng(CV18)

在胸部，横平第 3 肋间隙，前正中线上。

4.14.19

紫宫　Zǐgōng(CV19)

在胸部，横平第 2 肋间隙，前正中线上。

4.14.20

华盖　Huágài(CV20)

在胸部，横平第 1 肋间隙，前正中线上。

4.14.21

璇玑 Xuánjī(CV21)

在胸部,胸骨上窝下1寸,前正中线上。

注:在前正中线,天突(CV22)下1寸。

4.14.22

天突 Tiāntū(CV22)

在颈前区,胸骨上窝中央,前正中线上。

注:两侧锁骨中间凹陷中。

4.14.23

廉泉 Liánquán(CV23)

在颈前区,喉结上方,舌骨上缘凹陷中,前正中线上。

4.14.24

承浆 Chéngjiāng(CV24)

在面部,颏唇沟的正中凹陷处。

5 经外奇穴名称与定位

5.1 头颈部穴

5.1.1

四神聪 Sìshéncōng(EX-HN1)

在头部,百会(GV20)前后左右各旁开1寸,共4穴。

注:后神聪在前后发际正中连线的中点处,前顶(GV21)后0.5寸为前神聪。

5.1.2

当阳 Dāngyáng(EX-HN2)

在头部,瞳孔直上,前发际上1寸。

注:头临泣(GB15)直上0.5寸,横平上星(GV23)。

5.1.3

鱼腰 Yúyāo(EX-HN4)

在头部,瞳孔直上,眉毛中。

5.1.4

太阳 Tàiyáng(EX-HN5)

在头部,眉梢与目外眦之间,向后约一横指的凹陷中。

注:丝竹空(TE23)与瞳子髎(GB1)连线中点向外约一横指处。

5.1.5

耳尖 Ěrjiān(EX-HN6)

在耳区,在外耳轮的最高点。

注:折耳向前时,耳郭上方的尖端处。

5.1.6

球后 Qiúhòu(EX-HN7)

在面部,眶下缘外1/4与内3/4交界处。

注:承泣(ST1)的稍外上方。

5.1.7

上迎香 Shàngyíngxiāng(EX-HN8)

在面部,鼻翼软骨与鼻甲的交界处,近鼻翼沟上端处。

5.1.8

内迎香　Nèiyíngxiāng(EX-HN9)

在鼻孔内,鼻翼软骨与鼻甲交界的粘膜处。

注:与上迎香(EX-HN8)相对处的鼻粘膜上。

5.1.9

聚泉　Jùquán(EX-HN10)

在口腔内,舌背正中缝的中点处。

5.1.10

海泉　Hǎiquán(EX-HN11)

在口腔内,舌下系带中点处。

5.1.11

金津　Jīnjīn(EX-HN12)

在口腔内,舌下系带左侧的静脉上。

5.1.12

玉液　Yùyè(EX-HN13)

在口腔内,舌下系带右侧的静脉上。

5.1.13

翳明　Yìmíng(EX-HN14)

在颈部,翳风(TE17)后1寸。

5.1.14

颈百劳　Jìngbǎiláo(EX-HN15)

在颈部,第7颈椎棘突直上2寸,后正中线旁开1寸。

5.2　胸腹部穴

5.2.1

子宫　Zǐgōng(EX-CA1)

在下腹部,脐中下4寸,前正中线旁开3寸。

注:胃经线与脾经线中间,横平中极(CV3)。

5.3　背部穴

5.3.1

定喘　Dìngchuǎn(EX-B1)

在脊柱区,横平第7颈椎棘突下,后正中线旁开0.5寸。

注:大椎(GV14)旁开0.5寸。

5.3.2

夹脊　Jiájǐ(EX-B2)

在脊柱区,第1胸椎至第5腰椎棘突下两侧,后正中线旁开0.5寸,一侧17穴。

5.3.3

胃脘下俞　Wèiwǎnxiàshū(EX-B3)

在脊柱区,横平第8胸椎棘突下,后正中线旁开1.5寸。

注:在膈俞(BL17)与肝俞(BL18)中间。

5.3.4

痞根　Pǐgēn(EX-B4)

在腰区,横平第1腰椎棘突下,后正中线旁开3.5寸。

注:肓门(BL51)外0.5寸。

5.3.5

下极俞　Xiàjíshū(EX-B5)

在腰区，第3腰椎棘突下。

注：命门(GV4)下1个棘突。

5.3.6

腰宜　Yāoyí(EX-B6)

在腰区，横平第4腰椎棘突下，后正中线旁开3寸。

注：大肠俞(BL25)外1.5寸。

5.3.7

腰眼　Yāoyǎn(EX-B7)

在腰区，横平第4腰椎棘突下，后正中线旁开约3.5寸凹陷中。

注：直立时，约横平腰阳关(GV3)两侧呈现的圆形凹陷中。

5.3.8

十七椎　Shíqīzhuī(EX-B8)

在腰区，第5腰椎棘突下凹陷中。

注：腰阳关(GV3)下1个棘突。

5.3.9

腰奇　Yāoqí(EX-B9)

在骶区，尾骨端直上2寸，骶角之间凹陷中。

5.4 上肢穴

5.4.1

肘尖　Zhǒujiān(EX-UE1)

在肘后区，尺骨鹰嘴的尖端。

5.4.2

二白　Èrbái(EX-UE2)

在前臂前区，腕掌侧远端横纹上4寸，桡侧腕屈肌腱的两侧，一肢2穴。

注：屈腕，显现两条肌腱，其中一个穴点在间使(PC5)后1寸两腱间，另一穴点在桡侧腕屈肌腱的桡侧。

5.4.3

中泉　Zhōngquán(EX-UE3)

在前臂后区，腕背侧远端横纹上，指总伸肌腱桡侧的凹陷中。

注：阳溪(LI5)与阳池(TE4)连线的中点处。

5.4.4

中魁　Zhōngkuí(EX-UE4)

在手指，中指背面，近侧指间关节的中点处。

5.4.5

大骨空　Dàgǔkōng(EX-UE5)

在手指，拇指背面，指间关节的中点处。

5.4.6

小骨空　Xiǎogǔkōng(EX-UE6)

在手指，小指背面，近侧指间关节的中点处。

5.4.7

腰痛点　Yāotòngdiǎn(EX-UE7)

在手背，第2、3掌骨间及第4、5掌骨间，腕背侧远端横纹与掌指关节的中点处，一手2穴。

5.4.8

外劳宫　Wàiláogōng(EX-UE8)

在手背,第2、3掌骨间,掌指关节后0.5寸(指寸)凹陷中。

注:与劳宫(PC8)前后相对。

5.4.9

八邪　Bāxié(EX-UE9)

在手背,第1～5指间,指蹼缘后方赤白肉际处,左右共8穴。

注:微握拳,第1～5指间缝纹端凹陷中。其中4、5指间穴即液门(TE2)。

5.4.10

四缝　Sìfèng(EX-UE10)

在手指,第2～5指掌面的近侧指间关节横纹的中央,一手4穴。

5.4.11

十宣　Shíxuān(EX-UE11)

在手指,十指尖端,距指甲游离缘0.1寸(指寸),左右共10穴。

注:其中中指尖端穴点即中冲(PC9)。

5.5　下肢穴

5.5.1

髋骨　Kuāngǔ(EX-LE1)

在股前区,梁丘(ST34)两旁各1.5寸,一肢2穴。

5.5.2

鹤顶　Hèdǐng(EX-LE2)

在膝前区,髌底中点的上方凹陷中。

5.5.3

百虫窝　Bǎichóngwō(EX-LE3)

在股前区,髌底内侧端上3寸。

注:屈膝,血海(SP10)上1寸。

5.5.4

内膝眼　Nèixīyǎn(EX-LE4)

在膝部,髌韧带内侧凹陷处的中央。

注:与犊鼻(ST35)内外相对。

5.5.5

胆囊　Dǎnnáng(EX-LE6)

在小腿外侧,腓骨小头直下2寸。

5.5.6

阑尾　Lánwěi(EX-LE7)

在小腿外侧,髌韧带外侧凹陷下5寸,胫骨前嵴外一横指(中指)。

注:上巨虚(ST37)上1寸。

5.5.7

内踝尖　Nèihuáijiān(EX-LE8)

在踝区,内踝的最凸起处。

5.5.8

外踝尖　Wàihuáijiān(EX-LE9)

在踝区,外踝的最凸起处。

5.5.9

八风　Bāfēng(EX-LE10)

在足背，第1～5趾间，趾蹼缘后方赤白肉际处，左右共8穴。

注：其中1、2，2、3，4、5趾间穴点即行间(LR2)、内庭(ST44)、侠溪(GB43)。

5.5.10

独阴　Dúyīn(EX-LE11)

在足底，第2趾的跖侧远端趾间关节的中点。

5.5.11

气端　Qìduān(EX-LE12)

在足趾，十趾端的中央，距趾甲游离缘0.1寸(指寸)，左右共10穴。

附 录 A
（资料性附录）
常用定穴解剖部位及方位术语对应词

本节：手部“本节”指掌指关节；足部“本节”指跖趾关节。

完骨：颞骨乳突。

巨骨：锁骨。

大椎：第 7 颈椎。

髃骬（鸠尾）：剑突。

季肋：11 肋。

鼠蹊：腹股沟。

曲骨：耻骨。

肘尖：尺骨鹰嘴。

大指次指：食指。

小指次指：无名指。

臀下横纹：臀沟。

髀枢：髋关节。

内辅骨上廉：股骨内侧髁。

内辅骨下廉：胫骨内侧髁。

膝中：胫骨髁、股骨髁之间的膝关节线。

京骨：第 5 跖骨粗隆。

鱼腹：缝匠肌。

伏兔：股直肌。

内侧（上肢）：屈侧。

外侧（上肢）：伸侧。

前侧（上肢）：桡侧。

后侧（上肢）：尺侧。

十四经穴名称索引

B

C

D

H

J

P

Q

R

S

经外奇穴名称索引

S

T

W

X

Y

Z

ICS 13.320
C 69

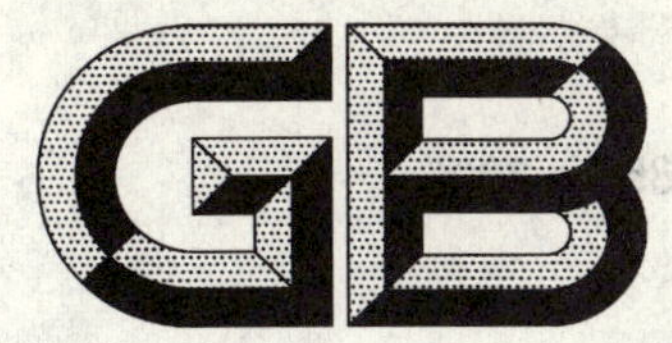

中华人民共和国国家标准

GB 12358—2006
代替 GB 12358—1990

作业场所环境气体检测报警仪通用技术要求

Gas monitors and alarms for workplace—General technical requirements

2006-06-22 发布　　　　2006-12-01 实施

中华人民共和国国家质量监督检验检疫总局
中国国家标准化管理委员会　发布

前　言

本标准的技术要求、试验方法、标志、检验规则、使用说明为强制性。其中5.3.9全量程指示偏差、5.3.10高速气流、6.10全量程指示偏差试验、6.11高速气流试验注明为推荐性。

本标准代替GB 12358—1990《作业场所气体检测报警仪通用技术要求》。与GB 12358—1990相比较，主要变化如下：

——增加了电磁兼容，选择了适当的严酷等级，与国际和国内标准对应；

——针对关于产品安全性的要求，增加了绝缘电阻和耐压试验；

——完善检验规则，增加了使用说明书的要求，有利于产品的规模化生产。

本标准由国家安全生产监督管理总局提出。

本标准负责起草单位：北京市劳动保护科学研究所。

本标准参加起草单位：华瑞科力恒(北京)科技有限公司。

本标准主要起草人：杨铸、姜传胜、朱刚、姜波。

作业场所环境气体检测报警仪通用技术要求

1 范围

本标准规定了作业场所气体检测报警仪(以下简称“检测报警仪”)的术语、分类、技术要求、试验方法、检验规则与标识等。

本标准适用于中华人民共和国境内作业场所可燃性气体、有毒气体和氧气检测报警仪的生产和使用,其他特种场所中使用的检测报警仪,除由有关标准另行规定外,亦应执行本标准。

2 规范性引用文件

下列文件中的条款通过本标准的引用而成为本标准的条款。凡是注日期的引用文件,其随后所有的修改(不包括勘误的内容)或修订版均不适用于本标准,然而,鼓励根据本标准达成协议的各方研究是否可使用这些文件的最新版本。凡是不注日期的引用文件,其最新版本适用于本标准。

GB/T 2421 电工电子产品环境试验 第1部分:总则

GB 3836.1 爆炸性气体环境用电气设备 第1部分:通用要求

GB 3836.2 爆炸性气体环境用电气设备 第2部分:隔爆型“d”

GB 3836.4 爆炸性气体环境用电气设备 第4部分:本质安全型“i”

GB/T 4798.10 电工电子产品应用环境条件 导言

GB/T 4857.5 包装 运输包装件 跌落试验方法

GB 15322—2003(所有部分) 可燃气体探测器

GBZ 2—2002 工作场所有害因素职业接触限值

3 术语和定义

下列术语和定义适用于本标准。

3.1

传感器 sensor

将样品气体的浓度转换为测量信号的部件。

3.2

检测器 detection parts

由采样装置、传感器和前置放大电路组成的部件。

3.3

指示器 indicator parts

指示气体浓度测量结果的部件。

3.4

报警器 alarm parts

气体浓度达到或超过报警设定值时发出报警信号的部件,常用有蜂鸣器、指示灯。

3.5

气体报警仪 gas alarm instrument

气体报警仪应由检测器和报警器两部分组成。

3.6

气体检测仪 gas detection instrument

气体检测仪应由检测器和指示器两部分组成。

3.7

气体检测报警仪 gas detection and alarm instrument

气体检测报警仪应由检测器、指示器和报警器三部分组成。

3.8

检测范围 detection range

报警仪在试验条件下能够测出被测气体的浓度范围。

3.9

检测误差 detection error

在试验条件下，报警仪用标准气体校正后，指示值与标准值之间允许出现的最大相对偏差。

3.10

报警误差 alarm error

在试验条件下，报警仪用标准气体校正后，报警指示值与报警设定值之间允许出现的最大相对偏差。

3.11

报警设定值 alarm setting value

根据有关规定，报警仪预先设定的报警浓度值。

3.12

重复性 repeatability

同一报警仪在相同条件下，对同一检测对象在短时间内重复测定，各显示值间的重复程度，采用平均相对标准偏差。

3.13

稳定性 stability

在同一试验条件下，报警仪保持一定时间的工作状态后性能变化的程度。

3.14

响应时间 response time

在试验条件下，从检测器接触被测气体至达到稳定指示值的时间。规定为读取达到稳定指示值90％的时间作为响应时间。

3.15

监视状态 monitoring state

报警仪发出报警前的工作状态。

3.16

报警状态 alarming state

报警仪发出报警时的工作状态。

3.17

故障状态 fault state

报警仪发生故障不能正常工作的状态。

3.18

零气体 zero gas

不含被测气体或其他干扰气体的清洁的空气或氮气。

3.19

标准气体 standard gas

成分、浓度和精度均为已知的气体。

3.20

时间加权平均容许浓度 permissible concentration-time weighted average,PC-TWA

以时间为权数规定的 8 h 工作日的平均容许接触水平。是毒气检测报警仪应该具有的测试功能。

3.21

最高容许浓度 maximum allowable concentration,MAC

在工作地点、一个工作日内、任何时间均不应超过的有毒化学物质的浓度。是毒气检测报警仪报警设定值的基础。

3.22

短时间接触容许浓度 permissible concentration-short term exposure limit,PC-STEL

一个工作日内,任何一次接触不得超过 15 min 时间加权平均的容许接触水平。是毒气检测报警仪应该具有的测试功能。

3.23

作业场所 workplace

劳动者进行职业活动的全部地点。

4 分类

4.1 按检测对象分类

4.1.1 可燃气体检测报警仪;

4.1.2 有毒气体检测报警仪;

4.1.3 氧气检测报警仪。

4.2 按检测原理分类

4.2.1 可燃气体检测仪

a) 催化燃烧型;

b) 半导体型;

c) 热导型;

d) 红外线吸收型。

4.2.2 有毒气体检测报警仪

a) 电化学型;

b) 半导体型;

c) 光电离子(PID)。

4.2.3 氧气检测报警仪:有电化学型等。

4.3 按使用方式分类

4.3.1 便携式;

4.3.2 固定式。

4.4 按使用场所分类

4.4.1 非防爆型;

4.4.2 防爆型。

4.5 按功能分类

4.5.1 气体检测仪;

4.5.2 气体报警仪;

4.5.3 气体检测报警仪。

4.6 按采样方式分类

4.6.1 扩散式；

4.6.2 泵吸式。

4.7 按供电方式分类

4.7.1 干电池；

4.7.2 充电电池；

4.7.3 电网供电。

4.8 按工作方式分类

4.8.1 连续工作式；

4.8.2 单次工作式。

5 技术要求

5.1 总则

气体报警仪和气体检测报警仪的技术要求及试验方法应执行本标准。并首先满足本章技术要求，然后按第6章规定进行试验，并满足试验要求。

5.2 结构与外观要求

5.2.1 气体报警仪(以下简称"报警仪"或"检测报警仪")应由检测器和报警器两部分组成;气体检测报警仪应由检测器、指示器和报警器三部分组成。

5.2.2 便携式报警仪应体积小、质量轻、便于携带或移动。

5.2.3 固定式报警仪的检测器应具有防风雨、防沙、防虫结构，安装方便;报警器应便于安装、操作和监视。

5.2.4 应使用耐腐蚀材料制造仪器或在仪器表面进行防腐蚀处理，其涂装与着色不易脱落。

5.2.5 报警仪处于工作状态时应易于识别。

5.2.6 报警仪应易于校正。

5.2.7 报警仪用于存在易燃、易爆气体的场所时，应具有防爆性能，符合 GB 3836.1 、GB 3836.2和 GB 3836.4，并取得防爆检验合格证。

5.2.8 报警仪和检测报警仪应具有有效的报警装置。

5.3 性能要求

5.3.1 检测报警仪应满足以下功能：

5.3.1.1 检测报警仪应对声、光警报装置设置手动自检功能。

5.3.1.2 对于有输出控制功能的检测报警仪，当检测报警仪发出报警信号时，应能启动输出控制功能。

5.3.2 使用电池供电的检测报警仪，当电池电量低时，应能发出与报警信号有明显区别的声、光指示信号，其电池性能应符合以下要求：

a) 便携式检测报警仪在指示电池电量低的情况下，连续工作方式再工作 15 min，单次工作方式再操作 10 次，其误差应满足表 1 和表 2 的要求。连续工作的便携式检测报警仪的电池持续工作时间应不少于 8 h，或单次工作的便携式检测报警仪的电池持续工作时间应能保证其完整工作 200 次。

b) 对于使用电池供电的固定式检测报警仪，固定式检测报警仪的电池持续工作时间应不少于 30 d，在指示电池电量低的情况下再工作 24 h 后，其误差应满足表 1 和表 2 的要求。

5.3.3 检测误差

检测误差应符合表1的要求。

表1 检测误差

检测对象	检测范围	检 测 误 差
可燃气体	仪器满量程正常测试范围内	±10%(显示值)或±5%(满量程)以内,取大
有毒气体	仪器满量程正常测试范围内	±10%(显示值)或±5%(满量程)以内,取大
氧气(报警仪)	仪器满量程正常测试范围内	±0.7%(体积比)以内
氧气(检漏报警仪)	仪器满量程正常测试范围内	±5%(体积比)以内

5.3.4 报警误差

报警误差应符合表2的要求。

表2 报警误差

检测对象	报警设定值	报警误差
可燃气体	仪器满量程正常测试范围内	±15%(报警设定值)以内
有毒气体	仪器满量程正常测试范围内	±15%(报警设定值) 以内
氧气(报警仪)	仪器满量程正常测试范围内	±1.0%(体积比)以内
氧气(检漏报警仪)	仪器满量程正常测试范围内	±5%(设定值)以内

5.3.5 重复性

在正常环境条件下,对同一台检测报警仪同一浓度实测6次,其检测误差应满足表3的要求。

表3 重复性

检测对象	误 差
可燃气体	±5%以内
有毒气体	±5%以内
氧气	±3%以内

其中的误差计算采用相对标准偏差。

5.3.6 方位试验(吸入式检测器除外)

分别在 X、Y、Z 三个相互垂直的轴线上每旋转45°测其检测误差和报警误差,其检测误差和报警误差应满足表1和表2的要求。

5.3.7 电压波动

检测报警仪的供电电压为额定供电电压的±15%,其检测误差和报警误差应满足表1和表2的要求。

5.3.8 响应时间

可燃气体检测仪响应时间在30 s以内;有毒气体氨气、氢氰酸、氯化氢、环氧乙烷、臭氧气体在160 s以内,磷化氢100 s以内,其他有毒气体检测报警仪检测与报警响应时间在60 s以内,氧检测报警仪检测响应时间在20 s以内,报警响应时间(按6.9.3.5测试方法)在5 s以内;氧气检漏报警仪检测与报警响应时间在20 s以内。

5.3.9 全量程指示偏差

检测仪在全量程范围内其检测误差应满足5.3.3的要求。

5.3.10 高速气流

在气流速度为6 m/s的条件下,检测报警仪的检测误差和报警误差应分别满足表4和表5的要求。

表 4 检测误差

检测对象	指示范围	检测误差
可燃气体	仪器满量程正常测试范围内	±20%(显示值)或±10%(满量程)以内,取大
有毒气体	仪器满量程正常测试范围内	±20%(显示值)或±10%(满量程)以内,取大
氧气(报警仪)	仪器满量程正常测试范围内	±1.4%(体积比)以内
氧气(检漏报警仪)	仪器满量程正常测试范围内	±10%(体积比)以内

表 5 报警误差

检测对象	报警设定值	报警误差
可燃气体	仪器满量程正常测试范围内	±25%(报警设定值) 以内
有毒气体	仪器满量程正常测试范围内	±25%(报警设定值) 以内
氧气(报警仪)	仪器满量程正常测试范围内	±1.4%(体积比)以内
氧气(检漏报警仪)	仪器满量程正常测试范围内	±10%(设定值)以内

5.3.11 长期稳定性能

固定安装的检测报警仪应能在正常环境条件下连续运行 28 d。试验期间,检测报警仪应能正常工作。试验后,检测报警仪的检测误差和报警误差应满足表 1 和表 2 的要求。

5.3.12 绝缘耐压性能

检测报警仪有绝缘要求的外部带电端子、电源插头分别与外壳间的绝缘电阻在正常环境条件下应不小于100 MΩ,在湿热环境下应不小于 1 MΩ。上述部位还应根据额定电压耐受频率为 50 Hz,有效值电压为1 500 V(额定电压超过 50 V 时)或有效值电压为 500 V(额定电压不超过 50 V 时)的交流电压历时1 min的耐压试验,试验期间检测报警仪不应发生放电或击穿现象,试验后检测报警仪功能应正常。

5.3.13 辐射电磁场试验

检测报警仪应能耐受表 6 所规定的电磁辐射干扰试验,试验期间及试验后应满足下述要求:

a) 试验期间,检测报警仪应能正常工作;

b) 试验后,检测报警仪的检测误差和报警误差应满足表 1 和表 2 的要求。

5.3.14 静电放电试验

检测报警仪应能耐受表 6 所规定的静电放电干扰试验,试验期间及试验后应满足下述要求:

a) 试验期间,检测报警仪应能正常工作;

b) 试验后,检测报警仪的检测误差和报警误差应满足表 1 和表 2 的要求。

表 6 辐射电磁场、静电、电瞬变脉冲试验

试验名称	试验参数	试验条件	工作状态
辐射电磁场试验	场强/(V/m)	10	正常监视状态
	频率范围 /MHz	1～1 000	
静电放电试验	放电电压 /V	8 000	正常监视状态
	放电次数	10	
电瞬变脉冲试验	瞬变脉冲电压 /kV	AC 电源线 2	正常监视状态
		其他连接线 1	
	极性	正、负	
	时间	每次 1 min	

5.3.15 电瞬变脉冲试验

检测报警仪应能耐受表 6 所规定的电瞬变脉冲干扰试验，试验期间及试验后应满足下述要求：

a) 试验期间，检测报警仪应能正常工作；

b) 试验后，检测报警仪的检测误差和报警误差应满足表 1 和表 2 的要求。

5.3.16 高低温试验

检测报警仪应能耐受表 7 所规定的气候环境条件下的各项试验，试验期间及试验后应满足下述要求：

a) 试验期间，检测报警仪应能正常工作；

b) 试验后，检测报警仪应无破坏涂覆和腐蚀现象，其检测误差和报警误差应分别满足表 4 和表 5 的要求。

表 7 高温、低温、恒定湿热试验

试验名称	试验参数	试验条件	工作状态
高温试验	温度/℃	55	正常监视状态
	持续时间/h	2	
低温试验	温度/℃	−10	正常监视状态
	持续时间/h	2	
恒定湿热试验	温度/℃	40	正常监视状态
	相对湿度/%	93	
	持续时间/h	2	

5.3.17 恒定湿热试验

检测报警仪应能耐受表 7 所规定的气候环境条件下的各项试验，试验期间及试验后应满足下述要求：

a) 试验期间，检测报警仪应能正常工作；

b) 试验后，检测报警仪应无破坏涂覆和腐蚀现象，其检测误差和报警误差应分别满足表 4 和表 5 的要求。

5.3.18 振动跌落试验

检测报警仪应能耐受表 8 所规定的各项试验，试验期间及试验后应满足下述要求：

a) 试验期间，检测报警仪应能正常工作；

b) 试验后，检测报警仪不应有机械损伤和紧固部位松动现象，检测报警仪的检测误差和报警误差应满足表 1 和表 2 的要求。

表 8 振动跌落试验

试验名称	试验参数	试验条件	工作状态
振动试验	频率范围/Hz	10～150	正常监视状态
	加速度	0.5 g	
	扫频速率/(oct/min)	1	
	轴线数	3	
	每个轴线扫频次数	10	
跌落试验	跌落高度/mm	250(质量小于 1 kg)	不通电状态
		100(质量在 1 kg～10 kg 之间)	
		50 (质量大于 10 kg)	
	跌落次数	1	

5.3.19　气体检测报警仪干扰气体的影响说明

气体检测报警仪应说明干扰气体的影响，尤其是广谱性敏感传感器报警器(如 PID、半导体传感器)，在使用时一定要说明其干扰和应用环境。当检测气体具有毒性与爆炸性时，应优先考虑使用有毒气体检测报警仪进行检测(如 CO)。

6　试验方法

6.1　试验纲要及试验条件

6.1.1　试验项目见表 9。

表 9　试验项目

序号	章条	试验项目	报警器编号											
			1	2	3	4	5	6	7	8	9	10	11	12
1	6.2	功能	√	√	√	√	√	√	√	√	√	√	√	√
2	6.3	电池性能	√	√	√	√	√	√	√	√	√	√	√	√
3	6.4	检测误差	√	√	√	√	√	√	√	√	√	√	√	√
4	6.5	报警误差	√	√	√	√	√	√	√	√	√	√	√	√
5	6.6	重复性	√											
6	6.7	方位		√										
7	6.8	电压波动			√									
8	6.9	响应时间				√								
9	6.10	全量程指示偏差					√							
10	6.11	高速气流试验						√						
11	6.12	长期稳定性试验	√	√										
12	6.13	绝缘电阻							√					
13	6.14	耐压								√				
14	6.15	辐射电磁场									√			
15	6.16	静电放电									√			
16	6.17	电瞬变脉冲									√			
17	6.18	高温										√		
18	6.19	低温											√	
19	6.20	恒定湿热										√		
20	6.21	振动												√
21	6.22	跌落					√							

6.1.2　试验样品为 12 只，并在试验前予以编号。

6.1.3　如在有关条文中没有说明，则各项试验均在下述大气条件下进行：

a)　温度：15℃～35℃；

b)　相对湿度(RH)：30%～80%之间的某一恒定值±10%；

c)　大气压：86 kPa～106 kPa。

6.1.4　如在有关条文中没有说明时，各项试验数据的容差均为±5%。

6.1.5　检测报警仪(以下称为"试样")在试验前均应按 5.2 进行外观和结构检查，符合要求时方可进行试验。

6.1.6 当试样进入工作状态,并经过规定的稳定时间后即可开始试验。校正仪器时,使用零气体和标准气体。标准气体应该用国家认可的标气生产厂家生产的标气,不同浓度的标气可采用计量认证通过的气体稀释装置配制,但其气体浓度必须满足不确定度≤2.0%。

6.2 功能试验

6.2.1 目的

检验试样的功能。

6.2.2 要求

试样的功能应符合5.3.1要求。

6.2.3 方法

操作试样的自检机构,观察并记录试样的声、光报警情况。

6.3 电池性能试验

6.3.1 目的

检验试样的电池性能。

6.3.2 要求

试样的电池性能应满足5.3.2要求。

6.3.3 方法

6.3.3.1 检查试样电池低电量指示功能的设置情况。

6.3.3.2 对于便携式检测报警仪,使试样连续工作至电池低电量指示时,再工作15 min。然后,按6.4.3和6.5.3方法检测试样的检测误差和报警误差。再将连续工作的试样装入电量充足的电池,使其处于正常监视状态,8 h后,检查试样的工作情况。

6.3.3.3 对于使用电池供电的固定式检测报警仪,使试样连续工作至电池低电量指示时,再工作24 h,然后,按6.4.3和6.5.3方法检测试样的检测误差和报警误差。再将试样装入电量充足的电池,使其处于正常监视状态,30 d后,检查试样工作情况。

6.4 检测误差试验

6.4.1 目的

检验试样的检测误差。

6.4.2 要求

试样的检测误差应能满足5.3.3要求。

6.4.3 方法

按厂家规定对仪器或装置进行校正。然后,将含量分别为20%、40%、60%满刻度值的试验气体通入检测器,记录指示值,并计算出指示值与试验气体含量的检测误差。

6.5 报警误差试验

6.5.1 目的

检验试样报警误差。

6.5.2 要求

试样的报警误差应满足5.3.4要求。

6.5.3 方法

6.5.3.1 检验可燃气报警仪时,按厂家规定对仪器或装置进行校正,应将低于设定报警含量的被测气体通入检测器,然后将试验气体的浓度逐渐升高,直至发生报警,计算此时试验气体的含量与报警设定值的误差。

6.5.3.2 检验氧气报警仪时,按厂家规定对仪器或装置进行校正,将高于设定报警浓度的氧气通入检测器,然后逐渐降低氧气的浓度,直至发出报警,计算此时试验氧气的含量与设定氧气报警含量的误差。

6.5.3.3 检验毒气报警仪时，按厂家规定对仪器或装置进行校正，应将低于设定报警含量的被测气体通入检测器，然后将试验气体的含量逐渐升高，直至发生报警，计算此时试验气体的含量与报警设定值的误差。

6.6 重复性试验

6.6.1 目的

检验单只检测报警仪多次报警时的一致性。

6.6.2 要求

试样的重复性应满足5.3.5规定。

6.6.3 方法

按厂家规定对仪器或装置进行校正。在试样正常工作位置的任意一个方位和含量上连续进行6次测试，至少采用一种含量，计算其误差。

6.7 方位试验

6.7.1 目的

检验检测报警仪在不同方位上的进气性能。

6.7.2 要求

试样方位性能应满足5.3.6规定。

6.7.3 方法

使试样处于正常监视状态20 min，以一定的速率增加试验气体含量，检测试样在Z轴线上方位0°的指示值；以后每旋转45°方位进行一次试验，测量Z轴线上每个方位的指示值。分别测量Y、X轴线上各个方位的指示值，如果在Y、X轴线上探测器的外部结构和内部部件结构对气流速度无影响时，可不进行Y、X轴的试验。

6.8 电压波动试验

6.8.1 目的

检验试样对供电电压波动的适应能力。

6.8.2 要求

试样对供电电压的适应能力应满足5.3.7要求。

6.8.3 方法

将试样供电电压调至85%额定工作电压，并稳定20 min，按6.2.3和6.3.3方法检测试样的检测误差和报警误差，然后将试验箱内的气体排除，使试样恢复到正常监视状态。将试样供电电压调至115%额定工作电压，并稳定20 min，再按6.4.3和6.5.3方法检测试样的检测误差和报警误差。

6.9 响应时间试验

6.9.1 目的

检验试样的响应时间。

6.9.2 要求

试样的响应时间应满足5.3.8要求。

6.9.3 方法

6.9.3.1 将试样接通电源，使其处于正常监视状态20 min。

6.9.3.2 对于可燃气检测仪和毒气检测仪，将检测器暴露在含量为全量程60%的试验气体中，同时计时，测出达到仪器指示出试验气体含量的90%的响应时间。

6.9.3.3 对于毒气报警仪，将检测器暴露在含量为试样报警动作值的1.6倍的试验气体中，同时启动计时装置，测出达到仪器指示出试验气体含量的90%的响应时间。

6.9.3.4 对于氧气检测仪，通入标准气体或在空气导入口吸入标准气，测出达到90%的响应时间。

6.9.3.5 对氧气报警仪，通入纯氮气（零气体）或在空气导入口吸入氮气，同时启动计时装置，待试样发出报警信号时，停止计时，记录试样的响应时间。

6.10 **全量程指示偏差试验**

6.10.1 **目的**

检验试样全量程指示偏差。

6.10.2 **要求**

试样的全量程指示偏差应满足5.3.9的要求。

6.10.3 **方法**

6.10.3.1 将试样接通电源，使其处于正常监视状态20 min。

6.10.3.2 分别调节进入气体稀释器的可燃气体和洁净空气的流量，配制出流量为500 mL/min，并分别达到试样满度10%、25%、50%、75%、90%含量的试验气体。然后经校验罩分别将配制好的试验气体输送到试样的传感元件上至少1 min，记录试样在每一种情况下的指示情况。

6.11 **高速气流试验**

6.11.1 **目的**

检验试样对高速气流的适应性。

6.11.2 **要求**

试样的高速气流性能应满足5.3.9要求。

6.11.3 **方法**

6.11.3.1 将试样按正常工作状态要求安装于试验箱中，接通电源，使试样处于正常监视状态20 min。

6.11.3.2 启动通风机，使试验箱内气流速度稳定在6 m/s±0.5 m/s，按6.4.3和6.5.3方法检测试样的检测误差和报警误差。

6.12 **长期稳定性试验(仅适用于固定安装的检测报警仪)**

6.12.1 **目的**

检验试样在正常大气条件下长期运行的稳定性。

6.12.2 **要求**

试样长期运行的稳定性应满足5.3.10的要求。

6.12.3 **方法**

6.12.3.1 接通电源，使试样处于正常监视状态20 min，调准零点。

6.12.3.2 在正常环境条件下，使试样连续运行28 d。

6.12.3.3 试验结束后，按6.4.3和6.5.3方法检测试样的检测误差和报警误差。

6.13 **绝缘电阻试验**

6.13.1 **目的**

检验试样的绝缘性能。

6.13.2 **要求**

试样的绝缘性能应满足5.3.12要求。

6.13.3 **方法**

6.13.3.1 在正常环境条件下，用绝缘电阻测试装置，分别对试样检测部位施加500 V±50 V直流电压，持续60s±5s，检测其绝缘电阻，需检测的部位包括：

a) 有绝缘要求的外部带电端子与外壳间；

b) 电源插头与外壳间(电源开关置于开位置，不接通电源)。

6.13.3.2 将试样放置到温度为40℃±5℃的干燥箱中干燥6 h，再放置到温度为40℃±2℃、相对湿度为90%～95%的湿热试验箱中，保持96 h，然后在正常环境条件下放置60 min，按上述方法检测其绝缘电阻。

6.14　耐压试验

6.14.1　目的

检验试样的耐压性能。

6.14.2　要求

试样的耐压性能应满足 5.3.12 要求。

6.14.3　方法

6.14.3.1　用耐压试验装置，以 100 V/s～500 V/s 的升压速率，分别对试样检测部位施加50 Hz、1 500(1＋10％)V(额定电压超过 50 V)，或 50(1＋1％)Hz、500(1±10％)V(额定电压不超过 50 V)的交流电压，持续 60 s±5 s，观察并记录试验中所发生的现象，需检测的部位包括：

a)　有绝缘要求的外部带电端子与外壳间；

b)　电源插头与外壳间(电源开关置于开位置，不接通电源)。

6.14.3.2　试验后，对试样进行通电检查。

6.15　辐射电磁场试验

6.15.1　目的

检验试样在辐射电磁场环境下工作的适应性。

6.15.2　要求

试样的抗辐射电磁场性能应满足 5.3.13 要求。

6.15.3　方法

6.15.3.1　将试样安放在绝缘台上，接通电源，使试样处于正常监视状态 20 min。

6.15.3.2　按图 1 布置试验设备，将发射天线置于中间，试样与电磁干扰报警仪分别置于发射天线两边各 1 m 处。

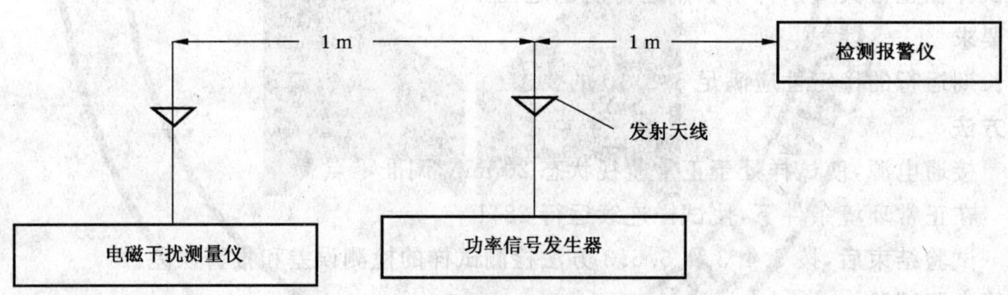

图 1　试验设备布置图

6.15.3.3　调节 1 MHz～1 000 MHz 的功率信号发生器的输出使电磁干扰报警仪的读数为 10 V/m，在试验过程中频率应在 1 MHz～1 000 MHz 的频率范围内以不大于 0.005 倍频程每秒的速率缓慢变化，同时应转动试样，观察并记录试样工作情况。如使用的发射天线具有方向性，则应先使发射天线反转，对准试样进行试验。在 1 MHz～1 000 MHz 的频率范围内，应分别用天线的水平极化和垂直极化进行试验。

6.15.3.4　试验期间，观察并记录试样的工作状态。

6.15.3.5　试验应在屏蔽室内进行，为避免产生较大的检测误差，天线的位置应符合图 2 的要求。

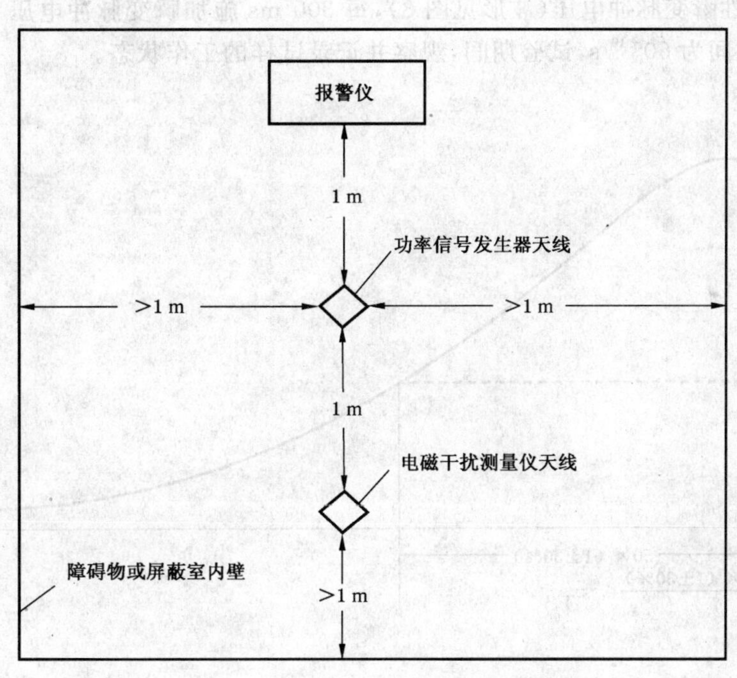

图 2 天线位置图

6.15.3.6 试验结束后，按 6.4.3 和 6.5.3 方法检测试样的检测误差和报警误差。

6.16 静电放电试验

6.16.1 目的

检验试样对带静电人员、物体造成的静电放电的适应性。

6.16.2 要求

试样抗静电放电性能应满足 5.3.14 要求。

6.16.3 方法

6.16.3.1 将试样放在绝缘支架上，且距接地板四周距离不少于 100 mm。接通电源，使试样处于正常监视状态 20 min。

6.16.3.2 调整静电发生器输出电压为 8 000 V，用球型放电头充电后尽快触及试样表面，切实接触（但不能损伤试样）。每次放电后，应将静电发生器移开并充电。对试样表面共放电 8 次，对试样周围 100 mm 处接地板放电 2 次，每次放电的时间间隔至少为 1 s，试验期间，观察并记录试样的工作状态。

6.16.3.3 试验后，按 6.4.3 和 6.5.3 方法检测试样的检测误差和报警误差。

6.17 电瞬变脉冲试验（限交流供电的报警仪）

6.17.1 目的

检验试样抗电瞬变脉冲干扰的能力。

6.17.2 要求

试样抗电瞬变脉冲干扰的能力应满足 5.3.13 要求。

6.17.3 方法

6.17.3.1 使试样处于正常监视状态，对交流供电试样的 AC 电源线施加2 000×(1±10%)V、频率 2.5×(1±20%)kHz的正负极性瞬变脉冲电压（波形见图 3），每 300 ms 施加瞬变脉冲电压 15 ms（见图 4），每次施加瞬变脉冲电压时间为 60_{0}^{+10} s，试验期间，监视试样是否发出报警信号或不可恢复的故障信号。

6.17.3.2 使试样处于正常监视状态，对试样的其他外接连线施加 1 000×(1±10%)V，频率 5×(1±

20%)kHz 的正负极性瞬变脉冲电压(波形见图 3),每 300 ms 施加瞬变脉冲电压 15 ms(见图 4),每次施加瞬变脉冲电压时间为 60_{0}^{+10} s,试验期间,观察并记录试样的工作状态。

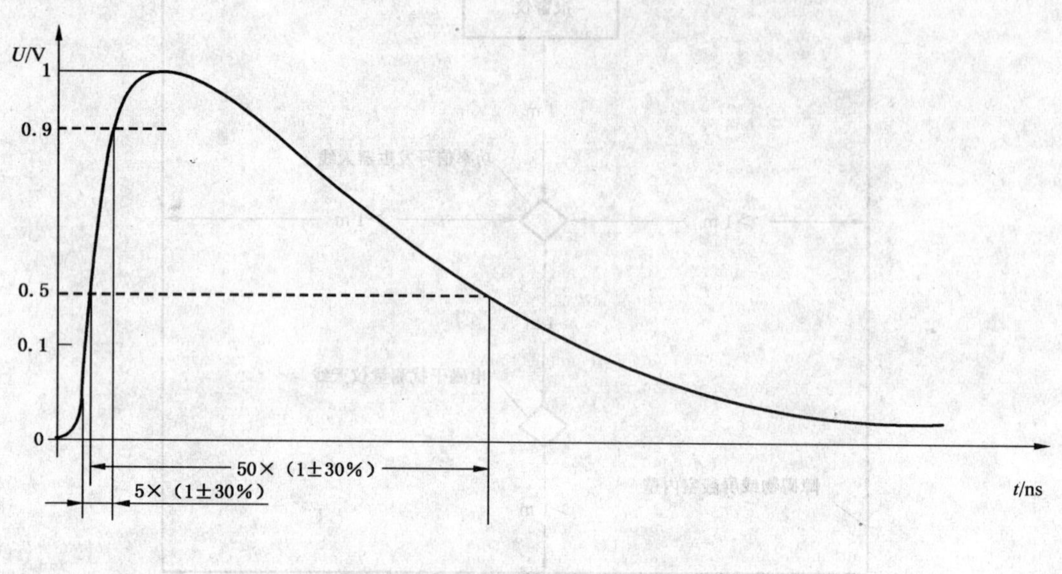

图 3 50Ω 负载时单脉冲波形

6.17.3.3 试验后,按 6.4.3 和 6.5.3 方法检测试样的检测误差和报警误差。

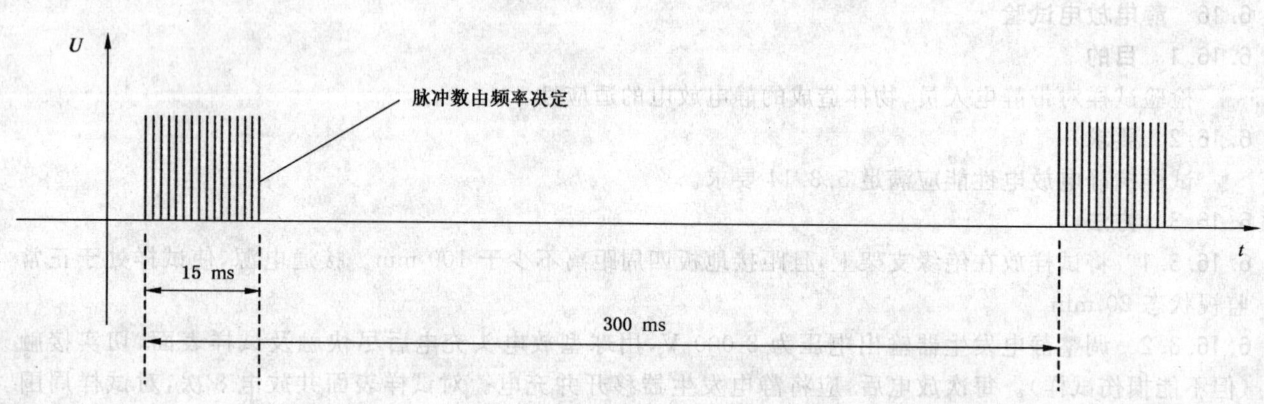

图 4 一组脉冲波形图

6.18 高温试验

6.18.1 目的

检验试样在高温环境条件下工作时性能的稳定性。

6.18.2 要求

试样在高温环境条件下的性能应满足 5.3.16 要求。

6.18.3 方法

6.18.3.1 将试样按正常工作状态安装于试验箱内,接通电源,使试样处于正常监视状态 20 min。

6.18.3.2 启动通风机,使试验箱内气流速度稳定在 0.8 m/s±0.2 m/s,以不大于1℃/min的升温速率使试验箱内温度升至 55℃±2℃稳定 2 h。观察并记录试样的状态。

6.18.3.3 按 6.4.3 和 6.5.3 方法检测试样的检测误差和报警误差。

6.19 低温试验

6.19.1 目的

检验试样在低温环境条件下工作时性能的稳定性。

6.19.2 要求

试样在低温环境条件下的性能应满足5.3.16要求。

6.19.3 方法

6.19.3.1 将试样按正常工作状态安装于试验箱内，接通电源，使试样处于正常监视状态20 min。

6.19.3.2 启动通风机，使试验箱内气流速度稳定在0.8 m/s±0.2 m/s，以不大于1℃/min的降温速率，使试验箱内温度降至－10℃±2℃并保持2 h。观察并记录试样的状态。

6.19.3.3 按6.4.3和6.5.3方法检测试样的检测误差和报警误差。

6.20 恒定湿热试验

6.20.1 目的

检验试样在恒定湿热条件下工作时性能的稳定性。

6.20.2 要求

试样在恒定湿热条件下工作时性能应满足5.3.17要求。

6.20.3 方法

6.20.3.1 将试样按正常工作状态安装于试验箱内，接通电源，使试样处于正常监视状态20 min。

6.20.3.2 启动通风机，使试验箱内的气流速度稳定在0.8 m/s±0.2 m/s，以不大于1℃/min的升温速率，使试验箱内的温度升至40℃±2℃，然后以不大于5%/min的速率将试验箱内的相对湿度增至90%～95%，并稳定2 h。观察并记录试样的状态。

6.20.3.3 按6.4.3和6.5.3方法检测试样的检测误差和报警误差。

6.21 振动试验

6.21.1 目的

检验试样经受振动的适应性及结构的完好性。

6.21.2 要求

试样的抗振性能满足5.3.18要求。

6.21.3 方法

6.21.3.1 将试样按其正常安装方式固定在振动台上，接通电源，使试样处于正常监视状态。

6.21.3.2 启动振动试验台，使其在10 Hz～150 Hz频率范围内，以0.5 *g*加速度，1倍频程每分钟的速率，分别在*X*、*Y*、*Z*三个轴线上各扫频10次。

6.21.3.3 试验期间，监视试样状态，试验后，检查外观和紧固部位情况。

6.21.3.4 试验后，按6.4.3和6.5.3方法检测试样的检测误差和报警误差。

6.22 跌落试验

6.22.1 目的

检验试样经受跌落的适应性。

6.22.2 要求

试样经受跌落的性能应满足5.3.18要求。

6.22.3 方法

6.22.3.1 将非包装状态的试样自由跌落在平滑、坚硬的混凝土面上。跌落高度符合下列要求：

a) 质量小于1 kg的试样为250 mm；

b) 质量在1 kg～10kg之间试样为100 mm；

c) 质量在10 kg以上试样为50 mm。

6.22.3.2 试验后检查试样外观和紧固部位情况。

6.22.3.3 试验后，按 6.4.3 和 6.5.3 方法检测试样的检测误差和报警误差。

7 标志

7.1 产品标志

每只检测报警仪均应有清晰、耐久的产品标志，产品标志应包括以下内容：

a) 制造厂名称；

b) 产品名称；

c) 产品型号；

d) 产品主要技术参数(适合气体种类、检测范围、报警设定值等)；

e) 防爆合格证标志；

f) 计量合格证标志；

g) 制造日期及产品编号。

7.2 质量检验标志

每只检测报警仪均应有清晰的质量检验标志，质量检验标志应包括下列内容：

a) 检验员；

b) 合格标志。

8 检验规则

8.1 产品出厂检验

企业在产品出厂前应对检测报警仪进行下述试验项目的检验：

a) 检测误差检验；

b) 报警误差检验；

c) 重复性检验；

d) 响应时间检验；

e) 功能及外观检验；

检测报警仪在出厂前均应进行上面 a)～e)五项试验。

8.2 型式检验

8.2.1 型式检验项目为本标准第 6 章中的 6.2～6.22。在出厂检验合格的产品中抽取检验样品。

8.2.2 有下列情况之一时，应进行型式检验：

a) 新产品或老产品转厂生产时的试制定型鉴定；

b) 正式生产后，产品的结构、主要部件或元器件、生产工艺等有较大的改变可能影响产品性能或正式投产满 4 年；

c) 产品停产一年以上，恢复生产；

d) 出厂检验结果与上次型式检验结果差异较大；

e) 发生重大质量事故；

f) 质量监督机构提出要求。

8.2.3 在型式检验中允许有两项补做，单项补做次数不超过两次。

9 包装、运输及贮存

9.1 包装

9.1.1 产品包装应符合 GB 4857.5 的规定，必须保证仪器在运输、存放过程中不受机械损伤，并防潮、防尘。

9.1.2 包装箱内应有下列技术文件：

a） 产品合格证；

b） 产品使用说明书；

c） 产品备件和附件一览表 。

9.2 运输

产品在运输中应防雨、防潮、避免强烈的振动与撞击。

9.3 贮存

产品应放在通风、干燥、不含腐蚀性气体的室内。储存温度为 0～40℃，相对湿度低于 85%。

10 使用说明书

每只检测报警仪都应有相应的说明书。

说明书应有完整、清楚、准确的安全使用说明，安装和服务说明，应包括下列内容：

a） 执行的标准说明；

b） 计量说明；

c） 安装和调试说明；

d） 操作说明；

e） 日常检查和校准说明；

f） 使用条件限制说明：

　1） 适合的气体(包括检测范围和报警设定值)

　2） 干扰气体说明；

　3） 环境温度限制；

　4） 湿度范围；

　5） 电压范围；

　6） 控制器到检测报警仪之间的电线相关特性和说明；

　7） 需要屏蔽线；

　8） 最高最低贮存温度限制；

　9） 压力限制。

g） 说明查找可能出现故障源的方法和改正过程；

h） 说明输出控制接点的类型；

i） 电池的安装和维护说明；

j） 推荐的可更换元件一览表；

k） 贮存和使用寿命；

l） 允许使用场所。

ICS 13.100
C 65

中华人民共和国国家标准

GB 12367—2006
代替 GB 12367—1990

涂装作业安全规程 静电喷漆工艺安全

Safety code for painting—
Safety for electrostatic spray painting process

2006-01-23 发布 2006-09-01 实施

中华人民共和国国家质量监督检验检疫总局
中国国家标准化管理委员会 发布

前言

本标准的全部内容为强制性。

《涂装作业安全规程》系列国家标准已制定的共有12项：

——GB 6514—1995 《涂装作业安全规程　涂漆工艺安全及其通风净化》；

——GB 7691—2003 《涂装作业安全规程　安全管理通则》；

——GB 7692—1999 《涂装作业安全规程　涂漆前处理工艺安全及其通风净化》；

——GB 12367—2006 《涂装作业安全规程　静电喷漆工艺安全》；

——GB 12942—2006 《涂装作业安全规程　有限空间作业安全技术要求》；

——GB/T 14441—1993 《涂装作业安全规程　术语》；

——GB 14443—1993 《涂装作业安全规程　涂层烘干室安全技术规定》；

——GB 14444—2006 《涂装作业安全规程　喷漆室安全技术规定》；

——GB 14773—1993 《涂装作业安全规程　静电喷枪及其辅助装置安全技术条件》；

——GB 15607—1995 《涂装作业安全规程　粉末静电喷涂工艺安全》；

——GB 17750—1999 《涂装作业安全规程　浸涂工艺安全》；

——GB 20101—2006 《涂装作业安全规程　有机废气净化装置安全技术规定》。

本标准为《涂装作业安全规程》系列标准之四。

本标准对应于美国消防协会标准NFPA33:2000《易燃和可燃材料喷涂作业标准》，与NFPA33:2000一致性程度为非等效。

本标准代替GB 12367—1990《涂装作业安全规程　静电喷漆工艺安全》。与GB 12367—1990《涂装作业安全规程　静电喷漆工艺安全》相比主要变化如下：

——进一步明确和完善了“静电喷漆”、“静电雾化器”和“静电喷漆室”的术语定义。

——对静电喷漆区的电气设备及点火源安全使用作出了规定。

——将原标准中静电喷漆室采用一般照明时的最低照度值改为照度标准值，并提高了其数值。

——增加了当采用通过玻璃等透明材料的隔板照明时应符合的要求。

——明确了静电喷漆作业中使用自动设备和机器人设备的使用安全要求。

——对静电喷漆作业中的防火提出了新要求，并作出了规定。

——增加了对电气设备外露导电部分及装置外可导电部分做等电位连结，并应可靠接地要求，进一步明确了静电接地的要求。

——增加了在静电喷漆区应设置防止静电火花放电安全距离的警告标志的要求。

——明确了静电喷漆区中被喷漆的工件应支撑在输送装置或挂在吊具上并可靠接地，接地电阻应小于$1\times10^6\,\Omega$。

——增加了废弃物和废渣处理方法的要求。

——深化了在静电喷漆区进行操作和维修的内容，并增加了作业人员操作注意事项和资料性附录的内容。

——进一步完善了培训考核内容。

本标准的附录A是资料性附录。

本标准由国家安全生产监督管理总局提出。

本标准由全国涂装作业安全标准化技术委员会归口。

本标准负责起草单位：五洲工程设计研究院（中国兵器工业第五设计研究院）。

本标准参加起草单位：江苏省劳动保护科学技术研究所、五洲大气社工程有限公司。

本标准主要起草人：胡铸生、吴超、金雪芳、庞广龙。

涂装作业安全规程
静电喷漆工艺安全

1 范围

本标准规定了静电喷漆工艺及其装备、涂料贮存和输送、操作和维修等的安全要求。

本标准适用于使用可燃或易燃涂料的静电喷漆工艺及其装备的设计、制造、使用和监督管理。使用其他易燃易爆材料或水性涂料的静电喷涂工艺可参照执行。

2 规范性引用文件

下列文件中的条款通过本标准的引用而成为本标准的条款。凡是注日期的引用文件，其随后所有的修改单(不包括勘误的内容)或修订版均不适用于本标准，然而，鼓励根据本标准达成协议的各方研究是否可使用这些文件的最新版本。凡是不注日期的引用文件，其最新版本适用于本标准。

GB 3836.15—2000 爆炸性气体环境用电气设备 第15部分：危险场所电气安装(煤矿除外)(eqv IEC 60079-14:1996)

GB 4385 防静电鞋、导电鞋 技术要求(GB 4385—1995 neq ISO 8782-1:1989)

GB 6514—1995 涂装作业安全规程 涂漆工艺安全及其通风净化

GB 7691—2003 涂装作业安全规程 安全管理通则

GB 8978 污水综合排放标准

GB 12158 防止静电事故通用导则

GB/T 14441—1993 涂装作业安全规程 术语

GB 50058 爆炸和火灾危险环境电力装置设计规范

GBJ 140 建筑灭火器配置设计规范

3 术语和定义

按 GB/T 14441—1993 中规定的术语以及下列术语和定义适用于本标准。

3.1

静电喷漆 electrostatic spray painting

在高压电场的作用下利用电晕放电原理使喷出的溶剂型涂料滴荷负电荷，通过进一步雾化，进而吸附于荷正电荷接地的被涂物，放电后附着在被涂物上的喷漆方法。

3.2

静电喷漆区 working area for electrostatic spray painting

进行静电喷漆作业的涂漆区。

3.3

静电雾化器 electrostatic atomizing head

借助离心力或压缩空气和静电斥力能使涂料荷静电荷并充分雾化，具有高压静电保护措施的气动、电动、液压、超声波或其他形式的器械。如：静电喷枪、旋杯、抛盘、雾仓等。

3.4

静电喷漆室 booth for electrostatic spray painting

一个完全封闭或半封闭的、具有良好机械通风和照明设备的、专门用于静电喷漆的房间或围护结构体。室内气流组织能防止漆雾、溶剂蒸气向外逸散并使其集中安全引入排风系统。

4 静电喷漆区

4.1 范围

由于静电喷漆作业而存在危险量的易燃和可燃性蒸气、漆雾、粉尘或积聚可燃性残存物的区域。该区域可能是封闭的,也可能是不封闭的。

静电喷漆区一般应包括以下范围:

a) 静电喷漆室内部及排风管道内部,涂料可以被直接喷到的其他地方;

b) 静电喷漆流水线上封闭的内部空间;

c) 经有关部门确定的静电喷漆工艺所在的其他作业区域。

4.2 电气设备及点火源

4.2.1 静电喷漆区为1区爆炸危险区域;与静电喷漆区相邻场所应按GB 6514—1995的规定划定2区爆炸危险区域。

4.2.2 爆炸危险区域1区和2区的电气设备和接线应按GB 50058规定的要求。

4.2.3 爆炸危险区域1区和2区内不应设置有引起明火、火花的设备或生产,也不应有外表超过喷涂涂料自燃点温度的设备。

4.2.4 产生火花或炙热金属颗粒的设备应是全封闭型或防爆型的,才能设置在2区内。

4.3 照明

4.3.1 静电喷漆室采用一般照明时,照度标准值应符合表1所列数值。

表1 静电喷漆室采用一般照明时的照度标准值

漆膜要求	举　　例	照度/lx
精密(高级装饰性涂装)	中、高级轿车车身涂漆和面漆、漆膜检查等	>800
较精密(装饰性涂装)	普通贴花、车辆喷漆等	500(不含)~800
普通(一般涂装和自动静电涂装)	喷底漆等	300~500

4.3.2 静电喷漆区应采用防爆灯具或隔板照明。

当采用通过玻璃等透明材料的隔板照明时,应符合以下要求:

a) 用固定式灯具作光源;

b) 用隔板将装设灯具的区域与静电喷漆区隔开,其安装缝隙应采取可靠的密封措施;

c) 隔板应是难燃的和不易破损的安全型材料;

d) 隔板上的沉积物不应影响规定的照度;

e) 隔板采用玻璃屏时,其表面温度不应大于90℃。

4.4 移动式电气设备

4.4.1 静电喷漆区内不应设置与喷漆无关的电气设备。在进行静电喷漆作业时,严禁在静电喷漆区中使用携带式灯具和其他移动式用电设备。

4.4.2 进行清理或维修时所用的用电设备,应遵照GB 3836.15—2000中9.3和GB 50058规定的要求。

4.4.3 允许在静电喷漆区内使用供自动设备和机器人设备用的电力拖线,允许将电力拖线接到电路的固定部件上,但拖线应符合下列条件:

a) 应经企业生产技术负责人的审查批准;

b) 应有可靠的接地线;

c) 用可靠的机械夹子支撑,支撑方式应便于更换拖线且不应在端子盒内的电线接头上形成张力;

d) 在拖线进入接线盒、配件盒或机壳时应有防爆密封;

e) 应符合国家有关爆炸危险场所用电设备的规定。

4.5 静电喷漆设备

静电喷漆设备应遵照 GB 3836.15—2000 中 9.3 和 GB 50058 规定的要求，并应在符合本标准第 6 章和第 7 章要求时，才能在静电喷漆区安装和使用。

4.6 防火

4.6.1 静电喷漆区的防火要求应按 GB 6514—1995 中 5.4 和第 8 章的规定执行。

4.6.2 静电喷漆室应安装(防爆型探测器)可燃气体浓度和火灾报警装置，该装置应与自动停止供料、切断电源装置、自动灭火装置等相联锁。

4.6.3 与静电喷漆室相关连的通风管道内应安装自动防火调节阀，并应保持阀的有效工作状态。

4.6.4 静电喷漆区所在建筑物应按 GBJ 140 规定的要求配置灭火器材。

4.6.5 使用可燃或易燃涂料自动静电喷漆设备宜安装火焰检测装置加以保护，着火时火焰检测装置能在 0.5 s 内对火焰作出反应并完成下列工作：

a) 开启静电喷漆区附近的就地报警器以及自动静电喷漆设备可能设置的报警系统；

b) 关闭供料系统；

c) 终止一切喷涂作业；

d) 停止一切出入静电喷漆区的传送设备；

e) 切断静电喷漆区内高压器件的电源并使系统放电；

f) 开启灭火系统。

4.7 静电接地

4.7.1 静电喷漆区中对电气设备体外露导电部分及装置外可导电部分做等电位连接，并应可靠接地。每组专设的静电接地体的接地电阻值应小于 100 Ω；静电导体与大地间的总泄漏电阻应小于 1×10^{6} Ω。

4.7.2 在工作场所使用静电导体制作的操作工具应可靠接地。

4.7.3 静电防护措施的其他要求应按 GB 12158 规定的要求。

4.8 安全标志

在静电喷漆区的醒目位置应遵照 GB 7691—2003 中第 14 章的规定设置安全标志。

4.9 其他要求

对静电喷漆区的其他要求应遵照 GB 6514—1995 的 5.1 中有关涂漆作业场所的规定。

5 通风与净化

5.1 静电喷漆室应安装机械通风装置。静电喷漆室的通风净化应遵照 GB 6514—1995 中第二篇，即涂漆工艺通风净化的要求。

5.2 在静电喷漆时，应保持机械通风装置始终处于工作状态。通风装置未启动前，喷漆设备不应工作。喷漆工作停止后，通风装置应继续运行 5 min～10 min。

5.3 使用自动静电喷漆设备时，该设备的操作控制应与通风装置有联锁保护。

5.4 工件喷漆后的流平或干燥区域应通风良好。

5.5 在静电喷漆过程中产生的废水，应采取净化处理措施，使之符合 GB 8978 规定的要求。

6 自动静电喷漆设备

6.1 允许采用的设备

静电雾化器是应用机械夹持固定的静电喷漆设备，该设备及消除静电设备均应遵照 GB 7691—2003 中第 6 章的要求，并应具有进厂验收合格证。

6.2 电气和控制设备

6.2.1 静电喷漆区允许安装高压栅、电极、静电雾化器及连接电缆。

6.2.2 变压器、高压电源、控制装置和其他电气部件(如插头等)应安装在静电喷漆区以外。

6.2.3 电气设备和点火源应遵照 GB 6514—1995 中 5.4 的规定。

6.3 高压静电发生器

高压静电发生器的要求应遵照 GB 6514—1995 中 8.3 的规定执行。

6.4 电极和静电雾化器

6.4.1 电极和静电雾化器或机器人上的电极和静电雾化器应牢固地安装在底座、支架或运动装置上,并应有可靠的对地绝缘,其对地电阻应大于 $1\times10^{10}\,\Omega$。

6.4.2 当固定元件为细金属丝时,该金属丝应随时绷紧,不应采用打结、扭转以至硬化了的金属丝。

6.5 高压电缆

6.5.1 高压电缆应采用铠装电缆或穿管保护,防止机械损伤或暴露在腐蚀性介质中。

6.5.2 高压电缆应按 GB 6514—1995 中 8.4.5 的规定要求。

6.6 安全距离

6.6.1 被喷漆的工件或待喷漆材料与电极、静电雾化器或带电导体之间应保持的安全距离,至少为该电压下的火花放电最大距离的两倍。在静电喷漆区应设置规定此安全距离的警告标志。

6.6.2 当被喷漆的工件或待喷漆材料与电极、静电雾化器或带电导体之间的距离小于 6.6.1 中所规定的数值时,高压器件应能自动快速放电,不应形成火花放电。

6.7 工件的支撑和吊挂

被喷漆的工件应支撑在输送装置或挂在吊具上并可靠接地,接地电阻值应小于 $1\times10^{6}\,\Omega$。工件与吊具的接触区域应尽可能制成尖刺形或刀刃形。生产中应定期检测接地电阻值和定期清理吊具上的积漆,保证接地电阻值应小于 $1\times10^{6}\,\Omega$。工件的支撑或悬挂点宜设置在不受喷涂或不易积聚涂料的位置。

6.8 自动控制装置

静电喷漆设备应设有的自动控制装置在下述情况下应能迅速切断高压电源和关闭供漆系统:

a) 静电喷漆室内易燃易爆气体浓度超标;

b) 机械通风装置发生故障;

c) 静电喷漆设备发生故障停机;

d) 高压系统中任何位置发生火花放电;

e) 动力电源断电;

f) 安全距离小于 6.6.1 所规定的数值。

6.9 接地

除因工艺要求专门设置在高压电场中的不接地装置以外,在静电喷漆区内的电气设备体外露导电部分及装置外可导电部分均应可靠接地。本要求也适用于静电喷漆区内的涂料容器、洗涤用金属容器、安全围栏和其他导电物体或设备。设备上应安装醒目的接地标志。

6.10 隔离

静电喷漆设备周围应有单独的或与之相结合的安全防护设施,如隔离小室、围栏和栅栏等。

6.11 绝缘体

一切绝缘体都应保持清洁和干燥。

7 手工静电喷漆设备

7.1 允许采用的设备

静电雾化器是手持或手控的静电喷漆设备,手持或手控的静电喷漆设备及消除静电设备均应遵照 GB 7691—2003 中第 6 章的要求,并应具有进厂验收合格证。

7.2 高压电路

高压电路应设计成安全型的。喷枪的荷静电裸露元件应只能通过操作开关通电,同时该操作开关也应与喷涂用漆的供料相联锁。

7.3 电气和控制设备

除喷枪及其与电源的连线外，其余电气和控制设备的要求应符合6.2的要求。

7.4 接地

a) 应采用金属导线将喷枪的手柄接地。作业人员在正常操作位置时应紧握该接地手柄，其接触电阻应小于$1\times10^{6}\Omega$；

b) 未穿导电鞋的人员不应进入正在喷漆的区域，严禁接触正在作业的人员；

c) 对接地的其他要求应符合6.9的要求。

7.5 其他要求

对手工静电喷漆设备的其他要求应符合6.3、6.5、6.6、6.7、6.8、6.11的要求。

8 涂料贮存和输送

8.1 贮存量

静电喷漆区允许存放一定量的涂料，但不应超过一个作业班的用量。

8.2 容器

a) 向静电雾化器供料的容器，应采用金属材料制作，并应保证不泄漏、不外溢；

b) 自流式供料容器的容积，不应超过一个作业班所需涂料的贮量；

c) 容器应可靠接地，其接地电阻值应小于100 Ω。

8.3 防静电

a) 将可燃或易燃涂料从一个金属容器倒入另一个金属容器前，应将两个金属容器有效地连接和接地；

b) 当用管路输送涂料时，除将管路接地和跨接外，还应控制涂料流速，其流速不宜大于1 m/s。

8.4 压力罐式供料装置

压力罐式供料装置涉及的压力容器和压力容器压力管道应遵照《特种设备安全监察条例》的规定。

9 操作和维修

9.1 在静电喷漆区进行操作和维修，应遵照GB 7691—2003中第13、15、17章和本标准的规定，制定本企业的静电喷漆工艺安全操作和维修规程。

9.2 作业人员应采取的个人防护措施

a) 作业人员应穿导电鞋，并应符合GB 4385规定的要求，穿着时应及时清除鞋底的污物；

b) 手工静电喷漆时，所戴手套必须开洞或不戴手套，以使手直接接触喷枪手柄的金属处，保证操作者接地；

c) 作业人员应穿防静电工作服，不得穿用丝绸、合成纤维等易于产生和积聚静电荷的材料制成的内衣；

d) 不应在静电喷漆区穿脱衣服、帽子或类似物；

e) 作业人员不应佩带孤立的金属物体。

9.3 作业人员操作注意事项

a) 喷漆时不应将喷枪对人，不应将手放置在喷嘴上；

b) 喷漆前检查涂料是否有泄漏，如有涂料泄漏则不应进行喷漆作业；

c) 作业人员喷漆作业时，如果感觉到电击，则应立即停止喷漆作业；

d) 在喷漆作业中如果需要暂停作业时，应关闭静电电源开关，喷枪应卸压，并确保电极不接地；

e) 在喷漆作业中，不应使用绝缘物体碰触工件、电极或静电雾化器。

9.4 静电雾化器的日常维护

a) 企业应根据实际使用情况，规定静电雾化器的电阻、电源电阻及静电雾化器电阻棒电阻的检测周期；

b) 按规定进行检测，确认电阻是否完好和密封件是否泄漏，发现问题应及时处理和更换部件，并作好原始记录。

9.5 喷漆完毕时的停机操作

a) 停止喷漆时，应先关闭输漆开关，然后关闭高压电流等其他开关；

b) 待漆雾消除后，用放电棒对静电雾化器、输漆管路等喷漆装置进行放电处理。

9.6 静电喷漆区的清洁

a) 静电喷漆室地面应是导电的。为便于清洁宜使用导电性覆盖物；

b) 应保持静电喷漆区清洁。静电喷漆室内外及管道等处的积漆应及时清除。

9.7 清洗溶剂的闪点

a) 清洗静电雾化器用溶剂的闪点不应低于 23℃，且应超过作业区环境温度；

b) 清洗喷漆系统用溶剂的闪点不应低于 38℃。

9.8 清洗操作注意事项

a) 应用金属容器盛装清洗溶剂，容器应可靠接地；

b) 清洗静电雾化器时，严禁接通高压电；

c) 应在机械通风良好的区域清洗；

d) 每次使用的清洗溶剂的数量应严格限制，每次清洗溶剂使用的数量应保证其作业场所有害物质浓度符合 GB 6514—1995 中 5.2.1 的规定。盛放清洗溶剂的容器灌装量不应超过该容器容积的 80%。

9.9 废物的处理

a) 清理静电喷漆室和喷漆设备时产生的废弃物和废渣，应进行妥善处理。一般宜按地区和行业统一建立废弃物和废渣的处理，可将废弃物和废渣进行分类焚烧；

b) 沾有涂料或溶剂的棉纱、抹布等物不应乱抛，应放入带盖的金属箱(桶)内并进行“标识”，当班清除和进行妥善处理；

c) 清除和处理情况应有记录。

9.10 涂料的补充

9.10.1 向置于绝缘支撑上的涂料容器补充涂料之前，应做到：

a) 关闭高压静电发生器；

b) 用放电棒放电；

c) 将涂料容器接地。

符合上述要求后，方可将盛放在接地容器中的涂料补充到接地后的涂料容器内。

9.10.2 当涂料容器处于接地状态时，应将盛放涂料的容器可靠接地后方可补充涂料。

9.11 维修

维修操作应按照以下规定：

a) 维修前应停止静电喷漆作业，机械通风装置继续运行，使易燃易爆气体浓度低于国家防爆标准规定的浓度，并将可燃物撤离现场；

b) 当维修操作有明火作业时，应执行动火安全制度，遵守安全操作规程；

c) 维修作业场所有害物质浓度应符合 GB 6514—1995 中 5.2.1 的规定；

d) 生产和维修中所使用的静电测量仪器仪表可参照附录 A 中表 A.1，表中给出了对不同测量对象的常用静电测量仪器仪表。

10 培训考核

10.1 培训

a) 所有静电喷漆作业人员都应采用定岗、定职、定责进行管理，接受安全作业、维修、个人防护、意外情况处理、防火灭火、涂料贮存与管理及使用等方面的技术培训；

b) 所有静电喷漆作业人员每年至少应进行一次再培训，并将培训日期、内容等记录在案备查。

10.2 考核

所有接受培训人员应经考核合格后方能上岗操作。

10.3 其他要求

对作业人员的其他要求，应遵照 GB 7691—2003 中第 16 章的规定执行。

附 录 A
（资料性附录）
常用静电测量仪器仪表

常用静电测量仪器仪表见表A.1所示。

表 A.1 常用静电测量仪器仪表

测量对象	仪器仪表名称	工作原理	测量范围	准确度/%	适用场所	特点	备注
电压	静电电压表	利用静电作用力使张丝偏转	数十伏至十万伏（但同一台仪器的范围小）	0.5～2.5	实验室、现场	仪器与被测对象接触，宜测取导体上电位，工频交流也可用	受空气湿度及测量系统电容等影响，会产生一定误差
	静电电压表	利用静电感应，经过直流放大指示读数	数十伏至数万伏	0.5～1.5	实验室、现场	体积较小、非接触式测量	
	静电电压表	利用静电感应，先经转动机构变成交流信号，然后放大指示读数	数十伏至数万伏		实验室、现场	体积较小、非接触式测量	
	集电式静电电压表	利用放射性元素电离空气，改变空气绝缘电阻	数十伏至数万伏		实验室、现场	非接触式测量	
电阻	接地电阻测量仪		0～10/100/1 000 Ω	1.5～5.0	实验室、现场	测各种装置的接地电阻值	可测量低电阻导体的电阻值
高绝缘电阻	振动电容式超高阻计等	用振动电容器将直流微弱信号变成交流信号后放大并指示读数	$10^5 \sim 10^{17}\ \Omega$		实验室、现场	适宜于固体介质高绝缘测量	
	超高阻测量仪	根据欧姆定律，被测电阻(R_x)等于施加电压(V)除以通过的电流(I)	$10^4 \sim 10^{18}\ \Omega$	0.5～1.5	实验室、现场	适宜于固体介质的绝缘电阻测量	电流测量范围 2×10^{-4} A～1×10^{-16} A
微电流	复射式检流计等	利用磁场对载流线圈的作用力矩使张丝偏转	$<1.5\times10^{-9}$ A	0.5	实验室		可测量 10^{-16} A 的微电流
电容	万能电桥	电桥原理	数个皮法到数十微法		实验室、现场	携带式	仪表种类较多

表 A.1（续）

测量对象	仪器仪表名称	工作原理	测量范围	准确度/%	适用场所	特点	备注
电荷	法拉第筒（或法拉第笼）	测取法拉第筒的电容及电位，从而计算电荷	较宽		实验室	设备容易筹备	按 $Q=C\cdot V$ 计算
	电荷量表	采用大规模集成电路、高输入阻抗远放和高性能静电电容器等元器件，直接显示出电荷量值	±0.001 μC～2 μC	0.5	实验室、现场	以数字直接显示电荷量值，读数准确，精度高，分辨率高，线性好	

ICS 59.060.10
W 31

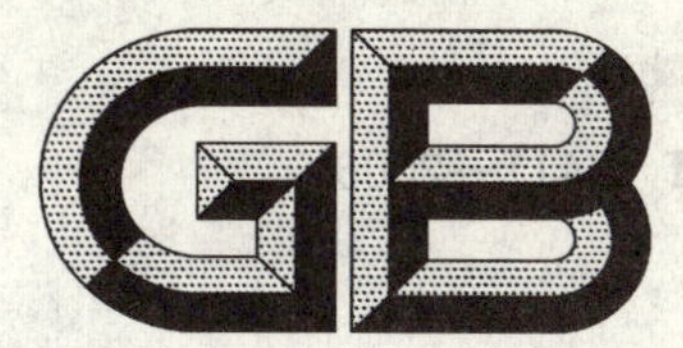

中华人民共和国国家标准

GB/T 12411—2006
代替 GB/T 12411.1～12411.6—1990

黄、红麻纤维试验方法

Test methods for jute and kenaf fibres

2006-12-29 发布　　2007-05-01 实施

中华人民共和国国家质量监督检验检疫总局
中国国家标准化管理委员会　发布

前　言

本标准代替 GB/T 12411.1～12411.6—1990《黄、洋(红)麻纤维试验方法》。

本标准与 GB/T 12411.1～12411.6—1990 相比主要变化如下：

1）将原来的 6 个标准整合为 1 个标准；

2）根据随机取样原理确定取样数量；

3）取消黄、红麻纤维柔软度试验方法——捻度计试验法；

4）取消黄、红麻纤维回潮率试验方法——烘箱法，直接引用 GB/T 9995 纺织材料含水率和回潮率的测定——烘箱干燥法；

5）强力机下降速度由 600 mm/min 改为 200 mm/min；

6）线密度试样的切断长度由 50 mm 改为 40 mm。

本标准由中国纤维检验局提出。

本标准由中国纤维检验局归口。

本标准起草单位：中国纤维检验局、河南省信阳市纤维检验局、农业部麻类产品质量检验测试中心、河南固始中粮麻纺集团。

本标准主要起草人：蔡宝军、晨林、万锋、肖爱平。

本标准所代替标准的历次版本发布情况为：

——GB/T 12411.1～12411.6—1990。

黄、红麻纤维试验方法

1 范围

本标准规定了黄、红麻纤维试验中束纤维断裂强力、纤维线密度、回潮率、含杂率的取样和试验方法。

本标准适用于黄、红麻纤维物理性能测试的取样；适用于黄、红麻束纤维断裂强力、纤维线密度、回潮率、含杂率的测试。

2 规范性引用文件

下列文件中的条款通过本标准的引用而成为本标准的条款。凡是注日期的引用文件，其随后所有的修改单(不包括勘误的内容)或修订版均不适用于本标准，然而，鼓励根据本标准达成协议的各方研究是否可使用这些文件的最新版本。凡是不注日期的引用文件，其最新版本适用于本标准。

GB/T 3291(所有部分) 纺织 纺织材料性能和试验术语

GB/T 5707 纺织名词术语(麻部分)

GB/T 8170 数值修约规则

GB/T 9995 纺织材料含水率和回潮率的测定 烘箱干燥法

3 术语和定义

GB/T 3291、GB/T 5707 及下列术语和定义适用于本标准。

3.1

批样 lot

从一批麻中抽取一个相对大的样品为代表，用以抽取实验室样品。

3.2

实验室样品 laboratory sample

作为批样的代表送往实验室的样品。

3.3

试验试样 test sample

从实验室样品中抽取具有代表性的一部分纤维，用作试验试样。

3.4

杂质 foreign matter

附着在麻纤维上的麻骨、叶骨、皮屑、病斑屑、仓垫物、尘土等。

3.5

含杂率 impurities content

杂质的含量占麻纤维原重的百分率。

4 取样方法

4.1 工具

4.1.1 样筒和塑料袋。

4.1.2 开包刀、剪刀。

4.1.3 印章、标签、取样报告单。

4.2 **取样**

4.2.1 取样人员根据麻纤维的质量分等情况，分别填写取样报告单。

4.2.2 取样数量按每一批号(同批、同品种、同等级为一批)的包数多少而定。5包及以下者取3包，8包及以下者取4包，13包及以下者取5包，22包及以下者取6包，41包及以下者取7包，118包及以下者取8包，119包及以上者取9包。

4.3 **样品的制备**

4.3.1 **实验室样品**

4.3.1.1 从批样的每包中随机取出一捆，每捆取3绞作为一个实验室样品。实验室样品数量由取样包数决定。

4.3.1.2 从每个实验室样品中取出1绞放入塑料袋，供强力、线密度试验用。

4.3.1.3 从每个实验室样品中取出1绞放入塑料袋，供含杂率试验用。

4.3.1.4 从每个实验室样品中取出1绞放入塑料袋，供回潮率试验用。

4.3.2 **试验试样**

试验试样按表1制备。

表1 试验试样规格、数量和试验次数

试验项目	试验试样规格	试验试样数量	总试验次数
强 力	长300 mm，质量为1 g	每一实验室样品制成5个试验试样	实验室样品数量×试验试样数量
线密度	大于40 mm	每一实验室样品制成1个试验试样	
含杂率	整绞	每一实验室样品制成1个试验试样	
回潮率	整根	每一实验室样品制成1个试验试样	

5 **试验方法**

5.1 **束纤维断裂强力试验**

5.1.1 **仪器设备**

5.1.1.1 强力试验机：强力测定范围0～980 N，上下夹距200 mm，下夹持器下降速度200 mm/min。

5.1.1.2 电子天平：量程200 g，分度值10 mg。

5.1.2 **试验试样**

将试样整理平直，对齐基部，在每绞麻束整体长度的中部剪取长300 mm的纤维10 g左右。

5.1.3 **试验条件**

试样置于温度20℃±2℃，相对湿度65%±3%条件下调湿平衡(即每隔2 h的连续称量的质量递变量不超过0.25%)后试验。

5.1.4 **试验步骤**

5.1.4.1 **纤维束整理**

将调湿平衡后的试验样品拣出麻骨、皮屑等杂质后，称取质量为1 g的试验试样7个～8个，称量精确至0.01 g。试验试样数量、试验次数按表1执行。

5.1.4.2 **扎缚**

用麻纤维在距离试验试样一端50 mm处扎缚。

5.1.4.3 **拉伸**

将试验试样扎缚的一端夹入上夹持器，另一端捋直夹入下夹持器，并使试样同钳口垂直。启动强力试验机，直至纤维束断裂，记录断裂强力值。然后将被动指针退回至零位，松开上、下夹持器，清除其内的纤维束。如遇试样在夹持器钳口处断裂，或从夹持器中滑脱时，该样测试作废。

5.1.5 **计算方法**

5.1.5.1 按式(1)计算平均断裂强力，数值修约至整数。

$$\overline{P}=\frac{\sum_{i=1}^{n}P_i}{n} \qquad \cdots\cdots(1)$$

式中：

$\overline{P}$——断裂强力平均值，单位为牛顿(N)；

P_i——断裂强力实测值，单位为牛顿(N)；

n——总试验次数。

以全部试验试样试验结果的算术平均值作为该批样品的平均断裂强力。

5.1.5.2　按式(2)、(3)计算断裂强力的标准差和变异系数，数值分别修约至整数和一位小数。

$$S=\sqrt{\frac{\sum_{i=1}^{n}(P_i-\overline{P})^2}{n-1}} \qquad \cdots\cdots(2)$$

$$CV=\frac{S}{\overline{P}}\times 100\% \qquad \cdots\cdots(3)$$

式中：

S——标准差，单位为牛顿(N)；

P_i——第 i 束纤维束的断裂强力实测值，单位为牛顿(N)；

$\overline{P}$——全部实测值的平均值，单位为牛顿(N)；

n——总试验次数；

CV——变异系数，%。

5.2　线密度试验

5.2.1　仪器设备和工具

5.2.1.1　纤维切断器：切断长度 40 mm。

5.2.1.2　电子天平：量程 200 g，分度值 0.1 mg。

5.2.1.3　黑绒板：150 mm×250 mm；绒板刷；镊子；直尺：300 mm，精度 1 mm。

5.2.2　试验试样

将试样整理平直，对齐基部，在每绞麻束整体长度的中部剪取长 300 mm 的纤维 10 g 左右。

5.2.3　试验条件

试样置于温度 20℃±2℃，相对湿度 65%±3%条件下调湿平衡(即每隔 2 h 的连续称量的质量递变量不超过 0.25%)后试验。

5.2.4　试验步骤

5.2.4.1　样品整理

将经过调湿平衡的试验样品整理后，用稀梳轻轻梳理 4 遍～5 遍，理直拉平，放置在切断器夹板中间，使之与切刀垂直，并进行切断。试验数量、试验次数按表 1 执行。

5.2.4.2　计数

将切断的试验试样整齐平直地放在黑绒板上，逐一计数 200 根。计数时，如遇分叉长度超过20 mm者计 2 根，20 mm 及以下者计 1 根，多叉或呈扁平者不计。

5.2.4.3　称量

将计数后的 200 根纤维放在电子天平上称量，并记录。

5.2.4.4　计算方法

按式(4)计算线密度，数值修约至一位小数。

$$\rho_l=\frac{m}{L\times n}\times 10^4 \qquad \cdots\cdots(4)$$

式中：

ρ_l——线密度，单位为分特克斯(dtex)；

m——中段纤维质量，单位为毫克(mg)；

L——中段纤维长度($L=40$ mm)；

n——纤维根数($n=200$)。

以全部试验试样试验结果的算术平均值作为该批样的平均线密度。

5.3 含杂率试验

5.3.1 仪器设备和工具

5.3.1.1 台秤：量程 5 kg，分度值 5 g；

5.3.1.2 天平：量程 200 g，分度值 10 mg；

5.3.1.3 镊子，黑光纸或牛皮纸。

5.3.2 试验步骤

5.3.2.1 试验试样

按照表 1 取好试验试样，每绞称量并记录，然后将其悬挂在清洁的含杂试验室内。

5.3.2.2 粗拣

用力抖动试验试样，尽量使杂质落至牛皮纸上，把夹杂在试验试样上未抖下的杂质用镊子拣出，与抖落的杂质合在一起，拣除 10 mm 以上的纤维，再称其杂质质量，并记录。

5.3.2.3 细拣

从粗拣后的试验试样中，随即抽取一小束重约 30 g 的麻纤维作为细拣试验试样，称量后，把试样剪成 250 mm 左右长的若干段，置于黑光纸或牛皮纸上，逐根进行检查，将未抖下的细小杂质用镊子取下，拣除 10 mm 以上纤维，称得杂质质量，并记录。

5.3.3 计算方法

按式(5)计算含杂率，数值修约至一位小数。

$$W=\left[\frac{m_2}{m_1}+\frac{m_4}{m_3}\times\left(1-\frac{m_2}{m_1}\right)\right]\times 100\% \qquad \cdots\cdots(5)$$

式中：

W——含杂率，%；

m_1——粗拣杂质试样质量，单位为克(g)；

m_2——粗拣杂质质量，单位为克(g)；

m_3——细拣杂质试样质量，单位为克(g)；

m_4——细拣杂质质量，单位为克(g)。

以全部试验试样试验结果的算术平均值作为该批样品的平均含杂率。

5.4 回潮率试验

5.4.1 试验试样

按照表 1 取好试验试样。

5.4.2 试验方法

按照 GB/T 9995 执行。

6 数值修约

数值修约按 GB/T 8170 执行。

7 试验报告

7.1 试验报告单应包括样品编号、样品来源、样品批号、品种、等级、试验条件和试验结果等内容。

7.2　黄、红麻束纤维断裂强力试验报告单见表2。

表2　黄、红麻束纤维断裂强力试验报告单

样品编号：　　　　样品来源：　　　　样品批号：

品种：　　　　等级：　　　　温度：　　℃　　　　相对湿度：　　%

序号	断裂强力实测值/N	序号	断裂强力实测值/N	序号	断裂强力实测值/N	序号	断裂强力实测值/N	序号	断裂强力实测值/N
断裂强力和/N									
平均断裂强力/N									
断裂强力标准差/N									
断裂强力变异系数/(%)									

试验：　　　　复核：　　　　年　月　日

7.3　黄、红麻纤维线密度试验报告单见表3。

表3　黄、红麻纤维线密度试验报告单

样品编号：　　　　样品来源：　　　　样品批号：

品种：　　　　等级：　　　　温度：　　℃　　　　相对湿度：　　%

项　目	试　验　次　数				
	第一次	第二次	第三次	第四次	第五次
纤维根数(n)	200	200	200	200	200
中段纤维质量/mg					
线密度/dtex					
平均线密度/dtex					
备注					

试验：　　　　复核：　　　　年　月　日

7.4　黄、红麻纤维含杂率试验报告单见表4。

表4　黄、红麻纤维含杂率试验报告单

样品编号：　　　　样品来源：　　　　样品批号：

品种：　　　　等级：

试验项目	一	二	三	四	五
试样原质量/g					
粗拣杂质质量/g					
细拣试样质量/g					
细拣杂质质量/g					
总含杂率/(%)					
平均含杂率/(%)					
备注					

试验：　　　　复核：　　　　年　月　日

7.5 黄、红麻纤维回潮率试验报告单见表5。

表5 黄、红麻纤维回潮率试验报告单

样品编号： 样品来源： 样品批号：

品种： 等级：

样品编号	项目		
	烘前质量/g	烘后质量/g	回潮率/(%)
1			
2			
3			
4			
5			
平均回潮率/(%)			
备注			

试验： 复核： 年 月 日

ICS 77.040.10
H 22

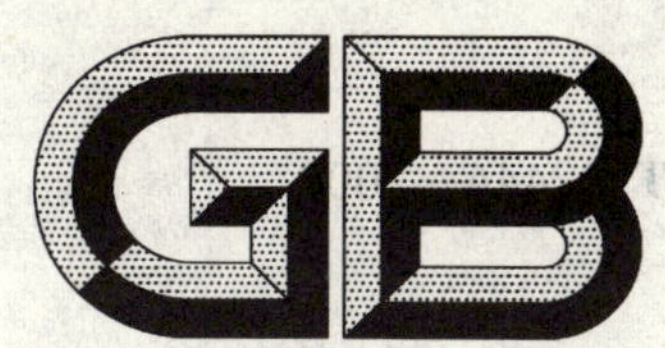

中华人民共和国国家标准

GB/T 12444—2006
代替 GB/T 12444.2—1990

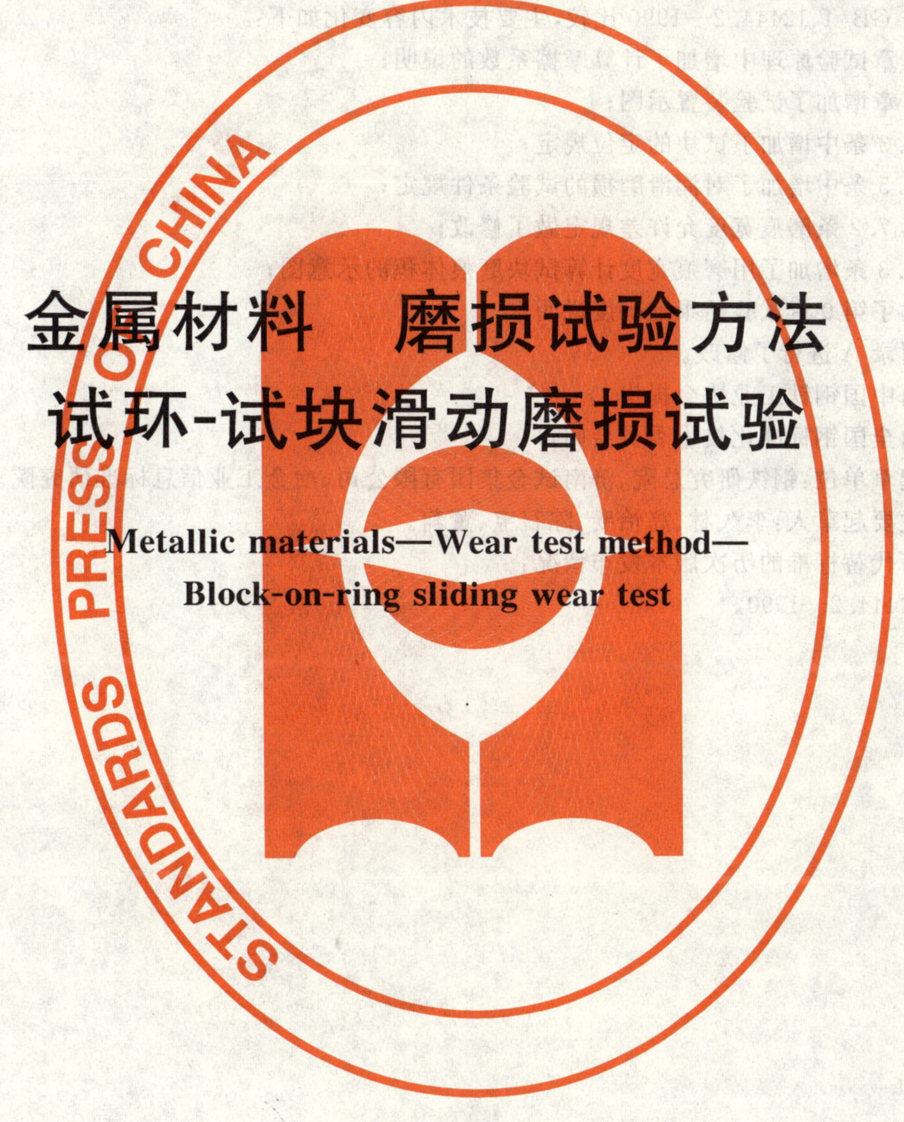

金属材料　磨损试验方法
试环-试块滑动磨损试验

Metallic materials—Wear test method—
Block-on-ring sliding wear test

2006-11-01 发布　　2007-02-01 实施

中华人民共和国国家质量监督检验检疫总局
中国国家标准化管理委员会　发布

前　言

本标准与 ASTM G77—98《材料的试环-试块滑动磨损试验》的一致性程度为非等效，主要技术内容与 ASTM G77—98 相同。

本标准代替 GB/T 12444.2—1990《金属磨损试验方法　环块型磨损试验》。

本标准与 GB/T 12444.2—1990 比较，主要技术内容变化如下：

——第 3 章试验原理中增加了计算摩擦系数的说明；

——第 5 章增加了试验装置示图；

——第 6.3 条中增加了试块的定位规定；

——第 6.5 条中增加了对润滑磨损的试验条件规定；

——对第 7.2 条磨痕宽度允许差规定做了修改；

——第 7.3 条增加了用磨痕宽度计算试块磨痕体积的示意图；

——增加了第 9 章试验结果准确度说明；

——对附录 A 进行了修改。

本标准由中国钢铁工业协会提出。

本标准由全国钢标准化技术委员会归口。

本标准起草单位：钢铁研究总院、济南试金集团有限公司、冶金工业信息标准研究院。

本标准主要起草人：李久林、高怡斐、陈召宝、董莉。

本标准所代替标准的历次版本发布情况：

GB/T 12444.2—1990。

金属材料　磨损试验方法
试环-试块滑动磨损试验

1　范围

本标准规定了金属试环-试块磨损试验的术语及定义、试验原理、试样、试验设备及仪器、试验方法、试验结果处理及试验报告。

本标准适用于金属材料在滑动摩擦条件下磨损量及摩擦系数的测定。

注：本标准也可用于其他材料的试验。

2　术语和定义

下列术语及定义适用于本标准：

2.1

磨损　wear

物体表面相接触并作相对运动时，材料自该表面逐渐损失以致表面损伤的现象。

2.2

体积磨损　scar volume

磨损试验后试样失去的体积。

2.3

质量磨损　scar mass

磨损试验后试样失去的质量。

2.4

摩擦系数　coefficient of friction

两物体之间摩擦力与正压力之比。

3　试验原理

试块与规定转速的试环相接触，并承受一定试验力，经规定转数后，用磨痕宽度计算试块的体积磨损，用称重法测定试环的质量磨损。试验中连续测量试块上的摩擦力和正压力，计算摩擦系数。

4　试样

4.1　试样的制备对原始材料的组织及力学性能影响应减至最小。

4.2　试样不应带有磁性，经磨床加工后要退磁。

4.3　试样应有加工方向标记。

4.4　本标准推荐采用如下形式的磨损试样：

4.4.1　试环的形状和尺寸见图1。

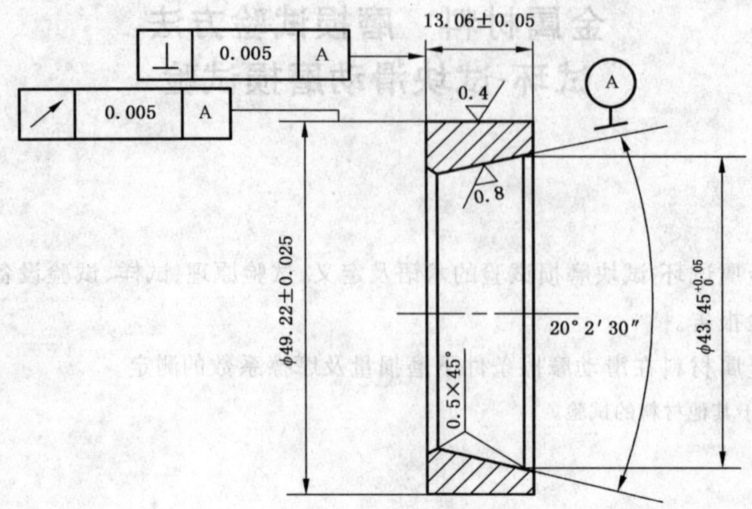

图 1 圆环形磨损试样

4.4.2 试块的形状和尺寸见图 2。

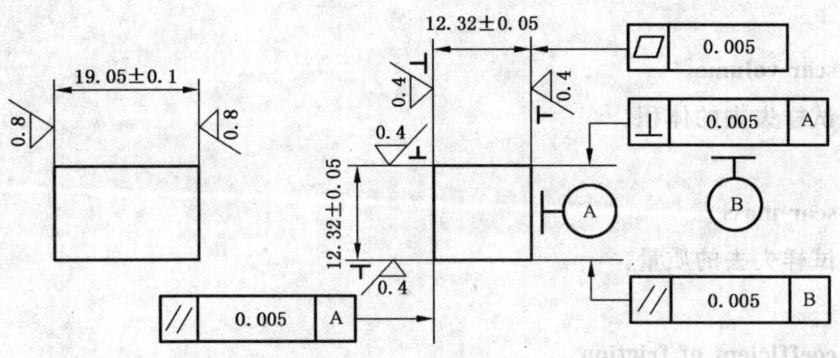

注：也可采用其他尺寸试样。

图 2 块形磨损试样

5 试验设备及仪器

5.1 试环-试块型磨损试验装置在图 3 中示出。

5.2 试验力示值相对误差应不大于±1%，示值重复性相对误差应不大于 1%。

5.3 摩擦力示值相对误差应不大于±3%，示值重复性相对误差应不大于 3%。

5.4 主轴径向圆跳动应不大于 0.01 mm。

5.5 主轴轴向位移应不大于 0.01 mm。

5.6 主轴轴线与工作台平面平行度应不大于 0.02 mm。

5.7 试环的转速应接近实际工作条件，其转速一般在 5 r/min～4 000 r/min 范围内。

5.8 称量试样质量用的分析天平感量应达到 0.1 mg。

5.9 测量试样尺寸的仪器误差应不大于±0.005 mm。

5.10 磨痕尺寸测量仪器的误差应不大于±0.005 mm 或磨痕宽度的±1%，取较大值。

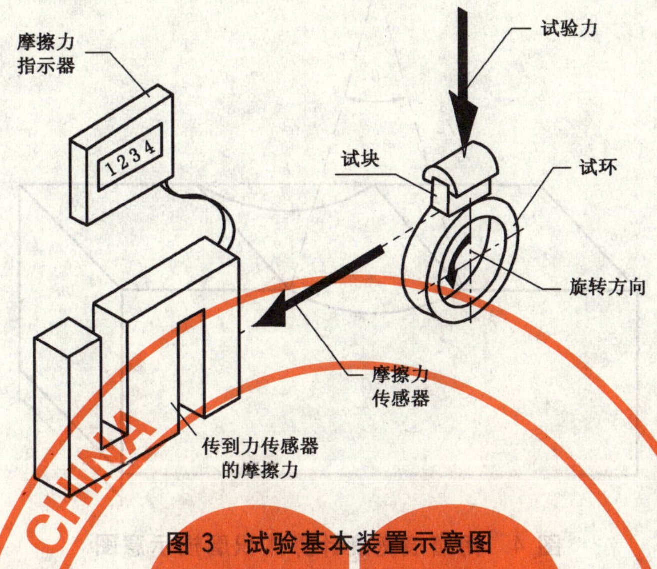

图 3 试验基本装置示意图

6 试验方法

6.1 试验应在 10℃～35℃范围内进行，对温度要求较严格的试验，应控制在 23℃±5℃之内。

6.2 试验应在无振动、无腐蚀性气体和无粉尘的环境中进行。

6.3 将试环及试块牢固地安装在试验机主轴及夹具上，试块应处于试环中心，并应保证试块边缘与试环边缘平行。

6.4 启动试验机，使试环逐渐达到规定转速，平稳的将试验力施加至规定值。

6.5 可以进行干摩擦，也可以加入适当润滑介质以保证试样在规定状态下正常试验。对于润滑磨损试验，试验前应对所有与润滑剂接触的零件进行清洗。

6.6 根据需要，在试验过程中，记录摩擦力。

6.7 试验累计转数应根据材料及热处理工艺需要确定。

6.8 对于称重的试样，试验前后用适当的清洗液以相同的方法清洗试样，建议先用三氯乙烷，然后再用甲醇清洗。清洗后一般在 60℃下进行约 2 h 烘干。冷却至室温后，放入干燥器中，2 h 后立即进行称量。

7 试验结果处理

7.1 在块形试样磨痕中部及两端（距试样边缘 1 mm 处）测量磨痕宽度。取 3 次测量平均值作为一个试验数据。

7.2 标准尺寸试样三个位置的磨痕宽度之差大于平均宽度值 20%时，试验数据无效。

7.3 用公式(1)计算试块的体积磨损，见图 4。

$$V_k = \frac{D^2}{8}t\left[2\sin^{-1}\frac{b}{D} - \sin\left(2\sin^{-1}\frac{b}{D}\right)\right] \quad \cdots\cdots(1)$$

式中：

V_k——体积磨损，单位为立方毫米（mm^3）；

D——试环直径，单位为毫米（mm）；

b——磨痕平均宽度，单位为毫米（mm）；

t——试块宽度，单位为毫米（mm）。

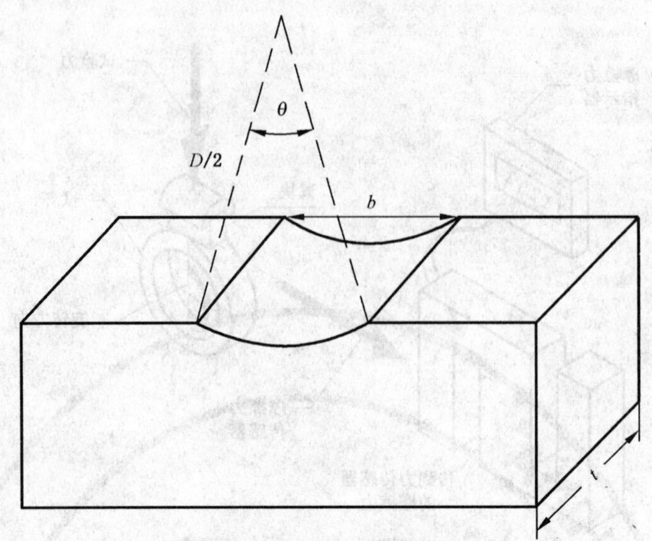

图 4 用磨痕宽度计算体积磨损示意图

从附录 A 表 A.1 中可根据磨痕宽度查出磨痕体积。

注：由于试块在磨损中受材料转移、氧化膜形成、润滑剂渗透等影响，试块的磨损量一般不用质量损失计算。

7.4 用公式(2)计算试环的体积磨损。

$$V_h = \frac{m}{\rho} \quad \cdots\cdots(2)$$

式中：

V_h——体积磨损，单位为立方毫米(mm^3)；

m——试环的质量磨损，单位为毫克(mg)；

ρ——试环材料的密度，单位为克每立方厘米(g/cm^3)。

注：如果试验后试环的重量增加，则不能用称重法计算体积磨损。

7.5 用公式(3)计算摩擦系数。

$$\mu = \frac{F_m}{F} \quad \cdots\cdots(3)$$

式中：

μ——摩擦系数；

F_m——摩擦力，单位为牛顿(N)；

F——标称正压力，单位为牛顿(N)。

8 试验报告

试验报告中至少应包括如下内容：

a) 试验机型号；

b) 试验形式、材料种类、热处理工艺；

c) 试验力(正压力)；

d) 试验转速及转数；

e) 润滑方式及润滑剂种类；

f) 试块的磨痕宽度和体积磨损；

g) 试环磨损失去的质量；

h) 摩擦系数(如有要求)；

i) 环境温度；

j) 试块加工方向。

9 试验结果准确度说明

9.1 本试验方法的偏差与执行标准的严格性密切相关。相同材料重复性试验的一致性与材料的均匀性、材料在摩擦中的相互作用、试验人员操作技术密切相关。

9.2 由于本试验结果分散性较大，尤其干磨损试验对试样初始表面条件十分敏感，因此一般要作3次以上重复试验。

9.3 磨损量与滑动距离一般不呈线性关系，因此仅能对同样转数的试验结果进行比较。

附 录 A
（资料性附录）
标准尺寸试样磨痕宽度与磨痕体积关系

表 A.1 标准尺寸试样磨痕宽度与磨痕体积关系表

磨痕宽度 mm	磨痕体积 mm^3	磨痕宽度 mm	磨痕体积 mm^3	磨痕宽度 mm	磨痕体积 mm^3	磨痕宽度 mm	磨痕体积 mm^3	磨痕宽度 mm	磨痕体积 mm^3
0.30	0.001 1	0.70	0.014 3	1.10	0.055 5	1.50	0.140 8	1.90	0.286 3
0.31	0.001 2	0.71	0.014 9	1.11	0.057 1	1.51	0.143 7	1.91	0.290 8
0.32	0.001 4	0.72	0.015 6	1.12	0.058 6	1.52	0.146 5	1.92	0.295 4
0.33	0.001 5	0.73	0.016 2	1.13	0.060 2	1.53	0.149 5	1.93	0.300 0
0.34	0.001 6	0.74	0.016 9	1.14	0.061 8	1.54	0.152 4	1.94	0.304 7
0.35	0.001 8	0.75	0.017 6	1.15	0.063 5	1.55	0.155 4	1.95	0.309 5
0.36	0.001 9	0.76	0.018 3	1.16	0.065 1	1.56	0.158 4	1.96	0.314 3
0.37	0.002 1	0.77	0.019 0	1.17	0.066 8	1.57	0.161 5	1.97	0.319 1
0.38	0.002 3	0.78	0.019 8	1.18	0.068 6	1.58	0.064 6	1.98	0.324 0
0.39	0.002 5	0.79	0.020 6	1.19	0.070 3	1.59	0.167 7	1.99	0.328 9
0.40	0.002 7	0.80	0.021 4	1.20	0.072 1	1.60	0.170 9	2.00	0.333 9
0.41	0.002 9	0.81	0.022 2	1.21	0.073 9	1.61	0.174 2	2.01	0.338 9
0.42	0.003 1	0.82	0.023 0	1.22	0.075 8	1.62	0.177 4	2.02	0.344 0
0.43	0.003 3	0.83	0.023 9	1.23	0.077 6	1.63	0.180 7	2.03	0.349 2
0.44	0.003 6	0.84	0.024 7	1.24	0.079 6	1.64	0.184 1	2.04	0.354 3
0.45	0.003 8	0.85	0.025 6	1.25	0.081 5	1.65	0.187 5	2.05	0.359 6
0.46	0.004 1	0.86	0.026 5	1.26	0.083 5	1.66	0.190 9	2.06	0.364 9
0.47	0.004 3	0.87	0.027 5	1.27	0.085 5	1.67	0.194 4	2.07	0.370 2
0.48	0.004 6	0.88	0.028 4	1.28	0.087 5	1.68	0.197 9	2.08	0.375 6
0.49	0.004 9	0.89	0.029 4	1.29	0.089 6	1.69	0.201 4	2.09	0.381 1
0.50	0.005 2	0.90	0.030 4	1.30	0.091 7	1.70	0.205 0	2.10	0.386 6
0.51	0.005 5	0.91	0.031 4	1.31	0.093 8	1.71	0.208 7	2.11	0.392 1
0.52	0.005 9	0.92	0.032 5	1.32	0.096 0	1.72	0.212 4	2.12	0.397 7
0.53	0.006 2	0.93	0.033 6	1.33	0.098 2	1.73	0.216 1	2.13	0.403 4
0.54	0.006 6	0.94	0.034 7	1.34	0.100 4	1.74	0.219 9	2.14	0.409 1
0.55	0.006 9	0.95	0.035 8	1.35	0.102 7	1.75	0.223 7	2.15	0.414 8
0.56	0.007 3	0.96	0.036 9	1.36	0.105 0	1.76	0.227 5	2.16	0.420 7
0.57	0.007 7	0.97	0.038 1	1.37	0.107 3	1.77	0.231 4	2.17	0.426 5
0.58	0.008 1	0.98	0.039 3	1.38	0.109 7	1.78	0.235 4	2.18	0.432 5
0.59	0.008 6	0.99	0.040 5	1.39	0.112 1	1.79	0.239 4	2.19	0.438 4
0.60	0.009 0	1.00	0.041 7	1.40	0.114 5	1.80	0.243 4	2.20	0.444 5
0.61	0.009 5	1.01	0.043 0	1.41	0.117 0	1.81	0.247 5	2.21	0.450 6
0.62	0.009 9	1.02	0.044 3	1.42	0.119 5	1.82	0.251 6	2.22	0.456 7
0.63	0.010 4	1.03	0.045 6	1.43	0.122 0	1.83	0.255 8	2.23	0.462 9
0.64	0.010 9	1.04	0.046 9	1.44	0.124 6	1.84	0.260 0	2.24	0.469 2
0.65	0.011 5	1.05	0.048 3	1.45	0.127 2	1.85	0.264 3	2.25	0.475 5
0.66	0.012 0	1.06	0.049 7	1.46	0.129 9	1.86	0.268 6	2.26	0.481 9
0.67	0.012 5	1.07	0.051 1	1.47	0.132 6	1.87	0.272 9	2.27	0.488 3
0.68	0.013 1	1.08	0.052 6	1.48	0.135 3	1.88	0.277 3	2.28	0.494 8
0.69	0.013 7	1.09	0.054 0	1.49	0.138 0	1.89	0.281 8	2.29	0.501 3

表 A.1(续)

磨痕宽度 mm	磨痕体积 mm^3	磨痕宽度 mm	磨痕体积 mm^3	磨痕宽度 mm	磨痕体积 mm^3	磨痕宽度 mm	磨痕体积 mm^3	磨痕宽度 mm	磨痕体积 mm^3
2.30	0.507 9	2.76	0.877 9	3.22	1.394 6	3.68	2.082 5	4.14	2.966 5
2.31	0.514 6	2.77	0.887 5	3.23	1.407 6	3.69	2.099 6	4.15	2.988 1
2.32	0.521 3	2.78	0.897 2	3.24	1.420 8	3.70	2.116 7	4.16	3.009 8
2.33	0.528 1	2.79	0.906 9	3.25	1.434 0	3.71	2.133 9	4.17	3.031 5
2.34	0.534 9	2.80	0.916 7	3.26	1.447 2	3.72	2.151 3	4.18	3.053 4
2 35	0.541 8	2.81	0.926 5	3.27	1.460 6	3.73	2.168 7	4.19	3.075 4
2.36	0.548 7	2.82	0.936 5	3.28	1.474 1	3.74	2.186 2	4.20	3.097 5
2.37	0.555 7	2.83	0.946 5	3.29	1.487 6	3.75	2.203 8	4.21	3.119 8
2.38	0.562 8	2.84	0.956 5	3.30	1.501 2	3.76	2.221 5	4.22	3.142 1
2.39	0.569 9	2.85	0.966 7	3.31	1.514 9	3.77	2.239 3	4.23	3.164 5
2.40	0.577 1	2.86	0.976 9	3.32	1.528 7	3.78	2.257 2	4.24	3.187 0
2.41	0.584 4	2.87	0.987 2	3.33	1.542 6	3.79	2.275 1	4.25	3.209 7
2.42	0.591 7	2.88	0.997 6	3.34	1.555 6	3.80	2.293 2	4.26	3.232 4
2.43	0.599 0	2.89	1.008 0	3.35	1.570 6	3.81	2.311 4	4.27	3.255 3
2.44	0.606 5	2.90	1.018 5	3.36	1.584 7	3.82	2.329 7	4.28	3.278 2
2.45	0.614 0	2.91	1.029 1	3.37	1.598 9	3.83	2.348 0	4.29	3.301 3
2.46	0.621 5	2.92	1.397 0	3.38	1.613 2	3.84	2.366 5	4.30	3.324 5
2.47	0.629 1	2.93	1.050 5	3.39	1.627 6	3.85	2.385 1	4.31	3.347 7
2.48	0.636 8	2.94	1.061 3	3.40	1.642 0	3.86	2.403 7	4.32	3.371 1
2.49	0.644 5	2.95	1.072 1	3.41	1.656 6	3.87	2.422 5	4.33	3.394 6
2.50	0.652 3	2.96	1.083 1	3.42	1.671 2	3.88	2.441 3	4.34	3.418 2
2.51	0.660 2	2.97	1.094 1	3.43	1.685 9	3.89	2.460 3	4.35	3.442 0
2.52	0.668 1	2.98	1.105 2	3.44	1.700 7	3.90	2.479 3	4.36	3.465 8
2.53	0.676 1	2.99	1.116 4	3.45	1.715 6	3.91	2.498 5	4.37	3.489 7
2.54	0.684 2	3.00	1.127 6	3.46	1.730 6	3.92	2.517 7	4.38	3.512 8
2.55	0.692 3	3.01	1.139 0	3.47	1.745 6	3.93	2.537 0	4.39	3.537 9
2.56	0.700 5	3.02	1 150 3	3.48	1.760 8	3.94	2.556 5	4.40	3.562 2
2.57	0.708 7	3.03	1.161 8	3.49	1.776 0	3.95	2.576 0	4.41	3.586 6
2.58	0.717 0	3.04	1.173 4	3.50	1.791 4	3.96	2.595 7	4.42	3.611 1
2.59	0.725 4	3.05	1.185 0	3.51	1.806 8	3.97	2.615 4	4.43	3.635 7
2.60	0.733 8	3.06	1.196 7	3.52	1.822 3	3.98	2.635 2	4.44	3.660 4
2.61	0.742 3	3.07	1.208 5	3.53	1.837 9	3.99	2.655 2	4.45	3.685 2
2.62	0.750 9	3.08	1.220 3	3.54	1.853 5	4.00	2.675 2	4.46	3.710 2
2.63	0.759 6	3.09	1.232 3	3.55	1.869 3	4.01	2.695 4	4.47	3.735 2
2.64	0.768 3	3.10	1.244 3	3.56	1.885 2	4.02	2.715 6	4.48	3.760 4
2.65	0.777 1	3.11	1.256 4	3.57	1.901 1	4.03	2.736 0	4.49	3.785 7
2.66	0.785 9	3.12	1.268 5	3.58	1.917 2	4.04	2.756 4	4.50	3.811 1
2.67	0.794 8	3.13	1.280 8	3.59	1.933 3	4.05	2.776 9	4.51	3.836 6
2.68	0.803 7	3.14	1.293 1	3.60	1.949 5	4.06	2.797 6	4.52	3.862 2
2.69	0.812 8	3.15	1.305 5	3.61	1.965 8	4.07	2.818 3	4.53	3.887 9
2.70	0.821 9	3.16	1.318 0	3.62	1.982 2	4.08	2.839 2	4.54	3.913 8
2.71	0.831 0	3.17	1.330 6	3.63	1.998 7	4.09	2.860 2	4.55	3.939 8
2.72	0.840 3	3.18	1.343 2	3.64	2.015 3	4.10	2.881 2	4.56	3.965 8
2.73	0.849 6	3.19	1.355 9	3.65	2.032 0	4.11	2.902 4	4.57	3.992 0
2.74	0.859 0	3.20	1.368 7	3.66	2.048 7	4.12	2.923 6	4.58	4.018 3
2.75	0.868 4	3.21	1.381 6	3.67	2.065 6	4.13	2.945 0	4.59	4.044 8

表 A.1(续)

磨痕宽度 mm	磨痕体积 mm^3	磨痕宽度 mm	磨痕体积 mm^3	磨痕宽度 mm	磨痕体积 mm^3	磨痕宽度 mm	磨痕体积 mm^3	磨痕宽度 mm	磨痕体积 mm^3
4.60	4.017 3	5.04	5.357 7	5.48	6.891 0	5.92	8.693 2	6.36	10.786 5
4.61	4.098 0	5.05	5.389 8	5.49	6.928 9	5.93	8.737 4	6.37	10.837 6
4.62	4.124 7	5.06	5.421 9	5.50	6.966 9	5.94	8.781 8	6.38	10.888 9
4.63	4.151 6	5.07	5.454 2	5.51	7.005 1	5.95	8.826 4	6.39	10.940 3
4.64	4.178 6	5.08	5.486 6	5.52	7.043 4	5.96	8.871 1	6.40	10.992 0
4.65	4.205 8	5.09	5.519 1	5.53	7.081 8	5.97	8.916 0	6.41	11.043 7
4.66	4.233 0	5.10	5.551 8	5.54	7.120 4	5.98	8.961 0	6.42	11.095 7
4.67	4.260 4	5.11	5.584 6	5.55	7.159 2	5.99	9.006 1	6.43	11.147 8
4.68	4.287 8	5.12	5.617 5	5.56	7.198 0	6.00	9.051 5	6.44	11.200 1
4.69	4.315 4	5.13	5.650 6	5.57	7.237 0	6.01	9.096 9	6.45	11.252 5
4.70	4.343 1	5.14	5.683 7	5.58	7.276 2	6.02	9.142 6	6.46	11.305 1
4.71	4.371 0	5.15	5.717 0	5.59	7.315 5	6.03	9.188 3	6.47	11.357 9
4.72	4.398 9	5.16	5.750 5	5.60	7.354 9	6.04	9.234 3	6.48	11.410 8
4.73	4.427 0	5.17	5.784 1	5.61	7.394 5	6.05	9.280 3	6.49	11.463 9
4.74	4.455 2	5.18	5.817 8	5.62	7.434 2	6.06	9.326 6	6.50	11.517 2
4.75	4.483 5	5.19	5.851 6	5.63	7.474 1	6.07	9.373 0	6.51	11.570 6
4.76	4.511 9	5.20	5.885 6	5.64	7.514 1	6.08	9.419 5	6.52	11.624 2
4.77	4.540 5	5.21	5.919 7	5.65	7.554 2	6.09	9.466 2	6.53	11.677 9
4.78	4.569 1	5.22	5.953 9	5.66	7.594 5	6.10	9.513 1	6.54	11.731 9
4.79	4.597 9	5.23	5.988 3	5.67	7.634 9	6.11	9.560 1	6.55	11.786 0
4.80	4.626 8	5.24	6.022 8	5.68	7.675 5	6.12	9.607 2	6.56	11.840 2
4.81	4.655 9	5.25	6.057 4	5.69	7.716 2	6.13	9.654 6	6.57	11.894 6
4.82	4.685 0	5.26	6.092 1	5.70	7.757 1	6.14	9.702 0	6.58	11.949 2
4.83	4.714 3	5.27	6.127 0	5.71	7.798 1	6.15	9.749 7	6.59	12.004 0
4.84	4.743 7	5.28	6.162 1	5.72	7.839 3	6.16	9.797 5	6.60	12.058 9
4.85	4.773 2	5.29	6.197 2	5.73	7.880 6	6.17	9.845 4	6.61	12.114 0
4.86	4.802 9	5.30	6.232 5	5.74	7.922 0	6.18	9.893 5	6.62	12.169 3
4.87	4.832 6	5.31	6.267 9	5.75	7.963 6	6.19	9.941 8	6.63	12.224 7
4.88	4.862 5	5.32	6.303 5	5.76	8.005 3	6.20	9.990 2	6.64	12.280 3
4.89	4.892 6	5.33	6.339 2	5.77	8.047 2	6.21	10.038 7	6.65	12.336 1
4.90	4.922 7	5.34	6.375 0	5.78	8.089 2	6.22	10.087 5	6.66	12.392 0
4.91	4.952 9	5.35	6.411 0	5.79	8.131 4	6.23	10.136 4	6.67	12.448 2
4.92	4.983 3	5.36	6.447 1	5.80	8.173 7	6.24	10.185 4	6.68	12.504 4
4.93	5.013 8	5.37	6.483 3	5.81	8.216 2	6.25	10.234 6	6.69	12.560 9
4.94	5.044 5	5.38	6.519 7	5.82	8.258 8	6.26	10.234 0	6.70	12.617 5
4.95	5.075 2	5.39	6.556 2	5.83	8.301 6	6.27	10.333 5	6.71	12.674 3
4.96	5.106 1	5.40	6.592 9	5.84	8.344 5	6.28	10.383 2	6.72	12.731 3
4.97	5.137 1	5.41	6.629 7	5.85	8.337 6	6.29	10.433 0	6.73	12.788 4
4.98	5.168 3	5.42	6.666 6	5.86	8.430 8	6.30	10.483 0	6.74	12.845 7
4.99	5.199 5	5.43	6.703 6	5.87	8.474 1	6.31	10.533 2	6.75	12.903 2
5.00	5.230 9	5.44	6.740 8	5.88	8.517 6	6.32	10.583 5		
5.01	5.262 4	5.45	6.778 2	5.89	8.561 3	6.33	10.634 0		
5.02	5.294 1	5.46	6.815 6	5.90	8.605 1	6.34	10.684 7		
5.03	5.325 8	5.47	6.853 3	5.91	8.649 1	6.35	10.735 5		

ICS 01.140;07.060
A 45

中华人民共和国国家标准

GB/T 12460—2006

海洋数据应用记录格式

Application formats for oceanographic data records

2006-06-02 发布 2006-12-01 实施

中华人民共和国国家质量监督检验检疫总局
中国国家标准化管理委员会 发布

前 言

本标准的附录 A 和附录 B 为资料性附录。

本标准由国家海洋局提出。

本标准由国家海洋标准计量中心归口。

本标准起草单位:国家海洋信息中心。

本标准主要起草人:郭丰义、李炳兰、陈奎英、张书东、范文静、骆敬新、周燕遐、张冬生、张义钧、毛巨辉、王立明。

海洋数据应用记录格式

1 范围

本标准规定了海洋数据的应用记录格式。

本标准适用于海洋数据的交换、传输、处理、检索、统计、储存和管理。

2 规范性引用文件

下列文件中的条款通过本标准的引用而成为本标准的条款。凡是注日期的引用文件，其随后所有的修改单(不包括勘误的内容)或修订版均不适用于本标准，然而，鼓励根据本标准达成协议的各方研究是否可使用这些文件的最新版本。凡是不注日期的引用文件，其最新版本适用于本标准。

GB/T 7156　文献保密等级代码与标识

GB/T 12763.2　海洋调查规范　海洋水文观测

GB/T 12763.3　海洋调查规范　海洋气象观测

GB/T 12763.4　海洋调查规范　海洋化学要素调查

GB/T 12763.5　海洋调查规范　海洋声、光要素调查

GB/T 12763.6　海洋调查规范　海洋生物调查

GB/T 12763.7　海洋调查规范　海洋调查资料交换

GB/T 13909　海洋调查规范　海洋地质地球物理调查

GB 17378.4　海洋监测规范　第 4 部分:海水分析

GB 17378.5　海洋监测规范　第 5 部分:沉积物分析

GB 17378.6　海洋监测规范　第 6 部分:生物体分析

GB/T 17826　海洋生物分类代码

HY 023　中国海洋观测台站代码

HY 024　中国近海海洋调查断面代码

HY 042　海洋仪器分类及型号命名办法

3 术语和定义

下列术语和定义适用于本标准。

3.1

数据项　term

由若干字母、数字组成的表示某种物理意义的不可分割的最小单位。

3.2

记录　record

一个或若干个数据项的集合，是数据处理中的逻辑概念。

3.3

记录格式　record format

用于说明各个数据项的存放位置和记录方式的逻辑概念。

3.4

文件　file

若干记录的有序组合。

3.5

记录类型　record type

用于说明记录中各个数据项的存放位置和方式的固定的记录格式。

3.6

元数据　metadata

关于数据的数据，即关于数据的内容、质量、状况及其他特性的信息。

3.7

元数据元素　metadata element

元数据最基本的信息单元。

3.8

元数据实体　metadata entity

说明同类数据特性的元数据元素的集合。

3.9

元数据子集　metadata section

相关元数据实体和元数据的集合。

4　海洋数据记录的结构

4.1　记录的一般形式

每个记录的第一个字符指明当前记录的类型，第二个字符指明下一个记录的类型。

4.2　表头记录

表头记录主要用于存放与海洋数据有关的管理信息，主要包括国家、调查机构、调查船、航次、断面、站号、经纬度、观测时间、调查计划等项内容。数据标题记录依学科、专业，分为若干数据类型。

4.3　数据环境记录

数据环境记录主要用于存放与海洋调查数据有关的其他环境信息，主要包括天气、云状、云量、风速、风向、气温、气压、露点、湿度、高程等。

4.4　数据记录

数据记录主要用于存放海洋调查或观测数据。

4.5　说明记录

说明记录主要用于存放不能包括在海洋调查或观测数据记录中的，但需要解释或说明的内容。

4.6　海洋数据代码

海洋数据代码是为便于存取海洋调查数据而设计的代码，参见附录 B，表 B.1～表 B.49。

5　海洋水文数据

5.1　H001—颠倒采样器测温盐数据

颠倒采样器测温盐数据名称以 H001 开头。

颠倒采样器测温盐数据格式由以下表组成：

——表 1 H001-1 表头记录 1——航次信息；

——表 2 H001-2 表头记录 2——站位信息；

——表 3 H001-3 数据记录——温、盐数据；

——表 4 H001-4 说明记录。

表 1　H001-1 表头记录 1——航次信息

项目名称	起始位置	长度	用　法　和　意　义	计量单位
本记录类型	1	1	当前记录标识，填"1"	
下记录类型	2	1	续接本记录的下一行记录的本记录类型的标识，填"2"	
国家	3	2	见表 B.1 世界各国和地区名称代码表	
调查机构	5	2	见表 B.3 调查机构代码表	
调查项目	7	20	见表 B.4 调查项目代码表，超出调查项目代码表范围的调查项目可自行编制代码，并在说明记录中说明	
调查海区	27	8	见表 B.6 调查海区代码表	
调查船	35	2	见表 B.2 中国调查船代码表	
航次号	37	8	调查机构规定原始航次号	
断面号	45	8	××××××××，按 HY 024 规定的代码或自行规定代码记录	
密级	53	1	按 GB/T 7156 规定的密级代码填写	
资料处理软件包	54	20	填写资料处理软件包名称、版本号，左对齐	

表 2　H001-2 表头记录 2——站位信息

<table>
<tr><th colspan="2">项目名称</th><th>起始位置</th><th>长度</th><th>用　法　和　意　义</th><th>计量单位</th></tr>
<tr><td colspan="2">本记录类型</td><td>1</td><td>1</td><td>当前记录标识，填"2"</td><td></td></tr>
<tr><td colspan="2">下记录类型</td><td>2</td><td>1</td><td>续接本记录的下一行记录的本记录类型的标识，填"3"</td><td></td></tr>
<tr><td colspan="2">站号</td><td>3</td><td>8</td><td>$$$$$$$$，填写调查机构规定站号</td><td></td></tr>
<tr><td rowspan="3">纬度</td><td>度</td><td>11</td><td>2</td><td>00～90</td><td>°</td></tr>
<tr><td>分</td><td>13</td><td>2</td><td>00～59</td><td>′</td></tr>
<tr><td>秒</td><td>15</td><td>2</td><td>00～59</td><td>″</td></tr>
<tr><td colspan="2">纬度标识</td><td>17</td><td>1</td><td>填"N"或"S"</td><td></td></tr>
<tr><td rowspan="3">经度</td><td>度</td><td>18</td><td>3</td><td>000～180</td><td>°</td></tr>
<tr><td>分</td><td>21</td><td>2</td><td>00～59</td><td>′</td></tr>
<tr><td>秒</td><td>23</td><td>2</td><td>00～59</td><td>″</td></tr>
<tr><td colspan="2">经度标识</td><td>25</td><td>1</td><td>填"E"或"W"</td><td></td></tr>
<tr><td rowspan="5">观测时间</td><td>年</td><td>26</td><td>4</td><td>年份，填满四位</td><td></td></tr>
<tr><td>月</td><td>30</td><td>2</td><td>01～12</td><td></td></tr>
<tr><td>日</td><td>32</td><td>2</td><td>01～31</td><td></td></tr>
<tr><td>时</td><td>34</td><td>2</td><td>00～23</td><td></td></tr>
<tr><td>分</td><td>36</td><td>2</td><td>00～59</td><td></td></tr>
<tr><td colspan="2">时区改正</td><td>38</td><td>5</td><td>±××××，北京时间填"－0800"，GMT 填" 0000"</td><td></td></tr>
<tr><td colspan="2">水深</td><td>43</td><td>7</td><td>×××××.×</td><td>m</td></tr>
<tr><td colspan="2">水深测量方法</td><td>50</td><td>1</td><td>$，查阅填 0，回声测深仪测量法填 1，钢丝绳测量法填 2，其他填测量方法可自行编码并在说明文件中说明</td><td></td></tr>
<tr><td colspan="2">采水器型号</td><td>51</td><td>6</td><td>$$$$$$，填写采水器出厂型号，左对齐</td><td></td></tr>
</table>

表 2（续）

项目名称	起始位置	长度	用 法 和 意 义	计量单位
水温观测仪型号	57	6	$$$$$$，填写水温观测仪的出厂型号	
水温准确度代码	63	1	$，1：±0.02℃、2：±0.05℃、3：±0.2℃	
盐度观测仪型号	64	6	$$$$$$，填写盐度观测仪的出厂型号	
盐度准确度代码	70	1	$，1：±0.02，2：±0.05，3：±0.2	
资料标识	71	1	实测资料填1，标准层资料填2	
观测层数	72	5	×××××，实测资料填写实测温、盐的层次数；标准层资料填写标准层资料层数	

表 3　H001-3 数据记录——温、盐数据

项目名称	起始位置	长度	用 法 和 意 义	计量单位
本记录类型	1	1	当前记录标识，填“3”	
下记录类型	2	1	续接本记录的下一行记录的本记录类型的标识，填“5”、“3”、“2”或“1”	
观测层深度	3	6	××××.×，实测资料按实测深度填写，标准层资料按标准层深度填写	m
水温	9	5	××.××	℃
质量符	14	1	见表 B.9 质量符代码表	
盐度	15	6	××.×××	
质量符	21	1	见表 B.9 质量符代码表	

表 4　H001-4 说明记录

项目名称	起始位置	长度	用 法 和 意 义	计量单位
本记录类型	1	1	当前记录标识，总填“5”	
下记录类型	2	1	续接本记录的下一行记录的本记录类型的标识，填“5”或“1”	
文字描述	3	82	填写其他的文字描述和需要说明的问题	

5.2　H002—温盐自记仪(CTD)测温盐数据

温盐自记仪(CTD)测温盐数据名称以 H002 开头。

温盐自记仪(CTD)测温盐数据格式由以下表组成：

——表 5 H002-1 表头记录 1——航次信息；

——表 6 H002-2 表头记录 2——站位信息；

——表 7 H002-3 数据记录——CTD 数据；

——表 8 H002-4 说明记录。

表 5　H002-1 表头记录 1——航次信息

项目名称	起始位置	长度	用 法 和 意 义	计量单位
本记录类型	1	1	当前记录标识，填“1”	
下记录类型	2	1	续接本记录的下一行记录的本记录类型的标识，填“2”	
国家	3	2	见表 B.1 世界各国和地区名称代码表	
调查机构	5	2	见表 B.3 调查机构代码表	

表 5（续）

项目名称	起始位置	长度	用法和意义	计量单位
调查项目	7	20	见表 B.4 调查项目代码表，超出调查项目代码表范围的调查项目可自行编制代码，并在说明记录中说明	
调查海区	27	8	见表 B.6 调查海区代码表	
调查船	35	2	见表 B.2 中国调查船代码表	
航次号	37	8	调查机构规定原始航次号	
断面号	45	8	××××××××，按 HY 024 规定的代码或自行规定代码记录	
密级	53	1	按 GB/T 7156 规定的密级代码填写	
资料处理软件包	54	20	填写资料处理软件包名称、版本号，左对齐	

表 6　H002-2 表头记录 2——站位信息

项目名称		起始位置	长度	用法和意义	计量单位
本记录类型		1	1	当前记录标识，填“2”	
下记录类型		2	1	续接本记录的下一行记录的本记录类型的标识，填“3”	
站号		3	8	$$$$$$$$，填写调查机构规定站号	
纬度	度	11	2	00～90	°
	分	13	2	00～59	′
	秒	15	2	00～59	″
纬度标识		17	1	填“N”或“S”	
经度	度	18	3	000～180	°
	分	21	2	00～59	′
	秒	23	2	00～59	″
经度标识		25	1	填“E”或“W”	
开始观测时间	年	26	4	年份，填满四位	
	月	30	2	01～12	
	日	32	2	01～31	
	时	34	2	00～23	
	分	36	2	00～59	
时区改正		38	5	±××××，北京时间填“－0800”，GMT 填“0000”	
水深		43	7	×××××.×	m
水深测量方法		50	1	$，查阅填 0，回声测深仪测量法填 1，钢丝绳测量法填 2，其他填测量方法可自行编码并在说明文件中说明	
观测标志		51	1	下降时观测填 1，上升时观测填 2	
资料标识		52	1	实测资料填 1，标准层资料填 2	
海况		53	1	0～9，见表 B.11 海况等级代码表	
CTD 观测仪器型号		54	6	$$$$$$，仪器的出厂型号	

表 6（续）

项目名称		起始位置	长度	用 法 和 意 义	计量单位
水温准确度代码		60	1	$,1:±0.02℃、2:±0.05℃、3:±0.2℃	
盐度准确度代码		61	1	$,1:±0.02，2:±0.05，3:±0.2	
其他观测要素数 *m*		62	2	××	
其他观测要素 1	代码	64	4	见表 B.14 CTD 观测要素(除温盐)单位及代码表	
	单位	68	10	见表 B.14 CTD 观测要素(除温盐)单位及代码表	
其他观测要素 2～*m* 代码及单位		78	14 (*m*-1)	填写方法同"其他观测要素 1"	

表 7 H002-3 数据记录——CTD 数据

项目名称	起始位置	长度	用 法 和 意 义	计量单位
本记录类型	1	1	当前记录标识，填"3"	
下记录类型	2	1	续接本记录的下一行记录的本记录类型的标识，填"3"、"2"或"1"	
观测层深度	3	6	××××.×，实测资料按实测深度填写，标准层资料按标准层深度填写	m
质量符	9	1	见表 B.9 质量符代码表	
水温	10	6	××.×××	℃
质量符	16	1	见表 B.9 质量符代码表	
盐度	17	6	××.×××	
质量符	23	1	见表 B.9 质量符代码表	
其他观测要素 1 量值	24	9	×××××.×××	
质量符	33	1	见表 B.9 质量符代码表	
其他观测要素 2～*m* 量值及其质量符	33	10 (*m*-1)		

表 8 H002-4 说明记录

项目名称	起始位置	长度	用 法 和 意 义	计量单位
本记录类型	1	1	当前记录标识，总填"5"	
下记录类型	2	1	续接本记录的下一行记录的本记录类型的标识，填"5"或"1"	
文字描述	3	82	填写其他的文字描述和需要说明的问题	

5.3 H003—深温仪(BT)深温数据

深温仪(BT)深温数据名称以 H003 开头。

深温仪(BT)深温数据格式由以下表组成：

——表 9 H003-1 表头记录 1——航次信息；

——表 10 H003-2 表头记录 2——站位信息；

——表 11 H003-3 数据记录——BT 数据；

——表 12 H003-4 说明记录。

表 9 H003-1 表头记录 1——航次信息

项目名称	起始位置	长度	用 法 和 意 义	计量单位
本记录类型	1	1	当前记录标识,填“1”	
下记录类型	2	1	续接本记录的下一行记录的本记录类型的标识,填“2”	
国家	3	2	见表 B.1 世界各国和地区名称代码	
调查机构	5	2	见表 B.3 调查机构代码表	
调查项目	7	20	见表 B.4 调查项目代码表,超出调查项目代码表范围的调查项目可自行编制代码,并在说明记录中说明	
调查海区	27	8	见表 B.6 调查海区代码表	
调查船	35	2	见表 B.2 中国调查船代码表	
航次号	37	8	调查机构规定原始航次号	
断面号	45	8	××××××××,按 HY 024 规定的代码或自行规定代码记录	
密级	53	1	按 GB/T 7156 规定的密级代码填写	
资料处理软件包	54	20	填写资料处理软件包名称、版本号,左对齐	

表 10 H003-2 表头记录 2——站位信息

项目名称		起始位置	长度	用 法 和 意 义	计量单位
本记录类型		1	1	当前记录标识,填“2”	
下记录类型		2	1	续接本记录的下一行记录的本记录类型的标识,填“3”	
站号		3	8	$$$$$$$$,填写调查机构规定站号	
纬度	度	11	2	00～90	°
	分	13	2	00～59	′
	秒	15	2	00～59	″
纬度标识		17	1	填“N”或“S”	
经度	度	18	3	000～180	°
	分	21	2	00～59	′
	秒	23	2	00～59	″
经度标识		25	1	填“E”或“W”	
观测时间	年	26	4	年份,填满四位	
	月	30	2	01～12	
	日	32	2	01～31	
	时	34	2	00～23	
	分	36	2	00～59	
时区改正		38	5	±××××,北京时间填“－0800”, GMT 填“ 0000”	
水深		43	7	×××××.×	m
水深测量方法		50	1	$,查阅填 0,回声测深仪测量法填 1,钢丝绳测量法填 2,其他填测量方法可自行编码并在说明文件中说明	
海况		51	1	0～9,见表 B.11 海况等级代码表	

表 10（续）

项目名称	起始位置	长度	用 法 和 意 义	计量单位
观测仪器型号	52	6	$$$$$$，BT 观测仪器出厂型号	
下放速度	58	3	×.×	m/s
取样时间间隔	61	4	××.×	s
水温准确度代码	65	1	$，1：±0.02℃、2：±0.05℃、3：±0.2℃	
BT 资料类型	66	1	XBT：1；MBT：2；NXB：3；NMB：4	
资料标识	67	1	实测资料填“1”，标准层资料填“2”	
观测层数	68	5	×××××，实测资料填写实测温、盐的层次数；标准层资料填写标准层资料的层次数	

表 11　H003-3 数据记录——BT 数据

项目名称	起始位置	长度	用 法 和 意 义	计量单位
本记录类型	1	1	当前记录标识，填“3”	
下记录类型	2	1	续接本记录的下一行记录的本记录类型的标识，填“5”、“3”、“2”或“1”	
观测层深度	3	6	××××.×，实测资料按实测深度填写，标准层资料按标准层深度填写	m
水温	9	6	±××.××	℃
质量符	15	1	见表 B.9 质量符代码表	

表 12　H003-4 说明记录

项目名称	起始位置	长度	用 法 和 意 义	计量单位
本记录类型	1	1	当前记录标识，总填“5”	
下记录类型	2	1	续接本记录的下一行记录的本记录类型的标识，填“5”或“1”	
文字描述	3	82	填写其他的文字描述和需要说明的问题	

5.4　H004—目测海浪数据

目测海浪数据名称以 H004 开头。

目测海浪数据格式由以下表组成：

——表 13 H004-1 表头记录——航次信息；

——表 14 H004-2 数据记录——目测海浪数据。

——表 15 H004-3 说明记录。

表 13　H004-1 表头记录——航次信息

项目名称	起始位置	长度	用 法 和 意 义	计量单位
本记录类型	1	1	当前记录标识，填“1”	
下记录类型	2	1	续接本记录的下一行记录的本记录类型的标识，填“2”	
国家	3	2	见表 B.1 世界各国和地区名称代码表	
调查机构	5	2	见表 B.3 调查机构代码表	
调查项目	7	20	见表 B.4 调查项目代码表，超出调查项目代码表范围的调查项目可自行编制代码，并在说明记录中说明	

表 13（续）

项目名称	起始位置	长度	用法和意义	计量单位
调查海区	27	8	见表 B.6 调查海区代码表	
调查船	35	2	见表 B.2 中国调查船代码表	
航次号	37	8	调查机构规定原始航次号	
断面号	45	8	××××××××，按 HY 024 规定的代码或自行规定代码记录	
密级	53	1	按 GB/T 7156 规定的密级代码填写	
资料处理软件包	54	20	填写资料处理软件包名称、版本号，左对齐	

表 14 H004-2 数据记录——目测海浪数据

项目名称		起始位置	长度	用法和意义	计量单位
本记录类型		1	1	当前记录标识，填“2”	
下记录类型		2	1	续接本记录的下一行记录的本记录类型的标识，填“5”、“2”或“1”	
站号		3	8	$$$$$$$$，填写调查机构规定站号	
纬度	度	11	2	00～90	°
	分	13	2	00～59	′
	秒	15	2	00～59	″
纬度标识		17	1	填“N”或“S”	
经度	度	18	3	000～180	°
	分	21	2	00～59	′
	秒	23	2	00～59	″
经度标识		25	1	填“E”或“W”	
观测时间	年	26	4	年份，填满四位	
	月	30	2	01～12	
	日	32	2	01～31	
	时	34	2	00～23	
	分	36	2	00～59	
时区改正		38	5	±××××，北京时间填“−0800”，GMT 填“0000”	
水深		43	7	×××××.×	m
水深测量方法		50	1	$，查阅填“0”；回声测深仪测量法填“1”；钢丝绳测量法填“2”；其他填测量方法可自行编码并在说明文件中说明	
风速		51	4	××.×	m/s
质量符		55	1	见表 B.9 质量符代码表	
风向		56	3	0～359，静稳填 361，不定填 362	°
质量符		59	1	见表 B.9 质量符代码表	
海况		60	1	0～9，见表 B.11 海况等级代码表	

表 14（续）

<table>
<tr><th colspan="2">项目名称</th><th>起始位置</th><th>长度</th><th>用 法 和 意 义</th><th>计量单位</th></tr>
<tr><td colspan="2">波型</td><td>61</td><td>3</td><td>$ $ $,见表 B.12 波型代码表</td><td></td></tr>
<tr><td colspan="2">风浪向</td><td>64</td><td>3</td><td>×××</td><td>°</td></tr>
<tr><td colspan="2">涌浪向</td><td>67</td><td>3</td><td>×××</td><td>°</td></tr>
<tr><td rowspan="4">有效波高</td><td>波高</td><td>70</td><td>4</td><td>××.×</td><td>m</td></tr>
<tr><td>质量符</td><td>74</td><td>1</td><td>见表 B.9 质量符代码表</td><td></td></tr>
<tr><td>周期</td><td>75</td><td>4</td><td>××.×</td><td>s</td></tr>
<tr><td>质量符</td><td>79</td><td>1</td><td>见表 B.9 质量符代码表</td><td></td></tr>
<tr><td rowspan="4">最大波高</td><td>波高</td><td>80</td><td>4</td><td>××.×</td><td>m</td></tr>
<tr><td>质量符</td><td>84</td><td>1</td><td>见表 B.9 质量符代码表</td><td></td></tr>
<tr><td>周期</td><td>85</td><td>4</td><td>××.×</td><td>s</td></tr>
<tr><td>质量符</td><td>89</td><td>1</td><td>见表 B.9 质量符代码表</td><td></td></tr>
</table>

表 15 H004-3 说明记录

项目名称	起始位置	长度	用 法 和 意 义	计量单位
本记录类型	1	1	当前记录标识，总填“5”	
下记录类型	2	1	续接本记录的下一行记录的本记录类型的标识，填“5”或“1”	
文字描述	3	82	填写其他的文字描述和需要说明的问题	

5.5 H005—仪测海浪数据

仪测海浪数据名称以 H005 开头。

仪测海浪数据格式由以下表组成：

——表 16 H005-1 表头记录 1——航次信息；

——表 17 H005-2 表头记录 2——站位信息；

——表 18 H005-3 数据记录——仪测海浪数据；

——表 19 H005-4 说明记录。

表 16 H005-1 表头记录 1——航次信息

项目名称	起始位置	长度	用 法 和 意 义	计量单位
本记录类型	1	1	当前记录标识，填“1”	
下记录类型	2	1	续接本记录的下一行记录的本记录类型的标识，填“2”	
国家	3	2	见表 B.1 世界各国和地区名称代码表	
调查机构	5	2	见表 B.3 调查机构代码表	
调查项目	7	20	见表 B.4 调查项目代码表，超出调查项目代码表范围的调查项目可自行编制代码，并在说明记录中说明	
调查海区	27	8	见表 B.6 调查海区代码表	
调查船	35	2	见表 B.2 中国调查船代码表	
航次号	37	8	调查机构规定原始航次号	
断面号	45	8	××××××××，按 HY 024 规定的代码或自行规定代码记录	
密级	53	1	按 GB/T 7156 规定的密级代码填写	
资料处理软件包	54	20	填写资料处理软件包名称、版本号，左对齐	

表 17　H005-2 表头记录 2——站位信息

项目名称		起始位置	长度	用 法 和 意 义	计量单位
本记录类型		1	1	当前记录标识，填“2”	
下记录类型		2	1	续接本记录的下一行记录的本记录类型的标识，填“3”或“2”	
站号		3	8	$$$$$$$$，填写调查机构规定站号	
浮标号		11	5	$$$$$，填写调查机构规定浮标号	
纬度	度	16	2	00～90	°
	分	18	2	00～59	′
	秒	20	2	00～59	″
纬度标识		22	1	填“N”或“S”	
经度	度	23	3	000～180	°
	分	26	2	00～59	′
	秒	28	2	00～59	″
经度标识		30	1	填“E”或“W”	
观测开始时间	年	31	4	年份，填满四位	
	月	35	2	01～12	
	日	37	2	01～31	
	时	39	2	01～23	
	分	41	2	01～59	
观测结束时间	年	43	4	年份，填满四位	
	月	47	2	01～12	
	日	49	2	01～31	
	时	51	2	01～23	
	分	53	2	01～59	
时区改正		55	5	±××××，北京时间填“−0800”，GMT 填“0000”	
水深		60	7	×××××.×	m
水深测量方法		67	1	$，查阅填“0”；回声测深仪测量法填“1”；钢丝绳测量法填“2”；其他填测量方法可自行编码并在说明文件中说明	
波型		68	3	$$$，见表 B.12 波型代码表	
风速		71	4	××.×	m/s
质量符		75	1	见表 B.9 质量符代码表	
风向		76	3	0～359，静稳填 361，不定填 362	°
质量符		79	1	见表 B.9 质量符代码表	
测波仪型号		80	6	$$$$$$，填测波仪出厂型号	
测波仪状态		86	1	工作正常填“0”，出现故障填“1”	

表 18　H005-3 数据记录——仪测海浪数据

项目名称		起始位置	长度	用　法　和　意　义	计量单位
本记录类型		1	1	当前记录标识，填“3”	
下记录类型		2	1	续接本记录的下一行记录的本记录类型的标识，填“5”、“3”、“2”或“1”	
观测时间	年	3	4	年份，填满四位	
	月	7	2	01～12	
	日	9	2	01～31	
	时	11	2	00～23	
	分	13	2	00～59	
海况		15	1	0～9，见表 B.11 海况等级代码表	
波向		16	3	0～359，静稳填 361，不定填 362	°
最大波高及周期	波高	19	4	××.×	m
	质量符	23	1	见表 B.9 质量符代码表	
	周期	24	4	××.×	s
	质量符	28	1	见表 B.9 质量符代码表	
十分之一大波波高及周期	波高	29	4	××.×	m
	质量符	33	1	见表 B.9 质量符代码表	
	周期	34	4	××.×	s
	质量符	38	1	见表 B.9 质量符代码表	
有效波高及周期	波高	39	4	××.×	m
	质量符	43	1	见表 B.9 质量符代码表	
	周期	44	4	××.×	s
	质量符	48	1	见表 B.9 质量符代码表	
平均波高及周期	波高	49	4	××.×	m
	质量符	53	1	见表 B.9 质量符代码表	
	周期	54	4	××.×	s
	质量符	58	1	见表 B.9 质量符代码表	

表 19　H005-4 说明记录

项目名称	起始位置	长度	用　法　和　意　义	计量单位
本记录类型	1	1	当前记录标识，总填“5”	
下记录类型	2	1	续接本记录的下一行记录的本记录类型的标识，填“5”、“3”、“2”或“1”	
文字描述	3	82	填写其他的文字描述和需要说明的问题	

5.6　H006—水位数据

水位数据名称以 H006 开头。

水位数据格式由以下表组成：

——表 20 H006-1 表头记录 1——航次信息；

——表 21 H006-2 表头记录 2——站位信息；

——表 22 H006-3 数据记录——水位数据；

——表 23 H006-4 说明记录。

表 20　H006-1 表头记录 1——航次信息

项目名称	起始位置	长度	用　法　和　意　义	计量单位
本记录类型	1	1	当前记录标识,填“1”	
下记录类型	2	1	续接本记录的下一行记录的本记录类型的标识,填“2”	
国家	3	2	见表 B.1 世界各国和地区名称代码表	
调查机构	5	2	见表 B.3 调查机构代码表	
调查项目	7	20	见表 B.4 调查项目代码表,超出调查项目代码表范围的调查项目可自行编制代码,并在说明记录中说明	
调查海区	27	8	见表 B.6 调查海区代码表	
调查船	35	2	见表 B.2 中国调查船代码表	
航次号	37	8	调查机构规定原始航次号	
断面号	45	8	××××××××,按 HY 024 规定的代码或自行规定代码记录	
密级	53	1	按 GB/T 7156 规定的密级代码填写	
资料处理软件包	54	20	填写资料处理软件包名称、版本号,左对齐	

表 21　H006-2 表头记录 2——站位信息

项目名称		起始位置	长度	用　法　和　意　义	计量单位
本记录类型		1	1	当前记录标识,填“2”	
下记录类型		2	1	续接本记录的下一行记录的本记录类型,填“3”	
站号		3	8	$$$$$$$$,填写调查机构规定站号	
纬度	度	11	2	00～90	°
	分	13	2	00～59	′
	秒	15	2	00～59	″
纬度标识		17	1	填“N”或“S”	
经度	度	18	3	000～180	°
	分	21	2	00～59	′
	秒	23	2	00～59	″
经度标识		25	1	填“E”或“W”	
观测开始时间	年	26	4	年份,填满四位	
	月	30	2	01～12	
	日	32	2	01～31	
	时	34	2	01～23	
	分	36	2	01～59	
观测结束时间	年	38	4	年份,填满四位	
	月	42	2	01～12	
	日	44	2	01～31	
	时	46	2	01～23	
	分	48	2	01～59	

表 21(续)

项目名称	起始位置	长度	用 法 和 意 义	计量单位
时区改正	50	5	±××××,北京时间填"—0800",GMT 填" 0000"	
测站水深	55	7	×××××.×	m
测站水深测量方法	62	1	$,查阅填 0,回声测深仪测量法填 1,钢丝绳测量法填 2,其他填测量方法可自行编码并在说明文件中说明	
取样时间间隔	63	2	××	min
水位观测仪型号	65	6	$$$$$$,水位观测仪出厂型号	
水位准确度代码	71	1	$,1:±0.01m、2:±0.05m、3:±0.1m	
仪器安放深度	72	6	××××.×	m

表 22 H006-3 数据记录——水位数据

项目名称		起始位置	长度	用 法 和 意 义	计量单位
本记录类型		1	1	当前记录标识,总填"3"	
下记录类型		2	1	续接本记录的下一行记录的本记录类型的标识,填"5"、"3"、"2"或"1"	
观测时间	年	3	4	年份,填满四位	
	月	7	2	01~12	
	日	9	2	01~31	
	时	11	2	00~23	
	分	13	2	00~59	
总压强		15	8	×××××.××	kPa
质量符		23	1	见表 B.9 质量符代码表	
水温		24	5	××.××	℃
质量符		29	1	见表 B.9 质量符代码表	
气压		30	6	×××.××	kPa
质量符		36	1	见表 B.9 质量符代码表	
水位		37	7	××××.××	m
质量符		44	1	见表 B.9 质量符代码表	

表 23 H006-4 说明记录

项目名称	起始位置	长度	用 法 和 意 义	计量单位
本记录类型	1	1	当前记录标识,总填"5"	
下记录类型	2	1	续接本记录的下一行记录的本记录类型的标识,填"5"、"3"、"2"或"1"	
文字描述	3	82	填写其他的文字描述和需要说明的问题	

5.7 H007—水色、透明度、海发光数据

水色、透明度、海发光数据名称以 H007 开头。

水色、透明度、海发光数据格式由以下表组成:

——表 24 H007-1 表头记录——航次信息；

——表 25 H007-2 数据记录——水色、透明度、海发光数据；

——表 26 H007-3 说明记录。

表 24　H007-1 表头记录——航次信息

项目名称	起始位置	长度	用法和意义	计量单位
本记录类型	1	1	当前记录标识，填“1”	
下记录类型	2	1	续接本记录的下一行记录的本记录类型的标识，填“2”	
国家	3	2	见表 B.1 世界各国和地区名称代码	
调查机构	5	2	见表 B.3 调查机构代码表	
调查项目	7	20	见表 B.4 调查项目代码表，超出调查项目代码表范围的调查项目可自行编制代码，并在说明记录中说明	
调查海区	27	8	见表 B.6 调查海区代码表	
调查船	35	2	见表 B.2 中国调查船代码表	
航次号	37	8	调查机构规定原始航次号	
断面号	45	8	××××××××，按 HY 024 规定的代码或自行规定代码记录	
密级	53	1	按 GB/T 7156 规定的密级代码填写	
资料处理软件包	54	20	填写资料处理软件包名称、版本号，左对齐	

表 25　H007-2 数据记录——水色、透明度、海发光数据

项目名称		起始位置	长度	用法和意义	计量单位
本记录类型		1	1	当前记录标识，填“2”	
下记录类型		2	1	续接本记录的下一行记录的本记录类型的标识，填“5”、“2”或“1”	
站号		3	8	$$$$$$$$，填写调查机构规定站号	
纬度	度	11	2	00～90	°
	分	13	2	00～59	′
	秒	15	2	00～59	″
纬度标识		17	1	填“N”或“S”	
经度	度	18	3	000～180	°
	分	21	2	00～59	′
	秒	23	2	00～59	″
经度标识		25	1	填“E”或“W”	
观测时间	年	26	4	年份，填满四位	
	月	30	2	01～12	
	日	32	2	01～31	
	时	34	2	00～23	
	分	36	2	00～59	
时区改正		38	5	±××××，北京时间填“－0800”，GMT 填“0000”	
水深		43	6	×××××.×	m

表 25（续）

项目名称	起始位置	长度	用 法 和 意 义	计量单位
水深测量方法	49	1	$，查阅填 0，回声测深仪测量法填 1，钢丝绳测量法填 2，其他填测量方法可自行编码并在说明文件中说明	
透明度	50	4	××.×	m
质量符	54	1	见表 B.9 质量符代码表	
水色	55	2	××，填写水色号	
质量符	57	1	见表 B.9 质量符代码表	
海光发	58	6	$×$×$×，左对齐，每两位填一种海发光的类型和等级，最多记录三种，见表 B.13 海发光强度等级代码表	

表 26　H007-3 说明记录

项目名称	起始位置	长度	用 法 和 意 义	计量单位
本记录类型	1	1	当前记录标识，总填“5”	
下记录类型	2	1	续接本记录的下一行记录的本记录类型的标识，填“5”、“2”或“1”	
文字描述	3	82	填写其他的文字描述和需要说明的问题	

5.8　H008—海冰数据

海冰数据名称以 H008 开头。

海冰数据格式由以下表组成：

——表 27 H008-1 表头记录 1——航次信息；

——表 28 H008-2 表头记录 2——站位信息；

——表 29 H008-3 数据记录 1——浮冰数据；

——表 30 H008-4 数据记录 2——固定冰数据。

表 27　H008-1 表头记录 1——航次信息

项目名称	起始位置	长度	用 法 和 意 义	计量单位
本记录类型	1	1	当前记录标识，填“1”	
下记录类型	2	1	续接本记录的下一行记录的本记录类型的标识，填“2”	
国家	3	2	见表 B.1 世界各国和地区名称代码表	
调查机构	5	2	见表 B.3 调查机构代码表	
调查项目	7	20	见表 B.4 调查项目代码表，超出调查项目代码表范围的调查项目可自行编制代码，并在说明记录中说明	
调查海区	27	8	见表 B.6 调查海区代码表	
调查船	35	2	见表 B.2 中国调查船代码表	
航次号	37	8	调查机构规定原始航次号	
断面号	45	8	××××××××，按 HY 024 规定的代码或自行规定代码记录	
密级	53	1	按 GB/T 7156 规定的密级代码填写	
资料处理软件包	54	20	填写资料处理软件包名称、版本号，左对齐	

表 28　H008-2 表头记录 2——站位信息

项目名称		起始位置	长度	用 法 和 意 义	计量单位
本记录类型		1	1	当前记录标识，填“2”	
下记录类型		2	1	续接本记录的下一行记录的本记录类型的标识，填“3”或“4”	
站号		3	8	$＄＄＄＄＄＄＄，填写调查机构规定站号	
纬度	度	11	2	00～90	°
	分	13	2	00～59	′
	秒	15	2	00～59	″
纬度标识		17	1	填“N”或“S”	
经度	度	18	3	000～180	°
	分	21	2	00～59	′
	秒	23	2	00～59	″
经度标识		25	1	填“E”或“W”	
观测时间	年	26	4	年份，填满四位	
	月	30	2	01～12	
	日	32	2	01～31	
	时	34	2	00～23	
	分	36	2	00～59	
时区改正		38	5	±××××，北京时间填“－0800”，GMT 填“0000”	
观测高度		43	4	××××	m
海面有效能见度		47	5	×××.×	km
气温		52	5	×××.×	℃
气压		57	6	××××.×	hPa
风速		63	4	××.×	m/s
风向		67	3	0～359，静稳填 361，不定填 362	°
天气现象		70	8	$＄＄＄＄＄＄＄，每两位为一种天气现象，最多 4 种，左对齐，见表 B.21 现在天气现象代码表	

表 29　H008-3 数据记录 1——浮冰数据

项目名称	起始位置	长度	用 法 和 意 义	计量单位
本记录类型	1	1	当前记录标识，填“3”	
下记录类型	2	1	续接本记录的下一行记录的本记录类型的标识，填“4”、“2”或“1”	
浮冰冰量	3	2	××，按 GB/T 12763.2 的有关规定填写	
浮冰密集度	5	2	××，按 GB/T 12763.2 的有关规定填写	
冰型	7	10	见 B.25 海冰冰型代码表	
冰表面特征	17	10	见 B.29 冰表面特征分类代码表	
浮冰冰状	27	6	见 B.26 浮冰冰状代码表	
浮冰漂移方向	33	3	×××	°

表 29（续）

项目名称		起始位置	长度	用法和意义	计量单位
浮冰漂移速度		36	4	××.×	m/s
冰厚度		40	6	××××.×	cm
冰区边缘线特征点 1	方向	46	3	×××	°
	距离	49	7	×××××.×	m
冰区边缘线特征点 2	方向	56	3	×××	°
	距离	59	7	×××××.×	m
冰区边缘线特征点 3	方向	66	3	×××	°
	距离	69	7	×××××.×	m
冰区边缘线特征点 4	方向	76	3	×××	°
	距离	79	7	×××××.×	m

表 30 H008-4 数据记录 2——固定冰数据

项目名称		起始位置	长度	用法和意义	计量单位
本记录类型		1	1	当前记录标识，填"4"	
下记录类型		2	1	续接本记录的下一行记录的本记录类型的标识，填"3"、"2"或"1"	
固定冰冰型		3	2	见 B.25 海冰冰型代码表	
固定冰冰界特征点 1	方向	5	3	×××	°
	距离	8	7	×××××.×	m
固定冰冰界特征点 2	方向	15	3	×××	°
	距离	18	7	×××××.×	m
固定冰冰界特征点 3	方向	25	3	×××	°
	距离	28	7	×××××.×	m
固定冰冰界特征点 4	方向	35	3	×××	°
	距离	38	7	×××××.×	m

5.9 H009—冰山数据

冰山数据名称以 H009 开头。

冰山数据格式由以下表组成：

——表 31 H009-1 表头记录 1——航次信息；

——表 32 H009-2 表头记录 2——站位信息；

——表 33 H009-3 数据记录——冰山数据。

表 31　H009-1 表头记录 1——航次信息

项目名称	起始位置	长度	用 法 和 意 义	计量单位
本记录类型	1	1	当前记录标识，填“1”	
下记录类型	2	1	续接本记录的下一行记录的本记录类型的标识，填“2”	
国家	3	2	见表 B.1 世界各国和地区名称代码表	
调查机构	5	2	见表 B.3 调查机构代码表	
调查项目	7	20	见表 B.4 调查项目代码表，超出调查项目代码表范围的调查项目可自行编制代码，并在说明记录中说明	
调查海区	27	8	见表 B.6 调查海区代码表	
调查船	35	2	见表 B.2 中国调查船代码表	
航次号	37	8	调查机构规定原始航次号	
断面号	45	8	××××××××，按 HY 024 规定的代码或自行规定代码记录	
密级	53	1	按 GB/T 7156 规定的密级代码填写	
资料处理软件包	54	20	填写资料处理软件包名称、版本号，左对齐	

表 32　H009-2 表头记录 2——站位信息

项目名称		起始位置	长度	用 法 和 意 义	计量单位
本记录类型		1	1	当前记录标识，填“2”	
下记录类型		2	1	续接本记录的下一行记录的本记录类型的标识，填“3”	
站号		3	8	$$$$$$$$，填写调查机构规定站号	
船位纬度	度	11	2	00～90	°
	分	13	2	00～59	′
	秒	15	2	00～59	″
纬度标识		17	1	填“N”或“S”	
船位经度	度	18	3	000～180	°
	分	21	2	00～59	′
	秒	23	2	00～59	″
经度标识		25	1	填“E”或“W”	
观测时间	年	26	4	年份，填满四位	
	月	30	2	01～12	
	日	32	2	01～31	
	时	34	2	00～23	
	分	36	2	00～59	
时区改正		38	5	±××××，北京时间填“－0800”，GMT 填“ 0000”	
观测高度		43	4	××××	m
海面有效能见度		47	5	×××.×	km
冰山个数 N		52	2	××	个

表 33 H009-3 数据记录——冰山数据

<table>
<tr><th colspan="3">项目名称</th><th>起始位置</th><th>长度</th><th>用 法 和 意 义</th><th>计量单位</th></tr>
<tr><td colspan="3">本记录类型</td><td>1</td><td>1</td><td>当前记录标识,填“3”</td><td></td></tr>
<tr><td colspan="3">下记录类型</td><td>2</td><td>1</td><td>续接本记录的下一行记录的本记录类型的标识,填“3”、“2”或“1”</td><td></td></tr>
<tr><td colspan="3">冰山序号 I</td><td>3</td><td>2</td><td>1～99</td><td></td></tr>
<tr><td rowspan="17">第I冰山</td><td colspan="2">相对船方向</td><td>5</td><td>3</td><td>×××</td><td>°</td></tr>
<tr><td colspan="2">相对船距离</td><td>8</td><td>5</td><td>×××.×</td><td>km</td></tr>
<tr><td rowspan="3">纬度</td><td>度</td><td>13</td><td>2</td><td>00～90</td><td>°</td></tr>
<tr><td>分</td><td>15</td><td>2</td><td>00～59</td><td>′</td></tr>
<tr><td>秒</td><td>17</td><td>2</td><td>00～59</td><td>″</td></tr>
<tr><td colspan="2">纬度标识</td><td>19</td><td>1</td><td>填“N”或“S”</td><td></td></tr>
<tr><td rowspan="3">经度</td><td>度</td><td>20</td><td>3</td><td>000～180</td><td>°</td></tr>
<tr><td>分</td><td>23</td><td>2</td><td>00～59</td><td>′</td></tr>
<tr><td>秒</td><td>25</td><td>2</td><td>00～59</td><td>″</td></tr>
<tr><td colspan="2">经度标识</td><td>27</td><td>1</td><td>填“E”或“W”</td><td></td></tr>
<tr><td colspan="2">高度</td><td>28</td><td>3</td><td>×××</td><td>m</td></tr>
<tr><td colspan="2">水平尺度</td><td>31</td><td>3</td><td>×××</td><td>m</td></tr>
<tr><td colspan="2">冰山等级</td><td>34</td><td>1</td><td>见表 B.27 冰山等级代码表</td><td></td></tr>
<tr><td colspan="2">冰山形状</td><td>35</td><td>1</td><td>见表 B.28 冰山形状代码表</td><td></td></tr>
<tr><td colspan="2">漂移方向</td><td>36</td><td>3</td><td>0～359,静稳填 361,不定填 362</td><td>°</td></tr>
<tr><td colspan="2">漂移速度</td><td>39</td><td>4</td><td>××.×</td><td>m/s</td></tr>
</table>

5.10 H010—走航海流剖面(ADCP)数据

走航海流剖面数据名称以 H010 开头。

走航海流剖面数据格式由如下表组成：

——表 34 H010-1 表头记录 1——航次信息；

——表 35 H010-2 表头记录 2——站点信息；

——表 36 H010-3 表头记录 3——环境信息；

——表 37 H010-4 数据记录——ADCP 数据。

表 34 H010-1 表头记录 1——航次信息

<table>
<tr><th colspan="2">项目名称</th><th>起始位置</th><th>长度</th><th>用 法 和 意 义</th><th>计量单位</th></tr>
<tr><td colspan="2">本记录类型</td><td>1</td><td>1</td><td>当前记录标识,填“1”</td><td></td></tr>
<tr><td colspan="2">下记录类型</td><td>2</td><td>1</td><td>续接本记录的下一行记录的本记录类型的标识,填“2”</td><td></td></tr>
<tr><td colspan="2">国家</td><td>3</td><td>2</td><td>见表 B.1 世界各国和地区名称代码表</td><td></td></tr>
<tr><td colspan="2">调查机构</td><td>5</td><td>2</td><td>见表 B.3 表调查机构代码表</td><td></td></tr>
<tr><td colspan="2">调查船</td><td>7</td><td>2</td><td>见表 B.2 表中国调查船代码表</td><td></td></tr>
<tr><td colspan="2">航次号</td><td>9</td><td>8</td><td>$ $ $ $ $ $ $ $,信息中心设定</td><td></td></tr>
<tr><td rowspan="3">航次开始</td><td>年</td><td>17</td><td>4</td><td>年份,填满四位</td><td></td></tr>
<tr><td>月</td><td>21</td><td>2</td><td>01～12</td><td></td></tr>
<tr><td>日</td><td>23</td><td>2</td><td>01～31</td><td></td></tr>
</table>

表 34（续）

项目名称		起始位置	长度	用　法　和　意　义	计量单位
航次结束	年	25	4	年份，填满四位	
	月	29	2	01～12	
	日	31	2	01～31	
调查海区		33	20	文字描述	
首席科学家		53	26	文字描述	

表 35　H010-2 表头记录 2——站点信息

项目名称		起始位置	长度	用　法　和　意　义	计量单位
本记录类型		1	1	当前记录标识，填“2”	
下记录类型		2	1	续接本记录的下一行记录的本记录类型的标识，填“3”	
航次号		3	8	$ $ $ $ $ $ $ $，信息中心设定	
调查时间	年	11	4	年份，填满四位	
	月	15	2	01～12	
	日	17	2	01～31	
	时	19	2	00～23	
	分	21	2	00～59	
	秒	23	2	00～59	
时区改正		25	5	±××××，北京时间填“－0800”，GMT 填“0000”	
纬度	度	30	2	00～90	°
	分	32	2	00～59	′
	秒	34	5	00.00～59.99	″
纬度标识		39	1	填“N”或“S”	
经度	度	40	3	000～180	°
	分	43	2	00～59	′
	秒	45	5	00.00～59.99	″
经度标识		50	1	填“E”或“W”	

表 36　H010-3 表头记录 3——环境信息

项目名称	起始位置	长度	用　法　和　意　义	计量单位
本记录类型	1	1	当前记录标识，填“3”	
下记录类型	2	1	续接本记录的下一行记录的本记录类型的标识，填“4”	
探头处水温	3	5	××.××	℃
水深	8	7	×××××.×	m
采样间隔	15	4	××××	s
采样层数	19	4	××××	
最小良好率	23	3	×××	%
船速 U 分量	26	6	××.×××	kn

表 36（续）

项目名称	起始位置	长度	用　法　和　意　义	计量单位
船速 V 分量	32	6	××.×××	kn
导航类型	38	2	见表 B.45 导航定位方法代码表	
仪器	40	10	文字描述	

表 37　H010-4 数据记录——ADCP 数据

项目名称	起始位置	长度	用　法　和　意　义	计量单位
本记录类型	1	1	当前记录标识，填“4”	
下记录类型	2	1	续接本记录的下一行记录的本记录类型的标识，填“4”或“1”	
观测层深	3	6	××××.×	m
流 U 分量(东)	9	6	××××.×	cm/s
流 V 分量(北)	15	6	××××.×	cm/s
良好率	21	3	×××	%
流向	24	4	0～359，静稳 361，不定 362，30 列空白	°
质量符	28	1	见表 B.9 质量符代码表	
流速	29	4	××××	cm/s
质量符	33	1	见表 B.9 质量符代码表	
回声强度	34	6	××××.×	

5.11　**H011—定点海流数据**

定点海流数据名称以 H011 开头。

定点海流数据格式由如下表组成：

——表 38 H011-1 表头记录 1——航次信息；

——表 39 H011-2 表头记录 2——站点信息；

——表 40 H011-3 数据记录 1——测流数据；

——表 41 H011-4 数据记录 2——水深数据；

——表 42 H011-5 数据记录 3——风数据。

表 38　H011-1 表头记录 1——航次信息

项目名称	起始位置	长度	用　法　和　意　义	计量单位
本记录类型	1	1	当前记录标识，填“1”	
下记录类型	2	1	续接本记录的下一行记录的本记录类型的标识，填“2”	
国家	3	2	见表 B.1 世界各国和地区名称代码表	
调查机构	5	2	见表 B.3 表调查机构代码表	
调查船	7	2	见表 B.2 表中国调查船代码表	
航次号	9	8	$$$$$$$$，信息中心设定	
航次开始　年	17	4	年份，填满四位	
月	21	2	01～12	
日	23	2	01～31	

表 38（续）

项目名称		起始位置	长度	用法和意义	计量单位
航次结束	年	25	4	年份，填满四位	
	月	29	2	01～12	
	日	31	2	01～31	
时区改正		33	5	±××××，北京时间填“－0800”，GMT 填“ 0000”	
调查海区		38	20	文字描述	
调查项目		58	20	见表 B.4 调查项目代码表，超出调查项目代码表范围的调查项目可自行编制代码，并在说明记录中说明	
导航类型		78	2	见表 B.45 导航定位方法代码表	
首席科学家		80	14	文字描述	

表 39　H011-2 表头记录 2——站点信息

项目名称		起始位置	长度	用法和意义	计量单位
本记录类型		1	1	当前记录标识，填“2”	
下记录类型		2	1	续接本记录的下一行记录的本记录类型的标识，填“3”	
站号		3	8	$$$$$$$$，填写调查机构规定站号	
浮(潜)标号		11	5	$$$$$，填写调查机构原浮(潜)标号	
纬度	度	16	2	00～90	°
	分	18	2	00～59	′
	秒	20	2	00～59	″
纬度标识		22	1	填“N”或“S”	
经度	度	23	3	000～180	°
	分	26	2	00～59	′
	秒	28	2	00～59	″
经度标识		30	1	填“E”或“W”	
水深		31	7	×××××.×	m
观测层数		38	4	××××	
仪器		42	10	文字描述	

表 40　H011-3 数据记录 1—— 测流数据

项目名称		起始位置	长度	用法和意义	计量单位
本记录类型		1	1	当前记录标识，填“3”	
下记录类型		2	1	续接本记录的下一行记录的本记录类型的标识，填“3”、“4”、“6”、“2”或“1”	
调查时间	年	3	4	年份，填满四位	
	月	7	2	01～12	
	日	9	2	01～31	
	时	11	2	00～23	

表 40（续）

项目名称		起始位置	长度	用 法 和 意 义	计量单位
	分	13	2	00～59	
	秒	15	2	00～59	
观测层深		17	6	××××.×	m
观测层为相对深度		23	3	“B”:底层;“05B(或 05H)”:中层;02H、04H、…	
流向		26	4	0～359,静稳 361,不定 362,30 列空白	°
质量符		30	1	见表 B.9 质量符代码表	
流速		31	4	××××	cm/s
质量符		35	1	见表 B.9 质量符代码表	
取样观测时段		36	3		s

表 41　H011-4 数据记录 2——水深数据

项目名称		起始位置	长度	用 法 和 意 义	计量单位
本记录类型		1	1	当前记录标识,填“4”	
下个记录类型		2	1	续接本记录的下一行记录的本记录类型的标识,填“4”、“6”、“2”或“1”	
开始时间	年	3	4	年份,填满四位	
	月	7	2	01～12	
	日	9	2	01～31	
	时	11	2	00～23	
	分	13	2	00～59	
水深		15	6	××××.×	m
水深测量方法		21	1	$,查阅填 0,回声测深仪测量法填 1,钢丝绳测量法填 2,其他测量方法可自行编码并在说明文件中说明	

表 42　H011-5 数据记录 3——风数据

项目名称		起始位置	长度	用 法 和 意 义	计量单位
本记录类型		1	1	当前记录标识,总是 6	
下个记录类型		2	1	续接本记录的下一行记录的本记录类型的标识,填 1 或 6	
开始时间	年	3	4	年份,填满四位	
	月	7	2	本记录第一组风的观测月,01～12	
	日	9	2	本记录第一组风的观测日,01～31	
	时	11	2	同上,00～23	
	分	13	2	同上,00～59	
原调查单位风速单位码		15	1	0:原资料风速为米/秒;1:原资料风速为风力;2:原资料风速为节	
原调查单位风向单位码		16	1	0:16 方位;1:度数;2:原资料风向为 WMO0885/877ZH 转换	

表 42(续)

项目名称	起始位置	长度	用法和意义	计量单位
风速	17	4	××.×	m/s
质量符	21	1	见表 B.9 质量符代码表	
风向	22	3	0～359,静稳填 361,不定填 362	°
质量符	25	1	见表 B.9 质量符代码表	

5.12 H012—表层海流数据

表层海流数据名称以 H012 开头。

表层海流数据格式由表 43 H012-1 表层海流数据记录组成:

表 43 H012-1 表层海流数据记录

项目名称		起始位置	长度	用法和意义	计量单位
国家		1	2	见表 B.1 世界各国和地区名称代码表	
调查船		3	2	见表 B.2 中国调查船代码表	
调查机构		5	2	见表 B.3 调查机构代码表	
纬度	度	7	2	00～90	°
	分	9	2	00～59	′
	秒	11	2	00～59	″
纬度标识		13	1	填"N"或"S"	
经度	度	14	3	000～180	°
	分	17	2	00～59	′
	秒	19	2	00～59	″
经度标识		21	1	填"E"或"W"	
	年	22	4	年份,填满四位	
	月	26	2	01～12	
	日	28	2	01～31	
	时	30	2	00～23	
	分	32	2	00～59	
时区改正		34	5	±××××,北京时间填"－0800",GMT 填"0000"	
站名		39	8	$$$$$$$$,填写调查机构规定站号	
水深		47	7	×××××.×	m
流向		54	3	0～359,静稳填 361,不定填 362	°
流速		57	3	×××	cm/s
质量符		60	1	见表 B.9 质量符代码表	
调查仪器代码		61	1	空-GEK;1-漂流浮标;2-ADCP	
风向		62	3	000～359,361-静稳,362-不定	°
原调查单位风向单位代码		65	1	0:16 方位;1:度数;2:原资料风向为 WMO0885/877ZH 转换	

表 43（续）

项目名称	起始位置	长度	用 法 和 意 义	计量单位
风速	66	4	××.×	m/s
原调查单位风速单位代码	70	1	0:原资料风速为米/秒;1:原资料风速为风力;2:原资料风速为节	
水温	71	5	××.××	
调查项目名称	76	8	见表 B.4 调查项目代码表	
流 U 分量(东)	84	6	××××.×	cm/s
流 V 分量(北)	90	6	××××.×	cm/s

6 海洋气象数据

6.1 Q001—海面气象数据

海面气象数据名称以 Q001 开头。

海面气象数据格式由以下表组成：

——表 44 Q001-1 表头记录——航次信息；

——表 45 Q001-2 数据记录——海面气象数据；

——表 46 Q001-3 说明记录。

表 44 Q001-1 表头记录——航次信息

项目名称		起始位置	长度	用 法 和 意 义	计量单位
本记录类型		1	1	当前记录标识,填“1”	
下记录类型		2	1	续接本记录的下一行记录的本记录类型的标识,填“2”或“5”	
国家		3	2	见表 B.1 世界各国和地区名称代码表	
调查机构		5	2	见表 B.3 调查机构代码表	
调查项目		7	20	见表 B.4 调查项目代码表,超出调查项目代码表范围的调查项目可自行编制代码,并在说明记录中说明	
调查海区		27	8	见表 B.6 调查海区代码表	
调查船		35	2	见表 B.2 中国调查船代码表	
航次号		37	8	调查机构规定原始航次号	
断面号		45	8	$$$$$$$$,按 HY 024 规定的代码或自行规定的代码记录	
观测开始时间	年	53	4	年份,填满四位	
	月	57	2	01～12	
	日	59	2	01～31	
观测结束时间	年	61	4	年份,填满四位	
	月	65	2	01～12	
	日	67	2	01～31	
气压仪器代码		69	6	国内仪器按 HY/T 042 的有关规定填写,国外仪器以原仪器型号填写	
气压仪器距海面距离		75	5	×××.×	m

表 44(续)

项目名称	起始位置	长度	用法和意义	计量单位
温度仪器代码	80	6	国内仪器按 HY/T 042 的有关规定填写,国外仪器以原仪器型号填写	
温度仪器距海面距离	86	5	×××.×	m
湿度仪器代码	91	6	国内仪器按 HY/T 042 的有关规定填写,国外仪器以原仪器型号填写	
湿度仪器距海面距离	97	5	×××.×	m
测风仪器代码	102	6	国内仪器按 HY/T 042 的有关规定填写,国外仪器以原仪器型号填写	
测风仪器距海面距离	108	5	×××.×	m
采样时间间隔	113	3	×.×	s

表 45 Q001-2 数据记录——海面气象数据

项目名称		起始位置	长度	用法和意义	计量单位
本记录类型		1	1	当前记录标识,填“2”	
下记录类型		2	1	续接本记录的下一行记录的本记录类型的标识,填“2”、“5”或“1”	
断面号		3	8	$$$$$$$$,按 HY/T 042 填写	
站号		11	8	$$$$$$$$,填写调查机构规定站号	
观测时间	年	19	4	年份,填满四位	
	月	23	2	01～12	
	日	25	2	01～31	
	时	27	2	00～23	
	分	29	2	01～59	
时区改正		31	5	±××××,北京时间填“—0800”,GMT 填“0000”	
纬度	度	36	2	00～90	°
	分	38	2	00～59	′
	秒	40	2	00～59	″
纬度标识		42	1	填“N”或“S”	
经度	度	43	3	00～180	°
	分	46	2	00～59	′
	秒	48	2	00～59	″
经度标识		50	1	填“E”或“W”	
气压		51	6	××××.×	hPa
质量符		57	1	见表 B.9 质量符代码表	
气温		58	5	±×××.×	℃

表 45（续）

项目名称	起始位置	长度	用法和意义	计量单位
质量符	63	1	见表 B.9 质量符代码表	
相对湿度	64	3	×××	%
质量符	67	1	见表 B.9 质量符代码表	
降水	68	4	×××.×	mm
质量符	72	1	见表 B.9 质量符代码表	
风向	73	3	0～359,静稳填 361,不定填 362	°
质量符	76	1	见表 B.9 质量符代码表	
风速	77	4	××.×	m/s
质量符	81	1	见表 B.9 质量符代码表	

表 46　Q001-3 说明记录

项目名称	起始位置	长度	用法和意义	计量单位
本记录类型	1	1	当前记录标识,填“5”	
下记录类型	2	1	续接本记录的下一行记录的本记录类型的标识,填“5”或“1”	
序号	3	1	0～9,说明记录的序号,0 表示第一个说明记录	
说明	4	125	根据备注栏的实际内容,用英文或汉字记录	

6.2　Q002—海面气象目测及统计数据

海面气象目测及统计数据名称以 Q002 开头。

海面气象目测及统计数据格式由以下表组成：

——表 47 Q002-1 表头记录——航次信息；

——表 48 Q002-2 数据记录 1——统计项目数据；

——表 49 Q002-3 数据记录 2——目测项目数据；

——表 50 Q002-4 说明记录。

表 47　Q002-1 表头记录——航次信息

项目名称		起始位置	长度	用法和意义	计量单位
本记录类型		1	1	当前记录标识,填“1”	
下记录类型		2	1	续接本记录的下一行记录的本记录类型的标识,填“2”或“5”	
国家		3	2	见表 B.1 世界各国和地区名称代码表	
调查机构		5	2	见表 B.3 调查机构代码表	
调查项目		7	20	见表 B.4 调查项目代码表,超出调查项目代码表范围的调查项目可自行编制代码,并在说明记录中说明	
调查海区		27	8	见表 B.6 调查海区代码表	
调查船		35	2	见表 B.2 中国调查船代码表	
航次号		37	8	调查机构规定原始航次号	
断面号		45	8	$$$$$$$$,按 HY 024 规定的代码或自行规定的代码记录	
航次开始时间	年	53	4	年份,填满四位	
	月	57	2	01～12	
	日	59	2	01～31	

表 47（续）

项目名称		起始位置	长度	用法和意义	计量单位
航次结束时间	年	61	4	年份，填满四位	
	月	65	2	01～12	
	日	67	2	01～31	
气压仪器代码		69	6	国内仪器按 HY/T 042 的有关规定填写，国外仪器以原仪器型号填写	
气压仪器距海面距离		75	5	×××.×	m
温度仪器代码		80	6	国内仪器按 HY/T 042 的有关规定填写，国外仪器以原仪器型号填写	
温度仪器距海面距离		86	5	×××.×	m
湿度仪器代码		91	6	国内仪器按 HY/T 042 的有关规定填写，国外仪器以原仪器型号填写	
湿度仪器距海面距离		97	5	×××.×	m
测风仪器代码		102	6	国内仪器按 HY/T 042 的有关规定填写，国外仪器以原仪器型号填写	
测风仪器距海面距离		108	5	×××.×	m
采样时间间隔		113	3	×.×	s

表 48　Q002-2 数据记录 1——统计项目数据

项目名称		起始位置	长度	用法和意义	计量单位
本记录类型		1	1	当前记录标识，填“2”	
下记录类型		2	1	续接本记录的下一行记录的本记录类型的标识，填“2”、“3”、“5”或“1”	
断面号		3	8	$$$$$$$$，按 HY 024 规定的代码或自行规定	
站号		11	8	$$$$$$$$，填写调查机构规定站号	
观测时间	年	19	4	年份，填满四位	
	月	23	2	01～12	
	日	25	2	01～31	
	时	27	2	00～23	
	分	29	2	00～59	
时区改正		31	5	±××××，北京时间填“－0800”，GMT 填“ 0000”	
纬度	度	36	2	00～90	°
	分	38	2	00～59	′
	秒	40	2	00～59	″
纬度标识		42	1	填“N”或“S”	

表 48（续）

项目名称		起始位置	长度	用 法 和 意 义	计量单位
经度	度	43	3	00～180	°
	分	46	2	00～59	′
	秒	48	2	00～59	″
经度标识		50	1	填“E”或“W”	
气压		51	6	××××.×	hPa
质量符		57	1	见表 B.9 质量符代码表	
气压日最大值		58	6	××××.× 日最大值在每日第一条记录里出现，其他时间的记录该项用满位 9 记录（小数点除外）	hPa
质量符		64	1	见表 B.9 质量符代码表	
气压日最小值		65	6	××××.× 日最小值在每日第一条记录里出现，其他时间的记录该项用满位 9 记录（小数点除外）	hPa
质量符		71	1	见表 B.9 质量符代码表	
气温		72	5	±××.×	℃
质量符		77	1	见表 B.9 质量符代码表	
气温日最大值		78	5	±××.× 日最大值在每日第一条记录里出现，其他时间记录该项用满位 9 表示（小数点除外）	℃
质量符		83	1	见表 B.9 质量符代码表	
气温日最小值		84	5	±××.×日最小值在每日第一条记录里出现，其他时间的记录该项用满位 9 表示（小数点除外）	℃
质量符		89	1	见表 B.9 质量符代码表	
相对湿度		90	3	×××	%
质量符		93	1	见表 B.9 质量符代码表	
相对湿度日最小值		94	3	××× 日最小值在每日第一条记录里出现，其他时间的记录该项用满位 9 表示（小数点除外）	%
质量符		97	1	见表 B.9 质量符代码表	
降水		98	5	×××.×	mm
质量符		103	1	见表 B.9 质量符代码表	
降水日合计值		104	7	×××××.× 日合计值在每日第一条记录里出现，其他时间的记录该项用满位 9 表示（小数点除外）	mm
质量符		111	1	见表 B.9 质量符代码表	
风向		112	3	0～359，静稳填 361，不定填 362	°
质量符		115	1	见表 B.9 质量符代码表	
风速		116	4	××.×	m/s
质量符		120	1	见表 B.9 质量符代码表	
日最大风速风向		121	3	0～359，静稳填 361，不定填 362。日最大风速风向在每日第一条记录里出现，其他时间的记录该项用满位 9 表示（小数点除外）	°
质量符		124	1	见表 B.9 质量符代码表	

表 48（续）

项目名称		起始位置	长度	用 法 和 意 义	计量单位
日最大风速		125	4	××.× 日最大值在每日第一条记录里出现，其他时间的记录该项用满位 9 表示（小数点除外）	m/s
质量符		129	1	见表 B.9 质量符代码表	
日极大风速风向		130	3	0～359，静稳填 361，不定填 362。日极大风速风向在每日第一条记录里出现，其他时间的记录该项用满位 9 表示（小数点除外）	°
质量符		133	1	见表 B.9 质量符代码表	
日极大风速		134	4	××.× 日极大值在每日第一条记录里出现，其他时间的记录该项用满位 9 表示（小数点除外）	m/s
质量符		138	1	见表 B.9 质量符代码表	

表 49　Q002-3 数据记录 2——目测项目数据

项目名称		起始位置	长度	用 法 和 意 义	计量单位
本记录类型		1	1	当前记录标识，填“3”	
下记录类型		2	1	续接本记录的下一行记录的本记录类型的标识，填“3”、“5”或“1”	
断面号		3	8	$$$$$$$$，按 HY 024 规定的代码或自行规定	
站号		11	8	$$$$$$$$，填写调查机构规定站号	
观测时间	年	19	4	年份，填满四位	
	月	23	2	01～12	
	日	25	2	01～31	
	时	27	2	00～23	
	分	29	2	00～59	
时区改正		31	5	±××××，北京时间填“－0800”，GMT 填“0000”	
纬度	度	36	2	00～90	°
	分	38	2	00～59	′
	秒	40	2	00～59	″
纬度标识		42	1	填“N”或“S”	
经度	度	43	3	000～180	°
	分	46	2	00～59	′
	秒	48	2	00～59	″
经度标识		50	1	填“E”或“W”	
能见度	有效能见度	51	4	××.×	km
	质量符	55	1	见表 B.9 质量符代码表	
	最小能见度	56	4	××.×	km
	质量符	60	1	见表 B.9 质量符代码表	
总云量		61	2	见表 B.15 云量代码表	

表 49（续）

项目名称	起始位置	长度	用法和意义	计量单位
质量符	63	1	见表 B.9 质量符代码表	
低云量	64	2	见表 B.15 云量代码表	
质量符	66	1	见表 B.9 质量符代码表	
云状	67	20	见表 B.16 云类代码表，每两位代表一种云，按顺序自左向右填写，最多记录十种	
C_L	87	1	见表 B.17 低云状代码表	
C_M	88	1	见表 B.18 中云状代码表	
C_H	89	1	见表 B.19 高云状代码表	
云高	90	5	×××××，按 GB 12763.3 的有关规定记录	m
质量符	95	1	见表 B.9 质量符代码表	
天气现象	96	10	见表 B.21 现在天气现象代码表，最多可同时记录五种	

表 50　Q002-4 说明记录

项目名称	起始位置	长度	用法和意义	计量单位
本记录类型	1	1	当前记录标识，填“5”	
下记录类型	2	1	续接本记录的下一行记录的本记录类型的标识，填“5”或“1”	
序号	3	1	0～9，说明记录的序号，0 表示第一个说明记录	
说明	4	125	根据备注栏的实际内容，用英文或汉字记录	

6.3　Q003—高空气象数据

高空气象数据名称以 Q003 开头。

高空气象数据格式由以下表组成：

——表 51 Q003-1 表头记录——航次、站位信息；

——表 52 Q003-2 数据记录 1——海面气象数据；

——表 53 Q003-3 数据记录 2——高空压温湿数据；

——表 54 Q003-4 说明记录。

表 51　Q003-1 表头记录——航次、站位信息

项目名称	起始位置	长度	用法和意义	计量单位
本记录类型	1	1	当前记录标识，填“1”	
下记录类型	2	1	续接本记录的下一行记录的本记录类型的标识，填“2”、“3”或“5”	
国家	3	2	见 B1 世界各国和地区名称代码表	
调查机构	5	2	见 B3 调查机构代码表	
调查项目	7	20	见表 B.4 调查项目代码表，超出调查项目代码表范围的调查项目可自行编制代码，并在说明记录中说明	
调查海区	27	8	见表 B.6 调查海区代码表	
调查船	35	2	见表 B.2 中国调查船代码表	
航次号	37	8	调查机构规定原始航次号	
断面号	45	8	$$$$$$$$，按 HY 024 规定的代码或自行规定的代码记录	

表 51（续）

项目名称		起始位置	长度	用　法　和　意　义	计量单位
站号		53	8	$ $ $ $ $ $ $ $，填写调查机构规定站号	
探空仪型号		61	6	$ $ $ $ $ $	
纬度	度	67	2	00～90	°
	分	69	2	00～59	′
	秒	71	2	00～59	″
纬度标识		73	1	填“N”或“S”	
经度	度	74	3	00～180	°
	分	77	2	00～59	′
	秒	79	2	00～59	″
经度标识		81	1	填“E”或“W”	
施放日期	年	82	4	年份，填满四位	
	月	86	2	01～12	
	日	88	2	01～31	
开始时间	时	90	2	00～23	
	分	92	2	01～59	
结束时间	时	94	2	00～23	
	分	96	2	01～59	
采样时间间隔		98	3	×.×	s

表 52　Q003-2 数据记录 1——海面气象数据

项目名称		起始位置	长度	用　法　和　意　义	计量单位
本记录类型		1	1	当前记录标识，填“2”	
下记录类型		2	1	续接本记录的下一行记录的本记录类型的标识，填“2”、“3”、“5”或“1”	
海面气压		3	6	××××.×	hPa
质量符		9	1	见表 B.9 质量符代码表	
海面气温		10	5	±××.×	℃
质量符		15	1	见表 B.9 质量符代码表	
相对湿度		16	3	×××	%
质量符		19	1	见表 B.9 质量符代码表	
海面风向		20	3	×××	°
质量符		23	1	见表 B.9 质量符代码表	
海面风速		24	4	××.×	m/s
质量符		28	1	见表 B.9 质量符代码表	
能见度	有效能见度	29	4	××.×	km
	质量符	33	1	见表 B.9 质量符代码表	
	最小能见度	34	4	××.×	km
	质量符	38	1	见表 B.9 质量符代码表	

表 52（续）

项目名称	起始位置	长度	用 法 和 意 义	计量单位
总云量	39	2	见 B.15 云量代码表	
质量符	41	1	见表 B.9 质量符代码表	
低云量	42	2	见 B.15 云量代码表	
质量符	44	1	见表 B.9 质量符代码表	
云状	45	20	见表 B.16 云类代码表，每两位代表一种云，按顺序自左向右填写，最多记录十种	
C_L	65	1	见表 B.17 低云状代码表	
C_M	66	1	见表 B.18 中云状代码表	
C_H	67	1	见表 B.19 高云状代码表	
云高	68	5	×××××，按 GB12763.3 的有关规定记录	m
质量符	73	1	见表 B.9 质量符代码表	
天气现象	74	10	见表 B.21 现在天气现象代码表，最多可同时记录五种	

表 53　Q003-3 数据记录 2——高空压温湿数据

项目名称	起始位置	长度	用 法 和 意 义	计量单位
本记录类型	1	1	当前记录标识，填“3”	
下记录类型	2	1	续接本记录的下一行记录的本记录类型的标识，填“3”、“5”或“1”	
施放延续时间	3	5	×××××	s
气压	8	7	××××.××	hPa
质量符	15	1	见表 B.9 质量符代码表	
气温	16	6	±××.××	℃
质量符	22	1	见表 B.9 质量符代码表	
相对湿度	23	5	×××.×	%
质量符	28	1	见表 B.9 质量符代码表	
可靠性指示码	29	1	0～9	

表 54　Q003-4 说明记录

项目名称	起始位置	长度	用 法 和 意 义	计量单位
本记录类型	1	1	当前记录标识，填“5”	
下记录类型	2	1	续接本记录的下一行记录的本记录类型的标识，填“5”或“1”	
序号	3	1	0～9，说明记录的序号，0 表示第一个说明记录	
说明	4	125	根据备注栏的实际内容，用英文或汉字记录	

6.4　Q004—高空温度、湿度、气压数据

高空温度、湿度、气压数据名称以 Q004 开头。

高空温度、湿度、气压数据格式由以下表组成：

——表 55 Q004-1 表头记录——航次、站位信息；

——表 56 Q004-2 数据记录 1——海面气象数据；

——表 57 Q004-3 数据记录 2——规定等压面数据；

——表 58 Q004-4 数据记录 3——特性层数据；

——表 59 Q004-5 说明记录。

表 55　Q004-1 表头记录——航次、站位信息

项目名称		起始位置	长度	用　法　和　意　义	计量单位
本记录类型		1	1	当前记录标识，填“1”	
下记录类型		2	1	续接本记录的下一行记录的本记录类型的标识，填“2”、“3”或“5”	
国家		3	2	见表 B.1 世界各国和地区名称代码表	
调查机构		5	2	见表 B.3 调查机构代码表	
调查项目		7	20	见表 B.4 调查项目代码表，超出调查项目代码表范围的调查项目可自行编制代码，并在说明记录中说明	
调查海区		27	8	见表 B.6 调查海区代码表	
调查船		35	2	见表 B.2 中国调查船代码表	
航次号		37	8	调查机构规定原始航次号	
断面号		45	8	$$$$$$$$，按 HY 024 规定的代码或自行规定的代码记录	
站号		53	8	$$$$$$$$，填写调查机构规定站号	
探空仪号码		61	6	$$$$$$	
纬度	度	67	2	00～90	°
	分	69	2	00～59	′
	秒	71	2	00～59	″
纬度标识		73	1	填“N”或“S”	
经度	度	74	3	000～180	°
	分	77	2	00～59	′
	秒	79	2	00～59	″
经度标识		81	1	填“E”或“W”	
施放日期	年	82	4	年份，填满四位	
	月	86	2	01～12	
	日	88	2	01～31	
开始时间	时	90	2	00～23	
	分	92	2	01～59	
结束时间	时	94	2	00～23	
	分	96	2	01～59	
采样时间间隔		98	3	×.×	s

表 56　Q004-2 数据记录 1——海面气象

项目名称	起始位置	长度	用　法　和　意　义	计量单位
本记录类型	1	1	当前记录标识，填“2”	
下记录类型	2	1	续接本记录的下一行记录的本记录类型的标识，填“2”、“3”、“4”、“5”或“1”	

表 56（续）

项目名称		起始位置	长度	用 法 和 意 义	计量单位
海面气压		3	6	××××.×	hPa
质量符		9	1	见表 B.9 质量符代码表	
海面气温		10	5	±××.×	℃
质量符		15	1	见表 B.9 质量符代码表	
相对湿度		16	3	×××	%
质量符		19	1	见表 B.9 质量符代码表	
海面风向		20	3	0～359，静稳填 361，不定填 362	°
质量符		23	1	见表 B.9 质量符代码表	
海面风速		24	4	××.×	m/s
质量符		28	1	见表 B.9 质量符代码表	
能见度	有效能见度	29	4	××.×	km
	质量符	33	1	见表 B.9 质量符代码表	
	最小能见度	34	4	××.×	km
	质量符	38	1	见表 B.9 质量符代码表	
总云量		39	2	见表 B.15 云量代码表	
质量符		41	1	见表 B.9 质量符代码表	
低云量		42	2	见表 B.15 云量代码表	
质量符		44	1	见表 B.9 质量符代码表	
云状		45	20	见表 B.16 云类代码表，每两位代表一种云，按顺序自左向右填写，最多记录十种	
C_L		65	1	见表 B.17 低云状代码表	
C_M		66	1	见表 B.18 中云状代码表	
C_H		67	1	见表 B.19 高云状代码表	
云高		68	5	×××××，按 GB 12763.3 的有关规定记录	m
质量符		73	1	见表 B.9 质量符代码表	
天气现象		74	10	见表 B.21 现在天气现象代码表，最多可同时记录五种	

表 57　Q004-3 数据记录 2——规定等压面数据

项目名称	起始位置	长度	用 法 和 意 义	计量单位
本记录类型	1	1	当前记录标识，填“3”	
下记录类型	2	1	续接本记录的下一行记录的本记录类型的标识，填“3”、“4”、“5”或“1”	
施放延续时间	3	5	×××××	s
气压	8	6	××××.×	hPa
质量符	14	1	见表 B.9 质量符代码表	

表 57（续）

项目名称	起始位置	长度	用 法 和 意 义	计量单位
位势高度	15	5	×××××	9.806 65 m^2/s^2
质量符	20	1	见表 B.9 质量符代码表	
气温	21	5	±××.×	℃
质量符	26	1	见表 B.9 质量符代码表	
相对湿度	27	3	×××	%
质量符	30	1	见表 B.9 质量符代码表	
露点	31	5	±××.×	℃
质量符	36	1	见表 B.9 质量符代码表	
露点差	37	5	±××.×	℃
质量符	42	1	见表 B.9 质量符代码表	
风向	43	3	0～359，静稳填 361，不定填 362	°
质量符	46	1	见表 B.9 质量符代码表	
风速	47	3	×××	m/s
质量符	50	1	见表 B.9 质量符代码表	
X	51	6	××××××探空气球相对测点的 *X* 向距离	m
Y	57	6	××××××探空气球相对测点的 *Y* 向距离	m

表 58　Q004-4 数据记录 3——特性层数据

项目名称	起始位置	长度	用 法 和 意 义	计量单位
本记录类型	1	1	当前记录标识，填“4”	
下记录类型	2	1	续接本记录的下一行记录的本记录类型的标识，填“4”、“5”或“1”	
特性层类型	3	3	×××，见表 B.23 特性层类型代码表	
施放延续时间	6	5	×××××	s
气压	11	6	××××.×	hPa
质量符	17	1	见表 B.9 质量符代码表	
气温	18	5	±××.×	℃
质量符	23	1	见表 B.9 质量符代码表	
相对湿度	24	3	×××	%
质量符	27	1	见表 B.9 质量符代码表	
露点	28	5	±××.×	℃
质量符	33	1	见表 B.9 质量符代码表	
温度露点差	34	5	±××.×	℃
质量符	39	1	见表 B.9 质量符代码表	
风向	40	3	0～359，静稳填 361，不定填 362	°
质量符	43	1	见表 B.9 质量符代码表	

表 58（续）

项目名称	起始位置	长度	用 法 和 意 义	计量单位
风速	44	4	××.×	m/s
质量符	48	1	见表 B.9 质量符代码表	
X	49	6	××××××探空气球相对测点的 *X* 向距离	m
Y	55	6	××××××探空气球相对测点的 *Y* 向距离	m
Z	61	5	×××××探空气球相对测点的垂直距离	9.806 65 m^2/s^2

表 59 Q004-5 说明记录

项目名称	起始位置	长度	用 法 和 意 义	计量单位
本记录类型	1	1	当前记录标识，填“5”	
下记录类型	2	1	续接本记录的下一行记录的本记录类型的标识，填“5”或“1”	
序号	3	1	0～9，说明记录的序号，0 表示第一个说明记录	
说明	4	125	根据备注栏的实际内容，用英文或汉字记录	

6.5 Q005—高空风原始数据

高空风原始数据名称以 Q005 开头。

高空风原始数据格式由以下表组成：

——表 60 Q005-1 表头记录——航次、站位信息；

——表 61 Q005-2 数据记录 1——海面气象数据；

——表 62 Q005-3 数据记录 2——高空风观测原始数据；

——表 63 Q005-4 说明记录。

表 60 Q005-1 表头记录——航次、站位信息

项目名称		起始位置	长度	用 法 和 意 义	计量单位
本记录类型		1	1	当前记录标识，填“1”	
下记录类型		2	1	续接本记录的下一行记录的本记录类型的标识，填“2”、“3”或“5”	
国家		3	2	见表 B.1 世界各国和地区名称代码表	
调查机构		5	2	见表 B.3 调查机构代码表	
调查项目		7	20	见表 B.4 调查项目代码表，超出调查项目代码表范围的调查项目可自行编制代码，并在说明记录中说明	
调查海区		27	8	见表 B.6 调查海区代码表	
调查船		35	2	见表 B.2 中国调查船代码表	
航次号		37	8	调查机构规定原始航次号	
断面号		45	8	$$$$$$$$，按 HY 024 规定的代码或自行规定的代码记录	
站号		53	8	$$$$$$$$，填写调查机构规定站号	
探空仪型号		61	6	$$$$$$	
纬度	度	67	2	00～90	°
	分	69	2	00～59	′
	秒	71	2	00～59	″

表 60（续）

项目名称		起始位置	长度	用 法 和 意 义	计量单位
纬度标识		73	1	填"N"或"S"	
经度	度	74	3	00～180	°
	分	77	2	00～59	′
	秒	79	2	00～59	″
经度标识		81	1	填"E"或"W"	
施放日期	年	82	4	年份，填满四位	
	月	86	2	01～12	
	日	88	2	01～31	
开始时间	时	90	2	00～23	
	分	92	2	01～59	
结束时间	时	94	2	00～23	
	分	96	2	01～59	
采样时间间隔		98	3	×.×	s

表 61　Q005-2 数据记录 1——海面气象数据

项目名称		起始位置	长度	用 法 和 意 义	计量单位
本记录类型		1	1	当前记录标识，填"2"	
下记录类型		2	1	续接本记录的下一记录类型的标识，填"2"、"3"、"5"或"1"	
海面气压		3	6	××××.×	hPa
质量符		9	1	见表 B.9 质量符代码表	
海面气温		10	5	±××.×	℃
质量符		15	1	见表 B.9 质量符代码表	
相对湿度		16	3	×××	%
质量符		19	1	见表 B.9 质量符代码表	
海面风向		20	3	×××	°
质量符		23	1	见表 B.9 质量符代码表	
海面风速		24	4	××.×	m/s
质量符		28	1	见表 B.9 质量符代码表	
能见度	有效能见度	29	4	××.×	km
	质量符	33	1	见表 B.9 质量符代码表	
	最小能见度	34	4	××.×	km
	质量符	38	1	见表 B.9 质量符代码表	
总云量		39	2	见 B.15 云量代码表	
质量符		41	1	见表 B.9 质量符代码表	
低云量		42	2	见 B.15 云量代码表	

表 61（续）

项目名称	起始位置	长度	用 法 和 意 义	计量单位
质量符	44	1	见表 B.9 质量符代码表	
云状	45	20	见表 B.16 云类代码表，最多记录十种	
C_L	65	1	见表 B.17 低云状代码表	
C_M	66	1	见表 B.18 中云状代码表	
C_H	67	1	见表 B.19 高云状代码表	
云高	68	5	×××××，按 GB 12763.3 的有关规定记录	m
质量符	73	1	见表 B.9 质量符代码表	
天气现象	74	10	见表 B.21 现在天气现象代码表，最多记录五种	

表 62　Q005-3 数据记录 2——高空风观测原始数据

项目名称	起始位置	长度	用 法 和 意 义	计量单位
本记录类型	1	1	当前记录标识，填“3”	
下记录类型	2	1	续接本记录的下一记录类型的标续接本记录的下一行记录的本记录类型的标识，填“3”、“5”或“1”	
施放延续时间	3	7	×××××.×	s
经度	10	10	×××.××××××	°
经度标识	20	1	填“E”或“W”	
质量符	21	1	见表 B.9 质量符代码表	
纬度	22	9	××.××××××	°
纬度标识	31	1	填“N”或“S”	
质量符	32	1	见表 B.9 质量符代码表	
高度	33	5	×××××	m
质量符	38	1	见表 B.9 质量符代码表	

表 63　Q005-4 说明记录

项目名称	起始位置	长度	用 法 和 意 义	计量单位
本记录类型	1	1	当前记录标识，填“5”	
下记录类型	2	1	续接本记录的下一行记录的本记录类型的标识，填“5”或“1”	
序号	3	1	0～9，说明记录的序号，0 表示第一个说明记录	
说明	4	125	根据备注栏的实际内容，用英文或汉字记录	

6.6　Q006—高空风特性层数据

高空风特性层数据名称以 Q006 开头。

高空风特性层数据格式由如下表组成：

——表 64 Q006-1 表头记录——航次、站位信息；

——表 65 Q006-2 数据记录 1——海面气象数据；

——表 66 Q006-3 数据记录 2——规定高度层数据；

——表 67 Q006-4 数据记录 3——规定等压面数据；

——表 68 Q006-5 数据记录 4——对流层数据；

——表 69 Q006-6 数据记录 5——最大风层数据；

——表 70 Q006-7 说明记录。

表 64 Q006-1 表头记录——航次、站位信息

项目名称		起始位置	长度	用法和意义	计量单位
本记录类型		1	1	当前记录标识，填“1”	
下记录类型		2	1	续接本记录的下一行记录的本记录类型的标识，填“2”、“3”、“4”、“6”、“7”或“5”	
国家		3	2	见表 B.1 世界各国和地区名称代码表	
调查机构		5	2	见表 B.3 调查机构代码表	
调查项目		7	20	见表 B.4 调查项目代码表，超出调查项目代码表范围的调查项目可自行编制代码，并在说明记录中说明	
调查海区		27	8	见表 B.6 调查海区代码表	
调查船		35	2	见表 B.2 中国调查船代码表	
航次号		37	8	调查机构规定原始航次号	
断面号		45	8	$ $ $ $ $ $ $ $，按 HY 024 规定的代码或自行规定的代码记录	
站号		53	8	$ $ $ $ $ $ $ $，填写调查机构规定站号	
探空仪号码		61	6	$ $ $ $ $ $	
纬度	度	67	2	00～90	°
	分	69	2	00～59	′
	秒	71	2	00～59	″
纬度标识		73	1	填“N”或“S”	
经度	度	74	3	00～180	°
	分	77	2	00～59	′
	秒	79	2	00～59	″
经度标识		81	1	填“E”或“W”	
施放日期	年	82	4	年份，填满四位	
	月	86	2	01～12	
	日	88	2	01～31	
开始时间	时	90	2	00～23	
	分	92	2	01～59	
结束时间	时	94	2	00～23	
	分	96	2	01～59	
采样时间间隔		98	3	×.×	s

表 65 Q006-2 数据记录 1——海面气象数据

项目名称	起始位置	长度	用法和意义	计量单位
本记录类型	1	1	当前记录标识，填“2”	
下记录类型	2	1	续接本记录的下一行记录的本记录类型的标识，填“2”、“3”、“4”、“5”、“6”、“7”或“1”	

表 65（续）

<table>
<tr><th colspan="2">项目名称</th><th>起始位置</th><th>长度</th><th>用 法 和 意 义</th><th>计量单位</th></tr>
<tr><td colspan="2">海面气压</td><td>3</td><td>6</td><td>××××.×</td><td>hPa</td></tr>
<tr><td colspan="2">质量符</td><td>9</td><td>1</td><td>见表 B.9 质量符代码表</td><td></td></tr>
<tr><td colspan="2">海面气温</td><td>10</td><td>5</td><td>±××.×</td><td>℃</td></tr>
<tr><td colspan="2">质量符</td><td>15</td><td>1</td><td>见表 B.9 质量符代码表</td><td></td></tr>
<tr><td colspan="2">相对湿度</td><td>16</td><td>3</td><td>×××</td><td>%</td></tr>
<tr><td colspan="2">质量符</td><td>19</td><td>1</td><td>见表 B.9 质量符代码表</td><td></td></tr>
<tr><td colspan="2">海面风向</td><td>20</td><td>3</td><td>×××,0～359,静稳填 361,不定填 362</td><td>°</td></tr>
<tr><td colspan="2">质量符</td><td>23</td><td>1</td><td>见表 B.9 质量符代码表</td><td></td></tr>
<tr><td colspan="2">海面风速</td><td>24</td><td>4</td><td>××.×</td><td>m/s</td></tr>
<tr><td colspan="2">质量符</td><td>28</td><td>1</td><td>见表 B.9 质量符代码表</td><td></td></tr>
<tr><td rowspan="4">能见度</td><td>有效能见度</td><td>29</td><td>4</td><td>××.×</td><td>km</td></tr>
<tr><td>质量符</td><td>33</td><td>1</td><td>见表 B.9 质量符代码表</td><td></td></tr>
<tr><td>最小能见度</td><td>34</td><td>4</td><td>××.×</td><td>km</td></tr>
<tr><td>质量符</td><td>38</td><td>1</td><td>见表 B.9 质量符代码表</td><td></td></tr>
<tr><td colspan="2">总云量</td><td>39</td><td>2</td><td>见表 B.15 云量代码表</td><td></td></tr>
<tr><td colspan="2">质量符</td><td>41</td><td>1</td><td>见表 B.9 质量符代码表</td><td></td></tr>
<tr><td colspan="2">低云量</td><td>42</td><td>2</td><td>见表 B.15 云量代码表</td><td></td></tr>
<tr><td colspan="2">质量符</td><td>44</td><td>1</td><td>见表 B.9 质量符代码表</td><td></td></tr>
<tr><td colspan="2">云状</td><td>45</td><td>20</td><td>见表 B.16 云类代码表,每两位代表一种云,最多记十种</td><td></td></tr>
<tr><td colspan="2">C_L</td><td>65</td><td>1</td><td>见表 B.17 低云状代码表</td><td></td></tr>
<tr><td colspan="2">C_M</td><td>66</td><td>1</td><td>见表 B.18 中云状代码表</td><td></td></tr>
<tr><td colspan="2">C_H</td><td>67</td><td>1</td><td>见表 B.19 高云状代码表</td><td></td></tr>
<tr><td colspan="2">云高</td><td>68</td><td>5</td><td>×××××,按 GB 12763.3 的有关规定记录</td><td>m</td></tr>
<tr><td colspan="2">质量符</td><td>73</td><td>1</td><td>见表 B.9 质量符代码表</td><td></td></tr>
<tr><td colspan="2">天气现象</td><td>74</td><td>10</td><td>见表 B.21 现在天气现象代码表,最多可同时记录五种</td><td></td></tr>
</table>

表 66 Q006-3 数据记录 2——规定高度层数据

项目名称	起始位置	长度	用 法 和 意 义	计量单位
本记录类型	1	1	当前记录标识,填“3”	
下记录类型	2	1	续接本记录的下一行记录的本记录类型的标识,填“3”、“4”、“5”、“6”、“7”或“1”	
施放延续时间	3	7	×××××.×	s
质量符	10	1	见表 B.9 质量符代码表	
高度	11	6	××××××	m
质量符	17	1	见表 B.9 质量符代码表	

表 66（续）

项目名称	起始位置	长度	用 法 和 意 义	计量单位
风向	18	3	×××	°
质量符	21	1	见表 B.9 质量符代码表	
风速	22	5	×××.×	m/s
质量符	27	1	见表 B.9 质量符代码表	

表 67　Q006-4 数据记录 3——规定等压面数据

项目名称	起始位置	长度	用 法 和 意 义	计量单位
本记录类型	1	1	当前记录标识，填“4”	
下记录类型	2	1	续接本记录的下一行记录的本记录类型的标识，填“4”、“5”、“6”、“7”或“1”	
气压	3	6	××××.×	hPa
时间	9	7	×××××.×	s
质量符	16	1	见表 B.9 质量符代码表	
风向	17	3	0～359，静稳填 361，不定填 362	°
质量符	20	1	见表 B.9 质量符代码表	
风速	21	5	×××.×	m/s
质量符	26	1	见表 B.9 质量符代码表	

表 68　Q006-5 数据记录 4——对流层数据

项目名称	起始位置	长度	用 法 和 意 义	计量单位
本记录类型	1	1	当前记录标识，填“6”	
下记录类型	2	1	续接本记录的下一行记录的本记录类型的标识，填“5”、“6”、“7”或“1”	
层次	3	2		
海拔高度	5	5	×××××	m
质量符	10	1	见表 B.9 质量符代码表	
气压	11	6	××××.×	hPa
质量符	17	1	见表 B.9 质量符代码表	
风向	18	3	0～359，静稳填 361，不定填 362	°
质量符	21	1	见表 B.9 质量符代码表	
风速	22	5	×××.×	m/s
质量符	27	1	见表 B.9 质量符代码表	

表 69　Q006-6 数据记录 5——最大风层数据

项目名称	起始位置	长度	用 法 和 意 义	计量单位
本记录类型	1	1	当前记录标识，填“7”	
下记录类型	2	1	续接本记录的下一行记录的本记录类型的标识，填“5”、“7”或“1”	
海拔高度	3	5	×××××	m
质量符	8	1	见表 B.9 质量符代码表	

表 69（续）

项目名称	起始位置	长度	用法和意义	计量单位
气压	9	6	××××.×	hPa
质量符	15	1	见表 B.9 质量符代码表	
风向	16	3	0～359,静稳填 361,不定填 362	°
质量符	19	1	见表 B.9 质量符代码表	
风速	20	5	×××.×	m/s
质量符	25	1	见表 B.9 质量符代码表	

表 70　Q006-7 说明记录

项目名称	起始位置	长度	用法和意义	计量单位
本记录类型	1	1	当前记录标识,填“5”	
下记录类型	2	1	续接本记录的下一行记录的本记录类型的标识,填“5”或“1”	
序号	3	1	0～9,说明记录的序号,0 表示第一个说明记录	
说明	4	125	根据备注栏的实际内容,用英文或汉字记录	

6.7　Q007—船舶测报数据

船舶测报数据名称以 Q007 开头。

船舶测报数据格式由以下表组成：

——表 71 Q007-1 表头记录——航次信息；

——表 72 Q007-2 数据记录——船舶测报数据；

——表 73 Q007-3 说明记录。

表 71　Q007-1 表头记录——航次信息

项目名称		起始位置	长度	用法和意义	计量单位
本记录类型		1	1	当前记录标识,填“1”	
下记录类型		2	1	续接本记录的下一行记录的本记录类型的标识,填“2”	
资料处理号		3	8		
资料流水号		11	8		
船舶代码		19	4	船舶呼号	
起始港口		23	30	文字描述	
目的港口		44	30	文字描述	
起始时间	年	75	4	年份,填满四位	
	月	79	2	01～12	
	日	81	2	01～31	
	时	83	2	00～23	
结束时间	年	85	4	年份,填满四位	
	月	89	2	01～12	
	日	91	2	01～31	
	时	93	2	00～23	
时区改正		95	5	±××××,北京时间填“−0800”,GMT 填“0000”	

表 72 Q007-2 数据记录——船舶测报数据

项目名称		起始位置	长度	用法和意义	计量单位
本记录类型		1	1	当前记录标识，填“1”	
下记录类型		2	1	续接本记录的下一行记录的本记录类型的标识，填“2”或“1”	
资料处理号		3	8		
资料流水号		11	8		
船舶代码		19	4	船舶呼号	
观测时间	年	23	4	年份，填满四位	
	月	27	2	01～12	
	日	29	2	01～31	
	时	31	2	00～23	
质量符		33	1	见表 B.9 质量符代码表	
时区改正		34	5	±××××，北京时间填“－0800”，GMT 填“0000”	
航向		39	3	000～359	°
质量符		42	1	见表 B.9 质量符代码表	
航速		43	4	××.×	kn
质量符		47	1	见表 B.9 质量符代码表	
纬度	度	48	2	00～90	°
	分	50	3	00.0～59.9	′
纬度标识		53	1	填“N”或“S”	
经度	度	54	3	000～180	°
	分	57	3	00.0～59.9	′
经度标识		60	1	填“E”或“W”	
质量符		60	1	见表 B.9 质量符代码表	
总云量		62	2	见表 B.15 云量代码表	
质量符		64	1	见表 B.9 质量符代码	
低云量		65	2	见表 B.15 云量代码表	
质量符		67	1	见表 B.9 质量符代码表	
高云状		68	4	见表 B.16 云类代码表，最多两填个云状	
质量符		72	1	见表 B.9 质量符代码表	
中云状		73	4	见表 B.16 云类代码表，最多两填个云状	
质量符		77	1	见表 B.9 质量符代码表	
低云状		78	4	见表 B.16 云类代码表，最多两填个云状	
质量符		82	1	见表 B.9 质量符代码表	
最低云高		83	4	××××	m
质量符		87	1	见表 B.9 质量符代码表	
能见度		88	4	××.×	km

表 72(续)

项目名称	起始位置	长度	用 法 和 意 义	计量单位
质量符	92	1	见表 B.9 质量符代码表	
现在天气	93	2	见表 B.21 现在天气现象代码表	
质量符	95	1	见表 B.9 质量符代码表	
过去天气	96	1	见表 B.22 过去天气现象编码表	
质量符	97	1	见表 B.9 质量符代码表	
波高	98	4	××.×	m
质量符	102	1	见表 B.9 质量符代码表	
涌浪方向	103	3	0～359，361 静稳，362 不定	
质量符	106	1	见表 B.9 质量符代码表	
涌浪波高	107	4	××.×	m
质量符	111	1	见表 B.9 质量符代码表	
风向	112	3	0～359,静稳填 361,不定填 362	°
质量符	115	1	见表 B.9 质量符代码表	
风速	116	4	××.×	m/s
质量符	120	1	见表 B.9 质量符代码表	
干球温度	121	5	±××.×	℃
质量符	126	1	见表 B.9 质量符代码表	
湿球温度	127	5	±××.×	℃
质量符	132	1	见表 B.9 质量符代码表	
相对湿度	133	3	×××	%
质量符	136	1	见表 B.9 质量符代码表	
气压	137	6	××××.×	hPa
质量符	143	1	见表 B.9 质量符代码表	
表层水温	144	5	××.××	℃
质量符	149	1	见表 B.9 质量符代码表	
表层盐度	150	6	××.×××	
质量符	156	1	见表 B.9 质量符代码表	
海发光	157	1	见表 B.10 海发光强度等级代码表,白天不观测填“7”	
质量符	158	1	见表 B.9 质量符代码表	

表 73 Q007-3 说明记录

项目名称	起始位置	长度	用 法 和 意 义	计量单位
本记录类型	1	1	当前记录标识,填“5”	
下记录类型	2	1	续接本记录的下一行记录的本记录类型的标识,填“5”或“1”	
序号	3	1	0～9,说明记录的序号,0 表示第一个说明记录	
说明	4	125	根据备注栏的实际内容,用英文或汉字记录	

7 海洋生物数据

7.1 B001—叶绿素调查数据

叶绿素调查数据名称以B001开头。

叶绿素调查数据格式由如下表组成：

——表74 B001-1表头记录——航次、站位信息；

——表75 B001-2数据记录——叶绿素含量测定数据；

——表76 B001-3说明记录。

表74 B001-1 表头记录——航次、站位信息

项目名称		起始位置	长度	用法和意义	计量单位
本记录类型		1	1	当前记录标识，填"1"	
下记录类型		2	1	续接本记录的下一行记录的本记录类型的标识，填"2"	
站序号		3	8	××××××××，由信息中心设定	
国家		11	2	见表B.1世界各国和地区名称代码表	
调查机构		13	2	见表B.3调查机构代码表	
调查项目		15	20	见表B.4调查项目代码表，超出调查项目代码表范围的调查项目可自行编制代码，并在说明记录中说明	
调查海区		35	8	见表B.6调查海区代码表	
调查船		43	2	见表B.2中国调查船代码表	
航次号		45	8	调查机构规定原始航次号	
断面号		53	8	××××××××，按HY 024规定的代码或自行规定的代码记录	
站号		61	8	$$$$$$$$，填写调查机构规定站号	
纬度	度	69	2	00～90	°
	分	71	2	00～59	′
	秒	73	2	00～59	″
纬度标识		75	1	填"N"或"S"	
经度	度	76	3	000～180	°
	分	79	2	00～59	′
	秒	81	2	00～59	″
经度标识		83	1	填"E"或"W"	
采样时间	年	84	4	年份，填满四位	
	月	88	2	01～12	
	日	90	2	01～31	
	时	92	2	00～23	
	分	94	2	01～59	
水深		96	7	×××××.×	m
天气现象		103	2	见表B.21现在天气现象代码表	
海况		105	1	见表B.11海况等级代码表	

表 74（续）

项目名称	起始位置	长度	用法和意义	计量单位
水色	106	2	××，填写水色号	
透明度	108	4	××.×	m
测定方法	112	1	萃取荧光法填“1”，分光光度法填“2”，高效液相谱（HPLC）法填“3”，其他填“9”并在说明记录中说明	
叶绿素总量	113	7	××××.××	mg/m^2
观测层数	120	4	××××	

表 75 B001-2 数据记录——叶绿素含量测定数据

项目名称	起始位置	长度	用法和意义	计量单位
本记录类型	1	1	当前记录标识，填“2”	
下记录类型	2	1	续接本记录的下一行记录的本记录类型的标识，填“1”、“2”或“5”	
站序号	3	8	××××××××，由信息中心设定	
站号	11	8	$$$$$$$$，填写调查机构规定站号	
观测层深度	19	6	××××.×	m
叶绿素含量	25	7	××××.××	mg/m^3
观测层深度	32	6	××××.×	m
叶绿素含量	38	7	××××.××	mg/m^3
观测层深度	45	6	××××.×	m
叶绿素含量	51	7	××××.××	mg/m^3
观测层深度	58	6	××××.×	m
叶绿素含量	64	7	××××.××	mg/m^3
观测层深度	71	6	××××.×	m
叶绿素含量	77	7	××××.××	mg/m^3
续行标识	84	1	如有续行填“9”，否则为空格	

表 76 B001-3 说明记录

项目名称	起始位置	长度	用法和意义	计量单位
本记录类型	1	1	当前记录标识，填“5”	
下记录类型	2	1	续接本记录的下一行记录的本记录类型的标识	
文字描述	3	81	填写其他的文字描述和需要说明的问题	
续行标识	84	1	如有续行填“9”，否则为空格	

7.2 B002—初级生产力调查数据

初级生产力调查数据名称以 B002 开头。

初级生产力调查数据格式由如下表组成：

——表 77 B002-1 表头记录——航次、站位信息；

——表 78 B002-2 数据记录 1——初级生产力测定数据；

——表 79 B002-3 数据记录 2——光衰减深度测定数据；

——表 80 B002-4 说明记录。

表 77 B002-1 表头记录——航次、站位信息

项目名称		起始位置	长度	用法和意义	计量单位
本记录类型		1	1	当前记录标识，填“1”	
下记录类型		2	1	续接本记录的下一行记录的本记录类型的标识，填“2”或“3”	
站序号		3	8	××××××××，由信息中心设定	
国家		11	2	见表 B.1 世界各国和地区名称代码表	
调查机构		13	2	见表 B.3 调查机构代码表	
调查项目		15	20	见表 B.4 调查项目代码表，超出调查项目代码表范围的调查项目可自行编制代码，并在说明记录中说明	
调查海区		35	8	见表 B.6 调查海区代码表	
调查船		43	2	见表 B.2 中国调查船代码表	
航次号		45	8	调查机构规定原始航次号	
断面号		53	8	××××××××，按 HY 024 规定的代码或自行规定的代码记录	
站号		61	8	$$$$$$$$，填写调查机构规定站号	
纬度	度	69	2	00～90	°
	分	71	2	00～59	′
	秒	73	2	00～59	″
纬度标识		75	1	填“N”或“S”	
经度	度	76	3	000～180	°
	分	79	2	00～59	′
	秒	81	2	00～59	″
经度标识		83	1	填“E”或“W”	
采样时间	年	84	4	年份，填满四位	
	月	88	2	01～12	
	日	90	2	01～31	
	时	92	2	00～23	
	分	94	2	01～59	
水深		96	7	×××××.×	m
天气现象		103	2	见表 B.21 现在天气现象代码表	
海况		105	1	见表 B.11 海况等级代码表	
水色		106	2	××，填写水色号	
透明度		108	4	××.×	m
有光层深度		112	6	××××.×	m
测定方法		118	1	^{14}C 示踪法填 1，其他方法代码在说明记录中说明	
初级生产力总量		119	7	××××.××	mg/(m^2·h)
观测层数		126	2	××	

表 78 B002-2 数据记录 1——初级生产力测定数据

项目名称	起始位置	长度	用法和意义	计量单位
本记录类型	1	1	当前记录标识，填"2"	
下记录类型	2	1	续接本记录的下一行记录的本记录类型的标识，填"2"、"3"、"5"或"1"	
站序号	3	8	××××××××，由信息中心设定	
站号	11	8	$$$$$$$$，填写调查机构规定站号	
观测深度	19	6	××××.×	m
初级生产力	25	7	××××.××	mg/(m³·h)
观测深度	32	6	××××.×	m
初级生产力	38	7	××××.××	mg/(m³·h)
观测深度	45	6	××××.×	m
初级生产力	51	7	××××.××	mg/(m³·h)
观测深度	58	6	××××.×	m
初级生产力	64	7	××××.××	mg/(m³·h)
观测深度	71	6	××××.×	m
初级生产力	77	7	××××.××	mg/(m³·h)
观测深度	84	6	××××.×	m
初级生产力	90	7	××××.××	mg/(m³·h)
续行标识	97	1	如果有续行填"9"，否则为空格	

表 79 B002-3 数据记录 2——光衰减深度测定数据

项目名称	起始位置	长度	用法和意义	计量单位
本记录类型	1	1	当前记录标识，填"3"	
下记录类型	2	1	续接本记录的下一行记录的本记录类型的标识，填"1"、"2"或"5"	
站序号	3	8	××××××××，由信息中心设定	
站号	11	8	$$$$$$$$，填写调查机构规定站号	
观测层数	19	2	××	
光衰减为 100% 的深度	21	6	××××.×	m
光衰减为 50% 的深度	27	6	××××.×	m
光衰减为 30% 的深度	33	6	××××.×	m
光衰减为 10% 的深度	39	6	××××.×	m
光衰减为 3% 的深度	45	6	××××.×	m
光衰减为 1% 的深度	51	6	××××.×	m

表 80 B002-4 说明记录

项目名称	起始位置	长度	用法和意义	计量单位
本记录类型	1	1	当前记录标识，填“5”	
下记录类型	2	1	续接本记录的下一行记录的本记录类型的标识	
文字描述	3	81	填写测定方法的文字描述和其他需要说明的问题	
续行标识	84	1	如有续行填“9”，否则为空格	

7.3 B003—微生物调查数据

微生物调查数据名称以 B003 开头。

微生物调查数据格式由如下表组成：

——表 81 B003-1 表头记录——航次、站位信息；

——表 82 B003-2 数据记录——微生物数量测定数据；

——表 83 B003-3 说明记录。

表 81 B003-1 表头记录——航次、站位信息

项目名称		起始位置	长度	用法和意义	计量单位
本记录类型		1	1	当前记录标识，填“1”	
下记录类型		2	1	续接本记录的下一行记录的本记录类型的标识，填“5”、“2”或“1”	
站序号		3	8	××××××××，由信息中心设定	
国家		11	2	见表 B.1 世界各国和地区名称代码表	
调查机构		13	2	见表 B.3 调查机构代码表	
调查项目		15	20	见表 B.4 调查项目代码表，超出调查项目代码表范围的调查项目可自行编制代码，并在说明记录中说明	
调查海区		35	8	见表 B.6 调查海区代码表	
调查船		43	2	见表 B.2 中国调查船编码	
航次号		45	8	调查机构规定原始航次号	
断面号		53	8	××××××××，按 HY 024 规定的代码或自行规定的代码记录	
站号		61	8	$$$$$$$$，填写调查机构规定站号	
纬度	度	69	2	00～90	°
	分	71	2	00～59	′
	秒	73	2	00～59	″
纬度标识		75	1	填“N”或“S”	
经度	度	76	3	000～180	°
	分	79	2	00～59	′
	秒	81	2	00～59	″
经度标识		83	1	填“E”或“W”	
采样时间	年	84	4	年份，填满四位	
	月	88	2	01～12	
	日	90	2	01～31	
	时	92	2	00～23	
	分	94	2	01～59	

表 81（续）

项目名称	起始位置	长度	用 法 和 意 义	计量单位
采样器	96	1	击开式采水器填 1,弹簧采泥器填 2,多管采泥器填 3,箱式采泥器填 4,柱状底质采样器填 5,其他填 9	
水深	97	7	×××××.×	m
水温	104	5	××.××	℃
样品类型	109	1	水样填 1，泥样填 2	

表 82　B003-2 数据记录——微生物数量测定数据

项目名称	起始位置	长度	用 法 和 意 义	计量单位
本记录类型	1	1	当前记录标识,填“2”	
下记录类型	2	1	续接本记录的下一行记录的本记录类型的标识,填“5”、“2”或“1”	
站序号	3	8	××××××××,由信息中心设定	
站号	11	8	$$$$$$$$,填写调查机构规定站号	
采样水深	19	6	××××.×	m
病毒数量	25	7	×××××××	个/dm^3
细菌总数	32	7	×××××××	个/dm^3
可培养微生物数量	39	7	×××××××	cfu/dm^3 或 cfu/g
细菌生产力	46	8	×××××.××	个/(dm^3·h)或 μg/(dm^3·h)
生态呼吸率	54	8	×××××.××	μmol/(dm^3·d)

表 83　B003-3 说明记录

项目名称	起始位置	长度	用 法 和 意 义	计量单位
本记录类型	1	1	当前记录标识,总填“5”	
下记录类型	2	1	续接本记录的下一行记录的本记录类型的标识	
文字描述	3	81	填写采样器和样品类型为其他的文字描述和需要说明的问题	
续行标识	84	1	如有续行填“9”,否则为空格	

7.4　B004—浮游植物调查数据

浮游植物调查数据名称以 B004 开头。

浮游植物调查数据格式由以下表组成：

——表 84 B004-1 表头记录——航次、站位信息；

——表 85 B004-2 数据记录——浮游植物生物量测定数据；

——表 86 B004-3 说明记录。

表 84　B004-1——航次、站位信息

项目名称	起始位置	长度	用 法 和 意 义	计量单位
本记录类型	1	1	当前记录标识,填“1”	
下记录类型	2	1	续接本记录的下一行记录的本记录类型的标识,填“2”	

表 84（续）

项目名称		起始位置	长度	用法和意义	计量单位
站序号		3	8	×××××××××，由信息中心设定	
国家		11	2	见表 B.1 世界各国和地区名称代码表	
调查机构		13	2	见表 B.3 调查机构代码表	
调查项目		15	20	见表 B.4 调查项目代码表，超出调查项目编码范围填全称	
调查海区		35	8	见表 B.6 调查海区代码表	
调查船		43	2	见表 B.2 中国调查船代码表	
航次号		45	8	调查机构规定原始航次号	
断面号		53	8	×××××××××，按 HY 024 规定的代码或自行规定的代码记录	
站号		61	8	$$$$$$$$，填写调查机构规定站号	
纬度	度	69	2	00～90	°
	分	71	2	00～59	′
	秒	73	2	00～59	″
纬度标识		75	1	填“N”或“S”	
经度	度	76	3	000～180	°
	分	79	2	00～59	′
	秒	81	2	00～59	″
经度标识		83	1	填“E”或“W”	
采样日期	年	84	4	年份，填满四位	
	月	88	2	01～12	
	日	90	2	01～31	
采样开始时间	时	92	2	00～23	
	分	94	2	01～59	
采样结束时间	时	96	2	00～23	
	分	98	2	01～59	
网型		100	2	见表 B.31 采样工具代码表，如果代码为 99，则在说明记录中填写详细说明	
采样深度		102	6	××××.×	m
总细胞数量 1(水采)		108	9	×××××.×××	10^2 个/dm^3
总细胞数量 2(网采)		117	8	×××××.××	10^4 个/m^3

表 85　B004-2 数据记录——浮游植物生物量测定数据

项目名称	起始位置	长度	用法和意义	计量单位
本记录类型	1	1	当前记录标识，填“2”	
下记录类型	2	1	续接本记录的下一行记录的本记录类型的标识，填“5”、“2”或“1”	
站序号	3	8	×××××××××，由信息中心设定	
站号	11	8	$$$$$$$$，填写调查机构规定站号	

表 85（续）

项目名称	起始位置	长度	用 法 和 意 义	计量单位
生物代码	19	18	见 GB/T 17826—1999 的有关规定	
生物名称(拉丁文)	37	50	用拉丁文填写	
生物名称(中文)	87	40	用中文填写	
细胞数量 1(水采)	127	9	×××××.×××	10^2 个/dm^3
细胞数量 2(网采)	136	8	×××××.××	10^4 个/m^3

表 86　B004-3 说明记录

项目名称	起始位置	长度	用 法 和 意 义	计量单位
本记录类型	1	1	当前记录标识，填“5”	
下记录类型	2	1	续接本记录的下一行记录的本记录类型的标识	
文字描述	3	81	填写采样器或样品类型为其他的文字描述和需要说明的问题	
续行标识	84	1	如有续行填“9”，否则为空格	

7.5　B005—浮游动物调查数据

浮游动物调查数据名称以 B005 开头。

浮游动物调查数据格式由如下表组成：

——表 87 B005-1 表头记录——航次、站位信息；

——表 88 B005-2 数据记录——浮游动物生物量测定数据；

——表 89 B005-3 说明记录。

表 87　B005-1 表头记录——航次、站位信息

项目名称		起始位置	长度	用 法 和 意 义	计量单位
本记录类型		1	1	当前记录标识，填“1”	
下记录类型		2	1	续接本记录的下一行记录的本记录类型的标识，填“2”	
站序号		3	8	××××××××，由信息中心设定	
国家		11	2	见表 B.1 世界各国和地区名称代码表	
调查机构		13	2	见表 B.3 调查机构代码表	
调查项目		15	20	见表 B.4 调查项目代码表，超出调查项目代码表范围的调查项目可自行编制代码，并在说明记录中说明	
调查海区		35	8	见表 B.6 调查海区代码表	
调查船		43	2	见表 B.2 中国调查船编码	
航次号		45	8	调查机构规定原始航次号	
断面号		53	8	××××××××，按 HY 024 规定的代码或自行规定代码	
站号		61	8	$$$$$$$$，填写调查机构规定站号	
纬度	度	69	2	00～90	°
	分	71	2	00～59	′
	秒	73	2	00～59	″
纬度标识		75	1	填“N”或“S”	

表 87（续）

项目名称		起始位置	长度	用 法 和 意 义	计量单位
经度	度	76	3	000～180	°
	分	79	2	00～59	′
	秒	81	2	00～59	″
经度标识		83	1	填“E”或“W”	
采样日期	年	84	4	年份，填满四位	
	月	88	2	01～12	
	日	90	2	01～31	
采样开始时间	时	92	2	00～23	
	分	94	2	01～59	
采样结束时间	时	96	2	00～23	
	分	98	2	01～59	
网型		100	2	见表 B.31 采样工具代码表，如果代码为 99，则在说明记录中填写详细说明	
采样水深		102	6	××××.×	m
总生物量 1(湿重)		108	9	×××××.×××	mg/m³
总生物量 2(干重)		117	9	×××××.×××	mg/m³
总体积分数		126	9	×××××.×××	10^{-6}
总个体数量		135	10	××××××.×××	个/m³

表 88　B005-2 数据记录——浮游动物生物量测定数据

项目名称	起始位置	长度	用 法 和 意 义	计量单位
本记录类型	1	1	当前记录标识，填“2”	
下记录类型	2	1	续接本记录的下一行记录的本记录类型的标识，为“5”、“2”或“1”	
站序号	3	8	××××××××，由信息中心设定	
站号	11	8	$$$$$$$$，填写调查机构规定站号	
生物代码	19	18	见 GB/T 17826—1999 的有关规定	
生物名称(拉丁文)	37	50	填写拉丁文	
生物名称(中文)	87	40	填写中文	
湿重	127	9	×××××.×××	mg/m³
个体数量	136	10	××××××.×××	个/m³

表 89　B005-3 说明记录

项目名称	起始位置	长度	用 法 和 意 义	计量单位
本记录类型	1	1	当前记录标识，填“5”	
下记录类型	2	1	续接本记录的下一行记录的本记录类型的标识	
文字描述	3	81	填写生物类别、采样工具代码为其他的文字描述和测定方法等需要说明的问题	
续行标识	84	1	如有续行填“9”，否则为空格	

7.6 B006—鱼卵、仔稚鱼调查数据

鱼卵、仔稚鱼调查数据名称以 B006 开头。

鱼卵、仔稚鱼调查数据格式由如下表组成：

——表 90 B006-1 表头记录——航次、站位信息；

——表 91 B006-2 数据记录——鱼卵、仔稚鱼生物量测定数据；

——表 92 B006-3 说明记录。

表 90 B006-1 表头记录——航次、站位信息

项目名称		起始位置	长度	用 法 和 意 义	计量单位
本记录类型		1	1	当前记录标识，填"1"	
下记录类型		2	1	续接本记录的下一行记录的本记录类型的标识，填"2"	
站序号		3	8	××××××××，由信息中心设定	
国家		11	2	见表 B.1 世界各国和地区名称代码表	
调查机构		13	2	见表 B.3 调查机构代码表	
调查项目		15	20	见表 B.4 调查项目代码表，超出调查项目代码表范围的调查项目可自行编制代码，并在说明记录中说明	
调查海区		35	8	见表 B.6 调查海区代码表	
调查船		43	2	见表 B.2 中国调查船代码表	
航次号		45	8	调查机构规定原始航次号	
断面号		53	8	××××××××，按 HY 024 规定的代码或自行规定	
站号		61	8	$$$$$$$$，填写调查机构规定站号	
纬度	度	69	2	00～90	°
	分	71	2	00～59	′
	秒	73	2	00～59	″
纬度标识		75	1	填"N"或"S"	
经度	度	76	3	000～180	°
	分	79	2	00～59	′
	秒	81	2	00～59	″
经度标识		83	1	填"E"或"W"	
采样日期	年	84	4	年份，填满四位	
	月	88	2	01～12	
	日	90	2	01～31	
采样开始时间	时	92	2	00～23	
	分	94	2	01～59	
采样结束时间	时	96	2	00～23	
	分	98	2	01～59	
网型		100	2	见表 B.31 采样工具代码表，如果代码为 99，则在说明记录中填写详细说明	
水深		102	7	×××××.×	m

表 90（续）

项目名称	起始位置	长度	用 法 和 意 义	计量单位
鱼卵个体密度	109	8	×××××.××	个/m^3
仔稚鱼个体密度	117	8	×××××.××	个/m^3
鱼卵生物量	125	8	×××××.××	g/m^3
仔稚鱼生物量	133	8	×××××.××	g/m^3
采样层深度	141	6	××××.×	m

表 91 B006-2 数据记录——鱼卵、仔稚鱼生物量测定数据

项目名称	起始位置	长度	用 法 和 意 义	计量单位
本记录类型	1	1	当前记录标识，填“2”	
下记录类型	2	1	续接本记录的下一行记录的本记录类型的标识，填“5”、“2”或“1”	
站序号	3	8	××××××××，由信息中心设定	
站号	11	8	$$$$$$$$，填写调查机构规定站号	
生物代码	19	18	见 GB/T 17826—1999 的有关规定	
生物名称(拉丁文)	37	50	填写拉丁文	
生物名称(中文)	87	40	填写中文	
生物量	127	8	×××××.××	g/m^3
个体密度	135	8	×××××.××	个/m^3

表 92 B006-3 说明记录

项目名称	起始位置	长度	用 法 和 意 义	计量单位
本记录类型	1	1	当前记录标识，填“5”	
下记录类型	2	1	续接本记录的下一行记录的本记录类型的标识	
文字描述	3	81	填写生物代码为其他的文字描述和测定方法等需要说明的问题	
续行标识	84	1	如有续行填“9”，否则为空格	

7.7 B007—底栖生物调查数据

底栖生物调查数据名称以 B007 开头。

底栖生物调查数据格式由以下表组成：

——表 93 B007-1 表头记录——航次、站位信息；

——表 94 B007-2 数据记录——底栖生物生物量测定数据；

——表 95 B007-3 说明记录。

表 93 B007-1 表头记录——航次、站位信息

项目名称	起始位置	长度	用 法 和 意 义	计量单位
本记录类型	1	1	当前记录标识，填“1”	
下记录类型	2	1	续接本记录的下一行记录的本记录类型的标识，填“2”	
站序号	3	8	××××××××，由信息中心设定	
国家	11	2	见表 B.1 世界各国和地区名称代码表	

表 93（续）

项目名称		起始位置	长度	用 法 和 意 义	计量单位
调查机构		13	2	见表 B.3 调查机构代码表	
调查项目		15	20	见表 B.4 调查项目代码表，超出调查项目代码表范围的调查项目可自行编制代码，并在说明记录中说明	
调查海区		35	8	见表 B.6 调查海区代码表	
调查船		43	2	见表 B.2 中国调查船代码表	
航次号		45	8	调查机构规定原始航次号	
断面号		53	8	××××××××，按 HY 024 规定的代码或自行规定的代码记录	
站号		61	8	$$$$$$$$，填写调查机构规定站号	
纬度	度	69	2	00～90	°
	分	71	2	00～59	′
	秒	73	2	00～59	″
纬度标识		75	1	填“N”或“S”	
经度	度	76	3	000～180	°
	分	79	2	00～59	′
	秒	81	2	00～59	″
经度标识		83	1	填“E”或“W”	
采样日期	年	84	4	年份，填满四位	
	月	88	2	01～12	
	日	90	2	01～31	
采样开始时间	时	92	2	00～23	
	分	94	2	01～59	
采样结束时间	时	96	2	00～23	
	分	98	2	01～59	
网型/采泥器		100	2	见表 B.31 采样工具代码表，如果代码为 99，则在说明记录中填写详细说明	
水深		102	7	×××××.×	m
采样水深		109	6	××××.×	m
底温度		115	6	×××.××	℃
底盐度		121	6	××.×××	
底质		127	2	××，见表 B.30 海底物质代码表	
总生物量		129	9	×××××.×××	g/m²
总个体密度		138	9	××××××.××	个/m³

表 94 B007-2 数据记录——底栖生物生物量测定数据

项目名称	起始位置	长度	用 法 和 意 义	计量单位
本记录类型	1	1	当前记录标识,填"2"	
下记录类型	2	1	续接本记录的下一行记录的本记录类型的标识,填"5"、"2"或"1"	
站序号	3	8	××××××××,由信息中心设定	
站号	11	8	$$$$$$$$,填写调查机构规定站号	
生物代码	19	18	见 GB/T 17826 的有关规定	
生物名称(拉丁文)	37	50	填写拉丁文	
生物名称(中文)	87	40	填写中文	
生物量	127	9	×××××.×××	g/m^2
个体密度	136	9	××××××.××	个/m^2

表 95 B007-3 说明记录

项目名称	起始位置	长度	用 法 和 意 义	计量单位
本记录类型	1	1	当前记录标识,填"5"	
下记录类型	2	1	续接本记录的下一行记录的本记录类型的标识	
文字描述	3	81	填写生物代码、网型/采泥器为其他的文字描述和需要说明的问题	
续行标识	84	1	如有续行填"9",否则为空格	

7.8 B008—潮间带生物调查数据

潮间带生物调查数据名称以 B008 开头。

潮间带生物调查数据格式由以下表组成:

——表 96 B008-1 表头记录——航次、站位信息;

——表 97 B008-2 数据记录——潮间带生物生物量数据;

——表 98 B008-3 说明记录。

表 96 B008-1 表头记录——航次、站位信息

项目名称	起始位置	长度	用 法 和 意 义	计量单位
本记录类型	1	1	当前记录标识,填"1"	
下记录类型	2	1	续接本记录的下一行记录的本记录类型的标识,填"2"	
站序号	3	8	××××××××,由信息中心设定	
国家	11	2	见表 B.1 世界各国和地区名称代码表	
调查机构	13	2	见表 B.3 调查机构代码表	
调查项目	15	20	见表 B.4 调查项目代码表,超出调查项目代码表范围的调查项目可自行编制代码,并在说明记录中说明	
调查海区	35	8	见表 B.6 调查海区代码表	
调查船	43	2	见表 B.2 中国调查船代码表	
航次号	45	8	调查机构规定原始航次号	
断面号	53	8	××××××××,按 HY 024 规定的代码或自行规定代码	

表 96（续）

项目名称		起始位置	长度	用　法　和　意　义	计量单位
站号		61	8	$ $ $ $ $ $ $ $，填写调查机构规定站号	
纬度	度	69	2	00～90	°
	分	71	2	00～59	′
	秒	73	2	00～59	″
纬度标识		75	1	填“N”或“S”	
经度	度	76	3	000～180	°
	分	79	2	00～59	′
	秒	81	2	00～59	″
经度标识		83	1	填“E”或“W”	
采样日期	年	84	4	年份，填满四位	
	月	88	2	01～12	
	日	90	2	01～31	
底质		92	2	见表 B.30 海底物质代码表	
气温		94	6	±××.××	℃
水温		100	5	××.××	℃
底温		105	5	××.××	℃
天气现象		110	2	见表 B.21 现在天气现象代码表	
取样面积		112	5	××.××	m²
样品厚度		117	4	××.×	cm
潮区		121	1	高潮区填 1，中潮区填 2，低潮区填 3	
总重量		122	7	××××.××	g/m²
总密度		129	6	××××.×	g/m²
总种数		135	4	××××	个

表 97　B008-2 数据记录——潮间带生物生物量数据

项目名称	起始位置	长度	用　法　和　意　义	计量单位
本记录类型	1	1	当前记录标识，填“2”	
下记录类型	2	1	续接本记录的下一行记录的本记录类型的标识，填“5”、“2”或“1”	
站序号	3	8	××××××××，由信息中心设定	
站号	11	8	$ $ $ $ $ $ $ $，填写调查机构规定站号	
生物类别代码	19	2	$ $，见表 B.37 生物类别代码表，如果代码为 09，则在说明记录中填写详细说明	
生物名称(拉丁文)	21	50	填写拉丁文	
生物名称(中文)	71	40	填写中文	
生物量	111	7	××××.××	g/m²
生物量百分比	118	5	××.××	%

表 97（续）

项目名称	起始位置	长度	用 法 和 意 义	计量单位
密度	123	6	××××.×	个/m^2
密度百分比	129	5	××.××	%
种数	134	4	××××	个
种数百分比	138	6	×××.××	%

表 98 B008-3 说明记录

项目名称	起始位置	长度	用 法 和 意 义	计量单位
本记录类型	1	1	当前记录标识，填“5”	
下记录类型	2	1	续接本记录的下一行记录的本记录类型的标识	
文字描述	3	81	填写生物类别代码为其他的文字描述和需要说明的问题	
续行标识	84	1	如有续行填“9”，否则为空格	

7.9 B009—污损生物调查数据

污损生物调查数据名称以 B009 开头。

污损生物调查数据格式由以下表组成：

——表 99 B009-1 表头记录——航次、站位信息；

——表 100 B009-2 数据记录——污损生物样品数据；

——表 101 B009-3 说明记录。

表 99 B009-1 表头记录——航次、站位信息

项目名称		起始位置	长度	用 法 和 意 义	计量单位
本记录类型		1	1	当前记录标识，填“1”	
下记录类型		2	1	续接本记录的下一行记录的本记录类型的标识，填“2”	
站序号		3	8	××××××××，由信息中心设定	
国家		11	2	见表 B.1 世界各国和地区名称代码表	
调查机构		13	2	见表 B.3 调查机构代码表	
调查项目		15	20	见表 B.4 调查项目代码表，超出调查项目代码表范围的调查项目可自行编制代码，并在说明记录中说明	
调查海区		35	8	见表 B.6 调查海区代码表	
调查船		43	2	见表 B.2 中国调查船代码表	
航次号		45	8	调查机构规定原始航次号	
断面号		53	8	××××××××，按 HY 024 规定的代码或自行规定代码	
站号		61	8	$$$$$$$$，填写调查机构规定站号	
纬度	度	69	2	00～90	°
	分	71	2	00～59	′
	秒	73	2	00～59	″
纬度标识		75	1	填“N”或“S”	
经度	度	76	3	000～180	°
	分	79	2	00～59	′
	秒	81	2	00～59	″

表 99（续）

项目名称		起始位置	长度	用 法 和 意 义	计量单位
经度标识		83	1	填“E”或“W”	
下水日期	年	84	4	年份，填满四位	
	月	88	2	01～12	
	日	90	2	01～31	
下水时间	时	92	2	00～23	
	分	94	2	00～59	
取样日期	年	96	4	年份，填满四位	
	月	100	2	01～12	
	日	102	2	01～31	
取样时间	时	104	2	00～23	
	分	106	2	00～59	
计样面积		108	5	×××.×	cm^2
平均厚度		113	5	×××.×	mm
总覆盖面积率		118	6	×××.××	%
总湿重		124	7	××××.××	g/m^2
挂板水层深度		131	5	×××.×	m

表 100　B009-2 数据记录——污损生物样品数据

项目名称	起始位置	长度	用 法 和 意 义	计量单位
本记录类型	1	1	当前记录标识，填“2”	
下记录类型	2	1	续接本记录的下一行记录的本记录类型的标识，填“5”、“2”或“1”	
站序号	3	8	××××××××，由信息中心设定	
站号	11	8	$$$$$$$$，填写调查机构规定站号	
生物名称（拉丁文）	19	50	填写拉丁文	
生物名称（中文）	69	40	填写中文	
密度	109	5	×××××	个/m^2
附着面积率	114	6	×××.××	%
湿重	120	7	××××.××	g/m^2
百分比组成	127	6	×××.××	%

表 101　B009-3 说明记录

项目名称	起始位置	长度	用 法 和 意 义	计量单位
本记录类型	1	1	当前记录标识，填“5”	
下记录类型	2	1	续接本记录的下一行记录的本记录类型的标识	
文字描述	3	81	填写记录中需要说明的问题	
续行标识	84	1	如有续行填“9”，否则为空格	

7.10 B010—游泳生物调查数据

游泳生物调查数据名称以 B010 开头。

游泳生物调查数据格式由以下表组成：

——表 102 B010-1 表头记录——航次、站位信息；

——表 103 B010-2 数据记录——游泳生物生物量测定数据；

——表 104 B010-3 说明记录。

表 102 B010-1 表头记录——航次、站位信息

项目名称		起始位置	长度	用法和意义	计量单位
本记录类型		1	1	当前记录标识，填“1”	
下记录类型		2	1	续接本记录的下一行记录的本记录类型的标识	
站序号		3	8	××××××××，由信息中心设定	
国家		11	2	见表 B.1 世界各国和地区名称代码表	
调查机构		13	2	见表 B.3 调查机构代码表	
调查项目		15	20	见表 B.4 调查项目代码表，超出调查项目代码表范围的调查项目可自行编制代码，并在说明记录中说明	
调查海区		35	8	见表 B.6 调查海区代码表	
调查船		43	2	见表 B.2 中国调查船代码表	
航次号		45	8	调查机构规定原始航次号	
断面号		53	8	××××××××，按 HY 024 规定的代码或自行规定的代码记录	
站号		61	8	$$$$$$$$，填写调查机构规定站号	
纬度	度	69	2	00～90	°
	分	71	2	00～59	′
	秒	73	2	00～59	″
纬度标识		75	1	填“N”或“S”	
经度	度	76	3	000～180	°
	分	79	2	00～59	′
	秒	81	2	00～59	″
经度标识		83	1	填“E”或“W”	
采样日期	年	84	4	年份，填满四位	
	月	88	2	01～12	
	日	90	2	01～31	
采样开始时间	时	92	2	00～23	
	分	94	2	01～59	
采样结束时间	时	96	2	00～23	
	分	98	2	01～59	
网型		100	2	见表 B.31 采样工具代码表，如果代码为 99，则在说明记录中填写详细说明	
水深		102	6	××××.×	m

表 102(续)

项目名称	起始位置	长度	用 法 和 意 义	计量单位
采样水深	108	6	××××.×	m
水温	114	6	×××.××	℃
盐度	120	6	××.×××	
总生物量	126	9	××××××.××	kg/h
总尾数	135	9	××××××.××	个/h

表 103 B010-2 数据记录——游泳生物生物量测定数据

项目名称	起始位置	长度	用 法 和 意 义	计量单位
本记录类型	1	1	当前记录标识,填"2"	
下记录类型	2	1	续接本记录的下一行记录的本记录类型的标识,填"5"、"2"或"1"	
站序号	3	8	××××××××,由信息中心设定	
站号	11	8	$$$$$$$$,填写调查机构规定站号	
生物代码	19	18	见 GB/T 17628—1999 的有关规定	
生物名称(拉丁文)	37	50	填写拉丁文	
生物名称(中文)	87	40	填写中文	
生物量	127	9	××××××.××	kg/h
尾数	136	9	××××××.××	个/h

表 104 B010-3 说明记录

项目名称	起始位置	长度	用 法 和 意 义	计量单位
本记录类型	1	1	当前记录标识,填"5"	
下记录类型	2	1	续接本记录的下一行记录的本记录类型的标识	
文字描述	3	81	填写生物代码、采样工具代码为其他的文字描述和测定方法等需要说明的问题	
续行标识	84	1	如有续行填"9",否则为空格	

7.11 B011—生物学测定数据

生物学测定数据名称以 B011 开头。

生物学测定数据格式由以下表组成:

——表 105 B011-1 表头记录——航次、站位信息;

——表 106 B011-2 数据记录——生物学测定数据;

——表 107 B011-3 说明记录。

表 105 B011-1 表头记录——航次、站位信息

项目名称	起始位置	长度	用 法 和 意 义	计量单位
本记录类型	1	1	当前记录标识,填"1"	
下记录类型	2	1	续接本记录的下一行记录的本记录类型的标识,填"2"或"5"	
站序号	3	8	××××××××,由信息中心设定	
国家	11	2	见表 B.1 世界各国和地区名称代码表	

表 105（续）

项目名称		起始位置	长度	用 法 和 意 义	计量单位
调查机构		13	2	见表 B.3 调查机构代码表	
调查项目		15	20	见表 B.4 调查项目代码表，超出调查项目代码表范围的调查项目可自行编制代码，并在说明记录中说明	
调查海区		35	8	见表 B.6 调查海区代码表	
调查船		43	2	见表 B.2 中国调查船代码表	
航次号		45	8	调查机构规定原始航次号	
断面号		53	8	××××××××，按 HY 024 规定的代码或自行规定	
站号		61	8	$$$$$$$$，填写调查机构规定站号	
纬度	度	69	2	00～90	°
	分	71	2	00～59	′
	秒	73	2	00～59	″
纬度标识		75	1	填“N”或“S”	
经度	度	76	3	000～180	°
	分	79	2	00～59	′
	秒	81	2	00～59	″
经度标识		83	1	填“E”或“W”	
采样日期	年	84	4	年份，填满四位	
	月	88	2	01～12	
	日	90	2	01～31	
采样开始时间	时	92	2	00～23	
	分	94	2	01～59	
采样结束时间	时	96	2	00～23	
	分	98	2	01～59	
网型		100	2	××，见表 B.31 采样工具代码表，如果代码为 99，则在说明记录中填写详细说明	
水深		102	7	×××××.×	m
采样水深		109	6	××××.×	m
水温		115	5	××.××	℃
盐度		120	6	××.×××	

表 106 B011-2 数据记录——生物学测定数据

项目名称	起始位置	长度	用 法 和 意 义	计量单位
本记录类型	1	1	当前记录标识，填“2”	
下记录类型	2	1	续接本记录的下一行记录的本记录类型的标识，填“5”、“2”或“1”	
站号	11	8	$$$$$$$$，填写调查机构规定站号	
站序号	3	8	××××××××，由信息中心设定	

表 106（续）

项目名称	起始位置	长度	用 法 和 意 义	计量单位
生物类别	19	2	见表 B.37 生物类别代码表；填 99 时在说明记录中详细说明	
生物代码	21	18	见 GB/T 17628—1999 的有关规定	
生物名称(拉丁文)	39	50	填写拉丁文	
生物名称(中文)	89	40	填写中文	
测定要素 1	129	2	××，见表 B.35 生物学测定要素代码表	
量值	131	9	××××××.××	
计量单位	140	1	×，见表 B.36 生物学测定计量单位代码表	
测定要素 2	141	2	××，见表 B.35 生物学测定要素代码表	
量值	143	9	××××××.××	
计量单位	152	1	×，见表 B.36 生物学测定计量单位代码表	
测定要素 3	153	2	××，见表 B.35 生物学测定要素代码表	
量值	155	9	××××××.××	
计量单位	164	1	×，见表 B.36 生物学测定计量单位代码表	
测定要素 4	165	2	××，见表 B.35 生物学测定要素代码表	
量值	167	9	××××××.××	
计量单位	176	1	×，见表 B.36 生物学测定计量单位代码表	
测定要素 5	177	2	××，见表 B.35 生物学测定要素代码表	
量值	179	9	××××××.××	
计量单位	188	1	×，见表 B.36 生物学测定计量单位代码表	
续行标识	189	1	如有续行填“9”，否则为空格	
注：性腺成熟度划分见 GB/T 12763.6 附录 F；性别的填写见表 B.33 性别代码表。				

表 107　B011-3 说明记录

项目名称	起始位置	长度	用 法 和 意 义	计量单位
本记录类型	1	1	当前记录标识，填“5”	
下记录类型	2	1	续接本记录的下一行记录的本记录类型的标识	
文字描述	3	81	填写记录中需要说明的问题	
续行标识	84	1	如有续行填“9”，否则为空格	

8　海洋化学、污染数据

8.1　P001—海水化学要素调查数据

海水化学要素调查数据名称以 P001 开头。

海水化学要素调查数据格式由以下表组成：

——表 108 P001-1 表头记录 1——航次信息；

——表 109 P001-2 表头记录 2——监测方法信息；

——表 110 P001-3 表头记录 3——站位信息；

——表 111 P001-4 数据记录——海水化学要素调查数据。

表 108　P001-1 表头记录——航次信息

项目名称		起始位置	长度	用　法　和　意　义	计量单位
本记录类型		1	1	当前记录类型标识,填“1”	
下记录类型		2	1	续接本记录的下一行记录的本记录类型的标识,填“4”	
国家		3	2	见表 B.1 世界各国和地区名称代码表	
调查机构		5	2	见表 B.3 调查机构代码表	
处理号		7	4	根据航次编制的资料处理号	
调查项目		11	20	见表 B.4 调查项目代码表,超出调查项目代码表范围的调查项目可自行编制代码,并在说明记录中说明	
调查海区		31	8	见表 B.6 调查海区代码表	
调查船		39	2	见表 B.2 中国调查船代码表	
航次号		41	8	调查机构原始航次号	
调查开始日期	年	49	4	年份,填满四位	
	月	53	2	01～12	
	日	55	2	01～31	
调查结束日期	年	57	4	年份,填满四位	
	月	61	2	01～12	
	日	63	2	01～31	
备注		65	40	文字描述有关航次的其他信息	

表 109　P001-2 表头记录 2——监测方法信息

项目名称	起始位置	长度	用　法　和　意　义	计量单位
本记录类型	1	1	当前记录类型标识,填“4”	
下记录类型	2	1	续接本记录的下一行记录的本记录类型的标识,填“4”或“2”	
监测要素	3	2	见 B.7 环境质量要素代码表	
监测方法	5	20	参考 GB/T 12763.4 填写	
仪器名称	25	20	文字描述	
检出限	45	20	文字描述检出限及单位	
准确度	65	20	参考 GB/T 12763.4 填写	
精确度	85	20	参考 GB/T 12763.4 填写	

表 110　P001-3 表头记录 3——站位信息

项目名称	起始位置	长度	用　法　和　意　义	计量单位
本记录类型	1	1	当前记录类型标识,填“2”	
下记录类型	2	1	续接本记录的下一行记录的本记录类型的标识,填“3”	
站号	3	8	$$$$$$$$,调查机构原始站位号	
位置说明	11	1	大洋填 1,近岸填 2,潮间带填 3,港口填 4,河流填 5,水库等地面水填 6	
站类型	12	1	连续站填 1,大面站空格	

表 110（续）

项目名称		起始位置	长度	用 法 和 意 义	计量单位
断面号		13	8	$$$$$$$$，按 HY 024 规定的代码或自行规定的代码记录	
纬度	度	21	2	00～90	°
	分	23	2	00～59	′
	秒	25	2	00～59	″
纬度标识		27	1	填“N”或“S”	
经度	度	28	3	000～180	°
	分	31	2	00～59	′
	秒	33	2	00～59	″
经度标识		35	1	填“E”或“W”	
水深		36	7	×××××.×	m
水色		43	2	××，填写水色号	
透明度		45	4	××.×	m
海况和天气状况		49	21	文字描述	
备注		70	40	说明本站调查增加的其他要素名称及单位	

表 111　P001-4 数据记录——海水化学要素调查数据

项目名称		起始位置	长度	用 法 和 意 义	计量单位
本记录类型		1	1	当前记录类型标识，填“3”	
下记录类型		2	1	续接本记录的下一行记录的本记录类型的标识，填“1”、“2”或“3”	
站号		3	8	$$$$$$$$，调查机构原始站位号	
采样时间	年	11	4	年份，填满四位	
	月	15	2	01～12	
	日	17	2	01～31	
	时	19	2	00～23	
	分	21	2	00～59	
观测层深度		23	6	××××.×	m
水温		29	5	××.××	℃
质量符		34	1	原单位怀疑填 1，归档单位怀疑填 2	
盐度		35	6	××.×××	
质量符		41	1	原单位怀疑填 1，归档单位怀疑填 2	
DO		42	5	×××.×	$\mu mol/dm^3$
质量符		47	1	原单位怀疑填 1，归档单位怀疑填 2	
溶解氧饱和度		48	5	×××.×	%
pH		53	4	×.××	
质量符		57	1	原单位怀疑填 1，归档单位怀疑填 2	
AlK		58	6	×××.××	$mmol/dm^3$

表 111（续）

项目名称	起始位置	长度	用 法 和 意 义	计量单位
质量符	64	1	原单位怀疑填 1,归档单位怀疑填 2	
SiO_3^{2-} - Si	65	7	××××.××	μmol/dm³
质量符	72	1	原单位怀疑填 1,归档单位怀疑填 2,低于检出限填 3,痕量填 4	
PO_4^{3-} - P	73	7	××××.××	μmol/dm³
质量符	80	1	原单位怀疑填 1,归档单位怀疑填 2,低于检出限填 3,痕量填 4	
NO_2^- -N	81	6	×××.××	μmol/dm³
质量符	87	1	原单位怀疑填 1,归档单位怀疑填 2,低于检出限填 3,痕量填 4	
NO_3^- - N	88	6	×××.××	μmol/dm³
质量符	94	1	原单位怀疑填 1,归档单位怀疑填 2,低于检出限填 3,痕量填 4	
NH_4^- - N	95	6	×××.××	μmol/dm³
质量符	101	1	原单位怀疑填 1,归档单位怀疑填 2,低于检出限填 3,痕量填 4	
Cl	102	6	×××.××	g/dm³
质量符	108	1	原单位怀疑填 1,归档单位怀疑填 2	
TP	109	7	××××.××	μmol/dm³
质量符	116	1	原单位怀疑填 1,归档单位怀疑填 2,低于检出限填 3,痕量填 4	
TN	117	7	××××.××	μmol/dm³
质量符	124	1	原单位怀疑填 1,归档单位怀疑填 2,低于检出限填 3,痕量填 4	
其他要素	125	7	××××.××,增加的其他要素的监测值	
质量符	132	1	原单位怀疑填 1,归档单位怀疑填 2,低于检出限填 3,痕量填 4	

8.2 P002—海洋水质监测数据

海洋水质监测数据名称以 P002 开头。

海洋水质监测数据格式由以下表组成：

——表 112 P002-1 表头记录 1——航次信息；

——表 113 P002-2 表头记录 2——监测方法信息；

——表 114 P002-3 表头记录 3——站位信息；

——表 115 P002-4 数据记录——海洋水质监测数据。

表 112 P002-1 表头记录 1——航次信息

项目名称	起始位置	长度	用 法 和 意 义	计量单位
本记录类型	1	1	当前记录标识，总填 1	
下记录类型	2	1	续接本记录的下一行记录的本记录类型的标识，填“4”	
监测海域	3	8	见表 B.6 调查海区代码表，最多填 4 个	
中心处理号	11	4	航次编号：1～2 年份；3～4 年度份航次序号	
监测机构	15	2	见表 B.3 调查机构代码表	
调查项目	17	26	见表 B.4 调查项目代码表，超出调查项目代码表范围的调查项目可自行编制代码，并在说明记录中说明	
监测船	43	2	见表 B.2 中国调查船代码表	

表 112（续）

项目名称	起始位置	长度	用法和意义	计量单位
航次号	45	4	原单位记录的航次序号	
调查开始时间	49	8	YYYYMMDD;月、日小于10,记为:01、02…	
调查结束时间	57	8	同上	
分析开始时间	65	8	同上	
分析结束时间	73	8	同上	
监测站次数	81	3	×××,本航次观测水质站次数	
分析要素数	84	3	×××,本航次水质监测要素数	
备注	87	40	有关航次的其他需要说明的信息	

表 113 P002-2 表头记录 2——监测方法信息

项目名称	起始位置	长度	用法和意义	计量单位
本记录类型	1	1	当前记录类型标识,填“4”	
下记录类型	2	1	续接本记录的下一行记录的本记录类型的标识,填“2”或“4”	
监测要素	3	2	填监测要素名称	
监测方法	5	20	参考 GB 17378.4 填写	
仪器名称	25	20	文字描述	
检出限	45	20	文字描述检出限及单位	
准确度	65	20	参考 GB 17378.4 填写	
精确度	85	20	参考 GB 17378.4 填写	

表 114 P002-3 表头记录 3——站位信息

项目名称	起始位置	长度	用法和意义	计量单位
本记录类型	1	1	当前记录标识,总填 2	
下记录类型	2	1	续接本记录的下一行记录的本记录类型的标识,填“3”	
10 度方区号	3	3	000-789	
5 度方区号	6	1	1-4	
1 度方区号	7	2	00-99	
0.5 度方区号	9	1	1-4	
0.25 度方区号	10	2	1 度方区内,15’×15’的方区号码	
中心处理号	12	4	航次编号:1～2 年份;3～4 年份内航次序号	
监测单位	16	2	见表 B.3 调查机构代码表	
监测海区	18	2	见表 B.6 调查海区代码表,本站所处海区代码	
监测日期、时间	20	12	YYYYMMDDHHMM,年月日时分 月、日、时、分小于 10,记为:01、02…	
站号	32	8	调查机构原始站号	
连续站	40	1	1:定点连续调查	

表 114（续）

项目名称		起始位置	长度	用法和意义	计量单位
纬度	度	41	2	00～90	°
	分	43	2	00～59	′
	秒	45	2	00～59	″
纬度标识		47	1	填“N”或“S”	
经度	度	48	3	000～180	°
	分	51	2	00～59	′
	秒	53	2	00～59	″
经度标识		55	1	填“E”或“W”	
水深		56	5	56～59 列为整数位，60 列为小数位	m
水色		61	2	1～21	
透明度		63	3	63～64 列为整数位，65 列为小数位	m
海况和天气状况		66	25	文字描述	
记录数		91	5	下记录类型“海洋水质监测数据”记录数	
顺序号		96	3	本站记录顺序起点 001	

表 115　P002-4 数据记录——海洋水质监测数据

项目名称	起始位置	长度	用法和意义	计量单位
本记录类型	1	1	当前记录类型标识，填“3”	
下记录类型	2	1	续接本记录的下一行记录的本记录类型的标识，填“1”、“2”或“3”	
10 度方区号	3	3	000-789	
5 度方区号	6	1	1-4	
1 度方区号	7	2	00-99	
0.5 度方区号	9	1	1-4	
0.25 度方区号	10	2	1 度方区内，15’×15’的方区号码	
中心处理号	12	4	航次编号：1～2 年份；3～4 年份内航次序号	
监测单位	16	2	见表 B.3 调查机构代码表	
监测海区	18	2	见表 B.6 调查海区代码表，本站所处海区代码	
监测日期、时间	20	12	YYYYMMDDHHMM，月日时分小于 10，前补“0”	
站号	32	8	调查机构原始站号	
层号	40	1	1：表层；2：中层；4：底层	
层深	41	5	41～44 列为整数位，45 列为小数位	m
要素代码 1	46	2	见表 B.7 环境质量要素代码表	
量值 1	48	5	×××××监测数据的有效数字	
指数 1	53	2	±×，量值 1 有效值的小数点位数	
单位 1	55	1	见表 B.8 数据单位代码表	

表 115（续）

项目名称	起始位置	长度	用 法 和 意 义	计量单位
质量符 1	56	1	见表 B.9 质量符代码表	
要素代码 2	57	2	同要素代码 1	
量值 2	59	5	同量值 1	
指数 2	64	2	同指数 1	
单位 2	66	1	同单位 1	
质量符 2	67	1	同质量符 1	
要素代码 3	68	2	同要素代码 1	
量值 3	70	5	同量值 1	
指数 3	75	2	同指数 1	
单位 3	77	1	同单位 1	
质量符 3	78	1	同质量符 1	
要素代码 4	79	2	同要素代码 1	
量值 4	81	5	同量值 1	
指数 4	86	2	同指数 1	
单位 4	88	1	同单位 1	
质量符 4	89	1	同质量符 1	
空白	90	5		
继续号	95	1	填本记录所记录的要素个数；若没记完，填 9	
顺序号	96	3	一个站，记录的顺序号	

8.3 P003—海洋沉积物监测数据

海洋沉积物监数据名称以 P003 开头。

海洋沉积物监数据格式由以下表组成：

——表 116 P003-1 表头记录 1——航次信息；

——表 117 P003-2 表头记录 2——监测方法信息；

——表 118 P003-3 表头记录 3——站位信息；

——表 119 P003-4 数据记录——海洋沉积物监测数据。

表 116 P003-1 表头记录 1——航次信息

项目名称	起始位置	长度	用 法 和 意 义	计量单位
本记录类型	1	1	当前记录类型标识，填“1”	
下记录类型	2	1	续接本记录的下一行记录的本记录类型的标识，填“4”	
中心处理号	3	4	航次编号：1～2 年份；3～4 年份内航次序号	
监测海区	7	8	见表 B.6 调查海区代码表	
监测单位	15	2	见表 B.3 调查机构代码表	
调查项目	17	26	文字描述	
监测船	43	2	见表 B.2 中国调查船代码表	
航次号	45	4	原单位记录的航次序号	

表 116（续）

项目名称	起始位置	长度	用 法 和 意 义	计量单位
调查开始时间	49	8	YYYYMMDD;月、日小于10,记为:01、02…	
调查结束时间	57	8	同上	
分析开始时间	65	8	同上	
分析结束时间	73	8	同上	
监测站次数	81	3	×××,本航次沉积物监测站次数	
分析要素数	84	3	×××,本航次沉积物监测要素数	
备注	87	40	有关航次的其他需要说明的信息	

表 117　P003-2 表头记录 2——监测方法信息

项目名称	起始位置	长度	用 法 和 意 义	计量单位
本记录类型	1	1	当前记录类型标识,填“4”	
下记录类型	2	1	续接本记录的下一行记录的本记录类型的标识,填“2”或“4”	
监测要素	3	2	填监测要素名称	
监测方法	5	20	参考 GB 17378.5 填写	
仪器名称	25	20	文字描述	
检出限	45	20	文字描述检出限及单位	
准确度	65	20	参考 GB 17378.5 填写	
精确度	85	20	参考 GB 17378.5 填写	

表 118　P003-3 表头记录 3——站位信息

项目名称		起始位置	长度	用 法 和 意 义	计量单位
本记录类型		1	1	当前记录类型,填“2”	
下记录类型		2	1	续接本记录的下一行记录的本记录类型的标识,填“3”	
中心处理号		3	4	航次编号:1～2 年份;3～4 年份内航次序号	
监测单位		7	2	见表 B.3 调查机构代码表	
监测海区		9	2	见表 B.6 调查海区代码表,本站所处海区代码	
站号		11	8	$ $ $ $ $ $ $ $,填写调查机构原始站号	
监测日期		19	12	YYYYMMDDHHMM,月日时分小于10,前补“0”	
柱状样		31	1	1:柱状样;空白:表层样	
纬度	度	32	2	00～90	°
	分	34	2	00～59	′
	秒	36	2	00～59	″
纬度标识		38	1	填“N”或“S”	
经度	度	39	3	000～180	°
	分	42	2	00～59	′
	秒	44	2	00～59	″

表 118（续）

项目名称	起始位置	长度	用　法　和　意　义	计量单位
经度标识	46	1	填“E”或“W”	
水深	47	5	47～50 列为整数位，51 列为小数位	m
采样工具	52	12	文字描述采样工具名称，参考 GB 17378.5	
站位说明	64	28	测站无经纬度时，用文字描述	
记录数	92	2	××，下记录类型“海洋沉积物监测数据”记录数	
顺序号	94	3	总为 001	

表 119　P003-4 数据记录——海洋沉积物监测数据

项目名称	起始位置	长度	用　法　和　意　义	计量单位
本记录类型	1	1	当前记录标识，填“3”	
下记录类型	2	1	续接本记录的下一行记录的本记录类型的标识，填“1”、“2”或“3”	
中心处理号	3	4	航次编号：1～2 年份；3～4 年份内航次序号	
监测单位	7	2	见表 B.3 调查机构代码表	
监测海区	9	2	见表 B.6 调查海区代码表，本站所处海区代码	
站号	11	8	调查机构原始站号	
监测日期	19	12	YYYYMMDDHHMM 年月日时分：月、日、时、分小于 10，记为：01、02…	
层号	31	1	表层 1；混合层 3；	
上层深	32	3	×××	cm
下层深	35	3	×××	cm
底质类型	38	12	文字描述	
粒度	50	6	文字描述	
颜色	56	2	见表 B.38 底质颜色代码表	
嗅	58	1	见表 B.39 底质嗅味代码表	
要素代码 1	59	2	见表 B.7 环境质量要素代码表	
量值 1	61	5	×××××，监测数据的有效值	
指数 1	66	2	±×，量值 1 的小数点位置	
单位 1	68	1	见表 B.8 数据单位代码表	
质量符 1	69	1	见表 B.9 质量符代码表	
要素代码 2	70	2	同要素代码 1	
量值 2	72	5	同量值 1	
指数 2	77	2	同指数 1	
单位 2	79	1	同单位 1	
质量符 2	80	1	同质量符 1	
要素代码 3	81	2	同要素代码 1	
量值 3	83	5	同量值 1	

表 119（续）

项目名称	起始位置	长度	用法和意义	计量单位
指数 3	88	2	同指数 1	
单位 3	90	1	同单位 1	
质量符 3	91	1	同质量符 1	
继续号	92	1	填本记录所记录的要素个数；若没记完填 9	
顺序号	93	3	以站为单位的顺序号	

8.4 P004—海洋生物体残毒监测数据

海洋生物体残毒监测数据名称 P004 开头。

海洋生物体残毒监测数据格式由以下表组成：

——表 120 P004-1 表头记录 1——航次信息；

——表 121 P004-2 表头记录 2——监测方法信息；

——表 122 P004-3 表头记录 3——站位信息；

——表 123 P004-4 数据记录——海洋生物体残毒监测数据。

表 120 P004-1 表头记录 1——航次信息

项目名称	起始位置	长度	用法和意义	计量单位
本记录类型	1	1	当前记录类型，填“1”	
下记录类型	2	1	续接本记录的下一行记录的本记录类型的标识，填“4”	
中心处理号	3	4	航次编号：1～2 年份；3～4 年份内航次序号	
监测海区	7	8	见表 B.6 调查海区代码表，最多填 4 个海区代码	
监测单位	15	2	见表 B.3 调查机构代码表	
调查计划名称	17	26	文字描述	
监测船	43	2	见表 B.2 中国调查船代码表	
航次号	45	4	原单位记录的航次序号	
调查开始时间	49	8	YYYYMMDD；月、日小于 10，记为：01、02…	
调查结束时间	57	8	同上	
分析开始时间	65	8	同上	
分析结束时间	73	8	同上	
监测站次数	81	3	×××，本航次生物体残毒监测站次数	
分析要素数	84	3	×××，本航次生物体残毒监测要素数	
备注	87	40	有关航次的其他信息	

表 121 P004-2 表头记录 2——监测方法信息

项目名称	起始位置	长度	用法和意义	计量单位
本记录类型	1	1	当前记录类型标识，填“4”	
下记录类型	2	1	续接本记录的下一行记录的本记录类型的标识，填 “2”或“4”	
监测要素	3	2	填监测要素名称	
监测方法	5	20	参考 GB 17378.6 填写	

表 121（续）

项目名称	起始位置	长度	用法和意义	计量单位
仪器名称	25	20	文字描述	
检出限	45	20	文字描述检出限及单位	
准确度	65	20	参考 GB 17378.6 填写	
精确度	85	20	参考 GB 17378.6 填写	

表 122　P004-3 表头记录 3——站位信息

项目名称		起始位置	长度	用法和意义	计量单位
本记录类型		1	1	当前记录类型标识，填“2”	
下记录类型		2	1	续接本记录的下一行记录的本记录类型的标识，填“3”	
中心处理号		3	4	填航次序号	
监测单位		7	2	见表 B.3 调查机构代码表	
监测海区		9	2	见表 B.6 调查海区代码表	
监测日期		11	12	年月日时分：YYYYMMDDHHMM 月、日、时、分小于 10，记为：01、02…	
站号		23	8	调查机构原始站号	
纬度	度	31	2	00～90	°
	分	33	2	00～59	′
	秒	35	2	00～59	″
纬度标识		37	1	填“N”或“S”	
经度	度	38	3	000～180	°
	分	41	2	00～59	′
	秒	43	2	00～59	″
经度标识		45	1	填“E”或“W”	
水深		46	5	66～49 列为整数位，50 列为小数位	m
站位说明		51	20	测站位置没有具体经纬度值的，用文字描述	
记录数		71	3	下记录类型“海洋生物体残毒监测数据”记录数	

表 123　P004-4 数据记录——海洋生物体残毒监测数据

项目名称	起始位置	长度	用法和意义	计量单位
本记录类型	1	1	当前记录类型标识，填“3”	
下记录类型	2	1	续接本记录的下一行记录的本记录类型的标识，填“1”、“2”或“3”	
生物类别	3	2	见表 B.37 生物类别代码表	
拉丁文	5	35	海洋生物拉丁文名称	
中文名	40	14	海洋生物中文名称	
监测部位	54	2	见表 B.32 监测部位代码表	
性别	56	1	见表 B.33 性别代码表	
生长期	57	1	见表 B.34 生长期代码表	

表 123（续）

项目名称	起始位置	长度	用 法 和 意 义	计量单位
体长	58	4	58～60 列为整数位，61 列为小数位	cm
要素代码 1	62	2	见表 B.7 环境质量要素代码表	
量值 1	64	5	×××××，监测数据的有效数字	
指数 1	69	2	±×，量值 1 的小数点位数	
单位 1	71	1	见表 B.8 数据单位代码表	
质量符 1	72	1	见表 B.9 质量符代码表	
要素代码 2	73	2	同上	
量值 2	75	5	同上	
指数 2	80	2	同上	
单位 2	82	1	同上	
质量符 2	83	1	同上	
要素代码 3	84	2	同上	
量值 3	86	5	同上	
指数 3	91	2	同上	
单位 3	93	1	同上	
质量符 3	94	1	同上	
要素代码 4	95	2	同上	
量值 4	97	5	同上	
指数 4	102	2	同上	
单位 4	104	1	同上	
质量符 4	105	1	同上	
继续号	106	1	填本记录所记录的要素个数；若没记完，填 9	

9 海洋声、光要素调查数据

9.1 S001—海水声速调查数据

海水声速调查数据名称以 S001 开头。

海水声速调查数据格式由如下表组成：

——表 124 S001-1 表头记录 1——航次信息；

——表 125 S001-2 表头记录 2——站位信息；

——表 126 S001-3 数据记录——声速数据。

表 124 S001-1 表头记录 1——航次信息

项目名称	起始位置	长度	用 法 和 意 义	计量单位
本记录类型	1	1	当前记录标识，填“1”	
下记录类型	2	1	续接本记录的下一行记录的本记录类型的标识，填“2”	
国家	3	2	见表 B.1 世界各国和地区名称代码表	

表 124(续)

项目名称		起始位置	长度	用法和意义	计量单位
调查机构		5	2	见表 B.3 调查机构代码表	
调查项目		7	20	见表 B.4 调查项目代码表	
调查海区		27	8	见表 B.6 调查海区代码表	
调查船		35	2	见表 B.2 中国调查船代码表	
航次号		37	8	调查机构规定原始航次号	
航次开始时间	年	45	4	年份,填满四位	
	月	49	2	01～12	
	日	51	2	01～31	
航次结束时间	年	53	4	年份,填满四位	
	月	57	2	01～12	
	日	59	2	01～31	
时区改正		61	5	±××××,北京时间填"－0800",GMT 填" 0000"	
密级		66	1	按 GB/T 7156 规定的密级代码填写	

表 125 S001-2 表头记录 2——站位信息

项目名称		起始位置	长度	用法和意义	计量单位
本记录类型		1	1	当前记录标识,总填"2"	
下记录类型		2	1	续接本记录的下一行记录的本记录类型的标识,填"3"	
断面号		3	8	$$$$$$$$,按 HY 024 规定的代码或自行规定的代码记录	
站号		11	8	$$$$$$$$,填调查机构规定站号	
纬度	度	19	2	00～90	°
	分	21	2	00～59	′
	秒	23	2	00～59	″
纬度标识		25	1	填"N"或"S"	
经度	度	26	3	000～180	°
	分	29	2	00～59	′
	秒	31	2	00～59	″
经度标识		33	1	填"E"或"W"	
调查时间	年	34	4	年份,填满四位	
	月	38	2	01～12	
	日	40	2	01～31	
	时	42	2	00～23	
	分	44	2	00～59	
观测标识		46	1	$,下降时观测填"D",上升时观测填"U"	
水深		47	7	×××××.×	m

表 125（续）

项目名称	起始位置	长度	用法和意义	计量单位
水深测量方法	54	1	$，查阅填 0，回声测深仪测量法填 1，钢丝绳测量法填 2，其他测量方法可自行编码并在说明文件中说明	
声速调查方法	55	1	$，直接测量法填 1，间接测量法填 2	
调查仪器	56	30	调查仪器名称及出厂型号	
声速准确度代码	86	1	±0.20 m/s 填 1，±0.75 m/s 填 2	
水温准确度代码	87	1	$，按±0.02℃、±0.05℃、±0.2℃的三级标准，依次填写 1、2、3	
盐度准确度代码	88	1	$，按±0.02、±0.05、±0.2 的三级标准，依次填写 1、2、3	
资料标识	89	1	实测资料填 1，标准层资料填 2	
观测层数	90	4	××××，实际观测层数或标准层资料层数	

表 126　S001-3 数据记录——声速数据

项目名称	起始位置	长度	用法和意义	计量单位
本记录类型	1	1	当前记录标识，总填“3”	
下记录类型	2	1	续接本记录的下一行记录的本记录类型的标识，填“3”、“2”或“1”	
观测层水深	3	6	××××.×，标准层资料按 GB/T 12763.5 规定填写；实际观测资料按实际观测深度填写	m
直接测量声速	9	7	××××.××	m/s
质量符	16	1	见表 B.9 质量符代码表	
水温	17	6	±××.××	℃
盐度	23	6	××.×××	
计算声速	29	7	××××.××	m/s
质量符	36	1	见表 B.9 质量符代码表	

9.2　S002—海洋环境噪声调查数据

海洋环境噪声调查数据名称以 S002 开头。

海洋环境噪声调查数据格式由以下表组成：

——表 127 S002-1 表头记录 1——航次信息；

——表 128 S002-2 表头记录 2——站位信息；

——表 129 S002-3 表头记录 3——接收位置信息；

——表 130 S002-4 数据记录 1——噪声数据；

——表 131 S002-5 数据记录 2——温、盐、声速剖面数据。

表 127　S002-1 表头记录 1——航次信息

项目名称	起始位置	长度	用法和意义	计量单位
本记录类型	1	1	当前记录标识，填“1”	
下记录类型	2	1	续接本记录的下一行记录的本记录类型的标识，填“2”	
国家	3	2	见表 B.1 世界各国和地区名称代码表	
调查机构	5	2	见表 B.3 调查机构代码表	
调查项目	7	20	见表 B.4 调查项目代码表	

表 127（续）

项目名称		起始位置	长度	用法和意义	计量单位
调查海区		27	8	见表 B.6 调查海区代码表	
调查船		35	2	见表 B.2 中国调查船代码表	
航次号		37	8	调查机构规定原始航次号	
航次开始时间	年	45	4	年份，填满四位	
	月	49	2	01～12	
	日	51	2	01～31	
航次结束时间	年	53	4	年份，填满四位	
	月	57	2	01～12	
	日	59	2	01～31	
时区改正		61	5	±××××，北京时间填"－0800"，GMT 填" 0000"	
密级		66	1	按 GB/T 7156 规定的密级代码填写	

表 128　S002-2 表头记录 2——站位信息

项目名称		起始位置	长度	用法和意义	计量单位
本记录类型		1	1	当前记录标识，填"2"	
下记录类型		2	1	续接本记录的下一行记录的本记录类型的标识，填"3"	
断面号		3	8	$$$$$$$$，按 HY 024 规定的代码或自行规定的代码记录	
站号		11	8	$$$$$$$$，填调查机构规定站号	
纬度	度	19	2	00～90	°
	分	21	2	00～59	′
	秒	23	2	00～59	″
纬度标识		25	1	填"N"或"S"	
经度	度	26	3	000～180	°
	分	29	2	00～59	′
	秒	31	2	00～59	″
经度标识		33	1	填"E"或"W"	
浮标布放时间	年	34	4	年份，填满四位	
	月	38	2	01～12	
	日	40	2	01～31	
	时	42	2	00～23	
	分	44	2	00～59	
浮标回收时间	年	46	4	年份，填满四位	
	月	50	2	01～12	
	日	52	2	01～31	
	时	54	2	00～23	
	分	56	2	00～59	

表 128（续）

项目名称	起始位置	长度	用法和意义	计量单位
水深	58	7	×××××.×	m
水深测量方法	65	1	$，查阅填 0，回声测深仪测量法填 1，钢丝绳测量法填 2，其他测量方法可自行编码并在说明文件中说明	
时区改正	66	5	±××××，北京时间填“—0800”，GMT 填“0000”	
噪声测量方式	71	1	浮标测量填 1，接收船测量填 2	
浮标布放方式	72	1	系留填 1，漂泊填 2	
浮标型号与名称	73	10	填写浮标型号与名称	
底质特征	83	14	按 GB/T 13909 的有关规定填写	
底质测量方法	97	1	直接采样填 1，间接查阅填 2	
数采系统名称	98	20	填写数据采集系统名称	
水听器数 n	118	2	××	个

表 129　S002-3 表头记录 3——接收位置信息

项目名称		起始位置	长度	用法和意义	计量单位
本记录类型		1	1	当前记录标识，填“3”	
下记录类型		2	1	续接本记录的下一行记录的本记录类型的标识，填“4”、“2”或“1”	
接收位置纬度	度	3	2	00～90	°
	分	5	2	00～59	′
	秒	7	2	00～59	″
纬度标识		9	1	填“N”或“S”	
接收位置经度	度	10	3	000～180	°
	分	13	2	00～59	′
	秒	15	2	00～59	″
经度标识		17	1	填“E”或“W”	
接收站位水深		18	7	×××××.×，接收位置的站位水深	m
水深观测方式		25	1	$，查阅填 0，回声测深仪测量法填 1，钢丝绳测量法填 2，其他测量方法可自行编码并在说明文件中说明	
观测起始时间	年	26	4	年份，填满四位	
	月	30	2	01～12	
	日	32	2	01～31	
	时	34	2	00～23	
	分	36	2	00～59	
观测终止时间	年	38	4	年份，填满四位	
	月	42	2	01～12	
	日	44	2	01～31	
	时	46	2	00～23	
	分	48	2	00～59	

表 129（续）

项目名称		起始位置	长度	用 法 和 意 义	计量单位
测站附近风向		50	3	×××,0～359,静稳填 361,不定填 362	°
测站附近风速		53	4	××.×	m/s
测站附近海况		57	1	0～9,见表 B.11 海况等级代码表	
测站附近波向	风浪向	58	3	×××,0～359,静稳填 361,不定填 362	°
	涌浪向	61	3	×××,0～359,静稳填 361,不定填 362	°
测站附近波高		64	4	××.×	m
测站附近波型		68	3	$$$,见表 B.12 波型代码表	
测站附近流速		71	4	××××	cm/s
测站附近流向		75	3	×××,0～359,静稳填 361,不定填 362	°
测站附近有无降雨		78	1	$,有降雨填“1”,无降雨为空格	
测站附近有无航船或其他发声生物		79	1	$,有航船或其他发声生物填“1”,没有为空格	
接收位置底质特征		80	14	按 GB/T 13909 的有关规定填写	
底质测量方法		94	1	直接采样填 1,间接查阅填 2	

表 130 S002-4 数据记录 1——噪声数据

项目名称		起始位置	长度	用 法 和 意 义	计量单位
本记录类型		1	1	当前记录标识,填“4”	
下记录类型		2	1	续接本记录的下一行记录的本记录类型的标识,填 “4”、“5”、“3”、“2”或“1”	
水听器序号		3	2	××	
水听器型号		5	10	填写水听器型号	
水听器深度		15	5	×××.×	m
水听器放大增益		20	3	×××	dB
通道水听器带宽		23	14	填写通道水听器带宽	
通道采样率		37	6	填写通道采样率	Hz
本行记录噪声频率数 m		43	2	×××,本行记录噪声频率数 m ,$m\leqslant 100$	
噪声频率 1	噪声频率	45	7	×××××.×	Hz
	噪声声压谱级	52	6	××××××	dB
	质量符	58	1	见表 B.9 质量符代码表	
噪声频率 2～m、声压谱级及质量符		59	14 (m-2)	填法同噪声频率 1	
注：本记录类型可视水听器数、噪声频率数重复使用。					

表 131 S002-5 数据记录 2——温、盐、声速剖面数据

项目名称		起始位置	长度	用法和意义	计量单位
本记录类型		1	1	当前记录标识,填“5”	
下记录类型		2	1	续接本记录的下一行记录的本记录类型的标识,填“5”、“3”、“2”或“1”	
调查时间	年	3	4	年份,填满四位	
	月	7	2	01～12	
	日	9	2	01～31	
	时	11	2	00～23	
	分	13	2	00～59	
时区改正		15	5	±××××,北京时间填“−0800”,GMT 填“0000”	
纬度	度	20	2	00～90	°
	分	22	2	00～59	′
	秒	24	2	00～59	″
纬度标识		26	1	填“N”或“S”	
经度	度	27	3	000～180	°
	分	30	2	00～59	′
	秒	32	2	00～59	″
经度标识		34	1	填“E”或“W”	
观测层深度		35	6	××××.×,填实际观测层水深	m
质量符		41	1	见表 B.9 质量符代码表	
水温		42	6	××.×××,观测层对应水温	℃
质量符		48	1	见表 B.9 质量符代码表	
盐度		49	6	××.×××,观测层对应盐度	
质量符		55	1	见表 B.9 质量符代码表	
声速		56	7	××××.××	m/s
质量符		63	1	见表 B.9 质量符代码表	

9.3 S003—声传播损失调查数据

声传播损失调查数据名称以 S003 开头。

声传播损失调查数据格式由如下表组成：

——表 132 S003-1 表头记录 1——航次信息；

——表 133 S003-2 表头记录 2——站位信息；

——表 134 S003-3 数据记录 1——声传播数据；

——表 135 S003-4 数据记录 2——温、盐、声速剖面数据。

表 132 S003-1 表头记录 1——航次信息

项目名称	起始位置	长度	用法和意义	计量单位
本记录类型	1	1	当前记录标识,填“1”	
下记录类型	2	1	续接本记录的下一行记录的本记录类型的标识,填“2”	
国家	3	2	见表 B.1 世界各国和地区名称代码表	

表 132（续）

项目名称		起始位置	长度	用 法 和 意 义	计量单位
调查机构		5	2	见表 B.3 调查机构代码表	
调查项目		7	20	见表 B.4 调查项目代码表	
调查海区		27	8	见表 B.6 调查海区代码表	
调查船		35	2	见表 B.2 中国调查船代码表	
航次号		37	8	调查机构规定原始航次号	
航次开始时间	年	45	4	年份，填满四位	
	月	49	2	01～12	
	日	51	2	01～31	
航次结束时间	年	53	4	年份，填满四位	
	月	57	2	01～12	
	日	59	2	01～31	
时区改正		61	5	±××××，北京时间填“－0800”，GMT 填“0000”	
密级		66	1	按 GB/T 7156 规定的密级代码填写	

表 133　S003-2 表头记录 2——站位信息

项目名称		起始位置	长度	用 法 和 意 义	计量单位
本记录类型		1	1	当前记录标识，填“2”	
下记录类型		2	1	续接本记录的下一行记录的本记录类型的标识，填“3”	
断面号		3	8	$$$$$$$$，按 HY 024 规定的代码或自行规定的代码记录	
站号		11	8	$$$$$$$$，填调查机构规定站号	
纬度	度	19	2	00～90	°
	分	21	2	00～59	′
	秒	23	2	00～59	″
纬度标识		25	1	填“N”或“S”	
经度	度	26	3	000～180	°
	分	29	2	00～59	′
	秒	31	2	00～59	″
经度标识		33	1	填“E”或“W”	
观测开始时间	年	34	4	年份，填满四位	
	月	38	2	01～12	
	日	40	2	01～31	
	时	42	2	00～23	
	分	44	2	00～59	

表 133（续）

项目名称		起始位置	长度	用 法 和 意 义	计量单位
观测结束时间	年	46	4	年份，填满四位	
	月	50	2	01～12	
	日	52	2	01～31	
	时	54	2	00～23	
	分	56	2	00～59	
水深		58	7	×××××.×	m
水深测量方法		65	1	$，查阅填 0，回声测深仪测量法填 1，钢丝绳测量法填 2，其他测量方法可自行编码并在说明文件中说明	
时区改正		66	5	±××××，北京时间填“－0800”，GMT 填“ 0000”	
噪声测量方式		71	1	浮标测量填 1，接收船测量填 2	
浮标布放方式		72	1	系留填 1，漂泊填 2	
浮标型号与名称		73	10	填写浮标型号与名称	
底质特征		83	14	按 GB/T 13909 的有关规定填写	
底质测量方法		97	1	直接采样填 1，间接查阅填 2	
数采系统名称		98	20	填写数据采集系统名称	
水听器数 n		118	2	××	个

表 134　S003-3 数据记录 1——声传播数据

项目名称		起始位置	长度	用 法 和 意 义	计量单位
本记录类型		1	1	当前记录标识，填“3”	
下记录类型		2	1	续接本记录的下一行记录的本记录类型的标识，填“3”、“5”、“2”或“1”	
声源型号		3	10	填写声源型号，左对齐	
观测时间	年	13	4	年代，填满四位	
	月	17	2	01～12	
	日	19	2	01～31	
	时	21	2	00～23	
	分	23	2	00～59	
发射深度		25	6	××××.×	m
发射位置纬度	度	31	2	00～90	°
	分	33	2	00～59	′
	秒	35	2	00～59	″
纬度标识		37	1	填“N”或“S”	
发射位置经度	度	38	3	000～180	°
	分	41	2	00～59	′
	秒	43	2	00～59	″

表 134（续）

<table>
<tr><th colspan="2">项目名称</th><th>起始位置</th><th>长度</th><th>用 法 和 意 义</th><th>计量单位</th></tr>
<tr><td colspan="2">经度标识</td><td>45</td><td>1</td><td>填“E”或“W”</td><td></td></tr>
<tr><td rowspan="4">发射位置</td><td>站位水深</td><td>46</td><td>7</td><td>×××××.×</td><td>m</td></tr>
<tr><td>水深观测方式</td><td>53</td><td>1</td><td>$，查阅填 0，回声测深仪测量法填 1，钢丝绳测量法填 2，其他测量方法可自行编码并在说明文件中说明</td><td></td></tr>
<tr><td>底质特征</td><td>54</td><td>14</td><td>按 GB/T 13909 的有关规定填写</td><td></td></tr>
<tr><td>底质测量方式</td><td>68</td><td>1</td><td>直接采样填 1，间接查阅填 2</td><td></td></tr>
<tr><td colspan="2">水听器序号</td><td>69</td><td>2</td><td>××</td><td></td></tr>
<tr><td colspan="2">水听器型号</td><td>71</td><td>10</td><td>填写水听器型号</td><td></td></tr>
<tr><td colspan="2">水听器放大增益</td><td>81</td><td>3</td><td>×××</td><td>dB</td></tr>
<tr><td colspan="2">水听器深度</td><td>84</td><td>6</td><td>××××.×</td><td>m</td></tr>
<tr><td rowspan="3">接收位置纬度</td><td>度</td><td>90</td><td>2</td><td>00～90</td><td>°</td></tr>
<tr><td>分</td><td>92</td><td>2</td><td>00～59</td><td>′</td></tr>
<tr><td>秒</td><td>94</td><td>2</td><td>00～59</td><td>″</td></tr>
<tr><td colspan="2">纬度标识</td><td>96</td><td>1</td><td>填“N”或“S”</td><td></td></tr>
<tr><td rowspan="3">接收位置经度</td><td>度</td><td>97</td><td>3</td><td>000～180</td><td>°</td></tr>
<tr><td>分</td><td>100</td><td>2</td><td>00～59</td><td>′</td></tr>
<tr><td>秒</td><td>102</td><td>2</td><td>00～59</td><td>″</td></tr>
<tr><td colspan="2">经度标识</td><td>104</td><td>1</td><td>填“E”或“W”</td><td></td></tr>
<tr><td rowspan="4">接收位置</td><td>站位水深</td><td>105</td><td>7</td><td>×××××.×</td><td>m</td></tr>
<tr><td>水深观测方式</td><td>112</td><td>1</td><td>$，查阅填 0，回声测深仪测量法填 1，钢丝绳测量法填 2，其他测量方法可自行编码并在说明文件中说明</td><td></td></tr>
<tr><td>底质特征</td><td>113</td><td>14</td><td>按 GB/T 13909 的有关规定填写</td><td></td></tr>
<tr><td>底质测量方式</td><td>127</td><td>1</td><td>直接采样填 1，间接查阅填 2</td><td></td></tr>
<tr><td colspan="2">接收距离</td><td>128</td><td>8</td><td>××××××××</td><td>m</td></tr>
<tr><td colspan="2">选定声波频率</td><td>136</td><td>9</td><td>××××—××××，填选择的声波波段频率范围</td><td>Hz</td></tr>
<tr><td colspan="2">能流密度</td><td>145</td><td>6</td><td>××××××</td><td>dB</td></tr>
<tr><td colspan="2">质量符</td><td>151</td><td>1</td><td>见表 B.9 质量符代码表</td><td></td></tr>
<tr><td colspan="2">声能损失</td><td>152</td><td>6</td><td>××××××，与声源波段对应的声能损失</td><td>dB</td></tr>
<tr><td colspan="2">质量符</td><td>158</td><td>1</td><td>见表 B.9 质量符代码表</td><td></td></tr>
<tr><td colspan="2">发射位置海况</td><td>159</td><td>1</td><td>0～9，见表 B.11 海况等级代码表</td><td></td></tr>
<tr><td colspan="2">发射位置波高</td><td>160</td><td>4</td><td>××.×</td><td>m</td></tr>
<tr><td rowspan="2">发射位置波向</td><td>风浪向</td><td>164</td><td>3</td><td>×××，0～359，静稳填 361，不定填 362</td><td>°</td></tr>
<tr><td>涌浪向</td><td>167</td><td>3</td><td>×××，0～359，静稳填 361，不定填 362</td><td>°</td></tr>
<tr><td colspan="2">发射位置风速</td><td>170</td><td>4</td><td>××.×</td><td>m/s</td></tr>
<tr><td colspan="2">发射位置风向</td><td>174</td><td>3</td><td>×××，0～359，静稳填 361，不定填 362</td><td>°</td></tr>
</table>

表 134（续）

项目名称	起始位置	长度	用法和意义	计量单位
发射位置流速	177	4	××××	cm/s
发射位置流向	181	3	×××,0～359,静稳填361,不定填362	°
发射位置方向	184	3	×××,0～359,发射位置相对接收位置的方向	°
接收位置有无降雨	187	1	$,有降雨填"1",无降雨为空格	
接收位置附近有无航船或其他发声生物	188	1	$,有航船或其他发声生物填"1",没有为空格	
资料分析方法	189	20	资料分析方法名称,左对齐	

表 135　S003-4 数据记录 2——温、盐、声速剖面数据

项目名称		起始位置	长度	用法和意义	计量单位
本记录类型		1	1	当前记录标识,填"5"	
下记录类型		2	1	续接本记录的下一行记录的本记录类型的标识,填"5"、"3"、"2"或"1"	
调查时间	年	3	4	年份,填满四位	
	月	7	2	01～12	
	日	9	2	01～31	
	时	11	2	00～23	
	分	13	2	00～59	
时区改正		15	5	±××××,北京时间填"－0800",GMT填"0000"	
纬度	度	20	2	00～90	°
	分	22	2	00～59	′
	秒	24	2	00～59	″
纬度标识		26	1	填"N"或"S"	
经度	度	27	3	000～180	°
	分	30	2	00～59	′
	秒	32	2	00～59	″
经度标识		34	1	填"E"或"W"	
观测层深度		35	6	××××.×	m
质量符		41	1	见表B.9质量符代码表	
水温		42	6	××.×××,观测层对应水温	℃
质量符		48	1	见表B.9质量符代码表	
盐度		49	6	××.×××,观测层对应盐度	
质量符		55	1	见表B.9质量符代码表	
声速		56	7	××××.××	m/s
质量符		63	1	见表B.9质量符代码表	

9.4 S004—海底声特性调查数据

海底声特性调查数据名称以S004开头。

海底声特性调查数据格式由如下表组成：

——表136 S004-1 表头记录1——航次信息；

——表137 S004-2 表头记录2——站位信息；

——表138 S004-3 数据记录1——海底声特性数据；

——表139 S004-4 数据记录2——温、盐、声速剖面数据。

表136 S004-1 表头记录1——航次信息

项目名称		起始位置	长度	用法和意义	计量单位
本记录类型		1	1	当前记录标识，填“1”	
下记录类型		2	1	续接本记录的下一行记录的本记录类型的标识，填“2”	
国家		3	2	见表B.1世界各国和地区名称代码表	
调查机构		5	2	见表B.3调查机构代码表	
调查项目		7	20	见表B.4调查项目代码表	
调查海区		27	8	见表B.6调查海区代码表	
调查船		35	2	见表B.2中国调查船代码表	
航次号		37	8	调查机构规定原始航次号	
航次开始时间	年	45	4	年份，填满四位	
	月	49	2	01～12	
	日	51	2	01～31	
航次结束时间	年	53	4	年份，填满四位	
	月	57	2	01～12	
	日	59	2	01～31	
时区改正		61	5	±××××，北京时间填“-0800”，GMT填“0000”	
密级		66	1	按GB/T 7156规定的密级代码填写	

表137 S004-2 表头记录2——站位信息

项目名称		起始位置	长度	用法和意义	计量单位
本记录类型		1	1	当前记录标识，填“2”	
下记录类型		2	1	续接本记录的下一行记录的本记录类型的标识，填“3”	
断面号		3	8	$$$$$$$$，按HY 024规定的代码或自行规定的代码记录	
站号		11	8	$$$$$$$$，填调查机构规定站号	
纬度	度	19	2	00～90	°
	分	21	2	00～59	′
	秒	23	2	00～59	″
纬度标识		25	1	填“N”或“S”	
经度	度	26	3	000～180	°
	分	29	2	00～59	′
	秒	31	2	00～59	″

表 137（续）

项目名称		起始位置	长度	用法和意义	计量单位
经度标识		33	1	填“E”或“W”	
调查时间	年	34	4	年份，填满四位	
	月	38	2	01～12	
	日	40	2	01～31	
	时	42	2	00～23	
	分	44	2	00～59	
时区改正		46	5	±×××× 北京时间填“－0800”，GMT 填“ 0000”	
水深		51	7	×××××.×	m
水深测量方法		58	1	$，查阅填 0，回声测深仪测量法填 1，钢丝绳测量法填 2，其他测量方法可自行编码并在说明文件中说明	
海况		59	1	0～9，见表 B.11 海况等级代码表	
风速		60	4	××.×	m/s
海底声特性调查方法		64	1	直接现场测量法填 1，直接实验室测量法填 2，反射折射法填 3，经验法填 4，其他填 9	
底质声特性调查仪器		65	30	填写底质声特性调查仪器名称及型号	

表 138　S004-3 数据记录 1——海底声特性数据

项目名称	起始位置	长度	用法和意义	计量单位
本记录类型	1	1	当前记录标识，填“3”	
下记录类型	2	1	续接本记录的下一行记录的本记录类型的标识，填“3”、“2”或“1”	
观测层深度	3	5	××.××	m
声速	8	8	×××××.××	m/s
质量符	16	1	见表 B.9 质量符代码表	
衰减系数	17	6	××××××	dB/m
质量符	23	1	见表 B.9 质量符代码表	
选定声波频率	24	9	××××—××××，填选择的声波波段频率范围	Hz
沉积物孔隙度	33	2	××，按 GB/T 13909 的有关规定填写	%
沉积物中值粒径	35	8	×××.××××，按 GB/T 13909 的有关规定填写	mm
沉积物密度	43	5	××.××，按 GB/T 13909 的有关规定填写	g/cm³
沉积物类型	48	12	按 GB/T 13909 的有关规定填写	
计算声速	60	8	×××××.××	m/s
质量符	68	1	见表 B.9 质量符代码表	
计算声衰减系数	69	6	××××××	dB/m
质量符	75	1	见表 B.9 质量符代码表	

表 139 S004-4 数据记录 2——温、盐、声速剖面数据

项目名称		起始位置	长度	用 法 和 意 义	计量单位
本记录类型		1	1	当前记录标识,填“5”	
下记录类型		2	1	续接本记录的下一行记录的本记录类型的标识,填“5”、“3”、“2”或“1”	
调查时间	年	3	4	年份,填满四位	
	月	7	2	01～12	
	日	9	2	01～31	
	时	11	2	00～23	
	分	13	2	00～59	
时区改正		15	5	±××××,北京时间填“－0800”,GMT 填“ 0000”	
纬度	度	20	2	00～90	°
	分	22	2	00～59	′
	秒	24	2	00～59	″
纬度标识		26	1	填“N”或“S”	
经度	度	27	3	000～180	°
	分	30	2	00～59	′
	秒	32	2	00～59	″
经度标识		34	1	填“E”或“W”	
观测层深度		35	6	××××.×	m
质量符		41	1	见表 B.9 质量符代码表	
水温		42	6	××.×××,观测层对应水温	℃
质量符		48	1	见表 B.9 质量符代码表	
盐度		49	6	××.×××,观测层对应盐度	
质量符		55	1	见表 B.9 质量符代码表	
声速		56	7	××××.××	m/s
质量符		63	1	见表 B.9 质量符代码表	

9.5 S005—海面照度调查数据

海面照度调查数据名称以 S005 开头。

海面照度调查数据格式由如下表组成：

——表 140 S005-1 表头记录——航次信息；

——表 141 S005-2 数据记录——海面照度数据。

表 140 S005-1 表头记录——航次信息

项目名称	起始位置	长度	用 法 和 意 义	计量单位
本记录类型	1	1	当前记录标识,填“1”	
下记录类型	2	1	续接本记录的下一行记录的本记录类型的标识,填“2”	
国家	3	2	见表 B.1 世界各国和地区名称代码表	
调查机构	5	2	见表 B.3 调查机构代码表	

表 140（续）

项目名称		起始位置	长度	用 法 和 意 义	计量单位
调查项目		7	20	见表 B.4 调查项目代码表	
调查海区		27	8	见表 B.6 调查海区代码表	
调查船		35	2	见表 B.2 中国调查船编码	
航次号		37	8	调查机构规定原始航次号	
航次开始时间	年	45	4	年份，填满四位	
	月	49	2	01～12	
	日	51	2	01～31	
航次结束时间	年	53	4	年份，填满四位	
	月	57	2	01～12	
	日	59	2	01～31	
时区改正		61	5	±××××，北京时间填“－0800”，GMT 填“ 0000”	
密级		66	1	按 GB/T 7156 规定的密级代码填写	

表 141　S005-2 数据记录——海面照度数据

项目名称		起始位置	长度	用 法 和 意 义	计量单位
本记录类型		1	1	当前记录标识，填“2”	
下记录类型		2	1	续接本记录的下一行记录的本记录类型的标识，填“3”	
断面号		3	8	$$$$$$$$，按 HY 024 规定的代码或自行规定的代码记录	
站号		11	8	$$$$$$$$，填调查机构规定站号	
纬度	度	19	2	00～90	°
	分	21	2	00～59	′
	秒	23	2	00～59	″
纬度标识		25	1	填“N”或“S”	
经度	度	26	3	000～180	°
	分	29	2	00～59	′
	秒	31	2	00～59	″
经度标识		33	1	填“E”或“W”	
观测时间	年	34	4	年份，填满四位	
	月	38	2	01～12	
	日	40	2	01～31	
	时	42	2	00～23	
	分	44	2	00～59	
时区改正		46	5	±××××，北京时间填“－0800”，GMT 填“ 0000”	
海面照度观测仪器		51	30	海面照度观测仪器名称及出厂型号	
海面照度		81	7	×××××××	lx
质量符		88	1	见表 B.9 质量符代码表	

9.6 S006—海水辐照度调查数据

海水辐照度调查数据名称以 S006 开头。

海水辐照度调查数据格式由以下表组成：

——表 142 S006-1 表头记录 1——航次信息；

——表 143 S006-2 表头记录 2——站位信息；

——表 144 S006-3 数据记录 1——光谱波长数据；

——表 145 S006-4 数据记录 2——海面辐照度数据；

——表 146 S006-5 数据记录 3——海水辐照度剖面数据。

表 142 S006-1 表头记录 1——航次信息

项目名称		起始位置	长度	用 法 和 意 义	计量单位
本记录类型		1	1	当前记录标识，填“1”	
下记录类型		2	1	续接本记录的下一行记录的本记录类型的标识，填“2”	
国家		3	2	见表 B.1 世界各国和地区名称代码表	
调查机构		5	2	见表 B.3 调查机构代码表	
调查项目		7	20	见表 B.4 调查项目代码表	
调查海区		27	8	见表 B.6 调查海区代码表	
调查船		35	2	见表 B.2 中国调查船代码表	
航次号		37	8	调查机构规定原始航次号	
航次开始时间	年	45	4	年份，填满四位	
	月	49	2	01～12	
	日	51	2	01～31	
航次结束时间	年	53	4	年份，填满四位	
	月	57	2	01～12	
	日	59	2	01～31	
时区改正		61	5	±××××，北京时间填“－0800”，GMT 填“ 0000”	
密级		66	1	按 GB/T 7156 规定的密级代码填写	

表 143 S006-2 表头记录 2——站位信息

项目名称		起始位置	长度	用 法 和 意 义	计量单位
本记录类型		1	1	当前记录标识，填“2”	
下记录类型		2	1	续接本记录的下一行记录的本记录类型的标识，填“3”	
断面号		3	8	$$$$$$$$，按 HY 024 规定的代码或自行规定的代码记录	
站号		11	8	$$$$$$$$，填调查机构规定站号	
纬度	度	19	2	00～90	°
	分	21	2	00～59	′
	秒	23	2	00～59	″
纬度标识		25	1	填“N”或“S”	

表 143(续)

项目名称		起始位置	长度	用法和意义	计量单位
经度	度	26	3	000～180	°
	分	29	2	00～59	′
	秒	31	2	00～59	″
经度标识		33	1	填“E”或“W”	
调查日期	年	34	4	年份,填满四位	
	月	38	2	01～12	
	日	40	2	01～31	
开始时间	时	42	2	00～23	
	分	44	2	00～59	
结束时间	时	46	2	00～23	
	分	48	2	00～59	
水深		50	7	×××××.×	m
水深测量方法		57	1	$,查阅填 0,回声测深仪测量法填 1,钢丝绳测量法填 2,其他测量方法可自行编码并在说明文件中说明	
时区改正		58	5	±××××,北京时间填“－0800”,GMT 填“ 0000”	
观测方法		63	1	水下剖面测量法填 1,水上表面测量法填 2,其他填 9	
采样时间间隔		64	5	××.××	s
仪器下放速度		69	5	××.××	m/s
水下辐照度/辐亮度观测仪器		74	30	辐照度或辐亮度观测仪名称及出厂型号,左对齐	
光谱波段数 n		104	2	××,填选用的光谱波段数	
辐照度/辐亮度剖面观测层数		106	5	×××××,实际观测层数或标准层资料层数	
资料标识		111	1	实测资料填 1,标准层资料填 2	
海况		112	1	0～9,见表 B.11 海况等级代码表	
波高		113	4	××.×	m
波周期		117	4	××.×	s
水色		121	2	××,填写水色号	
透明度		123	4	××.×	m
气温		127	6	×××.××	℃
气压		133	6	××××.×	hPa
云量		139	2	见表 B.15 云量代码表	
云状		141	20	见表 B.16 云类代码表,每两位代表一种云,按顺序自左向右填写,最多记录十种	

表 144 S006-3 数据记录 1——光谱波长数据

项目名称	起始位置	长度	用法和意义	计量单位
本记录类型	1	1	当前记录标识,填“3”	
下记录类型	2	1	续接本记录的下一行记录的本记录类型,填“4”	
空格	3	13		
光谱波段 1 波长	16	8	×××××±××,或连续光谱××××-××××,选用的光谱波段 1 波长	nm
光谱波段 2～n 波长	23	8 (n-1)	填法与“光谱波段 1 波长”相同	nm

表 145 S006-4 数据记录 2——海面辐照度数据

项目名称		起始位置	长度	用法和意义	计量单位
本记录类型		1	1	当前记录标识,填“4”	
下记录类型		2	1	续接本记录的下一行记录的本记录类型的标识,填“4”、“5”	
调查日期	年	3	4	年份,填满四位	
	月	7	2	01～12	
	日	9	2	01～31	
调查时间	时	11	2	00～23	
	分	13	2	00～59	
空格		15	2		
深度		17	6	××××.×,大气层外太阳辐照度,海面入射辐照度、漫射太阳光辐照度、直射太阳光辐照度观测深度填 0.0	m
类型标识		23	1	$,大气层外太阳辐照度填 0,海面入射总辐照度($E_d(0^+)$)填 1,天空漫射辐照度填 2,直射太阳光辐照度填 3	
海面光谱辐照度 1		24	7	××××.××,根据类型标识中的内容,填写与光谱波段 1 对应的值	μW/(cm² · nm)
质量符		31	1	见表 B.9 质量符代码表	
海面光谱辐照度 2～n 及其质量符		32	8 (n-1)	填与光谱波段 2～n 对应的辐照度及其质量符,填法与“辐照度 1”及质量符相同	

表 146 S006-5 数据记录 3——海水辐照度剖面数据

项目名称		起始位置	长度	用法和意义	计量单位
本记录类型		1	1	当前记录标识,填“5”	
下记录类型		2	1	续接本记录的下一行记录的本记录类型的标识,填“5”、“2”或“1”	
调查日期	年	3	4	年份,填满四位	
	月	7	2	01～12	
	日	9	2	01～31	
调查时间	时	11	2	00～23	
	分	13	2	00～59	
层次序号		15	2	××,填写观测层次的序号	

表 146（续）

项目名称	起始位置	长度	用法和意义	计量单位
观测层深度	17	6	××××.×，实际观测层次深度；标准层深度按 GB/T 12763.5 的有关规定填写	m
采样标识	23	1	$，辐照度(向下)填"D"，辐照度(向上)填"U"	
光谱辐照度 1	24	7	××××.××，填写与光谱波段 1 对应的值	μW/(cm^2.nm)
质量符	31	1	见表 B.9 质量符代码表	
光谱辐照度 2～n 及其质量符	32	8(n-1)	填与光谱波段 2～n 对应的光谱辐照度及其质量符，填法与"光谱辐照度 1"及质量符相同	
天空相对照度	32+8(n−1)	3	×××	%
水温	35+8(n−1)	6	××.×××	℃
仪器内温度	41+8(n−1)	6	××.×××，水下剖面测量法时填写	℃
仪器姿态	47+8(n−1)	4	××.×，水下剖面测量法时填写	°

9.7 S007—海水辐亮度调查数据

海水辐亮度调查数据名称以 S007 开头。

海水辐亮度调查数据格式由如下表组成：

——表 147 S007-1 表头记录 1——航次信息；

——表 148 S007-2 表头记录 2——站位信息；

——表 149 S007-3 数据记录 1——光谱波长数据；

——表 150 S007-4 数据记录 2——海水辐亮度数据。

表 147 S007-1 表头记录 1——航次信息

项目名称		起始位置	长度	用法和意义	计量单位
本记录类型		1	1	当前记录标识，填"1"	
下记录类型		2	1	续接本记录的下一行记录的本记录类型的标识，填"2"	
国家		3	2	见表 B.1 世界各国和地区名称代码表	
调查机构		5	2	见表 B.3 调查机构代码表	
调查项目		7	20	见表 B.4 调查项目代码表	
调查海区		27	8	见表 B.6 调查海区代码表	
调查船		35	2	见表 B.2 中国调查船代码表	
航次号		37	8	调查机构规定原始航次号	
航次开始时间	年	45	4	年份，填满四位	
	月	49	2	01～12	
	日	51	2	01～31	
航次结束时间	年	53	4	年份，填满四位	
	月	57	2	01～12	
	日	59	2	01～31	
时区改正		61	5	±××××，北京时间填"−0800"，GMT 填"0000"	
密级		66	1	按 GB/T 7156 规定的密级代码填写	

表 148 S007-2 表头记录 2——站位信息

项目名称		起始位置	长度	用 法 和 意 义	计量单位
本记录类型		1	1	当前记录标识，填“2”	
下记录类型		2	1	续接本记录的下一行记录的本记录类型的标识，填“3”	
断面号		3	8	$$$$$$$$，按 HY 024 规定的代码或自行规定的代码记录	
站号		11	8	$$$$$$$$，填调查机构规定站号	
纬度	度	19	2	00～90	°
	分	21	2	00～59	′
	秒	23	2	00～59	″
纬度标识		25	1	填“N”或“S”	
经度	度	26	3	000～180	°
	分	29	2	00～59	′
	秒	31	2	00～59	″
经度标识		33	1	填“E”或“W”	
调查日期	年	34	4	年份，填满四位	
	月	38	2	01～12	
	日	40	2	01～31	
开始时间	时	42	2	00～23	
	分	44	2	00～59	
结束时间	时	46	2	00～23	
	分	48	2	00～59	
水深		50	7	×××××.×	m
水深测量方法		57	1	$，查阅填 0，回声测深仪测量法填 1，钢丝绳测量法填 2，其他测量方法可自行编码并在说明文件中说明	
时区改正		58	5	±××××，北京时间填“-0800”，GMT 填“ 0000”	
观测方法		63	1	水下剖面测量法填 1，水上表面测量法填 2，其他填 9	
采样时间间隔		64	5	××.××	s
仪器下放速度		69	5	××.××	m/s
水下辐照度/辐亮度观测仪器		74	30	辐照度或辐亮度观测仪名称及出厂型号，左对齐	
光谱波段数 n		104	2	××，填选用的光谱波段数	
辐照度/辐亮度剖面观测层数		106	5	×××××，实际观测层数或标准层资料层数	
资料标识		111	1	实测资料填 1，标准层资料填 2	
海况		112	1	0～9，见表 B.11 海况等级代码表	
波高		113	4	××.×	m
波周期		117	4	××.×	s
水色		121	2	××，填写水色号	

表 148（续）

项目名称	起始位置	长度	用 法 和 意 义	计量单位
透明度	123	4	××.×	m
气温	127	6	×××.××	℃
气压	133	6	××××.×	hPa
云量	139	2	见表 B.15 云量代码表	
云状	141	20	见表 B.16 云类代码表，每两位代表一种云，按顺序自左向右填写，最多记录十种	

表 149 S007-3 数据记录 1——光谱波长数据

项目名称	起始位置	长度	用 法 和 意 义	计量单位
本记录类型	1	1	当前记录标识，填“3”	
下记录类型	2	1	续接本记录的下一行记录的本记录类型，填“4”	
空格	3	13		
光谱波段 1 波长	16	8	×××××±××，或连续光谱××××-××××，选用的光谱波段 1 波长	nm
光谱波段 2～n 波长	23	8(n—1)	填法与“光谱波段 1 波长”相同	nm

表 150 S007-4 数据记录 2——海水辐亮度数据

项目名称		起始位置	长度	用 法 和 意 义	计量单位
本记录类型		1	1	当前记录标识，填“4”	
下记录类型		2	1	续接本记录的下一行记录的本记录类型的标识，填“4”、“2”或“1”	
调查日期	年	3	4	年份，填满四位	
	月	7	2	01～12	
	日	9	2	01～31	
调查时间	时	11	2	00～23	
	分	13	2	00～59	
层次序号		15	2	××，填写观测层次的序号	
观测层深度		17	6	××××.×，实际观测层次深度；标准层深度按 GB/T 12763.7 有关规定填写	m
采样标识		23	1	$，辐亮度(向下)填“D”，辐亮度(向上)填“U”	
光谱辐亮度 1		24	7	××××.××，填写光谱波段 1 对应的海水光谱辐亮度观测值	μW/(cm².sr·nm)
质量符		31	1	见表 B.9 质量符代码表	
光谱辐亮度 2～n 及其质量符		32	8(n—1)	填法与“光谱辐亮度 1”及质量符相同	
天空相对照度		32+8(n—1)	3	×××	%
水温		35+8(n—1)	6	××.×××	℃
仪器内温度		41+8(n—1)	6	××.×××，水下剖面测量法时填写	℃
仪器姿态		47+8(n—1)	4	××.×，水下剖面测量法时填写	°

9.8 S008—海水透射率或衰减系数调查数据

海水透射率或衰减系数调查数据名称以 S008 开头。

海水透射率或衰减系数调查数据格式由以下表组成：

——表 151 S008-1 表头记录 1——航次信息；

——表 152 S008-2 表头记录 2——站位信息；

——表 153 S008-3 数据记录 1——光谱波长数据；

——表 154 S008-4 数据记录 2——透射数据。

表 151　S008-1 表头记录 1——航次信息

项目名称		起始位置	长度	用 法 和 意 义	计量单位
本记录类型		1	1	当前记录标识，填“1”	
下记录类型		2	1	续接本记录的下一行记录的本记录类型的标识，填“2”	
国家		3	2	见表 B.1 世界各国和地区名称代码表	
调查机构		5	2	见表 B.3 调查机构代码表	
调查项目		7	20	见表 B.4 调查项目代码表	
调查海区		27	8	见表 B.6 调查海区代码表	
调查船		35	2	见表 B.2 中国调查船代码表	
航次号		37	8	调查机构规定原始航次号	
航次开始时间	年	45	4	年份，填满四位	
	月	49	2	01～12	
	日	51	2	01～31	
航次结束时间	年	53	4	年份，填满四位	
	月	57	2	01～12	
	日	59	2	01～31	
时区改正		61	5	±××××，北京时间填“－0800”，GMT 填“0000”	
密级		66	1	按 GB/T 7156 规定的密级代码填写	

表 152　S008-2 表头记录 2——站位信息

项目名称		起始位置	长度	用 法 和 意 义	计量单位
本记录类型		1	1	当前记录标识，总填“2”	
下记录类型		2	1	续接本记录的下一行记录的本记录类型的标识，填“3”	
断面号		3	3	$$$$$$$$，按 HY 024 规定的代码或自行规定的代码记录	
站号		11	8	$$$$$$$$，填调查机构规定站号	
纬度	度	19	2	00～90	°
	分	21	2	00～59	′
	秒	23	2	00～59	″
纬度标识		25	1	填“N”或“S”	
经度	度	26	3	000～180	°
	分	29	2	00～59	′
	秒	31	2	00～59	″

表 152（续）

项目名称		起始位置	长度	用 法 和 意 义	计量单位
经度标识		33	1	填“E”或“W”	
调查日期	年	34	4	年份，填满四位	
	月	38	2	01～12	
	日	40	2	01～31	
开始时间	时	42	2	00～23	
	分	44	2	00～59	
结束时间	时	46	2	00～23	
	分	48	2	00～59	
水深		50	7	×××××.×	m
水深测量方法		57	1	$，查阅填 0，回声测深仪测量法填 1，钢丝绳测量法填 2，其他测量方法可自行编码并在说明文件中说明	
时区改正		58	5	±××××，北京时间填“－0800”，GMT 填“ 0000”	
资料标识		63	1	实测资料填 1，标准层资料填 2	
海况		64	1	0～9，见表 B.11 海况等级代码表	
透明度		65	4	××.×	m
透射率仪器型号		69	30	水下透射率观测仪名称及出厂型号	
仪器光程		99	3	×××	cm
仪器下降速度		102	5	××.××	m/s
采样时间间隔		107	5	××.××	s
光谱波段数 *n*		112	2	××，填选用的光谱波段数	
观测层数		114	5	×××××，实际观测层数或标准层资料层数	

表 153 S008-3 数据记录 1——光谱波长数据

项目名称	起始位置	长度	用 法 和 意 义	计量单位
本记录类型	1	1	当前记录标识，填“3”	
下记录类型	2	1	续接本记录的下一行记录的本记录类型，填“4”	
空格	3	13		
光谱波段 1 波长	16	8	×××××±××，或连续光谱××××—××××，选用的光谱波段 1 波长	nm
光谱波段 2～*n* 波长	23	8(*n*-1)	填法与“光谱波段 1 波长”相同	nm

表 154 S008-4 数据记录 2——透射数据

项目名称		起始位置	长度	用 法 和 意 义	计量单位
本记录类型		1	1	当前记录标识，填“4”	
下记录类型		2	1	续接本记录的下一行记录的本记录类型的标识，填“4”、“2”或“1”	
调查日期	年	3	4	年份，填满四位	
	月	7	2	01～12	
	日	9	2	01～31	

表 154（续）

项目名称		起始位置	长度	用 法 和 意 义	计量单位
调查时间	时	11	2	00～23	
	分	13	2	00～59	
层次序号		15	2	××，填写观测层序号	
观测层深度		17	6	××××.×，实际观测数据填写实际观测深度，标准层深度按 GB/T 12763.5 的有关规定填写	m
类型标识		23	1	$，透射率填 1，光束衰减系数填 2	
透射率或光束衰减系数 1		24	7	当类型标识为 1 时填透射率，×××；当类型标识为 2 时填衰减系数，×××.×××，单位为 m^{-1}	
质量符		31	1	见表 B.9 质量符代码表	
透射率或光束衰减系数 2～n 及其质量符		32	8(n-1)	填法与“透射率或光束衰减系数 1 及其质量符”相同	

10 海洋地质地球物理调查数据

10.1 海洋底质调查数据

10.1.1 G001—沉积物粒度分析数据

沉积物粒度分析数据名称以 G001 开头

沉积物粒度分析数据格式由以下表组成：

——表 155 G001-1 表头记录 1——项目信息；

——表 156 G001-2 表头记录 2——航次信息；

——表 157 G001-3 表头记录 3——站位和样品信息；

——表 158 G001-4 表头记录 4——粒度分析样品信息；

——表 159 G001-5 数据记录——粒度分析数据。

表 155 G001-1 表头记录 1——项目信息

项目名称	起始位置	长度	用 法 和 意 义	计量单位
记录类型	1	3	填“G01”，见表 B.44 海洋地质地球物理调查资料记录类型代码表	
国家	4	2	见表 B.1 世界各国和地区名称代码表	
项目或计划代码	6	2	见表 B.4 调查项目代码表	
项目或计划名称	8	40	用文字表示调查研究项目或计划名称	
项目主管部门	48	20	用文字表示项目主管部门	
经费来源	68	20	用文字表示调查研究项目或计划的经费来源或资助单位	
项目执行部门	88	20	用文字表示项目执行部门	
项目首席科学家	108	10	用文字表示项目首席科学家	
项目或计划描述	118	203	用文字简述调查研究项目或计划的目的、主要调查内容、调查区域、执行期限及合作单位等	

表 156 G001-2 表头记录 2——航次信息

项目名称		起始位置	长度	用法和意义	计量单位
记录类型		1	3	填"G02",见表 B.44 海洋地质地球物理调查资料记录类型代码表	
调查机构		4	2	见表 B.3 调查机构代码表	
调查海区		6	8	见表 B.6 调查海区代码表	
调查平台		14	2	见表 B.2 中国调查船代码表	
航次号		16	8	调查机构原始航次号	
调查机构名称		24	20	用文字描述	
调查平台名称		44	20	用文字描述调查平台(船或飞机)名称	
航次首席科学家		64	20	用文字描述	
调查开始日期	年	84	4	年份,填满四位	
	月	88	2	01～12	
	日	90	2	01～31	
始航港		92	20	用文字注明国家、城市、港口名	
调查结束日期	年	112	4	年份,填满四位	
	月	116	2	01～12	
	日	118	2	01～31	
到达港		120	20	用文字注明国家、城市、港口名	
地理坐标系统		140	20	用文字描述,如 WGS-84 系统等	
测深基准面		160	2	按"表 B.40 测深基准面代码表"填写	
导航仪		162	20	用文字描述	
定位方法		182	2	见表 B.45 导航定位方法代码表	
定位准确度		184	5	×××.×	m
调查内容		189	40	用文字表示本航次主要调查内容	
测线数		229	3	×××	
测线总长度		232	6	××××××	km
站位数		238	6	××××××,调查、观测或取样站点数	
航次计划完成情况		244	39	用文字表示本航次调查计划完成情况	
处理号		283	8	由资料中心统一编号	
资料提供单位		291	20	用文字表示资料提供单位	
文件形成日期	年	311	4	年份,填满四位	
	月	315	2	01～12	
	日	317	2	01～31	
密 级		319	2	按 GB 7156 填写密级码	

表 157 G001-3 表头记录 3——站位和样品信息

项目名称		起始位置	长度	用法和意义	计量单位
记录类型		1	3	填“G03”,见表 B.44 海洋地质地球物理调查资料记录类型代码表	
站号		4	8	原始调查站号	
调查日期	年	12	4	年份,填满四位	
	月	16	2	01～12	
	日	18	2	01～31	
调查时间	时	20	2	00～23	
	分	22	2	00～59	
纬度	度	24	2	00～90	°
	分	26	2	00～59	′
	秒	28	5	00.00～59.99	″
纬度标识		33	1	填“N”或“S”	
经度	度	34	3	000～180	°
	分	37	2	00～59	′
	秒	39	5	00.00～59.99	″
经度标识		44	1	填“E”或“W”	
水深		45	7	×××××.×	m
取样器		52	2	见表 B.46 海洋底质采样器代码表	
样品数量		54	2	××填样品数量	
样品号		56	7	填原始调查样品号	
样品类型		63	1	表层样填 1,柱状样填 2,拖网取样填 3,悬浮体样填 4	
岩芯长度		64	7	×××××.× 如果是柱状样,填柱状样长度	cm
分析鉴定单位		71	20	用文字表示样品分析、处理、测试、鉴定单位	
样品描述		73	248	用文字表达样品现场描述内容	

表 158 G001-4 表头记录 4——粒度分析样品信息

项目名称		起始位置	长度	用法和意义	计量单位
记录类型		1	3	填“G04”,见表 B.44 海洋地质地球物理调查资料记录类型代码表	
层次号或分样号		4	4	××××,柱状样层次号或样品分样号	
层次顶部深度		8	7	×××××.×	cm
层次底部深度		15	7	×××××.×	cm
分析日期	年	22	4	年份,填满四位	
	月	26	2	01～12	
	日	28	2	01～31	
粒级分类标准		30	20	填写粒级分类命名法,如尤登-温德华氏等比制	
粗颗粒分析方法		50	1	见表 B.47 粒度分析方法代码表	
细颗粒分析方法		51	1	见表 B.47 粒度分析方法代码表	

表 158（续）

项目名称	起始位置	长度	用法和意义	计量单位
粗、细粒级分界值	52	5	×.×××，粗、细粒级分界值，如粗细粒级采用同一分析方法则留空	mm
沉积物类型或名称	57	30	按 GB/T 13909 中的有关规定，用文字表示沉积物名称，如“硅质-钙质粘土混合软泥”、“砂-粉砂-粘土”等	
粒度分析间隔	87	20	填写粒度分析间隔，用 ϕ 值表示，如 $2\phi,1\phi,1/2\phi,1/3\phi,1/4\phi$ 等	
砾石含量	107	5	××.××	%
砂含量	112	5	××.××	%
粉砂含量	117	5	××.××	%
粘土含量	122	5	××.××	%
其他碎屑含量	127	5	××.××	%
平均粒径	132	5	×.×××	mm
中值粒径	137	5	×.×××	mm
偏态符号	142	1	“＋”或“－”	
偏态	143	6	××.×××	mm
峰态符号	149	1	“＋”表示低峰态，“－”表示尖峰态	
峰态	150	6	××.×××	mm
分选系数	156	5	××.××	
其他	161	160	用文字说明未参与分析的砾石、贝壳、珊瑚、结核等其他碎屑物质	

表 159 G001-5 数据记录——粒度分析数据

项目名称	起始位置	长度	用法和意义	计量单位
记录类型	1	3	填“G05”，见表 B.44 海洋地质地球物理调查资料记录类型代码表	
粒径范围	4	11	按 GB/T 13909 中有关规定填写，如 0.063～0.032 等	mm
百分含量	15	5	××.××	%
粒径范围	20	11		mm
百分含量	31	5	××.××	%
粒径范围	36	11		mm
百分含量	47	5	××.××	%
粒径范围	52	11		mm
百分含量	63	5	××.××	%
粒径范围	68	11		mm
百分含量	79	5	××.××	%
粒径范围	84	11		mm
百分含量	95	5	××.××	%
注：可视分析粒径范围多少重复使用。				

10.1.2 G002—沉积物与岩石矿物鉴定数据

沉积物与岩石矿物鉴定数据名称以G002开头。

沉积物与岩石矿物鉴定数据格式由以下表组成：

——表160 G002-1 表头记录1——项目信息；

——表161 G002-2 表头记录2——航次信息；

——表162 G002-3 表头记录3——站位和样品信息；

——表163 G002-4 表头记录4——矿物鉴定样品信息；

——表164 G002-5 数据记录1——重矿物鉴定数据；

——表165 G0Q2-6 数据记录2——轻矿物鉴定数据；

——表166 G002-7 数据记录3——粘土矿物鉴定数据；

——表167 G002-8 数据记录4——岩石矿物鉴定数据。

表160 G002-1 表头记录1——项目信息

项目名称	起始位置	长度	用法和意义	计量单位
记录类型	1	3	填“G01”，见表B.44海洋地质地球物理调查资料记录类型代码表	
国家	4	2	见表B.1世界各国和地区名称代码表	
项目或计划代码	6	2	见表B.4调查项目代码表	
项目或计划名称	8	40	用文字表示调查研究项目或计划名称	
项目主管部门	48	20	用文字表示项目主管部门	
经费来源	68	20	用文字表示调查研究项目或计划的经费来源或资助单位	
项目执行部门	88	20	用文字表示项目执行部门	
项目首席科学家	108	10	用文字表示项目首席科学家	
项目或计划描述	118	203	用文字简述调查研究项目或计划的目的、主要调查内容、调查区域、执行期限及合作单位等	

表161 G002-2 表头记录2——航次信息

项目名称		起始位置	长度	用法和意义	计量单位
记录类型		1	3	填“G02”，见表B.44海洋地质地球物理调查资料记录类型代码表	
调查机构		4	2	见表B.3调查机构代码表	
调查海区		6	8	见表B.6调查海区代码表	
调查平台		14	2	见表B.2中国调查船代码表	
航次号		16	8	调查机构原始航次号	
调查机构名称		24	20	用文字描述	
调查平台名称		44	20	用文字描述调查平台(船或飞机)名称	
航次首席科学家		64	20	用文字描述	
调查开始日期	年	84	4	年份，填满四位	
	月	88	2	01～12	
	日	90	2	01～31	
始航港		92	20	用文字注明国家、城市、港口名	

表 161（续）

项目名称		起始位置	长度	用法和意义	计量单位
调查结束日期	年	112	4	年份，填满四位	
	月	116	2	01～12	
	日	118	2	01～31	
到达港		120	20	用文字注明国家、城市、港口名	
地理坐标系统		140	20	用文字描述，如 WGS-84 系统等	
测深基准面		160	2	按“表 B.40 测深基准面代码表”填写	
导航仪		162	20	用文字描述	
定位方法		182	2	见表 B.45 导航定位方法代码表	
定位准确度		184	5	×××.×	m
调查内容		189	40	用文字表示本航次主要调查内容	
测线数		229	3	×××	
测线总长度		232	6	××××××	km
站位数		238	6	××××××，调查、观测或取样站点数	
航次计划完成情况		244	39	用文字表示本航次调查计划完成情况	
处理号		283	8	由资料中心统一编号	
资料提供单位		291	20	用文字表示资料提供单位	
文件形成日期	年	311	4	年份，填满四位	
	月	315	2	01～12	
	日	317	2	01～31	
密级		319	2	按 GB 7156 填写密级码	

表 162　G002-3 表头记录 3——站位和样品信息

项目名称		起始位置	长度	用法和意义	计量单位
记录类型		1	3	填“G03”，见表 B.44 海洋地质地球物理调查资料记录类型代码表	
站号		4	8	原始调查站号	
调查日期	年	12	4	年份，填满四位	
	月	16	2	01～12	
	日	18	2	01～31	
调查时间	时	20	2	00～23	
	分	22	2	00～59	
纬度	度	24	2	00～90	°
	分	26	2	00～59	′
	秒	28	5	00.00～59.99	″
纬度标识		33	1	填“N”或“S”	

表 162（续）

项目名称		起始位置	长度	用 法 和 意 义	计量单位
经度	度	34	3	000～180	°
	分	37	2	00～59	′
	秒	39	5	00.00～59.99	″
经度标识		44	1	填"E"或"W"	
水深		45	7	×××××.×	m
取样器		52	2	见表 B.46 海洋底质采样器代码表	
样品数量		54	2	××填样品数量	
样品号		56	7	填原始调查样品号	
样品类型		63	1	表层样填 1,柱状样填 2,拖网取样填 3,悬浮体样填 4	
岩芯长度		64	7	×××××.× 如果是柱状样,填柱状样长度	cm
分析鉴定单位		71	20	用文字表示样品分析、处理、测试、鉴定单位	
样品描述		73	248	用文字表达样品现场描述内容	

表 163　G002-4 表头记录 4——矿物鉴定样品信息

项目名称		起始位置	长度	用 法 和 意 义	计量单位
记录类型		1	3	填"G06",见表 B.44 海洋地质地球物理调查资料记录类型代码表	
层次号或分样号		4	4	××××,柱状样层次号或样品分样号	
层次顶部深度		8	7	×××××.×	cm
层次底部深度		15	7	×××××.×	cm
分析鉴定样数		22	1	0～9	
鉴定样品重		23	5	×××××	g
鉴定总颗粒数		28	5	×××××(粘土矿物鉴定资料可不填)	枚
样品最大粒径		33	5	×.×××,填分析鉴定样品最大粒径	mm
样品最小粒径		38	5	×.×××,填分析鉴定样品最小粒径	mm
鉴定日期	年	43	4	年份,填满四位	
	月	47	2	01～12	
	日	49	2	01～31	
分析鉴定方法		51	2	见表 B.49 沉积物与岩石矿物鉴定方法代码表	
鉴定样品名称		53	30	用文字表示沉积物与岩石名称,如"硅质-钙质粘土混合软泥"、"砂-粉砂-粘土"、"岩块"等	
重矿物含量		83	5	××.××	%
轻矿物含量		88	5	××.××	%
未确定物质含量		93	5	××.××	%
贝壳含量		98	5	××.××	%
说明		103	98	用文字说明矿物鉴定方法、使用的仪器及型号等	

表 164 G002-5 数据记录 1——重矿物鉴定数据

项目名称	起始位置	长度	用法和意义	计量单位
记录类型	1	3	填“G07”，见表 B. 44 海洋地质地球物理调查资料记录类型代码表	
矿物名称	4	14	填写矿物名称	
含量	18	5	××.××	%
矿物名称	23	14	填写矿物名称	
含量	37	5	××.××	%
矿物名称	42	14	填写矿物名称	
含量	56	5	××.××	%
矿物名称	61	14	填写矿物名称	
含量	75	5	××.××	%
矿物名称	80	14	填写矿物名称	
含量	94	5	××.××	%
矿物名称	99	14	填写矿物名称	
含量	113	5	××.××	%
矿物名称	118	14	填写矿物名称	
含量	132	5	××.××	%
矿物名称	137	14	填写矿物名称	
含量	151	5	××.××	%
矿物名称	156	14	填写矿物名称	
含量	170	5	××.××	%
矿物名称	175	14	填写矿物名称	
含量	189	5	××.××	%
注：可视重矿物鉴定多少重复使用。				

表 165 G002-6 数据记录 2——轻矿物鉴定数据

项目名称	起始位置	长度	用法和意义	计量单位
记录类型	1	3	填“G08”，见表 B. 44 海洋地质地球物理调查资料记录类型代码表	
矿物名称	4	14	填写矿物名称，包括轻矿物名称、岩屑、生物碎屑、宇宙尘和火山物质等，以下同	
含量	18	5	××.××	%
矿物名称	23	14	填写矿物名称	
含量	37	5	××.××	%
矿物名称	42	14	填写矿物名称	
含量	56	5	××.××	%
矿物名称	61	14	填写矿物名称	

表 165（续）

项目名称	起始位置	长度	用法和意义	计量单位
含量	75	5	××.××	%
矿物名称	80	14	填写矿物名称	
含量	94	5	××.××	%
矿物名称	99	14	填写矿物名称	
含量	113	5	××.××	%
矿物名称	118	14	填写矿物名称	
含量	132	5	××.××	%
矿物名称	137	14	填写矿物名称	
含量	151	5	××.××	%
矿物名称	156	14	填写矿物名称	
含量	170	5	××.××	%
矿物名称	175	14	填写矿物名称	
含量	189	5	××.××	%
注：可视轻矿物鉴定多少重复使用。				

表 166　G002-7 数据记录 3——粘土矿物鉴定数据

项目名称	起始位置	长度	用法和意义	计量单位
记录类型	1	3	填“G09”，见表 B.44 海洋地质地球物理调查资料记录类型代码表	
蒙脱石含量	4	5	××.××	%
蒙皂石含量	9	5	××.××	%
高岭石含量	14	5	××.××	%
伊利石含量	19	5	××.××	%
绿泥石含量	24	5	××.××	%
混层矿物含量	29	5	××.××	%
绿泥石＋高岭石含量	34	5	××.××	%
说明	39	60	文字说明粘土矿物鉴定方法、仪器、样品量等情况	

表 167　G002-8 数据记录 4——岩石矿物鉴定数据

项目名称	起始位置	长度	用法和意义	计量单位
记录类型	1	3	填“G10”，见表 B.44 海洋地质地球物理调查资料记录类型代码表	
鉴定样品名称	4	20	用文字表示鉴定岩石样品名称，如基底玄武岩、花岗岩砾石块等	%
矿物名称	24	14	填写矿物名称	
含量	38	5	××.××	%
矿物名称	43	14	填写矿物名称	

表 167（续）

项目名称	起始位置	长度	用 法 和 意 义	计量单位
含量	57	5	××.××	%
矿物名称	62	14	填写矿物名称	
含量	76	5	××.××	%
矿物名称	81	14	填写矿物名称	
含量	95	5	××.××	%
矿物名称	100	14	填写矿物名称	
含量	114	5	××.××	%
矿物名称	119	14	填写矿物名称	
含量	133	5	××.××	%
矿物名称	138	14	填写矿物名称	
含量	152	5	××.××	%
矿物名称	157	14	填写矿物名称	
含量	171	5	××.××	%
矿物名称	176	14	填写矿物名称	
含量	190	5	××.××	%
注：可视矿物鉴定多少重复使用。				

10.1.3 G003—沉积物与岩石化学分析数据

沉积物与岩石化学分析数据名称以 G003 开头。

沉积物与岩石化学分析数据格式由以下表组成：

——表 168 G003-1 表头记录 1——项目信息；

——表 169 G003-2 表头记录 2——航次信息；

——表 170 G003-3 表头记录 3——站位和样品信息；

——表 171 G003-4 表头记录 4——化学分析样品信息；

——表 172 G003-5 数据记录 1——化学成分分析数据；

——表 173 G003-6 数据记录 2——元素成分分析数据。

表 168 G003-1 表头记录 1——项目信息

项目名称	起始位置	长度	用 法 和 意 义	计量单位
记录类型	1	3	填“G01”，见表 B.44 海洋地质地球物理调查资料记录类型代码表	
国家	4	2	见表 B.1 世界各国和地区名称代码表	
项目或计划代码	6	2	见表 B.4 调查项目代码表	
项目或计划名称	8	40	用文字表示调查研究项目或计划名称	
项目主管部门	48	20	用文字表示项目主管部门	
经费来源	68	20	用文字表示调查研究项目或计划的经费来源或资助单位	
项目执行部门	88	20	用文字表示项目执行部门	
项目首席科学家	108	10	用文字表示项目首席科学家	
项目或计划描述	118	203	用文字简述调查研究项目或计划的目的、主要调查内容、调查区域、执行期限及合作单位等	

表 169 G003-2 表头记录 2——航次信息

项目名称		起始位置	长度	用法和意义	计量单位
记录类型		1	3	填"G02",见表 B.44 海洋地质地球物理调查资料记录类型代码表	
调查机构		4	2	见表 B.3 调查机构代码表	
调查海区		6	8	见表 B.6 调查海区代码表	
调查平台		14	2	见表 B.2 中国调查船代码表	
航次号		16	8	调查机构原始航次号	
调查机构名称		24	20	用文字描述	
调查平台名称		44	20	用文字描述调查平台(船或飞机)名称	
航次首席科学家		64	20	用文字描述	
调查开始日期	年	84	4	年份,填满四位	
	月	88	2	01～12	
	日	90	2	01～31	
始航港		92	20	用文字注明国家、城市、港口名	
调查结束日期	年	112	4	年份,填满四位	
	月	116	2	01～12	
	日	118	2	01～31	
到达港		120	20	用文字注明国家、城市、港口名	
地理坐标系统		140	20	用文字描述,如 WGS-84 系统等	
测深基准面		160	2	按"表 B.40 测深基准面代码表"填写	
导航仪		162	20	用文字描述	
定位方法		182	2	见表 B.45 导航定位方法代码表	
定位准确度		184	5	×××.×	m
调查内容		189	40	用文字表示本航次主要调查内容	
测线数		229	3	×××	
测线总长度		232	6	××××××	km
站位数		238	6	××××××,调查、观测或取样站点数	
航次计划完成情况		244	39	用文字表示本航次调查计划完成情况	
处理号		283	8	由资料中心统一编号	
资料提供单位		291	20	用文字表示资料提供单位	
文件形成日期	年	311	4	年份,填满四位	
	月	315	2	01～12	
	日	317	2	01～31	
密级		319	2	按 GB 7156 填写密级码	

表 170　G003-3 表头记录 3——站位和样品信息

项目名称		起始位置	长度	用　法　和　意　义	计量单位
记录类型		1	3	填"G03",见表 B.44 海洋地质地球物理调查资料记录类型代码表	
站号		4	8	原始调查站号	
调查日期	年	12	4	年份,填满四位	
	月	16	2	01～12	
	日	18	2	01～31	
调查时间	时	20	2	00～23	
	分	22	2	00～59	
纬度	度	24	2	00～90	°
	分	26	2	00～59	′
	秒	28	5	00.00～59.99	″
纬度标识		33	1	填"N"或"S"	
经度	度	34	3	000～180	°
	分	37	2	00～59	′
	秒	39	5	00.00～59.99	″
经度标识		44	1	填"E"或"W"	
水深		45	7	×××××.×	m
取样器		52	2	见表 B.46 海洋底质采样器代码表	
样品数量		54	2	××填样品数量	
样品号		56	7	填原始调查样品号	
样品类型		63	1	表层样填 1,柱状样填 2,拖网取样填 3,悬浮体样填 4	
岩芯长度		64	7	×××××.× 如果是柱状样,填柱状样长度	cm
分析鉴定单位		71	20	用文字表示样品分析、处理、测试、鉴定单位	
样品描述		73	248	用文字表达样品现场描述内容	

表 171　G003-4 表头记录 4——化学分析样品信息

项目名称		起始位置	长度	用　法　和　意　义	计量单位
记录类型		1	3	填"G11",见表 B.44 海洋地质地球物理调查资料记录类型代码表	
层次号或分样号		4	4	××××,柱状样层次号或表层样分样号	
层次顶部深度		8	7	×××××.×	cm
层次底部深度		15	7	×××××.×	cm
分析样数		22	1	0～9	
分析日期	年	23	4	年份,填满四位	
	月	27	2	01～12	
	日	29	2	01～31	
分析方法		31	2	见表 B.48 沉积物与岩石化学分析方法代码表	

表 171（续）

项目名称	起始位置	长度	用法和意义	计量单位
样品名称	33	24	用文字表示沉积物与岩石名称，如“硅质-钙质粘土混合软泥”、“砂-粉砂-粘土”、“岩块”等	
说明	57	144	用文字说明有关地球化学分析方法、使用的仪器及型号等	

表 172　G003-5 数据记录 1——化学成分分析数据

项目名称	起始位置	长度	用法和意义	计量单位
记录类型	1	3	填“G12”见表 B.44 海洋地质地球物理调查资料记录类型代码表	
pH 值	4	5	××.××	
Eh 值	9	7	±×××.××	mV
Fe^{+3}/Fe^{+2} 值	16	5	××.××	
Fe_2O_3 含量	21	5	××.××	%
FeO 含量	26	5	××.××	%
总铁量	31	5	××.××	%
CaO 含量	36	5	××.××	%
MgO 含量	41	5	××.××	%
P_2O_5 含量	46	5	××.××	%
MnO 含量	51	5	××.××	%
碳酸盐含量	56	5	××.××	%
总碳量含量	61	5	××.××	%
有机碳含量	66	5	××.××	%
全氮含量	71	5	××.××	%
碳氮比(C/N)值	76	5	××.××	
有机磷含量	81	5	××.××	%
K_2O 含量	86	5	××.××	%
Na_2O 含量	91	5	××.××	%
SiO_2 含量	96	5	××.××	%
Al_2O_3 含量	101	5	××.××	%
TiO_2 含量	106	5	××.××	%
有机质含量	111	5	××.××	%
Cl 含量	116	5	××.××	%
盐含量	121	5	××.××	%
灼减量	126	5	××.××	%

表 173　G003-6 数据记录 2——元素成分分析数据

项目名称	起始位置	长度	用　法　和　意　义	计量单位
记录类型	1	3	填“G13”，见表 B. 44 海洋地质地球物理调查资料记录类型代码表	
元素符号	4	2	元素符号	
含量	6	7	××××.××	10^{-6}
元素符号	13	2	元素符号	
含量	15	7	××××.××	10^{-6}
元素符号	22	2	元素符号	
含量	24	7	××××.××	10^{-6}
元素符号	31	2	元素符号	
含量	33	7	××××.××	10^{-6}
元素符号	40	2	元素符号	
含量	42	7	××××.××	10^{-6}
元素符号	49	2	元素符号	
含量	51	7	××××.××	10^{-6}
元素符号	58	2	元素符号	
含量	60	7	××××.××	10^{-6}
元素符号	67	2	元素符号	
含量	69	7	××××.××	10^{-6}
元素符号	76	2	元素符号	
含量	78	7	××××.××	10^{-6}
元素符号	85	2	元素符号	
含量	87	7	××××.××	10^{-6}
元素符号	94	2	元素符号	
含量	96	7	××××.××	10^{-6}
元素符号	103	2	元素符号	
含量	105	7	××××.××	10^{-6}
元素符号	112	2	元素符号	
含量	114	7	××××.××	10^{-6}
元素符号	121	2	元素符号	
含量	123	7	××××.××	10^{-6}
注：可视元素成分分析多少重复使用。				

10.1.4　G004—沉积物古生物鉴定数据

沉积物古生物鉴定数据名称以 G004 开头。

沉积物古生物鉴定数据格式由以下表组成：

——表 174 G004-1 表头记录 1——项目信息；

——表 175 G004-2 表头记录 2——航次信息；

——表 176 G004-3 表头记录 3——站位和样品信息；
——表 177 G004-4 表头记录 4——古生物鉴定样品信息；
——表 178 G004-5 数据记录 1——有孔虫鉴定数据；
——表 179 G004-6 数据记录 2——底栖有孔虫鉴定数据；
——表 180 G004-7 数据记录 3——浮游有孔虫鉴定数据；
——表 181 G004-8 数据记录 4——放射虫鉴定数据；
——表 182 G004-9 数据记录 5——硅藻鉴定数据；
——表 183 G004-10 数据记录 6——孢粉鉴定数据；
——表 184 G004-11 数据记录 7——介形虫鉴定数据；
——表 185 G004-12 数据记录 8——钙质超微化石鉴定数据。

表 174 G004-1 表头记录 1——项目信息

项目名称	起始位置	长度	用法和意义	计量单位
记录类型	1	3	填“G01”，见表 B.44 海洋地质地球物理调查资料记录类型代码表	
国家	4	2	见表 B.1 世界各国和地区名称代码表	
项目或计划代码	6	2	见表 B.4 调查项目代码表	
项目或计划名称	8	40	用文字表示调查研究项目或计划名称	
项目主管部门	48	20	用文字表示项目主管部门	
经费来源	68	20	用文字表示调查研究项目或计划的经费来源或资助单位	
项目执行部门	88	20	用文字表示项目执行部门	
项目首席科学家	108	10	用文字表示项目首席科学家	
项目或计划描述	118	203	用文字简述调查研究项目或计划的目的、主要调查内容、调查区域、执行期限及合作单位等	

表 175 G004-2 表头记录 2——航次信息

项目名称		起始位置	长度	用法和意义	计量单位
记录类型		1	3	填“G02”，见表 B.44 海洋地质地球物理调查资料记录类型代码表	
调查机构		4	2	见表 B.3 调查机构代码表	
调查海区		6	8	见表 B.6 调查海区代码表	
调查平台		14	2	见表 B.2 中国调查船代码表	
航次号		16	8	调查机构原始航次号	
调查机构名称		24	20	用文字描述	
调查平台名称		44	20	用文字描述调查平台（船或飞机）名称	
航次首席科学家		64	20	用文字描述	
调查开始日期	年	84	4	年份，填满四位	
	月	88	2	01～12	
	日	90	2	01～31	
始航港		92	20	用文字注明国家、城市、港口名	
调查结束日期	年	112	4	年份，填满四位	
	月	116	2	01～12	
	日	118	2	01～31	

表 175（续）

项目名称		起始位置	长度	用法和意义	计量单位
到达港		120	20	用文字注明国家、城市、港口名	
地理坐标系统		140	20	用文字描述，如 WGS-84 系统等	
测深基准面		160	2	按“表 B.40 测深基准面代码表”填写	
导航仪		162	20	用文字描述	
定位方法		182	2	见表 B.45 导航定位方法代码表	
定位准确度		184	5	×××.×	m
调查内容		189	40	用文字表示本航次主要调查内容	
测线数		229	3	×××	
测线总长度		232	6	××××××	km
站位数		238	6	××××××，调查、观测或取样站点数	
航次计划完成情况		244	39	用文字表示本航次调查计划完成情况	
处理号		283	8	由资料中心统一编号	
资料提供单位		291	20	用文字表示资料提供单位	
文件形成日期	年	311	4	年份，填满四位	
	月	315	2	01～12	
	日	317	2	01～31	
密级		319	2	按 GB 7156 填写密级码	

表 176　G004-3 表头记录 3——站位和样品信息

项目名称		起始位置	长度	用法和意义	计量单位
记录类型		1	3	填“G03”，见表 B.44 海洋地质地球物理调查资料记录类型代码表	
站号		4	8	原始调查站号	
调查日期	年	12	4	年份，填满四位	
	月	16	2	01～12	
	日	18	2	01～31	
调查时间	时	20	2	00～23	
	分	22	2	00～59	
纬度	度	24	2	00～90	°
	分	26	2	00～59	′
	秒	28	5	00.00～59.99	″
纬度标识		33	1	填“N”或“S”	
经度	度	34	3	000～180	°
	分	37	2	00～59	′
	秒	39	5	00.00～59.99	″
经度标识		44	1	填“E”或“W”	
水深		45	7	×××××.×	m

表 176（续）

项目名称	起始位置	长度	用 法 和 意 义	计量单位
取样器	52	2	见表 B.46 海洋底质采样器代码表	
样品数量	54	2	××填样品数量	
样品号	56	7	填原始调查样品号	
样品类型	63	1	表层样填 1,柱状样填 2,拖网取样填 3,悬浮体样填 4	
岩芯长度	64	7	×××××.× 如果是柱状样,填柱状样长度	cm
分析鉴定单位	71	20	用文字表示样品分析、处理、测试、鉴定单位	
样品描述	73	248	用文字表达样品现场描述内容	

表 177　G004-4 表头记录 4——古生物鉴定样品信息

项目名称		起始位置	长度	用 法 和 意 义	计量单位
记录类型		1	3	填“G14”见表 B.44 海洋地质地球物理调查资料记录类型代码表	
层次号或分样号		4	4	××××,柱状样层次号或表层样分样号	
层次顶部深度		8	7	×××××.×	cm
层次底部深度		15	7	×××××.×	cm
鉴定样品数		22	1	0～9	
鉴定样品重		23	4	×××	g
样品总个体数		27	7	×××××××,鉴定统计个数	枚
总种数		34	3	×××	
鉴定样品名称		37	24	用文字表示沉积物名称,如“硅质-钙质粘土混合软泥”、“砂-粉砂-粘土”等	
样品最大粒径		61	5	×.×××,填分析鉴定样品最大粒径	mm
样品最小粒径		66	5	×.×××,填分析鉴定样品最小粒径	mm
鉴定日期	年	71	4	年份,填满四位	
	月	75	2	01～12	
	日	77	2	01～31	
鉴定方法		79	1	生物显微镜填 1,偏光显微镜填 2,扫描电镜填 3,双目镜填 4,显微照相填 5,其他方法填 6,未明确填 9	
说明		80	121	用文字说明有关古生物鉴定方法、使用的仪器及型号等	

表 178　G004-5 数据记录 1——有孔虫鉴定数据

项目名称	起始位置	长度	用 法 和 意 义	计量单位
记录类型	1	3	填“G15”，见表 B.44 海洋地质地球物理调查资料记录类型代码表	
有孔虫名称	4	43	文字描述,以拉丁文为主	
个体数	47	4	××××	枚
含量	51	5	××.××,该种有孔虫含量,用个体分数表示	%
有孔虫名称	56	43	文字描述,以拉丁文为主	

表 178（续）

项目名称	起始位置	长度	用 法 和 意 义	计量单位
个体数	99	4	××××	枚
含量	103	5	××.××，该种有孔虫含量，用个体分数表示	%
有孔虫名称	108	43	文字描述，以拉丁文为主	
个体数	151	4	××××	枚
含量	155	5	××.××，该种有孔虫含量，用个体分数表示	%
注：可视有孔虫鉴定种数多少重复使用。				

表 179　G004-6 数据记录 2——底栖有孔虫鉴定数据

项目名称	起始位置	长度	用 法 和 意 义	计量单位
记录类型	1	3	填"G16"，见表 B.44 海洋地质地球物理调查资料记录类型代码表	
底栖有孔虫名称	4	43	文字描述，以拉丁文为主	
个体数	47	4	××××	枚
含量	51	5	××.××，该种底栖有孔虫含量，用个体分数表示	%
底栖有孔虫名称	56	43	文字描述，以拉丁文为主	
个体数	99	4	××××	枚
含量	103	5	××.××，该种底栖有孔虫含量，用个体分数表示	%
底栖有孔虫名称	108	43	文字描述，以拉丁文为主	
个体数	151	4	××××	枚
含量	155	5	××.××，该种底栖有孔虫含量，用个体分数表示	%
注：可视底栖有孔虫鉴定种数多少重复使用。				

表 180　G004-7 数据记录 3——浮游有孔虫鉴定数据

项目名称	起始位置	长度	用 法 和 意 义	计量单位
记录类型	1	3	填"G17"，见表 B.44 海洋地质地球物理调查资料记录类型代码表	
浮游有孔虫名称	4	43	文字描述，以拉丁文为主	
个体数	47	4	××××	枚
含量	51	5	××.××，该种浮游有孔虫含量，用个体分数表示	%
浮游有孔虫名称	56	43	文字描述，以拉丁文为主	
个体数	99	4	××××	枚
含量	103	5	××.××，该种浮游有孔虫含量，用个体分数表示	%
浮游有孔虫名称	108	43	文字描述，以拉丁文为主	
个体数	151	4	××××	枚
含量	155	5	××.××，该种浮游有孔虫含量，用个体分数表示	%
注：可视浮游有孔虫鉴定种数多少重复使用。				

表 181 G004-8 数据记录 4——放射虫鉴定数据

项目名称	起始位置	长度	用 法 和 意 义	计量单位
记录类型	1	3	填“G18”，见表 B.44 海洋地质与地球物理调查资料记录类型代码表	
放射虫名称	4	43	文字描述，以拉丁文为主	
个体数	47	4	××××	枚
含量	51	5	××.××，该种放射虫含量，用个体分数表示	%
放射虫名称	56	43	文字描述，以拉丁文为主	
个体数	99	4	××××	枚
含量	103	5	××.××，该种放射虫孔虫含量，用个体分数表示	%
放射虫名称	108	43	文字描述，以拉丁文为主	
个体数	151	4	××××	枚
含量	155	5	××.××，该种放射虫孔虫含量，用个体分数表示	%
注：可视放射虫鉴定种数多少重复使用。				

表 182 G004-9 数据记录 5——硅藻鉴定数据

项目名称	起始位置	长度	用 法 和 意 义	计量单位
记录类型	1	3	填“G19”，见表 B.44 海洋地质地球物理调查资料记录类型代码表	
硅藻名称	4	43	文字描述，以拉丁文为主	
个体数	47	4	××××	枚
含量	51	5	××.××，该种硅藻含量，用个体分数表示	%
硅藻名称	56	43	文字描述，以拉丁文为主	
个体数	99	4	××××	枚
含量	103	5	××.××，该种硅藻含量，用个体分数表示	%
硅藻名称	108	43	文字描述，以拉丁文为主	
个体数	151	4	××××	枚
含量	155	5	××.××，该种硅藻含量，用个体分数表示	%
注：可视硅藻鉴定种数多少重复使用。				

表 183 G004-10 数据记录 6——孢粉鉴定数据

项目名称	起始位置	长度	用 法 和 意 义	计量单位
记录类型	1	3	填“G20”，见表 B.44 海洋地质地球物理调查资料记录类型代码表	
孢粉名称	4	43	文字描述，以拉丁文为主	
个体数	47	4	××××	枚
含量	51	5	××.××，该种孢粉含量，用个体分数表示	%
孢粉名称	56	43	文字描述，以拉丁文为主	
个体数	99	4	××××	枚

表 183（续）

项目名称	起始位置	长度	用 法 和 意 义	计量单位
含量	103	5	××.××,该种孢粉含量,用个体分数表示	%
孢粉名称	108	43	文字描述,以拉丁文为主	
个体数	151	4	××××	枚
含量	155	5	××.××,该种孢粉含量,用个体分数表示	%
注：可视孢粉鉴定种数多少重复使用。				

表 184　G004-11 数据记录 7——介形虫鉴定数据

项目名称	起始位置	长度	用 法 和 意 义	计量单位
记录类型	1	3	填“G21”见表 B.44 海洋地质与地球物理调查资料记录类型代码表	
介形虫名称	4	43	文字描述,以拉丁文为主	
个体数	47	4	××××	枚
含量	51	5	××.××,该种介形虫含量,用个体分数表示	%
介形虫名称	56	43	文字描述,以拉丁文为主	
个体数	99	4	××××	枚
含量	103	5	××.××,该种介形虫含量,用个体分数表示	%
介形虫名称	108	43	文字描述,以拉丁文为主	
个体数	151	4	××××	枚
含量	155	5	××.××,该种介形虫含量,用个体分数表示	%
注：可视介形虫鉴定种数多少重复使用。				

表 185　G004-12 数据记录 8——钙质超微化石鉴定数据

项目名称	起始位置	长度	用 法 和 意 义	计量单位
记录类型	1	3	填“G22”，见表 B.44 海洋地质地球物理调查资料记录类型代码表	
钙质超微化石名称	4	43	文字描述,以拉丁文为主	
个体数	47	4	××××	枚
含量	51	5	××.××,钙质超微化石含量,用个体分数表示	%
钙质超微化石名称	56	43	文字描述,以拉丁文为主	
个体数	99	4	××××	枚
含量	103	5	××.××,钙质超微化石含量,用个体分数表示	%
钙质超微化石名称	56	43	文字描述,以拉丁文为主	
个体数	99	4	××××	枚
含量	103	5	××.××,钙质超微化石含量,用个体分数表示	%
钙质超微化石名称	108	43	文字描述,以拉丁文为主	
个体数	151	4	××××	枚
含量	155	5	××.××,钙质超微化石含量,用个体分数表示	%
注：可视钙质超微化石鉴定种数多少重复使用。				

10.1.5 G005—沉积物与岩石放射性测年数据

沉积物与岩石放射性测年数据名称以 G005 开头。

沉积物与岩石放射性测年数据格式由以下表组成:

——表 186 G005-1 表头记录 1——项目信息;

——表 187 G005-2 表头记录 2——航次信息;

——表 188 G005-3 表头记录 3——站位和样品信息;

——表 189 G005-4 数据记录——放射性测年数据。

表 186 G005-1 表头记录 1——项目信息

项目名称	起始位置	长度	用法和意义	计量单位
记录类型	1	3	填“G01”,见表 B.44 海洋地质地球物理调查资料记录类型代码表	
国家	4	2	见表 B.1 世界各国和地区名称代码表	
项目或计划代码	6	2	见表 B.4 调查项目代码表	
项目或计划名称	8	40	用文字表示调查研究项目或计划名称	
项目主管部门	48	20	用文字表示项目主管部门	
经费来源	68	20	用文字表示调查研究项目或计划的经费来源或资助单位	
项目执行部门	88	20	用文字表示项目执行部门	
项目首席科学家	108	10	用文字表示项目首席科学家	
项目或计划描述	118	203	用文字简述调查研究项目或计划的目的、主要调查内容、调查区域、执行期限及合作单位等	

表 187 G005-2 表头记录 2——航次信息

项目名称		起始位置	长度	用法和意义	计量单位
记录类型		1	3	填“G02”,见表 B.44 海洋地质地球物理调查资料记录类型代码表	
调查机构		4	2	见表 B.3 调查机构代码表	
调查海区		6	8	见表 B.6 调查海区代码表	
调查平台		14	2	见表 B.2 中国调查船代码表	
航次号		16	8	调查机构原始航次号	
调查机构名称		24	20	用文字描述	
调查平台名称		44	20	用文字描述调查平台(船或飞机)名称	
航次首席科学家		64	20	用文字描述	
调查开始日期	年	84	4	年份,填满四位	
	月	88	2	01~12	
	日	90	2	01~31	
始航港		92	20	用文字注明国家、城市、港口名	
调查结束日期	年	112	4	年份,填满四位	
	月	116	2	01~12	
	日	118	2	01~31	
到达港		120	20	用文字注明国家、城市、港口名	
地理坐标系统		140	20	用文字描述,如 WGS-84 系统等	

表 187（续）

项目名称		起始位置	长度	用　法　和　意　义	计量单位
测深基准面		160	2	按“表 B.40 测深基准面代码表”填写	
导航仪		162	20	用文字描述	
定位方法		182	2	见表 B.45 导航定位方法代码表	
定位准确度		184	5	×××.×	m
调查内容		189	40	用文字表示本航次主要调查内容	
测线数		229	3	×××	
测线总长度		232	6	××××××	km
站位数		238	6	××××××，调查、观测或取样站点数	
航次计划完成情况		244	39	用文字表示本航次调查计划完成情况	
处理号		283	8	由资料中心统一编号	
资料提供单位		291	20	用文字表示资料提供单位	
文件形成日期	年	311	4	年份，填满四位	
	月	315	2	01～12	
	日	317	2	01～31	
密级		319	2	按 GB 7156 填写密级码	

表 188　G005-3 表头记录 3——站位和样品信息

项目名称		起始位置	长度	用　法　和　意　义	计量单位
记录类型		1	3	填“G03”，见表 B.44 海洋地质地球物理调查资料记录类型代码表	
站号		4	8	原始调查站号	
调查日期	年	12	4	年份，填满四位	
	月	16	2	01～12	
	日	18	2	01～31	
调查时间	时	20	2	00～23	
	分	22	2	00～59	
纬度	度	24	2	00～90	°
	分	26	2	00～59	′
	秒	28	5	00.00～59.99	″
纬度标识		33	1	填“N”或“S”	
经度	度	34	3	000～180	°
	分	37	2	00～59	′
	秒	39	5	00.00～59.99	″
经度标识		44	1	填“E”或“W”	
水深		45	7	×××××.×	m
取样器		52	2	见表 B.46 海洋底质采样器代码表	
样品数量		54	2	××填样品数量	

表 188（续）

项目名称	起始位置	长度	用 法 和 意 义	计量单位
样品号	56	7	填原始调查样品号	
样品类型	63	1	表层样填 1，柱状样填 2，拖网取样填 3，悬浮体样填 4	
岩芯长度	64	7	×××××.× 如果是柱状样，填柱状样长度	cm
分析鉴定单位	71	20	用文字表示样品分析、处理、测试、鉴定单位	
样品描述	73	248	用文字表达样品现场描述内容	

表 189　G005-4 数据记录——放射性测年数据

项目名称		起始位置	长度	用 法 和 意 义	计量单位
记录类型		1	3	填“G23”，见表 B. 44 海洋地质地球物理调查资料记录类型代码表	
层次号或分样号		4	4	××××，柱状样层次号或表层样分样号	
层次顶部深度		8	7	×××××.×	cm
层次底部深度		15	7	×××××.×	cm
测试样品数		22	1	0～9	
测试样品名称		23	24	用文字表示沉积物名称，如“硅质-钙质粘土混合软泥”、“砂-粉砂-粘土”“岩块”等	
测试日期	年	47	4	年份，填满四位	
	月	51	2	01～12	
	日	53	2	01～31	
沉积速率		55	7	×××.×××	cm/ka
绝对年龄		62	9	×××××.×××	10^4a
测试误差		71	5	×××.×	10a
测试方法		76	25	用文字简述放射性 测年方法，如^{10}Be，^{234}U，^{230Th}等	
说明		101	100	简要文字说明	

10.1.6　G006—沉积物物理力学性质测试数据

沉积物物理力学性质测试数据名称以 G006 开头。

沉积物物理力学性质测试数据格式由以下表组成：

——表 190 G006-1 表头记录 1——项目信息；

——表 191 G006-2 表头记录 2——航次信息；

——表 192 G006-3 表头记录 3——站位和样品信息；

——表 193 G006-4 数据记录——物理力学性质测试数据。

表 190　G006-1 表头记录 1——项目信息

项目名称	起始位置	长度	用 法 和 意 义	计量单位
记录类型	1	3	填“G01”，见表 B. 44 海洋地质地球物理调查资料记录类型代码表	
国家	4	2	见表 B. 1 世界各国和地区名称代码表	
项目或计划代码	6	2	见表 B. 4 调查项目代码表	
项目或计划名称	8	40	用文字表示调查研究项目或计划名称	

表 190（续）

项目名称	起始位置	长度	用　法　和　意　义	计量单位
项目主管部门	48	20	用文字表示项目主管部门	
经费来源	68	20	用文字表示调查研究项目或计划的经费来源或资助单位	
项目执行部门	88	20	用文字表示项目执行部门	
项目首席科学家	108	10	用文字表示项目首席科学家	
项目或计划描述	118	203	用文字简述调查研究项目或计划的目的、主要调查内容、调查区域、执行期限及合作单位等	

表 191　G006-2 表头记录 2——航次信息

项目名称		起始位置	长度	用　法　和　意　义	计量单位
记录类型		1	3	填“G02”，见表 B.44 海洋地质地球物理调查资料记录类型代码表	
调查机构		4	2	见表 B.3 调查机构代码表	
调查海区		6	8	见表 B.6 调查海区代码表	
调查平台		14	2	见表 B.2 中国调查船代码表	
航次号		16	8	调查机构原始航次号	
调查机构名称		24	20	用文字描述	
调查平台名称		44	20	用文字描述调查平台(船或飞机)名称	
航次首席科学家		64	20	用文字描述	
调查开始日期	年	84	4	年份，填满四位	
	月	88	2	01～12	
	日	90	2	01～31	
始航港		92	20	用文字注明国家、城市、港口名	
调查结束日期	年	112	4	年份，填满四位	
	月	116	2	01～12	
	日	118	2	01～31	
到达港		120	20	用文字注明国家、城市、港口名	
地理坐标系统		140	20	用文字描述，如 WGS-84 系统等	
测深基准面		160	2	按“表 B.40 测深基准面代码表”填写	
导航仪		162	20	用文字描述	
定位方法		182	2	见表 B.45 导航定位方法代码表	
定位准确度		184	5	×××.×	m
调查内容		189	40	用文字表示本航次主要调查内容	
测线数		229	3	×××	
测线总长度		232	6	××××××	km
站位数		238	6	××××××，调查、观测或取样站点数	
航次计划完成情况		244	39	用文字表示本航次调查计划完成情况	
处理号		283	8	由资料中心统一编号	

表 191(续)

项目名称		起始位置	长度	用 法 和 意 义	计量单位
资料提供单位		291	20	用文字表示资料提供单位	
文件形成日期	年	311	4	年份,填满四位	
	月	315	2	01～12	
	日	317	2	01～31	
密级		319	2	按 GB 7156 填写密级码	

表 192 G006-3 表头记录 3——站位和样品信息

项目名称		起始位置	长度	用 法 和 意 义	计量单位
记录类型		1	3	填"G03",见表 B.44 海洋地质地球物理调查资料记录类型代码表	
站号		4	8	原始调查站号	
调查日期	年	12	4	年份,填满四位	
	月	16	2	01～12	
	日	18	2	01～31	
调查时间	时	20	2	00～23	
	分	22	2	00～59	
纬度	度	24	2	00～90	°
	分	26	2	00～59	′
	秒	28	5	00.00～59.99	″
纬度标识		33	1	填"N"或"S"	
经度	度	34	3	000～180	°
	分	37	2	00～59	′
	秒	39	5	00.00～59.99	″
经度标识		44	1	填"E"或"W"	
水深		45	7	×××××.×	m
取样器		52	2	见表 B.46 海洋底质采样器代码表	
样品数量		54	2	××填样品数量	
样品号		56	7	填原始调查样品号	
样品类型		63	1	表层样填 1,柱状样填 2,拖网取样填 3,悬浮体样填 4	
岩芯长度		64	7	×××××.× 如果是柱状样,填柱状样长度	cm
分析鉴定单位		71	20	用文字表示样品分析、处理、测试、鉴定单位	
样品描述		73	248	用文字表达样品现场描述内容	

表 193 G006-4 数据记录——物理力学性质测试数据

项目名称	起始位置	长度	用 法 和 意 义	计量单位
记录类型	1	3	填"G24",见表 B.44 海洋地质地球物理调查资料记录类型代码表	
层次号或分样号	4	4	××××,柱状样层次号或表层样分样号	

表 193（续）

项目名称		起始位置	长度	用 法 和 意 义	计量单位
层次顶部深度		8	7	×××××.×	cm
层次底部深度		15	7	×××××.×	cm
测试日期	年	22	4	年份，填满四位	
	月	26	2	01～12	
	日	28	2	01～31	
天然含水量(ω)		30	6	×××.××	%
天然容重(ρ)		36	5	××.××	g/cm^3
干容重(ρ_d)		41	5	××.××	g/cm^3
天然孔隙比(e_0)		46	6	××.×××	
土的相对密度(G_S)		52	5	××.××	
天然粘着力(f_0)		57	5	××.××	kPa
最大粘着力(f)		62	5	××.××	kPa
液限(W_L)		67	6	×××.××	%
塑限(W_p)		73	6	×××.××	%
液性指数(I_L)		79	5	××.××	
塑性指数(I_p)		84	5	××.××	
压缩系数(α_v)		89	5	×.×××	MPa^{-1}
压缩模量(E_s)		94	5	×.×××	MPa
压缩指数(C_c)		99	5	××.××	
天然抗压强度(N_c)		104	5	××.××	MPa
固结系数(C_v)		109	5	××.××	cm^2/s
内凝聚力(c)		114	5	××.××	kPa
内摩擦角(Φ)		119	4	××.×	°
剪应力(τ_i)		123	5	××.××	kPa
抗剪强度(τ)		128	5	××.××	kPa
十字板剪切强度(C_a)		133	5	××.××	kPa
抗压强度(R)		138	5	××.××	MPa
抗拉强度(σ_τ)		143	5	××.××	MPa
点荷载强度(I_S)		148	4	×.××	MPa
说明		152	49	简要说明	

10.2 水深测量数据

水深测量数据名称以 G007 开头。

水深测量数据格式由以下表组成：

——表 194 G007-1 表头记录 1——项目信息；

——表 195 G007-2 表头记录 2——航次信息；

——表 196 G007-3 表头记录 3——水深测量信息；
——表 197 G007-4 数据记录 1——单波束水深数据；
——表 198 G007-5 数据记录 2——多波束水深数据；
——表 199 G007-6 数据记录 3——海水声速剖面数据。

表 194 G007-1 表头记录 1——项目信息

项目名称	起始位置	长度	用法和意义	计量单位
记录类型	1	3	填“G01”，见表 B.44 海洋地质地球物理调查资料记录类型代码表	
国家	4	2	见表 B.1 世界各国和地区名称代码表	
项目或计划代码	6	2	见表 B.4 调查项目代码表	
项目或计划名称	8	40	用文字表示调查研究项目或计划名称	
项目主管部门	48	20	用文字表示项目主管部门	
经费来源	68	20	用文字表示调查研究项目或计划的经费来源或资助单位	
项目执行部门	88	20	用文字表示项目执行部门	
项目首席科学家	108	10	用文字表示项目首席科学家	
项目或计划描述	118	203	用文字简述调查研究项目或计划的目的、主要调查内容、调查区域、执行期限及合作单位等	

表 195 G007-2 表头记录 2——航次信息

项目名称		起始位置	长度	用法和意义	计量单位
记录类型		1	3	填“G02”，见表 B.44 海洋地质地球物理调查资料记录类型代码表	
调查机构		4	2	见表 B.3 调查机构代码表	
调查海区		6	8	见表 B.6 调查海区代码表	
调查平台		14	2	见表 B.2 中国调查船代码表	
航次号		16	8	调查机构原始航次号	
调查机构名称		24	20	用文字描述	
调查平台名称		44	20	用文字描述调查平台(船或飞机)名称	
航次首席科学家		64	20	用文字描述	
调查开始日期	年	84	4	年份，填满四位	
	月	88	2	01～12	
	日	90	2	01～31	
始航港		92	20	用文字注明国家、城市、港口名	
调查结束日期	年	112	4	年份，填满四位	
	月	116	2	01～12	
	日	118	2	01～31	
到达港		120	20	用文字注明国家、城市、港口名	
地理坐标系统		140	20	用文字描述，如 WGS-84 系统等	
测深基准面		160	2	按“表 B.40 测深基准面代码表”填写	
导航仪		162	20	用文字描述	

表 195（续）

项目名称		起始位置	长度	用　法　和　意　义	计量单位
定位方法		182	2	见表 B.45 导航定位方法代码表	
定位准确度		184	5	×××.×	m
调查内容		189	40	用文字表示本航次主要调查内容	
测线数		229	3	×××	
测线总长度		232	6	××××××	km
站位数		238	6	××××××，调查、观测或取样站点数	
航次计划完成情况		244	39	用文字表示本航次调查计划完成情况	
处理号		283	8	由资料中心统一编号	
资料提供单位		291	20	用文字表示资料提供单位	
文件形成日期	年	311	4	年份，填满四位	
	月	315	2	01～12	
	日	317	2	01～31	
密级		319	2	按 GB 7156 填写密级码	

表 196　G007-3 表头记录 3——水深测量信息

项目名称			起始位置	长度	用　法　和　意　义	计量单位
记录类型			1	3	填“G25”，见表 B.44 海洋地质地球物理调查资料记录类型代码表	
测深系统			4	40	用文字表示单波束或多波束测深仪名称，以及频率、幅宽、记录仪扫速等	
测深数字化速率			44	4	××.×，如每 5 分钟一个数据，则填“05.0”	min
测深的取样速率			48	20	文字表明仪器取数间隔，如“每秒 1 次”等	
声速			68	6	××××.×	m/s
海水声速剖面数			123	3	×××，调查区域所测声速剖面个数	个
测深最大允差			126	5	×××.×	m
潮汐改正			131	1	填“Y”或“N”，Y 表示已改正，N 表示未改正	
航次号			132	8	调查机构原始航次号	
测线号			140	10	调查机构原始测线号	
测线起点座标	纬度	度	150	2	00～90	°
		分	152	2	00～59	′
		秒	154	5	00.00～59.99	″
	纬度标识		159	1	填“N”或“S”	
	经度	度	160	3	000～180	°
		分	163	2	00～59	′
		秒	165	5	00.00～59.99	″
	经度标识		170	1	填“E”或“W”	

表 196（续）

项目名称			起始位置	长度	用 法 和 意 义	计量单位
测线终点座标	纬度	度	171	3	00～90	°
		分	174	2	00～59	′
		秒	176	5	00.00～59.99	″
	纬度标识		181	1	填"N"或"S"	
	经度	度	182	3	000～180	°
		分	185	2	00～59	′
		秒	187	5	00.00～59.99	″
	经度标识		192	1	填"E"或"W"	
注：每条测线都需填水深测量信息表。						

表 197 G007-4 数据记录 1——单波束水深数据

项目名称		起始位置	长度	用 法 和 意 义	计量单位
记录类型		1	3	填"G26"，见表 B.44 海洋地质地球物理调查资料记录类型代码表	
航次号		4	8	调查机构原始航次号	
时区标识		12	5	"－1300"和"＋1200"之间	
测线号		17	10	调查机构原始测线号	
观测调查日期	年	27	4	年份，填满四位	
	月	31	2	01～12	
	日	33	2	01～31	
观测调查时间	时	35	2	00～23	
	分	37	2	00～59	
纬度	度	39	2	00～90	°
	分	41	2	00～59	′
	秒	43	5	00.00～59.99	″
纬度标识		48	1	填"N"或"S"	
经度	度	49	3	000～180	°
	分	52	2	00～59	′
	秒	54	5	00.00～59.99	″
经度标识		59	1	填"E"或"W"	
实测水深		60	7	×××××.×	m
声速改正		67	4	××.×	m
仪器误差校正		71	4	××.×	m
水位校正		75	4	××.×	m
改正后的水深		79	7	×××××.×	m

表 198　G007-5 数据记录 2——多波束水深数据

项目名称		起始位置	长度	用法和意义	计量单位
记录类型		1	3	填“G27”，见表 B.44 海洋地质地球物理调查资料记录类型代码表	
纬度	度	4	2	00～90	°
	分	6	2	00～59	′
	秒	8	5	00.00～59.99	″
	纬度标识	13	1	填“N”或“S”	
经度	度	14	3	000～180	°
	分	17	2	00～59	′
	秒	19	5	00.00～59.99	″
	经度标识	24	1	填“E”或“W”	
水深		25	7	×××××.×	m

表 199　G007-6 数据记录 3——海水声速剖面数据

项目名称		起始位置	长度	用法和意义	计量单位
记录类型		1	3	填“G28”，见表 B.44 海洋地质地球物理调查资料记录类型代码表	
航次号		4	8	填写调查机构原始航次号	
站号		12	8	调查机构原始站号	
声速剖面仪器		20	20	用文字描述名称、型号	
纬度	度	40	2	00～90	°
	分	42	2	00～59	′
	秒	44	5	00.00～59.99	″
纬度标识		49	1	填“N”或“S”	
经度	度	50	3	000～180	°
	分	53	2	00～59	′
	秒	55	5	00.00～59.99	″
经度标识		60	1	填“E”或“W”	
测试日期	年	61	4	年份，填满 4 位	
	月	65	2	01～12	
	日	67	2	01～31	
测声深度		69	8	×××××.××	m
空格		77	1		
声速		78	7	××××.××	m/s
空格		85	1		
温度		86	5	××.××	℃

10.3　海洋重力调查数据

海洋重力调查数据名称以 G008 开头。

海洋重力调查数据格式由以下表组成：

——表200 G008-1 表头记录1——项目信息；

——表201 G008-2 表头记录2——航次信息；

——表202 G008-3 表头记录3——重力测量信息；

——表203 G008-4 数据记录——重力测量数据。

表200 G008-1 表头记录1——项目信息

项目名称	起始位置	长度	用法和意义	计量单位
记录类型	1	3	填“G01”，见表B.44 海洋地质地球物理调查资料记录类型代码表	
国家	4	2	见表B.1 世界各国和地区名称代码表	
项目或计划代码	6	2	见表B.4 调查项目代码表	
项目或计划名称	8	40	用文字表示调查研究项目或计划名称	
项目主管部门	48	20	用文字表示项目主管部门	
经费来源	68	20	用文字表示调查研究项目或计划的经费来源或资助单位	
项目执行部门	88	20	用文字表示项目执行部门	
项目首席科学家	108	10	用文字表示项目首席科学家	
项目或计划描述	118	203	用文字简述调查研究项目或计划的目的、主要调查内容、调查区域、执行期限及合作单位等	

表201 G008-2 表头记录2——航次信息

项目名称		起始位置	长度	用法和意义	计量单位
记录类型		1	3	填“G02”，见表B.44 海洋地质地球物理调查资料记录类型代码表	
调查机构		4	2	见表B.3 调查机构代码表	
调查海区		6	8	见表B.6 调查海区代码表	
调查平台		14	2	见表B.2 中国调查船代码表	
航次号		16	8	调查机构原始航次号	
调查机构名称		24	20	用文字描述	
调查平台名称		44	20	用文字描述调查平台(船或飞机)名称	
航次首席科学家		64	20	用文字描述	
调查开始日期	年	84	4	年份，填满四位	
	月	88	2	01～12	
	日	90	2	01～31	
始航港		92	20	用文字注明国家、城市、港口名	
调查结束日期	年	112	4	年份，填满四位	
	月	116	2	01～12	
	日	118	2	01～31	
到达港		120	20	用文字注明国家、城市、港口名	
地理坐标系统		140	20	用文字描述，如WGS-84系统等	
测深基准面		160	2	按“表B.40 测深基准面代码表”填写	
导航仪		162	20	用文字描述	

表 201（续）

项目名称		起始位置	长度	用 法 和 意 义	计量单位
定位方法		182	2	见表 B.45 导航定位方法代码表	
定位准确度		184	5	×××.×	m
调查内容		189	40	用文字表示本航次主要调查内容	
测线数		229	3	×××	
测线总长度		232	6	××××××	km
站位数		238	6	××××××，调查、观测或取样站点数	
航次计划完成情况		244	39	用文字表示本航次调查计划完成情况	
处理号		283	8	由资料中心统一编号	
资料提供单位		291	20	用文字表示资料提供单位	
文件形成日期	年	311	4	年份，填满四位	
	月	315	2	01～12	
	日	317	2	01～31	
密级		319	2	按 GB 7156 填写密级码	

表 202　G008-3 表头记录 3——重力测量信息

项目名称			起始位置	长度	用 法 和 意 义	计量单位
记录类型			1	3	填“G29”，见表 B.44 海洋地质地球物理调查资料记录类型代码表	
重力仪			4	20	用文字描述型号、名称	
重力数字化速率			24	4	××.×	min
重力仪取样速率			28	2	××，仪器取样速率，连续记录填“00”	s
重力正常场公式			30	1	按表 B.42 理论重力公式代码表填写代码	
参考系统			31	1	按表 B.43 重力参考系统代码表填写代码	
参考系统名称			32	40	用文字描述重力参考系统名	
静态观测值始点			72	7	×××××××	μm/s²
起始基点站名称			79	20	用文字描述起始基点站名称和站号	
起始基点站座标	纬度	度	99	2	00～90	°
		分	101	2	00～59	′
		秒	103	5	00.00～59.99	″
	纬度标识		108	1	填“N”或“S”	
	经度	度	109	3	000～180	°
		分	112	2	00～59	′
		秒	114	5	00.00～59.99	″
	经度标识		119	1	填“E”或“W”	
动态观测值终点			120	7	×××××××	μm/s²
终点基点站名称			127	20	用文字描述到达基点站名称和站号	

表 202（续）

项目名称			起始位置	长度	用法和意义	计量单位
终点基点站座标	纬度	度	147	3	00～90	°
		分	150	2	00～59	′
		秒	152	5	00.00～59.99	″
	纬度标识		157	1	填"N"或"S"	
	经度	度	158	3	000～180	°
		分	161	2	00～59	′
		秒	163	5	00.00～59.99	″
	经度标识		168	1	填"E"或"W"	
仪器常数			169	3	×××	μm/s²
调差值			172	3	×××	μm/s²
岩石密度			175	4	××.×，测区海底岩石密度	g/cm³
测量准确度			179	2	××，重力测量准确度	μm/s²
任务完成情况			181	20	用文字说明该航次重力测量任务完成情况	

表 203　G008-4 数据记录——重力测量数据

项目名称		起始位置	长度	用法和意义	计量单位
记录类型		1	3	填"G30"，见表 B.44 海洋地质地球物理调查资料记录类型代码表	
航次号		4	8	调查机构原始航次号	
时区改正		12	5	"－13.00"和"＋12.00"之间	
测线号		17	10	调查机构原始测线号	
观测调查日期	年	27	4	年份，填满四位	
	月	31	2	01～12	
	日	33	2	01～31	
观测调查时间	时	35	2	00～23	
	分	37	2	00～59	
纬度	度	39	2	00～90	°
	分	41	2	00～59	′
	秒	43	5	00.00～59.99	″
纬度标识		48	1	填"N"或"S"	
经度	度	49	3	00～180	°
	分	52	2	00～59	′
	秒	54	5	00.00～59.99	″
经度标识		59	1	填"E"或"W"	
水深		60	7	×××××.×	m
观测重力值		67	7	×××××××	μm/s²
正常场重力值		74	7	×××××××，正常场重力值	μm/s²

表 203（续）

项目名称	起始位置	长度	用法和意义	计量单位
厄特渥斯改正符号	81	1	“＋”或“－”	
厄特渥斯改正值	82	5	×××××	μm/s²
仪器高度改正值	87	6	××××××	μm/s²
零点漂移改正值	93	6	××××××	μm/s²
掉格改正值	99	6	××××××	μm/s²
空间异常符号	105	1	“＋”或“－”	
空间异常值	106	5	×××××	μm/s²
布格异常符号	111	1	“＋”或“－”	
布格异常值	112	5	×××××	μm/s²

10.4 海洋地磁调查数据

海洋地磁调查数据名称以 G009 开头。

海洋地磁调查数据格式由以下表组成：

——表 204 G009-1 表头记录 1——项目信息；

——表 205 G009-2 表头记录 2——航次信息；

——表 206 G009-3 表头记录 3——地磁测量信息；

——表 207 G009-4 数据记录——地磁测量数据。

表 204 G009-1 表头记录 1——项目信息

项目名称	起始位置	长度	用法和意义	计量单位
记录类型	1	3	填“G01”，见表 B.44 海洋地质地球物理调查资料记录类型代码表	
国家	4	2	见表 B.1 世界各国和地区名称代码表	
项目或计划代码	6	2	见表 B.4 调查项目代码表	
项目或计划名称	8	40	用文字表示调查研究项目或计划名称	
项目主管部门	48	20	用文字表示项目主管部门	
经费来源	68	20	用文字表示调查研究项目或计划的经费来源或资助单位	
项目执行部门	88	20	用文字表示项目执行部门	
项目首席科学家	108	10	用文字表示项目首席科学家	
项目或计划描述	118	203	用文字简述调查研究项目或计划的目的、主要调查内容、调查区域、执行期限及合作单位等	

表 205 G009-2 表头记录 2——航次信息

项目名称	起始位置	长度	用法和意义	计量单位
记录类型	1	3	填“G02”，见表 B.44 海洋地质地球物理调查资料记录类型代码表	
调查机构	4	2	见表 B.3 调查机构代码表	
调查海区	6	8	见表 B.6 调查海区代码表	
调查平台	14	2	见表 B.2 中国调查船代码表	
航次号	16	8	调查机构原始航次号	

表 205（续）

<table>
<tr><th colspan="2">项目名称</th><th>起始位置</th><th>长度</th><th>用 法 和 意 义</th><th>计量单位</th></tr>
<tr><td colspan="2">调查机构名称</td><td>24</td><td>20</td><td>用文字描述</td><td></td></tr>
<tr><td colspan="2">调查平台名称</td><td>44</td><td>20</td><td>用文字描述调查平台(船或飞机)名称</td><td></td></tr>
<tr><td colspan="2">航次首席科学家</td><td>64</td><td>20</td><td>用文字描述</td><td></td></tr>
<tr><td rowspan="3">调查开始日期</td><td>年</td><td>84</td><td>4</td><td>年份，填满四位</td><td></td></tr>
<tr><td>月</td><td>88</td><td>2</td><td>01～12</td><td></td></tr>
<tr><td>日</td><td>90</td><td>2</td><td>01～31</td><td></td></tr>
<tr><td colspan="2">始航港</td><td>92</td><td>20</td><td>用文字注明国家、城市、港口名</td><td></td></tr>
<tr><td rowspan="3">调查结束日期</td><td>年</td><td>112</td><td>4</td><td>年份，填满四位</td><td></td></tr>
<tr><td>月</td><td>116</td><td>2</td><td>01～12</td><td></td></tr>
<tr><td>日</td><td>118</td><td>2</td><td>01～31</td><td></td></tr>
<tr><td colspan="2">到达港</td><td>120</td><td>20</td><td>用文字注明国家、城市、港口名</td><td></td></tr>
<tr><td colspan="2">地理坐标系统</td><td>140</td><td>20</td><td>用文字描述，如 WGS-84 系统等</td><td></td></tr>
<tr><td colspan="2">测深基准面</td><td>160</td><td>2</td><td>按“表 B.40 测深基准面代码表”填写</td><td></td></tr>
<tr><td colspan="2">导航仪</td><td>162</td><td>20</td><td>用文字描述</td><td></td></tr>
<tr><td colspan="2">定位方法</td><td>182</td><td>2</td><td>见表 B.45 导航定位方法代码表</td><td></td></tr>
<tr><td colspan="2">定位准确度</td><td>184</td><td>5</td><td>×××.×</td><td>m</td></tr>
<tr><td colspan="2">调查内容</td><td>189</td><td>40</td><td>用文字表示本航次主要调查内容</td><td></td></tr>
<tr><td colspan="2">测线数</td><td>229</td><td>3</td><td>×××</td><td></td></tr>
<tr><td colspan="2">测线总长度</td><td>232</td><td>6</td><td>××××××</td><td>km</td></tr>
<tr><td colspan="2">站位数</td><td>238</td><td>6</td><td>××××××，调查、观测或取样站点数</td><td></td></tr>
<tr><td colspan="2">航次计划完成情况</td><td>244</td><td>39</td><td>用文字表示本航次调查计划完成情况</td><td></td></tr>
<tr><td colspan="2">处理号</td><td>283</td><td>8</td><td>由资料中心统一编号</td><td></td></tr>
<tr><td colspan="2">资料提供单位</td><td>291</td><td>20</td><td>用文字表示资料提供单位</td><td></td></tr>
<tr><td rowspan="3">文件形成日期</td><td>年</td><td>311</td><td>4</td><td>年份，填满四位</td><td></td></tr>
<tr><td>月</td><td>315</td><td>2</td><td>01～12</td><td></td></tr>
<tr><td>日</td><td>317</td><td>2</td><td>01～31</td><td></td></tr>
<tr><td colspan="2">密级</td><td>319</td><td>2</td><td>按 GB 7156 填写密级码</td><td></td></tr>
</table>

表 206 G009-3 表头记录 3——地磁测量信息

项目名称	起始位置	长度	用 法 和 意 义	计量单位
记录类型	1	3	填“G31”，见表 B.44 海洋地质地球物理调查资料记录类型代码表	
地磁测量仪	4	20	用文字描述型号、名称	
地磁数字化速率	24	4	××.×，若没有数字化速率，则填“99.9”	min
地磁仪取样速率	28	2	××，磁测仪器取样速率，连续记录填“00”	s
传感器拖曳距离	30	3	×××，船上导航点到第一传感器之间的距离	m
传感器深度	33	5	×××.×	m

表 206（续）

项目名称	起始位置	长度	用法和意义	计量单位
传感器的水平距离	38	3	×××，两个传感器之间的水平距离	m
地磁参考场代码	41	2	见表 B.41 地磁参考场代码表	
地磁参考场名	43	40	用文字描述	
测磁异常的传感器	83	1	第一传感器填 1，第二传感器填 2，未明确填 9	
地磁异常处理方法	84	40	用文字注明地磁测量参数、公式等	
任务完成情况	124	77	用文字说明该航次地磁测量任务完成情况等	

表 207 G009-4 数据记录——地磁测量数据

项目名称		起始位置	长度	用法和意义	计量单位
记录类型		1	3	填“G32”，见表 B.44 海洋地质地球物理调查资料记录类型代码表	
航次号		4	8	调查机构原始航次号	
时区改正		12	5	“－13.00”和“＋12.00”之间	
测线号		17	10	调查机构原始测线号	
观测调查日期	年	27	4	年份，填满四位	
	月	31	2	01～12	
	日	33	2	01～31	
观测调查时间	时	35	2	00～23	
	分	37	2	00～59	
纬度	度	39	2	00～90	°
	分	41	2	00～59	′
	秒	43	5	00.00～59.99	″
纬度标识		48	1	填“N”或“S”	
经度	度	49	3	000～180	°
	分	52	2	00～59	′
	秒	54	5	00.00～59.99	″
经度标识		59	1	填“E”或“W”	
水深		60	7	×××××.×	m
第一传感器总磁场值		67	7	×××××.×	nT
第二传感器总磁场值		74	7	×××××.×	nT
地磁正常场值		81	7	×××××.×	nT
日变校正符号		88	1	“＋”或“－”	
日变校正值		89	5	×××.×	nT
船磁改正符号		94	1	“＋”或“－”	
船磁改正值		95	5	×××.×	nT
地磁异常符号		100	1	“＋”或“－”	
地磁异常值（ΔT）		101	7	×××××.×	nT

10.5 海洋浅地层调查数据

海洋浅地层调查数据名称以 G010 开头。

海洋浅地层调查数据格式由以下表组成：

——表 208 G010-1 表头记录 1——项目信息；

——表 209 G010-2 表头记录 2——航次信息；

——表 210 G010-3 表头记录 3——浅地层测量信息；

——表 211 G010-4 表头记录 5——浅地层测点信息；

——表 212 G010-5 数据记录——浅地层测量数据。

表 208 G010-1 表头记录 1——项目信息

项目名称	起始位置	长度	用法和意义	计量单位
记录类型	1	3	填“G01”，见表 B.44 海洋地质地球物理调查资料记录类型代码表	
国家	4	2	见表 B.1 世界各国和地区名称代码表	
项目或计划代码	6	2	见表 B.4 调查项目代码表	
项目或计划名称	8	40	用文字表示调查研究项目或计划名称	
项目主管部门	48	20	用文字表示项目主管部门	
经费来源	68	20	用文字表示调查研究项目或计划的经费来源或资助单位	
项目执行部门	88	20	用文字表示项目执行部门	
项目首席科学家	108	10	用文字表示项目首席科学家	
项目或计划描述	118	203	用文字简述调查研究项目或计划的目的、主要调查内容、调查区域、执行期限及合作单位等	

表 209 G010-2 表头记录 2——航次信息

项目名称		起始位置	长度	用法和意义	计量单位
记录类型		1	3	填“G02”，见表 B.44 海洋地质地球物理调查资料记录类型代码表	
调查机构		4	2	见表 B.3 调查机构代码表	
调查海区		6	8	见表 B.6 调查海区代码表	
调查平台		14	2	见表 B.2 中国调查船代码表	
航次号		16	8	调查机构原始航次号	
调查机构名称		24	20	用文字描述	
调查平台名称		44	20	用文字描述调查平台(船或飞机)名称	
航次首席科学家		64	20	用文字描述	
调查开始日期	年	84	4	年份，填满四位	
	月	88	2	01～12	
	日	90	2	01～31	
始航港		92	20	用文字注明国家、城市、港口名	
调查结束日期	年	112	4	年份，填满四位	
	月	116	2	01～12	
	日	118	2	01～31	

表 209（续）

项目名称		起始位置	长度	用 法 和 意 义	计量单位
到达港		120	20	用文字注明国家、城市、港口名	
地理坐标系统		140	20	用文字描述，如 WGS-84 系统等	
测深基准面		160	2	按“表 B. 40 测深基准面代码表”填写	
导航仪		162	20	用文字描述	
定位方法		182	2	见表 B. 45 导航定位方法代码表	
定位准确度		184	5	×××.×	m
调查内容		189	40	用文字表示本航次主要调查内容	
测线数		229	3	×××	
测线总长度		232	6	××××××	km
站位数		238	6	××××××，调查、观测或取样站点数	
航次计划完成情况		244	39	用文字表示本航次调查计划完成情况	
处理号		283	8	由资料中心统一编号	
资料提供单位		291	20	用文字表示资料提供单位	
文件形成日期	年	311	4	年份，填满四位	
	月	315	2	01～12	
	日	317	2	01～31	
密级		319	2	按 GB 7156 填写密级码	

表 210　G010-3 表头记录 3——浅地层测量信息

项目名称		起始位置	长度	用 法 和 意 义	计量单位
记录类型		1	3	填“G33”，见表 B. 44 海洋地质与地球物理调查资料记录类型代码表	
探测仪器名称及性能和技术指标		4	60	用文字表示浅地层剖面仪名称、声源、换能器、接收记录器等性能和技术指标	
接收换能器拖距		64	3	×××	m
接收换能器深度		67	5	×××.×	m
最大航速		72	2	低速持续航行速度不大于该速度	kn
航向		74	3	×××	°
测线号		77	10	调查机构原始测线号	
起始点调查时间	年	87	4	年份，填满四位	
	月	91	2	01～12	
	日	93	2	01～31	
	时	95	2	00～23	
	分	97	2	00～59	
起始点纬度	度	99	2	00～90	°
	分	101	2	00～59	′
	秒	103	5	00.00～59.99	″

表 210（续）

项目名称		起始位置	长度	用 法 和 意 义	计量单位
纬度标识		108	1	填“N”或“S”	
起始点经度	度	109	3	000～180	°
	分	112	2	00～59	′
	秒	114	5	00.00～59.99	″
经度标识		119	1	填“E”或“W”	
起始点水深		120	7	×××××.×	m
终止点调查时间	年	127	4	年份，填满四位	
	月	131	2	01～12	
	日	133	2	01～31	
	时	135	2	00～23	
	分	137	2	00～59	
终止点纬度	度	139	2	00～90	°
	分	141	2	00～59	′
	秒	143	5	00.00～59.99	″
纬度标识		148	1	填“N”或“S”	
终止点经度	度	149	3	000～180	°
	分	152	2	00～59	′
	秒	154	5	00.00～59.99	″
经度标识		159	1	填“E”或“W”	
终止点水深		160	7	×××××.×	m
注：每条测线都需填浅地层测量信息表。					

表 211　G010-4 表头记录 4——浅地层测点信息

项目名称		起始位置	长度	用 法 和 意 义	计量单位
记录类型		1	3	填“G34”，见表 B.44 海洋地质地球物理调查资料记录类型代码表	
测线号		4	10	原调查测线号	
测点号		14	8	填写该测线上的测点号	
探测日期	年	22	4	年份，填满四位	
	月	26	2	01～12	
	日	28	2	01～31	
探测时间	时	30	2	00～23	
	分	32	2	00～59	
纬度	度	34	2	00～90	°
	分	36	2	00～59	′
	秒	38	5	00.00～59.99	″

表 211（续）

项目名称		起始位置	长度	用 法 和 意 义	计量单位
纬度标识		43	1	填“N”或“S”	
经度	度	44	3	000～180	°
	分	47	2	00～59	′
	秒	49	5	00.00～59.99	″
经度标识		54	1	填“E”或“W”	
水深		55	7	×××××.×	m
层次数		62	2	××,探测出的层次数	

表 212 G010-5 数据记录——浅地层测量数据

项目名称	起始位置	长度	用 法 和 意 义	计量单位
记录类型	1	3	填“G35”，见表 B.44 海洋地质地球物理调查资料记录类型代码表	
测线号	4	10	调查机构原始测线号	
测点号	14	8	填写该测线上的测点号	
层次号	22	2	××,层次编号	
层次顶部深度	24	8	××××××.×	m
层次厚度	32	8	××××××.×	m
地层名称	40	20	用文字描述	
地层特征	60	60	用文字简要描述该地层特征	

10.6 海洋地震调查数据

海洋地震调查数据名称以 G011 开头。

海洋地震调查数据格式由以下表组成：

——表 213 G011-1 表头记录 1——项目信息；

——表 214 G011-2 表头记录 2——航次信息；

——表 215 G011-3 表头记录 3——地震测量信息；

——表 216 G011-4 数据记录——地震测量数据。

表 213 G011-1 表头记录 1——项目信息

项目名称	起始位置	长度	用 法 和 意 义	计量单位
记录类型	1	3	填“G01”,见表 B.44 海洋地质地球物理调查资料记录类型代码表	
国家	4	2	见表 B.1 世界各国和地区名称代码表	
项目或计划代码	6	2	见表 B.4 调查项目代码表	
项目或计划名称	8	40	用文字表示调查研究项目或计划名称	
项目主管部门	48	20	用文字表示项目主管部门	
经费来源	68	20	用文字表示调查研究项目或计划的经费来源或资助单位	
项目执行部门	88	20	用文字表示项目执行部门	
项目首席科学家	108	10	用文字表示项目首席科学家	
项目或计划描述	118	203	用文字简述调查研究项目或计划的目的、主要调查内容、调查区域、执行期限及合作单位等	

表 214 G011-2 表头记录 2——航次信息

项目名称		起始位置	长度	用法和意义	计量单位
记录类型		1	3	填"G02",见表 B.44 海洋地质地球物理调查资料记录类型代码表	
调查机构		4	2	见表 B.3 调查机构代码表	
调查海区		6	8	见表 B.6 调查海区代码表	
调查平台		14	2	见表 B.2 中国调查船代码表	
航次号		16	8	调查机构原始航次号	
调查机构名称		24	20	用文字描述	
调查平台名称		44	20	用文字描述调查平台(船或飞机)名称	
航次首席科学家		64	20	用文字描述	
调查开始日期	年	84	4	年份,填满四位	
	月	88	2	01～12	
	日	90	2	01～31	
始航港		92	20	用文字注明国家、城市、港口名	
调查结束日期	年	112	4	年份,填满四位	
	月	116	2	01～12	
	日	118	2	01～31	
到达港		120	20	用文字注明国家、城市、港口名	
地理坐标系统		140	20	用文字描述,如 WGS-84 系统等	
测深基准面		160	2	按"表 B.40 测深基准面代码表"填写	
导航仪		162	20	用文字描述	
定位方法		182	2	见表 B.45 导航定位方法代码表	
定位准确度		184	5	×××.×	m
调查内容		189	40	用文字表示本航次主要调查内容	
测线数		229	3	×××	
测线总长度		232	6	××××××	km
站位数		238	6	××××××,调查、观测或取样站点数	
航次计划完成情况		244	39	用文字表示本航次调查计划完成情况	
处理号		283	8	由资料中心统一编号	
资料提供单位		291	20	用文字表示资料提供单位	
文件形成日期	年	311	4	年份,填满四位	
	月	315	2	01～12	
	日	317	2	01～31	
密级		319	2	按 GB 7156 填写密级码	

表 215 G011-3 表头记录 3——地震测量信息

项目名称		起始位置	长度	用法和意义	计量单位
记录类型		1	3	填"G36",见表 B.44 海洋地质与地球物理调查资料记录类型代码表	
测线号		4	10	调查机构原始测线号	
地震探测系统		14	100	用文字表示地震仪名称、声源、道数、换能器、接收记录器等性能和技术指标	
地震探测方法		114	1	反射测量填 1,折射测量填 2	
最大航速		115	2	低速持续航行速度不大于该速度	kn
航向		117	3	×××	°
测线起始点调查时间	年	120	4	年份,填满四位	
	月	124	2	01～12	
	日	126	2	01～31	
	时	128	2	00～23	
	分	130	2	00～59	
起始点纬度	度	132	2	00～90	°
	分	134	2	00～59	′
	秒	136	5	00.00～59.99	″
纬度标识		141	1	填"N"或"S"	
起始点经度	度	142	3	000～180	°
	分	147	2	00～59	′
	秒	149	5	00.00～59.99	″
经度标识		154	1	填"E"或"W"	
起始点水深		155	7	×××××.×	m
测线终止点调查时间	年	162	4	年份,填满四位	
	月	168	2	01～12	
	日	170	2	01～31	
	时	172	2	00～23	
	分	174	2	00～59	
终止点纬度	度	176	2	00～90	°
	分	178	2	00～59	′
	秒	180	5	00.00～59.99	″
纬度标识		185	1	填"N"或"S"	
终止点经度	度	186	3	000～180	°
	分	189	2	00～59	′
	秒	191	5	00.00～59.99	″
经度标识		196	1	填"E"或"W"	

表 215(续)

项目名称	起始位置	长度	用 法 和 意 义	计量单位
终止点水深	197	7	×××××.×	m
覆盖叠加次数	204	4	××××	
排列长度	208	4	××××	m
炮间距	212	4	××××	m
时间间隔	216	6	××××.×,放炮的时间间隔,以分为单位	min
说明	222	99	用文字表述地震调查比例尺及其他相关信息	
注:每条测线都需填地震测量信息表。				

表 216 G011-4 数据记录——地震测量数据

表 216“地震测量数据”格式采用常用的 SEGY 电子版文本形式,以处理后的数字地震剖面磁带或光盘为主;数字地震磁带或光盘资料应标注航次号、测线号、炮点号和文件号,以及处理过程、方法和参数说明。

11 海洋综合数据

11.1 海洋台站数据

海洋台站数据项中缺测记录,凡数字型数据以“9”填满位数,字符型数据以“—”填满位数;进行观测但无观测结果的项目,数字型数据最后一位填“8”,其他位填满“9”,字符型数据以“+”填满位数;不进行观测的项目,数字型数据最后一位填“7”,其他位填满“9”,字符型数据填空格。

11.1.1 T011—海洋台站表层海水温度、盐度、海发光定时观测数据

海洋台站表层海水温度、盐度、海发光定时观测数据名称以 T011 开头。海洋台站表层海水温度、盐度、海发光定时观测数据格式由以下表组成:

——表 217 T011-1 数据标题记录;

——表 218 T011-2 数据记录;

——表 219 T011-3 说明记录。

表 217 T011-1 数据标题记录

项目名称		起始位置	长度	用 法 和 意 义	计量单位
本记录类型		1	1	当前记录标识,填“1”	
下记录类型		2	1	续接本记录的下一行记录的本记录类型的标识	
资料类型卡		3	1	空格	
海洋观测台站代码		4	4	参照 HY 023 中国海洋观测台站代码	
资料处理号		8	8	空格	
流水号		16	8	空格	
纬度	度	24	2	00～90	°
	分	26	3	00.0～59.9,26～27 位为整数位,28 为小数位	′
纬度标识		29	1	填“N”或“S”	
经度	度	30	3	000～180	°
	分	33	3	00.0～59.9,33～34 位为整数位,35 为小数位	′
经度标识		36	1	填“E”或“W”	

表 217（续）

项目名称		起始位置	长度	用 法 和 意 义	计量单位
观测时间	年	37	4	××××,年份	
	月	41	2	01～12	
海发光标志		43	1	该月有观测为空格,无观测填“9”	
表层水温准确度符		44	1	1:±0.05℃;2:±0.2℃;3:±0.5℃	
表层盐度准确度符		45	1	1:±0.02;2:±0.05;3:±0.2;4:±0.5	
续行		46	83	空格	

表 218　T011-2 数据记录

项目名称			起始位置	长度	用 法 和 意 义	计量单位
本记录类型			1	1	当前记录标识,填“2”	
下记录类型			2	2	续接本记录的下一行记录的本记录类型的标识	
观测日期			3	2	01～31,北京时	
表层水温	08 时	观测值	5	4	5 位为符号位;6～7 位为整数位,8 位为小数位	℃
		观测方法	9	1	1:直接测温法;2:采水测温法	
		仪器代码	10	6	见 HY/T 042 海洋仪器分类及型号命名办法	
		质量符	16	1	08 时水温质量符,见表 B.9 质量符代码表	
	14 时	观测值	17	1	同 08 时	℃
		观测方法	21	1	同 08 时	
		仪器代码	22	6	同 08 时	
		质量符	28	1	同 08 时	
	20 时	观测值	29	4	同 08 时	℃
		观测方法	33	1	同 08 时	
		仪器代码	34	6	同 08 时	
		质量符	40	1	同 08 时	
表层盐度		观测值	41	5	41～42 位为整数位,43～45 位为小数位	
		观测方法	46	1	1:直接测定盐度法;2:实验室测定盐度法	
		仪器代码	47	6	同 08 时水温仪器代码	
		质量符	53	1	见表 B.9 质量符代码表	
海发光	类型 1		54	1	见表 B.10 海发光强度等级代码表	
	等级		55	1	海发光类型对应观测的最高等级,缺测时为“—”,见表 B.10 海发光强度等级代码表	
	类型 2		56	1	填写海发光类型 2,缺测时为“—”,见表 B.10 海发光强度等级表	
	等级		57	1	海发光类型对应观测的最高等级,缺测时为“—”,见表 B.10 海发光强度等级代码表	
	类型 3		58	1	填写海发光类型 3,填法同 56 位	
	等级		59	1	海发光类型对应观测的最高等级,见 B.10 海发光强度等级表	
续行			60	69	空格	

表 219 T011-3 说明记录

项目名称	起始位置	长度	用法和意义	计量单位
本记录类型	1	1	当前记录标识，填“5”	
下记录类型	2	1	续接本记录的下一行记录的本记录类型的标识	
序号	3	1	填 0～9	
说明	4	125	根据备注栏的实际内容，用英文或汉字记录	

11.1.2 T012—海洋台站温、盐逐时观测数据

海洋台站温、盐逐时观测数据名称以 T012 开头。海洋台站温、盐逐时观测数据格式由以下表组成：

——表 220 T012-1 数据标题记录；

——表 221 T012-2 数据记录；

——表 222 T012-3 说明记录。

表 220 T012-1 数据标题记录

项目名称		起始位置	长度	用法和意义	计量单位
本记录类型		1	1	当前记录标识，填“1”	
下记录类型		2	1	续接本记录的下一行记录的本记录类型的标识	
资料类型卡		3	1	空格	
海洋观测台站代码		4	4	参照 HY 023 中国海洋观测台站代码	
资料处理号		8	8	空格	
流水号		16	8	空格	
纬度	度	24	2	00～90	°
	分	26	3	00.0～59.9，26～27 位为整数位，28 位为小数位	′
纬度标识		29	1	填“N”或“S”	
经度	度	30	3	000～180	°
	分	33	3	00.0～59.9，33～34 位为整数位，35 位为小数位	′
经度标识		36	1	填“E”或“W”	
观测时间	年	37	4	年份，填满四位	
	月	41	2	01～12	
表层水温准确度符		43	1	1：±0.05℃；2：±0.2℃，3：±0.5℃	
表层水温观测方法		44	1	1：直接测温法；2：采水测温法	
表层水温观测仪器代码		45	6	见 HY/T 042 海洋仪器分类及型号命名办法	
表层盐度准确度符		51	1	1：±0.02；2：±0.05；3：±0.2；4：±0.5	
表层盐度观测方法		52	1	1：直接测定盐度法；2：实验室测定盐度法	
表层盐度观测仪器代码		53	6	见 HY/T 042 海洋仪器分类及型号命名办法	
能见度准确度符		59	1	1：±0.1；2：±0.2	
续行		60	69	空格	

表 221　T012-2 数据记录

项目名称	起始位置	长度	用　法　和　意　义	计量单位
本记录类型	1	1	当前记录标识，填“2”	
下记录类型	2	1	续接本记录的下一行记录的本记录类型的标识	
观测日期	3	2	01～31	
观测时间标志	5	1	1：表示本行为 00～11 时观测值 2：表示本行为 12～23 时观测值	
逐时表层水温、表层盐度、及其质量符	6	108	6～9 位为表层水温观测值，6 位为符号位，空格表示正值，“－”表示负值，7～8 为整数位，9 位为小数位，10 位为表层水温质量符；11～13 位为表层盐度观测值，11～12 位为整数位，13 位为小数位，14 位为表层盐度质量符。以后按时间依次的重复填写表层水温、表层盐度、及其质量符	
续行	114	5	空格	

表 222　T012-3 说明记录

项目名称	起始位置	长度	用　法　和　意　义	计量单位
本记录类型	1	1	当前记录标识，填“5”	
下记录类型	2	1	续接本记录的下一行记录的本记录类型的标识	
序号	3	1	0～9	
说明	4	125	根据备注栏的实际内容，用英文或汉字记录	

11.1.3　T021—海洋台站潮汐数据

海洋台站潮汐数据名称以 T021 开头。

海洋台站潮汐数据格式由以下表组成：

——表 223 T021-1 数据标题记录；

——表 224 T021-2 数据记录；

——表 225 T021-3 说明记录。

表 223　T021-1 数据标题记录

项目名称		起始位置	长度	用　法　和　意　义	计量单位
本记录类型		1	1	当前记录标识，填“1”	
下记录类型		2	1	续接本记录的下一行记录的本记录类型的标识	
资料类型卡		3	1	空格	
海洋观测台站代码		4	4	参照 HY 023 中国海洋观测台站代码	
资料处理号		8	8	空格	
流水号		16	8	空格	
纬度	度	24	2	00～90	°
	分	26	3	00.0～59.9，26～27 位为整数位，28 位为小数位	′
纬度标识		29	1	填“N”或“S”	
经度	度	30	3	000～180	°
	分	33	3	00.0～59.9，33～34 位为整数位，35 位为小数位	′

表 223（续）

<table>
<tr><th colspan="2">项目名称</th><th>起始位置</th><th>长度</th><th>用 法 和 意 义</th><th>计量单位</th></tr>
<tr><td colspan="2">经度标识</td><td>36</td><td>1</td><td>填“E”或“W”</td><td></td></tr>
<tr><td rowspan="2">观测
时间</td><td>年</td><td>37</td><td>4</td><td>年份，填满四位</td><td></td></tr>
<tr><td>月</td><td>41</td><td>2</td><td>01～12</td><td></td></tr>
<tr><td colspan="2">时区改正</td><td>43</td><td>5</td><td>±××××，北京时间填“－0800”，GMT 填“0000”</td><td></td></tr>
<tr><td colspan="2">验潮仪仪器代码</td><td>48</td><td>6</td><td>见 HY/T 042 海洋仪器分类及型号命名办法</td><td></td></tr>
<tr><td colspan="2">水尺零点与基本水准点高程差</td><td>54</td><td>7</td><td>54～57 位为整数位，58～60 位为小数位</td><td>m</td></tr>
<tr><td colspan="2">基本水准点高程</td><td>61</td><td>5</td><td>61～63 位为整数位，64～65 位为小数位</td><td>m</td></tr>
<tr><td colspan="2">潮高准确度符</td><td>66</td><td>1</td><td>1：±1 cm；2：±5 cm；3：±10 cm</td><td></td></tr>
<tr><td colspan="2">续行</td><td>67</td><td>62</td><td>空格</td><td></td></tr>
</table>

表 224 T021-2 数据记录

<table>
<tr><th colspan="3">项目名称</th><th>起始位置</th><th>长度</th><th>用 法 和 意 义</th><th>计量单位</th></tr>
<tr><td colspan="3">本记录类型</td><td>1</td><td>1</td><td>当前记录标识，填“2”</td><td></td></tr>
<tr><td colspan="3">下记录类型</td><td>2</td><td>1</td><td>续接本记录的下一行记录的本记录类型的标识</td><td></td></tr>
<tr><td colspan="3">观测日期</td><td>3</td><td>2</td><td>观测日，01～31</td><td></td></tr>
<tr><td colspan="3">观测时间标志</td><td>5</td><td>1</td><td>1：表示本行为 00～11 时观测值
2：表示本行为 12～23 时观测值</td><td></td></tr>
<tr><td colspan="3">逐时潮高及其质量符</td><td>6</td><td>60</td><td>6～9 位为潮高观测值，6 位为潮高符号位，“－”表示负，空格为正，7～9 位为整数位，观测值右对齐。10 位为潮高观测值质量符。以后按时间依次重复至 65 位</td><td>cm</td></tr>
<tr><td rowspan="12">高
低
潮</td><td rowspan="4">高低
潮 1</td><td>潮时</td><td>66</td><td>4</td><td>××××，前两位填小时 00～23，后两位填分钟 00～59，填第 1 次或第 4 次高低潮潮时</td><td></td></tr>
<tr><td>质量符</td><td>70</td><td>1</td><td>潮时质量符</td><td></td></tr>
<tr><td>潮高</td><td>71</td><td>4</td><td>××××，71 是符号位，“－”表示负，空格为正，观测值右对齐，填第 1 次或第 4 次高低潮潮高</td><td>cm</td></tr>
<tr><td>质量符</td><td>75</td><td>1</td><td>见表 B.9 质量符代码表</td><td></td></tr>
<tr><td rowspan="4">高低
潮 2</td><td>潮时</td><td>76</td><td>4</td><td>高低潮按出现时间顺序填满第 1 条后转记第 2 条，或填满第 4 条后转记第 5 条，用法同高低潮 1</td><td></td></tr>
<tr><td>质量符</td><td>80</td><td>1</td><td>见表 B.9 质量符代码表</td><td></td></tr>
<tr><td>潮高</td><td>81</td><td>4</td><td>用法同高低潮 1</td><td>cm</td></tr>
<tr><td>质量符</td><td>85</td><td>1</td><td>见表 B.9 质量符代码表</td><td></td></tr>
<tr><td rowspan="4">高低
潮 3</td><td>潮时</td><td>86</td><td>4</td><td>高低潮按出现时间顺序填满第 2 条后转记第 3 条，或填满第 5 条后转记第 6 条，用法同高低潮 1</td><td></td></tr>
<tr><td>质量符</td><td>90</td><td>1</td><td>见表 B.9 质量符代码表</td><td></td></tr>
<tr><td>潮高</td><td>91</td><td>4</td><td>用法同高低潮 1</td><td>cm</td></tr>
<tr><td>质量符</td><td>95</td><td>1</td><td>见表 B.9 质量符代码表</td><td></td></tr>
<tr><td colspan="3">续行</td><td>96</td><td>33</td><td>空格</td><td></td></tr>
</table>

表 225 T021-3 说明记录

项目名称	起始位置	长度	用 法 和 意 义	计量单位
本记录类型	1	1	当前记录标识，填“5”	
下记录类型	2	1	续接本记录的下一行记录的本记录类型的标识	
序号	3	1	填 0～9	
说明	4	125	根据备注栏的实际内容，用英文或汉字记录	

11.1.4 T022—5 分钟潮高观测数据

5 分钟潮高观测数据名称以 T022 开头。

5 分钟潮高观测数据格式由如下表组成：

——表 226 T022-1 数据标题记录；

——表 227 T022-2 数据记录；

——表 228 T022-3 说明记录。

表 226 T022-1 数据标题记录

项目名称		起始位置	长度	用 法 和 意 义	计量单位
本记录类型		1	1	当前记录标识，填“1”	
下记录类型		2	1	续接本记录的下一行记录的本记录类型的标识	
资料类型卡		3	1	空格	
海洋观测台站代码		4	4	参照 HY 023-92 中国海洋观测台站代码	
资料处理号		8	8	空格	
流水号		16	8	空格	
纬度	度	24	2	00～90	°
	分	26	3	00.0～59.9，26～27 位为整数位，28 位为小数位	′
纬度标识		29	1	填“N”或“S”	
经度	度	30	3	000～180	°
	分	33	3	00.0～59.9，33～34 位为整数位，35 位为小数位	′
经度标识		36	1	填“E”或“W”	
观测时间	年	37	4	××××	
	月	41	2	01～12	
时区改正		43	5	±××××，北京时间填“－0800”，GMT 填“0000”	
验潮仪仪器代码		48	6	见 HY/T 042 海洋仪器分类及型号命名办法	
水尺零点与基本水准点高程差		54	7	54～57 位为整数位，58～60 位为小数位	m
基本水准点高程		61	5	61～63 位为整数位，64～65 位为小数位	m
潮高准确度符		66	1	1：±1cm；2：±5cm；3：±10cm	
续行		67	62	空格	

表 227 T022-2 数据记录

项目名称		起始位置	长度	用 法 和 意 义	计量单位
本记录类型		1	1	当前记录标识,填“2”	
下记录类型		2	1	续接本记录的下一行记录的本记录类型的标识	
观测时间	日	3	2	01～31	
	时	5	2	00～23	
5分钟潮高及其质量符		7	60	7～10位为潮高观测值,I4,7位是符号位,“—”表示负,空格为正,8～10位为潮高观测值,缺测用“9999”,11位为质量符,以后按每5分钟依次重复潮高观测值及其质量符	cm
续行		67	62	空格	

表 228 T022-3 说明记录

项目名称	起始位置	长度	用 法 和 意 义	计量单位
本记录类型	1	1	当前记录标识,填“5”	
下记录类型	2	1	续接本记录的下一行记录的本记录类型的标识	
序号	3	1	0～9	
说明	4	125	根据备注栏的实际内容,用英文或汉字记录	

11.1.5 T023—1分钟潮高观测数据

1分钟潮高观测数据名称以T023开头。

1分钟潮高观测数据格式由如下表组成:

——表229 T023-1 数据标题记录;

——表230 T023-2 数据记录;

——表231 T023-3 说明记录。

表 229 T023-1 数据标题记录

项目名称		起始位置	长度	用 法 和 意 义	计量单位
本记录类型		1	1	当前记录标识,填“1”	
下记录类型		2	1	续接本记录的下一行记录的本记录类型的标识	
资料类型卡		3	1	空格	
海洋观测台站代码		4	4	参照HY 023中国海洋观测台站代码	
资料处理号		8	8	空格	
流水号		16	8	空格	
纬度	度	24	2	00～90	°
	分	26	3	00.0～59.9,26～27位为整数位,28位为小数位	′
纬度标识		29	1	填“N”或“S”	
经度	度	30	3	000～180	°
	分	33	3	00.0～59.9,33～34位为整数位,35位为小数位	′
经度标识		36	1	填“E”或“W”	
观测时间	年	37	4	××××	
	月	41	2	01～12	
时区改正		43	5	±××××,北京时间填“—0800”,GMT填“0000”	

表 229（续）

项目名称	起始位置	长度	用 法 和 意 义	计量单位
验潮仪仪器代码	48	6	同表 T011-2 仪器代码	
水尺零点与基本水准点高程差	54	7	54～57 位为整数位，58～60 位为小数位	m
基本水准点高程	61	5	61～63 位为整数位，64～65 位为小数位	m
潮高准确度符	66	1	1：±1 cm；2：±5 cm；3：±10 cm	
续行	67	62	空格	

表 230　T023-2 数据记录

项目名称		起始位置	长度	用 法 和 意 义	计量单位
本记录类型		1	1	总填 2，当前数据标题记录标识	
下记录类型		2	1	填下一行记录的类型标识	
观测时间	日	3	2	01～31	
	时	5	2	00～23	
观测时间标识		7	1	填 1 标识 00 分～11 分的观测值 填 2 标识 12 分～23 分的观测值 填 3 标识 24 分～35 分的观测值 填 4 标识 36 分～47 分的观测值 填 5 标识 48 分～59 分的观测值	
1 分钟潮高及其质量符		8	60	每 1 分钟的潮高观测值，±×××，右对齐，最左一位为符号位，“—”为负值，空格为正值。每一潮高后有一位质量符	cm

表 231　T023-3 说明记录

项目名称	起始位置	长度	用 法 和 意 义	计量单位
本记录类型	1	1	当前记录标识，填“5”	
下记录类型	2	1	续接本记录的下一行记录的本记录类型的标识	
序号	3	1	0～9	
说明	4	125	根据备注栏的实际内容，用英文或汉字记录	

11.1.6　T031—海洋台站波浪观测数据

海洋台站波浪观测数据名称以 T031 开头。

海洋台站波浪观测数据格式由以下表组成：

——表 232 T031-1 数据标题记录；

——表 233 T031-2 数据记录；

——表 234 T031-3 说明记录。

表 232　T031-1 数据标题记录

项目名称	起始位置	长度	用 法 和 意 义	计量单位
本记录类型	1	1	当前记录标识，填“1”	
下记录类型	2	1	续接本记录的下一行记录的本记录类型的标识	
资料类型卡	3	1	空格	

表 232（续）

项目名称		起始位置	长度	用 法 和 意 义	计量单位
海洋观测台站代码		4	4	参照 HY 023 中国海洋观测台站代码	
资料处理号		8	8	空格	
流水号		16	8	空格	
纬度	度	24	2	00～90	°
	分	26	3	00.0～59.9，26～27 位为整数位，28 位为小数位	′
纬度标识		29	1	填“N”或“S”	
经度	度	30	3	000～180	°
	分	33	3	00.0～59.9，33～34 位为整数位，35 位为小数位	′
经度标识		36	1	填“E”或“W”	
观测时间	年	37	4	年份，填满四位	
	月	41	2	01～12	
测波仪仪器代码		43	6	见 HY/T 042 海洋仪器分类及型号命名办法	
岸用光学测波仪	海拔高度	49	3	49～50 位为整数位，51 位为小数位	m
	到测波浮标的水平距离	52	4	52～54 为整数位，55 位为小数位	m
	浮标相对测波仪的方向	56	3	000～359	°
	测波场地开阔度	59	3	000～359	°
浮标（传感器）处基准面水深		62	3	62～63 位为整数位，64 位为小数位	m
风速传感器离地面高度		65	3	65～66 位为整数位，67 位为小数位	m
水深编码		68	1	该月有水深数据填”1”，无水深数据填”2”	
目测方法观测场地海拔高度		69	3	69～70 位为整数位，71 位为小数位	m
波高测量最大允差代码		72	1	1：±10％；2：±15％	
续行		73	56	空格	

表 233　T031-2 数据记录

项目名称		起始位置	长度	用 法 和 意 义	计量单位
本记录类型		1	1	当前记录标识，填“2”	
下记录类型		2	1	续接本记录的下一行记录的本记录类型的标识	
观测时间	日	3	2	01～31	
	时	5	2	00～23	
风向		7	3	0～359，右对齐，静稳填“C”	°
风向标识		10	1	空格	

表 233（续）

项目名称		起始位置	长度	用 法 和 意 义	计量单位
风速		11	3	11～12 位为整数位，13 位为小数位	m/s
质量符		14	1	风速质量符，见表 B.9 质量符代码表	
风速采样标识		15	2	填“2”或“10”，分别表示 2 分钟或 10 分钟平均风速	
海况		17	1	见表 B.11 海况等级代码表	
波型		18	3	见表 B.12 波型代码表	
风浪向		21	3	0～359，右对齐，静稳填“C”，不定填“X”	°
风浪向标识		24	1	空格	
涌浪向		25	3	0～359，右对齐，静稳填“C”，不定填“X”	°
涌浪向标识		28	1	空格	
最大波高、对应周期	波高	29	3	29～30 位为整数位，31 位为小数位	m
	质量符	32	1	最大波高质量符，见表 B.9 质量符代码表	
	对应周期	33	3	33～34 位为整数位，35 位为小数位	s
	质量符	36	1	最大波高对应周期质量符，见 B.9 质量符代码表	
	观测方法	37	1	1:光学测波；2:目测波；3:自记测波	
	仪器代码	38	6	见 HY/T 042 海洋仪器分类及型号命名办法	
十分之一大波波高、周期	波高	44	3	44～45 位为整数位，46 位为小数位	m
	质量符	47	1	波高质量符，见表 B.9 质量符代码表	
	对应周期	48	3	48～49 位为整数位，50 位为小数位	s
	质量符	51	1	对应周期质量符，见表 B.9 质量符代码表	
	观测方法	52	1	1:光学测波；2:目测波；3:自记测波	
	仪器代码	53	6	见 HY/T 042 海洋仪器分类及型号命名办法	
有效波高、周期	波高	59	3	59～60 位为整数位，61 位为小数位	m
	质量符	62	1	波高质量符，见表 B.9 质量符代码表	
	对应周期	63	3	63～64 位为整数位，65 位为小数位	s
	质量符	66	1	对应周期质量符，见表 B.9 质量符代码表	
	观测方法	67	1	1:光学测波；2:目测波；3:自记测波	
	仪器代码	68	6	见 HY/T 042 海洋仪器分类及型号命名办法	
平均波高、周期	波高	74	3	74～75 位为整数位，76 位为小数位	m
	质量符	77	1	波高质量符，见表 B.9 质量符代码表	
	对应周期	78	3	78～79 位为整数位，80 位为小数位	s
平均波高、周期	质量符	81	1	对应周期质量符，见表 B.9 质量符代码表	
	观测方法	82	1	1:光学测波；2:目测波；3:自记测波	
	仪器代码	83	6	见 HY/T 042 海洋仪器分类及型号命名办法	
波数		89	3	×××	个
水深		92	3	92～93 位为整数位，94 位为小数位	m
续行		95	34	空格	

表 234 T031-3 说明记录

项目名称	起始位置	长度	用法和意义	计量单位
本记录类型	1	1	当前记录标识,总填 5	
下记录类型	2	1	填下一行记录的标志	
序号	3	1	0~9	
说明	4	125	根据备注栏的实际内容,用英文或汉字记录	

11.1.7 T032—海洋台站自记测波仪原始采样数据

台站自记测波仪原始采样数据名称以 T032 开头。

台站自记测波仪原始采样数据格式由以下表组成:

——表 235 T032-1 数据标题记录;

——表 236 T032-2 数据记录;

——表 237 T032-3 说明记录。

表 235 T032-1 数据标题记录

项目名称		起始位置	长度	用法和意义	计量单位
本记录类型		1	1	当前记录标识,填"1"	
下记录类型		2	1	续接本记录的下一行记录的本记录类型的标识	
资料类型卡		3	1	空格	
海洋观测台站代码		4	4	参照 HY 023 中国海洋观测台站代码	
资料处理号		8	8	空格	
流水号		16	8	空格	
纬度	度	24	2	00~90	°
	分	26	3	00.0~59.9,26~27 位为整数位,28 位为小数位	′
纬度标识		29	1	填"N"或"S"	
经度	度	30	3	000~180	°
	分	33	3	00.0~59.9,33~34 位为整数位,35 位为小数位	′
经度标识		36	1	填"E"或"W"	
观测起始时间	年	37	4	年份,填满四位	
	月	41	2	01~12	
	日	43	2	01~31	
	时	45	2	01~23	
	分	47	2	00~59	
测波仪仪器代码		49	6	见 HY/T 042 海洋仪器分类及型号命名办法	
测量范围	下限	55	3	55~56 位为整数位,57 为小数位,测量要素的下限	m
	上限	58	3	58~59 位为整数位,60 为小数位,测量要素的上限	m
采样时间间隔		61	3	61~62 位为整数位,63 为小数位	s
采样个数		64	4	××××,本次共采样个数	
AD 转换位数		68	4	××××,AD 转换所取的字节数	
水深		72	5	72~75 位为整数位,76 位为小数位,填测波时波浪传感器处水深	m
续行		77	52	空格	

表 236 T032-2 数据记录

项目名称	起始位置	长度	用法和意义	计量单位
本记录类型	1	1	当前记录标识，填“2”	
下记录类型	2	1	续接本记录的下一行记录的本记录类型的标识	
采样值(1)	3	4	3～5 位为整数位，6 位为小数位，第 1 个样本	m
质量符(1)	7	1	采样值 1 质量符，见表 B.9 质量符代码表	
采样值(2)	8	4	8～10 位为整数位，11 位为小数位，第 2 个样本	m
质量符(2)	12	1	采样值 1 质量符，见表 B.9 质量符代码表	
采样值(3) 质量符(3) …… 采样值(25) 质量符(25)	13	5	13～15 位为整数位，16 位为小数位，17 位为质量符，以后依次填写采集样本的观测值及样本对应质量符，见表 B.9 质量符代码	

表 237 T032-3 说明记录

项目名称	起始位置	长度	用法和意义	计量单位
本记录类型	1	1	当前记录标识，填“5”	
下记录类型	2	1	续接本记录的下一行记录的本记录类型的标识	
序号	3	1	0～9	
说明	4	125	根据备注栏的实际内容，用英文或汉字记录	

11.1.8 T041—海冰观测数据

海冰观测数据名称以 T041 开头。

海冰观测数据格式由以下表组成：

——表 238 T041-1 数据标题记录；

——表 239 T041-2 数据记录 1——浮冰数据；

——表 240 T041-3 数据记录 2——固定冰数据；

——表 241 T041-4 说明记录。

表 238 T041-1 数据标题记录

项目名称		起始位置	长度	用法和意义	计量单位
本记录类型		1	1	当前记录标识，填“1”	
下记录类型		2	1	续接本记录的下一行记录的本记录类型的标识	
资料类型卡		3	1	空格	
海洋观测台站代码		4	4	见 HY 023-92 中国海洋观测台站代码	
资料处理号		8	8	空格	
流水号		16	8	空格	
纬度	度	24	2	00～90	°
	分	26	3	00.0～59.9，26～27 位为整数位，28 位为小数位	′
纬度标识		29	1	填“N”或“S”	
经度	度	30	3	000～180	°
	分	33	3	00.0～59.9，33～34 位为整数位，35 位为小数位	′

表 238（续）

项目名称		起始位置	长度	用法和意义	计量单位
经度标识		36	1	填“E”或“W”	
观测时间	年	37	4	年份，填满四位	
	月	41	2	01～12	
观测场地海拔高度		43	4	××××	m
测冰基线方向		47	3	000～359	°
观测视角		50	3	000～359	°
能见水平最大远程		53	4	53～55 位为整数位，56 位为小数位	km
初冰日期		57	4	mmdd，57～58 位为月份，59～60 位为日期	
终冰日期		61	4	mmdd，61～62 位为月份，63～64 位为日期	
浮冰仪器代码		65	6	见表 T011-2 仪器代码说明	
固定冰仪器代码		71	6	见表 T011-2 仪器代码说明	
续行		77	52	空格	

表 239　T041-2 数据记录 1——浮冰数据

项目名称			起始位置	长度	用法和意义	计量单位
本记录类型			1	1	当前记录标识，填“2”	
下记录类型			2	1	续接本记录的下一行记录的本记录类型的标识	
日期			3	2	01～31	
海面能见度	08 时	海面能见度	5	3	5～6 位为整数位，7 位为小数位	km
		质量符	8	1		
	14 时	海面能见度	9	3	9～10 位为整数位，11 位为小数位	km
		质量符	12	1		
总冰量	08 时		13	2	××，“10⁻”，记为“11”	
	14 时		15	2	××，“10⁻”，记为“11”	
浮冰量	08 时		17	2	××，“10⁻”，记为“11”	
	14 时		19	2	××，“10⁻”，记为“11”	
浮冰密集度	08 时		21	2	××，“10⁻”，记为“11”	
	14 时		23	2	××，“10⁻”，记为“11”	
浮冰冰型	08 时		25	10	各种冰型占两位，最多记 5 位，左对齐，见表 B.25 海冰冰型代码表	
	14 时		35	10	填法同 25～34 位	
浮冰表面特征	08 时		45	6	见表 B.29 冰表面特征分类代码表	
	14 时		51	6	同上	
浮冰冰状	08 时		57	6	每种记 2 位，最多记三种，左对齐，见表 B.26 浮冰冰状代码表	
	14 时		63	6	同上	

表 239（续）

项目名称			起始位置	长度	用法和意义	计量单位
最大浮冰块水平尺度	08 时	水平尺度	69	6	××××××	m
		观测方法	75	1	1:仪测;2:目测	
	14 时	水平尺度	76	6	××××××	m
		观测方法	82	1	1:仪测;2:目测	
浮冰漂流	08 时	浮冰漂流方向	83	3	×××	°
		浮冰漂流速度	86	3	86～87 位为整数位,88 位为小数位	m/s
		质量符	89	1		
		观测方法	90	1	1:仪测;2:目测	
	14 时	浮冰漂流方向	91	3	××	°
		浮冰漂流速度	94	3	94～95 位为整数位,96 位为小数位	m/s
		质量符	97	1		
		观测方法	98	1	1:仪测;2:目测	
续行			99	30	空格	

表 240　T041-3 数据记录 2——固定冰数据

项目名称		起始位置	长度	用法和意义	计量单位
本记录类型		1	1	当前记录标识,填“2”	
下记录类型		2	1	续接本记录的下一行记录的本记录类型的标识	
日期		3	2	01～31	
固定冰冰量	08 时	5	2	××,“10⁻”,记为“11”	
	14 时	7	2	××,“10⁻”,记为“11”	
固定冰冰型	08 时	9	6	每种冰型占两位,最多三种,左对齐,冰型代码见表 B.25 海冰冰型代码表	
	14 时	15	6	同上	
固定冰冰表面特征	08 时	21	6	每种冰表面特征占两位,最多三种,左对齐,冰表面特征见表 B.29 冰表面特征分类代码表	
	14 时	27	6	同 14 时	
固定冰堆积量	08 时	33	2	××,“10⁻”记为“11”	
	14 时	35	2	××,“10⁻”记为“11”	
固定冰堆积高度	08 时平均	37	3	37～38 位为整数位,39 位为小数位	m
	08 时最高	40	3	40～41 位为整数位,42 位为小数位	m
	14 时平均	43	3	43～44 位为整数位,45 位为小数位	m
	14 时最高	46	3	46～47 位为整数位,48 位为小数位	m

表 240（续）

项目名称		起始位置	长度	用法和意义	计量单位
观测方法		49	1	1:仪测;2:目测	
固定冰宽度	08 时	50	5	×××××	m
	14 时	55	5	×××××	m
观测方法		60	1	1:仪测;2:目测	
孔 n 的厚度和离岸距离	孔 1 厚度	61	4	61～63 位为整数位,64 位为小数位	cm
	孔 1 离岸距离	65	5	65～68 位为整数位,69 位为小数位	m
	孔 2～5 厚度和离岸距离	70	36	重复孔 2～5,填法与孔 1 相似	
平均厚度		106	4	106～108 位为整数位,109 位为小数位	cm
冰温	表层	110	3	110～111 位为整数位,112 位为小数位,零下温度	℃
	中层	113	3	113～114 位为整数位,115 位为小数位,零下温度	℃
	底层	116	3	116～117 位为整数位,118 位为小数位,零下温度	℃
测冰温处冰厚		119	4	119～121 位为整数位,122 位为小数位	m
测冰温处离岸距离		123	5	123～126 位为整数位,127 位为小数位	m
续行		128	1	空格	

表 241 T041-4 说明记录

项目名称	起始位置	长度	用法和意义	计量单位
本记录类型	1	1	当前记录标识,填“5”	
下记录类型	2	1	续接本记录的下一行记录的本记录类型的标识	
序号	3	1	0～9	
说明	4	125	根据备注栏的实际内容,用英文或汉字记录	

11.1.9 T051—海洋台站气象观测数据

海洋台站气象观测数据名称以 T051 开头。

海洋台站气象观测数据格式由以下表组成：

——表 242 T051-1 数据标题记录；

——表 243 T051-2 数据记录 1——气压、气温、湿球温度、相对湿度数据；

——表 244 T051-3 数据记录 2——能见度、雾、大风数据；

——表 245 T051-4 数据记录 3——逐时风数据；

——表 246 T051-5 说明记录。

表 242 T051-1 数据标题记录

项目名称	起始位置	长度	用法和意义	计量单位
本记录类型	1	1	当前记录标识,填“1”	
下记录类型	2	1	续接本记录的下一行记录的本记录类型标识	
资料类型卡	3	1	空格	

表 242（续）

项目名称		起始位置	长度	用法和意义	计量单位
海洋观测台站代码		4	4	参照 HY 023 中国海洋观测台站代码	
资料处理号		8	8	空格	
流水号		16	8	空格	
纬度	度	24	2	00～90	°
	分	26	3	00.0～59.9,26～27 位为整数位,28 位为小数位	′
纬度标识		29	1	填“N”或“S”	
经度	度	30	3	000～180	°
	分	33	3	33～34 位为整数位,35 位为小数位	′
经度标识		36	1	填“E”或“W”	
观测时间	年	37	4	年份,填满四位	
	月	41	2	01～12	
气压标识符		43	1	空格为本站气压,“S”表示海平面气压	
温度标识符		44	1	空格表示气温已订正,“N”表示未订正	
观测场海拔高度		45	4	45～47 位为整数位,48 位为小数位	m
气压传感器海拔高度		49	4	49～51 位为整数位,52 位为小数位	m
风速器离地面或平台高度		53	3	53～54 位为整数位,55 位为小数位	m
测风平台海拔高度		56	3	56～57 位为整数位,58 位为小数位	m
气压准确度符		59	1	1:±0.1 hPa;2:±0.5 hPa;3:±1 hPa	
风向准确度符		60	1	1:±5°;2:±10°	
气压观测仪器代码		61	6	见 HY/T 042 海洋仪器分类及型号命名办法	
风观测仪器代码		67	6	同上	
气温观测仪器代码		73	6	同上	
相对湿度观测仪器代码		79	6	同上	
降水量观测仪器代码		85	6	同上	
续行		91	3	空格	

表 243　T051-2 数据记录 1——气压、气温、湿球温度、相对湿度数据

项目名称	起始位置	长度	用法和意义	计量单位
本记录类型	1	1	当前记录标识,填“2”	
下记录类型	2	1	续接本记录的下一行记录的本记录类型的标识	
观测日期	3	2	01～31	

表 243（续）

项目名称		起始位置	长度	用法和意义	计量单位
本站气压	02 时	5	5	5～8 位为整数位,9 位为小数位	hPa
	质量符	10	1	见表 B.9 质量符代码表	
	08 时	11	5	11～14 位为整数位,15 位为小数位	hPa
	质量符	16	1	见表 B.9 质量符代码表	
	14 时	17	5	17～20 位为整数位,21 位为小数位	hPa
	质量符	22	1	见表 B.9 质量符代码表	
	20 时	23	5	23～26 位为整数位,27 位为小数位	hPa
	质量符	28	1	见表 B.9 质量符代码表	
	日最高	29	5	29～32 位为整数位,33 位为小数位	hPa
	质量符	34	1	见表 B.9 质量符代码表	
	日最低	35	5	35～38 位为整数位,39 位为小数位	hPa
	质量符	40	1	见表 B.9 质量符代码表	
气温	02 时	41	4	41～43 位为整数位,44 位为小数位	℃
	质量符	45	1	见表 B.9 质量符代码表	
	08 时	46	4	46～48 位为整数位,49 位为小数位	℃
	质量符	50	1	见表 B.9 质量符代码表	
	14 时	51	4	51～53 位为整数位,54 位为小数位	℃
	质量符	55	1	见表 B.9 质量符代码表	
	20 时	56	4	56～58 位为整数位,59 位为小数位	℃
	质量符	60	1	见表 B.9 质量符代码表	
	日最高	61	4	61～63 位为整数位,64 位为小数位	℃
	质量符	65	1	见表 B.9 质量符代码表	
	日最低	66	4	66～68 位为整数位,69 位为小数位	℃
	质量符	70	1	见表 B.9 质量符代码表	
湿球温度	02 时	71	4	71～73 位为整数位,74 位为小数位	℃
	质量符	75	1	见表 B.9 质量符代码表	
	结冰符	76	1	02 时湿球结冰标志符,B 表示结冰,空格表示不结冰	
	08 时	77	4	76～79 位为整数位,80 位为小数位	℃
	质量符	81	1	见表 B.9 质量符代码表	
	结冰符	82	1	08 时湿球结冰标志符,填法同 76 位	
	14 时	83	4	83～85 位为整数位,86 位为小数位	℃
	质量符	87	1	见表 B.9 质量符代码表	
	结冰符	88	1	14 时湿球结冰标志符,填法同 76 位	
	20 时	89	4	89～91 位为整数位,92 位为小数位	℃
	质量符	93	1	见表 B.9 质量符代码表	
	结冰符	94	1	20 时湿球结冰标志符,填法同 76 位	

表 243(续)

项目名称		起始位置	长度	用 法 和 意 义	计量单位
日降水量 20 时～20 时		95	6	95～99 位为整数位,100 位为小数位,填前一日 20 时到当日 20 时的总降水量	mm
相对湿度	02 时	101	3	×××	%
	质量符	104	1	见表 B.9 质量符代码表	
	08 时	105	3	×××	%
	质量符	108	1	见表 B.9 质量符代码表	
	14 时	109	3	×××	%
	质量符	112	1	见表 B.9 质量符代码表	
	20 时	113	3	×××	%
	质量符	116	1	见表 B.9 质量符代码表	
日最小相对湿度		117	3	×××	%
质量符		120	1	见表 B.9 质量符代码表	
续行		99	30	空格	

表 244 T051-3 数据记录 2——能见度、雾、大风数据

项目名称		起始位置	长度	用 法 和 意 义	计量单位
本记录类型		1	1	当前记录标识,填"3"	
下记录类型		2	1	续接本记录的下一行记录的本记录类型的标识	
观测日期		3	2	01～31	
海面有效能见度	08 时	5	3	5～6 位为整数位,7 位为小数位	km
	质量符	8	1	质量符,见表 B.9 质量符代码表	
	14 时	9	3	9～10 位为整数位,11 位为小数位	km
	质量符	12	1	质量符,见表 B.9 质量符代码表	
	20 时	13	3	13～14 位为整数位,15 位为小数位	km
	质量符	16	1	质量符,见表 B.9 质量符代码表	
雾	夜间	17	2	有雾填"42",无雾空格	
	起止时间 1	19	9	19～20 位为开始时,填 00～23;21～22 位为开始分,填 00～59;23 位为连接符,填"-"或"·";24～25 位为终止时,填 00～23;26～27 位为终止分,填 00～59	
	起止时间2~5	28	36	第 2 到 5 次雾时段,填写方法同起止时间 1	
	起止时间 6	64	9	填第 6 次雾时段,填写方法同起止时间 1	
风速大于或等于 17.0 m/s	起止时间 1	73	9	第 1 次风速大于或等于 17.0 m/s 的时段,填法同雾起止时间 1	
	起止时间 2～5	82	36	第 2 到 5 次风速大于或等于 17.0 m/s 的时段,填写方法同起止时间 1	
	起止时间 6	118	9	第 6 次风速大于或等于 17.0 m/s 的时段,填写方法同起止时间 1	
续行		127	2	空格	
注:雾或大风出现 7 段以上的数据,填写在 T051-5 说明记录中。大风时间缺测时,在 T051-5 说明记录中填写当日大风出现总次数。					

表 245 T051-4 数据记录 3——逐时风数据

<table>
<tr><th colspan="3">项目名称</th><th>起始位置</th><th>长度</th><th>用 法 和 意 义</th><th>计量单位</th></tr>
<tr><td colspan="3">本记录类型</td><td>1</td><td>1</td><td>当前记录标识,填“4”</td><td></td></tr>
<tr><td colspan="3">下记录类型</td><td>2</td><td>1</td><td>续接本记录的下一行记录的本记录类型的标识</td><td></td></tr>
<tr><td colspan="3">观测日期</td><td>3</td><td>2</td><td>01～31</td><td></td></tr>
<tr><td colspan="3">观测时间标识</td><td>5</td><td>1</td><td>“1”表示本行记录为 21～08 时的逐时风观测和最大风速;
“2”表示本行记录为 09～20 时的逐时风观测和极大风速</td><td></td></tr>
<tr><td rowspan="4">逐时风</td><td rowspan="3">21 或 09 时</td><td>风向</td><td>6</td><td>3</td><td>0～359,右对齐,静稳填“C”</td><td>°</td></tr>
<tr><td>风速</td><td>9</td><td>3</td><td>9～10 位为整数位,11 位为小数位</td><td>m/s</td></tr>
<tr><td>质量符</td><td>12</td><td>1</td><td>对应逐时风的质量符,见表 B.9 质量符代码表</td><td></td></tr>
<tr><td colspan="2">22 或 08 时～10 或 20 时</td><td>13</td><td>77</td><td>风向、风速和质量符,填写方式与 21/09 时相同</td><td></td></tr>
<tr><td colspan="2" rowspan="4">最大风速/极大风速</td><td>风向</td><td>90</td><td>3</td><td>×××,当观测时间标志为“1”,填最大风速风向值;当观测时间标志为“2”,填极大风速风向值</td><td>°</td></tr>
<tr><td>风速</td><td>93</td><td>3</td><td>93～94 位为整数位,95 位为小数位,当观测时间标志为“1”,填最大风速值;当观测时间标志为“2”,填极大风速值</td><td>m/s</td></tr>
<tr><td>质量符</td><td>96</td><td>1</td><td>日最(极)大风质量符,见表 B.9 质量符代码表</td><td></td></tr>
<tr><td>出现时间</td><td>97</td><td>4</td><td>97～98 位为最大风速/极大风速出现时,00～23;99～100 位为风速极值出现分,00～59</td><td></td></tr>
<tr><td colspan="3">续行</td><td>101</td><td>28</td><td>空格</td><td></td></tr>
</table>

表 246 T051-5 说明记录

项目名称	起始位置	长度	用 法 和 意 义	计量单位
本记录类型	1	1	当前记录标识,填“5”	
下记录类型	2	1	续接本记录的下一行记录的本记录类型的标识	
序号	3	1	0～9	
说明	4	125	根据备注栏的实际内容,用英文或汉字记录描述	

11.1.10 T052—海洋台站逐时气压、气温、相对湿度观测数据

海洋台站逐时气压、气温、相对湿度观测数据名称以 T052 开头。海洋台站逐时气压、气温、相对湿度观测数据格式由如下表组成:

——表 247 T052-1 数据标题记录;

——表 248 T052-2 数据记录 1——逐时气压、气温、相对湿度数据;

——表 249 T052-3 数据记录 2——逐时能见度数据;

——表 250 T052-4 说明记录。

表 247 T052-1 数据标题记录

项目名称	起始位置	长度	用 法 和 意 义	计量单位
本记录类型	1	1	当前记录标识,填“1”	
下记录类型	2	1	续接本记录的下一行记录的本记录类型的标识	
资料类型卡	3	1	空格	
海洋观测台站代码	4	4	参照 HY 023 中国海洋观测台站代码	

表 247(续)

项目名称		起始位置	长度	用 法 和 意 义	计量单位
资料处理号		8	8	空格	
流水号		16	8	空格	
纬度	度	24	2	00～90	°
	分	26	3	00.0～59.9,26～27 为整数位,28 为小数位	′
纬度标识		29	1	填“N”或“S”	
经度	度	30	3	000～180	°
	分	33	3	00.0～59.9,33～34 为整数位,35 为小数位	′
经度标识		36	1	填“E”或“W”	
观测时间	年	37	4	年份,填满四位	
	月	41	2	01～12	
气压标识符		43	1	空格表示为本站气压,“S”表示为海平面气压	
温度标识符		44	1	空格表示气温已订正,“N”表示为未订正	
观测场海拔高度		45	4	45～47 位为整数位,48 位为小数位	m
气压传感器海拔高度		49	4	49～51 位为整数位,52 位为小数位	m
气压准确度代码		53	1	1:±0.1hPa;2:±0.5h;3:±1hPa	
气压观测仪器代码		54	6	见 HY/T 042 海洋仪器分类及型号命名办法	
气温观测仪器代码		60	6	同上	
相对湿度观测仪器代码		66	6	同上	
续行		72	57	空格	

表 248 T052-2 数据记录 1——逐时气压、气温、相对湿度数据

项目名称		起始位置	长度	用 法 和 意 义	计量单位
本记录类型		1	1	本记录类型标志,填“2”	
下记录类型		2	1	续接本记录的下一行记录的本记录类型的标识	
观测日期		3	2	填 01～31	
观测时间标识		5	1	1:21～04 时;2:05～12 时;3:13～20 时	
逐时气压	气压	6	5	6～9 位为整数位,10 位为小数位	hPa
	质量符	11	1	见表 B.9 质量符代码表	
逐时气温	气温	12	4	12 位为符号位,13～14 位为整数位,15 位为小数位	℃
	质量符	16	1	见表 B.9 质量符代码表	
逐时相对湿度	相对湿度	17	3	×××	%
	质量符	20	1	见表 B.9 质量符代码表	
		21	105	按时间依次重复 6～20 位	
续行		126	3	空格	

表 249 T052-3 数据记录 2——逐时能见度数据记录

项目名称	起始位置	长度	用 法 和 意 义	计量单位
本记录类型	1	1	总填"3",本记录类型标志	
下记录类型	2	1	填下一行记录的类型标志	
观测日期	3	2	01～31	
观测时间标识	5	1	填"1"表示本行为 00～11 时观测值 填"2"表示本行为 12～23 时观测值	
逐时能见度及其质量符	6	60	6～8 位为整数位,9 位为小数位,10 位为能见度质量符,以后按时间依次的重复填写能见度及其质量符	km
续行	66	63		

表 250 T052-4 说明记录

项目名称	起始位置	长度	用 法 和 意 义	计量单位
本记录类型	1	1	当前记录标识,填"5"	
下记录类型	2	1	续接本记录的下一行记录的本记录类型的标识	
序号	3	1	0～9	
说明	4	125	根据备注栏的实际内容,用英文或汉字记录	

11.1.11 T053—海洋台站 10 分钟风观测数据

海洋台站 10 分钟风观测数据名称以 T053 开头。

海洋台站 10 分钟风观测数据格式由以下表组成:

——表 251 T053-1 数据标题记录;

——表 252 T053-2 数据记录;

——表 253 T053-3 说明记录。

表 251 T053-1 数据标题记录

项目名称		起始位置	长度	用 法 和 意 义	计量单位
本记录类型		1	1	当前记录标识,填"1"	
下记录类型		2	1	续接本记录的下一行记录的本记录类型的标识,填"2"	
资料类型卡		3	1	空格	
海洋观测台站代码		4	4	参照 HY 023-92 中国海洋观测台站代码	
资料处理号		8	8	空格	
流水号		16	8	空格	
纬度	度	24	2	00～90	°
	分	26	3	26～27 为整数位,28 位为小数位	′
纬度标识		29	1	填"N"或"S"	
经度	度	30	3	000～180	°
	分	33	3	33～34 为整数位,35 位为小数位	′
经度标识		36	1	填"E"或"W"	
观测时间	年	37	4	年份,填满四位	
	月	41	2	01～12	

表 251（续）

项目名称	起始位置	长度	用法和意义	计量单位
观测场拔海高度	43	4	43～45 位为整数位,46 位为小数位	m
风速器离地面或平台高度	47	3	47～48 位为整数位,49 位为小数位	m
测风平台拔海高度	50	3	50～51 位为整数位,52 位为小数位	m
风向准确度符	53	1	1:±5°;2:±10°	
风观测仪器代码	54	6	见 HY/T 042—1996 海洋仪器分类及型号命名办法	
续行	60	69	空格	

表 252 T053-2 数据记录

项目名称		起始位置	长度	用法和意义	计量单位
本记录类型		1	1	当前记录标识,填“2”	
下记录类型		2	1	续接本记录的下一行记录的本记录类型的标识	
观测时间	日	3	2	01～31	
	时	5	2	00～23	
10 分钟平均风向、风速及质量符	风向	7	3	0～359,右对齐,静稳填“C”	°
	风速	10	3	10～11 位为整数位,12 位为小数位	m/s
	质量符	13	1	见表 B.9 质量符代码表	
		14	35	按观测时间每十分钟依次重复 7～13 位	
续行		49	80	空格	

表 253 T053-3 说明记录

项目名称	起始位置	长度	用法和意义	计量单位
本记录类型	1	1	当前记录标识,填“5”	
下记录类型	2	1	续接本记录的下一行记录的本记录类型的标识	
序号	3	1	0～9	
说明	4	125	根据备注栏的实际内容,用英文或汉字记录	

11.1.12 T054—1 分钟气压、空气温度、相对湿度、风、降水量观测数据

1 分钟气压、空气温度、相对湿度、风、降水量观测数据名称以 T054 开头。

1 分钟气压、空气温度、相对湿度、风、降水量观测数据由以下表组成：

——表 254 T054-1 数据标题记录；

——表 255 T054-2 数据记录 1——1 分钟气压、气温、相对湿度数据；

——表 256 T054-3 数据记录 2——1 分钟风速、对应风向数据；

——表 257 T054-4 数据记录 3——1 分钟降水总量数据；

——表 258 T054-5 说明记录。

表 254 T054-1 数据标题记录

项目名称		起始位置	长度	用法和意义	计量单位
本记录类型		1	1	总填“1”,当前数据标题记录标识	
下记录类型		2	1	填下一行记录的类型标识	
资料类型卡		3	1	空格	
海洋观测台站代码		4	4	按 HY 023 中国海洋观测台站代码规定	
资料处理号		8	8	空格	
流水号		16	8	空格	
纬度	度	24	2	00～90	°
	分	26	3	00.0～59.9	′
纬度标识		29	1	N 或 S	
经度	度	30	3	000～180	°
	分	33	3	00.0～59.9	′
经度标识		36	1	E 或 W	
观测时间	年	37	4	填满 4 位	
	月	41	2	01～12	
气压标识符		43	1	空格为本站气压;s 为海平面气压	
温度标识符		44	1	N 为未订正的气温;空格为已订正的气温	
观测场地海拔高度		45	4	45～47 位为整数位,48 位为小数位	m
气压传感器海拔高度		49	4	49～51 位为整数位,52 位为小数位	m
风速器离地面或平台高度		53	3	53～54 位为整数位,55 位为小数位	m
测风平台海拔高度		56	3	56～57 位为整数位,58 位为小数位	m
气压准确度符		59	1	气压测量准确度等级	
风向准确度符		60	1	风向测量准确度等级	
气压观测仪器代码		61	6	按国家海洋标准计量中心发布的仪器代码填写	
风观测仪器代码		67	6	按国家海洋标准计量中心发布的仪器代码填写	
气温观测仪器代码		73	6	按国家海洋标准计量中心发布的仪器代码填写	
相对湿度观测仪器代码		79	6	按国家海洋标准计量中心发布的仪器代码填写	
降水量观测仪器代码		85	6	按国家海洋标准计量中心发布的仪器代码填写	

表 255 T054-2 数据记录 1——1 分钟气压、气温、相对湿度数据

项目名称		起始位置	长度	用法和意义	计量单位
本记录类型		1	1	总填"2",当前数据标题记录标识	
下记录类型		2	1	填下一行记录的类型标识	
观测时间	日	3	2	01～31	
	时	5	2	21～20	
观测时间标识		7	1	填 1 标识 00 分～05 分的观测值 填 2 标识 06 分～11 分的观测值 填 3 标识 12 分～17 分的观测值 填 4 标识 18 分～23 分的观测值 填 5 标识 24 分～29 分的观测值 填 6 标识 30 分～35 分的观测值 填 7 标识 36 分～41 分的观测值 填 8 标识 42 分～47 分的观测值 填 9 标识 48 分～53 分的观测值 填 10 标识 54 分～59 分的观测值	
1 分钟气压、气温、相对湿度	气压	8	5	8～11 位为整数位,12 位为小数位	hPa
	质量符	13	1	气压质量符,见表 B.9 质量符代码表	
	气温	14	4	14 位为符号位,15～16 位为整数位,17 位为小数位	℃
	质量符	18	1	气温质量符,见表 B.9 质量符代码表	
	相对湿度	19	3	×××	%
	质量符	22	1	相对湿度质量符,见表 B.9 质量符代码表	
	气压、气温、相对湿度及质量符	23	97	按时间依次重复 8～22 位	

表 256 T054-3 数据记录 2——1 分钟风速、对应风向数据

项目名称		起始位置	长度	用法和意义	计量单位
本记录类型		1	1	总填"3",当前数据标题记录标识	
下记录类型		2	1	填下一行记录的类型标识	
观测时间	日	3	2	01～31	
	时	5	2	21～20	
观测时间标识		7	1	填 1 标识 00 分～14 分的观测值 填 2 标识 15 分～29 分的观测值 填 3 标识 30 分～44 分的观测值 填 4 标识 45 分～59 分的观测值	
1 分钟风速、对应风向及质量符	风向	8	3	0～359,右对齐,静稳填"C"	°
	风速	11	3	11～12 位为整数位,13 位为小数位	m/s
	质量符	14	1	风速质量符,见表 B.9 质量符代码表	
	风向、风速及质量符	15	98	按时间依次重复 8～14 位	

表 257 T054-4 数据记录 3——1 分钟降水总量数据

项目名称		起始位置	长度	用 法 和 意 义	计量单位
本记录类型		1	1	总填“4”,当前数据标题记录标识	
下记录类型		2	1	填下一行记录的类型标识	
观测时间	日	3	2	01～31	
	时	5	2	21～20	
观测时间标识		7	1	填 1 标识 00 分～14 分的观测值 填 2 标识 15 分～29 分的观测值 填 3 标识 30 分～44 分的观测值 填 4 标识 45 分～59 分的观测值	
1 分钟降水总量		8	6	8～12 位为整数位,13 位为小数位	mm
质量符		14	1	1 分钟降水总量质量符,见表 B.9 质量符代码表	
降水量及质量符		15	98	按时间依次重复 8～14 位	

表 258 T054-5 说明记录

项目名称	起始位置	长度	用 法 和 意 义	计量单位
本记录类型	1	1	当前记录标识,填“5”	
下记录类型	2	1	续接本记录的下一行记录的本记录类型的标识	
序号	3	1	0～9	
说明	4	125	根据备注栏的实际内容,用英文或汉字记录	

11.2 浮标数据

11.2.1 F001—锚系浮标数据

锚系浮标数据名称以 F001 开头。

锚系浮标数据格式由以下表组成:

——表 259 F001-1 数据标题记录(记录类型 A);

——表 260 F001-2 环境数据记录(记录类型 B);

——表 261 F001-3 波谱数据(记录类型 C);

——表 262 F001-4 次表层温度/盐度数据(记录类型 D);

——表 263 F001-5 次表层流数据(记录类型 E);

——表 264 F001-6 次表层光辐射剖面数据(记录类型 F);

——表 265 F001-7 协谱和正交谱数据(记录类型 G);

——表 266 F001-8 有向波傅立叶系数数据(记录类型 H);

——表 267 F001-9 具有方向的波浪参数(记录类型 I);

——表 268 F001-10 连续测风数据(记录类型 J);

——表 269 F001-11 无方向的波浪谱分析数据(记录类型 K);

——表 270 F001-12 扩展分辨率协谱和正交谱数据(记录类型 L)。

表 259 F001-1 数据标题记录(记录类型 A)

项目名称	起始位置	长度	用 法 和 意 义	计量单位
站号	1	6	六个字符组成	
观测日期	7	8	YYYYMMDD	

表 259（续）

项目名称	起始位置	长度	用 法 和 意 义	计量单位
观测时间	17	4	HHMM	
记录序号	21	10	YYYYMM+NNNN	
纬度	31	7	DDMMSS,N或S	
经度	38	8	DDDMMSS,E或W	
底深	50	5	50～54列为整数位,55列为小数	m
磁变化	56	4	××××	°
浮标方位	61	3	×××	°
波浪采集频率	65	4	65～67列为整数位,68列为小数	次/分
波浪采样持续时间	70	4	70～71列为整数位,72～73列为小数	min
波浪总采集间隔	75	3	×××,频率间隔数	
测站波浪周期响应时间	79	3	×××	s
首席科学家	83	20	文字表示	
调查单位	104	20	文字表示	
风速采集持续时间	125	3	121～122列为整数位,123列为小数	min
记录类型B指示符	129	1	Y(有)N(无)	
记录类型C指示符	131	1	Y(有)N(无)	
记录类型D指示符	133	1	Y(有)N(无)	
记录类型E指示符	135	1	Y(有)N(无)	
记录类型F指示符	137	1	Y(有)N(无)	
记录类型G指示符	139	1	Y(有)N(无)	
记录类型H指示符	141	1	Y(有)N(无)	
记录类型I指示符	143	1	Y(有)N(无)	
记录类型J指示符	145	1	Y(有)N(无)	
记录类型K指示符	147	1	Y(有)N(无)	
记录类型L指示符	149	1	Y(有)N(无)	

表 260　F001-2 环境数据记录(记录类型 B)

项目名称	起始位置	长度	用 法 和 意 义	计量单位
站号	1	6		
记录序号	8	10		
风速计高度	19	3	19～20列为整数位,21列为小数	m
气温	23	4	23列为正负号,24～25列为整数位,26列为小数	℃
露点温度	28	4	28列为正负号,29～30列为整数位,31列为小数	℃
气压	33	5	33～37列为整数位,38列为小数	hPa
平均风速	39	4	39～40列为整数位,41～42列为小数	m/s

表 260（续）

项目名称	起始位置	长度	用 法 和 意 义	计量单位
平均风向	44	4	×××	°
天气现象	49	1	×	
能见度	51	3	51～52 列为整数位，53 列为小数	mile
降水	55	4	××××	mm
太阳辐射 1	60	3	60 列为整数位，61～62 列为小数，(l/min)波长小于 3.6 微米	697.8 W/m²
太阳辐射 2	64	3	64 列为整数位，65～66 列为小数，(l/min)波长 4.0～5.0 微米	697.8W/m²
有效波高	68	3	68～69 列为整数位，70 列为小数	m
平均周期	72	3	72～73 列为整数位，74 列为小数	s
平均波向	76	3	×××	°
水位	80	4	80～82 列为整数位，83 列为小数	m
表层水温	85	4	85～87 列为整数位，88 列为小数	℃
表层盐度	90	5	90～91 列为整数位，92～94 列为小数	
表层电导率	96	5	96～97 列为整数位，98～100 列为小数	mS/cm
主要周期	102	3	102～103 列为整数位，104 列为小数	s
最大波高	106	3	106～107 列为整数位，108 列为小数	m
最大陡度	110	3	×××	
阵风风速 1	114	4	114～115 列为整数位，116～117 列为小数	m/s
阵风平均周期 1	119	2	××	s
阵风风速 2	122	4	122～123 列为整数位，124～125 列为小数	m/s
阵风平均周期 2	127	2	××	s
风速	130	3	130～131 列为整数位，132 列为小数	m/s
风向	134	3	0～359，静稳填 361，不定填 362	°
表层流速	138	5	×××.××	cm/s
表层流向	144	3	×××	°

表 261　F001-3 波谱数据记录(记录类型 C)

项目名称	起始位置	长度	用 法 和 意 义	计量单位
站号	1	6		
记录序号	8	10	YYYYMMNNNN	
测波结束时间	19	4	HHMM	
值序号	24	3		
频率	28	4	28 列为整数位，29～31 列为小数	Hz
分辨率	33	4	××××，33～36 列为小数	Hz
密度	38	6	38～40 列为整数位，41～43 列为小数	m²/Hz

表 262　F001-4 次表层温度/盐度数据记录(记录类型 D)

项目名称	起始位置	长度	用　法　和　意　义	计量单位
站号	1	6		
记录序号	8	10		
采样时间	19	3	HHMM	
值序号	23	3		
深度	27	5	27～30 列为整数位,31 列为小数	m
水温	33	4	33～34 列为整数位,35～36 列为小数	℃
盐度	38	5	38～39 列为整数位,40～42 列为小数	
电导率	44	4	44～45 列为整数位,46～47 列为小数	mS/cm

表 263　F001-5 次表层流数据记录(记录类型 E)

项目名称	起始位置	长度	用　法　和　意　义	计量单位
站号	1	6		
记录序号	8	10		
间隔宽度	19	2	××	m
采样间隔	22	3	22～23 列为整数位,24 列为小数	min
值序号	26	3		
深度	30	4	××××	m
压力	35	5	35～37 列为整数位,38～39 列为小数	kg/cm^2
U	41	5	41～43 列为整数位,44～45 列为小数	cm/s
V	47	5	47～49 列为整数位,50～51 列为小数	cm/s
W	53	3	53～54 列为整数位,55 列为小数	cm/s

表 264　F001-6 次表层光辐射剖面数据(记录类型 F)

项目名称	起始位置	长度	用　法　和　意　义	计量单位
站号	1	6		
记录序号	8	10		
值序号	19	3		
深度	23	4	××××	m
光合有效辐射	28	4	××××	$\mu mol/s \cdot m^2$

表 265　F001-7 协谱和正交谱数据记录(记录类型 G)

项目名称	起始位置	长度	用　法　和　意　义	计量单位
站号	1	6		
记录序号	8	10	YYYYMMNNNN	
频率	19	4	19 列为整数位,20～22 列为小数	Hz
分辨率	24	5	24 列为整数位,25～28 列为小数	Hz
协谱系数 C_{11}	30	6	30～35 列为小数	m^2/Hz

表 265（续）

项目名称	起始位置	长度	用法和意义	计量单位
系数	37	2	××	
协谱系数 C_{22}	40	6	40～45 列为小数	m^2/Hz
系数	47	2	××	
协谱系数 C_{33}	50	6	50～55 列为小数	m^2/Hz
系数	57	2	××	
协谱系数 C_{12}	60	6	60～65 列为小数	m^2/Hz
系数	67	2	××	
正交谱系数 Q_{12}	70	6	70～75 列为小数	m^2/Hz
系数	77	2	××	
协谱系数 C_{13}	80	6	80～85 列为小数	m^2/Hz
系数	87	2	××	
正交谱系数 Q_{13}	90	6	90～95 列为小数	m^2/Hz
系数	97	2	××	
协谱系数 C_{23}	100	6	100～105 列为小数	m^2/Hz
系数	107	2	××	
正交谱系数 Q_{23}	110	6	110～115 列为小数	m^2/Hz
系数	117	2	××	
谱(C_{22}-C_{33})	120	6	120～125 列为小数	m^2/Hz
系数	127	2	××	

表 266 F001-8 有向波傅立叶系数数据(记录类型 H)

项目名称	起始位置	长度	用法和意义	计量单位
站号	1	6		
记录序号	8	10	YYYYMMNNNN	
频率	19	4	20～22 列为小数	Hz
分辨率	24	5	25～28 列为小数	Hz
a_0	30	6	30～35 列为小数	m^2/Hz
系数	37	2	××，第一位为符号位	
a_1	40	6	40～45 列为小数	m^2/Hz
系数	47	2	××，第一位为符号位	
b_1	50	6	50～55 列为小数	m^2/Hz
系数	57	2	××，第一位为符号位	
a_2	60	6	60～65 列为小数	m^2/Hz
系数	67	2	××，第一位为符号位	
b_2	70	6	70～75 列为小数	m^2/Hz
系数	77	2	××，第一位为符号位	

表 266(续)

项目名称	起始位置	长度	用 法 和 意 义	计量单位
a_3	80	6	80～85 列为小数	m^2/Hz
系数	87	2	××,第一位为符号位	
b_3	90	6	90～95 列为小数	m^2/Hz
系数	97	2	××,第一位为符号位	
a_4	100	6	100～105 列为小数	m^2/Hz
系数	107	2	××,第一位为符号位	
b_4	110	6	110～115 列为小数	m^2/Hz
系数	117	2	××,第一位为符号位	
平均波向	120	3	××× $\arctan b_1/a_1$	°

表 267　F001-9 具有方向的波浪参数记录(记录类型 I)

项目名称	起始位置	长度	用 法 和 意 义	计量单位
站号	1	6		
记录序号	8	10	YYYYMMNNNN	
值序号	19	3		
频率	23	4	频率间隔中心,23～26 列为小数	Hz
分辨率	28	4	28～31 列为小数	
R_1	33	4	33～34 列为整数位,35～36 列为小数	
R_2	38	4	38～39 列为整数位,40～41 列为小数	
波向 1	43	4	43～45 列为整数位,46 列为小数	°
波向 2	48	4	48～50 列为整数位,51 列为小数	°
波估计值 C_{11}	53	6	53～55 列为整数位,56～58 列为小数	m^2/Hz

表 268　F001-10 连续测风数据记录(记录类型 J)

项目名称	起始位置	长度	用 法 和 意 义	计量单位
站号	1	6		
记录序号	8	10		
风速平均方法	19	1	1:矢量　2:标量	
逐时风速方差	21	3	21～22 列为整数位,23 列为小数	
逐时风向方差	25	4	××××	
逐时极大风速	30	3	30～31 列为整数位,32 列为小数	m/s
逐时极大风速风向	34	3	×××	°
极值风速持续时间	38	2	××	min
采样结束时间	41	4	HHMM(utc)	
第一平均风向	46	3	0～359,静稳填 361,不定填 362	°
第一平均风速	50	3	50～51 列为整数位,52 列为小数	m/s

表 268(续)

项目名称	起始位置	长度	用 法 和 意 义	计量单位
第二平均风向	54	3	0～359,静稳填 361,不定填 362	
第二平均风速	58	3	58～59 列为整数位,60 列为小数	m/s
第三平均风向	62	3	0～359,静稳填 361,不定填 362	°
第三平均风速	66	3	66～67 列为整数位,68 列为小数	m/s
第四平均风向	70	3	0～359,静稳填 361,不定填 362	°
第四平均风速	74	3	74～75 列为整数位,76 列为小数	m/s
第五平均风向	78	3	0～359,静稳填 361,不定填 362	°
第五平均风速	82	3	82～83 列为整数位,84 列为小数	m/s
第六平均风向	86	3	0～359,静稳填 361,不定填 362	°
第六平均风速	90	3	90～91 列为整数位,92 列为小数	m/s

表 269 F001-11 无方向的波浪谱分析数据记录(记录类型 K)

项目名称	起始位置	长度	用 法 和 意 义	计量单位
站号	1	6		
记录序号	8	10	YYYYMMNNNN	
测波结束时间	19	4	HHMM	
值序号	24	3		
频率	28	4	28～31 列为小数	Hz
分辨率	33	4	33～36 列为小数	Hz
密度	38	9	38～41 列为整数位,42～46 列为小数	m^2/Hz

表 270 F001-12 扩展分辨率协谱和正交谱数据记录(记录类型 L)

项目名称	起始位置	长度	用 法 和 意 义	计量单位
站号	1	6		
记录序号	8	10		
频率	19	4	××××	Hz
分辨率	24	5	×××××	Hz
协谱系数 C_{11}	30	6	30～35 列为小数	位移:m^2/Hz 加速:$(m/s^2)^2/Hz$
系数	37	2	××	
协谱系数 C_{22}	40	6	40～45 列为小数	位移:m^2/Hz 加速:$(m/s^2)^2/Hz$
系数	47	2	××	
协谱系数 C_{33}	50	6	50～55 列为小数	位移:m^2/Hz 加速:$(m/s^2)^2/Hz$
系数	57	2	××	
协谱系数 C_{12}	60	6	60～65 列为小数	位移:m^2/Hz 加速:$(m/s^2)^2/Hz$

表 270（续）

项目名称	起始位置	长度	用 法 和 意 义	计量单位
系数	67	2	××	
正交谱系数 Q_{12}	70	6	70～75 列为小数	位移：m^2/Hz 加速：$(m/s^2)^2/Hz$
系数	77	2	××	
协谱系数 C_{13}	80	6	80～85 列为小数	位移：m^2/Hz 加速：$(m/s^2)^2/Hz$
系数	87	2	××	
正交谱系数 Q_{13}	90	6	90～95 列为小数	位移：m^2/Hz 加速：$(m/s^2)^2/Hz$
系数	97	2	××	
协谱系数 C_{23}	100	6	100～105 列为小数	位移：m^2/Hz 加速：$(m/s^2)^2/Hz$
系数	107	2	××	
正交谱系数 Q_{23}	110	6	110～115 列为小数	位移：m^2/Hz 加速：$(m/s^2)^2/Hz$
系数	117	2	××	
谱(C_{22}-C_{33})	120	6	120～125 列为小数	位移：m^2/Hz 加速：$(m/s^2)^2/Hz$
系数	127	2	××	
传感器输出	130	1	1：位移；2：加速	

11.2.2 F002—漂流浮标数据

漂流浮标数据名称以 F002 开头。

漂流浮标数据格式由以下表组成：

——表 271 F002-1 数据标题记录；

——表 272 F002-2 数据记录。

表 271 F002-1 数据标题记录

项目名称	起始位置	长度	用 法 和 意 义	计量单位
本记录类型	1	1	当前记录标识，填“1”	
下个记录类型	2	1	续接本记录的下一行记录的本记录类型的标识	
国家	3	2	见表 B.1 世界各国和地区名称代码表	
调查机构	5	2	见表 B.3 单位机构代码表	
浮标名称(类型)	7	10	A10	
调查项目名称	17	8	见表 B.4 调查项目代码表	
记录数	25	6	××××××，记录类型 2 的个数	
浮标在水中的深度	31	5	31～34 列为整数位，35 列为小数	m

表 272　F002-2 数据记录

项目名称	起始位置	长度	用法和意义	计量单位
本记录类型	1	1	当前记录标识,填"2"	
下个记录类型	2	1	续接本记录的下一行记录的本记录类型的标识,填"2"或"1"	
年	3	4	年份,填满4位	
月	7	2	01～12	
日	9	2	01～31	
时	11	2	00～23	
分	13	2	00～59	
时区改正	15	5	±××××,北京时间填"－0800",GMT填"0000"	
经度	20	8	F8.3,西经为"－"	°
纬度	28	8	F8.3,南纬为"－"	°
水温	36	5	××.××	℃

11.3　海洋水文、气象、化学数据

海洋水文、气象、化学数据名称以C001开头。

海洋水文、气象、化学数据格式由如下表组成:

——表273 C001-1 表头记录——航次、站点信息;

——表274 C001-2 数据记录1——环境数据;

——表275 C001-3 数据记录2——实测层数据(1);

——表276 C001-4 数据记录3——实测层数据(2);

——表277 C001-5 数据记录4——标准层数据。

水文数据标准层深度见附录A。

表 273　C001-1 表头记录——航次、站点信息

项目名称		起始位置	长度	用法和意义	计量单位
本记录类型		1	1	当前记录标识,填"1"	
下一记录类型		2	1	续接本记录的下一行记录的本记录类型的标识,填"2"	
国家		3	2	见表B.1世界各国和地区名称代码表	
调查机构[a]		5	2	见表B.3调查机构代码表	
资料中心处理号		7	4	由信息中心确定	
调查项目		11	4	见表B.4调查项目代码表	
调查船[b]		15	2	见表B.2中国调查船编码	
站型		17	1	空白:大面站资料;1:连续站资料;2:海岸带调查资料;3:海岸带连续站调查资料;4:经纬度由渔区代号转换;5:CTD(STD)转换资料;6:BT资料;7:NODC资料;9:JODC资料	
航次号		18	3	原始航次号	
断面号		21	3	断面号	
站号		24	6	调查单位原始站号	
纬度	度	30	2	0～90	°
	分	32	2	0～59	′

表 273（续）

项目名称		起始位置	长度	用 法 和 意 义	计量单位
分的十分位		34	1	0～9	′
纬度标识		35	1	填“N”或“S”	
经度	度	36	3	0～180	°
	分	39	2	0～59	′
分的十分位		41	1	0～9	′
经度标识		42	1	填“E”或“W”	
十度方格号		43	3	000～788	
五度方格号		46	1	1～4	
二度方格号		47	2	00～88	
一度方格号		49	2	00～99	
½度方格号		51	1	1～4	
时间	年	52	4	年份，填满四位，北京时间	
	月	56	2	01～12	
	日	58	2	01～31	
	时	60	2	00～23	
	分	62	2	00～59	
实测层数		64	4	00～99	
标准层数		68	2	00～99	
总记录数		70	4	××××，该站的总记录数	
水深[c]		74	6	74～78 列为整数位，79 列为小数位	m
密级码		80	1	空白：秘密；1：国际公开；2：双边国际公开；3：国内公开；4：国内双边交换；5：机密	
备用		81	3		

a 对于美国 NODC 资料，将其机构编码放在 5～6 位，其资料中心处理放在 7～10 位；日本 JODC 资料，将其航次号放在 5～10 位。

b 美国 NODC 资料中调查船用六位编码记录，转换为我们资料仅取前两位存入，不再另给编码。

c 为保持原调查资料的精度，各观测要素中的小数位不足时，以空格代之。

表 274 C001-2 数据记录 1——环境数据

项目名称	起始位置	长度	用 法 和 意 义	计量单位
本记录类型	1	1	当前记录标识，填“2”	
下一记录类型	2	1	续接本记录的下一行记录的本记录类型的标识，填“3”	
透明度	3	3	3～4 列为整数位，5 列为小数位	m
水色	6	2	01～21，填写水色号	
气压	8	5	8～11 列为整数位，12 列为小数位	hPa
干球温度	13	4	13 列正负号，14～15 列为整数，16 列小数	℃

表 274（续）

项目名称	起始位置	长度	用 法 和 意 义	计量单位
湿球温度	17	4	17 列为正负号位,18～19 列为整数位,20 列小数位	℃
水汽压	21	4	21 列为正负号位,22～23 列为整数位,24 列为小数位	hPa
相对湿度	25	3	×××	%
露点温度	28	4	28 列为正负号位,29～30 列为整数,31 列为小数位	℃
能见度	32	1	0～9;见表 B.24 能见度等级表	
总云量	33	1	0～9,WMO2700 编码,见表 B.15 云量代码表	
低云量	34	1	同上	
云状	35	12	见表 B.16 云类代码表,最多六种云	
现在天气现象	47	2	按 WMO4677,见表 B.21 现在天气现象代码表	
海发光类型	49	1	H,M,S	
海发光级	50	1	见表 B.10 海发光强度等级代码表	
海况	51	1	0～9,WMO3700,见表 B.11 海况等级代码表	
风向	52	3	000～359,静稳填 361,不定填 362	°
原始资料风向单位码	55	1	空白:原资料风向为 16 方位;1:原资料风向为度数;2:原资料风向为 WMO0885/877ZH 转换。见表 B.20 十六方位转换代码表	
风速	56	3	56～57 列为整数位,58 列为小数位	m/s
原始资料风速单位码	59	1	空白:原资料风速为米/秒;1:原资料风速为风力;2:原资料风速为节	
波型	60	3	见表 B.12 波型代码表	
风浪向	63	3	000～359,361～静稳,362～不定	°
涌浪向	66	3	000～359,361～静稳,362～不定	°
有效波高	69	3	69～70 列为整数位,71 列为小数位	m
有效波周期	72	3	72～73 列为整数位,74 列为小数位	s
最大波高	75	3	75～76 列为整数位,77 列为小数位	m
最大波周期	78	3	78～79 列为整数位,80 列为小数位	s

表 275 C001-3 数据记录 2——实测层数据(1)

项目名称	起始位置	长度	用 法 和 意 义	计量单位
本记录类型	1	1	当前记录标识,填“3”	
下一记录类型	2	1	续接本记录的下一行记录的本记录类型的标识,,填 1,3,4 或 6	
层次	3	5	3～6 列为整数位,7 列为小数位	m
小数位数[a]	8	1	0:整数;1:为 1 位小数	
质量符	9	1	空白:正常;1:原单位怀疑;2:资料中心怀疑	
水温	10	5	10 列为水温正负号,11～12 列为整数位,13～14 列为小数位	℃
小数位数	15	1	0～2,0:整数;1: 1 位小数;2: 2 位小数	
质量符	16	1	空白:正常;1:原单位怀疑;2:资料中心怀疑;3:一支表读数;4:没进行器差订正;5:从垂直图或 BT 读取	

表 275（续）

项目名称	起始位置	长度	用　法　和　意　义	计量单位
盐度	17	5	17～18 列为整数位，19～21 列为小数位	
小数位数	22	1	0～3，0：整数；1：1 位小数；2：2 位小数	
质量符	23	1	0～5，其中 3 表示单样分析，其他意义同水温质量符	
溶解氧	24	4	24～25 列为整数位，26～27 列为小数位	10^{-3}
小数位数	28	1	0～2，0：整数；1：1 位小数；2：2 位小数	
质量符	29	1	0～5，其中 3 表示单样分析，其他意义同水温质量符	
活性磷酸盐	30	4	30～31 列为整数位，32～33 列为小数位	μmol/dm³
小数位数	34	1	0～2，0：整数；1：1 位小数；2：2 位小数	
质量符	35	1	0～5，其中 4 表示没进行还原订正，5 表示从垂直图上读取，其他意义同水温质量符	
活性硅酸盐	36	5	36～38 列为整数位，39～40 列为小数位	μmol/dm³
小数位数	41	1	0～2，0：整数；1：1 位小数；2：2 位小数	
质量符	42	1	同磷酸盐（以后各化学要素均相同）	
pH	43	3	43 列为整数位，44～45 列为小数位	
小数位数	46	1	0～2，0：整数；1：1 位小数；2：2 位小数	
质量符	47	1	0～5，其中 3 表示单样分析，其他意义同水温质量符	
条件密度	48	4	48～49 列为整数位，50～51 列为小数位	g/dm³
小数位数	52	1	0～2，0：整数；1：1 位小数；2：2 位小数	
质量符	53	1	0～5，其中 3 表示单样分析，其他意义同水温质量符	
声速（V）	54	5	54～57 列为整数位，58 列为小数位	m/s
小数位数	59	1	0～2，0：整数；1：1 位小数	
质量符	60	1	0～5，其中 3 表示单样分析，其他意义同水温质量符	

[a] 小数位符出现 9，表示该项缺测。为保持原调查资料的精度，各观测要素中的小数位不足时，以空格代之。

表 276　C001-4 数据记录 3——实测层数据（2）

项目名称	起始位置	长度	用　法　和　意　义	计量单位
本记录类型	1	1	当前记录标识，总填 4（指示符）	
下一记录类型	2	1	填写下一行记录类型标志，填 1，3 或 6.（指示符）	
亚硝酸盐	3	5	3～5 列为整数位，6～7 列为小数位	μmol/dm³
小数位数	8	1	0～2，0：整数；1：1 位小数；2：2 位小数	
质量符	9	1	0～5，其中 3 表示单样分析，其他意义同水温质量符	
硝酸盐	10	5	10～12 列为整数位，13～14 列为小数位	μmol/dm³
小数位数	15	1	0～2，0：整数；1：1 位小数；2：2 位小数	
质量符	16	1	0～5，其中 3 表示单样分析，其他意义同水温质量符	
铵	17	5	17～19 列为整数位，20～21 列为小数位	μmol/dm³
小数位数	22	1	0～2，0：整数；1：1 位小数；2：2 位小数	

表 276（续）

项目名称	起始位置	长度	用法和意义	计量单位
碱度	24	5	24～26 列为整数位，27～28 列为小数位	μmol/dm³
小数位数	29	1	0～2，0：整数；1：1 位小数；2：2 位小数	
质量符	30	1	0～5，其中 3 表示单样分析，其他意义同水温质量符	
总磷量	31	5	31～33 列为整数位，34～35 列为小数位	μmol/dm³
小数位数	36	1	0～2，0：整数；1：1 位小数；2：2 位小数	
质量符	37	1	0～5，其中 3 表示单样分析，其他意义同水温质量符	

表 277 C001-5 数据记录 4——标准层数据

项目名称	起始位置	长度	用法和意义	计量单位
本记录类型	1	1	当前记录标识，总填为 6(指示符)	
下一记录类型	2	1	填写下一行记录类型标志，填 1 或 6(指示符)	
层次	3	4	I4，见附录 A，A.1 表水文数据标准深度表	m
质量符	7	1	9 表示无内插值，1～6 表示两实测层之间相隔标准层次数	
水温	8	5	8 列为正负符号位。9～10 列为整数位，11～12 列为小数位	
质量符[a]	13	1	9 表示无内插值，1～6 表示两实测层之间相隔标准层次数	℃
盐度	14	5	14～15 列为整数位，16～18 列为小数位	
质量符	19	1	9 表示无内插值，1～6 表示两实测层之间相隔标准层次数	
溶解氧	20	4	20～21 列为整数位，22～23 列为小数位	10^{-3}
质量符	24	1	同上	
活性磷酸盐	25	6	25～28 列为整数，29～30 列为小数位	μmol/dm³
质量符	31	1	同上	
活性硅酸盐	32	6	32～35 列为整数位，36～37 列为小数位	μmol/dm³
质量符	38	1	同上	
pH	39	3	39 列为整数位，40～41 列为小数位	
质量符	42	1	同上	
条件密度(σ_τ)	43	4	43～44 列为整数位，45～46 列为小数位	g/dm³
质量符	47	1	同上	
声速(V)	48	5	48～51 列为整数位，52 列为小数位	m/s
质量符	53	1	同上	
现场密度	54	4	54～55 列为整数位，56～57 列为小数位	g/dm³
质量符	58	1	同上	
现场比容	59	5	59 为整数位，60～63 列为小数位	m³/kg
质量符	64	1	同上	
动力深度偏差	65	4	65～66 列为整数位，67～68 列为小数位	m²/s²
质量符	69	1	同上	
溶解氧饱和度	70	3	×××	%
质量符	73	1	同上	

a 质量符表示两实测层之间相隔几个标准层，0 表示借用实测层的值，9 表示无内插值。

12 元数据

12.1 元数据的确定

遵照 GB/T 12763.7 中第 5 章的相关规定确定了海洋调查资料元数据的层次结构、性质和特征。

12.1.1 元数据层次结构

元数据分为三层:元数据子集、元数据实体和元数据元素。

元数据元素是元数据的最基本单元。元数据实体由一个或若干个元数据元素组成。复合实体由元数据实体、元数据元素和/或其他复合实体组成。元数据子集是由若干元素、简单的或复合的元数据实体组成的集合。

12.1.2 元数据性质

元数据子集、实体和元素有如下三种性质:

——必选(Mandatory,M):元数据的核心内容,适用于各种被描述对象,是元数据文件应包含的子集、实体或元素。

——一定条件下必选(Conditional,C):针对不同的被描述对象特征,当满足一定条件时,元数据文件所应提供的子集、实体或元素。

——可选(Optional,O):该子集、实体或元素是可选的,由用户决定是否将其包含在元数据文件中。

12.1.3 元数据特征

元数据的特征包括中文名称、英文简称、定义、性质/条件、最大出现次数、数据类型和值域。

12.1.3.1 中文名称

赋予元数据实体或元素的中文标记。

12.1.3.2 英文简称

元数据实体或元素英文名称的简写或缩写。

12.1.3.3 定义

对元数据实体和元素的说明。

12.1.3.4 性质

说明元数据实体或元素是否总是出现,或有时出现的描述符。描述符分别为:

M——必选;

C——一定条件下必选;

O——可选。

12.1.3.5 条件

说明何种条件下元数据子集、实体或元素是必选的。如果对所说明的条件回答是肯定的,那么该子集、实体或元素就是必选的。

12.1.3.6 最大出现次数

元数据实体或元素在实际使用时,可能重复出现的最大次数。只出现一次的表示为“1”,重复出现的表示为“N”。

12.1.3.7 数据类型

表示元数据元素的数值结构特性、特点和特征。

12.1.3.8 值域

每个元数据元素的取值范围。

12.2 元数据内容

在海洋调查资料元数据信息生成和汇交的过程中,应以 EXCEL 电子表格生成元数据信息。表格包括两列,一列为元数据属性信息名称,一列为元数据属性信息的内容。海洋调查元数据内容包括 4 个元数据子集,分别为标识信息、航次信息、调查项目信息和资料汇交与服务信息,具体内容见表 278、

表 279、表 280、表 281。标识信息中的使用限制代码按表 282 的规定记录。

表 278 标识信息

序号	中文名称	英文简称	定义	性质/条件	出现次数	数据类型	值域
1	资料集中文名称	NameCN	调查资料集的中文名称	M	1	字符型	自由文本
2	资料集英文名称	NameEN	调查资料集的英文名称	O		字符型	自由文本
3	形成日期	Date exce	调查资料集形成的日期	M	1	日期型	CCYYMMDD(见 GB/T 7408—1994)
4	摘要	Abstract	对资料集内容的简要描述	M	1	字符型	自由文本
5	语种	Lang	资料集中使用的语种	M	N	整型	见 GB/T 4880—1991 中的语种代码
6	资料集子集总数	SubNo.	观测项目数	M	1	整型	>0
7	总数据量	Amount	调查资料的总数据量	C	1	字符型	
8	记录总数	Records	记录总数	O		整型	>0
9	西边经度	WestBL	最西边的经度坐标	M	1	实型	[-180.0,180.0]
10	东边经度	EastBL	最东边的经度坐标	M	1	实型	[-180.0,180.0]
11	南边纬度	SouthBL	最南边的纬度坐标	M	1	实型	[-90.0,90.0]
12	北边纬度	NorthBL	最北边的纬度坐标	M	1	实型	[-90.0,90.0]
13	地理区域	Geo	观测的地理区域	M	1	字符型	自由文本
14	起始时间	Begin	调查的起始时间	M	1	日期型	CCYYMMDD(见 GB/T 7408—1994)
15	结束时间	End	调查的终止时间	M	1	日期型	CCYYMMDD(见 GB/T 7408—1994)
16	使用限制	UseConst	被授权访问后在资料的使用方面的限制和合法性条件	C		字符型	使用限制代码见表 5
17	资料密级	Class	资料密级描述	C		字符型	见 GB/T 7156 的有关规定

表 279 航次信息

序号	中文名称	英文简称	定义	性质/条件	出现次数	数据类型	值域
18	航次中文名称	CruCN	调查航次的中文名称	M	1	字符型	自由文本
19	航次英文名称	CruEN	调查航次的英文名称	O		字符型	自由文本
20	航次描述	Describe	航次调查情况介绍	M	1	字符型	自由文本
21	任务来源	Source	任务的来源	M	1	字符型	自由文本
22	项目名称	Item	所属项目名称	M	1	字符型	自由文本
23	主管单位	GovUnit	项目主管单位	M	1	字符型	自由文本

表 279（续）

序号	中文名称	英文简称	定 义	性质/条件	出现次数	数据类型	值域
24	通讯地址	Address1	包括地址、邮编、电话等	M	1	字符型	自由文本
25	承担单位	AssumeUnit	专项、课题或专题的承担单位	M	N	字符型	自由文本
26	通讯地址	Address2	包括地址、邮编、电话等	M	1	字符型	自由文本
27	首席科学家	DoyenSC	本航次首席科学家姓名	M	1	字符型	自由文本
28	通讯地址	Address3	包括地址、邮编、电话等	M	1	字符型	自由文本

表 280 调查项目信息

序号	中文名称	英文简称	定 义	性质/条件	出现次数	数据类型	值 域
29	调查项目名称	SurvItem	调查项目的名称	M	N	字符型	自由文本
30	仪器名称	Instru	调查使用的仪器	M	N	字符型	自由文本
31	仪器型号	Model	仪器的型号、类型、规格	M	N	字符型	自由文本
32	观测描述	SurvDsc	观测过程中需要说明的情况，包括说明有无航次纪录和班报等	C	N	字符型	自由文本
33	站次数	Number	观测站次数、航段数等	M	N	整型	>0
34	数据量	Amount	调查资料的数据量	C	N	字符型	
35	记录总数	Records	记录的总数	O		整型	>0
36	调查项目负责人	ItemPer	调查项目的技术负责人	M	N	字符型	自由文本
37	通讯地址	Address4	包括地址、邮编、电话等	M	N	字符型	自由文本
38	资料处理人	DataPro	具体资料处理人员	C		字符型	自由文本
39	通讯地址	Address5	包括地址、邮编、电话等	C		字符型	自由文本
40	资料处理方法描述	MethDsc	有关资料的后处理方法描述	M	N	字符型	自由文本
41	资料质量情况	Quality	对资料质量的描述	M	N	字符型	自由文本
42	西边经度	WestBL	最西边的经度坐标	M	N	实型	[−180.0,180.0]
43	东边经度	EastBL	最东边的经度坐标	M	N	实型	[−180.0,180.0]
44	南边纬度	SouthBL	最南边的纬度坐标	M	N	实型	[−90.0,90.0]
45	北边纬度	NorthBL	最北边的纬度坐标	M	N	实型	[−90.0,90.0]
46	起始时间	Begin	调查的起始时间	M	N	日期型	CCYYMMDD(见GB/T 7408—1994)

表 280（续）

序号	中文名称	英文简称	定　义	性质/条件	出现次数	数据类型	值　域
47	结束时间	End	调查的终止时间	M	N	日期型	CCYYMMDD(见GB/T 7408—1994)
48	数据格式	Format	数据格式说明	M	N	字符型	自由文本
49	存储介质	Medium	数据存储介质	M	N	字符型	自由文本
50	附带资料情况	Parenthesis	随资料一起应汇交的相关材料	M	N	字符型	自由文本
51	资料密级	Class	资料密级描述	M	N	字符型	见 GB/T 7156 的有关规定

表 281　资料汇交与服务信息

序号	中文名称	英文简称	定　义	性质/条件	出现次数	数据类型	值域
52	资料归档部门	GrassRoot	分局、研究所等资料生产单位的成果归档部门	M	1	字符型	自由文本
53	通讯地址	Address6	包括地址、邮编、电话等	M	1	字符型	自由文本
54	资料国家汇集单位	CounUnit	国家海洋资料归口管理单位	M	1	字符型	自由文本
55	联系人	ConPer	国家海洋资料归口管理单位的联系负责人	M	1	字符型	自由文本
56	通讯地址	Address7	包括地址、邮编、电话等	M	1	字符型	自由文本
57	资料处理情况	ProDes	航次调查资料处理情况介绍	M	1	字符型	自由文本
58	归入的数据集和数据库	DataSet	资料归入的具体的国家级资料数据集和数据库实体	M	1	字符型	自由文本
59	社会公证数据标识	Notarial	资料是否为社会公证数据的标识或说明。资料是社会公证数据填“0”，不是社会公证数据填“1”，不确定填“9”	O	1	字符型	自由文本

表 282　限制代码表

序号	中文名称	代码	定　义
1	无限制	000	没有限制
2	版权	001	公民在自然科学和社会科学领域内对其研究成果的科学著述和艺术创作的发表、署名、修改、专用、收回等人身权和财产权的总称。人身权部分不能转让，财产权部分可以转让
3	专利权	002	法律保障创造发明者在一定时期内由于创造发明而独自享有的利益
4	正在申请专利权	003	正在申请的专利权
5	许可证	004	有国家认证认可主管部门授权的机构颁发的证明
6	知识产权	005	依据法律规定，在科学、技术、文化、艺术等领域，对人们从事脑力劳动创造的智力成果所授予的专有权利。知识产权具有专有性、地域性和时间性
7	未规定	009	尚未规定

附 录 A
（资料性附录）
水文数据标准层深度表

水文数据标准层深度表见表 A.1。

表 A.1 水文数据标准层深度表

单位为米

层次	深度	层次	深度	层次	深度	层次	深度
1	0	11	125	21	1 000	31	5 500
2	5[a]	12	150	22	1 200	32	6 000
3	10	13	200	23	1 500	33	6 500
4	15[a]	14	250	24	2 000	34	7 000
5	20	15	300	25	2 500	35	7 500
6	25[a]	16	400	26	3 000	36	8 000
7	30	17	500	27	3 500	37	8 500
8	50	18	600	28	4 000	38	9 000
9	75	19	700	29	4 500		
10	100	20	800	30	5 000		

a 对于水深大于 200 m 的，其层次可不进行计算。

附 录 B
（资料性附录）
海洋数据代码

标准中的海洋数据代码由表 B.1～表 B.49 组成。

表 B.1 世界各国和地区名称代码表

代 码	国家或地区	代 码	国家或地区
06	德国	43	伊拉克
07	德国	45	爱尔兰
08	阿根廷	46	冰岛
09	澳大利亚	47	以色列
10	奥地利	48	意大利
11	比利时	49	日本
12	缅甸	52	黎巴嫩
13	玻利维亚	55	马达加斯加
14	巴西	56	摩洛哥
15	保加利亚	57	墨西哥
18	加拿大	58	挪威
19	斯里兰卡	59	新喀里多尼亚
20	智利	61	新西兰
21	中国	62	巴基斯坦
22	哥伦比亚	64	荷兰
24	朝鲜	65	秘鲁
25	韩国	66	菲律宾
26	丹麦	67	波兰
27	埃及	68	葡萄牙
28	厄瓜多尔	70	多米尼加
29	西班牙	72	阿尔巴尼亚
30	马耳他	73	罗马尼亚
31	美国	74	英国
32	美国	75	萨尔瓦多
33	美国	77	瑞典
34	芬兰	86	泰国
35	法国	88	突尼斯
36	希腊	89	土耳其
37	危地马拉	90	俄罗斯
38	海地	91	南非
40	伊朗	92	乌拉圭
41	印度	93	委内瑞拉
42	印度尼西亚	94	越南

表 B.1（续）

代　码	国家或地区	代　码	国家或地区
95	南斯拉夫	LB	利比亚
99	不详或未规定	LI	利比里亚
AL	阿尔及利亚	MA	毛里求斯
AN	安哥拉	MO	摩纳哥
BA	巴巴多斯	MR	毛里塔尼亚
BH	巴林	MS	马来西亚
BL	孟加拉	MU	阿曼
BM	巴哈马	MZ	莫桑比克
CA	喀麦隆	NA	瑙鲁
CI	科摩罗	NG	尼加拉瓜
CM	柬埔寨	NI	尼日利亚
CO	刚果	PA	巴拿马
CR	哥斯达黎加	PN	巴布亚新几内亚
CU	古巴	QA	卡塔尔
CV	佛得角	RC	扎伊尔
CY	塞浦路斯	RM	马尔代夫
DA	贝宁	SA	沙特阿拉伯
DJ	吉布提	SC	塞舌尔
EQ	赤道几内亚	SE	塞内加尔
ET	埃塞俄比亚	SI	新加坡
FJ	斐济	SL	塞拉利昂
GA	加蓬	SM	苏里南
GB	几内亚比绍	SO	索马里
GH	加纳	SP	圣多美和普林西比
GL	格陵兰	SR	叙利亚
GM	冈比亚	SU	苏丹
GR	格林纳达	SY	也门共和国
GU	几内亚	SG	汤加
GY	圭亚那	TO	多哥
HN	中国香港	TS	阿拉伯联合酋长国
HO	洪都拉斯	TT	特立尼达和多巴哥
IC	科特迪瓦共和国	UG	乌干达
IN	政府间或国际间的	WI	西印度(群岛)
JA	牙买加	WS	西萨摩亚
KE	肯尼亚	YE	也门
KU	科威特	ZA	坦桑尼亚

表 B.2 中国调查船代码表

编 码	调 查 船	编 码	调 查 船
01	东方红	02	实践号
03	长征号	04	曙光 01 号
05	曙光 02 号	06	曙光 03 号
07	曙光 04 号	08	曙光 05 号
09	曙光 06 号	10	曙光 07 号
11	曙光 08 号	12	曙光 09 号
13	向阳红 1 号	14	向阳红 2 号
15	向阳红 3 号	16	向阳红 4 号
17	向阳红 5 号	18	向阳红 6 号
19	向阳红 7 号	20	向阳红 8 号
21	向阳红 9 号	22	向阳红 10 号
23	向阳红 14 号	24	向阳红 16 号
25	海调 0010 号	26	海调 0020 号
27	海调 0030 号	28	海调 105 号
29	海调 106 号	30	海调 107 号
31	海调 108 号	32	海调 412 号
33	海调 800 号	34	海调 801 号
35	海调 802 号	36	海调 803 号
37	海洋 103	38	海洋 105
39	海洋 106	40	海洋 631
41	海洋 632	42	风帆一号
43	风帆二号	44	风帆四号
45	辽气 1 号	46	辽气 2 号
47	发愤	48	海鹏
49	海冷	50	木帆船
51	沪崇机 117	52	沪崇机 118
53	浙温帆 29 号	54	辽大水 265
55	辽大水 293	56	辽大水 303
57	辽大水 304	58	辽大水 305
59	辽大水 307	60	辽大水 313
61	辽大水 314	62	辽大水 315
63	辽大水 319	64	辽大水 350
65	辽大水 353	66	辽大水 377
67	辽大水 403	68	辽大水 503
69	发奋	70	图强
71	东水 1 号	72	渔政号
73	渔政一号	74	渔政二号
75	渔政三号	76	渔政四号

表 B.2（续）

编 码	调 查 船	编 码	调 查 船
77	渔政 203	78	渔政 204
79	渔政 401	80	渔政 402
81	渔政 403	82	渔政 404
83	渔政 703	84	渔政 708
85	辽宁渔政一号	86	辽宁渔政二号
87	长岛渔政一号	88	河北省政三号
89	沪渔政 401	90	苏渔政
91	闽渔政	92	烟渔 101
93	烟渔 235	94	烟渔 238
95	烟渔 245	96	烟渔 246
97	烟渔 247	98	烟渔 251
99	河北渔政三号	A0	不详
A1	金星	A2	水星
A3	海鸥	A4	海燕
A5	京渔	A6	珊瑚
A7	海陵	A8	挺进
A9	实验	B0	海调 101
B1	红旗	B2	章鱼
B3	帆船	B4	海合
B5	百鹭	B6	海英
B7	先锋	B8	双鹰
B9	雄鹰	C1	前哨
C2	海测 1 号	C3	海测 530
C4	甲船	C5	乙船
C6	水政 102	C7	水政 103
C8	海航 122	C9	闽拖一号
D0	泛指小渔船	D1	闽江 10 号
D2	闽光 102	D3	闽光 103
D4	闽水一号	D5	闽渔 54-0471
D6	闽渔 64-1001	D7	厦渔 302
D8	厦渔 502	D9	指挥船
E1	前线 101	E2	渔鲛 71
E3	红卫机 19	E4	红卫虾船 611
E5	远渔 601	E6	远渔 702
E7	万山 10 号	E8	万山 11 号
E9	沪渔 515	F1	周村
F2	气象一号	F3	古田
F4	益昌	F5	盐城
F6	盐城一号	F7	东测一号

表 B.2（续）

编 码	调 查 船	编 码	调 查 船
F8	东测二号	F9	通建一好
G1	旅顺 48 号	G2	旅顺 50 号
G3	旅水 259	G4	旅水 260
G5	旅水 301	G6	旅水 302
G7	旅水 312	G8	越苏 33
G9	津水 5 号	H1	津水 14 号
H2	塘渔	H3	救生一号
H4	海设	H5	水产 408
H6	穗渔 220	H7	航工一号
H8	南渔 228	H9	海军船
I1	津水 14	I2	中山象 102
I3	建国 3 号	I4	露政
I5	中国 301	I6	宝石号
I7	鲁羊 3 号	I8	鲁渔
I9	六号气船	J1	鲁水 17 号
J2	河北 6 号	J3	河北 9 号
J4	河北 102 号	J5	山东 10 号
J6	山东 30 号	J7	山东 34 号
J8	山东 36 号	J9	山东 66 号
K1	山东 98 号	K2	山东 104 号
K3	山东 122 号	K4	山东 345 号
K5	青渔 124	K6	青渔 127
K7	青渔 132	K8	青渔 143
K9	青渔 145	L1	青渔 153
L2	青渔 154	L3	青渔 206
L4	青渔 225	L5	青渔 237
L6	青渔 246	L7	青渔 247
L8	青渔 248	L9	青渔 249
M1	青渔 251	M2	青渔 252
M3	青渔 263	M4	青渔 345
M5	青渔 403	M6	青渔 404
M7	青渔 602	M8	青渔 613
M9	渔 401	N1	黄海所一号
N2	黄海所二号	N3	黄海所三号
N4	黄海所四号	N5	黄海所五号
N6	黄海所六号	N7	海洋红专 1 号
N8	海洋红专 2 号	N9	沪南测 101
O1	沪渔 350	O2	沪渔 373
O3	沪渔 375	O4	沪渔 376

表 B.2（续）

编　码	调　查　船	编　码	调　查　船
O5	沪渔 377	O6	沪渔 378
O7	沪渔 379	O8	沪渔 380
O9	沪渔 381	P1	沪渔 382
P2	沪渔 383	P3	沪渔 401
P4	沪渔 402	P5	沪渔 404
P6	沪渔 406	P7	沪渔 407
P8	沪渔 415	P9	沪渔 417
Q1	沪渔 418	Q2	沪渔 431
Q3	沪渔 432	Q4	沪渔 451
Q5	沪渔 453	Q6	沪渔 459
Q7	沪渔 501	Q8	沪渔 502
Q9	沪渔 513	R1	沪渔 514
R2	沪渔 516	R3	沪渔 517
R4	沪渔 531	R5	沪渔 571
R6	沪渔 605	R7	沪渔 613
R8	苏渔 207	R9	苏渔 208
S1	苏渔 210	S2	苏渔 401
S3	苏渔 406	S4	苏渔 509
S5	浙渔 451	S6	浙渔 708
S7	浙渔 718	S8	闽渔 301
S9	闽渔 379	T1	东方号
T2	东海号	T3	海星
T4	海星 601	T5	东水
T6	苏指	T7	苏指 1 号
T8	苏指 2 号	T9	苏南指 101
U1	苏南指 102	U2	江苏海调 3 号
U3	江苏海调 4 号	U4	苏研一号
U5	上指	U6	102 指导船
U7	宁青指 101	U8	黄石机渔 4 号
U9	舟山 5 号	V1	舟渔 235 号
V2	浙研 4 号	V3	浙研 101 号
V4	浙研 102 号	V5	浙研 103 号
V6	浙研 502 号	V7	浙研 503 号
V8	浙研 504 号	V9	浙研 705 号
W1	浙渔 102	W2	浙渔 205
W3	浙渔 502	W4	浙渔 503
W5	浙渔 504	W6	浙渔 505
W7	机渔 501	W8	机渔 502
W9	机渔 503	X1	机渔 504
X2	机渔 505	X3	机渔 506

表 B.2（续）

编　码	调　查　船	编　码	调　查　船
X4	机渔 507	X5	宁渔 201
X6	宁渔 415	X7	墩头 3 号
X8	墩头 5 号	X9	墩头 9 号
Y1	鲁崂 605	Y2	鲁崂 606
Y3	渔指 403	Y4	鲁渔指 403
Y5	普渔指 601	Y6	盐指 201
Y7	沪指	Y8	闽指
Y9	烟水 104	Z1	山水所 1 号
Z2	山水所 2 号	Z3	山水所 3 号
Z4	山水所 5 号	Z5	山水所 6 号
Z6	黄海 4 号	Z7	黄海 103
Z8	黄海 104	Z9	水青 1 号
AA	水青 2 号	AB	津塘捕 09 号
AC	塘捕 09 号	AD	试验一号
AE	试验三号	AF	试验四号
AG	试验 102	AH	冀渔一号
AI	冀渔二号	AJ	3－101
AK	3－121	AL	3－131
AM	3－141	AN	3－151
AO	3－171	AP	3－181
AQ	N103	AR	N119
AS	S208	AT	54 艇
AU	507 船	AV	932 舰
AW	102	AX	103
AY	117	AZ	119
BA	203	BB	204
BC	211	BD	215
BE	219	BF	304
BG	402	BH	403
BI	405	BJ	411
BK	418	BL	501
BM	521	BN	571
BO	573	BP	603
BQ	605	BR	611
BS	615	BT	616
BU	624	BV	625
BW	701	BX	752
BY	826	BZ	827
CA	828	CB	831

表 B.2（续）

编 码	调 查 船	编 码	调 查 船
CC	932	CD	934
CE	951	DA	东水一号
DB	沪渔 308	DF	海调 401
DG	海调 402	DH	海调 403
DI	海调 404	DJ	海调 410
DK	海调 411	DL	海调 103
DM	海测 506	DN	海测 8 号
DO	海声 622	DP	东运 11 号
DQ	津港明	DR	津港艇 1 号
DS	沪鱼 420	DT	浦水
DW	艇一号	DX	艇三号
DY	舢舨	DZ	机帆船
EA	15 吨木帆	EB	克凌一号
ED	勘探一号	EE	周口店
EG	瑞天	EH	通建
EI	J138	EJ	J123
EK	J121	EL	护 55
EM	护 67	EN	护 68
EO	101	EP	401
EQ	518	ER	529
ES	572	ET	582
EU	613	EV	629
EW	510	FA	闽锋
FB	建设一号	FC	海调 418
FD	连机 1 号	FJ	连机 5 号
FK	连机 6 号	FL	水产 407
FM	北歧	FN	海调 702
FO	汽艇	FP	辽长大 036
FQ	辽长渔运 105	FR	S2510
FS	汽艇	GI	海调 320
GJ	海调 818	GK	海监 73
GL	轮渡 14 号	GM	轮渡 15 号
GN	轮渡 21 号	GO	海洋 1 号
GP	703	MA	沪郊渔指
MN	浙渔 104	MO	烟水 4 号
MP	浙研 505	MQ	浙渔 101
MR	烟渔 427	MS	旅大 260
MU	辽大水 505	MV	旅大 304
MW	秋风	MX	东运 12 号

表 B.2(续)

编 码	调 查 船	编 码	调 查 船
MY	731 舰	MZ	中水象 101
NA	锚碇(系)站	NB	浙定机 115
NG	浙定机 120	NH	横鱼一号
NI	番水 2 号	NJ	宝安(5602)
NK	航工七	NL	垊驳 202
NS	垊驳 229	NT	辽金海 231
NU	港工	NV	辽长机 389
NW	滨海 506	NX	连港 4 号
NY	渔指 1 号	OA	航锋 408
OB	航锋 601	OC	北交 04
OD	交通船	OE	文昌 0012
OF	文昌 0019	OG	文昌 55046
OH	琼北 05	OI	琼北 06
OJ	琼运 02	OK	821 舰
OL	S991	OM	S992
ON	S993	OO	X612
OP	X616	OQ	T802
OR	Y822	OS	Y405
OT	海洋 637	OU	南渔 405
OV	K402	OW	820
PA	107	PB	平湖 305
PC	436	PD	307
PE	南渔 438	PF	829
PG	830	PH	平台观测
PI	707	PJ	4507
PL	4509	PM	2301
PN	2302	PO	2303
PP	4612	PQ	4613
PR	4110	PS	2005
PT	6706	PU	431
PV	4609	PW	4614
PX	4602	PY	06
PZ	1110	QA	海调 405
QB	海调 406	QC	浙(温)126 号
QD	海测 8 号	QE	697
QF	338	QG	冀水 1101
QH	623	QI	辽 684
QJ	0014	QK	冀黄拖二
QL	海运 130	QM	海运 133

表 B.2（续）

编　码	调　查　船	编　码	调　查　船
QN	海冰 362	QO	海测 520
QP	海救 403	QQ	辽水所 59 号
QR	391	QS	海捞 446
QT	津塘护 1 号	QW	交津研 1 号
QX	苏通渔 1 号	QY	苏通渔 2 号
RA	东测 3 号	RB	浙(温)125 号
RC	海监 11	RD	海监 13
RE	海监 14	RF	海监 16
RG	海调 101	RH	海调 102
RI	旅金机 112	RJ	旅金机 113
RK	旅金机 114	RL	旅金机 116
RM	旅金机 124	RN	旅金机 126
RO	旅金机 405	RP	Y403
RQ	北交 102	RR	中国海监
RS	机帆	RT	旅金机 101
RU	海调 124	RV	Y405
RW	海监 48	RX	海调 104
RY	海监 15、北交 101	RZ	旅金机 120
SA	旅金机 122	SB	旅金机 123
SC	海监 42	SD	旅金机 107
SE	旅金机 111	SF	旅金机 102
SG	旅金机 109	SH	辽锦 6265 渔
SI	海监 75	SJ	渔“3484”
SK	葫渔 6213	SL	海监 20
SN	旅金机 115	SO	辽锦 6253
SP	海监 73	SQ	海监 71
SR	海口—04087	SS	冀黄渔 0687
ST	海监 72	SU	海监 74
SV	海监 21	SW	冀安渔(0171)
SX	冀昌渔 1000 号	SY	辽葫渔 2105 号
SZ	冀安渔 0160	TA	冀坎渔 5032
TB	冀任渔 0039	TC	海口 04052
TD	监高 03054	TE	冀秦渔 1473
TF	海监 19	TG	冀任渔 0148
TH	冀安渔 0007	TI	海监 201
TJ	海监 211	TK	冀秦渔 1278
TL	科学二号	TM	金星二号
TN	雪龙	TO	海洋 4 号
WA	海监 11 号	WB	海监 42 号

表 B.2（续）

编码	调查船	编码	调查船
WC	海监 47 号	WD	海监 40 号
WE	海监 7 号	WF	海监 74 号
WG	海监 71 号	WH	海监 22 号
WJ	实验 3 号	WL	海监 13 号
WM	海监 19 号	WN	海监 18 号
WO	科学 1 号	WP	海监 72 号
WX	天鹰	XA	海研一号(中国台湾)
XB	维诺号(俄罗斯)	XC	海鸿号(中国台湾)
XD	ONNURI(日本)	XE	大洋一号
XF	海调 701	XG	实验 2 号
XH	中远渔 1025/1026	XI	北斗
XJ	中渔政 35	XM	围测 1 号
XN	舟山 22	XO	工机一号
XP	舟山 23	XQ	浙普 01009
XR	东运 424	XS	东拖 834
XT	南虹 3 号	XU	涌风 425
XV	延平 2 号	XW	中国海监 52 号
XX	南调 350	XY	中国海监 83 号

表 B.3 调查机构代码表

代码	调查单位	代码	调查单位
01	国家科委海洋普查办公室	19	大洋协会
02	中越合作调查	20	农牧渔业部中国水产科学院黄海水产研究所
03	中央气象局	21	农牧渔业部中国水产科学院东海水产研究所
04	中国科学院海洋研究所	22	农牧渔业部中国水产科学院南海水产研究所
05	中国科学院南海海洋研究所	23	辽宁省水产研究所
06	福建省科委第二、第三工作队	24	河北省水产研究所
07	北海舰队	25	天津市水产研究所
08	东海舰队	26	山东省水产研究所
09	国家海洋局	27	江苏省水产研究所
10	国家海洋局北海分局	28	浙江省水产研究所
11	国家海洋局东海分局	29	福建省水产研究所
12	国家海洋局南海分局	30	广西省水产研究所
13	国家海洋局第一海洋研究所	31	广东省湛江地区水产研究所
14	国家海洋局第二海洋研究所	32	广东省海南行政区公署水产研究所
15	国家海洋局第三海洋研究所	33	广东省湛江渔业公司
16	国家海洋局环境保护研究所	34	广东省国营南海水产公司
17	国家海洋局环境预报中心	35	福建省水产所等十四单位联合调查

表 B.3（续）

代码	调 查 单 位	代码	调 查 单 位
36	黄海区渔业指挥部	77	福建省海岸带和海涂资源综合调查办公室
37	闽东渔场指挥部	78	广东省海岸带和海涂资源综合调查办公室
50	中国海洋大学(原青岛海洋大学,山东海洋学院)	79	广西省海岸带和海涂资源综合调查办公室
51	河海大学(原华东水利学院)	80	辽宁省科委
52	上海师范大学	81	河北省科委
53	厦门大学	82	天津市科委
54	中山大学	83	山东省科委
55	黄河水利委员会	84	江苏省科委
56	福建师范大学	85	上海市科委
60	广州海洋地质调查局	86	浙江省科委
61	地质矿产部海洋地质调查局	87	福建省科委
62	地质矿产部南海地质调查指挥部	88	广东省科委
63	石油部海洋石油研究所	89	广西省科委
64	中国科学院声学研究所	90	台湾省
65	海洋石油勘探局海上工程处	91	交通部一航院(天津)
66	水电部、交通部南京水利科学研究所	92	香港特别行政区
67	上海航道局	95	中美海气联合调查
68	福建省海洋研究所	96	台湾大学
69	广西省海洋研究所	97	海南省海洋局
70	辽宁省海岸带和海涂资源综合调查办公室	98	北海环境监测中心
71	河北省海岸带和海涂资源综合调查办公室	99	秦皇岛中心监测站
72	天津市海岸带和海涂资源综合调查办公室	A1	东海环境监测中心
73	山东省海岸带和海涂资源综合调查办公室	A2	南海环境监测中心
74	江苏省海岸带和海涂资源综合调查办公室	A3	国家海洋局烟台海洋管区监测站
75	上海市海岸带和海涂资源综合调查办公室	A4	国家海洋局大连海洋管区监测站
76	浙江省海岸带和海涂资源综合调查办公室		

表 B.4 调查项目代码表

编码	调查项目名称	编码	调查项目名称
0010	全国海洋普查	0024	河北省水产所渔场调查
0011	福建省科委第二、第三工作队调查	0025	天津市水产所渔场调查
0012	中越北部湾调查	0026	山东省水产所渔场调查
0020	黄海水产所渔场调查	0027	江苏省水产所渔场调查
0021	东海水产所渔场调查	0028	浙江省水产所渔场调查
0022	南海水产所渔场调查	0029	福建省水产所渔场调查
0023	辽宁省水产所渔场调查	0030	广西水产所渔场调查

表 B.4（续）

编码	调查项目名称	编码	调查项目名称
0031	海南省水产所渔场调查	0083	海洋局调查
0032	湛江地区水产所渔场调查	0090	718 特定海域调查
0033	海南行政区公署水产所渔场调查	0091	大气试验调查资料
0034	湛江渔业公司渔场调查	0092	中美长江口联合调查
0035	南海水产公司渔场调查	0093	中日黑潮联合调查
0036	福建省水产所等十四单位联合调查	0094	中美海气相互作用联合调查
0037	黄海区渔业指挥部调查	0095	中日副热带联合调查
0038	闽东渔场指挥部调查	0096	中韩黄海联合调查
0050	中央气象局断面调查	0097	军港调查
0051	科学院青岛海洋所断面调查	0098	特种调查
0052	科学院青岛海洋所生物历史调查	0099	全国海岸带调查
0053	科学院广州南海海洋所历史调查	0100	全国海岛调查
0060	海洋局第一海洋研究所历史调查	0101	南海中部调查
0061	海洋局第二海洋研究所历史调查	0102	南沙调查
0062	海洋局第三海洋研究所历史调查	0110	台湾海峡调查
0080	海洋局北海分局断面调查	0200	西太平洋海洋调查
0081	海洋局东海分局断面调查	0201	全球海洋台站网调查
0082	海洋局南海分局断面调查	0202	东海舰队调查

表 B.5　深层流观测仪器代码表

仪器编码	仪器名称
01	双联浮筒
02	印刷海流计
03	厄克曼海流计
04	直读式海流计
05	旋杯流速仪
06	旋浆海流计
07	电磁海流计
08	电传海流计
09	安得拉海流计
10	同步感应流向仪

表 B.6　调查海区代码表

海　区	代　码	海　区	代　码
渤海	10	秦皇岛	13
辽东湾	11	莱州湾	14
锦州湾	12	渤海中部	15

表 B.6（续）

海区	代码	海区	代码
渤海湾	16	浙江沿岸	56
黄海	30	福建沿海	57
胶州湾	31	南海	70
大连湾	32	粤西	71
黄海南部	33	粤东	72
江苏沿岸	34	海南岛	73
黄海北部	35	北部湾	74
海州湾	36	珠江口	76
东海	50	海口湾	77
厦门港	52	三亚湾	78
长江口	53	洋浦湾	79
杭州湾	54	台湾以东	80
舟山渔场	55		

表 B.7 环境质量要素代码表

要素	代码	要素	代码
砷	As	油类	22
镉	Cd	挥发酚	23
铬	Cr	氰化物	24
铜	Cu	666	25
汞	Hg	DDT	26
铅	Pb	总氮	27
pH	pH	总磷	28
盐度	S	细菌总数	29
硅酸盐	Si	粪大肠菌数	30
温度	T	无机氮	31
锌	Zn	总碱度	32
溶解氧	11	α-666	33
化学耗氧量	12	β-666	34
生化需氧量	13	γ-666	35
活性磷酸盐	14	有机氯农药	36
亚硝酸氮	15	溶解氧饱和度	37
硝酸氮	16	氟化物	38
铵氮	17	多氯联苯	40
浊度	18	氯化物	42
悬浮物	19	总氮	43
有机质	20	总磷	44
硫化物	21		

表 B.8 数据单位代码表

化 学 单 位	代 码
mg/dm^3	1
$\mu g/dm^3$	2
10^{-3}	3
10^{-6}	4
10^{-9}	5
$\mu mol/dm^3$	6
$mmol/dm^3$	7
$cells/dm^3$	8

表 B.9 质量符代码表

质 量 符	代 码
原单位怀疑	1
资料中心怀疑	2
未检出[a]	3
痕量	4
数值前有大于号时	5
数值前有小于号时	6

a "未检出"定义见 GB 17378.4。

表 B.10 海发光强度等级代码表

等级	发 光 类 型		
	火花型(填 H)	弥漫型(填 M)	闪光型(填 S)
0	无发光现象	无发光现象	无发光现象
1	平静的海面上,在机械的作用下,发光勉强可见	在不强的机械作用下,发光勉强可见	在整个视野内发现有一到几个发光体
2	在水边或波峰处,发光明晰可见	在不强的机械作用下,发光明晰可见	在整个视野内发现有十到十几个发光体
3	在拍岸浪、风浪、涌浪上发光著目可见(漆黑的夜晚可借此看到水面物体的轮廓)	在不强的机械作用下,发光著目可见	在整个视野内发现有几十个发光体
4	不仅在大浪,就连波纹一致的平静海面上,发光特别明亮	在不强的机械作用下,发光特别明亮	在整个视野内发现有大量发光体

表 B.11 海况等级代码表

海况等级代码	海 面 征 状
0	海面光滑如镜或仅有涌浪存在
1	波纹或涌浪和波纹同时存在
2	波浪很小波峰开始破裂,浪花不显白色而呈玻璃色
3	波浪不大,但很触目,波峰破裂,其中有些地方形成白色浪花—白浪

表 B.11（续）

海况等级代码	海面征状
4	波浪具有明显的形状，到处形成白浪
5	出现高大的波峰，浪花占了波峰上很大面积，风开始削去波峰上的浪花
6	波峰上被风削去的浪花，开始沿着波浪斜面伸长成带状，有时波峰出现风暴波的长波形状
7	风削去的浪花带布满了波浪斜面，并有些地方到达波谷，波峰上布满了浪花层
8	稠密的浪花布满了波浪斜面，海面变成白色，只有波谷内某些地方没有浪花
9	整个海面布满了稠密的浪花层，空气中充满了水滴和飞沫，能见度显著降低

表 B.12 波型代码表

波型代码	代表意义
F	风浪
U	涌浪
FU	风浪和涌浪相同
F/U	风浪为主
U/F	涌浪为主

表 B.13 海洋调查资料类型代码表

序号	海洋调查资料类型	代码
1	采样法测温盐资料	CTS
2	采用 CTD 温盐观测资料	CTD
3	采用 BT 仪器观测资料	XBT
4	漂流浮标测流资料	DBC
5	锚定船测流资料	CCC
6	锚定浮标测流资料	CFC
7	走航 ADCP 测流资料	ADP
8	目测海浪资料	MWA
9	器测海浪资料	YWA
10	水位观测资料	LEV
11	水色、透明度、海发光观测资料	STG
12	海冰观测资料	ICE
13	冰山观测资料	ICM
14	海面气象观测原始资料	HQY
15	海面气象观测资料	HQB
16	高空温度、湿度、气压观测原始资料	GQY
17	高空温度、湿度、气压观测资料	GQB
18	高空风观测原始资料	GFY
19	高空风观测资料	GFB
20	海水化学调查资料	HCH
21	海洋底质调查资料	DZH
22	水深测量资料	DBS

表 B.13(续)

序号	海洋调查资料类型	代　码
23	海洋地球物理调查资料	DWD
24	海水声速调查资料	SHS
25	海洋环境噪声调查资料	ZSH
26	海底声特性调查资料	STX
27	声传播损失调查资料	SCS
28	海面照度调查资料	HZD
29	水下辐照度调查资料	FZD
30	水下辐亮度调查资料	FLD
31	水下透射率或衰减系数观测资料	TSL
32	叶绿素调查资料	YLS
33	初级生产力调查资料	SCL
34	微生物调查资料	WSW
35	浮游植物调查资料	FZW
36	浮游动物调查资料	FDW
37	底栖生物调查资料	DSW
38	鱼卵、仔稚鱼调查资料	FIS
39	游泳生物调查资料	YSW
40	潮间带生物调查资料	CJD
41	海洋污损生物调查资料	WSS
42	生物学测定资料	SWX

表 B.14　CTD观测要素(除温盐)单位及代码表

要素名称	代　码	计量单位
电导率	COND	S/m
现场密度	XDEN	kg/m^3
条件密度	TDEN	kg/m^3
声速	SONG	m/s
溶解氧	DO	$\mu mol/dm^3$
pH 值	PH	
注:未包含在内的其他观测要素的名称代码及单位,用户自己定义。		

表 B.15　云量代码表

代　码	云　量	代　码	云　量
0	天空无云	5	6/10
1	1/10	6	7/10-8/10
2	2/10-3/10	7	9/10
3	4/10	8	10/10
4	5/10	9	云量不能被估量

表 B.16 云类代码表

代码	云类	
	学名	简写
01	淡积云	Cu hum
02	碎积云	Fc
03	浓积云	Cu cong
04	秃积雨云	Cb calv
05	鬃积雨云	Cb cap
06	透光层积云	Sc tra
07	蔽光层积云	Sc op
08	积云性层积云	Sc cug
09	堡状层积云	Sc cast
10	荚状层积云	Sc lent
11	层云	St
12	碎层云	Fs
13	雨层云	Ns
14	碎雨云	Fn
15	透光高层云	As tra
16	蔽光高层云	As op
17	透光高积云	Ac tra
18	蔽光高积云	Ac op
19	荚状高积云	Ac lent
20	积云性高积云	Ac cug
21	絮状高积云	Ac flo
22	堡状高积云	Ac cast
23	毛卷云	Ci fil
24	密卷云	Ci dens
25	伪卷云	Ci not
26	钩卷云	Ci une
27	毛卷层云	Cs fil
28	匀卷层云	Cs nebu
29	卷积云	Cc
30	积云	Cu
31	积雨云	Cb
32	层积云	Sc
33	高层云	As
34	高积云	Ac
35	卷云	Ci
36	卷层云	Cs

表 B.17 低云状代码表

代码	意义
0	没有 C_L 云
1	淡积云或碎积云，或两者同时存在
2	浓积云，可伴有淡积云，碎积云或层积云，云底在同一高度上
3	秃积雨云，可伴有积云，层积云或层云
4	积云性层云
5	层积云，不是积云性的
6	层云和(或)碎层云，但不是恶劣天气下的碎雨云
7	恶劣天气下的碎雨云，通常在高层云或雨层云之下
8	积云和不是积云性的层积云同时存在，此两种云的底部高度不同
9	鬃积雨云，常带砧状，可伴有积云，层积云，层云或恶劣天气下的碎云
空格	由于黑暗、或雾、或沙尘暴、或其他类似现象以致看不到属于 C_L 的各属云

表 B.18 中云状代码表

代码	意义
0	没有 C_M 云
1	透光高层云
2	蔽光高层云或雨层云
3	透光高层云，较稳定，并且在同一个高度上
4	透光高积云(常呈荚状)或荚状层云，连续不断地改变中，并出现在一个或几个高度上
5	成带的或成层的透光高积云，有系统地侵入天空，常常全部增厚，甚至有一部分已变成蔽光高积云或复高积云
6	积云性高积云
7	复高积云或蔽光高积云，不是有系统地侵盖天空；或者高层云和高积云同时存在
8	积云状高积云(絮状的或堡状的)或堡状层积云
9	混乱天空的高积云，常出现在几个高度上
空格	由于黑暗、或雾、或沙尘暴、或其他类似现象，或有完整的较低云层存在，以致看不到属于 C_M 的各属云

表 B.19 高云状代码表

代码	意义
0	没有 C_H 云
1	毛卷云，分散在天空，不是有系统地侵盖天空
2	密卷云，成散片或卷曲束状，通常量不增加，有时好象是积雨云顶部的残余部分
3	伪卷云，或为过云的积雨云的残余部分，或为远处母体看不到的积雨云的顶部
4	卷云(常常是钩卷云)有系统地侵盖天空，并且常常全部增厚
5	辐辏状卷云卷层云和卷层云，或只有卷层云，有系统地侵盖天空，且常全部增厚，卷层云幕前缘的高度角不到 45°
6	辐辏状卷层云和卷层云，或只有卷层云，有系统地侵盖天空，且常全部增厚，同时卷层云幕前缘的高度角不到 45°，但未布满全天

表 B.19（续）

代　码	意　　义
7	卷层云，布满全天
8	卷层云，不是有系统地侵盖天空，也没有布满全天
9	卷积云
空格	由于黑暗、或雾、或沙尘暴、或其他类似现象，或有完整的较低云层存在，以致看不到属于 C_H 的各属云

表 B.20　十六方位转换表

编　码	范　围	中　值
N(北)	348.9～11.3	0
NNE(北东北)	11.4～33.8	23
NE(东北)	33.9～56.3	45
ENE(东东北)	56.4～78.8	68
E(东)	78.9～101.3	90
ESE(东东南)	101.4～123.8	113
SE(东南)	123.9～146.3	135
SSE(南东南)	146.4～168.8	158
S(南)	168.9～191.3	180
SSW(南西南)	191.4～213.8	203
SW(西南)	213.9～236.3	225
WSW(西西南)	236.4～258.8	248
W(西)	258.9～281.3	270
WNW(西西北)	281.4～303.8	293
NW(西北)	303.9～326.3	316
NNW(北西北)	326.4～348.8	338

表 B.21　现在天气现象代码表

编　码	意　　义
代码 00～49	表明在观测时观测站(如船)没有降雨
00	未观测到云的发展
01	云广泛消失或变少
02	天空状况无变化
03	云广泛形成或发展
04	能见度受烟雾的影响而降低
05	烟雾
06	观测时在测站或附近大量悬浮在空中的灰尘未被风刮起
07	观测时在观测站或其附近处的尘、沙被风吹起，但未发展成尘土旋涡，也没有形成尘暴或沙暴
08	在观测时或前一小时，在站点或其附近有尘土旋涡和沙旋涡，但没有尘暴或沙暴

表 B.21(续)

编 码	意 义
09	观测时或前 1 小时内,在视线范围内有尘暴或沙暴
10	薄雾
11	在观测站处,有小的浅雾或冰雾,厚度不超过 10 米
12	在观测站处,或多或少的持续浅雾或冰雾,厚度不超过 10 米
13	有闪电但听不到雷声
14	视野范围内有降雨,未达到海面
15	视野范围内有降雨,达到海面,但距站点超过 5 千米
16	视野范围内,有降雨,在接近测站(而不是测站)处到达海面
17	观测时有雷暴但无降雨
18	观测前一小时内或观测时,在测站处或视野范围内有暴风
19	观测前一小时内或观测时,在测站处视野范围内有漏斗云或海龙卷
代码 20～29	表示在观测前一小时内而不是观测时测站处所发生的天气现象
20	毛毛雨(未结冰)或雪粒
21	雨(未结冰)
22	雪
23	雨夹雪或冰球,类型(a)
24	冻雨或冻毛毛雨
25	阵雨
26	阵雪或阵雨夹雪
27	冰雹(冰球,类型(b),雪球)或阵雨夹雹
28	雾或冰雾
29	雷暴(伴随降雨或无降雨)
代码 30～99	表示在观测期间,在观测船处所发生的天气现象
30	在观测前一小时内,轻度或中等的尘暴或沙暴已经减弱
31	在观测前一小时内,轻度或中等的尘暴或沙暴没有明显的变化
32	在观测前一小时内,轻度或中等的尘暴或沙暴开始(或已经)增强
33	在观测前一小时内,强尘暴或沙暴已经减弱
34	在观测前一小时内,强尘暴或沙暴没有明显的变化
35	在观测前一小时内,强尘暴或沙暴开始(或已经)增强
36	轻度或中等的低吹雪普遍低(低于眼高水平面,小于 6 英尺)
37	较低强吹雪(低于眼高水平面,小于 6 英尺)
38	较高轻度或中等吹雪(高于眼高水平面,6 英尺或更多)
39	较高强吹雪(高于眼高水平面,6 英尺或更多)
40	观测时一定距离内有雾或冰雾。但在观测前一小时内,测站处没有雾或冰雾,雾或冰雾在观测者的头部以上

表 B.21（续）

编　码	意　　义
41	有块雾或块冰雾
42	在观测前一小时内，雾或冰雾(天空可见)已变薄
43	在观测前一小时内，雾或冰雾(天空不可见)已变薄
44	在观测前一小时内，雾或冰雾(天空可见)无明显变化
45	在观测前一小时内，雾或冰雾(天空不可见)无明显变化
46	在观测前一小时内，雾或冰雾(天空可见)开始或已经变厚
47	在观测前一小时内，雾或冰雾(天空不可见)开始或已经变厚
48	雾，沉积雾凇(天空可见)
49	雾，沉积雾凇(天空不可见)
代码 50～99	表示在观测期间测站处的降雨情况
50	观测时有间歇性小毛毛雨，无冰冻
51	观测时有连续性小毛毛雨，无冰冻
52	观测时有间歇性中毛毛雨，无冰冻
53	观测时有连续性中毛毛雨，无冰冻
54	观测时有间歇性大(稠密)毛毛雨，无冰冻
55	观测时有连续性大(稠密)毛毛雨、无冰冻
56	小毛毛雨，有冰冻
57	中或大毛毛雨(稠密)，有冰冻
58	小毛毛雨和雨
59	中或大毛毛雨和雨
60	观测时有间歇性小雨，无冰冻
61	观测时有连续性小雨，无冰冻
62	观测时有间歇性中雨，无冰冻
63	观测时有连续性中雨，无冰冻
64	观测时有间歇性大雨，无冰冻
65	观测时有连续性大雨，无冰冻
66	小雨，有冰冻
67	中到大雨，有冰冻
68	有小雨夹雪或小毛毛雨夹雨
69	有中到大雨夹雪或中到大毛毛雨夹雪
70	观测时有间歇性小雪
71	观测时有连续性小雪
72	观测时有间歇性中雪
73	观测时有连续性中雪
74	观测时有间歇性大雪

表 B.21(续)

编　码	意　　义
75	观测时有连续性大雪
76	有冰棱(有雾或无雾)
77	有雪粒(有雾或无雾)
78	有独个的星形雪花晶体(有雾或无雾)
79	有小冰球,类型(a)(美国人称雨凇)
80	有小阵雨
81	有中到大阵雨
82	有暴阵雨
82	有小阵雨夹雪
84	有中到大阵雨夹雪
85	有小阵雪
86	有中到大阵雪
87	有小阵雪球或冰球,类型(b),伴有雨或雨夹雪,或者未伴有雨或雨夹雪
88	有中到大阵雪球(或冰球),类型(b),伴有雨或雨夹雪,或者未伴有雨或雨夹雪
89	有小阵冰雹,伴有或者未伴有雨或雨夹雪,无雷暴
90	有中到大的阵冰雹,伴有或未伴有雨或雨夹雪,无雷暴
91	观测时有小雨,观测前一小时内有雷暴但观测时没有
92	观测时有中到大雨,观测前一小时内有雷暴但观测时没有
93	观测时有小雪,或雨夹雪,或冰雹,观测前一小时内有雷暴但观测时没有
94	观测时有中到大雪或雨夹雪,观测前一小时内有雷暴但观测时没有
95	观测时有小到中雷暴,无冰雹,但伴有雨或雪或雨夹雪
96	观测时有小到中雷暴,且伴有冰雹
97	观测时有大雷暴,无冰雹,但伴有雨或雪或雨夹雪
98	观测时有雷暴夹尘暴或沙暴
99	观测时有大雷暴且伴有冰雹
A1	极光
A2	海市蜃楼
A3	结冰

表 B.22　过去天气现象代码表

编　码	意　　义
0	在整个期间,云层覆盖一半或一半以下天空
1	一段时间里云覆盖一半以上天空,一段时间里云覆盖接近一半或一半以下天空
2	在整个期间,云层覆盖一半以上天空
3	有沙暴、尘暴或吹雪
4	有雾、冰雾或浓烟雾

表 B.22（续）

编　码	意　　义
5	毛毛雨
6	雨
7	雪或雨夹雪
8	阵雨
9	雷暴（有降雨或无降雨）

表 B.23　特性层类型代码表

代　码	特性层类型
001	海面层
002	等温层
003	逆温层
004	温度突变层
005	湿度突变层
006	零度层
007	第一对流层顶
008	第二对流层顶
009	终止层
010	温度失测层

表 B.24　能见度等级代码表

等级表	能　见　距　离
0	小于 50 m
1	大于等于 50 m 小于 200 m
2	大于等于 200 m 小于 500 m
3	大于等于 500 m 小于 1 km
4	大于等于 1 km 小于 2 km
5	大于等于 2 km 小于 4 km
6	大于等于 4 km 小于 10 km
7	大于等于 10 km 小于 20 km
8	大于等于 20 km 小于 50 km
9	大于等于 50 km

表 B.25　海冰冰型代码表

冰　　型		代　　码
浮冰	初生冰	N
	冰皮	R
	尼罗冰	Ni
	莲叶冰	P
	灰冰	G
	灰白冰	Gw
	白冰	W
固定冰	沿岸冰	Ci
	冰脚	If
	搁浅冰	Si

表 B.26 浮冰冰状代码表

浮冰冰状	代　　码
巨冰盘	Gf
大冰盘	Bf
中冰盘	Mf
小冰盘	Sf
冰块	Ic
碎冰	Bi

表 B.27 冰山等级代码表

等级代码	名　　称	高/m	长/m
1	小冰山	5～15	15～60
2	中冰山	16～45	61～122
3	大冰山	46～75	123～213
4	巨冰山	＞75	＞213

表 B.28 冰山形状代码表

代　　码	形　　状
1	桌状(平顶)冰山
2	圆顶冰山
3	尖顶冰山
4	斜顶冰山

表 B.29 冰表面特征分类代码表

冰表面特征	代　　码	冰表面特征	代　　码
平整冰	L	冰丘	H
重叠冰	Ra	覆雪冰	S
冰脊	Ri		

表 B.30 海底物质代码表

代　　码	说　　明	代　　码	说　　明
01	软泥	21	小型海洋植物茂密生长(苔藓等)
02	绿软泥	22	小型海洋植物在岩石上茂密生长
03	灰软泥和砂	30	绿软泥和砂
10	灰软泥	31	软泥和砂
11	灰粘土	32	软泥和粘土(含蠕虫穴管)
12	软泥和粘土	33	绿软泥和黑沙
13	灰软泥和粘土	34	沙软泥(砂为主)
14	软泥、粘土砂和砂	35	软泥砂(软泥为主)
15	砂、软泥砾	36	沙砾(砂为主)
20	大型海洋植物浓密生长	37	沙砾(砾为主)

表 B.30（续）

代　码	说　明	代　码	说　明
48	绿砂和软泥	69	石块和砾石
49	灰砂和蠕虫管道	70	硬粘土含有少量砂和软泥
50	绿砂	71	粘土和岩石
51	砂	72	硬粘土
52	灰砂	73	硬功夫粘土和石块
53	灰砂和软泥	74	硬石块
54	黑砂	75	石块和灰软泥
55	灰砂、软泥和砾石	76	砾石和灰软泥
56	绿砂、软泥和石块	77	蓝-灰软泥和砂
57	绿砂、软泥和砾石	78	石块、绿砂
58	绿砂、软泥、礴石和砂	79	蓝软泥
59	砾石和砂	83	珊瑚礁和灰软泥
60	岩石和软泥	84	珊瑚礁和绿软泥
61	砾和软泥	85	珊瑚礁、砾和灰软泥
62	岩石	86	珊瑚礁和石块
63	砾	90	贝壳和石块
64	砾和贝壳	91	贝壳、灰软泥和砂
65	岩石和砾石	92	贝壳、软泥和砂
66	绿砂和贝壳	93	贝壳、页岩和软泥
67	石块和砂	95	巨砾
68	石块		

表 B.31　采样工具代码表

代　码	采样工具	代　码	采样工具
01	浮游生物网	06	抓斗采泥器
02	围网	07	柱状采泥器
03	拖网	08	挖泥器
04	钓钩	09	泵抽
05	采样瓶	99	其他

表 B.32　监测部位代码表

部　位	代　码
肌肉	01
肝	02
消化腺	03
性腺	04

表 B.32（续）

部　位	代　码
腮	05
肾	06
脾	07
心脏	08
脑	09
血	10
胃	11
体上部	12
体中部	13
体下部	14
整体	15
内脏	18
上肢	20
躯干	21
体表	22

注：监测部位参考 GB 17378.6。

表 B.33　性别代码表

名　称	代　码
未鉴定	0
雄性	1
雌性	2
雌雄同体	3
性别不定	4
群体、雌雄共体	5
有性世代	6
无性世代	7

表 B.34　生长期代码表

生 长 期	代　码
未鉴定	0
卵	1
无节幼体	2
蚤状幼体	3
大眼幼体	4
面盘幼体	5
幼体	6
幼稚体	7
成体	8
介于幼和成之间	9

表 B.35 生物学测定要素代码表

代码	要素	代码	要素
01	全长	11	摄食饱满系数
02	体长	12	含脂量
03	鱼体重	13	年龄
04	纯体重	14	头胸甲长度
05	性腺重	15	头胸甲宽度
06	性别	16	腹部长度
07	胃肠重	17	腹部宽度
08	性腺成熟度	18	体重
09	性腺成熟系数	19	胴长
10	摄食强度		

表 B.36 生物学测定计量单位代码表

代码	计量单位
1	mm
2	g
3	%
4	a
5	级
6	期

表 B.37 生物类别代码表

代码	名称	代码	名称
01	多毛类	09	鱼类
02	单壳类	10	蟹类
03	双壳类	11	头足类
04	甲壳类	12	虾类
05	腔肠类	99	其他
06	软体类		
07	棘皮类		
08	藻类		

表 B.38 底质颜色代码表

代码	颜色	代码	颜色
01	灰褐色	10	褐色
02	灰黄色	11	褐灰
03	灰色	12	褐黄
04	深灰色	20	黑色
05	黑灰色		

表 B.39 底质嗅味代码表

代码	意义
1	无味
2	微臭
3	硫化氢刺激味

表 B.40 测深基准面代码表

代码	名称	代码	名称
00	未进行校正(海面)	08	平均低潮面
01	最低正常低潮面	09	赤道大潮低潮面
02	平均低低潮面	10	回归低低潮面
03	最低低潮面	11	最低天文潮
04	大潮平均低低潮面	12	大沽零点
05	印度洋大潮低潮面	13	黄海零点
06	大潮平均低潮面	14	理论深度基准面
07	平均海平面	88	其他

表 B.41 地磁参考场代码表

代码	名称
00	未使用
01	美国 70 年版世界图(AWC70)
02	美国 75 年版世界图(AWC75)
03	1965 年国际地磁参考场(IGRF-65)
04	1975 年国际地磁参考场(IGRF-75)
05	美国戈达德空间飞行中心-1266(GSFC-1266)
06	美国戈达德空间飞行中心-0674(GSFC-0674)
07	英国 75(UK75)
08	极地轨道地球物理观测卫星 0368(POGO 0368)
09	极地轨道地球物理观测卫星 1068(POGO 1068)
10	极地轨道地球物理观测卫星 0969(POGO 0869)
11	1980 年国际地磁参考场(IGRF-80)
12	1985 年国际地磁参考场(IGRF-85)
13	1990 年国际地磁参考场(IGRF-90)
88	其他

表 B.42　理论重力公式代码表

代　码	名　　称
1	海斯干宁(Heiskanen)公式,1924 年 $\gamma_0 = 9\ 780\ 520[1 + 0.005\ 285\sin^2\phi - 0.000\ 007\ 0\sin^2 2\phi + 0.000\ 027\cos 2\phi\cos^2(\lambda - 18^\circ)]\mu m/s^2$
2	国际正常重力公式,1930 年 $\gamma_0 = 9\ 780\ 490(1 + 0.005\ 288\ 4\sin^2\phi - 0.000\ 005\ 9\sin^2 2\phi)\ \mu m/s^2$
3	国际大地测量系统,1967 年 $\gamma_0 = 9\ 780\ 318.5(1 + 0.005\ 278\ 895\sin^2\phi - 0.000\ 023\ 462\sin^4\phi)\ \mu m/s^2$
4	赫尔默特(Helmert)公式,1901 年～1909 年 $\gamma_0 = 9\ 780\ 300(1 + 0.005\ 302\sin^2\phi - 0.000\ 007\sin^2 2\phi)\ \mu m/s^2$
5	国际正常重力公式,1971 年 $\gamma_0 = 9\ 780\ 317.5(1 + 0.005\ 302\ 45\sin^2\phi - 0.000\ 005\ 85\sin^2 2\phi)\ \mu m/s^2$
6	国际正常重力公式,1985 年 $\gamma_0 = 9\ 780\ 327\ (1 + 0.005\ 302\ 4\sin^2\phi - 0.000\ 005\ 80\sin^2 2\phi)\ \mu m/s^2$
8	其他,另有说明

表 B.43　重力参考系统代码表

代　　码	名　　称
1	地方系统
2	波茨坦系统
3	1971 年国际重力标准网系统[IGSN(1971)]
9	其他

表 B.44　海洋地质地球物理调查资料记录类型代码表

代　　码	记　录　类　型
G01	项目信息
G02	航次信息(海洋地质地球物理调查资料通用)
G03	站位和样品信息(海洋底质调查资料通用)
G04	粒度分析样品信息
G05	粒度分析数据
G06	矿物鉴定样品信息
G07	重矿物鉴定数据
G08	轻矿物鉴定数据
G09	粘土矿物鉴定数据
G10	岩石矿物鉴定数据
G11	化学分析样品信息
G12	化学成分分析数据
G13	元素成分分析数据
G14	古生物鉴定样品信息
G15	有孔虫鉴定数据

表 B.44（续）

代 码	记 录 类 型
G16	底栖有孔虫鉴定数据
G17	浮游有孔虫鉴定数据
G18	放射虫鉴定数据
G19	硅藻鉴定数据
G20	孢粉鉴定数据
G21	介形虫鉴定数据
G22	钙质超微化石鉴定数据
G23	放射性测年数据
G24	物理力学性质测试数据
G25	水深测量信息
G26	单波束水深数据
G27	多波束水深数据
G28	海水声速剖面数据
G29	重力测量信息
G30	重力测量数据
G31	地磁测量信息
G32	地磁测量数据
G33	浅地层测量信息
G34	浅地层测量测点信息
G35	浅地层测量数据
G36	地震测量信息

表 B.45 导航定位方法代码表

代 码	名 称
01	劳兰 C＋卫星定位
02	劳兰 C
03	劳兰 A
04	船位推算法＋其他订正
05	船位推算法
06	过境卫星
07	奥米伽
08	无线电导航
09	GPS
10	DGPS
11	短程测距仪(MINGIRANGER)
12	DELNORT 脉冲收发机

表 B.45（续）

代码	名称
13	台卡
14	移动岸台
15	六分仪
16	电子定位系
99	其他

表 B.46 海洋底质采样器代码表

采样器代码	采样器名称
S	抓斗采样器
BC	箱式采样器
DG	拖网
MC	多管采样器
G	重力管
PC	大型重力活塞采样器
FG	自返式采样器
WS	悬浮体采样器

表 B.47 粒度分析方法代码表

代码	名称	代码	名称
1	筛析法	6	沉积平衡法
2	沉降管法	7	水下光度计法
3	快速沉积物分析法	8	库尔特计数器法
4	吸管法	9	激光法
5	比重计法	0	综合法

表 B.48 沉积物与岩石化学分析方法代码表

代码	名称	代码	名称
01	化学湿选法	15	火焰光度计法
02	极谱法	16	定量分析
03	ICP-AES 发射光谱仪	17	显微探针
04	原子发射光谱法	18	X 光射谱法
05	比色法	19	比重计
06	库伦计	20	X 光衍射
07	碳、氢、氮分析仪	21	电子衍射
08	离子色谱法	2	温度记录法
09	中子活化分析	23	A 射线光谱测定法
10	质谱仪	24	Γ 射线光谱测定法
11	荧光测定法	25	原子吸收分光光度计
12	X 射线荧光测定法	26	磺酸测定计
13	射谱法	27	容量法
14	计算法	99	其他

表 B.49　沉积物与岩石矿物鉴定方法代码表

代　码	名　称	代　码	名　称
01	偏光镜	11	油浸法
02	双目实体镜下鉴定	12	微量矿物化学鉴定法
03	化学湿选法	13	光谱分析
04	块体鉴定	14	矿物发光分析
05	质谱测定	15	中子显微镜照相
06	X 光衍射	16	红外吸收光谱
07	电子显微镜	17	能谱
08	综合法	18	差热
09	射谱法	99	其他
10	电子探针		

参　考　文　献

[1] Manual on Codes，WMO-No. 306，1995 edition.

[2] Manual on the Global Observing System，WMO-No. 544，2003 edition.

ICS 13.300
C 65

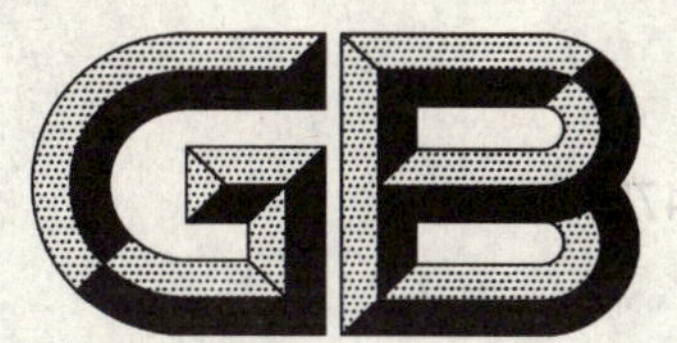

中华人民共和国国家标准

GB 12475—2006
代替 GB 12475—1990

农药贮运、销售和使用的防毒规程

Antitoxic regulations for storage-transportation, marketing and use of pesticides

2006-06-22 发布　　2006-12-01 实施

中华人民共和国国家质量监督检验检疫总局
中国国家标准化管理委员会　发布

前言

本标准全文强制。

本标准是对 GB 12475—1990《农药贮运、销售和使用的防毒规程》的修订，本标准代替 GB 12475—1990。

本标准与 GB 12475—1990 相比，内容的变化主要有：

——按照 GB/T 1.1 的要求重新起草了标准文本，增加了术语和定义。

——本标准对标准的使用范围进行了调整，将属于生产环节的“包装”、属于环保废弃环节的“废弃物处理”部分予以删除。

——本标准对相关技术要求进行了必要的改动，新增加了“个人安全卡”、“事故应急处理”等重要内容。

本标准的附录 A 为规范性附录。

本标准由国家安全生产监督管理总局提出。

本标准由北京市劳动保护科学研究所和中华人民共和国农业部农药检定所共同起草。

本标准委托北京市劳动保护科学研究所负责解释。

本标准主要起草人：汪彤、吕良海、孙晶晶、刘绍仁、何艺兵、吴芳谷、陈虹桥、刘亚萍、吴志凤。

农药贮运、销售和使用的防毒规程

1 范围

本标准规定了农药的装卸、运输、贮存、销售、使用中的防毒要求。

本标准适用于农药贮运、销售和使用等作业场所及其操作人员。

2 规范性引用文件

下列文件中的条款通过本标准的引用而成为本标准的条款。凡是注日期的引用文件,其随后所有的修改单(不包括勘误的内容)或修订版均不适用于本标准,然而,鼓励根据本标准达成协议的各方研究是否可使用这些文件的最新版本。凡是不注日期的引用文件,其最新版本适用于本标准。

GB 190 危险货物包装标志

GB/T 1604 商品农药验收规则

GB 2890 过滤式防毒面具通用技术条件

GB 6220 长管面具

GB/T 6223 自吸过滤式防微粒口罩

GB 12268 危险货物品名表

GB 16483 化学品安全技术说明书 编写规定

3 术语和定义

下列术语和定义适用于本标准。

3.1

再进入间隔期 re-entry interval

施药后与能够进入施药区的时间间隔。

3.2

燃烧性 combustibility

定性描述物质在空气中遇明火、高温和氧化剂等的燃烧行为。分为易燃、可燃、助燃和不燃四个层次。一般来说,易燃是指爆炸极限较低的气体,闪点≤61℃的液体,《危险货物分类和品名编号》(GB 6944—1986)和《危险货物品名表》(GB 12268)规定的第四类易燃固体、自燃物品和遇湿易燃物品;可燃是指不属于易燃类的所有可燃的物质。

4 农药毒性分级

农药毒性分级见表1。

表1 农药毒性分级

毒性分级	级别符号语	经口半数致死量/(mg/kg)	经皮半数致死量/(mg/kg)	吸入半数致死浓度/(mg/m³)
Ⅰa级	剧毒	≤5	≤20	≤20
Ⅰb级	高毒	>5～50	>20～200	>20～200
Ⅱ级	中等毒	>50～500	>200～2 000	>200～2 000
Ⅲ级	低毒	>500～5 000	>2 000～5 000	>2 000～5 000
Ⅳ级	微毒	>5 000	>5 000	>5 000

5 装卸和运输

5.1 人员要求

5.1.1 装卸、运输人员应由身体健康、能识别农药毒性级别及标识的成年人担任；从事高毒、剧毒农药装卸、运输的人员应取得相应资质。

5.1.2 驾驶员、押运员应熟悉运输农药的安全要求；了解所运输农药的毒性和潜在危险性。

5.1.3 参与农药装卸和运输的监督人员应熟知处置农药渗漏、泄漏等事故的应急救援电话、救助单位和自救方法；并应经过适当的急救和抢救方法培训。

5.2 装卸要求

5.2.1 农药装卸应在有充分照明条件下经专人指导进行。装卸时应轻拿轻放，不应倒置，严防碰撞、翻滚，以防外溢和破损。装卸高毒农药时，应有警告标志，禁止非工作人员进入，作业人员要求佩戴防毒面具或防微粒口罩、穿着防护服装和防护手套，皮肤破损者不得操作。

5.2.2 装卸的农药应有完好的包装和标志。农药包装箱装入运输工具(仅指汽车、船只等，不包括火车、飞机等)应在货舱内固定，确保不发生移动、不发生相互碰撞损伤。

5.2.3 在装卸过程中应配备足够的清水，以便在皮肤、眼睛等受污染时使用。

5.2.4 装卸人员在作业中不应吸烟喝酒、饮水进食，不要用手擦嘴、脸、眼睛。

5.2.5 每次装卸完毕，作业人员应及时用肥皂或专用洗涤剂洗净面部、手部，用清水漱口；防护用具应及时清理，集中存放，保证防护用具中无农药残液残渣。

5.2.6 装卸人员的服装、皮肤如被污染，应及时单独洗净。

5.3 运输要求

5.3.1 运输农药要使用备有易清洗、耐腐蚀、坚固贮器的运输工具，运输农药的运输工具不得再运输食品和旅客。运输工具上应备有必要的消防器材和急救药箱。

5.3.2 运输车辆船只的底、帮应采用隔垫和加固措施，防止农药包装挂损和农药溢漏。

5.3.3 在运输过程中应配备足够清水，以便在皮肤、眼睛受污染时使用。

5.3.4 装运农药前应将运输工具清理干净；包装有破损和浸湿、标志不全的农药不准许装运；闭杯闪点低于 61℃的易燃农药应采用有金属贮器的运输工具密封装运。

5.3.5 同时装运不同品种农药时要分类码放，不得混杂，高毒、剧毒、易燃农药应有明显标记。

5.3.6 运输农药的车辆应封闭车门或加盖防雨布等，有条件的建议采用集装箱。

5.3.7 交、运方应认真清点农药品种、数量，并在运单上签名。

5.3.8 运输时速不宜过快，宜平稳行驶。运输途中不应在居民区停留休息。遇有故障时，应及时采取措施远离居民区，距离不应小于 200 m。

5.3.9 车辆运行过程中不应吸烟、饮水、进食。吸烟、饮水、进食前应脱去工作服，洗净手、脸并漱口。

5.3.10 运送农药的驾驶员、押运员的服装如被污染，应及时单独洗净。

5.3.11 农药卸车、船后应在专门场地进行清洗。装运农药的车厢、船舱一般可用漂白粉(或熟石灰)液清洗，而后用水冲净；金属材料容器可采用少许溶剂擦洗。废液应妥善处理，不要随意泼洒。

6 贮存和保管

6.1 人员要求

6.1.1 保管人员应选用具有一定文化程度、身体健康、有经验的成年人担任。

6.1.2 保管人员应经过专业培训，掌握农药基本知识和安全知识，持证上岗。

6.2 库房要求

6.2.1 专用库房要求与居民区、水源分开，并应设在不易积水或不易水淹的高地上，四周应有围墙并留有消防通道。库房应具备地面平整、不渗漏、结构完整、干燥、明亮、通风良好等条件；地面、天花板要采用耐化学腐蚀材料，易清洗；不允许用窑洞、地下室、燃料库作为农药库房使用。

6.2.2 专用库房应附设隔离生活用房。

6.2.3 农药库房内应设置隔离工作间，配备消防器材（包括灭火器、水桶、锹、叉、沙袋等）和急救药箱（内装解毒药、高锰酸钾、脱脂棉、红汞水、碘酒、双氧水、绷带等物）。

6.2.4 库房内不设暖气，当需升温满足贮存条件时，宜采用间接加热空气送入的方法。

6.2.5 库房应有良好的通风设备。

6.2.6 库房内应设置警告牌。

6.2.7 临时库房原则上应符合 5.2.1～5.2.6 的要求，贮存高毒、剧毒农药时应有安全的隔离措施。

6.3 存放要求

6.3.1 存放的农药应有完整无损的内外包装和标志，包装破损或无标志的农药应及时处理。

6.3.2 库房内农药堆放要合理，应离开电源，避免阳光直射，垛码稳固，并留出运送工具所必需的过道。

6.3.3 不同种类的农药应分开存放。高毒、剧毒农药应存放在彼此隔离的有出入口、能锁封的单间（或专箱）内，并保持通风；闭杯闪点低于 61℃ 的易燃农药应与其他农药分开，并有难燃材料分隔。

6.3.4 不同包装农药应分类存放，垛码不宜过高，应有防渗防潮垫。

6.3.5 库房中不应存放对农药品质、农药包装有影响或对防火有障碍的物质，如硫酸、盐酸、硝酸等。

6.3.6 存放农药应有专柜或专仓，且不应与食品、种子、饲料、日用品及其他易燃易爆物品混装、混放。

6.4 库房管理要求

6.4.1 严格执行农药出入库登记制度。入库时应检查农药包装和标志，记录农药的品种、数量、生产日期或批号、保质期等；出库农药包装标志应完整。

6.4.2 定期检查存放的农药是否符合 5.3 的规定；定期维护库房内通风、照明、消防等设施和防护用具，使其处于良好状态。

6.4.3 在库房中进行农药的装卸、布置、检查等活动，应至少有二人参加。

6.4.4 定期清扫农药库房，保持整洁。

6.4.5 存放新的农药品种前应将库房清扫干净。存放过农药的库房一般可用石灰液或少量碱液处理后用水冲洗。

6.4.6 高毒、剧毒农药应按剧毒品基本要求保管。

6.4.7 进入高毒、剧毒农药存放间的人员，应穿戴相应的防护面具和防护服装，同时保证通风照明良好。

7 销售

7.1 人员要求

销售人员应具备相关专业知识、身体健康。

7.2 销售要求

7.2.1 销售的农药要有完整的包装。

7.2.2 原装农药在销售环节中不允许改装。

7.2.3 农药经营单位应配置内装石灰、沙土或黏土的桶、空容器、铲子，并应有适当的水源以便发生紧急事故时清洗、处置专用。

7.2.4 在销售过程中，与农药直接接触人员宜穿戴防护器具；发生农药渗漏、散落要及时妥善处理。

7.2.5 销售高毒、剧毒农药时，应向购买者说明农药毒性及危害，明确告知注意事项。

7.2.6 农药不允许售给未成年人。

8 使用

8.1 一般要求

8.1.1 在开启农药包装、称量配制和施用中，操作人员应穿戴必要的防护器具，防止污染。

8.1.2 严格按照农药产品标签使用农药;禁止将高毒、剧毒农药用于蔬菜、果树、茶叶、中草药材等。

8.1.3 施药前后均要保持农药包装标签完好。

8.2 人员要求

8.2.1 使用农药人员应为身体健康、具有一定用药知识的成年人担任。

8.2.2 农药配制人员应掌握必要技术和熟悉所用农药性能。

8.2.3 皮肤破损者、孕妇、哺乳期妇女和经期妇女不宜参与配药、施药作业。

8.3 农药配制

8.3.1 配药应按照标签或说明书选用配制方法;按规定或推荐的药量和稀释倍数定量配药;配药过程中不要用手直接接触农药和搅拌稀释农药,应采用专用器具配制并使用工具搅拌。

8.3.2 农药的称量、配制应根据药品的性质和用量进行,防止药剂溅洒、散落。

8.3.3 配制农药应在远离住宅区、牲畜栏和水源的场地进行;药剂宜现配现用,已配好的尽可能采取密封措施;开装后余下农药应封闭保存,放入专库或专柜并上锁,不应与其他物品混合存放。

8.3.4 配药器械宜专用,每次用后要洗净,但不应在水源边及水产养殖区冲洗。

8.4 施药的一般规定

8.4.1 施药前的要求

8.4.1.1 根据农药毒性及施用方法、特点配备防护用具。

8.4.1.2 施药器械应完好;施药场所应备有足够的水、清洗剂、毛巾、急救药品及必要修理工具;救护用具及修理工具应方便易得。

8.4.1.3 在高毒、剧毒农药施药地区应有醒目的“禁止入内”等标识并注明农药名称,施药时间、再进入间隔期等。

8.4.2 施药时的要求

8.4.2.1 施药人员应佩戴相应的防毒面具或防微粒口罩、穿用防护服、防护胶靴、手套等防护用品。

8.4.2.2 施药中作业人员不准许吸烟、饮水进食,不要用手直接擦拭面部;避免过累、过热。

8.4.2.3 田间喷洒农药,作业人员应处于上风向位置。大风天气、高温季节中午不宜施喷农药。

8.4.2.4 飞机喷洒农药要做好组织工作,施药区域边缘应设明显警告标志,有信号指挥,非施药人员不能进入已喷洒农药区域;飞机盛药容器应尽可能密封,盛药应尽量采用机械方法,由专人指导;驾驶员应穿戴防护服及防护手套。

8.4.2.5 库房熏蒸应设置“禁止入内”、“有毒”等标志;熏蒸库房内温度应低于35℃;熏蒸作业要求由2人以上组成轮流进行,并有专人监护。

8.4.2.6 农药拌种应在远离住宅区、水源、食品库、畜舍并且通风良好的场所进行,不要用手直接接触操作。

8.4.2.7 施用高毒、剧毒农药,要求有两名以上操作人员;施药人员每日工作时间不应超过6 h,连续施药一般不应超过5 d。

8.4.2.8 施药期间,非施药人员应远离施药区;温室施药时,非施药人员禁止入内。

8.4.2.9 临时在田间放置的农药、浸药种子及施药器械,应专人看管。

8.4.2.10 施药人员如有头痛、头昏、恶心、呕吐等中毒症状时,应立即采取救治措施,并向医院提供相关信息(包括农药名称、有效成分、个人防护情况、解毒方法和施药环境等)。

8.4.2.11 在施用包装标签印有高毒、剧毒标志的农药时或在温室中从事熏蒸作业时,与施药者至少每2 h保持一次联系。

8.4.2.12 农药喷溅到身体上要立即清洗,并更换干净衣物。

8.4.3 施药后的要求

8.4.3.1 剩余或不用的农药应在确保标签完好的情况下分类存放;已配制的药剂,尽量一次性用完。

8.4.3.2 盛药器械使用完毕应清除余药,洗净后存放,一时不能处理的应保存在农药库房中待统一处理。

8.4.3.3　应做好施药记录，内容包括：农药名称、防治对象、用量、范围、时间及再进入间隔期。属高毒、剧毒或限制使用的农药在施用后的再进入间隔期内，非专业人员不得进入施药区。

8.4.3.4　施药人员用的防护器具，在施药结束后应及时脱下清洗，施药人员应及时洗除污染。

8.4.3.5　在温室施药后，不应立即进入温室；只有进行通风排毒，使温室内空气中农药浓度降到安全标准后，才可以进入温室。

9　个人防护

9.1　呼吸器官护具选用原则

9.1.1　接触或使用高毒、剧毒农药以及在闭式场所（如温室、仓库、畜厩等）中把中毒、低毒农药作为气雾剂或烟熏剂使用时，均应根据农药特性选用符合 GB 2890 或 GB 6220 的防毒面具（如药剂对眼面部有刺激损伤，须戴用全面罩防毒面具）。

9.1.2　接触或使用中毒、低毒不挥发农药粉剂粉尘时，应选用符合 GB/T 6223 的微粒口罩。

9.1.3　接触或使用中毒、低毒挥发性农药时，应选用适宜的防毒口罩；如施药量大、蒸气浓度高时，应选用符合 GB 2890 的防毒面具。

9.1.4　在接触或使用农药中，当有毒蒸气和烟雾同时存在时，应采用带滤烟层的滤毒罐与之配用。

9.2　皮肤防护用具选用原则

皮肤防护用具应根据作业类别和性质参照附录选用。

9.3　防护用品的使用与保存

9.3.1　必须使用符合标准或国家委托质检部门检验合格的防护用品，严格遵照说明书穿用。

9.3.2　每次使用前，要检查防护用具是否有渗漏、撕破或磨损，如有破损应立即修补或更新。

9.3.3　使用防毒口罩在感到呼吸不畅或有破损时，应立即更换；滤毒罐应按使用说明及时更换。

9.3.4　防护用品用毕，应及时清洗、维护，存放在清洁、干燥的室内备用。

9.3.5　防护用品的储存和清洗要与其他衣物分开，远离施药区。

9.3.6　防护用品应根据说明书进行清洗，如无特殊说明，建议用清洗剂和热水清洗。

9.4　个人安全卡

为防止在高度分散的个人施药作业中发生意外事故，建议施药人员使用个人安全卡。个人安全卡内容包括施药人员姓名、身份证号码、血型、亲属姓名、住址、电话、就近医院。

10　事故应急处理

10.1　事故应急预案

大型农药贮运、销售单位应制定事故应急预案。

10.2　装卸和运输

10.2.1　农药装运中一旦出现渗漏、散落，应及时采取防范措施，发出报警信号，控制污染源，避免环境污染。如出现重大渗漏、泼散事故应及时向有关部门报告，并迅速采取防范措施，做好详细记录。

10.2.2　运输包装有破损的农药货物要及时修补或重新包装。

10.2.3　散落在车厢、船甲板上或地面上的农药应及时清除，废弃物应按环保部门要求处置，并做详细记录。

10.3　贮存

10.3.1　发生农药溢出、泄漏或渗漏时，应将农药容器迅速移至安全区域；库房内应备有腾空的农药容器，以作抢救泄漏农药之用。

10.3.2　修补、清扫易燃农药时，应使用不产生火花的铜制、合金制或其他工具。

10.3.3　按农药特性，用化学的或物理的方法处理废弃农药，不得任意抛弃、污染环境。

10.3.4　发生火灾时，应使用配备的消防器材（包括灭火器、水桶、锹、叉、沙袋等）进行灭火，同时告知消防等有关部门;灭火时应避免使用高压水龙带灭火,以防冲散农药(尤指农药粉末)。

10.3.5　有机磷、氨基甲酸类农药发生火灾时,应避免迎面救火,同时佩戴防毒面具等呼吸器具。

10.4　销售

发生泄漏、火灾事故时,参照9.3进行处理。

10.5　使用

10.5.1　农药操作场所应配备必要的急救药品、冲洗设备和足够的水,以便发生污染事故时使用。

10.5.2　发现人员中毒后,应尽快求医和提供原农药包装上的标签,同时让中毒者平静舒适,防止受热或受凉。

10.5.3　如果农药溅入眼睛内,应用干净、清凉的水冲洗眼睛10 min;如果眼睛受到严重刺激,应将患者送入医院治疗。

附 录 A
（资料性附录）
接触、使用农药人员皮肤防护用品

接触、使用农药人员皮肤防护用品见表 A.1。

表 A.1 接触、使用农药人员皮肤防护用品一览表

作 业 项 目	必 用 护 品
1 喷洒农药	
a) 打开容器、稀释或混合、从一容器注入另一容器、洗刷设备(包括飞机)	透气性工作服[a]和橡胶围裙(或橡胶、聚氯乙烯膜防护服)、胶鞋、胶皮手套、防护眼镜
b) 田间或温室作物喷药、飞机喷药	透气性工作服、防护帽
c) 攀缘植物、乔灌木施药	透气性工作服、橡胶防护服、防护帽
2 施撒颗粒或粉剂	
a) 打开容器	透气性防尘服[b]、橡胶(或塑料)围裙、胶皮手套、胶鞋
b) 手撒或手工药械施撒	透气性防尘服(或胶布防护服)、橡胶长手套、胶鞋
c) 机械施撒	透气性防尘工作服(或胶布防护服)、手套
d) 飞机喷药	透气性防尘工作服(或胶布防护服)、防护帽
3 地面喷药或土壤施药	透气性工作服、橡胶围裙、橡胶手套、胶鞋
4 浸种	透气性工作服、橡胶(或塑料)围裙、橡胶手套、胶鞋、防护帽
5 熏蒸	透气性工作服、橡胶防护服、橡胶手套、胶鞋
6 农药装卸	透气性工作服、橡胶围裙、橡胶手套、防护手套、防护鞋
7 农药称量配制	透气性工作服(或橡胶手套)

[a] 透气性工作服系指有一定防药液渗透性能的工作服,可采用防水、防油树脂整理的棉织物或混纺织物等加工制作。

[b] 透气性防尘服系指具有防尘粒透过性能的工作服,可采用防尘效率高、面料平滑的织物等加工制作。

参 考 文 献

[1] 中华人民共和国国务院令第216号:中华人民共和国农药管理条例.
[2] 农农发(2001)8号:农药登记资料要求.
[3] JT/T 3145—1991 汽车危险货物运输、装卸作业规程.
[4] 王广生.石油化工原料与产品安全手册[M].北京:中国石化出版社,1996.
[5] 美国环保局.联邦工人保护标准.EPA 1992.
[6] 美国环保局.农业工人保护标准.EPA 1993.
[7] 联合国粮农组织.农药贮存管理手册.FAO 1996.